EINFÜHRUNG
IN DIE
ANORGANISCHE EXPERIMENTALCHEMIE

VON

OTTO DIELS
O. PROFESSOR AN DER UNIVERSITÄT KIEL

MIT 145 ABBILDUNGEN IM TEXT

BERLIN UND LEIPZIG 1922
VEREINIGUNG WISSENSCHAFTLICHER VERLEGER
WALTER DE GRUYTER & CO.
VORMALS G. J. GÖSCHEN'SCHE VERLAGSHANDLUNG :: J. GUTTENTAG, VERLAGSBUCHHANDLUNG :: GEORG REIMER :: KARL J. TRÜBNER :: VEIT & COMP.

Druck von Metzger & Wittig in Leipzig.

Vorwort.

Der vom Verlage an mich ergangenen Aufforderung, ein neues, kürzeres Lehrbuch der anorganischen Chemie zu schreiben, stand ich zunächst ablehnend gegenüber. Die Zahl der altbewährten und in den letzten Jahren hinzugekommenen, vorzüglichen anorganischen Lehrbücher ist so groß, daß mir ihre Vermehrung weder nötig, noch wünschenswert erschien.

Als ich indessen die einzelnen Werke, soweit sie mir nicht bereits näher bekannt waren, einer genaueren Musterung unterwarf, wurde ich auf eine Lücke aufmerksam, deren Ausfüllung mir nicht zwecklos erschien.

Es ist dies eine systematische Einführung in die anorganische Chemie an der Hand eines reichen, experimentellen Materials.

Die Hörer von Experimentalvorlesungen über anorganische Experimentalchemie, die meistens in den ersten Anfängen ihres Studiums stehen, sind nicht immer in der Lage, die täglich auf sie eindringende Fülle neuen Stoffes zu bewältigen. Die Aufzeichnung der ihnen vorgeführten, z. T. recht schwierigen Experimente wird nach einem nicht auszurottenden abusus von der Mehrzahl noch immer während der Vorlesung vorgenommen. Natürlich wird dabei vieles mißverstanden, und in der Eile des Mitschreibens schleichen sich zahlreiche Fehler und Ungenauigkeiten ein. Ein Buch, das neben dem Gang der Vorlesung eine genaue Beschreibung der Versuche bringt, entlastet die Studierenden vollkommen von dem schädlichen Mitschreiben. Es ist dies ein nach meiner Ansicht gar nicht hoch genug einzuschätzender Vorteil, denn die ungeteilte, scharfe Aufmerksamkeit, die die Studierenden — durch keine Rücksichten auf ihr Manuskript gehemmt — dem Vortrage des Dozenten und den von ihm vorgeführten und erläuterten Experimenten schenken können, muß unbedingt ihrer Ausbildung und der Förderung ihrer Beobachtungsgabe in außerordentlichem Maße zugute kommen.

Es kommt hinzu, daß mancher Hörer einer chemischen Experimentalvorlesung selbst einmal in die Lage kommen wird, als Lehrer oder Dozent vor einem Zuhörerkreis zu experimentieren. Dieser wird eine genaue Beschreibung sorgfältig ausgewählter, in den Gang der Vorlesung eingeflochtener und bis ins kleinste durchprobierter Experimente besonders willkommen heißen.

Es gibt zahlreiche Wege zur Einführung in die anorganische Chemie, und ich halte es für wohl möglich, daß der von mir eingeschlagene nicht die Billigung aller findet. Vor allem deswegen nicht, weil ich in meiner Darstellung der physikalischen Chemie nicht den dominierenden Einfluß eingeräumt habe, den sie in manchen anderen modernen Lehrbüchern einnimmt und der ihr nach der Ansicht ihrer Verfasser gebührt. Wer dies als Mangel meines Buches empfindet, den bitte ich, mich deswegen keineswegs einer Abneigung gegen physikalisch-chemische Betrachtungen bezichtigen zu wollen. Ich bin im Gegenteil der Meinung, daß die Studierenden der Chemie nicht oft genug auf ein gründliches Studium der physikalischen Chemie hingewiesen werden können. Aber sie sollten dieses an der Hand der bekannten, z. T. ausgezeichneten Spezialwerke und möglichst in Verbindung mit praktischen physikalisch-chemischen Übungen betreiben. Ihre ganze Ausbildung von vornherein darauf zuzuschneiden, liegt nach meiner Überzeugung keine Veranlassung vor.

Das Fundament alles chemischen Wissens und Könnens muß unbedingt auf experimenteller Basis ruhen, und diese sollte so breit und festgefügt, wie nur immer möglich sein. Dies gilt ganz besonders für die reinen Chemiker, von denen die weitaus überwiegende Mehrzahl ihren Platz in der Technik finden wird. Reiches chemisches Wissen, Beobachtungsgabe, Akkuratesse im Arbeiten, chemische Phantasie und Spürsinn — alles Eigenschaften, die für den in der Praxis stehenden Chemiker unerläßliche Vorbedingung sind, wenn er seiner Aufgabe gerecht werden will — werden lediglich durch eine möglichst vollkommene und vom Beginn des Studiums einsetzende Ausbildung und Übung im Experimentieren erreicht.

Den Studierenden auf diesem Wege ins Land der Wissenschaft behilflich zu sein, ist der vornehmlichste Zweck dieses Buches. Man beachte aber, daß es nichts weiter sein will, als eine auf experimenteller Basis vermittelte Einführung. Nicht alles kann in einer solchen zur Sprache kommen, und ich habe es vorgezogen, auf die Besprechung mancher Elemente, wie z. B. Zirkonium, Titan, die seltenen Erdmetalle usw., ganz zu verzichten, um die Eigenschaften der wichtigeren Elemente, vor allem der Metalloide, mit der mir wünschenswert und nötig erscheinenden, eindringlichen Ausführlichkeit darstellen zu können.

Ebenso habe ich es mit gewissen allgemeinen Betrachtungen gehalten, von denen vielleicht manche in dem Buche vermißt werden. Ich habe dies getan, um die Atom- und Molekulartheorie, die modernen Anschauungen über den Bau der Atome, die radioaktiven Erscheinungen, das periodische System in seiner alten und modernen Gestalt und manches andere, was mir für das erste Eindringen in die Wissenschaft wichtig schien, um so schärfer herausarbeiten zu können.

Was die Anlage des Buches, seinen Inhalt, die Begrenzung des Stoffes, sowie die Auswahl der Versuche betrifft, so habe ich mich im großen und ganzen auf das Manuskript der von mir schon eine längere Reihe von Jahren gehaltenen Vorlesung über „Anorganische Experimentalchemie" bezogen.

Dabei bekenne ich gerne, daß dieses in enger Anlehnung an die gleiche Vorlesung Emil Fischers entstanden ist. Natürlich hat diese in zahlreichen Punkten ein anderes Gesicht erhalten, vieles neue ist hinzugekommen, und die modernen Anschauungen über den Bau der Materie, den radioaktiven Zerfall und die Einrichtung des periodischen Systems haben die theoretischen Betrachtungen von Grund auf geändert.

Die von E. Fischer geschaffene Disposition und der Aufbau seiner Vorlesung schien mir dagegen in didaktischer Beziehung so unübertrefflich, daß ich mich nicht habe entschließen können, hieran eine wesentliche Änderung vorzunehmen und habe sie daher auch meinem Buche zugrunde gelegt. —

Herrn Dr. Hans Kleinfeller, Assistenten am hiesigen Chemischen Institute, danke ich für die freundliche Unterstützung, die er mir durch das Mitlesen der Korrektur gewährt hat, aufs beste.

Kiel, im Mai 1922.

O. Diels.

Inhaltsübersicht.

I. Einführung.

Die Chemie gehört zu den allgemeinen Naturwissenschaften und hat die Gesetze und Erscheinungen zu untersuchen, die bei den Umwandlungen der Materie beobachtet werden.

Sie teilt sich in diese Aufgabe mit der Physik, doch ist es nicht schwierig, jeder der beiden Wissenschaften ihr besonderes Gebiet zuzuweisen und eine ziemlich scharfe Grenze zwischen ihnen zu ziehen.

Reibt man z. B. eine Siegellackstange, so wird sie elektrisch. Man vermag mit ihr ein Elektroskop aufzuladen, leichte Partikelchen anzuziehen usw. Sie befindet sich also zweifellos in einem anderen Zustande als vorher. Nach kurzer Zeit indessen hat sie die elektrischen Eigenschaften eingebüßt und ist in ihren Anfangszustand zurückgekehrt.

Wenn man ferner irgendeine Flüssigkeit zum Sieden erhitzt, so verwandelt sie sich in Dampf, verändert also ebenfalls ihren Charakter vollständig. Wird aber der Dampf abgekühlt, so bildet sich die Flüssigkeit mit allen ihren Eigenschaften wieder zurück.

In beiden Fällen — beim geriebenen Siegellack und bei der zum Sieden erhitzten Flüssigkeit — handelt es sich also um vorübergehende Änderungen ihres Zustandes. Es sind typisch **physikalische** Vorgänge.

Daß die Materie aber auch Veränderungen ganz anderer Art erleiden kann, beweist z. B. das Verhalten des Schwefels zum Eisen beim Erhitzen.

Vermengt man die beiden Stoffe miteinander, so findet zunächst keine Einwirkung aufeinander statt. Durch Beobachtung des Gemisches unter dem Mikroskop lassen sich die Eisen- und Schwefelpartikelchen deutlich nebeneinander erkennen. Mit einem Magneten läßt sich ferner das Eisen vom Schwefel trennen. Endlich vermag man durch das Lösungsmittel Schwefelkohlenstoff aus dem Gemisch den Schwefel herauszulösen.

Alles das beweist, daß Schwefel und Eisen im Gemenge unverändert nebeneinander vorhanden sind.

Erst beim Erhitzen ändert sich das Bild:

Versuch 1. Man füllt ein Gemisch von 15 g Schwefelblumen und 30 g pulverisiertem Eisen in ein Kölbchen von etwa 100 ccm, spannt dieses in ein Stativ ein und erhitzt es unter beständigem Fächeln mit der Flamme zunächst vorsichtig, dann an einer Stelle kräftig. Es setzt dann plötzlich eine heftige, mit Glüherscheinung verbundene „Reaktion“ ein, die von einer Stelle ihren Ausgang nimmt und sich in kurzer Zeit durch die ganze Masse verbreitet.

Nach dem Abkühlen zerschlägt man das Kölbchen und erhält dann das „Reaktionsprodukt“ als blauschwarze, fest zusammenhängende Masse.

Das beim Erhitzen gebildete Produkt (— Schwefeleisen gegenannt —) ist von den Ausgangsmaterialien Schwefel und Eisen vollkommen verschieden, und durch keine der drei oben genannten Methoden lassen sie sich daraus wieder isolieren.

Eine ebenso durchgreifende Veränderung erleiden die Metalle Natrium (vgl. S. 297) und Kalium (vgl. S. 309), wenn man sie mit Wasser zusammenbringt.

Versuch 2. a) Man wirft ein abgeschnittenes erbsengroßes Stück Natrium in ein etwa 2 Liter fassendes, zu $^3/_4$ mit Wasser gefülltes Becherglas, das man sofort mit einem großen Uhrglas bedeckt. Das Metall schmilzt zu einer Kugel, die auf der Oberfläche des Wassers hin- und herläuft, immer kleiner wird und schließlich verschwindet. — Taucht man einen Streifen rotes Lackmuspapier in die Flüssigkeit, so färbt er sich blau!

b) Stellt man einen Versuch mit einem kleinen Stückchen Kalium unter denselben Bedingungen, wie mit Natrium, an, so sind die äußeren Erscheinungen fast die gleichen, nur bricht aus der geschmolzenen Kaliumkugel eine rotviolette Flamme hervor. Die Prüfung der Flüssigkeit mit rotem Lackmuspapier nach dem Verschwinden des Kaliums ergibt gleichfalls eine Blaufärbung.

Bei diesen Versuchen werden die beiden Metalle in andere Stoffe umgewandelt, die man aus den entstandenen Lösungen beim Eindampfen als weiße, krystallinische Massen erhält. Sie werden Natriumhydroxyd (vgl. S. 299) bzw. Kaliumhydroxyd (vgl. S. 311) genannt.

Erscheinungen von der Art, wie die Vereinigung von Schwefel und Eieen zum Schwefeleisen, die Umsetzung von Kalium oder Natrium mit Wasser und unzählige andere bilden nun das Wesen **chemischer** Vorgänge. Diese sind also unter allen Umständen mit einer mehr oder weniger tiefgreifenden, aber dauernden Umwandlung der Ausgangsstoffe verbunden.

Name und Aufgaben der Chemie.

Der Ursprung des Namens Chemie ist nicht völlig sicher, und es existieren zahlreiche Deutungen dafür. Wenn man aber bedenkt, daß die Anfänge der Chemie in Ägypten zu suchen sind und daß der alte Name für dieses Land „Chemi" gewesen ist, so ist es immerhin nicht ausgeschlossen, daß das Wort Chemia (χημεία) früher soviel wie ägyptische Wissenschaft bedeutet hat. Es ist aber auch möglich, daß man unter χημεία die Beschäftigung mit dem „Chêmi", dem „schwarzen Präparate", verstanden hat.

Von den Ägyptern gelangte die Chemie zu den Arabern. Diese setzten den Artikel al vor das Wort, und so entstand die Bezeichnung Alchemie für die chemische Wissenschaft im allgemeinen und die Kunst, edle Metalle aus unedlen darzustellen, im besonderen.

Es ist genugsam bekannt, von welch' phantastischen Plänen und Hoffnungen sich ein großer Teil der „Alchemisten" bei seinen Forschungen leiten ließ und wie wenig davon in Erfüllung gegangen ist.

Heute sind der Chemie ihre Aufgaben klar vorgezeichnet. Sie studiert die Eigenschaften und Umwandlungen der Materie und sucht dies zu erreichen einmal durch Herstellung von „Verbindungen" aus einfachen Stoffen und umgekehrt durch Zerlegung komplizierterer Verbindungen in möglichst einfache Gebilde — in Elemente.

Man hat demnach in der Chemie zu unterscheiden zwischen Elementen und Verbindungen.

Elemente sind solche Stoffe, die wir durch keines der uns bis jetzt zur Verfügung stehenden Mittel weiter zerlegen können.

Verbindungen entstehen dagegen dadurch, daß die Elemente untereinander in den mannigfaltigsten Verhältnissen zusammentreten, sind also zusammengesetzter Natur. Schwefel und Eisen und ebenso Natrium und Kalium (vgl. oben) sind Elemente, Schwefeleisen dagegen, das sich durch die in Versuch 1 studierte „Reaktion" bildet, und ebenso Natrium- und Kaliumhydroxyd sind Verbindungen.

Wir wissen jetzt mit Sicherheit, daß **92** Elemente existieren können, von denen wir **87** kennen (vgl. S. 353). Bei einigen von ihnen hat man festgestellt, daß sie einem freiwillig verlaufenden Zerfall unterliegen, daß auch sie also zusammengesetzt sind. Die Vermutung liegt sehr nahe (vgl. S. 348), daß sämtliche „Elemente" mehr oder weniger kompliziert zusammengesetzte Gebilde vorstellen, zu deren Zerlegung uns vorläufig noch die Mittel fehlen.

Die Beschreibung und die Umwandlungen der Elemente — Kohlenstoff ausgenommen — bildet den Gegenstand der anorganischen Chemie.

II. Nichtmetalle.

A. Nichtmetalle und ihre Verbindungen mit Wasserstoff und den Halogenen.

1. Sauerstoff. O.

Atomgewicht = 16,000.

Beim Erhitzen des roten Quecksilberoxyds beobachtet man eine ganze Reihe von Veränderungen: das Präparat färbt sich zunächst viel dunkler, fast schwarz; gleichzeitig beschlagen sich die kälteren Teile des Gefäßes, in dem die Zersetzung vorgenommen wird, mit einem zunächst grauen, dann spiegelnden Anflug, der, mit der Lupe betrachtet, aus feinen, silberglänzendnn Kügelchen besteht. Endlich entweicht ein farbloses Gas, das die bemerkenswerte Eigenschaft besitzt, einen glimmenden Holzspan wieder zum lebhaften Brennen zu entfachen.

Versuch 3. Ein am einen Ende geschlossenes, vorne v-förmig umgebogenes Glasrohr *a* von etwa 12 mm innerem Durchmesser aus schwerschmelzbarem Glase, zu etwa $^3/_4$ seiner Länge mit rotem Quecksilberoxyd locker gefüllt, wird in einem kleinen, mit Gas geheizten Verbrennungsofen *b* lebhaft erhitzt. Das entweichende Gas wird durch ein in geeigneter Weise gebogenes Gasentbindungsrohr *c* unter einen mit Wasser gefüllten und mit der Öffnung nach unten in eine zu $^2/_3$ mit Wasser gefüllte Wanne *d* (pneumatische Wanne) eingetauchten Glaszylinder *e* geleitet. Sobald das aufsteigende Gas das Wasser aus dem Zylinder verdrängt hat, wird dieser — unter Wasser — mit einer abgeschliffenen Glasplatte verschlossen, aus der Wanne herausgehoben und ein glimmender Span hineingehalten: Lebhaftes Aufflammen und Entzündung des Holzes!

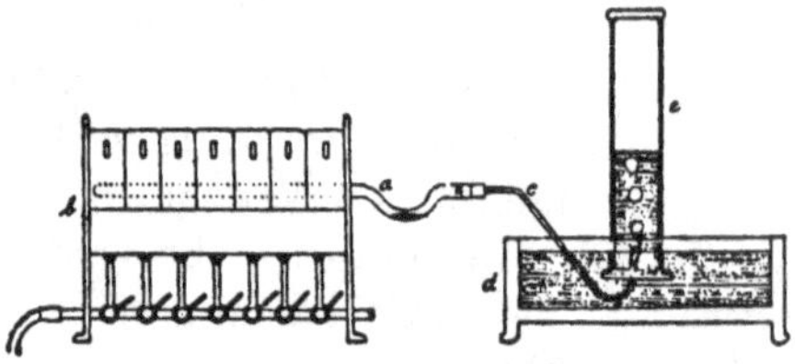

Fig. 1.

Dieses Gas heißt Sauerstoff und stellt eines der wichtigsten Elemente vor. Seine Verbreitung auf der Erde ist eine ganz ungeheure, denn nicht bloß als Bestandteil des Wassers und der atmosphärischen Luft, sondern auch fast sämtlicher Gesteine tritt uns der Sauerstoff entgegen.

Seine Bildung durch Zersetzung von Quecksilberoxyd in der Hitze besitzt auch historisches Interesse, denn auf diesem Wege wurde das Element im Jahre 1774 von Priestley entdeckt. Unabhängig und fast gleichzeitig mit ihm gelang auch dem schwedischen Apotheker Scheele die Auffindung und Isolierung des Sauerstoffs. Auch der große französische Chemiker Lavoisier hat sich um die Erkenntnis der Bedeutung des Sauerstoffs die höchsten Verdienste erworben, denn er war es, der als erster den Verbrennungsvorgang und die Rolle, die der Sauerstoff dabei spielt, richtig zu deuten verstand. Da bei den Verbrennungen in Sauerstoff sehr oft saure Produkte entstehen, so gab er dem Elemente den Namen Oxygène (ὀξύς, sauer, γεννάω, ich erzeuge). Die Übersetzung dieses Wortes ins Lateinische hat zu der Bezeichnung Oxygenium und zu dem deutschen Sauerstoff geführt. Um bei den häufig sehr kompliziert verlaufenden chemischen Prozessen die Vorgänge möglichst einfach und präzise formulieren zu können, ist es nach dem Vorschlage von Berzelius allgemein üblich geworden, die Elemente durch den Anfangsbuchstaben ihrer lateinischen Bezeichnung wiederzugeben. Daher stammt das Symbol O für den Sauerstoff von dem lateinischen Worte Oxygenium. In dieser chemischen Zeichensprache läßt sich die Zersetzung des Quecksilberoxyds durch eine ganz einfache chemische Gleichung wiedergeben, wobei bemerkt sei, daß das Symbol für Quecksilber Hg (von Hydrargyrum) ist:

$$HgO \text{ (Quecksilberoxyd)} = Hg \text{ (Quecksilber)} + O \text{ (Sauerstoff)}.$$

$$HgO = Hg + O.$$

Die Priestley'sche Methode zur Gewinnung des Sauerstoffs kommt, wenn es sich um die Darstellung größerer Mengen des Gases handelt, nicht in Betracht, da sie viel zu kostspielig ist.

Wir können dagegen aus dem ungeheuren Reservoir schöpfen, das uns die Natur in der atmosphärischen Luft bietet. Wie später gezeigt werden wird, läßt sich diese verflüssigen und aus der „flüssigen Luft" ohne Schwierigkeit reiner Sauerstoff herstellen (vgl. S. 92).

Ferner gibt es viele, sauerstoffreiche Verbindungen, die entweder beim Erhitzen oder unter anderen Bedingungen Sauerstoff abgeben. Hierher gehört z. B. das Mineral Braunstein, das aus dem Metalle Mangan (Mn) und einer reichlichen Menge von Sauerstoff besteht und in der Glühhitze einen Teil seines Sauerstoffs abgibt. Die für diesen Vorgang gültige „chemische Gleichung" lautet folgendermaßen:

$$3MnO_2 \text{ (Braunstein)} = Mn_3O_4 + O_2.$$

Für die Darstellung von Sauerstoff in kleinerem Maßstabe eignet sich besonders das Kaliumchlorat ($KClO_3$) als Ausgangsmaterial, denn es zerfällt beim starken Erhitzen vollständig in Sauerstoff und eine Verbindung, die zurückbleibt und Chlorkalium (KCl) genannt wird. Die chemische Gleichung dieses Zerfalls:

$$KClO_3 = KCl + 3O$$

gibt nur das Ende der Reaktion an. In Wirklichkeit spielt sich diese wichtige Umwandlung in 2 Phasen ab (vgl. S. 186). Besonders glatt verläuft die Entwicklung von Sauerstoff beim Erhitzen von Kaliumchlorat, wenn man diesem eine kleine Menge von pulverisiertem Braunstein oder fein verteiltem Eisenoxyd beimischt.

Versuch 4. Eine mittelgroße, zur Hälfte mit Asbestpapier beschlagene Retorte *a* wird etwa zu $1/3$ mit gröblich pulverisiertem Kaliumchlorat und wenig Braunsteinpulver beschickt und nicht zu stark erhitzt. Es entweicht alsbald ein leicht zu regulierender Strom von Sauerstoff, von dem man auf diese Weise in kurzer Zeit erhebliche Mengen darstellen kann. Am besten leitet man das aus der Retorte ausströmende Gas in einen großen, mit Wasser gefüllten Glasgasometer *b*, aus dem man es dann jederzeit durch Öffnen des Hahnes *c* entnehmen kann.

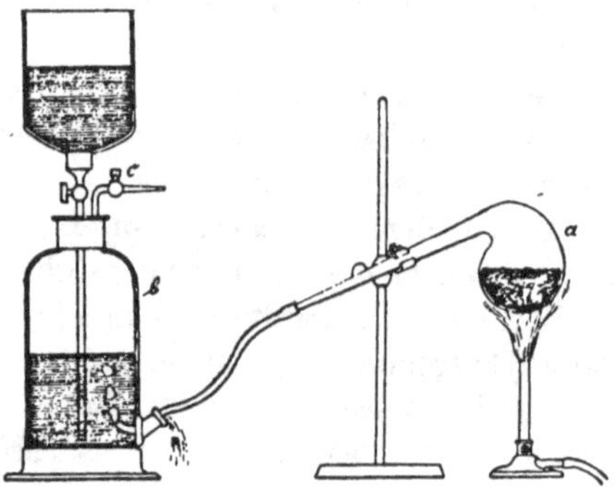

Fig. 2.

In der Technik, wo Sauerstoff nach verschiedenen Verfahren in großem Maßstabe fabriziert wird, preßt man das Gas unter einem Druck von etwa 200—250 Atmosphären in schmiedeeiserne, mit Ventil versehene Zylinder, sogenannte Bomben, die ein besonders bequemes Experimentieren mit dem Gase gestatten.

Eigenschaften des Sauerstoffs.

Sauerstoff ist ein farb-, geruch- und geschmackloses Gas, das bei tiefer Temperatur und unte starkem Druck verflüssigt werden kann und dann bei — 183° siedet. Seine Löslichkeit in Wasser ist, verglichen mit manchen anderen Gasen (vgl. z. B. S. 18 u. S. 32), nur gering, immerhin aber nicht zu vernachlässigen.

Großes Interesse bieten die chemischen Eigenschaften des Elements. Die Beobachtung, daß ein glimmender Holzspan sich in Sauerstoff wieder entzündet und unter lebhaftem Funkensprühen darin verbrennt, beweist, daß der Sauerstoff eine wichtige Rolle bei der Verbrennung spielt. Auch alle anderen Stoffe, die uns als besonders verbrennlich bekannt sind, wie Kohle, Schwefel oder Phosphor, verbrennen in reinem Sauerstoff mit weit größerer Energie und unter viel ansehnlicheren Erscheinungen. Sogar Metalle, die uns zunächst als „unverbrennlich" erscheinen, wie das Eisen, reagieren, wenn man es richtig anfängt, mit dem Sauerstoff unter den typischen Erscheinungen einer Verbrennung.

Versuch 5. a) In eine in der „pneumatischen Wanne" mit Sauerstoff gefüllte, etwa 3 l fassende Flasche *a* wird eine zugespitzte, in einen langen eisernen Löffel *b* eingegipste und in der Gasflamme an einer Stelle zum Glühen erhitzte Holzkohle *c* eingeführt: Aufleuchten und schnelles Abbrennen der Kohle!

b) In eine zweite mit Sauerstoff gefüllte 3 l-Flasche werden etwa 2 g Schwefel, der in einem langen eisernen Löffel bis zur Entzündung erhitzt worden ist, eingeführt. Der Schwefel verbrennt dann mit strahlend blauem Lichte!

c) Ein eiserner Löffel mit 2—3 erbsengroßen Stückchen Phosphor wird an die Mündung einer dritten 3 l-Flasche gebracht, der Phosphor durch Berühren mit einem heißen Draht entflammt und der Löffel dann sofort in die Flasche gesenkt. Der Phosphor verbrennt sehr energisch mit sonnenhellem Glanze unter Ausstoßung dichter, weißer Rauchwolken!

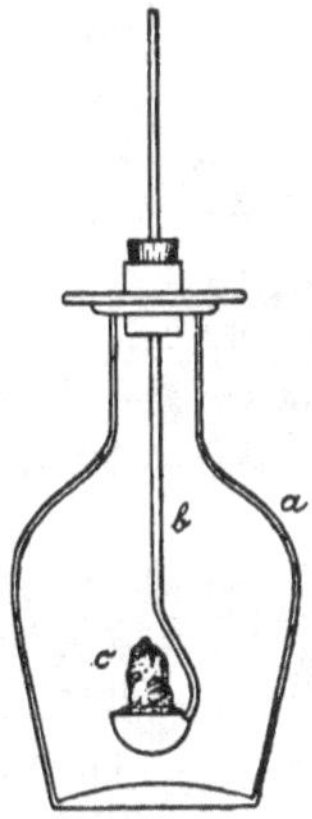

Fig. 3.

d) 2—3 Uhrfedern werden über dem Gebläse vorsichtig und nicht zu stark erhitzt, hierauf zu einem etwa 25 cm langen Zopf zusammengeflochten und nun mit dem einen Ende in einer durchlochten Metallplatte befestigt. Das andere Ende wird mit einem Stückchen Zündschwamm versehen und dieser in geschmolzenen Schwefel getaucht. Man entzündet den Schwefel und hängt dann den Eisenzopf in eine vierte 3 l-Flasche mit Sauerstoff, die auf trockenem Wege (durch Luftverdrängung) mit dem Gase gefüllt worden und deren Boden mit einer 1 cm hohen Schicht trockenen Sandes bedeckt ist. Sobald Schwefel und Zündschwamm verbrannt sind, greift die Verbrennung auf das Metall über, und dieses wird unter Funkensprühen und Herumschleudern der weißglühenden, geschmolzenen Eisenkugeln rasch aufgezehrt!

Bei diesen imposanten Verbrennungserscheinungen werden ansehnliche Mengen von Energie in Form von Wärme frei, die man z. B. zum Betrieb der Gebläse ausnutzen kann. Es sind dies Vorrichtungen, bei denen die Temperatur an und für sich nicht besonders heißer Flammen durch eingepreßte Luft oder zweckmäßiger durch Sauerstoff außerordentlich erhöht wird. In einem Leuchtgas-Sauerstoffgebläse verbrennt selbst ein starker Eisenstab sofort unter glänzender Lichterscheinung, und das Metall Platin, dessen Schmelzpunkt bei 1755° liegt, schmilzt darin wie Wachs zusammen.

Versuch 6. Das Luftzuführungsrohr eines entzündeten Leuchtgasgebläses wird mit der Sauerstoffbombe verbunden und das Ventil der letzteren sehr vorsichtig geöffnet. Durch Regulieren der Gas- und Sauerstoffzufuhr erhält man eine spitze, bläulich gefärbte Stichflamme, in der eine Stricknadel unter schönem Funkenregen verbrennt und ein dicker Platindraht ohne weiteres schmilzt.

Um zu einem Verständnis und zu einer Vorstellung zu gelangen, in welcher Weise der Sauerstoff bei den geschilderten Erscheinungen wirkt und welche Rolle er bei der Verbrennung spielt, empfiehlt es sich, die Verbrennung des Phosphors (vgl. Versuch 5c) noch einmal zu studieren, aber die Versuchsbedingungen so zu wählen, daß eine eventuelle Teilnahme des Sauerstoffs an der Verbrennung des Phosphors, die von vornherein wahrscheinlich ist, experimentell festzustellen ist. Dies gelingt leicht, wenn man die Verbrennung des Phosphors in einem über Quecksilber abgesperrten Sauerstoffvolumen vornimmt.

Versuch 7. Ein am einen Ende geschlossenes und mit trockenem Quecksilber gefülltes Glasrohr *a* von 40—45 cm Länge und etwa $1^3/_4$ cm innerem Durchmesser wird mit dem Daumen verschlossen und mit der Öffnung nach unten etwa 1 cm tief in Quecksilber gebracht, das sich in einer kleinen Wanne *b* befindet. Nachdem das Rohr sorgfältig in ein Stativ eingeklammert ist, läßt man etwa 5—10 ccm ganz reinen und völlig luftfreien Sauerstoff *c* — der am besten nach Versuch 4 aus wenig Kaliumchlorat entwickelt und durch ein Glasrohr *d* mit Schlauch *e* und gebogenem Gasentbindungsröhrchen *f* abgeleitet wird — darin aufsteigen. Hierauf führt man mit einer gebogenen Pinzette nacheinander 2—3 ganz kleine Stückchen trockenen Phosphor unter die Öffnung des Glasrohrs und läßt sie emporsteigen.

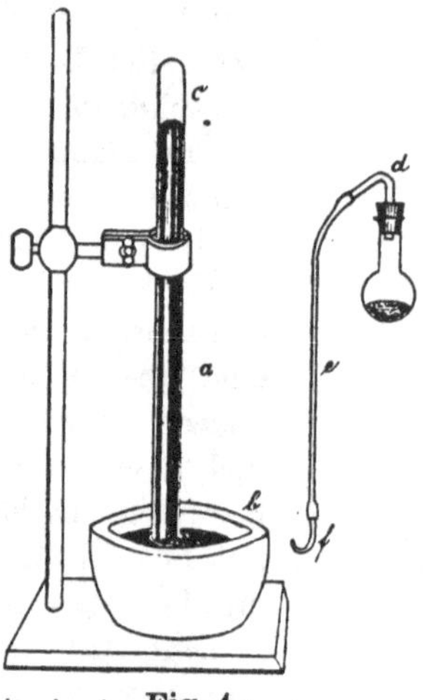

Fig. 4.

Sobald das Phosphorstückchen auf der Quecksilberkuppe angelangt ist, erhitzt man das Glasrohr an dieser Stelle vorsichtig von außen. Das Phosphorstückchen schmilzt, verbrennt dann blitzartig und das Sauerstoffvolumen verringert sich. Ist das Phosphorstückchen zu groß, so verschwindet der Sauerstoff sofort vollständig, andernfalls geschieht dies bei der Verbrennung des zweiten oder dritten Phosphorquantums. Das Quecksilber schlägt schließlich an die obere Kuppe des geschlossenen Rohres an und gleichzeitig bedecken sich die Wandungen des Rohres mit einem pulverigen, weißen Beschlag.

Man ersieht aus diesem Versuche mit aller Deutlichkeit, daß sich der Sauerstoff während der Verbrennung des Phosphors mit diesem zu einem neuen Stoff verbindet, wobei offenbar von einer gegebenen Menge Phosphor eine bestimmte Quantität des Gases verbraucht wird. Genau das gleiche beobachten wir bei allen Verbrennungserscheinungen im Sauerstoff. Wir nennen diese außerordentlich wichtige Wirkung des Elements eine Oxydation. Wir sprechen davon, daß irgend ein Stoff von Sauerstoff oxydiert wird und daß dabei Oxyde entstehen. Wir können sonach das Ergebnis der angestellten Versuche dahin zusammenfassen, daß Kohle, Schwefel, Eisen und Phosphor vom Sauerstoff oxydiert und in die entsprechenden Oxyde verwandelt werden, Vorgänge, die sich unter dem Bilde glänzender Lichterscheinungen abspielen. Die Bildung solcher Oxyde läßt sich bei der Verbrennung von Schwefel und Phosphor sehr leicht feststellen, denn die entstandenen Verbindungen lösen sich in Wasser zu Flüssigkeiten, die stark sauer schmecken und sich auch im übrigen wie echte „Säuren" (vgl. S. 46) verhalten. Es entspricht dies, wie später gezeigt werden wird, vollkommen dem Verhalten der Oxyde des Schwefels und Phosphors (vgl. S. 201 und 240).

Versuch 8. Nach beendigter Verbrennung des Schwefels und des Phosphors wird in die beiden 3 l-Flaschen der Versuche 5 *b* und *c* etwas Wasser gegossen und dieses mit dem Inhalt der Gefäße durch kräftiges Schütteln vermischt. Die wäßrigen Flüssigkeiten werden in Bechergläser gegossen und mit blauem Lackmuspapier geprüft: In beiden Fällen intensive Rotfärbung!

Wenn, wie es sich aus dem vorhergehenden klar zu ergeben scheint, die typischen Verbrennungserscheinungen nichts anderes sind als Oxydationen und diese wiederum auf einer Vereinigung der verbrennenden Stoffe mit Sauerstoff beruhen, so muß man mit zwingender Notwendigkeit den Schluß ziehen, daß das Gewicht irgend eines Oxydes unter allen Umständen größer sein muß, als das des für die Oxydation verwendeten Ausgangsstoffes. Auch diese Erkenntnis, so selbstverständlich sie uns heute erscheint, hat sich nur langsam und allmählich Bahn gebrochen. Sie läßt sich experimentell in sehr einfacher Weise, z. B. so beweisen, daß man einen auf einer Wage zum Gleichgewicht gebrachten Kupferzylinder im Sauerstoff stark erhitzt. Es bildet sich dann glatt das „Oxyd" des Kupfers, und auf der Seite der Wage, auf der sich der Kupferzylinder befindet, tritt eine beträchtliche Gewichtsvermehrung ein.

Versuch 9. a) Herstellung des Kupferzylinders. Um einen Holzstab von 1,2—1,4 cm Durchmesser und etwa 10 cm Länge wird ein Kupferdrahtnetz einmal fest herumgewickelt und an dem einen Ende umgebogen, so daß hier die Rolle geschlossen ist. Dann wickelt man ein Kartenblatt fest um die Rolle herum und zieht den Holzstab heraus. In das Innere des so entstandenen Hohlzylinders wird nun ein möglichst steifer Brei von Wasserglaslösung und Kupferoxydul eingestampft und der gefüllte Zylinder bei 100° getrocknet. Schließlich wird das Kartenblatt entfernt, auch um das andere Ende des Zylinders das Netz herumgebogen und dieser zuerst im Gebläse an der Luft und dann im Wasserstoffstrom geglüht.

b) Oxydation des Kupferzylinders. Der im Wasserstoffstrome reduzierte Kupferzylinder *a* wird in eine starke Spirale aus Kupferdraht *b* gesteckt, auf einer guten Tarierwage *c* ins Gleichgewicht gebracht und genau tariert. Man erhitzt dann den Kupferzylinder — am besten mit dem Gebläse (vgl. S. 7) — und leitet durch einen Vorstoß Sauerstoff darüber. Das Kupfer kommt zum lebhaften Erglühen, und nach dem Erkalten läßt sich die Gewichtsvermehrung an einem starken Ausschlag der Wage feststellen.

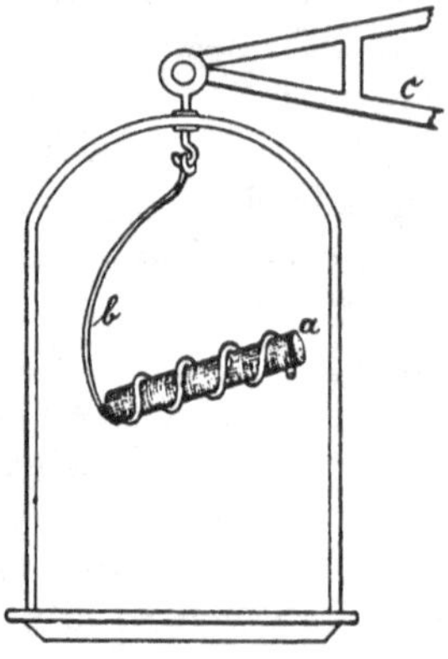

Fig. 5.

Nun beobachten wir freilich, daß beim Abbrennen einer Wachs- oder Stearinkerze keine ohne weiteres wahrnehmbare Gewichtsvermehrung stattfindet. Dies liegt aber nur daran, daß in diesem Falle die Verbrennungsprodukte gasförmig sind, sich also unserer Beobachtung entziehen. Trifft man Vorkehrungen, ihr Entweichen in die Luft zu verhindern, so läßt sich unschwer auch in diesem Falle die Gewichtsvermehrung durch Sauerstoffaufnahme feststellen. Experimentell gelingt dies dadurch, daß man das bei der Verbrennung des Kerzenmaterials gebildete Oxyd „Kohlendioxyd" (vgl. S. 259) durch Ätzkali (vgl. S. 311) absorbiert.

Versuch 10. Man tariert auf einer guten Wage folgende Vorrichtung: Eine oben offene Glasglocke *a*, die in ihrem oberen Teil auf einem gut anschließenden Drahtnetz *b* eine 2—3 cm hohe Schicht von etwa erbsengroßen Ätzkalistückchen *c* enthält. Darunter, aufgekittet auf eine dicke Glasplatte, eine kurze Stearinkerze *d*. Nachdem man sich davon überzeugt hat,

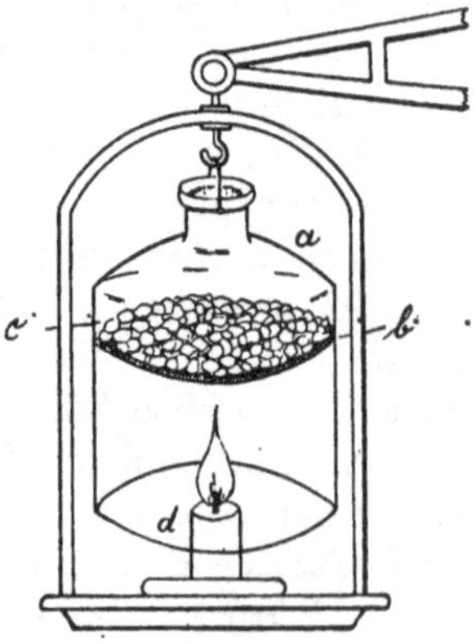

Fig. 6.

daß die Wage im Gleichgewicht ist, arretiert man sie und zündet die Kerze an. Nach 1—2 Minuten kann man die Flamme wieder auslöschen und sich davon überzeugen, daß beim Lösen der „Arretierung" auf der Seite der Kerze ein starkes Übergewicht vorhanden ist.

Nicht immer spielen sich die Oxydationsvorgänge so schnell und unter Licht- und stärkerer Wärmeentwicklung ab; aber im Prinzip ändert dies nichts am Wesen eines solchen Prozesses und an der Rolle, die der Sauerstoff dabei spielt. Wenn wir z. B. Eisen langsam und allmählich an der Luft rosten oder Holz vermodern sehen oder Fett in unserem Körper verbrennen, so ist das an und für sich der gleiche Oxydationsvorgang, als wenn Eisen im Sauerstoff unter Funkensprühen oder Holz in unseren Öfen oder eine Stearinkerze zur Erzeugung von Licht verbrannt wird. Die Produkte der Verbrennung sind die gleichen, nur spielt sich diese außerordentlich viel langsamer ab.

Die rein qualitative Beobachtung, daß sich z. B. Kupfer mit dem Sauerstoff unter Gewichtsvermehrung verbindet, läßt sich durch die Einführung einer quantitativen Untersuchungsmethode zur Feststellung einer Gesetzmäßigkeit von fundamentaler Bedeutung verwerten.

Man hat nur nötig, die Gewichtszunahme einer bestimmten, genau abgewogenen Menge reinen Kupfers bei der Oxydation, d. h. bei dem Übergange in Kupferoxyd exakt zu bestimmen, wozu man sich einer feinen Wage bedienen muß.

Versuch 11. In einem in ein Tondreieck *a* eingesetzten Quarztiegel *b*, dessen Gewicht sorgfältig bis auf die vierte Dezimale bestimmt worden ist, wird eine gleichfalls abgewogene Menge reinen, pulverförmigen Kupfers zum Glühen erhitzt und gleichzeitig ein langsamer Strom sorgfältig getrockneten Sauerstoffs auf die Oberfläche des glühenden Metalls geleitet. Nach einigen Minuten ist die Oxydation beendet, worauf der heiße Tiegel mit dem darin befindlichen Kupferoxyd zur Abkühlung in einen sogenannten „Exsikkator" gebracht und nach kurzer Zeit — um die Menge des aufgenommenen Sauerstoffs zu bestimmen — wieder gewogen wird.

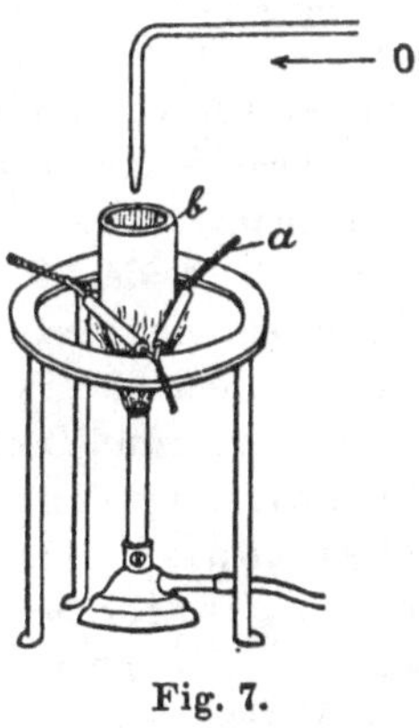

Fig. 7.

Nehmen wir z. B. folgende Zahlen an:

Gewicht des leeren Tiegels	5,536 g
„ „ Tiegels + Kupfer	7,132 g
So betrüge die Menge des Kupfers	1,596 g

Nach beendigter Oxydation wiegt der
Tiegel mit dem darin befindlichen Kupferoxyd . . . . 7,536 g
Also beträgt die Menge des gebildeten Kupferoxyds . . . . . 2,000 g
Demnach sind, wie das Experiment lehrt, in 2 g Kupferoxyd enthalten:

1,596 g Kupfer (Cu),
0,404 g Sauerstoff (O).

Daraus ergibt sich die prozentische Zusammensetzung des Kupferoxyds zu:

79,8%	Cu
20,2%	O
100,0	

Analysiert man in ähnlicher Weise das früher erwähnte Quecksilberoxyd (vgl. S. 4) und das Schwefeleisen (vgl. S. 2), so findet man folgende Prozentzahlen:

1. Quecksilberoxyd (HgO):	92,6%	Hg
	7,4%	O
	100,0	
2. Schwefeleisen (FeS):	63,6%	Fe
	36,4%	S
	100,0	

Das Ergebnis dieser quantitativen Bestimmungen ist von höchster Wichtigkeit; denn, wie immer wir z. B. das Kupferoxyd herstellen, von welcher Menge Kupfer wir dabei ausgehen und wie wir endlich die Analyse ausführen, das Endergebnis ist immer das gleiche: Im Kupferoxyd finden wir stets auf 79,8% Kupfer 20,2% Sauerstoff.

Entziehen wir 2 g Kupferoxyd nach irgendeiner Methode den Sauerstoff, so erhalten wir unter allen Umständen die Menge von 1,596 g Kupfer, von der wir bei der soeben angestellten Rechnung ausgegangen sind.

Genau so liegen die Dinge für Quecksilberoxyd und Schwefeleisen. Nur wenn man, z. B. bei der Darstellung von Schwefeleisen aus Schwefel und Eisen. die beiden Stoffe in dem oben angeführten Verhältnis mischt, verbinden sie sich restlos miteinander, im anderen Falle bleibt entweder der eine oder der andere Bestandteil unverbunden zurück. Ebenso ist es bei allen anderen Verbindungen. Ein Gemenge kann jede beliebige Zusammensetzung haben; aber für eine chemische Verbindung ist es charakteristisch, daß in ihr die Elemente in unveränderlichem Gewichtsverhältnis enthalten sind: Gesetz von der Konstanz der Verbindungsgewichte.

Die Reinheit und Einheitlichkeit einer chemischen Verbindung läßt sich daher durch eine Prüfung entscheiden, ob in ihr die Elemente — wie es das erste chemische Fundamentalgesetz erfordert — in konstantem Verhältnis enthalten sind.

Einige weitere, allgemeine Betrachtungen, die sich aus den mit Sauerstoff angestellten Versuchen ergeben.

Die Anwendung quantitativer Untersuchungsmethoden, die uns ungezwungen zu dem Gesetz von der Konstanz der Verbindungsgewichte geführt hat, ist auch die Veranlassung gewesen, daß ein weiteres, allgemeines Prinzip, nämlich das von der Unzerstörbarkeit des Stoffes erkannt und exakt bewiesen werden konnte. Dieses besagt, daß bei keinem Naturvorgang irgendwelche Stoffe neu erzeugt oder zerstört werden können, daß es sich vielmehr stets nur um Umwandlungen der Materie handelt. Wenn wir daher ein Stück Kohle bei der Verbrennung verschwinden sehen, so handelt es sich dabei keineswegs um eine völlige Vernichtung der Kohle; diese wird vielmehr nur in ein gasförmiges, für uns unsichtbares Oxyd verwandelt. Sammelt man dieses sorgfältig und regeneriert daraus nach irgendeinem Verfahren die Kohle, so wird sie unverändert an Gewicht zurückerhalten. Die heutige experimentelle Forschung steht also auf dem Standpunkt: Sieht man bei irgend einem Vorgang Stoff verschwinden, so verwandelt er sich lediglich in gasförmige Produkte, die zwar dem Auge unsichtbar sind, aber durch andere Mittel zur Wahrnehmung gebracht werden können.

Das Gesetz von der Erhaltung des Stoffes und das ihm an Wichtigkeit und Tragweite ebenbürtige Gesetz von der Erhaltung der Energie bilden die Grundlagen der modernen Naturforschung und sind daher auch für die Chemie von hoher Bedeutung.

Bei den im Sauerstoff angestellten Verbrennungen (vgl. Versuch 5), mußten die Stoffe zur Einleitung der Reaktion erhitzt werden. Die Kohle mußte glühen, Schwefel mußte zum Sieden erhitzt und der Phosphor mit einem heißen Drahte berührt werden; erst dann setzte Entzündung und lebhafte Verbrennung ein. Die Entzündungstemperatur scheint danach eine ganz verschieden hohe zu sein. Wir können diese Vermutung in der einfachsten Weise experimentell prüfen und bestätigen, indem wir die Entzündbarkeit bei einer Reihe uns als brennbar bekannter Flüssigkeiten prüfen.

Versuch 12. a) In ein wenig, in einem Becherglase befindlichen Alkohol wird ein glimmender Holzspan eingetaucht — Erlöschen! Mit dem brennenden Span tritt sofort Entflammung ein.

b) Man bringe in ein Becherglas einige Kubikzentimeter reinen Schwefelkohlenstoff und halte nach etwa $^1/_2$—1 Minute einen auf 150—180° erhitzten Glasstab in den Dampf der feuergefährlichen Flüssigkeit: augenblickliche Entzündung!

c) Eine mit Zinkäthyl gefüllte Glaskugel wird auf einer Stein- oder Metallplatte vorsichtig — um ein Herumspritzen zu vermeiden — mit dem Hammer zerschlagen. Sowie das Präparat mit der Luft in Berührung kommt, bricht es in helle, grüngesäumte Flammen aus, wobei dichte Rauchwolken — aus Zinkoxyd (lana philosophica) (vgl. S. 362) — emporsteigen.

Es zeigt sich also, daß bei manchen Stoffen bereits bei der Temperatur der umgebenden Luft Entzündung eintritt, ein Verhalten, für welches wir noch manches Beispiel finden werden (vgl. S. 114 u. 153). In anderen Fällen wiederum liegt die Entzündungs- oder Reaktionstemperatur extrem hoch, so daß das Intervall ein ganz außerordentlich großes ist.

Auch der Grad der Verteilung eines Stoffes kann für die Schnelligkeit irgendeiner Reaktion von sehr großer Bedeutung sein. Lassen wir z. B. ein erbsengroßes Stück Phosphor offen an der Luft liegen, so wird es zwar bei der diesem Elemente eigenen Neigung zur Oxydbildung mit Begierde Sauerstoff aufnehmen. Durch die „Reaktionswärme" kommt es nach einiger Zeit zum Schmelzen des Phosphors und schließlich verbrennt er mit heller Flamme unter Ausstoßung eines dichten Rauches. Aber bis zu dem Moment, wo diese Erscheinung eintritt, können mehrere Stunden vergehen. Innerhalb von etwa $^1/_2$ Minute wird dagegen die Entzündungstemperatur des Phosphors erreicht, wenn man ihn in sehr feiner Verteilung der Luft aussetzt.

Versuch 13. Ein erbsengroßes Stückchen trockener Phosphor wird in einem Reagenzglas in etwa 1—2 ccm reinem Schwefelkohlenstoff gelöst und diese Flüssigkeit in möglichst großer Verteilung auf einen Bogen nicht zu starken und dichten Filtrierpapiers ausgegossen. Man faßt dann das Papierblatt an einer der oberen Ecken und schwenkt es langsam hin und her. Nach etwa $^1/_2$ Minute brechen plötzlich Flammen hervor und das Papier verbrennt.

2. Wasserstoff. H. (Hydrogenium.)

Atomgewicht = 1,008.

Taucht man in Wasser — das durch eine geringe Menge Schwefelsäure leitend gemacht worden ist — die Poldrähte einer Akkumulatorenbatterie, so sieht man von beiden eine lebhafte Gasentwicklung ausgehen.

Versuch 14. In ein Kelchglas *a* mit ganz verdünnter Schwefelsäure taucht man zwei dünne Platinbleche *b* ein, die an dicken Kupferdrähten mit Polklemmen befestigt oder in mit Quecksilber gefüllte, oben offene Glasröhrchen eingeschmolzen sind. Sobald man die Poldrähte einer aus 2—4 Zellen bestehenden Akkumulatorenbatterie in das Quecksilber der beiden Röhrchen hineinsteckt, setzt lebhafte Zersetzung des Wassers unter starker Gasentwicklung ein.

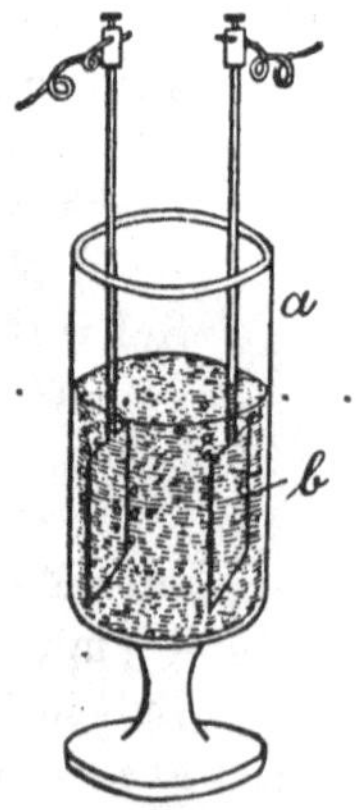

Fig. 8.

Die Gase, die bei diesem Versuche — getrennt voneinander — aufsteigen und in die Luft entweichen, lassen sich sammeln, wenn man die Zersetzung des Wassers im Knallgasvoltameter vornimmt:

Versuch 15. Der Glasstopfen einer etwa $^1/_2$ l fassenden Pulverflasche *a* trägt in drei Bohrungen ein ziemlich weites, mehrfach gebogenes Gasableitungsrohr *b* sowie zwei mit Quecksilber gefüllte Glasröhrchen *c*, in die, wie bei dem vorhergehenden Versuche, zwei Platinbleche *d* eingeschmolzen sind. Die Zersetzung wird durch Einstecken der Poldrähte einer geeigneten Stromerzeugungsquelle (z. B. einer Akkumulatorenbatterie) bewirkt, nachdem das Voltameter zu etwa $^7/_8$ mit stark verdünnter Schwefelsäure gefüllt worden ist. Nachdem die Entwicklung des Gases einige Minuten gedauert hat, leitet man es in Seifenlösung, die sich in einer dickwandigen Porzellanreibschale befindet. [Zur Herstellung einer brauchbaren Seifenlösung werden erst 10 g Marseiller Seife, dann 150 g Rohrzucker in $^1/_2$ l Wasser gelöst]. — Der aus großen Blasen bestehende Schaum wird — nach Entfernung des Voltameters — mit einem brennenden Holzspan entzündet, wobei mit ohrenbetäubendem Knall Explosion eintritt.

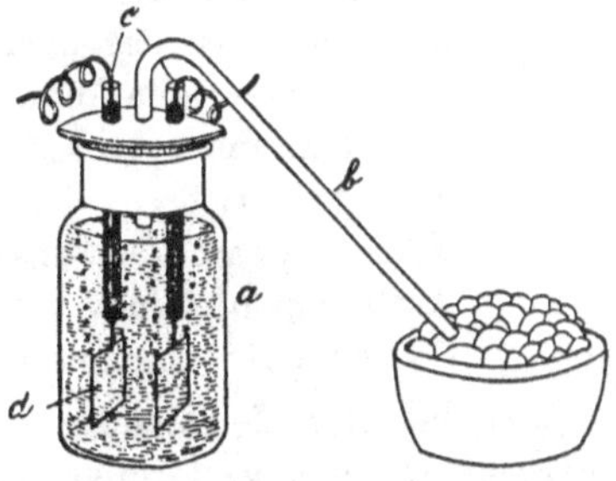

Fig. 9.

Wenn wir die zunächst unbewiesene Annahme machen, daß die bei der Zersetzung des Wassers durch den elektrischen Strom gebildeten Gase die einzigen Bestandteile sind, aus denen sich das Wasser aufbaut, so beweist die Heftigkeit der Explosion, die bei dem eben angestellten Versuche beobachtet wurde, daß bei der Entzündung dieser Gase eine gewaltige Betätigung von Energie stattfindet. Man bezeichnet das Gemisch der bei der Wasserzersetzung von den beiden „Elektroden" aufsteigenden Gase als Knallgas. Einen Schluß auf die Zusammensetzung des Knallgases zu ziehen, gestatten uns die bisherigen Beobachtungen nicht.

Dagegen erhalten wir sofort auf alle Fragen eine völlig befriedigende Antwort, wenn wir dem für die Zersetzung des Wassers bestimmten Gefäß eine solche Form geben, daß die beiden gasförmigen Produkte der Wasserzersetzung getrennt voneinander aufgefangen werden können. Dies gelingt im Hofmann'schen Wasserzersetzungsapparat ohne Schwierigkeit.

Versuch 16. Der Hofmann'sche Apparat *a* wird mit soviel verdünnter Schwefelsäure (1 : 12) gefüllt, daß die Flüssigkeit in dem Glastrichter *b* etwa 1 Finger hoch steht. Die Elektroden *c* werden mit den Polen einer aus 4 Zellen bestehenden Akkumulatorenbatterie verbunden. Es setzt dann sofort starke Gasentwicklung ein, und in den beiden Schenkeln des Apparates sammeln sich zwei Gase im Verhältnis 1 : 2 an. Nachdem sich eine genügende

Menge davon gebildet hat, wird der Versuch unterbrochen. Auf denjenigen Schenkel, in dem sich das größere Gasvolumen befindet, wird mit einem Gummischlauch ein kleines, zu einer nicht zu feinen Glasspitze ausgezogenes oder mit einer Platindüse versehenes Glasröhrchen *d*, auf den anderen Schenkel ein weites Glasrohr *e* aufgesetzt. Beim Öffnen der Hähne entweicht aus dem Schenkel *a* ein Gas, das an der Mündung des ausgezogenen Glasröhrchens entzündet werden kann und mit nicht leuchtender Flamme verbrennt. Aus dem anderen Schenkel tritt ein Gas aus, das sich in dem weiten Glasrohr *e* ansammelt und durch das Aufflammen eines glimmenden Spanes als Sauerstoff erkannt werden kann.

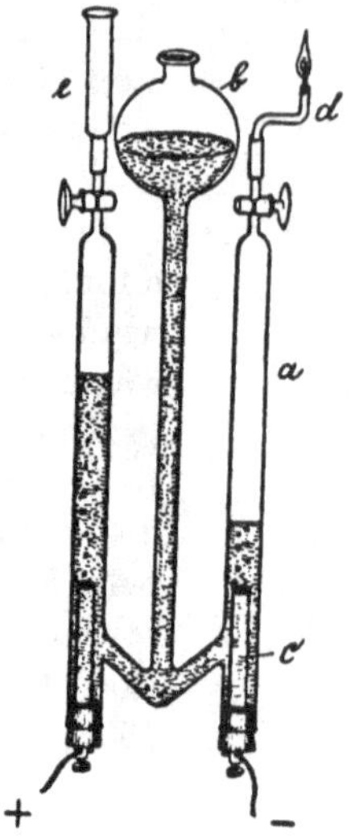

Fig. 10.

Der bei der Zersetzung des Wassers in größerer Menge entstehende gasförmige Bestandteil ist ebenso wie Sauerstoff ein Element und wird Wasserstoff genannt.

Er bildet sich aber aus dem Wasser nicht bloß bei der Zersetzung durch den elektrischen Strom, sondern kann aus diesem auch bei der Einwirkung von Metallen entstehen. Manche Metalle, wie z. B. Natrium, Kalium und verschiedene andere, sind dazu bereits bei gewöhnlicher Temperatur imstande.

Versuch 17. Unter einen weiten, mit Wasser gefüllten und mit der Öffnung nach unten in eine mit Wasser gefüllte Glaswanne *a* eingehängten Glaszylinder *b* bringt man mit Hilfe eines gebogenen Löffels aus Drahtnetz *c* 3—4 erbsengroße Stücke metallisches Natrium, wobei man vor jedesmaligem Eintragen des nächsten Stückchens wartet, bis das vorhergehende mit dem Wasser reagiert hat und verschwunden ist. Im Zylinder sammelt sich rasch eine beträchtliche Menge von Wasserstoff an!

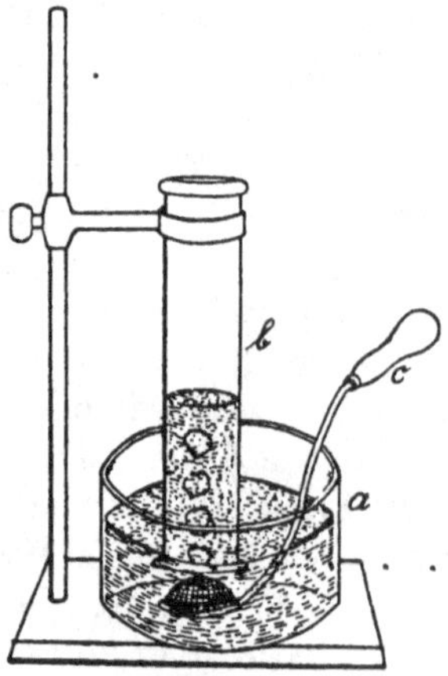

Fig. 11.

Der Vorgang besteht darin, daß sich das Natrium mit dem Wasser unter Bildung von Wasserstoff und einer Verbindung umsetzt, die später (vgl. S. 299) eingehend unter dem Namen Natriumhydroxyd beschrieben wird:

$$\text{Na (Natrium)} + H_2O \text{ (Wasser)} = H + NaOH \text{ (Natriumhydroxyd)}.$$

Andere Metalle vermögen erst bei sehr hoher Temperatur dem Wasser den Sauerstoff zu entziehen. Zu ihnen gehört z. B. das Eisen.

Versuch 18. Auf einem gut wirkenden, großen Verbrennungsofen *a* liegt ein langes eisernes, mit Blumendraht oder kleinen eisernen Nägeln gefülltes Rohr *b*. Da das Eisen meistens mehr oder minder oxydiert ist, so leitet man vor Beginn des eigentlichen Versuches durch das hellrotglühende Rohr einige Zeit einen nicht zu schnellen Strom von Leuchtgas hindurch. Hierdurch wird das Eisen vollkommen reduziert und erlangt die Fähigkeit der Wasserzer-

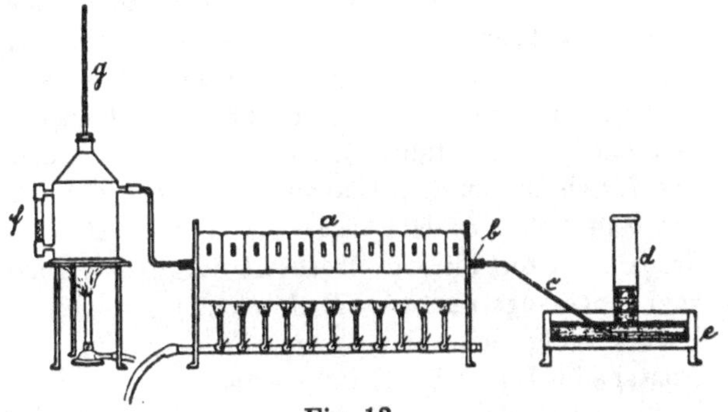

Fig. 12.

setzung bei hoher Temperatur. Man verbindet nun das vorbereitete, glühende Rohr auf der einen Seite mit dem Gasentbindungsrohr *c*, das unter den mit Wasser gefüllten Zylinder *d* in der pneumatischen Wanne *e* führt. Auf der anderen Seite ist der Wasserdampfentwickler *f* mit dem Sicherheitsrohr *g* angeschlossen. Sobald ein lebhafter Dampfstrom in das hellrotglühende Eisenrohr eingelassen wird, steigen in dem Zylinder große, aus Wasserstoff bestehende Gasblasen auf!

Es bildet sich hierbei außer Wasserstoff ein Oxyd des Eisens von der Formel Fe_3O_4:

$$3Fe + 4H_2O = 4H_2 + Fe_3O_4.$$

Dieser Versuch hat auch Anspruch auf historisches Interesse, denn durch ihn konnten Cavendish und Watt den Nachweis erbringen, daß das Wasser nicht, wie man bis dahin annahm, ein Element, sondern ein zusammengesetzter Körper ist.

Cavendish ist auch der erste, der 1766 den Wasserstoff als eigentümliche, besondere Luftart erkannte. Er hat daher als Entdecker dieses Elementes zu gelten.

Am besten eignen sich zur Gewinnung des Wasserstoffs die Säuren, die, wie später gezeigt werden wird (vgl. S. 46), ausnahmslos Verbindungen dieses Elements darstellen. Besonders einfach ist die Zusammensetzung der

Salzsäure (vgl. S. 42). Sie bildet in reinem Zustande ein farbloses, stechend riechendes Gas, das von Wasser mit äußerster Begierde zur wäßrigen Salzsäure gelöst wird.

Versuch 19. Eine angewärmte, ganz trockene 2 l-Flasche *a* wird mit reinem Chlorwasserstoff gefüllt, hierauf schnell mit einem sehr gut passenden Gummistopfen *b* verschlossen, durch den ein knieförmig gebogenes, an der einen Seite zur Spitze ausgezogenes Glasrohr hindurchgeht. Nachdem der Stopfen fest auf die Flasche aufgesetzt ist, wird das Glasrohr durch einen Gummischlauch mit einem Stückchen Glasstab verschlossen. Die so vorbereitete Flasche wird nun mit dem Hals nach unten in eine große, mit durch Lackmus blau gefärbtem Wasser gefüllte Glaswanne *c* gesteckt und der Verschluß von dem Glasrohr abgezogen. Durch den beim Abkühlen der Flasche entstandenen Minderdruck wird die Flüssigkeit sofort durch das Glasrohr eingesaugt und alsbald durch die augenblickliche Lösung des Chlorwasserstoffgases als starke Fontäne ins Innere der Flasche eingespritzt. Gleichzeitig färbt sich — als Beweis der sauren Eigenschaften der wäßrigen Salzsäure — die blaue Flüssigkeit rot!

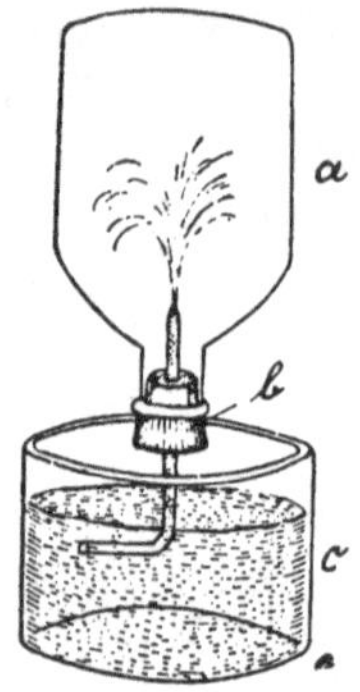

Fig. 13.

Die wäßrige Salzsäure reagiert mit Metallen, wie Eisen oder Zink, sofort unter lebhafter Wasserstoffentwicklung, wobei die Metalle in wasserlösliche Verbindungen übergeführt werden:

$$Zn + 2HCl \text{ (Salzsäure)} = 2H + ZnCl_2 \text{ (Chlorzink, vgl. S. 363).}$$
$$Fe + 2HCl = 2H + FeCl_2 \text{ (Ferrochlorid, vgl. S. 402).}$$

Handelt es sich bei dieser Zersetzung der Salzsäure zum Zwecke der Wasserstoffgewinnung um Versuche in kleinerem Maßstabe, so kann man die Entwicklung des Gases in der „Gasentbindungsflasche“ vornehmen.

Versuch 20. Eine mit einem Trichterrohr *a* versehene Gasentbindungsflasche *b*, die mit einer Anzahl Zinkstangen *c* beschickt ist, wird durch ein zweimal gebogenes Gasentbindungsrohr *d* mit der „pneumatischen Wanne“ verbunden. Man füllt nun etwa 1—2 Finger hoch verdünnte Salzsäure durch das Trichterrohr ein, worauf die Wasserstoffentwicklung sofort einsetzt. Von Zeit zu Zeit

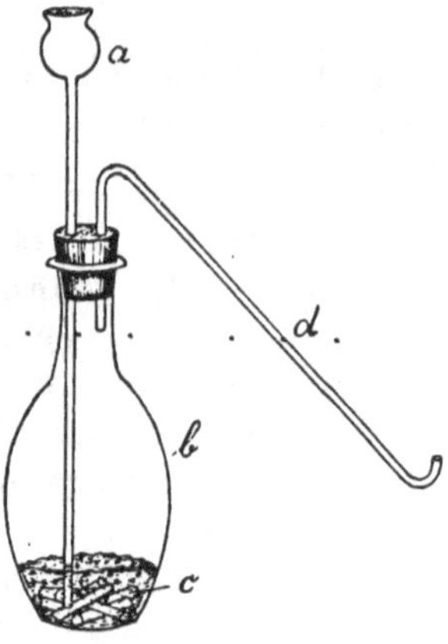

Fig. 14.

stülpt man ein Reagenzglas über die Mündung des Gasentbindungsrohres, verschließt es mit dem Daumen und hält es an eine Flamme. Schlägt diese dann mit pfeifendem Knall in das Innere des Glases hinein, so ist noch Luft in der Apparatur und infolgedessen gefährliches Knallgas vorhanden (vgl. S. 15). Erst wenn bei der wiederholten Prüfung das pfeifende Geräusch vollkommen verschwunden ist, kann der Wasserstoff als rein angesehen und in einem mit Wasser gefüllten Zylinder in der üblichen Weise in der pneumatischen Wanne aufgefangen werden.

Viel zweckmäßiger ist die Verwendung eines „Kipp'schen Apparates", der jederzeit einen regelmäßigen und lange anhaltenden Gasstrom zu entnehmen gestattet.

Versuch 21. Die Einrichtung des Kipp'schen Apparates geht aus der nebenstehenden Figur hervor. Die mittlere Kugel *a* enthält Zinkstangen *b*, der untere Teil des Apparates *c* sowie die obere Kugel *d* sind mit mäßig starker (roher) Salzsäure gefüllt. Sobald der Hahn geöffnet wird, hat die Säure Zutritt zum Zink, und die Entwicklung des Wasserstoffs beginnt. Wird der Hahn geschlossen, so drängt das entstandene Gas die Säure aus der mittleren Kugel heraus und in die obere hinein. Die Gasentwicklung hört dann sehr bald auf, da keine Berührung zwischen Zink und Säure mehr stattfindet.

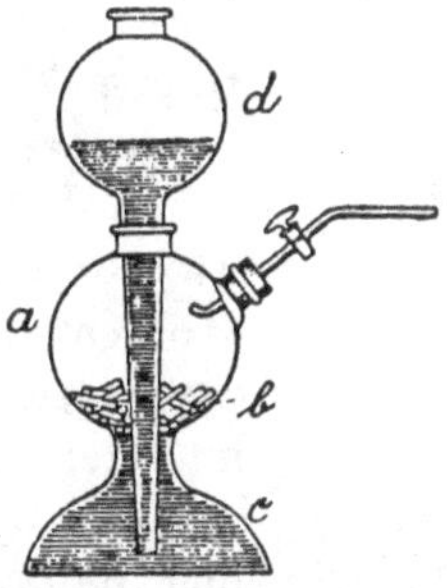

Fig. 15.

Technisch wird Wasserstoff durch elektrolytische Zersetzung einer wäßrigen Kochsalzlösung dargestellt, wobei auch noch andere, sehr wichtige Stoffe gewonnen werden. (Vgl. S. 38 u. S. 185). Er kommt in stark komprimiertem Zustande, ebenso wie der Sauerstoff, in „Bomben" in den Handel.

Eigenschaften des Wasserstoffs.

Wasserstoff ist ein farb-, geruch- und geschmackloses, in Wasser außerordentlich wenig lösliches Gas, dessen Siedepunkt $-252{,}6^0$ vom absoluten Nullpunkt nicht allzuweit entfernt ist.

Von hoher praktischer Bedeutung ist das niedrige spezifische Gewicht des Gases, von dem man sich sehr leicht durch einfache Versuche überzeugen kann.

Versuch 22. a) Ein in der pneumatischen Wanne mit dem Kipp'schen Apparate oder der „Bombe" mit Wasserstoff gefüllter Glaszylinder wird mit der Öffnung nach oben etwa 1 Minute offen hingestellt und dann eine Flamme an seine Mündung gebracht: Keine Entzündung!

b) Ein zweiter, in derselben Weise mit Wasserstoff gefüllter Zylinder wird mit der Öffnung nach unten in ein Stativ gespannt und nach 1—2 Minuten mit der Flamme geprüft. Unter schwacher Verpuffung tritt Entzündung ein.

c) Ein mit Wasserstoff gefüllter, zunächst mit der Öffnung nach unten gehaltener Glaszylinder wird so an die Mündung eines leeren Glaszylinders herangehalten, daß das leichte Gas beim allmählichen Drehen des damit gefüllten Zylinders in den mit der Mündung nach unten gehaltenen, leeren Zylinder aufsteigen kann, Im letzteren läßt sich das umgefüllte Gas mit einer Flamme durch Verpuffung und Entzündung nachweisen.

d) Auf einer guten, empfindlichen Tarierwage ist ein leerer, etwa 500 ccm fassender Glaskolben *a* mit Gummistopfen *b* und eingeführtem Gaszuleitungs- und -ableitungsrohr genau tariert. Man verbindet nun das Einleitungsrohr *c* mit einem Wasserstoffentwickler und läßt einen Strom des trockenen Gases durch den Kolben hindurchstreichen. Nach etwa 1 Minute ist die Luft aus dem Kolben verdrängt und dafür Wasserstoff eingeströmt. Löst man nunmehr die Arretierung der Wage, so zeigt sich auf der Seite des Glaskolbens eine starke Gewichtsverminderung!

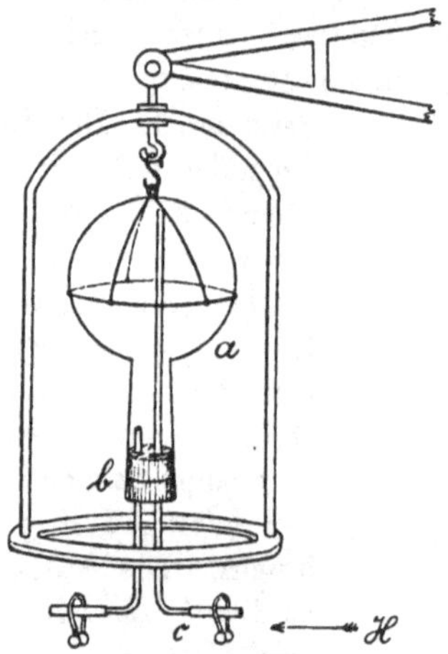

Fig. 16.

Wasserstoff ist nach dem Ergebnisse dieser Versuche viel leichter als atmosphärische Luft. Würde man das spezifische Gewicht der beiden Gase, wie es bei Flüssigkeiten und festen Körpern üblich ist, auf die Einheit Wasser beziehen, so würden äußerst kleine Zahlen, nämlich

0,00129 für Luft,
0,0000896 für Wasserstoff

herauskommen, mit denen sehr schlecht zu rechnen wäre. Deswegen ist man übereingekommen, das spezifische Gewicht der Gase auf eine andere Einheit, nämlich auf den Wasserstoff, das leichteste Gas, zu beziehen.

Wenn wir also hören, daß das spezifische Gewicht der atmosphärischen Luft = 14,5, das des Sauerstoffs = 16, das des Chlors = 35,5 ist, so bedeutet dies, daß ein Volum der betreffenden Gase um so und so viel mal schwerer ist, als ein gleich großes Volum Wasserstoff.

Da aber die Gase ihr Volumen und damit auch ihr Gewicht je nach dem Druck und der Temperatur, unter denen sie gemessen werden, sehr stark ändern, so hat man beschlossen, für die Messung der Gase Normalverhältnisse des Druckes und der Temperatur, nämlich 760 mm und 0°, zugrunde zu legen und Gasvolumina, die bei anderen Drucken und Temperaturen gemessen sind, auf diese Normalverhältnisse zu reduzieren.

Die beiden wichtigen Zahlen, die das Gewicht von 1 l Luft (1,29 g) und von 1 l Wasserstoff (0,0896 g) angeben, gelten gleichfalls nur bei 0° und 760 mm.

Wasserstoff ist ein brennbares Gas. Entzündet man den einem Kipp'schen Apparate entströmenden Wasserstoff an einer aufgesteckten Platindüse, so verbrennt das Gas mit einer kaum sichtbaren, aber sehr heißen Flamme. Die Entzündung läßt sich aber auch dadurch herbeiführen, daß man in den aus der Düse entweichenden Wasserstoff mit einer Tiegelzange ein äußerst feinmaschiges Netzchen aus ganz dünnem Platindraht oder einige Fasern Platinasbest hineinhält. Durch dieses Hilfsmittel wird demnach die sich unter Feuererscheinung abspielende Vereinigung des Wasserstoffs mit dem Sauerstoff, die ohne weiteres nicht stattfindet, so befördert und beschleunigt, daß sich der Wasserstoff bereits nach wenigen Augenblicken entzündet. Man nennt Stoffe, die, wie im vorliegenden Falle das Platin, imstande sind, ohne selbst sichtbaren Anteil daran zu nehmen, den Verlauf einer Reaktion merkbar zu beeinflussen, Kontaktsubstanzen oder Katalysatoren. Ihre Tätigkeit und Bedeutung läßt sich durch viele höchst wichtige Beispiele belegen (vgl. Synthese des Jodwasserstoffs, S. 57; Schwefelsäuregewinnung nach dem Kontaktverfahren, S. 200; Oxydation von Ammoniak zu Salpetersäure, S. 235; usw.).

Bei der Vereinigung von Wasserstoff mit Sauerstoff, auf der die Brennbarkeit des ersteren beruht, kommt es zur Betätigung großer Energiemengen.

Man sieht dies einmal an der gewaltigen Explosion, mit der sich ein Gemisch von Wasserstoff und Sauerstoff, wie es im Knallgas vorliegt, bei der Entzündung miteinander verbindet.

Versuch 23. Ein mit 2 Platinkontakten *a* versehenes Explosionskölbchen *b* wird mit Wasser und dann in der pneumatischen Wanne mit reinem Knallgas aus dem Knallgasvoltameter (vgl. S. 15) gefüllt. Dann wird es mit einem Gummistopfen sorgfältig verschlossen und mit den beiden Platinösen in die von einem Ruhm-

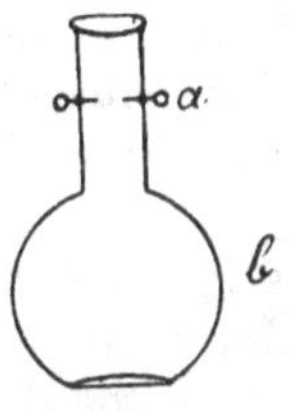

Fig. 17.

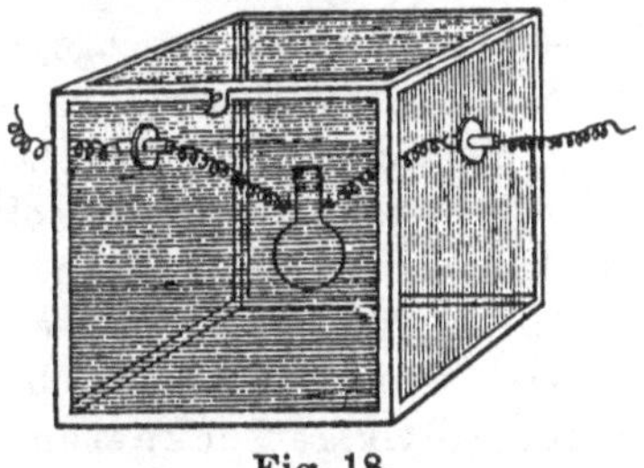

Fig. 18.

korff'schen Funkeninduktor hergeleiteten Drähte eingehängt. Diese letzteren werden zweckmäßig — entsprechend isoliert — durch die Wandungen eines verschließbaren, aus feinem Messingdrahtnetz bestehenden Schutzkorbes geführt. Sobald das Kölbchen in die Drähte vom Funkeninduktor eingehängt und der Deckel des Schutzkorbes geschlossen ist, setzt man den Ruhmkorff in Tätigkeit, worauf augenblicklich unter mächtiger Detonation das Kölbchen zu Glasstaub zertrümmert wird.

Auch die gewaltige Temperatursteigerung einer gewöhnlichen Wasserstoffflamme durch eingepreßten Sauerstoff gibt einen guten Begriff von der Menge der bei der Vereinigung der beiden Gase freiwerdenden Energie. Sie wird ausgenutzt für den Betrieb des Knallgasgebläses und für Beleuchtungszwecke.

Versuch 24. Die Gaszuführung eines gewöhnlichen Gebläses (vgl. S. 7) wird mit der Wasserstoffbombe verbunden und das ausströmende Gas entzündet. Das andere Gaszuführungsrohr des Gebläses wird an eine Sauerstoffbombe angeschlossen und ein nicht zu kräftiger Sauerstoffstrom in die Wasserstoffflamme hineingepreßt. Beim Einführen einer Stricknadel in die Stichflamme verbrennt sie unter lebhaftem Funkensprühen.

Richtet man die Flamme des brennenden Knallgases gegen ein Zirkonplättchen oder ein mit einer Höhlung versehenes Kalk- oder Kreidestück, so werden diese Materialien alsbald zur lebhaftesten Weißglut erhitzt und strahlen ein blendend weißes Licht aus — Drummond'sches Kalklicht.

Versuch 25. Ein Stück Billardkreide wird — mit der Höhlung nach außen — so in einem Knallgasgebläse befestigt, daß nach Einschaltung des Wasserstoffstromes, Entzündung und Zuführung des Sauerstoffs die Spitze der Knallgasflamme gerade in die Höhlung des Kreidestückes gerichtet ist. Nach wenigen Augenblicken strahlt dieses ein blendendes Licht aus!

Die hohe Temperatur des Knallgasgebläses wird vielfach ausgenutzt: zum Zerschneiden dicker eiserner Platten, zur Bearbeitung des Quarzglases (vgl. S. 281), zum Schmelzen von Platin usw.

3. Wasser. H_2O.

Die beträchtliche Wärmemenge, die bei der Vereinigung des Wasserstoffs mit dem Sauerstoff frei wird, ist zurückzuführen auf die Bildung einer Verbindung aus den beiden Elementen. Beim Verbrennen von Wasserstoff in ganz trockenem, reinem Sauerstoff sieht man diese Verbindung als farblose Flüssigkeit auftreten.

Versuch 26. Ein hohes weithalsiges Glasgefäß *a* mit breitem, abgeschliffenem und schwach eingefettetem Rand wird mit reinem, sorgfältig getrocknetem Sauerstoff gefüllt. In das Gefäß wird dann ein mehrfach umgebogenes, mit einer Platindüse versehenes Glasrohr *b*, das in eine abgeschliffene Glasplatte *c* eingesetzt ist und aus demeine kleine Wasserstoffflamme herausbrennt, fest aufgesetzt. Nach etwa $^1/_2$ bis 1 Minute haben sich die kalten Wandungen des Gefäßes mit einem dichten Flüssigkeitshauch beschlagen, der sich alsbald zu größeren Tropfen vereinigt und an den Glaswandungen herabfließt.

Fig. 19.

Die äußere Besichtigung und die nähere Untersuchung der bei der Verbrennung von Wasserstoff im Sauerstoff gebildeten Flüssigkeit läßt keinen Zweifel darüber, daß sie aus reinem Wasser besteht.

Noch schöner läßt sich die Entstehung des letzteren aus den Elementen beobachten, wenn man sich einer anderen Versuchsanordnung bedient.

Versuch 27. Ein aus Quarzglas (oder Platin) angefertigtes Kölbchen *a* von 75—100 ccm Inhalt ist durch einen auf das seitliche Ansatzrohr aufgesteckten Korkstopfen mit einem dünnwandigen Glasrohr *b* — einem Kühlrohr — verbunden. In das Kölbchen sind durch einen Schliff *c* zwei enge — gleichfalls aus Quarz bestehende — Röhrchen eingesetzt, die bis etwa 2 cm über den Boden des Gefäßes in dieses hineinreichen und außen umgebogen sind. An diese beiden Rohrenden sind mit dünnen Gummischläuchen U-förmige, mit Chlorcalcium gefüllte Glasrohre *d* angeschlossen, die ihrerseits mit der Wasserstoff- bzw. Sauerstoffbombe in Verbindung stehen. Der Versuch wird dadurch eingeleitet, daß zunächst — während die Zuführung zum Sauerstoff bei *e* durch einen Quetschhahn abgesperrt ist — die ganze Apparatur mit Wasserstoff durchspült wird, bis man bei *f* durch die übliche Prüfung die völlige Freiheit von Luft feststellen kann. Hierauf wird der Quarzkolben mit einem guten Dreibrenner kräftig erhitzt, und sobald er schwach rotglühend geworden ist, vorsichtig ein zunächst schwacher Sauerstoffstrom — bei fortgesetztem Zuleiten des Wasserstoffs — eingeleitet. Es erscheint sofort im Inneren des Quarz-

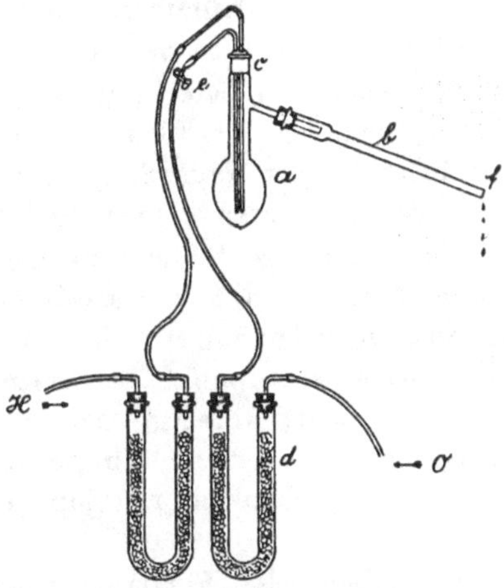

Fig. 20.

kölbchens eine gelbe Flamme, und man reguliert nun die beiden Gasströme so, daß diese verschwindet, dafür aber schließlich die untere Partie des Kolbens hellrotglühend, fast weißglühend wird. Man beobachtet dann das Auftreten von Wasserdampf in reichlicher Menge, und das entstandene Wasser tropft aus dem „Kühlrohr" in Tropfen herab!

Das Ergebnis dieses Versuches bedeutet eine vollkommene Umkehrung dessen, was bei der Zersetzung des Wassers durch den elektrischen Strom beobachtet wird (vgl. S. 14). Im letzteren Falle findet eine Zerlegung des Wassers in die Elemente Wasserstoff und Sauerstoff, im ersteren Falle ein Aufbau des Wassers aus den beiden Gasen statt.

Man kann dies auch so ausdrücken, daß man sagt: Das Wasser zerfällt bei seiner Analyse in Wasser- und Sauerstoff, wird dagegen durch Vereinigung dieser beiden Gase durch Synthese gebildet.

Die Synthese des Wassers ist eine Beweisführung, wie sie schärfer gar nicht gedacht werden kann, dafür, daß Wasserstoff und Sauerstoff seine einzigen Bestandteile sind. Die Frage ist bloß, ob es nicht gelingt, die beiden Gase weiter zu zerlegen. Bis jetzt mußte diese Frage stets verneint werden, weder den mächtigen Kräften der Wärme, noch der Elektrizität ist es vorläufig gelungen, die Elemente Sauerstoff und Wasserstoff noch weiter zu zertrümmern, und aus allen Vorgängen, die der Scharfsinn der Chemiker ersonnen hat, sind sie stets unverändert hervorgegangen.

Wir sind also berechtigt, sie als unzerlegbare, einfache Stoffe zu betrachten, und sie als Elemente zu bezeichnen im Gegensatz zum Wasser, dem Schwefeleisen (vgl. S. 1), dem Quecksilberoxyd (vgl. S. 4), die noch weiter zerlegt werden können und Verbindungen genannt werden.

Nun lassen ja freilich die Forschungen der modernen Physik keinen Zweifel darüber, daß die sogenannten „Elemente" noch zusammengesetzt sind und in vielen Fällen sicherlich einen sehr komplizierten Bau aufweisen. Von diesem Standpunkt betrachtet, ist wohl auch der Sauerstoff kein wahres Element; solange uns aber die Mittel fehlen, ihn, wie auch die bisher als „Elemente" betrachteten Stoffe, in Bestandteile zu zerlegen, hat es keine Bedenken, mit ihm zu operieren, als wäre er tatsächlich ein Element.

Das chemische Fundamentalgesetz von der „Konstanz der Verbindungsgewichte" verlangt, daß auch die Verbindung Wasser ihre Bestandteile in einem bestimmten, unabänderlichen Gewichtsverhältnis enthält.

Die genauesten Versuche haben nun tatsächlich ergeben, daß im Wasser, einerlei, wie es entsteht oder analysiert wird, stets auf

1 Gewichtsteil Wasserstoff
8 Gewichtsteile Sauerstoff

kommen. Von dieser außerordentlich wichtigen Tatsache kann man sich experimentell sehr leicht dadurch überzeugen, daß man über eine abgewogene Menge reines Kupferoxyd trockenen Wasserstoff leitet, erhitzt und die Menge des entstehenden Wassers bestimmt:

$$CuO \text{ (Kupferoxyd)} + 2H = Cu + H_2O \text{ (Wasser)}.$$

Da in einem abgewogenen Quantum Kupferoxyd die Menge des Sauerstoffs genau bekannt ist, so erhält man durch Subtraktion vom Gewichte des gefundenen Wassers diejenige Menge von Wasserstoff, die mit dem Sauerstoff zum Wasser zusammengetreten ist.

Versuch 28. In ein absolut trockenes Kugelrohr *a* aus schwer schmelzbarem Glase wird eine bestimmte Menge ganz reinen und gleichfalls völlig trockenen Kupferoxyds *b* eingewogen. Das Rohr wird dann mit einer mit konzentrierter Schwefelsäure beschickten Waschflasche *c*, auf der anderen Seite mit einem genau gewogenen, U-förmig gebogenen, mit gekörntem Chlorcalcium gefüllten Glasröhrchen *d* verbunden. Man leitet nun von *e* her einen langsamen Strom reinen Wasserstoff durch die Apparatur hindurch und er-

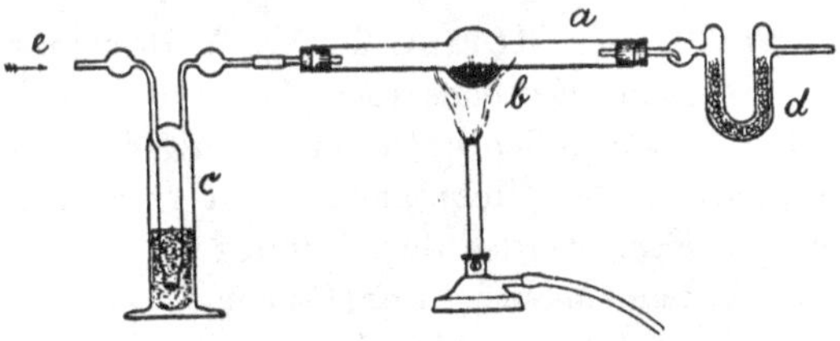

Fig. 21.

hitzt, nachdem die Luft völlig ausgetrieben ist, die Kugel schließlich zu dunkler Rotglut. Das Kupferoxyd in der Kugel verwandelt sich alsbald in rötliches, metallisch glänzendes Kupfer, und es entweichen reichliche Mengen von Wasser, die man allmählich durch vorsichtiges Erhitzen des Kugelrohrs bei andauerndem Durchleiten von Wasserstoff in das Chlorcalciumrohr herübertreibt. Nach beendigter Reaktion wird — nachdem auch der letzte Wasserhauch aus dem Rohr verjagt ist — das Chlorcalciumrohr zurückgewogen und aus der Menge des Wassers und dem Prozentverhältnis von Kupfer und Sauerstoff im Kupferoxyd die „Verbindungsgewichte" von Wasserstoff und Sauerstoff bestimmt. —

Das Gewichtsverhältnis von 1 : 8, das wir auf dem eben geschilderten, quantitativen Wege ermitteln, macht uns bekannt mit den Verbindungs- oder Äquivalentgewichten für Wasserstoff und Sauerstoff. Die Einheit der Verbindungsgewichte ist, ebenso wie bei den spezifischen Gewichten der Gase (vgl. S. 20), Wasserstoff = 1.

Vergleicht man das Verbindungsgewicht des Sauerstoffs mit seinem spezifischen Gewicht, so zeigt sich, daß das letztere doppelt so groß ist:

Verbindungsgewicht von Sauerstoff = 8.
Spezifisches Gewicht „ „ = 16.

Wenn nun im Wasser auf 1 Gewichtsteil Wasserstoff 8 Gewichtsteile Sauerstoff kommen, andererseits aber 1 Raumteil Sauerstoff 16 mal so viel wiegt, als ein gleich großes Volum Wasserstoff, so ist diese Differenz nur unter der Voraussetzung zu erklären, daß sich bei der Vereinigung von Wasserstoff mit Sauerstoff zu Wasser 1 Volum Wasserstoff mit $^1/_2$ Volum Sauerstoff oder 2 Volumina Wasserstoff mit 1 Volumen Sauerstoff verbinden.

Daß dem wirklich so ist, ergibt sich ohne weiteres durch die Beobachtung, daß bei der Zersetzung des Wassers im Hofmann'schen Apparate (vgl. S. 16) genau 2 Raumteile Wasserstoff und 1 Raumteil Sauerstoff entstehen. Es folgt auch daraus, daß beim Entzünden eines Gasgemisches aus genau 2 Raumteilen Wasserstoff und 1 Volumen Sauerstoff das Gas vollkommen bis auf den letzten Rest verschwindet und nur ein Hauch von Wasser sich bildet.

Versuch 29. Ein Hofmann'sches Vorlesungseudiometer *a* (Fig. 23) mit seitlichem Hahnansatz *b*, Dreiweghahn (Fig. 22) und zwei eingeschmolzenen, außen zu Ösen umgebogenen Platindrähten *c* ist bis an die Bohrung des Dreiweghahns mit trockenem Quecksilber gefüllt. Die Platinösen werden durch dünne Drähte mit einem Ruhmkorff'schen Funkeninduktor *d* verbunden und an den zunächst nach außen geöffneten Dreiweghahn durch ein kurzes Stück Kapillarschlauch *e* ein gut schließendes, durch eine Batterie *f* in Tätigkeit gesetztes Knallgasvoltameter *g* angeschlossen. Nachdem man sicher ist, daß aus dem Voltameter, dem Gummischlauch und der Bohrung des Hahnes die Luft vollkommen ausgetrieben ist, wird der Hahn um 180° herumgedreht, so daß nunmehr das Knallgas in das Eudiometer eintreten kann. Gleichzeitig läßt man durch Öffnen des Hahnes an dem seitlichen Ansatz Quecksilber so rasch in ein darunter gestelltes Gefäß ausfließen, daß die Kuppen in den beiden Schenkeln des Eudiometers beim Einströmen des Knallgases annähernd gleich hoch stehen. Hat man auf diese Weise vorsichtig etwa 12 ccm des letzteren eingefüllt, so dreht man, während die Quecksilberkuppe in dem offenen Schenkel etwa $^1/_2$ cm höher stehen soll, als in dem

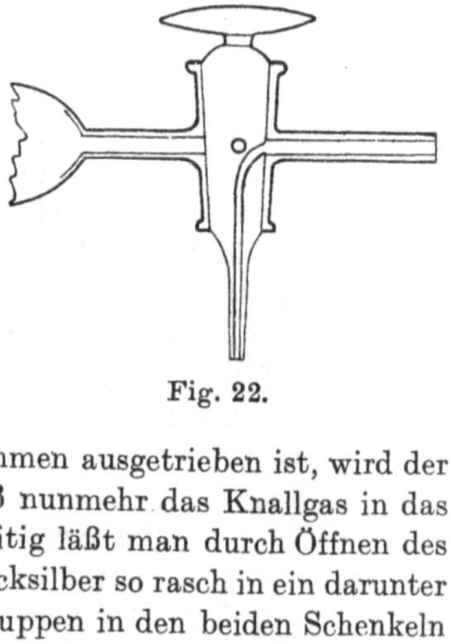

Fig. 22.

geschlossenen, den Dreiweghahn schnell wieder um 180° herum, so daß das Knallgas und das Eudiometer abgeschlossen ist. — Das Voltameter wird vom Eudiometer abgenommen. — Nunmehr wird der offene Schenkel bis zum Überlaufen mit Quecksilber gefüllt und ein gut passender Gummistopfen *h* eingepreßt, durch dessen Bohrung ein mit Quecksilber gefülltes, zu einer haarfeinen Spitze ausgezogenes Glasröhrchen *i* eingeführt ist. Man läßt dann durch den seitlichen Ansatz solange Quecksilber austreten, als es beim Öffnen des Hahnes abfließt, wodurch das Volumen des in dem geschlossenen Schenkel befindlichen Knallgases beträchtlich zunimmt und das Gas verdünnt wird. Durch Einschalten des Funkeninduktors wird das Gas zur Explosion gebracht. Schließlich schneidet man mit einer scharfen Schere die äußerste Kapillare des erwähnten Glasröhrchens ab, worauf die Luft ganz langsam eintritt und das Quecksilber im geschlossenen Schenkel allmählich bis an den Dreiweghahn emporgedrückt wird. Natürlich muß zum Schluß, um ein scharfes Resultat zu erhalten, das Quecksilber in dem offenen Schenkel bis zum Überlaufen aufgefüllt werden. Geht man bei dem Hinzutritt der Luft minder vorsichtig zu Werke, so kann es vorkommen, daß das Quecksilber mit heftigem Schlage gegen den Dreiweghahn stößt und der Apparat zertrümmert wird.

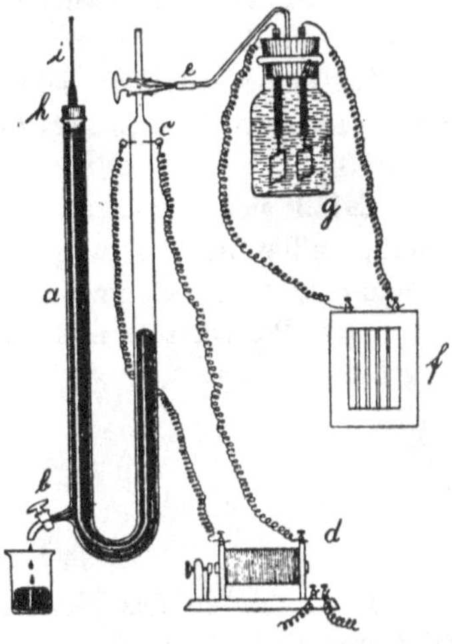

Fig. 23.

Aus diesem Versuche ergibt sich auch das sehr wichtige Gesetz, daß die Verbindung der Gase nach einfache Volumverhältnissen vor sich geht. (Gesetz von Gay Lussac 1808.)

Im vorliegenden Falle ist das Verhältnis der Gase, wie sie sich vereinigen, 2 : 1, in anderen Fällen kann es 3 : 1 oder 4 : 1 oder noch anders sein.

Das Beobachtungsmaterial, das wir bei der Analyse und Synthese des Wassers, bei der Bestimmung der Verbindungs- und spezifischen Gewichte von Wasserstoff und Sauerstoff gesammelt haben, gestattet uns, für das Wasser ein Symbol abzuleiten, das allen gefundenen Erscheinungen gerecht wird. Bedienen wir uns dazu der von Berzelius in die Wissenschaft eingeführten chemischen Zeichensprache (vgl. S. 5), so könnten wir dem Wasser die Formel HO beilegen. Sie würde zum Ausdrucke bringen, daß Wasser eine Verbindung ist, die aus Wasserstoff und Sauerstoff besteht.

Macht man weiter die stillschweigende Voraussetzung, daß der Buchstabe H 1 Gewichtsteil Wasserstoff und O 8 Gewichtsteile Sauerstoff — also in beiden Fällen das Verbindungsgewicht — bedeuten soll, so würde die Formel HO auch die Gewichtsverhältnisse vollkommen richtig zum Ausdruck bringen, in denen die beiden gasförmigen Elemente im Wasser enthalten sind.

In der Tat ist diese Formel bis gegen das Ende des 19. Jahrhunderts benutzt worden.

Ihr haftet aber ein sehr schwerwiegender Mangel an, der darin besteht, *daß sie den beobachteten Volumverhältnissen nicht Rechnung trägt.*

Es läßt sich indessen sehr leicht eine Formel aufstellen, die auch in diesem Punkte allen Anforderungen entspricht. Man könnte zum Zwecke der Anschaulichkeit ein Symbol konstruieren, in welchem gleich große Volumina der Gase Wasserstoff und Sauerstoff durch gleich große Quadrate wiedergegeben werden:

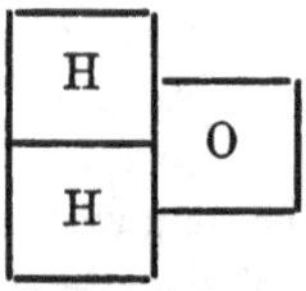

.

Setzt man in das gleiche Schema statt der Buchstaben die spezifischen Gewichte der beiden Gase ein, so würde es folgendes Aussehen erhalten:

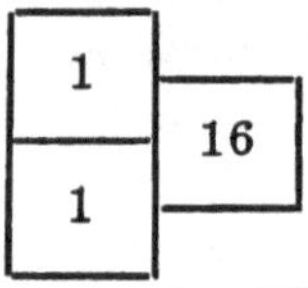

.

Es würde die Zusammensetzung des Wassers sowohl nach Gewicht wie nach Volumen richtig wiedergeben.

Zur weiteren Vereinfachung des Ausdrucks läßt man die Quadrate weg und zieht die Formel

$$\begin{matrix}H\\H\end{matrix}O$$

zusammen in H_2O.

Sie besagt:

1. Wasser besteht aus Wasserstoff und Sauerstoff.
2. Im Wasser sind 2 Volumina Wasserstoff (vom spez. Gewicht 1) mit 1 Volumen Sauerstoff (vom spez. Gewicht 16) zusammengetreten.
3. Da das *Gewichtsverhältnis* der beiden Elemente im Wasser demnach wie 2 : 16 ist, so besteht auch mit den experimentell gefundenen Verbindungsgewichten 1 bzw. 8 für Wasserstoff und Sauerstoff volle Übereinstimmung.

Daß die Formel H_2O für Wasser noch mehr auszusagen vermag, kann erst später (vgl. S. 67) begründet werden.

Eigenschaften des Wassers.

Das reine Wasser ist vollkommen farb-, geschmack- und geruchlos. Die natürlichen Wässer und die atmosphärischen Niederschläge sind mehr oder minder durch alle möglichen Stoffe verunreinigt. Zur Herstellung reinen Wassers wird das Brunnen- oder Flußwasser einer Destillation unterworfen, wobei die nicht flüchtigen, festen Körper zurückbleiben, während die Gase mit übergehen. Da sich die letzteren vor allem in den ersten Anteilen des übergehenden Destillats befinden, so tut man gut, diese zu verwerfen. Von der Reinigung des Wassers durch Destillation kann man sich leicht durch gewisse Reagentien überzeugen. Prüft man z. B. gewöhnliches Leitungswasser mit einer wäßrigen Lösung von Silbernitrat, so erhält man wegen des Vorhandenseins gelöster Chloride (vgl. S. 48) eine starke weiße, aus Chlorsilber bestehende Trübung (vgl. S. 380). Das destillierte Wasser zeigt weder diese noch eine andere, auf der Anwesenheit von Verunreinigungen beruhende Reaktion.

Versuch 30. Zu einer größeren Menge von Leitungswasser fügt man einige Kubikzentimeter einer wäßrigen Silbernitratlösung hinzu: Starke weiße Trübung von Chlorsilber! Leitungswasser wird nun aus einem etwa 2 Liter fassenden, mit einem absteigenden „Liebig'schen Kühler" *a* verbundenen Glaskolben *b* abdestilliert und das Destillat abermals mit Silbernitratlösung geprüft: Keine Trübung; die Flüssigkeit bleibt vollkommen klar!

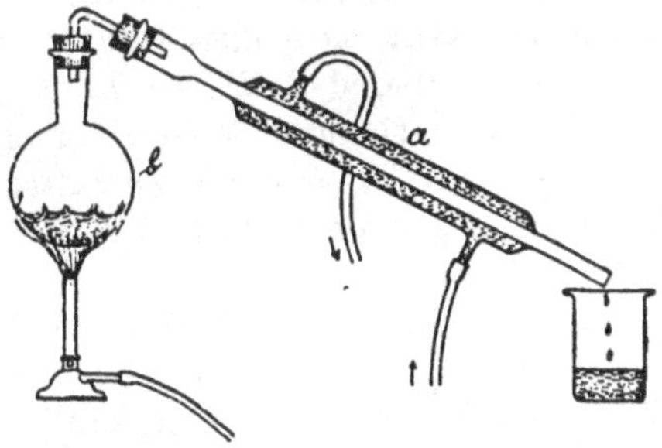

Fig. 24.

Freilich kann auch das durch eine derartige Destillation gereinigte Wasser keinen Anspruch auf absolute Reinheit erheben, da das Glas zwar sehr schwer löslich, aber keineswegs unlöslich in Wasser ist. Gewöhnliches, aus Glasapparaten destilliertes Wasser enthält also stets noch aus dem Glase stammende Bestandteile gelöst. Um es davon zu befreien, nimmt man die Destillation in Apparaten aus Platin vor und bewahrt das ganz reine Wasser in Flaschen aus Platin oder Silber auf. Das völlig reine Wasser — wie es z. B. zur Herstellung ganz reiner Stoffe für Atomgewichtsbestimmungen gebraucht wird — leitet den elektrischen Strom nahezu gar nicht. Der Reinheitsgrad kann daher durch eine Messung der elektrischen Leitfähigkeit ermittelt werden.

Reines Wasser besitzt gewisse physikalische Eigenschaften, deren Kenntnis für den experimentierenden Chemiker unentbehrlich ist.

Reines Wasser verwandelt sich beim Abkühlen in Eis und gerät beim Erhitzen ins Sieden. Die Temperaturen, bei denen dies geschieht, werden bekanntlich als Gefrier- und Siedepunkt des Wassers bezeichnet und als Fixpunkte zur Herstellung von Thermometerskalen allgemein benutzt. Für wissenschaftliche Untersuchungen kommt nur die Celsius'sche Skala in Betracht, bei welcher das Intervall zwischen Gefrier- und Siedepunkt des Wassers in 100 Teile geteilt ist.

Zur Messung extrem niedriger oder hoher Temperaturen bedarf es besonderer Vorrichtungen.

Zur Bestimmung hoher Temperaturen dienen z. B. Thermoelemente, die mit einem sorgfältig geaichten Voltmeter, einem „Pyrometer", verbunden sind und bei denen die Höhe der Potentialdifferenz und der damit im Zusammenhang stehende Ausschlag der Nadel des Voltmeters direkt von der Temperatur abhängig sind.

Versuch 31. Die Lötstelle eines mit einem horizontal aufgestellten Pyrometer verbundenen Thermoelements wird in eine Bunsenflamme eingeführt. Der Ausschlag des Instruments wird je nach der Qualität des Leuchtgases 1000—1200° anzeigen.

Niedrige Temperaturen lassen sich mit annähernder Genauigkeit mit Thermometern bestimmen, die nicht mit Quecksilber oder Alkohol, sondern mit dem niedrig siedenden Pentan gefüllt sind.

Die Angabe, daß Wasser bei 0° gefriert und bei 100° siedet, gilt nur unter ganz bestimmten Voraussetzungen. Einmal nämlich darf das Wasser keine gelösten Bestandteile enthalten, und außerdem muß der Luftdruck, bei dem die Bestimmung des Siedepunktes vorgenommen wird, gerade 760 mm betragen.

Denn während der Gefrierpunkt des reinen Wassers vom Drucke nur wenig abhängig ist, ist der Siedepunkt außerordentlich variabel. Es ist eine bekannte Tatsache, daß Wasser auf einem hohen Berge viel tiefer als in der Ebene siedet, weil dort, wie wir ja auch an einem Barometer konstatieren können, der Luftdruck ein viel geringerer ist. Man macht von dieser Herabsetzung des Siedepunktes bei vermindertem Druck im Laboratorium ausgiebigen Gebrauch, weil man auf diese Weise häufig Stoffe unzersetzt destillieren kann, die bei der Destillation unter Atmosphärendruck zersetzt würden.

Versuch 32. Zwei Destillationskolben sind durch einen Gummistopfen *a* miteinander verbunden. Der eine (*b*) ist zu etwa $^1/_3$ mit Wasser gefüllt, das auf 50—60° erwärmt wird. Schaltet man an den — als

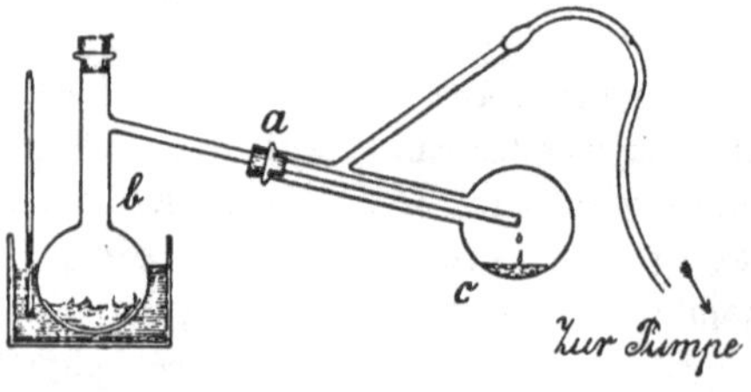

Fig. 25.

Vorlage dienenden — 2. Fraktionierkolben *c* eine in Tätigkeit befindliche Wasserluftpumpe an, so gerät das Wasser in lebhaftes Sieden, sobald der Druck in dem Apparate genügend erniedrigt ist. Zur Messung des Druckes kann ein einfaches, oben offenes, mit Quecksilber gefülltes Manometer dienen.

Die Verwandlung von Wasser in Dampf findet indessen unter Atmosphärendruck nicht bloß bei 100°, sondern auch bei viel tieferer, sogar bei gewöhnlicher Temperatur statt. Man spricht dann von einer Verdunstung. Auch die atmosphärischen Niederschläge verdanken ihre Entstehung solchen Verdunstungsprozessen des Wassers aus den Meeren, Flüssen, großen Seen und dergl. Die Schnelligkeit der Verdunstung ist abhängig von der Temperatur. Hierbei üben die Dämpfe der verdunstenden Flüssigkeit einen je nach der Temperatur und ihrer Art ganz verschiedenen Druck aus, den man als ihre Tension zu bezeichnen pflegt.

Versuch 33. Zwei am einen Ende geschlossene, etwa 1 m lange und 1,5 cm weite, mit Quecksilber gefüllte Glasrohre *a* werden in kleine Quecksilberwannen *b* eingetaucht, wobei sich der Stand des Quecksilbers dem jeweils herrschenden Barometerstand entsprechend einstellt. Man läßt nun in das eine Rohr mit einer gekrümmten Pipette *c* etwas Wasser *d* emporsteigen, wobei das Quecksilber kaum merklich sinkt. Sobald aber von außen her vorsichtig mit einem Brenner erwärmt wird, fällt die Quecksilbersäule beträchtlich. In das zweite Rohr wird mit der Pipette etwas Äther *e* eingeführt, wobei die Quecksilbersäule augenblicklich tief herabgedrückt wird, da sich Äther durch eine besonders hohe Tension auszeichnet.

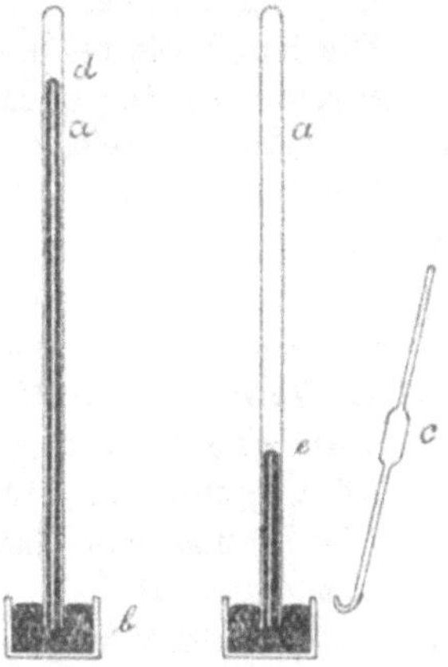

Fig. 26.

Die Tension des Wasserdampfes nimmt — wie bei allen Flüssigkeiten — mit steigender Temperatur zu. Bei 100° ist sie so groß, daß sie den ihr entgegenwirkenden atmosphärischen Druck gerade aufhebt: Das Wasser beginnt zu sieden. Die Tension des Wasserdampfes bei 100° beträgt also 1 Atmosphäre.

Die Tensionen des Wasserdampfes bei den verschiedenen Temperaturen sind sehr genau bestimmt worden und spielen für alle diejenigen eine wichtige Rolle, die sich mit der Untersuchung von Gasen zu beschäftigen haben. Man muß sich hierbei entweder bemühen, mit ganz trockenen Gasen zu arbeiten oder die Tension der Wasserdämpfe durch entsprechende Faktoren bei der Berechnung in Rücksicht ziehen.

Sehr eigentümlich ist das Verhalten des Wassers bei der Abkühlung. Wie alle anderen Körper zieht es sich hierbei zusammen und dehnt sich bei der Erwärmung wieder aus. Das merkwürdige ist nur, daß beim Wasser das Maximum der Dichte bei $+4^0$ C liegt. Wird unter diese Temperatur abgekühlt, so beobachtet man wieder eine Ausdehnung, die ganz besonders groß beim Übergang von Wasser von 0^0 in Eis ist.

Versuch 34. Eine kleine eiserne Bombe *a*, deren Wandstärke etwa 1 cm beträgt, wird mit Wasser von genau 4^0 C gefüllt und durch eine gut gearbeitete, mit Bleidichtung *b* versehene Schraube *c* ganz fest — auf dem Schraubstock — verschraubt. Hierauf wird die Bombe in eine Kältemischung aus Eis und Salz gelegt und an einem sicheren Orte beiseite gestellt. Nach etwa 10 Minuten erfolgt dann unter dumpfem Knall die Sprengung der Bombe.

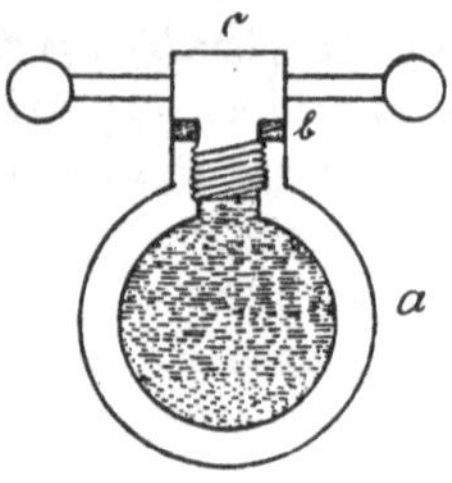

Fig. 27.

Die Kraft, die bei dem mit dem Gefrieren des Wassers verbundenen Ausdehnungsprozeß frei wird, spielt bei der Verwitterung und Zertrümmerung der Gesteine eine wichtige Rolle. Das Wasser, das in die Höhlungen und Spalten der Felsen eindringt, sprengt diese beim Gefrieren mit elementarer Wucht auseinander.

Auch das Auftauen der Seen und Ströme im Frühjahr und damit das Klima steht in einem leicht verständlichen Zusammenhange mit dem eigenartigen Verhalten des Wassers, dessen Dichtigkeitsmaximum bei 4^0 liegt.

Von großer Bedeutung sind die Eigenschaften des Wassers als Lösungsmittel für Gase, Flüssigkeiten und feste Stoffe.

Die Lösung von Gasen in einer Flüssigkeit wird als Absorption bezeichnet. Sie ist beim Wasser je nach der Natur des zur Untersuchung kommenden Gases ungemein verschieden. So ist schon früher durch einen Versuch (vgl. S. 18) die außerordentliche Löslichkeit des Salzsäuregases festgestellt worden, und in derselben Weise kann man sich von der Leichtlöslichkeit des Ammoniaks überzeugen.

Versuch 35. In der Versuchsanordnung des Versuches 19 läßt man in eine mit trockenem Ammoniak gefüllte Flasche Wasser einströmen, das mit Lackmus und einigen Tropfen verdünnter Salzsäure rot gefärbt ist. Das Wasser dringt stürmisch ein und färbt sich dabei blau.

Der „Absorptionskoeffizient" sinkt mit steigender Temperatur erheblich.

So absorbiert:

1 Volumen H_2O	bei 0^0	1150	Vol. Ammoniak
	bei 20^0	680	„ „
	bei 100^0	97	„ „

Man kann also — und dies ist praktisch von Bedeutung — durch Erhitzen einer bei 0° oder auch bei Zimmertemperatur mit Ammoniak gesättigten wäßrigen Lösung den größten Teil des Gases austreiben.

Auch von dem Drucke ist der Absorptionskoeffizient abhängig. Nach dem Henry'schen Gesetze ist er bei den meisten Gasen dem Drucke proportional. Z. B. nimmt

1 Volumen H_2O ca. 1 Vol. Kohlendioxyd auf unter 1 Atmosphäre,
" " ca. 2 " " " " 2 " .

Andere Gase, wie z. B. Chlor, Schwefelwasserstoff, Schwefeldioxyd, werden lange nicht so reichlich von Wasser aufgenommen, wie Salzsäure und Ammoniak.

Endlich gibt es Gase, die scheinbar unlöslich in Wasser sind. Hierher gehören z. B. Sauerstoff, Wasserstoff, Stickstoff, atmosphärische Luft und manche andere. In Wirklichkeit sind alle diese Gase keineswegs in Wasser unlöslich, wohl aber so schwerlöslich, daß es besonderer Versuche bedarf, um ihre Löslichkeit festzustellen.

Versuch 36. Ein etwa 2 Liter fassender Rundkolben *a* wird bis zum Überlaufen mit frischem Leitungswasser gefüllt und mit einem gut passenden Gummistopfen verschlossen, durch den ein kapillares, 2mal umgebogenes Gasentbindungsrohr *b* hindurchgeführt ist. Dieses mündet unter einem engen, mit Wasser gefüllten Glaszylinder *c*, der mit der Öffnung nach unten in eine kleine, mit Wasser gefüllte Wanne *d* taucht. Der Inhalt des Kolbens wird bis nahe zum Sieden erhitzt, wobei nicht unbeträchtliche Mengen von Luft ausgetrieben werden und sich in dem Glaszylinder ansammeln.

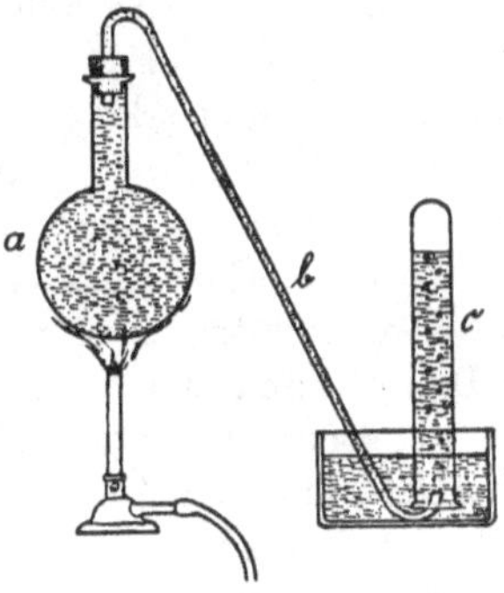

Fig. 28.

Die Luft, die, wie dieser Versuch lehrt, im Wasser gelöst ist, wird von den Wasserpflanzen und -tieren für ihren Lebensprozeß notwendig gebraucht.

Die Löslichkeit von Flüssigkeiten in Wasser zeigt gleichfalls beträchtliche Unterschiede.

Während sich z. B. Alkohol in jedem Verhältnis mit Wasser mischt, ist dies bei Äther nicht der Fall. Nur kleine Mengen davon werden von Wasser aufgenommen.

Versuch 37. Zu etwa 300 ccm Wasser, die sich in einem Schüttelzylinder befinden, gibt man etwa 3—4 ccm Äther hinzu. Er wird beim Umschütteln vom Wasser gelöst. Fügt man aber eine größere Menge von Äther hinzu, so entsteht keine Lösung, vielmehr schichtet sich der Äther als leichtere Flüssigkeit auf dem Wasser.

Noch weniger löslich als Äther ist Chloroform. Auch kleine Mengen davon lösen sich in Wasser nicht, sondern sammeln sich wegen seiner spezifischen Schwere unter dem Wasser an.

Besonders mannigfaltig sind die Löslichkeiten der festen Stoffe. Zwischen den in Wasser äußerst leicht löslichen und den darin praktisch unlöslichen Körpern gibt es alle möglichen Übergänge. In der überwiegenden Mehrzahl der Fälle ändert sich die Löslichkeit beträchtlich mit der Temperatur und zwar meistens — aber nicht immer — so, daß die Löslichkeit mit steigender Temperatur zunimmt.

An drei beliebig herausgegriffenen Beispielen: am Chlornatrium (vgl. S. 302), Glaubersalz (vgl. S. 303) und am Salpeter (vgl. S. 314), kann die verschiedene Löslichkeit in Wasser und die Änderung der letzteren mit der Temperatur am einfachsten und übersichtlichsten an der Hand von sogenannten Löslichkeitskurven erläutert werden. Dabei wird die Löslichkeit auf die eine Achse eines Koordinatensystems, die Temperatur auf die andere aufgetragen. Man erhält dann für die drei erwähnten Verbindungen ungefähr nebenstehendes Bild.

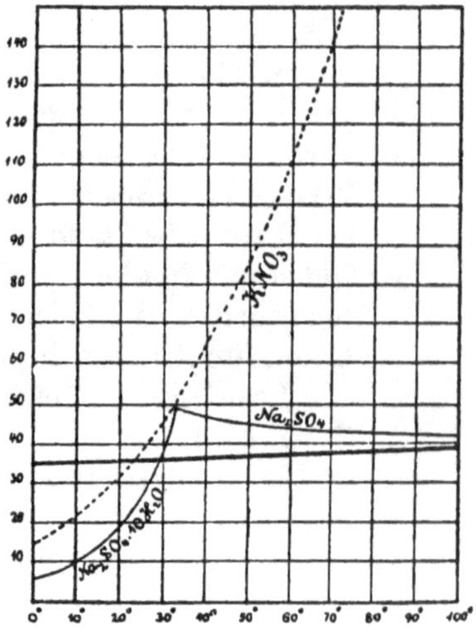

Fig. 29.

Wird die wäßrige Lösung eines Salzes zum Sieden erhitzt, so entweicht das Wasser als Dampf, und das Salz bleibt in feinkrystallinischer Form zurück.

Man kann die Abscheidung von Krystallen auch noch auf andere Art bewirken. Zunächst durch eine schnelle Abkühlung einer heißgesättigten Lösung eines genügend schwer löslichen Körpers. Die Krystalle fallen unter diesen Umständen feinkörnig krystallinisch aus.

Versuch 38. Eine heißgesättigte Lösung von Salpeter wird unter Umrühren schnell in Eiswasser abgekühlt. Entsprechend der aus der Kurve (Fig. 29) hervorgehenden Löslichkeit des Salpeters scheidet sich dabei ein großer Teil des Salzes als feines Krystallmehl aus.

Läßt man aber die heißgesättigte Lösung ganz langsam abkühlen, so haben die Krystalle Zeit, sich besser auszubilden und erreichen in vielen Fällen eine ansehnliche Größe. Die von einer Krystallisation abgegossene Flüssigkeit, die eine bei gewöhnlicher Temperatur gesättigte Lösung der betreffenden Substanz in Wasser vorstellt, wird Mutterlauge genannt.

Bringt man in die Mutterlauge ein gut ausgebildetes Kryställchen des betreffenden Stoffes, so lagert sich beim längeren Stehen auf die Flächen des Krystalls Substanz auf: der Krystall wächst in der Mutterlauge.

Die häufigste Art, Krystalle herzustellen, besteht in der durch geeignete Reagentien bewirkten Ausfällung sogenannter Niederschläge, die meistens eine krystallinische Struktur besitzen.

Versuch 39. Eine heiße Lösung von Chlorcalcium in Wasser wird mit einer Lösung von Ammoniumcarbonat versetzt.

Krystalle oder krystallinische Niederschläge werden durch Filtration von der Mutterlauge getrennt.

4. Chlor. Cl.

Atomgewicht = 35,46.

Wie früher gezeigt worden ist, stellt die Salzsäure ein in Wasser außerordentlich lösliches Gas vor, das Wasserstoff in chemischer Bindung enthält. Wäre Wasserstoff in der Salzsäure im Gemenge mit diesem Gase vorhanden, so wäre die leichte Löslichkeit des Salzsäuregases in Wasser unverständlich, da Wasserstoff von Wasser nur in Spuren gelöst wird (vgl. S. 19). Die Darstellung von Wasserstoff aus der Salzsäure gelingt in der einfachsten Weise, wenn man die letztere mit Metallen, wie Natrium, Zink oder Eisen, zusammenbringt, die imstande sind, einen in der Salzsäure mit Wasserstoff verbundenen Bestandteil aufzunehmen und dadurch den Wasserstoff in Freiheit zu setzen.

Versuch 40. Ein großer Glaskolben *a*, mit dreifach durchbohrtem Gummistopfen verschlossen, ist etwa zu $^1/_3$ mit konzentrierter wäßriger Salzsäure beschickt. Durch die eine Bohrung führt ein unten zu einer Spitze ausgezogener Tropftrichter *b*, der mit konzentrierter Schwefelsäure gefüllt ist. Durch die 2. Bohrung führt ein Rohr in einen Ventilzylinder *c*, der etwa 1 Finger hoch mit Quecksilber gefüllt ist, im übrigen aber Wasser enthält. Die 3. Bohrung trägt ein mit Glashahn versehenes Rohr *d*, das in eine Woulfe'sche Flasche *e* eingesetzt ist, die durch Schwefelsäure benetzte Bimssteinstücke enthält. Der 2. Tubus der Woulfe'schen Flasche ist durch Gummistopfen mit einem Gasentbindungsrohr *f* verbunden.

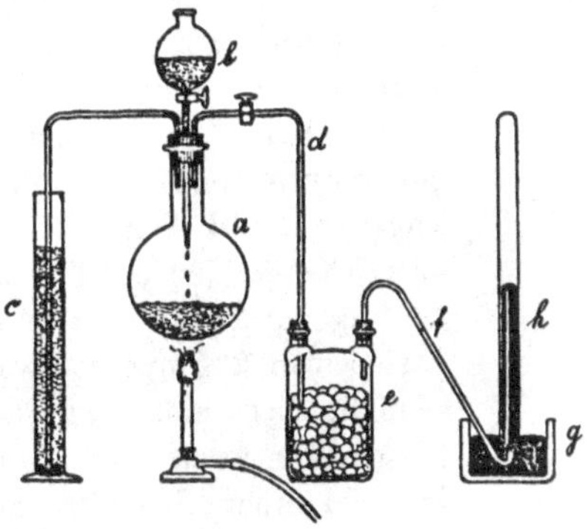

Fig. 30.

Man erwärmt nun die Salzsäure in dem Kolben gelinde und läßt gleichzeitig aus dem Tropftrichter konzentrierte Schwefelsäure eintropfen, worauf sich ein lebhafter Strom von gasförmiger Salzsäure entwickelt. Sobald die Luft aus der gesamten Apparatur verdrängt ist, läßt man soviel des Gases in ein oben geschlossenes, etwa 50 cm langes und 1,5 cm weites, mit Quecksilber gefülltes und in einer mit Quecksilber gefüllten kleinen Wanne *g* umgestülptes Glasrohr *h* eintreten, daß dieses zu etwa $^3/_4$ davon erfüllt ist. Man spritzt dann mit einer unten gekrümmten „Pipette" 2—3 ccm Wasser in das mit dem Gase gefüllte Rohr ein, worauf sofort Lösung eintritt und das Quecksilber in wenigen Augenblicken wieder bis an die Kuppe des Rohres ansteigt.

Man schaltet dann den in voller Entwicklung befindlichen Salzsäureapparat an ein großes, mit $2^1/_2$ $^0/_0$igem Natriumamalgam (vgl. S. 308) gefülltes U-förmiges Glasrohr, dessen anderer Schenkel durch ein Gasentbindungsrohr mit einem kleinen, mit Wasser gefüllten Glaszylinder in der „pneumatischen Wanne" in Verbindung steht. Das Natriumamalgam wird unter heftiger Erhitzung von dem Salzsäuregas angegriffen, und gleichzeitig steigen in dem mit Wasser gefüllten Zylinder Gasblasen auf, die, wie die nähere Untersuchung lehrt, aus reinem Wasserstoff bestehen.

Nachdem durch diesen Versuch die Natur der Salzsäure als einer Wasserstoffverbindung einwandfrei festgestellt worden ist, wäre nunmehr die Art und die Eigenschaften der damit verbundenen weiteren Bestandteile zu ermitteln. Zu diesem Zwecke kann man sich der Elektrolyse bedienen, die früher bereits (vgl. S. 15) die elementaren Bestandteile des Wassers zu erkennen gestattete.

Versuch 41. Elektrolyse der Salzsäure. In die beiden Schenkel des zur Zersetzung des Wassers benutzten Apparates (vgl. Versuch 16) werden gut schließende Gummistopfen eingesetzt, durch die als Elektroden Kohle- oder Graphitstäbe hindurchführen. Die zu elektrolysierende Flüssigkeit, die bei geöffneten Hähnen in das kugelige Gefäß eingefüllt wird, besteht aus 60 ccm verdünnter Salzsäure (spez. Gewicht 1,1) und 200 ccm einer klaren, kalt gesättigten Lösung von Kochsalz in Wasser. Man elektrolysiert nun mit einem Strom von 2 Ampère etwa 1—2 Stunden bei offenen Hähnen und schließt diese erst, wenn von den beiden Kohleelektroden die Gasbläschen in annähernd gleicher Menge und gleich schnell aufsteigen. In dem einen Schenkel des Apparats sammelt sich ein farbloses, in dem anderen ein schwach grünlich gefärbtes Gas an. Auf den Schenkel mit dem farblosen Gase wird ein zu einer Spitze ausgezogenes Glasröhrchen aufgesteckt und das beim vorsichtigen Öffnen des Hahnes ausströmende Gas entzündet. Es brennt mit kaum leuchtender Flamme. Das grün gefärbte, in dem anderen Schenkel des Apparats befindliche Gas wird durch ein Gasentbindungsrohr in eine verdünnte Indigolösung — in einem engen Glaszylinder — eingeleitet. Die blaue Farbe des Farbstoffs wird bereits durch wenige Blasen des Gases zerstört und in eine gelbliche umgewandelt.

Die Salzsäure zerfällt also, wie man sieht, bei der Elektrolyse in zwei Bestandteile. Der eine ist brennbar und besteht aus reinem Wasserstoff, der andere — der gleichfalls ein Gas vorstellt — zeichnet sich durch die grüne Farbe und die energisch bleichenden Wirkungen aus, die sich in der Zerstörung des Indigofarbstoffs zu erkennen geben. Dieser neue, aus der Salzsäure gewonnene Stoff ist ebenso wie Wasserstoff und Sauerstoff ein Element und wird Chlor genannt.

Offenbar stellt die Salzsäure eine Verbindung von Wasserstoff und Chlor dar und wird durch den elektrischen Strom in diese beiden Bestandteile zerlegt.

Ist diese Anschauung richtig, so müßte man auch auf die Weise aus der Salzsäure Chlor gewinnen können, daß man ihr den Wasserstoff entzieht. Es müßte dies am besten durch eine Oxydation gelingen, da die Neigung des Wasserstoffs, sich mit dem Sauerstoff zu dem beständigen Wasser zu vereinigen, eine sehr große ist (vgl. z. B. S. 21 und S. 23).

In der Tat führt denn auch diese Methode zum Ziel: Salzsäure wird von den verschiedensten Mitteln glatt oxydiert und in Chlor übergeführt. Sehr geeignet für diese Umwandlung ist z. B. der Braunstein, ein sauerstoffreiches Oxyd des Metalles Mangan, von der Zusammensetzung MnO_2 (vgl. S. 394). Die Wechselwirkung zwischen Braunstein und Salzsäure spielt sich nach folgender Gleichung ab:

$$MnO_2\,(\text{Braunstein}) + 4\,HCl = 2\,H_2O + MnCl_2\,(\text{Manganochlorid}) + Cl_2.$$

Versuch 42. Ein großer — etwa 2 Liter fassender — Kolben *a* ist zu $^1/_3$ mit haselnußgroßen Stücken Braunstein gefüllt. Er wird mit einem doppelt durchbohrten Gummistopfen verschlossen, durch dessen eine Bohrung ein unten zu einer Spitze ausgezogener Tropftrichter *b* gesteckt ist und durch dessen 2. Bohrung ein gebogenes Glasrohr führt, das mit zwei größeren, mit Sicherheitsrohren versehenen Woulfe'schen Flaschen *c* verbunden ist. Die letzteren sind zu $^1/_3$ mit Wasser gefüllt. Man läßt nun durch den Tropftrichter soviel rohe Salzsäure zum Braunstein fließen, daß er gerade von der Flüssigkeit bedeckt ist und erwärmt dann den Kolbeninhalt langsam und vorsichtig. Nach kurzer Zeit beginnt die Entwick-

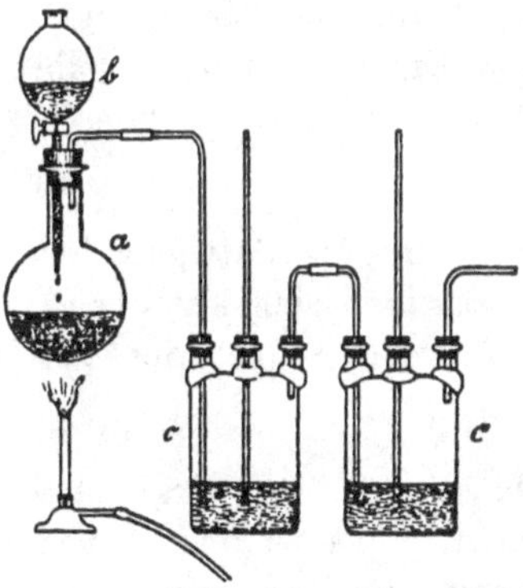

Fig. 31.

lung des Chlors in regelmäßigem Strome, und sowohl der Kolben, wie die Woulfe'schen Flaschen, wie auch das Wasser, durch welches das Gas hindurchstreicht, nehmen die grüne Farbe des Elements an.

In der Technik muß die Oxydation der Salzsäure mit billigeren Mitteln bewerkstelligt werden. Beim Deacon-Prozeß wird bei etwa 430° ein Gemisch von gasförmiger Salzsäure und Luft über eine aus fein verteiltem Kupferchlorid bestehende Kontaktmasse herübergeleitet und hierbei wenigstens ein Teil der Salzsäure nach der Gleichung:

$$4HCl + O_2 = 2H_2O + 2Cl_2$$

zu Chlor oxydiert.

Auch durch Elektrolyse von Chlornatrium werden große Mengen von Chlor hergestellt und das Gas in verflüssigtem Zustande in „Bomben" in den Handel gebracht.

Eigenschaften des Chlors.

Die bemerkenswerteste Eigenschaft des elementaren Chlors ist seine blattgrüne Farbe. Der Name des Elementes — von dem griechischen Worte χλωρός (gelbgrün) — ist hiervon abgeleitet.

Ebenso charakteristisch wie die Farbe ist der penetrante, äußerst eigenartige und die Atmungsorgane mächtig affizierende Geruch des Gases. Auch in größter Verdünnung ist das Element daran zu erkennen.

Sein Siedepunkt liegt bei —33,6°, sein Schmelzpunkt bei —102°. Das spezifische Gewicht des Gases beträgt 35,46. Chlor ist in Wasser nicht unbeträchtlich löslich. Bei 12° vermag 1 Volumen Wasser etwa $2^1/_2$ Volumina des Gases aufzulösen, wobei man eine grünliche Flüssigkeit, das Chlorwasser, erhält, das außer durch den Geruch und die Farbe auch durch die Reaktionen des freien Elements ausgezeichnet ist. Es ist nicht sehr haltbar, sondern erfährt im hellen Lichte sehr bald eine Veränderung, wobei unter Entwicklung von Sauerstoff Salzsäure entsteht:

$$Cl_2 + H_2O = 2HCl + O.$$

Wird die Sättigung des Wassers mit dem Gase bei 0° vorgenommen, so scheiden sich aus der Flüssigkeit alsbald schöne, hellgelbe Krystalle von Chlorhydrat von der Zusammensetzung:

$$Cl_2 \cdot 8H_2O$$

ab. Auch Chlorhydrat ist wenig beständig und zerfällt in der Wärme sehr leicht in Wasser und elementares Chlor. Auf diesem Zerfall beruht eine alte, zuerst von Faraday angewandte Methode zur Verflüssigung des Elements.

Versuch 43. In ein schwer schmelzbares Glasrohr *a* von etwa 40—45 cm Länge wird eine ausreichende Menge von Chlorhydrat *b* eingefüllt, das Rohr vor der Glasbläserlampe umgebogen und dann sorgfältig abgeschmolzen. Wird nun derjenige Teil des U-förmigen Rohres, der das Chlorhydrat enthält, in ein Bad mit heißem Wasser, der leere Schenkel des Rohres dagegen in eine gute Kältemischung *c* gesteckt, so wird das Chlorhydrat gespalten und das Chlor unter seinem eigenen Drucke kondensiert.

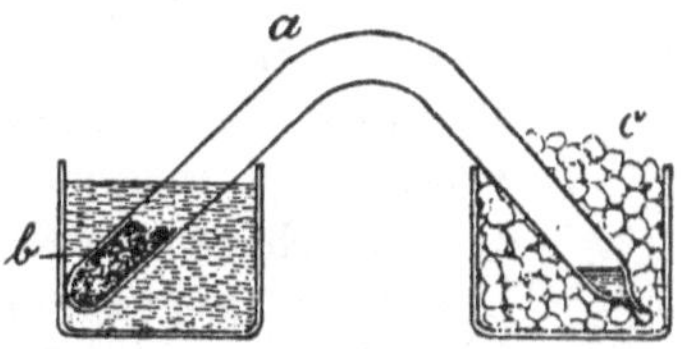

Fig. 32.

Weit bequemer lassen sich die Aggregatzustände des Chlors unter Verwendung von flüssiger Luft (vgl. S. 90) studieren, wenn man sich der folgenden Versuchsanordnung bedient.

Versuch 44. Ein Kolben *a* von etwa 1 Liter Inhalt, dessen Boden *b* durch Bearbeitung vor der Glasbläserlampe halbkugelig nach innen eingebaucht und dessen Hals an einer Stelle, um das nachherige Abschmelzen zu erleichtern, stark verjüngt worden ist, wird durch ein bis auf den Boden gehendes, dünnes Glasrohr langsam und sorgfältig mit trockenem Chlor gefüllt und dann — nach Entfernung des Einleitungsrohres — an der ausgezogenen Stelle — bei *c* — abgeschmolzen. Man spannt dann den Kolben so in ein Stativ ein, daß der Hals nach unten, die schalenförmige Vertiefung nach oben gerichtet ist. In die letztere spritzt man behutsam und zunächst tropfenweise flüssige Luft ein, bis schließlich die Vertiefung zur Hälfte damit gefüllt ist. Das Chlor im Inneren des Kolbens schlägt sich in festem Aggregatzustand als kaum gefärbte Masse auf der gekühlten Halbkugel nieder, während die Färbung des Kolbens vollständig verschwindet. Entfernt man die flüssige Luft, so blättern zunächst die Stücke des festen Chlors ab und fallen in den Hals des Kolbens herunter. Dort schmelzen sie zu einer tiefgelb gefärbten Flüssigkeit, die sich alsbald in Gas verwandelt, worauf der Kolben wieder seine ursprüngliche grüne Farbe annimmt.

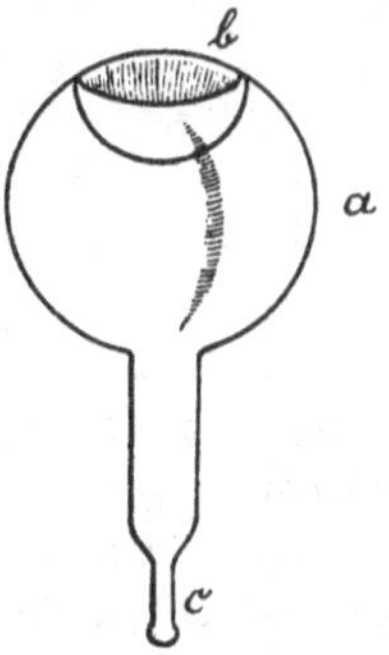

Fig. 33.

Chemisch ist Chlor ein ungemein aktiver Stoff, der an Reaktionsfähigkeit den Sauerstoff weit übertrifft. Metalle werden davon häufig unter lebhafter Feuererscheinung heftig angegriffen und auch organische Stoffe — zum Teil gleichfalls unter Feuererscheinung — davon weitgehend verändert.

Versuch 45. A. In eine durch Luftverdrängung mit Chlor gefüllte 3 l-Flasche (vgl. Versuch 5) wird unter dem Abzuge ein Eisenstab eingeführt, um den ein dicker, aber lockerer Bausch von unechtem Blattgold befestigt ist. Feuererscheinung!

B. In eine zweite, mit Chlor gefüllte 3 l-Flasche wird — unter denselben Vorsichtsmaßregeln — aus einem kleinen Glasgefäß mit weitem, retortenartig gebogenem Hals gepulvertes Antimon, das zunächst in dem Kölbchen mäßig erhitzt worden ist, hineingeschüttet. Feuererscheinung und starke Rauchentwicklung!

C. Eine kurze, dicke Stearinkerze mit langem Docht und möglichst großer Flamme, aufgespießt auf einen unten umgebogenen, starken Eisendraht, wird in eine dritte 3 l-Flasche mit Chlor hineingesteckt. Die Flamme wird kleiner, färbt sich rötlich, brennt aber unter Ausstoßung dichter Rauchwolken weiter!

D. Ein aus nicht zu starkem Filtrierpapier hergestellter Fidibus wird mit echtem — am besten vorher durch Destillation im luftverdünnten Raume gereinigtem — Terpentinöl durchfeuchtet und dann möglichst rasch in eine vierte, mit Chlor gefüllte 3 l-Flasche hineingestoßen. Nach 1—2 Sekunden fängt der mit dem Terpentinöl getränkte Papierstreifen Feuer, und gleichzeitig steigt eine mächtige Rußwolke aus der Flasche empor.

Diese Versuche zeigen soviel Analogie mit dem Verhalten des Sauerstoffs, daß man geradezu von einer Verbrennung in Chlor sprechen könnte. Um aber das Eingreifen des Chlors und seine Beteiligung bei der Bildung neuer, den Oxyden entsprechender Verbindungen besonders hervorzuheben, spricht man von einer Chlorierung und nennt die dabei entstehenden Verbindungen Chloride. Der Vorgang zwischen Chlor und den beiden Metallen Kupfer (Blattgold) und Antimon ist danach sehr einfach zu deuten: er besteht in der Bildung von Kupfer- bzw. Antimonchlorid.

Schwieriger zu erklären ist der Verlauf der Einwirkung des Gases auf organische Stoffe. Daß diese sich sehr schnell vollzieht, sehen wir, abgesehen von den oben angestellten Versuchen, an den furchtbaren Wirkungen auf unsere Atmungsorgane, die vom Chlor chemisch affiziert und in einen krankhaften Zustand versetzt werden. Wir sehen es ferner an der fast augenblicklichen Bleichung und Zerstörung zahlreicher Farbstoffe.

Versuch 46. A. In eine starke, tiefblau gefärbte Indigolösung wird etwas Chlorwasser gegossen. Sofort Entfärbung!

B. Ein kleiner, befeuchteter Strauß von Veilchen oder Stiefmütterchen wird in einen weiten, mit Chlor gefüllten und durch eine Glasplatte verschließbaren Glaszylinder eingehängt. Nach wenigen Augenblicken sind die Veilchen völlig entfärbt!

Die Rußentwicklung bei der Einwirkung von Chlor auf Terpentinöl weist darauf hin, daß dieser lediglich aus Kohlenstoff und Wasserstoff bestehenden Verbindung der Wasserstoff entzogen wird, und die Vermutung liegt nahe, daß in dieser großen Neigung der beiden Elemente, sich zu verbinden, auch die Ursache für die Veränderung anderer organischer Verbindungen durch Chlor zu suchen ist.

Die große Affinität des Chlors zum Wasserstoff geht aus vielen, überzeugenden Versuchen hervor: So zeigt sich zunächst, daß das Gas die Verbrennung des Wasserstoffs in derselben Art zu unterhalten vermag, wie Sauerstoff.

Versuch 47. Ein durch eine Glasplatte gestecktes, unten umgebogenes und mit Platindüse versehenes Glasrohr, aus dem eine nicht zu große Wasserstoffflamme brennt, wird in eine weithalsige, mit abgeschliffenem Rand versehene und mit Chlor gefüllte Flasche eingeführt (vgl. Fig. 19). Die Flamme brennt weiter, und alsbald entweichen aus dem Abzugsrohr weiße, aus Chlorwasserstoff bestehende Nebel.

Die Ähnlichkeit zwischen Sauerstoff und Chlor im Verhalten gegen Wasserstoff prägt sich auch darin aus, daß sich das Gemenge von Chlor und Wasserstoff ganz ähnlich wie Knallgas verhält und angezündet unter heftiger Explosion verbrennt. Man nennt es daher Chlorknallgas.

Versuch 48. Von zwei kleinen, mit schwarzem Lack überzogenen Glaszylindern, die oben abgeschliffen sind und genau aufeinander passen, ist der eine in üblicher Weise in der pneumatischen Wanne mit Wasserstoff, der andere über einer gesättigten, wäßrigen Chlorcalciumlösung mit Chlor gefüllt. Die beiden Zylinder werden nun mit den Mündungen aufeinander gesetzt und die Gase durch Drehen und Schütteln der Zylinder miteinander gemischt. Nähert man dann die Öffnungen der letzteren einer Flamme, so schlägt die Flamme mit pfeifendem Knall hinein, und gleichzeitig verbreiten sich dichte Nebel von Chlorwasserstoff.

Das Chlorknallgas wird aber nicht bloß durch eine Flamme oder einen elektrischen Funken zur Explosion gebracht, sondern die Vereinigung von Chlor und Wasserstoff erfolgt bereits bei intensiver Lichtbestrahlung unter heftiger Detonation. Auch im hellen Tageslichte verbinden sich die beiden Gase schnell miteinander.

Versuch 49. Ein etwa 250 ccm fassender Stehkolben, dessen Rauminhalt man durch Ausmessen mit Wasser in zwei gleiche Teile geteilt hat, wird bei schwacher künstlicher Beleuchtung über gesättigter Chlorcalciumlösung zuerst zur Hälfte mit Wasserstoff, dann mit Chlor gefüllt, mit einem Gummistopfen fest verschlossen und mit dem kugeligen Teil nach oben so in einen Explosionskorb (vgl. Versuch 23) eingesetzt, daß er sich dicht unter dem Deckel befindet. Hierauf bringt man einen entzündeten Zopf von Magnesiumbändern, der an einem längeren Stabe befestigt ist, ganz dicht über den mit dem Chlorknallgas gefüllten Kolben. Die Explosion erfolgt dann unter betäubendem Knall. Natürlich kann man die Explosion des im Dunkeln gefüllten Kolbens unter entsprechend abgeänderter Versuchsanordnung und unter Beobachtung der nötigen Schutzmaßregeln auch im Sonnenlichte vornehmen.

5. Chlorwasserstoffsäure (Salzsäure). HCl.

Die stechend riechenden Nebel, die bei der Explosion des Chlorknallgases auftreten, bestehen aus Chlorwasserstoff. Die Neigung zur Bildung dieser höchst beständigen und sehr wichtigen Verbindung ist außerordentlich groß. So ist früher gezeigt worden, daß sich Chlorwasser im hellen Lichte sehr bald unter Entwicklung von Sauerstoff in Chlorwasserstoff verwandelt:

$$Cl_2 + H_2O = O + 2HCl.$$

Augenblicklich tritt diese Wechselwirkung zwischen Chlor und Wasser bei hoher Temperatur ein.

Versuch 50. Ein kräftiger Chlorstrom wird durch siedendes Wasser geleitet, das sich in einem etwa $^3/_4$ Liter fassenden Kolben *a* befindet. Das Gemisch von Wasserdampf und Chlor tritt dann in ein auf einem sehr gut wirkenden Verbrennungsofen *b* liegendes,

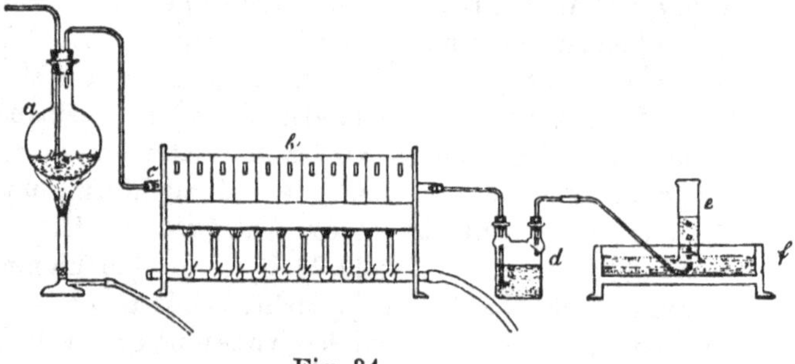

Fig. 34.

mit porösen Tonstückchen gefülltes, zur hellsten Rotglut erhitztes Quarzrohr *c*. Die austretenden Gase passieren eine mittelgroße, mit verdünnter Natronlauge zur Hälfte gefüllte Woulfe'sche Flasche *d* und werden schließlich in einem kleineren, mit Wasser gefüllten Glaszylinder *e* in der pneumatischen Wanne *f* aufgefangen. Durch die Entflammung des glimmenden Spans läßt sich die Entstehung von Sauerstoff beweisen.

Zur Darstellung des reinen Chlorwasserstoffs kann man sich im Laboratorium seiner gesättigten, wäßrigen Lösung bedienen, die beim Erwärmen und bei der Behandlung mit konzentrierter Schwefelsäure große Mengen davon liefert (vgl. S. 35).

In der Technik wird im allgemeinen Chlorwasserstoff durch Zersetzung von Chlornatrium mit konzentrierter Schwefelsäure dargestellt, wobei folgende zwei Reaktionen sich abspielen (vgl. S. 302):

1. NaCl (Chlornatrium) + H_2SO_4 (Schwefelsäure) = HCl + $NaHSO_4$ (Natriumbisulfat).

2. $NaHSO_4$ + NaCl = HCl + Na_2SO_4 (Natriumsulfat).

Versuch 51. Man läßt aus einem Tropftrichter konzentrierte Schwefelsäure auf gröblich zerkleinertes Chlornatrium auftropfen, das sich in einem Destillationskolben mit abwärts gebogenem Ansatzrohr befindet. Das letztere ist mit einem hohen, mit Chlorcalciumstücken beschickten Trockenturm verbunden. Nachdem die Entwicklung des Chlorwasserstoffs einige Minuten gedauert hat und aus dem Trockenturm dichte Nebel entweichen, läßt man das Gas in eine hohe, mit Quecksilber gefüllte Glasröhre, die in eine kleine, mit Quecksilber gefüllte Wanne eintaucht, eintreten, bis das Rohr zu etwa $^3/_4$ damit gefüllt ist. Wird nun in der bereits früher geschilderten Weise (vgl. Versuch 40) etwas Wasser in das Rohr eingespritzt, so wird das Gas begierig verschluckt, und das Quecksilber steigt bis an die obere Kuppe des Rohres.

Eigenschaften der Chlorwasserstoffsäure.

Chlorwasserstoff ist ein farbloses Gas, das durch Druck und Abkühlung in eine Flüssigkeit übergeht, die bei —83,7° siedet. Es raucht an feuchter Luft stark, indem es den Wasserdampf anzieht und sich in feine Tröpfchen von Salzsäure verwandelt. Die Löslichkeit des Chlorwasserstoffs in Wasser ist sehr groß, wobei das Gas unter starker Erwärmung aufgenommen wird. Die rohe, wäßrige Salzsäure des Handels sieht gelb aus und ist durch Eisen, Arsen und andere Stoffe verunreinigt. Die reine Salzsäure ist vollkommen farblos und zeigt den stechenden Geruch des Chlorwasserstoffs. Die Löslichkeit des letzteren in Wasser ist nicht wie bei vielen anderen Gasen proportional dem Druck, gehorcht also nicht dem früher erwähnten Henry'schen Gesetz (vgl. S. 33). Bei 15° gesättigte Salzsäure enthält 43% Chlorwasserstoff und besitzt das spezifische Gewicht 1,207. Wird diese Säure erhitzt, so entweicht solange gasförmiger Chlorwasserstoff, bis die Konzentration der siedenden Flüssigkeit nur noch 20% beträgt. Von diesem Moment ab destilliert sie konstant bei 110°. Zum gleichen Resultate gelangt man, wenn man von einer verdünnten Säure ausgeht. Sie gibt beim Erhitzen solange Wasser ab und konzentriert sich dadurch, bis ihre Konzentration auf 20% Chlorwasserstoff gestiegen ist, worauf dann die Destillation der bei 110° konstant siedenden Säure beginnt.

Da die Salzsäure je nach ihrem Gehalt an Chlorwasserstoff ein verschieden hohes spezifisches Gewicht besitzt, so kann man den Prozentgehalt an Chlorwasserstoff durch eine Prüfung der fraglichen Säure mit dem Aräometer leicht bestimmen.

Zusammensetzung und Formel der Salzsäure.

Die qualitative Zusammensetzung des Chlorwasserstoffs folgt ohne weiteres aus den bereits angestellten Versuchen. Die Einwirkung von Natriumamalgam auf Chlorwasserstoff (vgl. S. 36) führte zum Wasserstoff und die Oxydation der Salzsäure (vgl. S. 37) zum Chlor. Auch bei der Elektrolyse der Salzsäure wurden nur diese beiden Gase erhalten (vgl. S. 36), und endlich konnte durch mancherlei Beobachtungen festgestellt werden, daß aus den zwei Elementen Chlor und Wasserstoff Salzsäure synthetisch aufgebaut werden kann (vgl. S. 41).

Wenn man die Elektrolyse der Salzsäure unter sehr vorsichtig gewählten Bedingungen anstellt und vor allem die ganz verschiedene Löslichkeit der beiden dabei entstehenden Gase in der Elektrolysierflüssigkeit in entsprechender Weise berücksichtigt, so läßt sich experimentell konstatieren, daß Chlor und Wasserstoff zu gleichen Raumteilen entwickelt werden.

Umgekehrt können wir feststellen, daß sich 1 Volumen Wasserstoff und 1 Volumen Chlor glatt zu 2 Volumina Chlorwasserstoff verbinden.

Versuch 52. Ein langes, etwa 50 ccm fassendes, mit zwei gut eingeschliffenen Hähnen versehenes Glasrohr wird zur Hälfte mit Wasserstoff, zur Hälfte mit Chlor, oder mit elektrolytisch entwickeltem Chlorknallgas bei schwachem, künstlichem Licht gefüllt. Nach dem Schließen der Hähne bringt man das Rohr zunächst in zerstreutes, schließlich in helles Tageslicht und läßt es dort einige Tage liegen. Wird nunmehr das Rohr mit der einen Seite unter Quecksilber gebracht und der Hahn geöffnet, so wird weder das Metall hereingesaugt, noch tritt Gas aus dem Innern aus. Das Volumen ist dasselbe geblieben. Bringt man das geöffnete Rohr schnell in ein Gefäß mit Wasser, so dringt dieses mit großer Schnelligkeit in das Rohr ein und füllt es vollständig an.

Fig. 35.

Zu demselben Ergebnis gelangt man noch auf einem dritten Wege, nämlich so, daß man in ein abgemessenes Volumen reines Chlorwasserstoffgas ein Metall wie z. B. Natrium einführt. Nach der Gleichung:

$$HCl + Na = NaCl + H$$

wird dabei das Chlor von dem Metalle herausgenommen, und es bleibt Wasserstoff übrig. Dem Volumen nach beträgt dessen Menge nur die Hälfte des angewendeten Chlorwasserstoffs.

Versuch 53. Ein sorgfältig getrocknetes, ziemlich weites, U-förmiges Glasrohr *a* mit seitlichem Ansatz und Hahn *b* wird zunächst vollständig mit Quecksilber gefüllt. Hierauf setzt man in den einen Schenkel mit einem sehr gut passenden Gummistopfen *c* eine kleine, mit Schraubenspindel versehene und mit Natriumstückchen vollgestopfte Presse *d* ein, deren Spalt man durch eine dünne Wachsschicht verstrichen und bei der man den Druck des Natriums durch gelindes Rückwärtsdrehen der Schraubenspindel ausgeglichen hat. Man läßt dann durch Öffnen des seitlichen Hahnes aus dem offenen Schenkel soviel Quecksilber als möglich abfließen. Hierauf wird durch ein langes, dünnes, vorne mit einem 10 cm langen Stück festen Gummischlauchs versehenes Glasrohr etwa 15—20 ccm reines, trockenes Chlorwasserstoffgas in den geschlossenen Schenkel des Apparates eingeleitet und in den offenen Schenkel soviel Quecksilber eingefüllt, daß der Stand des Metalls in beiden Schenkeln gleich hoch ist. Nunmehr wird der Stand des Gases durch einen schmalen Papierstreifen markiert und durch Zudrehen der Schraubenspindel soviel Natriumband *e* in den Gasraum hineingepreßt, daß es nicht über die Hälfte des Volums hinausgeht. Das Quecksilber beginnt sofort langsam zu steigen. Sobald es seinen Stand — nach etwa $^1/_2$ Stunde — nicht mehr verändert, wird im offenen Schenkel wieder Quecksilber nachgefüllt, bis in beiden Schenkeln das Metall gleich hoch steht. Das Volumen ist dann genau auf die Hälfte zurückgegangen.

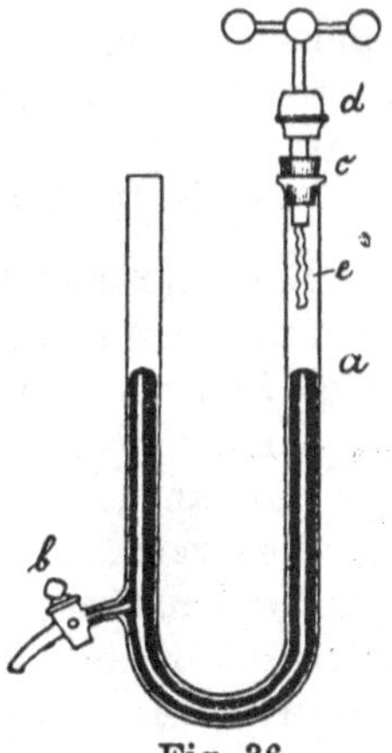

Fig. 36.

Diese Daten und Beobachtungen sind ausreichend, um für die Salzsäure eine Formel aufzustellen und zu begründen. Stellen wir die bei der Vereinigung von Chlor und Wasserstoff beobachteten Volumverhältnisse in der Weise dar, wie dies früher beim Wasser geschehen ist (vgl. S. 28), so erhält man folgendes Bild:[1]

$$\boxed{\mathrm{HH}} + \boxed{\mathrm{ClCl}} = \boxed{\mathrm{HCl} \mid \mathrm{HCl}}\,.$$

Da das spezifische Gewicht des Chlors 35,5 beträgt (vgl. S. 38), so würden sich die Gewichte dieser Gasvolumina folgendermaßen zueinander verhalten:

$$\boxed{2} + \boxed{71} = \boxed{36{,}5 \mid 36{,}5}\,.$$

[1] Vgl. Avogadro'sche Hypothese S. 158.

Bei der nach irgend einer Methode ausgeführten Analyse der Salzsäure wurde das Gewichtsverhältnis von Wasserstoff zu Chlor — also die Verbindungsgewichte der beiden Elemente — = 1 : 35,5, also — im Gegensatz zu den beim Wasser vorliegenden Verhältnissen — in Übereinstimmung mit den spezifischen Gewichten gefunden.

Es folgt also daraus, daß die Formel HCl für die Salzsäure die Zusammensetzung nach Gewicht wie nach Volumen korrekt wiedergibt und als richtig anzusehen ist.

Salzsäure — eine starke Säure. Basen. Salze.

Die Salzsäure ist der erste Repräsentant einer großen Klasse von Stoffen, die man Säuren nennt und deren ältester Vertreter die Essigsäure, der Hauptbestandteil des Essigs, ist.

Ihren Namen erhielten diese Substanzen von dem intensiv sauren Geschmack, an dem man sie, wenn auch nicht immer, so doch in der Regel, erkennen kann.

Zweckmäßiger, als durch die Geschmacksprobe lassen sich die Säuren durch die Farbänderung erkennen, die sie manchen Farbstoffen erteilen. So wird der blaue Lackmusfarbstoff durch Säuren rot gefärbt.

Versuch 54. Blaue Lackmuslösung wird in eine Reihe von Gläsern verteilt und zu den einzelnen Proben ein paar Tropfen Salzsäure, Schwefelsäure, Phosphorsäure, Essigsäure und eine wäßrige Lösung von Citronensäure hinzugefügt. In allen Fällen wird die Lackmuslösung augenblicklich rot gefärbt.

Allein sowohl die Geschmacksprobe, wie das Verhalten der Säuren gegen Lackmus sind lediglich äußere Eigenschaften, die über ihre chemische Natur nichts aussagen.

Es zeigt sich nun bei näherer Betrachtung, daß die Salzsäure und mit ihr alle anderen Säuren Verbindungen des Wasserstoffs sind. Allein, wie z. B. die Eigenschaften des Wassers zeigen, genügt das Vorhandensein von Wasserstoff noch nicht, um eine Verbindung zur Säure zu stempeln, vielmehr muß dieses Element durch Metalle ersetzbar sein. Bei der Salzsäure findet dieser Ersatz außerordentlich leicht statt.

Versuch 55. In ein kurzes (etwa 35 cm langes und 2 cm weites) Glasrohr wird bis fast an das eine Ende ein mit 3—4 erbsengroßen Kaliumstückchen gefülltes Porzellanschiffchen geschoben und die dem Schiffchen benachbarte Öffnung des Rohres mit einem Salzsäureentwicklungsapparat (vgl. S. 35) und einer mit konzentrierter Schwefelsäure beschickten Waschflasche verbunden. Hierauf wird das Metall kräftig erhitzt und dann ein lebhafter Chlorwasserstoffstrom darüber geleitet. Unter Feuererscheinung findet Reaktion statt, und hinter dem Schiffchen beschlägt das Rohr mit einem weißen, salzartigen Produkte.

Der Vorgang spielt sich folgendermaßen ab:

$$K + HCl = KCl\,(\text{Chlorkalium}) + H.$$

Das Metall verdrängt also den Wasserstoff der Säure und nimmt dessen Stelle ein.

Ebenso ist der Verlauf der Umsetzung zwischen Zink und Salzsäure, die geradezu zur Darstellung von Wasserstoff Verwendung findet (vgl. Versuch 21):

$$Zn + 2HCl = ZnCl_2\,(\text{Chlorzink}) + H_2.$$

In beiden Fällen bilden sich unter Entwicklung von Wasserstoff farblose, salzartig aussehende Substanzen, die auch wirklich zu den wahren Salzen zählen.

Salze bilden sich also zunächst aus den Säuren bei der Einwirkung von Metallen, wobei der Wasserstoff der Säure in Freiheit gesetzt wird.

Sie entstehen aber noch leichter beim Zusammentreffen von Säuren mit Metalloxyden. Z. B. bildet sich dasselbe Salz $ZnCl_2$ — das Chlorzink —, das aus Zink und Salzsäure unter Wasserstoffentwicklung entsteht, auch aus Zinkoxyd und Salzsäure:

$$ZnO + 2HCl = H_2O + ZnCl_2.$$

In diesem Falle tritt aber nicht Wasserstoff, sondern Wasser als Nebenprodukt auf.

In derselben Weise würde sich aus Natriumoxyd und Salzsäure das bekannteste aller Salze, das Kochsalz — Chlornatrium —, bilden:

$$Na_2O\,(\text{Natriumoxyd}) + 2HCl = 2NaCl + H_2O.$$

Da demnach ein Metalloxyd gewissermaßen als Basis für die Bildung der Salze betrachtet werden kann, so hat man nach einem Vorschlage von Lavoisier den Metalloxyden den Namen „Basen" beigelegt.

Viele von diesen Basen sind durch den eigentümlich laugenhaften Geschmack ihrer wäßrigen Lösung und durch die Änderung der Farbe ausgezeichnet, die sie bei Stoffen wie Lackmus, Curcuma, Methylorange und Phenolphtaleïn zu bewirken imstande sind.

Versuch 56. A. Zu durch wenig Salzsäure rot gefärbter Lackmuslösung fügt man einige Tropfen Natronlauge: Blaufärbung. Ebenso wird rotes Lackmuspapier blau gefärbt.

B. Mit demselben Agens wird ein Streifen des tief gelb gefärbten Curcumapapiers benetzt: Braunfärbung.

C. Durch wenig Salzsäure erdbeerrot gefärbte Methylorangelösung wird mit wenig Natronlauge versetzt: Gelbfärbung.

D. Zu sehr viel Wasser in einem großen Gefäß fügt man einige Tropfen einer alkoholischen Lösung von Phenolphtaleïn und dann 1 Tropfen Natronlauge. Tiefe Rotfärbung!

Die Salze, die aus Metallen und Säuren, oder durch Wechselwirkung zwischen Säuren und Metalloxyden entstehen, sind im Gegensatz zu Säuren und Basen, die entweder „sauer“ oder „basisch“ reagieren, im allgemeinen „neutrale“ Verbindungen, die auf keines der erwähnten Reagentien in irgend einer Weise einwirken.

Versuch 57. Weder rotes, noch blaues Lackmus-, noch Curcumapapier, noch Methylorange, noch Phenolphtaleïn wird von einer gesättigten, reinen Kochsalzlösung irgendwie in der Farbe verändert.

Die Säuren zeigen einen sehr verschiedenen Grad der „Stärke“, doch kann erst sehr viel später gezeigt werden, auf welchen Umstand dieser Unterschied zurückzuführen ist (vgl. S. 328).

Die Salzsäure gehört zu den typischen, „starken“ Säuren und vermag selbst die schwächsten Basen unter Abspaltung von Wasser zu „neutralisieren“ und in das entsprechende Salz überzuführen.

Die Salze der Salzsäure heißen Chloride. Sie sind identisch mit den Verbindungen, die bei der direkten Einwirkung von Chlor auf Metalle entstehen (vgl. S. 40).

6. Brom. Br.

Atomgewicht = 79,92.

Mit dem Chlor sehr nahe verwandt sind die beiden Elemente Brom und Jod, die zwar in chemischer Hinsicht manches Interessante bieten und für die Praxis unentbehrlich sind, aber an Bedeutung mit dem Chlor nicht wetteifern können, in der Natur auch lange nicht so verbreitet sind, wie dieses Element.

Das Brom, das im Jahre 1826 von Balard entdeckt wurde, findet sich in der Natur ebensowenig in freiem Zustande, wie das Chlor, sondern stets gebunden an Metalle, wie z. B. Natrium, Kalium und Magnesium. Mit diesen bildet es Salze, die dem Chlornatrium entsprechend als Bromnatrium, Bromkalium und Brommagnesium bezeichnet werden. Derartige Salze finden sich in ansehnlicher Menge in manchen Heilquellen, z. B. in der Adelheidsquelle in Oberbayern, in der Kreuznacher Mutterlauge und im Meerwasser. Der Gehalt des letzteren an Brom ist zwar nur sehr gering, aber berechnet auf die Gesamtmenge des Meerwassers ist das Quantum des darin enthaltenen Elements natürlich ein ganz ungeheures. Aus den durch Abdunsten von Meerwasser gewonnenen Bromverbindungen ist das Element von Balard gewonnen worden.

Heutzutage wird die Hauptmenge des Broms durch Einwirkung von Chlor auf das in den Staßfurter Abraumsalzen (vgl. S. 309) enthaltene Brommagnesium dargestellt:

$$MgBr_2 \text{ (Brommagnesium)} + Cl_2 = MgCl_2 \text{ (Chlormagnesium)} + Br_2.$$

Man kann aber das Element auch durch ein Verfahren gewinnen, das dem bei der Herstellung von Chlor angewendeten genau entspricht.

Man wird sich erinnern (vgl. S. 37), daß das letztere bei der Oxydation von Salzsäure mit Braunstein entsteht und daß diese ihrerseits aus Chlornatrium und Schwefelsäure dargestellt wird.

Man kann beide Prozesse ohne weiteres miteinander zu einer Operation verbinden und erhält Brom auf diesem Wege so, daß man ein Gemisch von Bromkalium, Braunstein und Schwefelsäure miteinander erhitzt. Die beiden Phasen der Reaktion lassen sich durch folgende Gleichungen wiedergeben:

1) $2KBr \text{ (Bromkalium)} + H_2SO_4 = K_2SO_4 \text{ (Kaliumsulfat)} + 2HBr \text{ (Bromwasserstoff)}.$

2) $MnO_2 \text{ (Braunstein)} + 4HBr = 2H_2O + MnBr_2 \text{ (Manganobromid)} + Br_2.$

Versuch 58. Im Abzuge werden zwei Fraktionierkolben so aufgebaut, daß der eine *a* über das Ansatzrohr des anderen *b* geschoben und auf einen gut schließenden Stopfen gesetzt wird. Dieser Kolben liegt in einem Glastrichter mit Ablauf *c* und wird durch einen Strahl fließenden Wassers *d* gekühlt. In dem Kolben *b* befindet sich ein Gemisch von 20 g Bromkalium und 30 g pulverisiertem Braunstein, zu dem man durch ein Trichterrohr eine noch warme Mischung von 20 ccm konzentrierter Schwefelsäure und 120 ccm Wasser hinzufließen läßt. Man vermischt die Stoffe durch kräftiges Schütteln des Kolbens, verschließt diesen mit einem Korkstopfen und erwärmt vorsichtig. Alsbald erfüllt sich die Apparatur mit dunkelroten Dämpfen, und schließlich sammelt sich in der gekühlten Vorlage eine dunkelschwarzrote, schwere Flüssigkeit an, die aus elementarem Brom besteht.

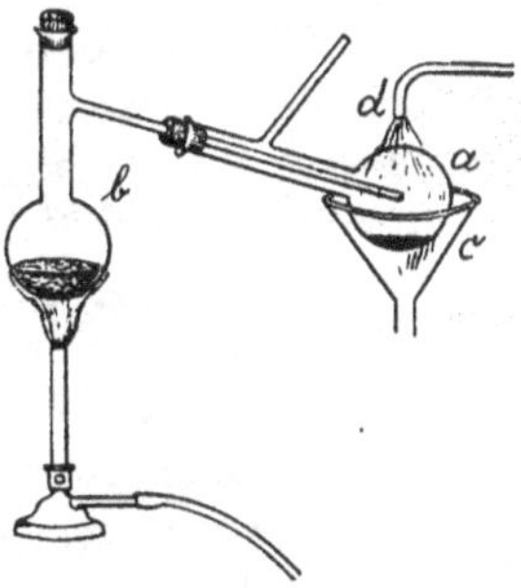

Fig. 37.

Brom bildet eine selbst in dünner Schicht undurchsichtige, dunkelschwarzrote Flüssigkeit, die in der Kälte zu einer fast schwarzen, bei $-7{,}3^0$ wieder schmelzenden Masse erstarrt, bei 59^0 siedet und das spezifische Gewicht 3,19 (bei 0^0) besitzt. Sehr charakteristisch ist der ungemein heftige, die Atmungsorgane in der schwersten Weise verätzende

Geruch des Broms, der dem Elemente den Namen (von βρῶμος = Gestank)) eingetragen hat. Man hat sich vor dem Einatmen selbst mit Luft stark verdünnter Bromdämpfe sehr zu hüten und muß auch den geringsten Verletzungen der Haut durch das Element die nötige Beachtung schenken, da die Wirkung des Stoffes eine sehr tiefgreifende ist und die Wunden nur schwierig heilen.

Infolge des niedrigen Siedepunkts besitzt Brom auch schon bei gewöhnlicher Temperatur eine hohe Tension, und einige Tropfen davon, in einem hohen Glaszylinder gegossen, verwandeln sich schnell in den charakteristisch braunrot gefärbten Dampf. Auch der Dampf ist so schwer, daß man ihm wie eine Flüssigkeit aus einem Gefäß in das andere umfüllen kann.

Versuch 59. Man gießt in einen hohen Glaszylinder einige Kubikzentimeter Brom, schwenkt um, bis die Flüssigkeit verdampft ist und sich der Zylinder mit Bromdampf gefüllt hat und hält den Zylinder schräg nach unten gerichtet über einen zweiten, leeren Glaszylinder. Der Bromdampf sammelt sich in dem letzteren an!

Wasser vermag von Brom etwa 3,5% zu lösen. Dabei bildet sich eine rotbraun gefärbte Flüssigkeit, die den Geruch und die Eigenschaften des freien Broms besitzt und Bromwasser genannt wird.

Versuch 60. In einem Schüttelzylinder werden ca. 100 ccm Wasser mit 1—2 ccm Brom kräftig durchgeschüttelt, wobei nach kurzer Zeit eine klare, braunrote, heftig riechende Flüssigkeit entsteht.

Für die Analyse ist es wichtig, daß sich das Brom aus der wäßrigen Lösung durch Behandeln mit Lösungsmitteln, wie Äther, Chloroform oder Schwefelkohlenstoff, ausschütteln läßt.

Versuch 61. Sehr stark verdünntes Bromwasser wird in 2 Schüttelzylindern einmal mit Äther und die zweite Probe mit Chloroform kräftig durchgeschüttelt. Im ersteren Falle wird das Brom von der oben schwimmenden Ätherschicht, im zweiten Falle von dem schweren, sich unten sammelnden Chloroform aufgenommen.

Die Neigung des Broms, sich mit Metallen zu verbinden, ist — wie beim Chlor — eine sehr große. Mit Kalium oder Zink z. B. tritt glatte Vereinigung ein:

$$K + Br = KBr.$$
$$Zn + Br_2 = ZnBr_2.$$

Versuch 62. A. In einen ganz engen und etwa 30 cm hohen Glaszylinder füllt man soviel Brom ein, daß die Flüssigkeit gerade den Boden bedeckt. Hierauf wirft man 3—4 Stückchen Kalium — jedes nicht größer als ein dicker Stecknadelskopf — in das Brom hinein. Feuererscheinung, heftiger Knall und an den Wandungen des Glaszylinders Abscheidung von festem, weißem Kaliumbromid!

B. Zu Bromwasser, das sich in einem Kolben befindet, fügt

man einen Überschuß von Zinkstaub hinzu, schüttelt kurze Zeit kräftig um und filtriert durch ein angefeuchtetes Filter. Das Filtrat ist völlig entfärbt!

Im allgemeinen muß man aber doch sagen, daß die Vereinigung des Broms mit den Metallen nicht so energisch vor sich geht, wie beim Chlor; auch läßt sich experimentell leicht beweisen, daß die Affinität des Broms zu den Metallen eine geringere ist, als die des Chlors. Wenn man nämlich in eine Lösung von Bromkalium Chlor einleitet, so wird Brom ausgetrieben, und das Chlor setzt sich an seine Stelle:

$$KBr + Cl = KCl + Br.$$

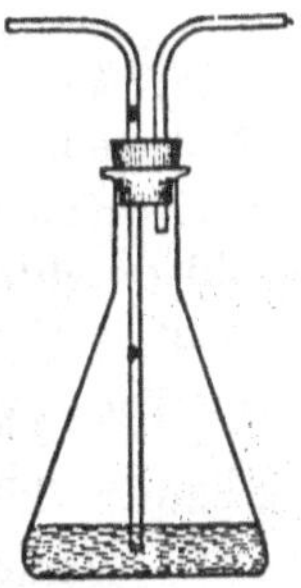

Fig. 38.

Versuch 63. In einen Erlenmeyer-Kolben, der mit Ein- und Ableitungsrohr versehen ist und etwa 100 ccm einer verdünnten, wäßrigen Bromkaliumlösung enthält, leitet man Chlor ein, während das Ableitungsrohr mit dem Abzuge verbunden ist. Zuerst Rotfärbung der Flüssigkeit, dann Abscheidung von elementarem Brom in Tropfen!

Auf dieser wichtigen Umsetzung beruht auch ein einfacher analytischer Nachweis des Elements. Er besteht darin, daß die Lösung der in Betracht kommenden Flüssigkeit mit Chlor behandelt und das eventuell in Freiheit gesetzte Brom durch Chloroform oder Schwefelkohlenstoff ausgeschüttelt wird.

Versuch 64. Im Reagenzglas wird eine stark verdünnte Lösung von Bromkalium in Wasser mit einigen Tropfen Chlorwasser versetzt, einige Kubikzentimeter Chloroform hinzugefügt und tüchtig umgeschüttelt. Die Chloroformschicht färbt sich bei Anwesenheit von Brom gelbbraun.

7. Bromwasserstoff. HBr.

Ebenso wie mit Metallen vermag sich Brom auch mit Wasserstoff zu verbinden. Freilich verläuft diese Reaktion sehr viel schwieriger als bei der Vereinigung von Chlor mit Wasserstoff (vgl. S. 41). Die direkte Synthese der beiden Elemente läßt sich durch Entzündung eines Gemisches von Bromdampf mit Wasserstoff bewerkstelligen.

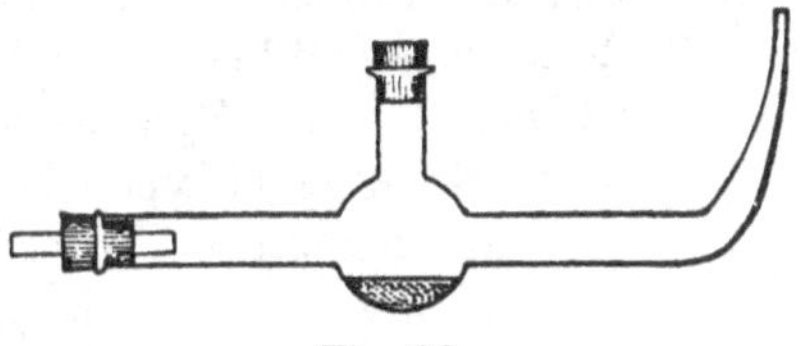

Fig. 39.

Versuch 65. In einem Kugelrohr der beistehend abgebildeten Form befinden sich in der Kugel einige Kubikzentimeter Brom. Man leitet dann trockenen und luftfreien Wasserstoff über das Brom herüber und erwärmt dieses gleichzeitig gelinde.

Sobald der aus der nach oben gerichteten Spitze des Rohres ausströmende Wasserstoff entzündet wird, treten dichte, weiße Nebel auf, die ein angefeuchtetes Stück blaues Lackmuspapier röten!

Nach dem Prinzip der Salzsäuregewinnung aus Chlornatrium und konzentrierter Schwefelsäure läßt sich Bromwasserstoff nicht darstellen, da er von der Schwefelsäure zum Teil zu Brom oxydiert wird.

Versuch 66. Gröblich zerkleinertes Bromkalium wird mit konzentrierter Schwefelsäure übergossen. Es entwickeln sich unter Aufschäumen Nebel von Bromwasserstoff, die aber durch Bromdampf stark verunreinigt und gelb gefärbt sind.

Ein zweckmäßiges Verfahren zur Darstellung von reinem Bromwasserstoff besteht darin, daß man Phosphorbromide durch Wasser zersetzt, wobei unter stürmischer Reaktion große Mengen von Bromwasserstoff gebildet werden. Je nachdem man hierbei von dem Bromid PBr_3 oder PBr_5 ausgeht, verläuft der Prozeß nach den Gleichungen:

PBr_3 (Phosphortribromid) $+ 3H_2O = 3HBr + H_3PO_3$ (Phosphorige Säure).
PBr_5 (Phosphorpentabromid) $+ 4H_2O = 5HBr + H_3PO_4$ (Phosphorsäure).

Versuch 67. In ein etwa 300 ccm fassendes Kölbchen *a* mit eingeschliffenem Tropftrichter *b* und Ableitungsrohr *c* wird ein Gemisch von 10 g rotem Phosphor und soviel konzentrierter, wäßriger Bromwasserstoffsäure eingefüllt, daß der Phosphor gerade durchfeuchtet ist. Der Kolben ist verbunden mit einem Turm *d*, der Glasscherben enthält, die in einem Brei von rotem Phosphor und Wasser gewälzt und dann getrocknet sind. An den Turm schließen sich zwei größere Glaszylinder *e*, von denen das Ableitungsrohr des letzten in den Abzug führt. Man läßt nun aus dem Tropftrichter etwa 25 ccm Brom in den Kolben eintropfen, worauf die Reaktion — Bildung des Phosphorbromids und gleichzeitige Zersetzung — unter Feuererscheinung sofort einsetzt. Das durch die bei der Reaktion auftretende Wärme verdampfte, unverbrauchte Brom wird von dem mit Phosphor beschickten Turm zurückgehalten, so daß das aus ihm austretende Gas völlig farblos ist. Sobald aus dem zweiten Glaszylinder dichte Nebel von Bromwasserstoff austreten, wird der mittlere Zylinder abgekoppelt, sehr schnell die Platte mit der Einleitungsvorrichtung abgehoben und dafür eine dicke, ein-

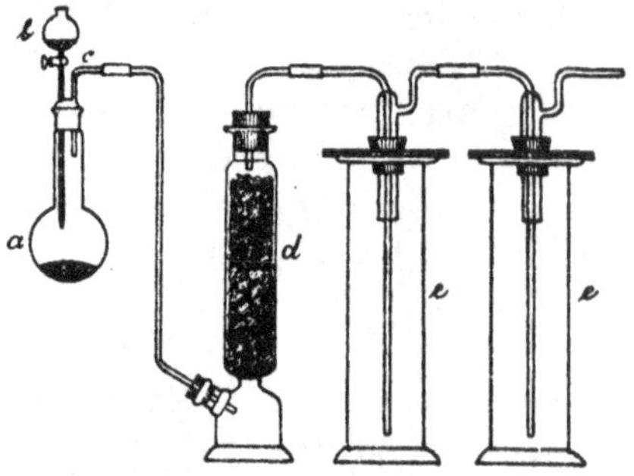

Fig. 40.

gefettete Glasplatte aufgesetzt. Man bringt dann den so verschlossenen Zylinder mit der Öffnung nach unten in eine große mit — durch Lackmus blau gefärbtem — Wasser gefüllte Wanne und zieht die Glasplatte herunter. Das Wasser stürzt in den Zylinder hinein und füllt ihn fast vollständig aus! Gleichzeitig färbt es sich durch die saure Wirkung des Bromwasserstoffs rot!

Eigenschaften des Bromwasserstoffs.

Bromwasserstoff ist ein farbloses, stechend riechendes Gas, das bei — 68° siedet, an der Luft Nebel bildet und sich in Wasser leicht und in großen Mengen zu einer stark sauer schmeckenden Flüssigkeit löst.

Die bei 0° gesättigte Lösung enthält 82% HBr. Ihr spezifisches Gewicht ist 1,78. Die bei Zimmertemperatur gesättigte Bromwasserstoffsäure enthält nur 50% HBr.

Die wäßrige Bromwasserstoffsäure zeigt in ihrem Verhalten die größte Ähnlichkeit mit der Salzsäure. Metalle werden von ihr energisch angegriffen und unter stürmischer Wasserstoffentwicklung in Bromide verwandelt:

$$Zn + 2HBr = ZnBr_2 \text{ (Zinkbromid)} + H_2.$$

Versuch 68. Granuliertes Zink wird in einem Kelchglase mit starker, wäßriger Bromwasserstoffsäure übergossen. Heftige Einwirkung! Der Wasserstoff läßt sich entzünden.

Selbst sehr verdünnte Bromwasserstoffsäure färbt Lackmuspapier oder -lösung augenblicklich rot.

Basen werden von Bromwasserstoff glatt neutralisiert und in Bromide verwandelt.

Versuch 69. Zu starker Natronlauge fügt man vorsichtig konzentrierte Bromwasserstoffsäure hinzu, wobei sich unter starker Erhitzung und stürmischer Reaktion die Salzbildung vollzieht. Kühlt man die Reaktionsflüssigkeit ab, so scheidet sich das entstandene Salz in farblosen, gut ausgebildeten Krystallen ab.

Gegen Chlor verhält sich Bromwasserstoff ebenso, wie dies früher (vgl. S. 51) für die Brommetalle gezeigt worden ist, d. h. es wird davon Brom in Freiheit gesetzt und Chlorwasserstoff gebildet:

$$HBr + Cl = HCl + Br.$$

Versuch 70. In verdünnte Bromwasserstoffsäure, die sich in einem mit Ein- und Ableitungsrohr versehenen Erlenmeyer-Kolben befindet, wird Chlor eingeleitet. Zuerst Rotbraunfärbung der Flüssigkeit, dann Abscheidung von elementarem Brom.

Die Formel HBr für Bromwasserstoff ergibt sich unter Berücksichtigung der beim Wasser (vgl. S. 28) und bei der Salzsäure (vgl. S. 45) angestellten Betrachtungen aus der Tatsache, daß sowohl die Verbindungsgewichte wie auch die spezifischen Gewichte von Wasserstoff und Brom im Verhältnis von 1 : 79,9 zueinander stehen und sich je 1 Volumen der beiden Gase zu 2 Volumina Bromwasserstoff miteinander verbinden.

8. Jod. J.

Atomgewicht = 126,92.

Das Jod gehört zu den selteneren Elementen. Es ist zwar auf der Oberfläche der Erde sehr verbreitet, kommt aber stets nur in geringer Menge vor. Trotzdem darf dieses Element wegen seiner vielfachen Anwendung in der Medizin, in der Photographie und im chemischen Laboratorium Anspruch auf besonderes Interesse erheben; um so mehr, da man nachgewiesen hat, daß für die Aufrechterhaltung eines normalen Stoffwechsels beim Menschen kleine Mengen von Jod unbedingt notwendig sind.

Wir finden Jod — gebunden an Metalle — in manchen Mineralquellen, z. B. in der Adelheidsquelle, der Tölzer und Haller Quelle, in der Kreuznacher Mutterlauge und endlich im Meerwasser. An und für sich ist zwar die Menge von Jodverbindungen in dem letzteren weit geringer als die des Broms, aber die Seepflanzen und -tiere: Algen, Schwämme, Fische und Krebse, sind eigentümlicherweise befähigt, Jod, teilweise in komplizierter organischer Bindung, in sich aufzustapeln.

Daher wurde das Jod früher aus der Asche von Seepflanzen gewonnen, eine Industrie, die besonders an der schottischen und normannischen Küste blühte. Das hierbei gewonnene Rohmaterial für die Darstellung des Jods wurde als Kelp und Varec in den Handel gebracht.

In einer derartigen Pflanzenasche, die zur Herstellung von Soda Verwendung gefunden hatte, wurde das Element im Jahre 1812 von Courtois — einem Seifensieder — entdeckt und durch ausgezeichnete Untersuchungen von Davy und vor allem Gay-Lussac als ein dem Chlor ähnliches Element erkannt.

Die überwiegende Menge des in den Handel kommenden Jods stammt aus den bei der Fabrikation des Chilesalpeters $NaNO_3$ (vgl. S. 307) abfallenden Mutterlaugen, die reichliche Quantitäten von jodsauren Salzen enthalten, aus denen das Jod nach verschiedenen Verfahren in Freiheitt gesetzt und gereinigt wird.

Daß auch die bei der Gewinnung von Chlor und Brom (vgl. S. 37 und S. 49) im kleineren Maßstabe angewendete Methode auf das Jod übertragen werden kann, läßt sich so zeigen, daß man ein Gemisch von Jodkalium, Braunstein und Schwefelsäure destilliert. Der Vorgang verläuft folgendermaßen:

$$MnO_2 + 2KJ + 3H_2SO_4 = MnSO_4 + 2KHSO_4 + 2H_2O + J_2.$$

Versuch 71. Eine tubulierte Retorte, die mit einem innigen Gemisch von 20 g Jodkalium und 30 g pulverisiertem Braunstein beschickt ist, wird durch einen Stopfen mit einer größeren Vorlage verbunden und diese durch fließendes Wasser gekühlt. Man gießt dann durch ein kurzes Trichterrohr eine noch heiße Mischung von 14 ccm konzentrierter Schwefelsäure und 84 ccm Wasser in den Tubus der Retorte, verstopft diesen, mischt den Inhalt der Retorte durch kräftiges Schütteln und erhitzt vorsichtig. Bald füllt sich Retorte und Vorlage mit violetten Dämpfen, die sich an den gekühlten Wandungen der Vorlage zu grauglänzenden Krystallen von Jod verdichten.

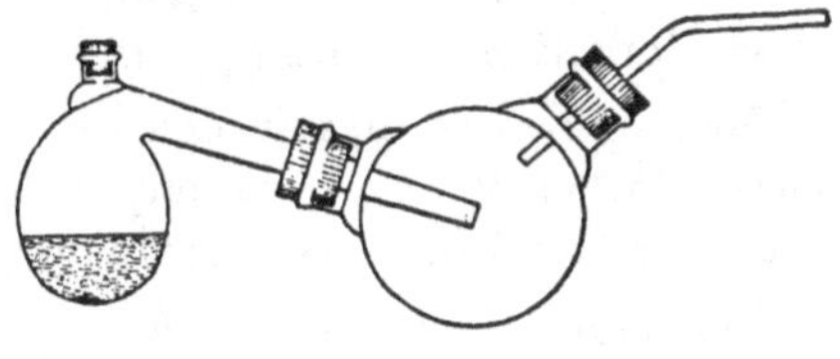

Fig. 41.

Eigenschaften des Jods.

Jod bildet dunkelschwarzgraue Krystalle von charakteristischem, entfernt an Chlor erinnernden Geruch und ist ziemlich flüchtig. Erhitzt man größere Mengen davon schnell, so schmilzt es bei 113—115° und siedet bei 184,4°. Wendet man kleinere Mengen an, so sublimiert es, ohne vorher zu schmelzen.

Der Dampf des Jods besitzt eine prächtig veilchenblaue Farbe. Die Bezeichnung des Elements, die von dem griechischen Worte ἰώδης — veilchenfarbig — stammt, soll diese höchst charakteristische Eigenschaft des Jods zum Ausdruck bringen.

Versuch 72. Ein großer Rundkolben wird — am besten auf einem Sandbade — kräftig erhitzt und einige Krystalle Jod hineingeworfen. Der Kolben erfüllt sich mit schön violett gefärbten Dämpfen!

Jod färbt die Haut intensiv braun und zerstört sie. Es wird in freiem Zustande z. B. als Jodtinktur (vgl. Versuch 73A), aber auch in Form zahlreicher Verbindungen therapeutisch verwendet.

Interessant sind die Löslichkeitserscheinungen beim Jod. In Wasser ist Jod nur äußerst wenig mit schwach gelber Farbe löslich. Viel beträchtlicher ist die Löslichkeit in einer wäßrigen Lösung von Jodkalium, die das Element mit tiefdunkelbrauner Farbe unter Bildung der jodreichen Verbindung KJ_3 aufnimmt:

$$KJ + J_2 = KJ_3.$$

Sehr auffallend ist es, daß das Jod von organischen Lösungsmitteln entweder mit brauner oder mit violettroter Farbe gelöst wird.

Versuch 73. A. Gepulvertes Jod wird mit Alkohol übergossen und gelinde erwärmt: Tiefbraune Lösung! (Jodtinktur).

B. Etwas gepulvertes Jod wird mit Äther übergossen. Es wird von diesem gleichfalls mit brauner Farbe gelöst.

C. Mit Schwefelkohlenstoff oder Chloroform und wenig Jod erhält man prächtig violettrote Lösungen.

Man nimmt an, daß in den violett gefärbten Jodlösungen freies Jod, dagegen in den braunen Lösungen eine Verbindung von Jod mit den betreffenden Lösungsmitteln vorliegt.

Von ganz besonderer Bedeutung für die Erkennung sehr geringer Jodmengen ist die Eigenschaft des Elements, mit verkleisterter Stärke eine intensiv blau gefärbte Adsorptionsverbindung „Jodstärke" zu bilden, die aber nur in der Kälte beständig ist. Die „Jodstärkereaktion" verschwindet daher in der Wärme und stellt sich beim Abkühlen wieder ein.

Versuch 74. Etwas frisch dargestellter Stärkekleister wird mit etwa 1 Liter Wasser verdünnt, einige Kubikzentimeter Jodkaliumlösung und dann einige Tropfen Chlorwasser hinzugefügt. Intensive Blaufärbung! Gießt man etwas von der Flüssigkeit in ein Reagenzglas und erhitzt, so verschwindet die Farbe, um beim Abkühlen wiederzukehren.

Die Neigung des Jods zur Vereinigung mit Metallen ist weit geringer, als beim Chlor oder Brom. Immerhin gelingt sie ohne Schwierigkeit.

Versuch 75. In die obere Kugel eines schräg nach oben in ein Stativ eingespannten 2-Kugelrohres aus schwer schmelzbarem Glase wird etwas Jod, in die untere einige Kubikzentimeter Quecksilber eingefüllt, die untere Öffnung des Rohres mit einem Stopfen verschlossen und dann im Dunkeln durch 2 Brenner die beiden Kugeln kräftig erhitzt. Sobald das Quecksilber siedet, bildet sich zwischen den beiden Kugeln eine rot gefärbte Flamme und beim Abkühlen ist im Inneren des Rohres eine reichliche Menge von Quecksilberjodid als scharlachroter Beschlag zu finden.

Da die Metalle mit Jod nicht so fest verbunden sind, wie mit Chlor oder Brom, wird aus einer Lösung von Jodmetallen in Wasser durch die beiden oben genannten Elemente Jod in Freiheit gesetzt:

$$KJ + Cl = KCl + J.$$
$$KJ + Br = KBr + J.$$

Versuch 76. Eine Lösung von Jodkalium in Wasser wird einmal mit Chlorwasser, eine zweite Probe mit Bromwasser versetzt. In beiden Fällen wird Jod ausgeschieden, das aber in einem Überschuß von Chlorwasser wieder in Lösung geht (vgl. S. 193).

Dieses Verhalten ist für die Analyse wichtig, da es zur Erkennung von Jod dienen kann.

9. Jodwasserstoff. HJ.

Noch schwieriger als beim Bromwasserstoff gelingt die Synthese des Jodwasserstoffs aus den Elementen. Für ihren einigermaßen glatten Verlauf ist die Anwesenheit eines Katalysators (vgl. S. 21) notwendig, als welcher zweckmäßig feinverteiltes Platin Verwendung findet.

Versuch 77. In eine schwerschmelzbare Kugelröhre *a* mit langer aufwärts gerichteter Spitze wird vor die letztere ein lockerer Pfropf von Platinasbest *b* geschoben und in die Kugel Jod *c* eingefüllt. Das Rohr wird nun mit einem in Tätigkeit befindlichen Wasserstoffentwicklungsapparat verbunden, und sobald die Luft daraus verdrängt ist, der platinierte Asbest und die Kugel mit dem Jod durch je einen Brenner erhitzt. Alsbald treten aus der Spitze des Rohres dichte weiße Nebel von Jodwasserstoff aus. Sollten sie durch mitgerissenen Joddampf gefärbt sein, so erhitzt man das Jod zu stark, und man kann durch Regulierung der Temperatur leicht erreichen, daß reiner Jodwasserstoff entweicht. Wird das austretende Gas, das noch reichliche Mengen von unverbundenem Wasserstoff enthält, entzündet, so verschwinden augenblicklich die farblosen Nebel, und aus der Flamme des brennenden Wasserstoffes steigen violette Joddämpfe auf! Auf einer glasierten Porzellanschale, die man in die Flamme hineinhält, schlägt sich braunes Jod nieder.

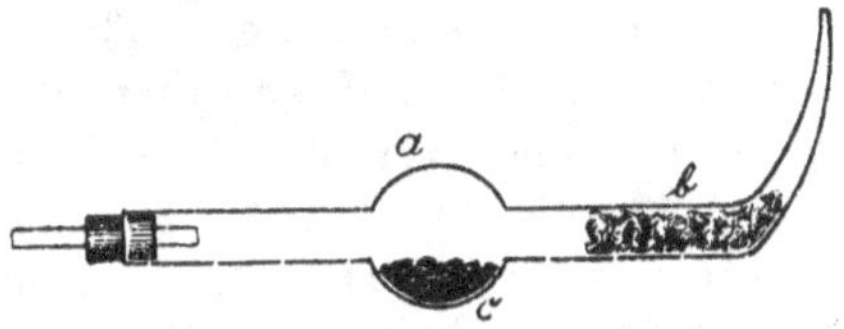

Fig. 42.

Beim Versuch, den Jodwasserstoff — analog dem Verfahren der Salzsäuregewinnung aus Chlornatrium und Schwefelsäure — durch Behandlung von Jodkalium mit Schwefelsäure zu gewinnen, beobachtet man, wie bei der entsprechenden Zersetzung des Bromkaliums (vgl. S. 52), neben der Bildung von Jodwasserstoff das Auftreten großer Mengen von Jod.

Versuch 78. Gröblich pulverisiertes Jodkalium wird mit konzentrierter Schwefelsäure übergossen. Es entweichen Nebel von Jodwasserstoff, und gleichzeitig scheidet sich Jod in erheblicher Menge ab!

Am besten gelingt die Darstellung von Jodwasserstoff durch Zersetzung von Phosphortrijodid mit Wasser:

$$PJ_3 \text{ (Phosphortrijodid)} + 3H_2O = 3HJ + H_3PO_3 \text{ (Phosphorige Säure)}.$$

Versuch 79. In das Kölbchen des Apparates vom Versuch 67 füllt man ein inniges Gemisch von 50 g feinpulverisiertem Jod und 4 g auf dem Wasserbade scharf getrocknetem, rotem Phosphor ein. Der Tropftrichter wird mit 8 ccm Wasser beschickt. Das Entwicklungskölbchen wird direkt mit 2 leeren, durch Glasplatten mit Ein- und Ableitungsrohr verschlossenen Glaszylindern verbunden. Vom 2. Zylinder führt das Ableitungsrohr in den Abzug. Beim Eintropfen des Wassers stürmische Entwickelung von Jodwasserstoff!

Eigenschaften des Jodwasserstoffs.

Farbloses, stechend riechendes, an der Luft dicke, weiße Nebel bildendes Gas vom Siedepunkt — 35°.

Sehr groß ist die Löslichkeit des Gases in Wasser.

Die bei 0° hergestellte, wäßrige Jodwasserstoffsäure besitzt das spezifische Gewicht 1,99. Eine unter 760 mm bei 127° konstant siedende Säure (vgl. das analoge Verhalten der Salzsäure, S. 43) zeigt das spezifische Gewicht 1,70 und enthält 57% Jodwasserstoff.

Die konzentrierte Säure raucht stark an der Luft und färbt sich am Lichte bald intensiv braun. Dies liegt an der Abscheidung von Jod, das sich, wie man durch den Versuch feststellen kann, in der farblosen Säure mit brauner Farbe löst.

Versuch 80. In vollkommen farblose — eventuell durch Schütteln mit wenig gepulvertem Jodphosphonium (vgl. S. 116) entfärbte — Jodwasserstoffsäure wird eine kleine Menge gepulvertes Jod eingetragen. Die Säure färbt sich braun.

Durch Oxydationsmittel — auch schon durch den Sauerstoff der Luft — wird Jodwasserstoff unter Abscheidung von Jod oxydiert:

$$2HJ + O = H_2O + J_2.$$

Man kann dies auch so auffassen, daß der Jodwasserstoff infolge seiner Neigung, in Wasserstoff und Jod zu zerfallen, imstande ist, auf andere Verbindungen Wasserstoff zu übertragen, bzw. ihnen den Sauerstoff zu entziehen: Jodwasserstoff ist ein sehr starkes, in vielen Fällen bewährtes Reduktionsmittel.

Natürlich wird diese Wirkung des Jodwasserstoffs besonders deutlich beim Zusammentreffen mit solchen Verbindungen in die Erscheinung treten, die reich an Sauerstoff sind, also leicht reduzierbar sind. Zu diesen Stoffen gehört in ausgeprägtem Maße die Salpetersäure (vgl. S. 220), deren Wirkung auf Jodwasserstoff sich bis zu den Erscheinungen einer Explosion steigern kann.

Versuch 81. In den mittleren der beim Versuch 79 mit Jodwasserstoff gefüllten Zylinder, der zunächst sorgfältig durch eine gefettete Glasplatte verschlossen worden ist, schüttet man 10—12 ccm kochende, rote rauchende Salpetersäure möglichst auf einmal hinein: Verpuffung, Feuererscheinung und Abscheidung von Jod im Inneren des Zylinders. Aus der Mündung des letzteren schlägt eine Flamme heraus und steigt eine Wolke von Joddampf in die Höhe!

Jodwasserstoff ist also — im Gegensatz zur Salzsäure — recht unbeständig, wie sich auch aus den thermochemischen Daten (vgl. S. 274) ergibt. Bromwasserstoff steht in bezug auf die Leichtigkeit seiner synthetischen Bildung und seine Beständigkeit in der Mitte.

Jodwasserstoff ist eine typische Säure, die mit Basen zahlreiche, wichtige Salze bildet.

Versuch 82. Zu starker Kalilauge fügt man vorsichtig konzentrierte Jodwasserstoffsäure hinzu. Die Salzbildung vollzieht sich unter starker Erhitzung, und das gebildete Jodkalium krystallisiert bereits in der Wärme in reichlicher Menge aus.

Die Zusammensetzung des Jodwasserstoffs entspricht der der Salzsäure und des Bromwasserstoffs und ist durch die Formel HJ wiederzugeben.

10. Fluor. F.

Atomgewicht = 19,00.

Mit den Elementen Chlor, Brom und Jod läßt sich noch eine viertes zu einer eng zusammengehörigen Gruppe vereinigen: das Fluor.

Obwohl Verbindungen dieses Elementes schon lange bekannt waren, ist die Darstellung des freien Fluors doch erst im Jahre 1886 dem französischen Chemiker Moissan gelungen. Der Grund hierfür ist die ganz außerordentliche chemische Aktivität des Fluors. Eine Oxydation von Fluorwasserstoff — die nach Art der Bildung von Chlor, Brom oder Jod aus den entsprechenden Säuren (vgl. S. 37) zum Fluor hätte führen können — gelingt deswegen nicht, weil die Bindung zwischen Wasserstoff und Fluor viel zu fest geknüpft ist, als daß sie durch ein oxydierendes Agens gesprengt werden könnte.

Auch die Elektrolyse einer wäßrigen Fluorwasserstoffsäure führt nicht zum Ziel, weil das hierbei zunächst entstehende Fluor auf Wasser sofort wieder einwirkt und unter Entwicklung von Sauerstoff Fluorwasserstoff zurückbildet:

$$H_2O + F_2 = 2HF + O.$$

Diese und andere Schwierigkeiten überwand Moissan in der Weise, daß er wasserfreien Fluorwasserstoff in einem aus Platin-Iridium bestehenden Apparate *a* mit durch Flußspatstöpsel eingesetzten Iridiumelektroden *b* bei — 23° elektrolysierte (vgl. Fig. 43).

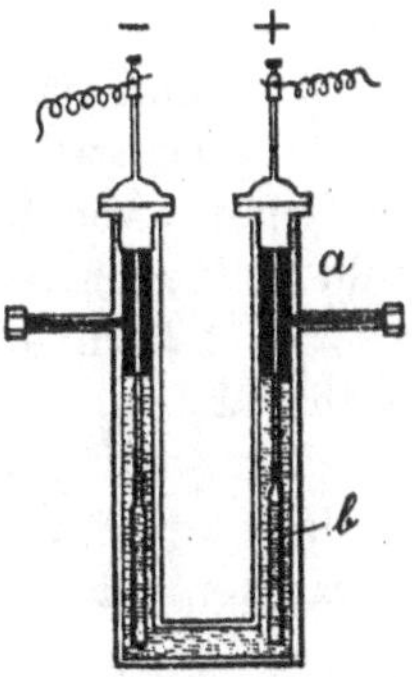

Fig. 43.

Um die für den glatten Verlauf der Elektrolyse nötige Leitfähigkeit des wasserfreien Fluorwasserstoffs zu erzielen, wurde in diesem eine gewisse Menge von saurem Kaliumfluorid KHF_2 (vgl. S. 61) gelöst.

Von den in der Natur vorkommenden Verbindungen des interessanten Elements ist vor allem der prächtig krystallisierende Flußspat CaF_2 und der Kryolith Na_3AlF_6 zu nennen. Auch im Boden sind fast stets kleine Mengen von Fluor enthalten, aus dem sie von den Pflanzen aufgenommen werden, worauf sie dann weiter in den tierischen Organismus gelangen. Sie spielen beim Aufbau der Zähne und wohl auch der Knochen eine nicht unwichtige Rolle.

Eigenschaften des Fluors.

Fluor bildet ein schwach gelblichgrün gefärbtes Gas von stechendem Geruch, dessen Schmelzpunkt bei — 233°, dessen Siedepunkt bei — 187° liegt. Es verbindet sich — mit Ausnahme von Sauerstoff — mit allen Elementen, meist unter äußerst energischer Reaktion und vielfach mit Feuererscheinung. Die Reaktionsprodukte werden als Fluoride bezeichnet. Von beispielloser Heftigkeit ist die Einwirkung von Fluor auf Wasserstoff: Sogar bei — 253° und im Dunkeln reagiert flüssiger Wasserstoff mit festem Fluor unter heftiger Explosion.

Aus Salzsäure wird das Chlor durch Fluor glatt verdrängt:

$$HCl + F = HF + Cl.$$

11. Fluorwasserstoff. H_2F_2.

Bereits am Ende des 17. Jahrhunderts hatte Schwanhardt in Nürnberg beobachtet, daß bei der Behandlung von Flußspat mit Schwefelsäure ein Gas entsteht, das die merkwürdige Eigenschaft besitzt, Glas zu ätzen.

Dies ist nichts anderes als Fluorwasserstoff, der nach der Gleichung:

$$CaF_2 \text{ (Flußspat)} + H_2SO_4 = CaSO_4 + 2HF$$

entsteht und auch heute noch so gewonnen wird.

Versuch 83. In einem Reagenzglas wird etwas gepulverter Flußspat mit konzentrierter Schwefelsäure vermischt und erhitzt. Es entweichen sehr stechend riechende Dämpfe, die an der Luft weiße Nebel bilden. Wird nun das Reagenzglas sorgfältig gereinigt und getrocknet, so erscheinen die Wandungen stark angeätzt.

Zur Darstellung des Fluorwasserstoffs nach dieser Methode arbeitet man in Gefäßen von Blei und fängt den Fluorwasserstoff in einer mit Wasser gefüllten Bleischale auf. Die hierbei entstehende wäßrige Fluorwasserstoff- oder Flußsäure wird in Gefäßen aus Guttapercha, Paraffin oder Platin aufbewahrt.

Der völlig wasserfreie Fluorwasserstoff, wie er z. B. zur Darstellung von Fluor gebraucht wird, läßt sich leicht durch Erhitzen des bereits erwähnten sauren Kaliumfluorids KHF_2 in einer Platinretorte darstellen:

$$KHF_2 = KF + HF.$$

Er bildet eine farblose, an der Luft stark rauchende, bereits bei + 19,4° siedende Flüssigkeit, deren Dämpfe sehr stark ätzend wirken und die auf der Haut schmerzhafte und gefährliche Wunden erzeugt.

Die wichtigste Anwendung der wäßrigen Fluorwasserstoffsäure besteht in der Ätzung des — siliciumhaltigen — Glases, die damit leicht gelingt. Sie beruht, wie später gezeigt wird, auf der Bildung von Siliciumtetrafluorid (vgl. S. 153):

$$SiO_2 \text{ (Siliciumdioxyd)} + 4HF = 2H_2O + SiF_4 \text{ (Siliciumtetrafluorid)}.$$

Versuch 84. Eine Glasscheibe aus rotem Überfangglas wird auf der roten Seite mit einem dünnen Wachsüberzug versehen und ringsherum aus Wachs ein Rand gebildet, so daß eine Art von flacher Schale entsteht. Man graviert nun mit einer spitzen Stricknadel eine Zeichnung in den Wachsgrund ein und legt an diesen Stellen die Oberfläche des Glases bloß. Hierauf gießt man starke, wäßrige Fluorwasserstoffsäure auf diese vorbereitete Zeichnung auf, läßt sie etwa 5 Minuten wirken, spült dann ab und entfernt das Wachs durch heißes Terpentinöl. Die Zeichnung ist dann weiß — durchsichtig — auf dem roten Glase eingeätzt!

Auch der analytische Nachweis des Fluors in seinen Verbindungen beruht auf der gleichen Wirkung des Fluorwasserstoffs. Er gelingt auch mit sehr kleinen Mengen.

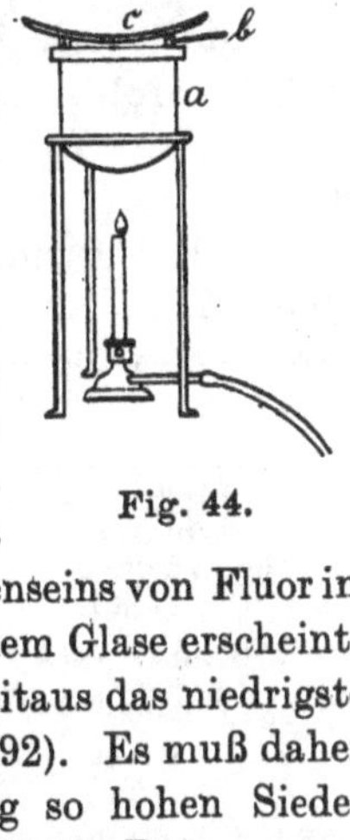

Fig. 44.

Versuch 85. Man mischt eine Probe des zu untersuchenden Fluorids — etwa Flußspat — mit einigen Tropfen konzentrierter Schwefelsäure zu einem dünnen Brei und erhitzt ihn in einem kleinen, in einen Dreifuß eingesetzten Bleigefäß vorsichtig mit kleiner Flamme. Auf den Bleibecher *a* legt man auf 3 kleine Korkwülste *b* ein mit einem dünnen Wachsüberzug versehenes Uhrglas *c*, in das man mit einer Stricknadel einige Schriftzüge eingegraben hat. Nach etwa 20 Minuten wird das Uhrglas gereinigt, wobei für den Fall des Vorhandenseins von Fluor in der zu prüfenden Substanz eine matte Ätzung auf dem Glase erscheint!

Fluor besitzt das Verbindungsgewicht 19,00, also weitaus das niedrigste in der Reihe: Fluor, Chlor (35,46), Brom (79,92), Jod (126,92). Es muß daher auffallen, daß der Fluorwasserstoff einen verhältnismäßig so hohen Siedepunkt ($+19,4^0$) zeigt, während Chlorwasserstoff bei $-83,7^0$, Bromwasserstoff bei -68^0 und Jodwasserstoff bei -35^0 sieden. Dies liegt nun daran, daß Fluorwasserstoff erst weit über seinem Siedepunkte, nämlich bei 80^0 dem einfachen Ausdrucke HF entspricht, während er unterhalb dieser Temperatur zu verdoppeln ist. Fluorwasserstoff ist daher durch die Formel H_2F_2 wiederzugeben.

Auch viele Fluoride, wie z. B. das zur Gewinnung des reinen Fluorwasserstoffs benutzte saure Kaliumfluorid KHF_2, leiten sich von der Säure H_2F_2 her.

Fluorwasserstoff steht in einem sehr auffallenden Gegensatz zu den Wasserstoffverbindungen der Elemente Chlor, Brom und Jod. Denn während sich von diesen in Wasser ganz leichtlösliche Calciumsalze, wie $CaCl_2$, $CaBr_2$, CaJ_2, herleiten, ist das Calciumfluorid CaF_2 in Wasser nahezu unlöslich. Umgekehrt bilden die drei erwähnten Elemente in Wasser ganz unlösliche Verbindungen mit Silber: Chlorsilber AgCl, Bromsilber AgBr und Jodsilber AgJ, während Silberfluorid AgF in Wasser leichtlöslich ist.

12. Vergleichende Betrachtung der „Halogene".

Bei der experimentellen Untersuchung der 4 Elemente: Chlor, Brom, Jod und Fluor hat sich eine sehr weitgehende Ähnlichkeit zwischen ihnen ergeben, so daß es berechtigt erscheint, sie als engere Familie in der großen Zahl der gesamten Elemente zu betrachten.

Dies ist in der Tat schon seit langem geschehen, und man hat der Bequemlichkeit wegen für diese Familie einen besonderen Namen — Halogene — gewählt, der die ausgesprochene Neigung der Elemente, sich mit Metallen direkt zu Salzen zu vereinigen (vgl. die Versuche 45, 62, 75), zum Ausdruck bringen soll. Dieser Name „Halogene" ist zurückzuführen auf die beiden griechischen Worte: ἅλς = Salz, γεννάω = erzeuge, und bedeutet so viel wie „Salzerzeuger".

Ordnet man die Halogene nach der Größe ihres Verbindungsgewichtes, so läßt sich eine deutliche Abhängigkeit der physikalischen und chemischen Eigenschaften der Elemente von dieser Zahl feststellen. Genau dasselbe gilt auch für die 4 Säuren HF, HCl, HBr und HJ, die sich von den Halogenen ableiten und die man daher Halogenwasserstoffsäuren nennt. Man kann — ohne daß nochmals eine Erörterung im einzelnen nötig wäre — diese Beziehungen ohne weiteres aus der folgenden Tabelle entnehmen:

	F	Cl	Br	J
Verbindungsgewicht	19,00	35,46	79,92	126,92
Aggregatzustand bei gew. Temp.	Gas	Gas	Flüssigkeit	Fest
Schmelzpunkt	— 233°	— 102°	— 7,3°	+ 114,2°
Siedepunkt	— 187°	— 33,6°	+ 59°	+ 184,4°
Farbe	hellgelbgrün	gelbgrün	dunkelbraunrot	schwarzgrau
Reaktionsintensität bei der Bildung der Halogenwasserstoffsäure	sehr stark	sehr stark	weniger stark	schwach

	HF	HCl	HBr	HJ
Schmelzpunkt	— 92,3°	— 111°	— 88,5°	— 50,8°
Siedepunkt	+ 19,4°	— 83,7°	— 68°	— 35°
Leichtigkeit der Bildung	Außerordentlich leicht	sehr leicht	schwieriger	schwierig
Beständigkeit	höchst beständig	sehr beständig	weniger beständig	unbeständig

Die Beobachtung, daß die Eigenschaften der Elemente in direktem Zusammenhang mit der Größe des Verbindungsgewichtes stehen, ist nicht auf die Halogene beschränkt, sie läßt sich vielmehr auch bei allen anderen Gruppen miteinander verwandter Elemente in derselben typischen Art wiederfinden (vgl. z. B. S. 83 u. S. 131).

13. Atom- und Molekulartheorie.

(1. Abschnitt. Vgl. ferner S. 155.)

Die bisherigen Betrachtungen und Versuche haben uns die Bekanntschaft mit 6 Elementen: Sauerstoff, Wasserstoff und den 4 Halogenen: Fluor, Chlor, Brom und Jod, vermittelt. Es konnte festgestellt werden, daß eines von diesen 6 Elementen, der Wasserstoff, imstande war, sich mit den 5 anderen zu einheitlichen Verbindungen zu vereinigen. Diese Vereinigung erfolgt nach ganz bestimmten Gewichtsverhältnissen, woraus sich das erste Fundamentalgesetz der Chemie von der Konstanz der Verbindungsgewichte ergab (vgl. S. 12).

Es zeigte sich weiter, daß die Vereinigung des Wasserstoffs mit den anderen Elementen, wenn man sie gasförmig anwendet, nach ganz bestimmten Volumverhältnissen stattfindet. So bot sich schließlich die Möglichkeit, den hinsichtlich der Gewichts- und Volumverhältnisse bei der Entstehung der Verbindungen gesammelten Erfahrungen durch die 5 Formeln:

$$H_2O \quad HF \quad HCl \quad HBr \quad HJ$$

Ausdruck zu verleihen. Diese geben uns die Zusammensetzung der 5 Verbindungen nach den Volumverhältnissen, in denen sich die Elemente miteinander im gasförmigen Zustand verbinden. Sie gestatten uns aber gleichzeitig die Bestimmung des Gewichtsverhältnisses, wenn wir den einzelnen Zeichen den Zahlenwert der spezifischen Gewichte der Gase (vgl. S. 20) zuschreiben, z. B. in der Salzsäure H : Cl = 1 : 35,46.

Außer mit Wasserstoff vereinigen sich die Halogene auch mit Metallen: Aus Chlor und Natrium entsteht NaCl, aus Natrium und Brom NaBr, aus Natrium und Jod NaJ, aus Kalium und Chlor KCl usw.

Untersucht man nun mit Hilfe der Wage das Gewichtsverhältnis Na : Cl im NaCl (Chlornatrium), so findet man, daß die 35,5 Gewichtsteile Chlor, die sich mit 1 Gewichtsteil Wasserstoff zur Salzsäure verbinden, 23 Teile Natrium festhalten. Es ist also im NaCl das Gewichtsverhältnis von Na : Cl = 23 : 35,5. Dieselbe Gewichtsmenge von 23 Teilen Natrium vereinigt sich nun mit 79,9 Teilen Brom und mit 126,9 Teilen Jod, die ihrerseits mit je 1 Gewichtsteil Wasserstoff zum Brom- bzw. Jodwasserstoff zusammentreten. Genau dieselben Beobachtungen macht man bei allen anderen Verbindungen: Es sind immer dieselben Gewichtsmengen der Elemente, die miteinander zu Verbindungen zusammentreten. Diese sehr merkwürdigen Resultate, die ganz empirisch durch den Versuch erhalten wurden, gaben die Veranlassung zur Aufstellung eines zweiten chemischen Grundgesetzes, das wir Benjamin Richter verdanken. Es ist das Gesetz der konstanten Proportionen und lautet:

Die unabänderlichen Gewichtsverhältnisse, in denen sich 2 Elemente miteinander verbinden, bleiben auch erhalten in den Verbindungen dieser Elemente mit anderen.

Dieses höchst wichtige Gesetz trifft zwar für eine große Zahl chemischer Verbindungen zu, aber nicht für alle; allgemeine Gültigkeit erlangt es erst, wenn es in bestimmter Weise modifiziert wird. Es steht zwar — nach dem ersten chemischen Fundamentalgesetz — absolut fest, daß eine einheitliche Verbindung immer dieselbe Zusammensetzung besitzt. Dies schließt aber keineswegs aus, daß sich 2 Elemente in mehreren Verhältnissen vereinigen, also mehrere Verbindungen bilden können, von denen dann selbstverständlich jede die Bestandteile in unveränderlichem Verhältnis enthalten müßte.

Solche Fälle existieren in sehr großer Zahl. So gibt es, um 2 Beispiele herauszugreifen, zwei Verbindungen aus Chlor und Quecksilber: Kalomel (vgl. S. 369) und Sublimat (vgl. S. 369) und ebenso zwei Chloride des Kupfers: Cuprochlorid (vgl. S. 374) und Cuprichlorid (vgl. S. 375). Diese Stoffe — obwohl aus denselben Elementen bestehend — unterscheiden sich in jeder Beziehung außerordentlich.

Versuch 86. Kalomel löst sich auch in siedendem Wasser nicht und färbt sich, mit Ammoniak übergossen, schwarz. Sublimat wird von heißem Wasser leicht aufgenommen und gibt mit Ammoniak eine weiße Fällung.

Cuprochlorid ist farblos und in Wasser unlöslich, Cuprichlorid grün und in Wasser leicht löslich.

Bei der Bestimmung der Gewichtsverhältnisse, in denen die Elemente in den 4 Chlorverbindungen enthalten sind, ergeben sich folgende Zahlen:

Kalomel	Sublimat	Cuprochlorid	Cuprichlorid
200,6 Teile Hg	200,6 Teile Hg	63,57 Teile Cu	63,57 Teile Cu
35,46 „ Cl	70,92 „ Cl	35,46 „ Cl	70,92 „ Cl

Es stellt sich also heraus, daß im Sublimat und im Cuprichlorid genau doppelt so viel Chlor enthalten ist, als im Kalomel oder im Cuprochlorid. In anderen Fällen ist das Verhältnis komplizierter, aber stets beobachtet man, daß die Gewichtsverhältnisse in sehr einfachen Beziehungen zueinander stehen. Die Zahlen verhalten sich etwa wie 1 : 2, 1 : 3, 1 : 4, 2 : 3, 2 : 5 usw.

Die höheren Zahlen sind demnach Multipla der einfachen.

Dieses 3. Grundgesetz der Chemie: das Gesetz der multiplen Proportionen, wurde von Dalton 1807 aufgestellt.

Man kann also — alle Beobachtungen zusammenfassend — folgendes sagen: Jede chemische Verbindung enthält ihre Bestandteile in bestimmten, unabänderlichen Verhältnissen. Das Gewichtsverhältnis, in welchem ein bestimmtes Element sich mit irgendeinem anderen verbindet, kehrt entweder selbst oder als einfaches Multiplum wieder bei allen Verbindungen dieses Elements mit sämtlichen übrigen.

Bei der Ableitung aller dieser Gesetzmäßigkeiten ist bisher das Gebiet der Erfahrung nicht verlassen worden. Aus zahlreichen Versuchen und auf Grund des Zeugnisses anerkannter Forscher ergab sich eine große Reihe von Tatsachen, die geordnet, miteinander verglichen und in Gesetze zusammengefaßt wurden.

Eine Erklärung der beobachteten Erscheinungen und die Ermittlung ihrer tieferen Ursachen ist bisher absichtlich vermieden worden, um zunächst ein ausreichendes Tatsachenmaterial zu schaffen. Allein auf die Dauer wird sich niemand mit der bloßen Kenntnis der Tatsachen begnügen, da man sich gedrängt fühlt, ihren Ursachen nachzuspüren. Gelingt es uns dabei nicht, diese mit Sicherheit festzustellen, so lassen wir unserer Phantasie freien Lauf und machen Voraussetzungen, die zunächst unbewiesen sind, uns aber trotzdem zur Erklärung der beobachteten Erscheinungen dienen können.

Solche Voraussetzungen oder Hypothesen sind sehr wertvolle Hilfsmittel der Forschung. Indem wir im Lichte der Hypothese die bekannten Tatsachen betrachten, erkennen wir die Lücken unseres Wissens und werden dadurch angeregt, dieses durch neue Versuche zu erweitern. Stehen die neu ermittelten Tatsachen im Widerspruch mit der Hypothese, so ist sie zu verwerfen oder zu modifizieren. Im anderen Falle gewinnt sie dagegen an Wahrscheinlichkeit. Wenn sie endlich eine große Reihe von Tatsachen umfaßt, wenn ihre Konsequenzen fortdauernd durch das Experiment bestätigt werden, so verliert sie schließlich ihren provisorischen Charakter, wird als Theorie bezeichnet und als solche in die anerkannten Lehren der Wissenschaft eingereiht.

Die Tatsachen nun, die in den Fundamentalgesetzen der Chemie ihren Ausdruck gefunden haben, können durch eine Hypothese in einfacher Weise erklärt werden, die im ersten Dezennium des vorigen Jahrhunderts von Dalton aufgestellt wurde und um ihrer Wahrscheinlichkeit und Tragweite willen längst den vollen Anspruch auf den Namen einer Theorie erworben hat: Es ist die in der Chemie allgemein angenommene Dalton'sche Atomtheorie.

Sie geht aus von Betrachtungen über die Natur der Materie, wie sie schon in den alten Zeiten von den griechischen Philosophen angestellt worden sind. Im Mittelpunkt ihrer Erörterungen stand die Frage nach der Teilbarkeit des Stoffes. Zwei Annahmen standen sich hier gegenüber, die einander völlig ausschließen: Entweder die Materie ist unendlich teilbar oder die Teilbarkeit hat eine Grenze. Im letzteren Falle muß es Partikelchen von bestimmter Größe geben, die nicht weiter zerlegt werden können und deswegen Atome (von ἄτομος = unteilbar) genannt worden sind.

Beide Anschauungen haben ihre Verteidiger gefunden, beide haben sich mehr als zwei Jahrtausende gleichberechtigt gegenübergestanden, weil es unmöglich war, entscheidende Gründe für oder gegen die eine oder die andere aufzufinden.

Es ist das große Verdienst Daltons, zuerst bestimmte Tatsachen für die Diskussion der Frage benutzt zu haben. Die chemischen Fundamentalgesetze, die er teilweise selbst zuerst ausgesprochen hat, waren für ihn die Veranlassung, der Annahme der atomistischen Hypothese — von der endlichen Teilbarkeit — den Vorzug zu geben. Er benutzte diese, um jene Gesetze zu erklären, und indem er dadurch einen Zusammenhang zwischen Spekulation und Erfahrung herstellte, gab er der Hypothese ein naturwissenschaftliches Gepräge und eine ungleich bestimmtere Fassung.

Nach der Dalton'schen Atomtheorie besteht jedes Element, z. B. ein Stück Eisen oder Schwefel, aus einer ungeheuren Zahl kleinster Partikelchen, die nicht mehr teilbar sind: aus Atomen.

Die Atome desselben Elementes sind völlig identisch miteinander. Sie besitzen also dieselbe Größe, dasselbe Gewicht und sind alle mit genau den gleichen Eigenschaften ausgestattet.

Die Atome verschiedener Elemente sind dagegen ungleich in Stoff, Größe, Gewicht und Eigenschaften.

Es muß also nach dieser Anschauung ebensoviel Atomarten geben, wie Elemente.

Wir wissen heute, daß die Dalton'sche Atomtheorie insofern unrichtig ist, als nicht die bisherigen Elementaratome mit ihren Eigenschaften die letzten und kleinsten Bausteine der Materie vorstellen. Die Forschungen der modernen Physik lassen keinen Zweifel darüber, daß die Atome noch zusammengesetzt sind und teilweise einen recht komplizierten Bau besitzen. Aber da uns — abgesehen von verschwindenden Ausnahmen — zurzeit noch nicht die Mittel zur Verfügung stehen, um die Atome in ihre letzten Bausteine zu zertrümmern, so bleibt die Dalton'sche Theorie bis auf weiteres mit all' ihren Konsequenzen bestehen, und bei allen chemischen Prozessen fungieren die Atome als unveränderliche Größen.

Die Atome sind außerordentlich kleine Gebilde, aber doch nicht unendlich klein, und es ist nach verschiedenen Methoden gelungen, ihr absolutes Gewicht zu ermitteln. Das Gewicht von 1 Atom Sauerstoff beträgt nach den neuesten Bestimmungen:

$$2{,}7 \cdot 10^{-23}\,\mathrm{g}.$$

Aus dieser Zahl lassen sich die Gewichte der anderen Atome ohne weiteres ableiten, wie später gezeigt wird (vgl. S. 68).

Es fragt sich nun zunächst, ob die *Dalton*'sche Anschauung imstande ist, die chemischen Grundgesetze ungezwungen zu erklären. Dies ist unbedingt der Fall! Wenn das Atom eines bestimmten Elementes unveränderlich an Größe, Gewicht und Eigenschaft ist, so kann es sich in einer Verbindung mit einem oder mehreren anderen Elementen immer nur mit sämtlichen, ihm innewohnenden Eigenschaften wiederfinden: *Gesetz von der Konstanz der Verbindungsgewichte.*

Dasselbe muß der Fall sein, wenn sich das betreffende Element in irgend einer beliebigen Verbindung befindet: *Gesetz der konstanten Proportionen.*

Und wenn endlich ein Element sich mit einem anderen in mehreren Verhältnissen verbindet, wie wir dies z. B. bei den Chloriden des Quecksilbers und des Kupfers gesehen haben, so kann dies nach *Daltons* Anschauung nur so geschehen, daß entweder 1 oder 2 oder noch mehr Atome des betreffenden Elements sich mit dem anderen Elemente verbinden. Das Gewicht wird sich also sprungweise immer um den gleichen Betrag der neu hinzutretenden Atome vermehren: *Gesetz der multiplen Proportionen.*

Die chemischen Verbindungen stellen demnach Komplexe dar, die aus Atomen aufgebaut sind. Auch sie kann man schließlich in kleinste Teilchen zerlegt denken, *die sich in ihresgleichen nicht mehr weiter spalten lassen, sondern nur noch durch chemische Eingriffe in Atome zerfallen können. Diese kleinsten Teile einer chemischen Verbindung heißen Moleküle.* Wenn sich z. B. Wasserstoff und Chlor zur Salzsäure verbinden, so geschicht dies nach *Dalton* so, daß 1 Atom Chlor mit 1 Atom Wasserstoff zum Molekül HCl zusammentreten:

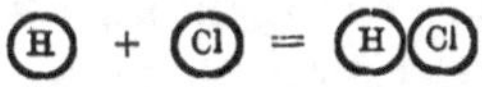

Wie groß die Zahl der H- und Cl-Atome ist, die miteinander zur Salzsäure zusammentreten, bleibt vorderhand allerdings noch unbestimmt; da aber das einzelne H- und Cl-Atom ein bestimmtes Gewicht hat und das Mengenverhältnis, in dem sie zusammentreten, immer das gleiche ist, so muß auch das Gewichtsverhältnis von Wasserstoff und Chlor in der Salzsäure stets das gleiche bleiben. Dies ist, wie wir schon längst wissen, tatsächlich der Fall.

Während die *absoluten* Gewichte der Atome, so interessant die Wege, die zu ihrer Ermittlung geführt haben, in theoretischer Beziehung sind, keine praktische Bedeutung besitzen, bieten die *relativen Atomgewichte* ein um so höheres Interesse, und ihre exakte Bestimmung ist eine wichtige und lohnende Aufgabe für den Chemiker.

Offenbar müssen diese relativen Atomgewichte in naher Beziehung zu den *Verbindungsgewichten* stehen. Wir haben früher gesehen, daß sich 1 Gewichtsteil H mit 35,46 Gewichtsteilen Cl zur Salzsäure HCl verbinden. Macht man hierbei die nächstliegende und einfachste Annahme, daß **1** Atom Wasserstoff und **1** Atom Chlor zusammentreten, so würde sich das

Gewicht von 1 Atom Wasserstoff zu dem von 1 Atom Chlor verhalten, wie **1: 35,46.** Wären dagegen in der Salzsäure auf **1** Atom Chlor **2** Atome Wasserstoff enthalten, so ständen die Atomgewichte von Wasserstoff und Chlor im Verhältnis von **1: 70,92.** Wären es umgekehrt **2** Atome Chlor, die mit **1** Atom Wasserstoff zusammen die Salzsäure bilden, so würde das Verhältnis der Atomgewichte wie **1:17,73** sein müssen. Es folgt also aus dieser einfachen Überlegung zunächst, daß die Atomgewichte identisch mit den Verbindungsgewichten sind oder aber Multipla oder Teile davon vorstellen.

Das letztere wird indessen aus später zu erörternden Gründen ausgeschlossen.

Die Frage, ob es möglich ist, die zu den Verbindungsgewichten in einer so einfachen Beziehung stehenden Atomgewichte exakt zu bestimmen, ist zu bejahen. Den unablässigen Bemühungen der Chemiker ist es nach langer, angestrengter Arbeit gelungen, die Mittel zur Lösung dieses höchst wichtigen Problems zu finden. Am einfachsten und sichersten sind diese Mittel für diejenigen Elemente, die Gase sind, also auch für die 6 Elemente, deren Bekanntschaft wir bisher gemacht haben.

Durch Betrachtungen eigentümlicher Art, auf die erst später eingegangen werden soll (vgl. S. 158), ist man nämlich zu dem Schlusse gelangt, daß bei gasförmigen Elementen in der Regel die Atomgewichte mit ihren spezifischen Gewichten zusammenfallen. Bei den letzteren wurde der Wasserstoff als Einheit gewählt. Dasselbe geschah früher auch allgemein bei den Atomgewichten. Es hat sich aber in der neueren Zeit als Einheit der Atomgewichte mehr die Zahl 16, d. h. das Atomgewicht des Sauerstoffs, bezogen auf Wasserstoff = 1,008, eingebürgert, weil die Zahl der Sauerstoffverbindungen der Elemente weit größer ist, als die, welche sie mit dem Wasserstoff eingehen und weil die Verbindungsgewichte bezogen auf den Sauerstoff mit einem höheren Grad von Genauigkeit bestimmt werden können.

Nimmt man diese Zahl 16 — das Atomgewicht des Sauerstoffs — als Einheit der Atomgewichte an, so erhalten die Atomgewichte der bisher betrachteten Elemente folgende Werte:

Wasserstoff	1,008
Fluor	19,00
Chlor	35,46
Brom	79,92
Jod	126,92

Es sind, wie nochmals zu betonen kaum nötig erscheint, relative Größen.

Für diejenigen Elemente, die wir nicht in Gase verwandeln können, deren spezifisches Gewicht im Gaszustande sich also nicht bestimmen läßt, hat man andere Methoden der Atomgewichtsbestimmung ausgearbeitet.

Man hat sie gefunden in eigentümlichen Beziehungen zwischen dem Atomgewicht und der spezifischen Wärme (vgl. S. 164), wie vorläufig nur angedeutet werden soll.

Nur eine Frage bedarf zunächst noch der Erörterung. Die kleinsten, für sich denkbaren Teile einer chemischen Verbindung, die, wie gezeigt worden ist, aus Atomverbänden bestehen und Moleküle genannt werden, lassen die Möglichkeit offen, daß auch die kleinsten, für sich existierenden Teile der Elemente nicht aus Atomen, sondern daß diese aus — aus gleichen Atomen bestehenden — Aggregaten, also auch aus Molekülen bestehen. Die experimentelle Prüfung dieser wichtigen Frage hat zu dem Resultate geführt, daß es zwar eine ganze Anzahl von Elementen gibt, deren kleinste Teile tatsächlich die Atome sind, daß aber bei der Mehrzahl die kleinsten Bausteine aus Molekülen bestehen. Es wird später gezeigt werden, daß auch die Gase Sauerstoff, Wasserstoff, sowie Fluor und Chlor und auch Brom und Jod im vergasten Zustand aus zweiatomigen Molekülen aufgebaut sind. In anderen Fällen, wie beim Phosphor und Arsen (vgl. S. 111 und S. 124), sind die Moleküle noch komplizierter zusammengesetzt und bestehen aus 4 Atomen.

14. Schwefel. S.

Atomgewicht = 32,07.

Die 4 Halogene bilden eine scharf umrissene und abgegrenzte Gruppe von Elementen, die man wegen ihrer außerordentlichen Ähnlichkeit im chemischen Verhalten geradezu als eine natürliche Familie bezeichnen kann.

Solche Familien gibt es unter der Schar der Elemente eine ganze Anzahl, und es bringt manche Vorteile mit sich, fortan diesem Umstande Rechnung zu tragen und die verschiedenen Elemente direkt in ihrer natürlichen Gruppierung zu betrachten. Von dieser Regel ist insofern abgewichen worden, als der Sauerstoff an die Spitze der Betrachtungen und Untersuchungen gestellt worden ist. Dies ist aus ganz bestimmten Gründen geschehen, weil nämlich gerade dieses Element als die Ursache der jedem Laien wohlbekannten und imponierenden Verbrennungserscheinungen die beste Gelegenheit bietet, die rudimentären chemischen Begriffe zu entwickeln. Wenn man von dieser aus didaktischen Gründen gewiß zu rechtfertigenden Willkür absieht, sollte der Sauerstoff als erstes Element einer aus 4 Gliedern bestehenden Familie:

Sauerstoff
Schwefel
Selen
Tellur

behandelt werden. Da dies aus den erwähnten Gründen aber bereits früher geschehen ist, so hat nunmehr die Besprechung und Untersuchung des Schwefels und seiner einfachsten Verbindungen zu beginnen.

Der Schwefel gehört zu denjenigen Grundstoffen, die seit Menschengedenken bekannt sind, da sie sich in gediegenem Zustande in der Natur vorfinden. Eine der auffallendsten Eigenschaften des Schwefels ist — abgesehen von der sprichwörtlich gewordenen gelben Farbe — seine Brennbarkeit und der stechende Geruch, der sich beim Verbrennen von Schwefel verbreitet und jedem Laien bekannt ist. Die Brennbarkeit des Schwefels war für die Naturforscher früherer Zeiten so imposant, daß sie den Schwefel geradezu als das Prinzip des Brennbaren betrachteten.

Die Quantitäten des gediegen — und teilweise in prachtvoll krystallisiertem Zustande — vorkommenden Schwefels sind verhältnismäßig gering im Vergleich zu seinen in mächtigen Lagern vorkommenden Verbindungen, vor allem von Schwefelverbindungen der Metalle, wie z. B. Bleiglanz PbS, Eisenkies FeS_2, Zinkblende ZnS und vielen anderen solcher Verbindungen.

Auch in Form von schwefelsauren Salzen — sogenannten Sulfaten — findet sich Schwefel in großen Mengen in der Natur, z. B. als Gips, d. i. Calciumsulfat ($CaSO_4$, $2H_2O$), als Bittersalz ($MgSO_4$), Kaliumsulfat (K_2SO_4) insbesondere im Meer- und Quellwasser, sowie in den Mineralquellen und manchen Salzablagerungen (vgl. z. B. S. 309). In der belebten Welt ist der Schwefel ebenfalls verbreitet, so in den Eiweißstoffen, im Senf- und Knoblauchöl und in den Darmgasen.

Der Schwefel wird aus den natürlichen Lagern, wie sie sich z. B. in Sizilien und vor allem in Louisiana in Nordamerika finden, durch einen Ausschmelzprozeß mit überhitztem Wasserdampf gewonnen und durch einen Destillationsprozeß gereinigt, wobei man ihn in Stangenform gießt und als Stangenschwefel in den Handel bringt.

Eigenschaften des Schwefels.

Der natürlich vorkommende Schwefel zeichnet sich durch eine lebhafte gelbe Farbe aus, besitzt keinen Geruch, schmilzt bei 114,4° und siedet bei 444,5°.

Sehr merkwürdige Erscheinungen treten beim Erhitzen des Schwefels auf.

Versuch 87. In einem Reagenzglase werden einige Stücke Schwefel durch vorsichtiges Erhitzen geschmolzen. Es bildet sich eine bernsteingelbe, leicht bewegliche Flüssigkeit. Wird diese weiter erhitzt, so wird sie alsbald dunkelrotbraun und so zähflüssig, daß man aus dem Reagenzglas nichts ausgießen kann. Bei weiterer Steigerung der Temperatur wird der Schwefel wieder ganz dünnflüssig und verwandelt sich schließlich unter lebhaftem Kochen in einen dunkelbraunen Dampf.

Dieses Verhalten beruht darauf, daß der Schwefel Moleküle, die aus einer verschieden großen Zahl von Atomen bestehen, bildet. Bei gewöhnlicher Temperatur besteht ein Schwefelmolekül aus 8, bei mittlerer aus 6 und bei hoher Temperatur aus 4 und 2 Atomen. Der natürliche Schwefel krystallisiert ausgezeichnet im rhombischen System. Man bezeichnet ihn daher als rhombischen oder α-Schwefel. Er löst sich in großen Mengen in warmem Schwefelkohlenstoff und krystallisiert daraus in schön ausgebildeten Krystallen des rhombischen Systems.

Wird er geschmolzen und dann wieder abgekühlt, so erscheint er in gänzlich veränderter Form in monoklinen Prismen als sogenannter monokliner oder β-Schwefel.

Versuch 88. In einem etwa 250 ccm fassenden Becherglase, das zu $^3/_4$ damit gefüllt ist, wird Schwefel bei einer nicht erheblich über dem Schmelzpunkt (114°) liegenden Temperatur geschmolzen. Hierauf wird das Becherglas mit einem Tuche umwunden, so daß die Abkühlung des Schwefels langsam vor sich geht. Sobald sich auf der Oberfläche eine dickere Kruste erstarrten Schwefels gebildet hat, wird diese zu einem Loche von der ungefähren Größe eines 5-Markstückes ausgeschnitten und der im Inneren noch vorhandene flüssige Schwefel abgegossen. Der Hohlraum zeigt sich dann mit langen, prismatischen, schwach gelben, biegsamen Krystallen erfüllt, die nach 1—2 Tagen undurchsichtig und gelb werden und dann äußerst spröde sind!

Der Versuch beweist, daß jedenfalls oberhalb seiner Schmelztemperatur der rhombische Schwefel in eine stabilere Modifikation des monoklinen Systems — in den β-Schwefel — übergeht, daß dieser letztere aber bei gewöhnlicher Temperatur instabil ist und sich — wie die krystallographische Untersuchung zeigt — sehr bald wieder in den rhombischen α-Schwefel zurückverwandelt.

Die nähere Untersuchung dieser Erscheinung hat zu der Feststellung geführt, daß für die beiden krystallinischen Modifikationen des Schwefels ein Umwandlungspunkt existiert, der bei 95,6° liegt. Oberhalb davon ist die monokline, unterhalb die rhombische Form die stabile.

Weitere Modifikationen des Schwefels lassen sich beim Abkühlen seines Dampfes gewinnen. Geschieht dies sehr rasch, so erhält man ein zartes, gelbweißes, lockeres Pulver, die Schwefelblumen.

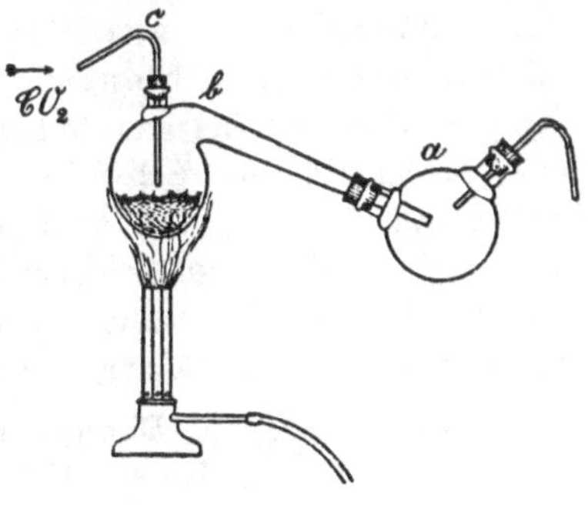

Fig. 45.

Versuch 89. Eine mit einer großen, kugeligen Vorlage *a* versehene, tubulierte und außen mit Asbestpapier umkleidete Retorte *b* ist zu $^1/_3$ mit Schwefel gefüllt. In den Tubus ist durch einen Korkstopfen ein mit einem Kohlensäureentwicklungsapparat in Verbindung stehendes Gaseinleitungsrohr *c* eingesetzt, das bis auf die Oberfläche des Schwefels reicht. Der Schwefel wird bis zum beginnenden Sieden erhitzt und dann ein kräftiger Kohlendioxydstrom in den Dampf hineingeblasen. Es entstehen dann reichliche Mengen von Schwefelblumen, die die Wandungen der Vorlage als zartgelbes Pulver bedecken.

Erhitzt man aber den Schwefel zum Sieden und läßt die abdestillierende Flüssigkeit in kaltes Wasser fließen, so erhält man eine bernsteingelbe, plastische Masse von der Konsistenz des Kautschuks, den plastischen Schwefel.

Versuch 90. In einer schwer schmelzbaren, mit Asbestpapier umkleideten Retorte *a* mit kurzem Halse wird Schwefel zum Sieden erhitzt. Das in ganz dünnem Strahle abfließende Destillat läßt man in ein großes, mit Wasser gefülltes Becherglas *b* fließen, in welches man einen Trichter *c* — mit dem breiten Teil nach unten — hineingestellt hat. Durch Drehen des Becherglases kann man dann den plastischen Schwefel als längere Schnur von großer Elastizität sammeln. Nach etwa 24 Stunden ist der „plastische" Schwefel völlig umgewandelt und in eine spröde, gelbe Masse übergegangen.

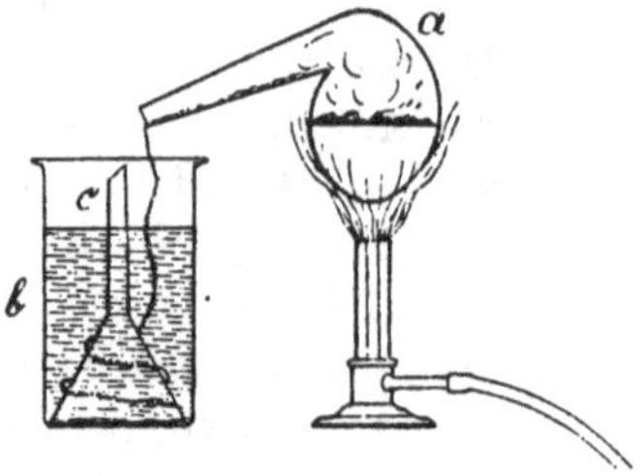

Fig. 46.

Sowohl in den „Schwefelblumen" wie auch in dem „plastischen" Schwefel, wie auch in den mancherlei anderen Formen, in denen sich dieses Element bei chemischen Umsetzungen aus seinen Verbindungen abscheiden kann (vgl. z. B. S. 74 und S. 75), ist in geringerer oder größerer Menge noch eine dritte Modifikation des Schwefels enthalten. Da diese im Gegensatz zum α- und β-Schwefel nicht krystallinisch ist, so wird sie als amorpher oder γ-Schwefel bezeichnet.

Der amorphe (d.h. gestaltlose, von ἀ und μορφή = Gestalt) Schwefel wird von Schwefelkohlenstoff nicht gelöst.

Er wandelt sich bei gewöhnlicher Temperatur langsam, schneller in der Wärme in rhombischen Schwefel um, so daß z. B. die Schwefelblumen gewöhnlich ein Gemisch von rhombischem, in Schwefelkohlenstoff löslichem und amorphem, darin unlöslichem Schwefel vorstellen.

Schwefel verbindet sich, ebenso wie Sauerstoff oder die Halogene, direkt mit den meisten Metallen; so z. B. mit Eisen oder Quecksilber.

Versuch 91. A. Bildung von Schwefeleisen beim Erhitzen von Schwefel und Eisen. Vgl. Versuch 1.

B. In einer Reibschale werden einige Tropfen Quecksilber mit einer kleinen Menge von Schwefelblumen verrieben. Es bildet sich sehr schnell dunkel gefärbtes Schwefelquecksilber.

Für die bei dieser Vereinigung des Schwefels mit den Metallen entstehenden Verbindungen hat man den Namen Sulfide geprägt. So entsteht aus Eisen und Schwefel Eisensulfid, aus Quecksilber und Schwefel Quecksilbersulfid:

$$Fe + S = FeS.$$
$$Hg + S = HgS.$$

Sulfide sind danach auch die in der Natur weitverbreiteten Schwefelverbindungen (vgl. S. 70), die als Kiese, Blenden oder Glanze bezeichnet werden. Es sind wegen ihrer hohen Bedeutung für die Fabrikation der Schwefelsäure (vgl. S. 205) und wegen der Rolle, die sie in der chemischen Analyse spielen, recht wichtige Stoffe.

15. Schwefelwasserstoff. H_2S.

Auch mit dem Wasserstoff vermag sich der Schwefel zu verbinden, doch verläuft diese Vereinigung nur träge im Vergleich zur Bildung des analog zusammengesetzten Wassers.

Versuch 92. Über Schwefel, der in der Kugel eines schwer schmelzbaren Kugelrohres zum Sieden erhitzt wird, leitet man einen langsamen Strom von Wasserstoff, der durch ein abwärts gerichtetes Rohr in ein Gefäß mit verdünnter Bleiacetatlösung eintritt. Abscheidung von dunkelbraunschwarzem Bleisulfid.

Sehr glatt und einfach gelingt die Darstellung derselben — aus Schwefel und Wasserstoff bestehenden und daher Schwefelwasserstoff genannten — Verbindung durch Einwirkung von Salzsäure auf Schwefeleisen:

$$FeS + 2HCl = FeCl_2 + H_2S.$$

Versuch 93. Einige Stückchen Schwefeleisen werden in einem mit Gummistopfen und Ableitungsvorrichtung versehenen Reagenzglas mit starker Salzsäure gelinde erwärmt. Es entweicht ein Gas, das intensiv nach faulen Eiern riecht und beim Einleiten in Bleiacetatlösung, wie beim vorhergehenden Versuche, eine schwarzbraune Fällung von Bleisulfid gibt.

Zweckmäßig bedient man sich zur Darstellung von Schwefelwasserstoff nach diesem Prinzip des Kipp'schen Apparates, der mit groben Stücken aus Schwefeleisen und Salzsäure beschickt wird. Fängt man das Gas in der „pneumatischen Wanne" auf, so muß man diese mit heißem Wasser füllen, da Schwefelwasserstoff von kaltem Wasser zu reichlich gelöst wird.

Der aus Schwefeleisen und Salzsäure gewonnene Schwefelwasserstoff ist niemals ganz rein, sondern ist vor allem durch Wasserstoff mehr oder minder verunreinigt. Ein reines Produkt wird durch Zersetzung von reinem Schwefelantimon mit Salzsäure erhalten:

$$Sb_2S_3 \text{ (Antimontrisulfid)} + 6HCl = 3H_2S + 2SbCl_3.$$

Eigenschaften des Schwefelwasserstoffs.

Schwefelwasserstoff ist ein farbloses Gas, das bei — 61,8° siedet und einen intensiven Geruch nach faulen Eiern besitzt. Es brennt an der Luft mit blauer Flamme und Verbreitung des höchst stechenden Geruches nach brennendem Schwefel, der auf der Entstehung von Schwefeldioxyd beruht:

$$H_2S + 3O = H_2O + SO_2 \text{ (Schwefeldioxyd)}.$$

Wird die Verbrennung bei mangelnder Luftzufuhr vorgenommen, so scheidet sich ein Teil des Schwefels in elementarer Form ab.

Versuch 94. Ein mit Schwefelwasserstoff gefüllter Zylinder wird entzündet. Aus der Mündung brennt das Gas mit blauer Flamme, dagegen beschlägt sich das Innere des Zylinders, zu dem die Luft keinen Zutritt hat, mit gelblichem Schwefel.

Schwefelwasserstoff wird von kaltem Wasser reichlich aufgenommen, und zwar löst 1 Teil Wasser bei 15° etwa 3,2 Teile des Gases auf, wobei man das Schwefelwasserstoffwasser erhält, eine Flüssigkeit, die den Geruch und die übrigen Eigenschaften des freien Gases besitzt.

Schwefelwasserstoffwasser ist wenig haltbar. An der Luft verliert es sehr bald den häßlichen Geruch, und gleichzeitig scheidet sich Schwefel ab. Es liegt dies an der oxydierenden Wirkung des Sauerstoffs:

$$H_2S + O = H_2O + S.$$

Die Leichtigkeit, mit der der Schwefelwasserstoff unter Abscheidung von Schwefel zerfällt, erteilt ihm die Eigenschaften eines ausgesprochenen Reduktionsmittels (Vgl. S. 58).

So werden z. B. die Halogene von Schwefelwasserstoff glatt zu den Halogenwasserstoffsäuren reduziert.

Versuch 95. a) Bromwasser und frisches Schwefelwasserstoffwasser werden miteinander vermischt: Entfärbung und milchige Trübung.

b) Jodjodkaliumlösung und Schwefelwasserstoffwasser werden zusammengegossen: Schwefelabscheidung und Entfärbung.

Die Reaktionen verlaufen nach den Gleichungen:

$$H_2S + 2Br = 2HBr + S.$$

$$H_2S + 2J = 2HJ + S.$$

Auch andere Oxydationsmittel werden von Schwefelwasserstoff reduziert, wobei sich der Schwefel in elementarer Form abscheidet, z. B. Salpetersäure.

Versuch 96. In 50 ccm heiße, verdünnte Salpetersäure, die sich in einem mit Ein- und Ableitungsrohr versehenen Erlenmeyer-Kolben befindet, wird gasförmiger Schwefelwasserstoff eingeleitet: Es entweichen — als Zeichen der Reduktion der Salpetersäure — rote Dämpfe, und gleichzeitig findet reichliche Schwefelabscheidung statt.

Läßt man konzentrierte Salpetersäure auf Schwefelwasserstoffgas einwirken, so spielt sich die Reaktion mit explosionsartiger Heftigkeit ab.

Versuch 97. In reines und ganz trockenes Schwefelwasserstoffgas, das sich in einem etwa 30 cm hohen und 5 cm weiten Glaszylinder befindet, gießt man möglichst schnell und auf einmal etwa 10 ccm kochende, rote rauchende Salpetersäure: Explosion, schöne Lichterscheinung und Abscheidung von Schwefel.

Auch Schwefelsäure wird von Schwefelwasserstoff reduziert, so daß es unmöglich ist, das Gas mit dieser Flüssigkeit zu trocknen.

Versuch 98. In konzentrierte Schwefelsäure wird Schwefelwasserstoff eingeleitet: Schwefelabscheidung.

In diesem Falle beruht der Vorgang auf der Möglichkeit eines Zerfalls der Schwefelsäure in Wasser, Schwefeldioxyd und Sauerstoff:

$$H_2SO_4 = H_2O + O + SO_2.$$

Der Sauerstoff bewirkt dann die Oxydation des Schwefelwasserstoffs:

$$H_2S + O = H_2O + S,$$

so daß die Gesamtreaktion durch die Gleichung:

$$H_2SO_4 + H_2S = SO_2 + 2H_2O + S$$

wiederzugeben ist.

Groß ist die Giftigkeit des Schwefelwasserstoffs, dessen schädliche Wirkungen auch noch in erheblicher Verdünnung zu spüren sind. Die giftige Wirkung des Gases beruht wohl in erster Linie auf einer schweren Störung des Zentralnervensystems, die bereits beim Einatmen geringer Mengen eintritt. Die grünliche Mißfarbe, die das Blut unter der Wirkung des Schwefelwasserstoffs annimmt, ist sekundär und beruht auf der Bildung von Schwefelmethämoglobin.

Versuch 99. Frisches Ochsenblut wird mit Wasser stark verdünnt, filtriert und in die klare hellrote Flüssigkeit Schwefelwasserstoff eingeleitet. Nach wenigen Augenblicken nimmt das Blut eine schwarzgrüne Farbe an.

Es ist daher nicht verwunderlich, daß sich schon manche Unglücksfälle mit Schwefelwasserstoff ereignet haben. Vor allem in Laboratorien und chemischen Fabriken, dann aber auch beim Reinigen von Abtrittsgruben und Kloaken, in denen gleichfalls bisweilen reichliche Mengen von Schwefelwasserstoff entstehen. Immerhin gehört Schwefelwasserstoff zu den leicht erkennbaren Giften, denn der häßliche faule-Eier-Geruch macht sich auch in großer Verdünnung bemerkbar, und ebenso ist die Schwärzung eines mit Bleiacetatlösung getränkten Papierstreifens ein scharfes und sicheres Merkmal für das Vorhandensein des Gases.

In großer Verdünnung vermag Schwefelwasserstoff Heilwirkungen auszulösen. Er ist der wirksame Bestandteil vieler Schwefelwässer, wie sie sich z. B. in Aachen, Weilbach und Baden bei Wien finden.

Schwefelwasserstoff bildet sich überall da, wo schwefelhaltige, organische Stoffe faulen und entwickelt sich daher in besonders reichlicher Menge bei der Fäulnis der Eier. Ebenso ist sein Auftreten in den Darmgasen zu deuten.

Schwefelwasserstoff besitzt die Eigenschaften einer Säure. Er vermag daher — genau wie die Chlorwasserstoffsäure (vgl. S. 47) — mit Metallen unter Entwicklung von Wasserstoff und Bildung entsprechender Salze zu reagieren. Mit Kalium z. B. spielt sich diese Reaktion unter Feuererscheinung ab.

Versuch 100. In ein etwa 30 cm langes, ziemlich weites Glasrohr wird ein mit fünf erbsengroßen Kaliumstückchen beschicktes Porzellanschiffchen geschoben und das Glasrohr auf der einen Seite mit einem Schwefelwasserstoffentwicklungsapparat, auf der anderen Seite mit dem Abzug verbunden. Man erhitzt zunächst das Kalium bis zum Schmelzen und leitet dann einen nicht zu schnellen Strom Schwefelwasserstoff durch das Rohr hindurch: Feuererscheinung und Bildung eines salzartigen Beschlages im Glasrohr.

Der Schwefel des Schwefelwasserstoffs tritt hierbei mit den Metallen zu sehr beständigen Verbindungen, sogenannten Sulfiden zusammen. Auf der Bildung solcher Sulfide beruht auch das „Anlaufen" von Silber- oder Kupfergegenständen, die irgendwie mit Schwefelwasserstoff in Berührung kommen.

Der Prozeß der Salzbildung, der beim Schwefelwasserstoff zu Sulfiden führt, ist prinzipiell genau derselbe, wie die Entstehung der Chloride (vgl. S. 46) aus der Salzsäure. Ein Unterschied besteht nur insofern, als die Säure Schwefelwasserstoff zwei Wasserstoffatome enthält. Es wäre daher a priori wohl möglich, daß bei der Salzbildung, also z. B. bei dem soeben beschriebenen Versuch mit Kalium, erst eines und dann ein zweites Wasserstoffatom durch Metall ersetzt wird:

$$1.\quad K + H_2S = H + KHS.$$

$$2.\quad K + KHS = H + K_2S.$$

Diese Vermutung trifft zu. Wir haben es durch die Wahl entsprechender Mengen der beiden reagierenden Stoffe ganz in der Hand, ob wir das erste oder das zweite Salz erhalten. Das erste, welches noch ein intaktes Wasserstoffatom, also damit auch noch die Eigenschaften einer Säure besitzt, wird als saures Salz, also als ein saures Sulfid, das zweite, in welchem kein Wasserstoff mehr vorhanden ist, als ein neutrales Sulfid bezeichnet.

Es ist früher gezeigt worden (vgl. S. 47), daß die Salze sich am einfachsten durch Umsetzung von Säuren mit Basen gewinnen lassen. Dies gilt auch für die Bildung der Sulfide.

Wird ein bestimmtes Volumen Kalilauge (vgl. S. 311), d. i. eine wäßrige Lösung der Base KOH, mit Schwefelwasserstoff gesättigt, so erhält man das saure Sulfid:

$$KOH + H_2S = H_2O + KHS.$$

Fügt man nunmehr noch einmal das gleiche Volumen Kalilauge hinzu, so entsteht das neutrale Sulfid:

$$KHS + KOH = H_2O + K_2S.$$

Diese Erscheinungen wiederholen sich bei der Bildung sämtlicher aus mehrbasischen Säuren entstehender Salze.

Natürlich vermögen Säuren, die, wie die Halogenwasserstoffsäuren, nur ein vertretbares Wasserstoffatom enthalten, mit irgend einem Metall nur ein Salz zu bilden. Wir nennen sie daher einbasische Säuren. Solche Säuren dagegen, die mehrere vertretbare Wasserstoffatome besitzen, werden als mehrbasische bezeichnet. Der Schwefelwasserstoff besitzt demnach den Charakter einer zweibasischen Säure.

Von den beiden Salzreihen des Schwefelwasserstoffs — den sauren und den neutralen Sulfiden — sind die letzteren Typen von besonders großer Bedeutung. Einmal, weil wir sie in unendlich großen Mengen — als Kiese, Blenden und Glanze (vgl. z. B. S. 70) — in der Natur finden und in größtem Maßstabe verarbeiten. Dann aber auch, weil sie auf nassem Wege, nämlich durch Einwirkung von Schwefelwasserstoff auf Metallsalzlösungen entstehen und dabei wegen ihrer Schwerlöslichkeit als charakteristisch gefärbte Niederschläge ausfallen. Abgesehen von der Farbe unterscheiden sie sich aber auch durch den Grad der Löslichkeit in verschiedenen Reagentien, zu denen vor allem Salzsäure und Schwefelammonium (vgl. S. 324) gehören. Auf dem Verhalten der Metallsalze gegen Schwefelwasserstoff, auf der Farbe und der Löslichkeit der Sulfide in den erwähnten Reagentien beruht eine Möglichkeit zur Erkennung und Trennung der wichtigsten Metalle. Es spielt daher der Schwefelwasserstoff in der qualitativen und quantitativen Analyse eine sehr wichtige Rolle.

Versuch 101. Sieben mit Ein- und Ableitungsrohr versehene Waschflaschen werden in folgender Reihenfolge mit stark salzsauren Lösungen folgender Metallsalze beschickt:

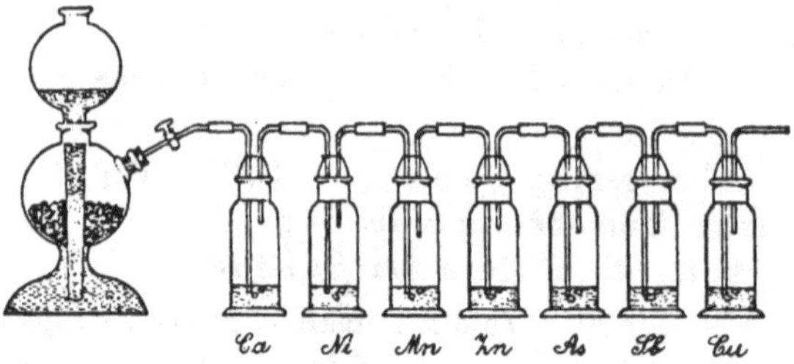

Fig. 47.

1. Flasche: Chlorcalcium.
2. ,, : Nickelsulfat.
3. ,, : Mangansulfat.
4. ,, : Zinksulfat.
5. ,, : Arsentrichlorid.
6. ,, : Antimontrichlorid.
7. ,, : Kupfersulfat.

Man leitet dann mit Hilfe eines gut wirkenden Kipp'schen Apparates einen kräftigen Strom Schwefelwasserstoff durch das ganze System hindurch: In Flasche 5 gelbe, in 6 rote, in 7 schwarzbraune Fällung. Man nimmt nun die ganze Apparatur auseinander und vermischt den Inhalt der Flaschen 2, 3 und 4 mit einem Überschuß von Ammoniak. Es erscheint dann in 2 eine tiefschwarze, in 3 eine fleischfarbene und in 4 eine rein weiße Fällung. Die in 1 befindliche Lösung bleibt auch auf Zusatz von Ammoniak klar.

Der Versuch führt also zu dem bemerkenswerten Ergebnis, daß es gelingt, die große Schar der Metalle mit Hilfe von Schwefelwasserstoff in mehrere Gruppen zu zerlegen, nämlich

1. in solche Metalle, die auch in saurer Lösung von Schwefelwasserstoff sofort ausgefällt werden (wie z. B. Kupfer, Arsen, Antimon);
2. in solche, die in saurer Lösung nicht, wohl aber in ammoniakalischer von Schwefelwasserstoff gefällt werden (z. B. Nickel, Eisen, Mangan, Zink);
3. in solche, die weder in saurer, noch in ammoniakalischer Lösung zur Ausfällung kommen (in diese Gruppe gehören z. B. Kalium, Natrium, Magnesium hinein).

Mit Hilfe besonders ausgearbeiteter Methoden gelingt es dann, innerhalb der Gruppen die einzelnen Metalle voneinander zu trennen.

16. Halogenide des Schwefels.

a) Chloride des Schwefels.

Schwefel vermag sich mit Chlor in mehreren Verhältnissen zu verbinden. Am wichtigsten ist das Schwefelmonochlorid oder Schwefelchlorür, das bei der Einwirkung von trockenem Chlor auf geschmolzenen Schwefel entsteht.

Versuch 102. Zwei Destillierkolben, von denen der eine *a* als Vorlage dient und durch fließendes Wasser gekühlt wird, werden ineinander gesteckt. In dem Kolben *b* befindet sich Schwefel, der durch eine Flamme etwas über den Schmelzpunkt erhitzt wird. Durch ein bis auf die Oberfläche des geschmolzenen Schwefels reichendes, unten ausgezogenes Einleitungsrohr *c* läßt man dann einen nicht zu raschen Strom trockenen Chlors einströmen, worauf alsbald die Bildung des Schwefelchlorürs beginnt, das als dunkelorangerote Flüssigkeit in die gekühlte Vorlage überdestilliert.

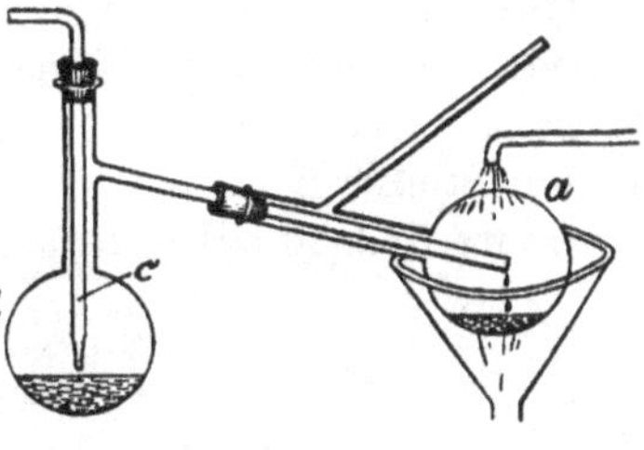

Fig. 48.

Schwefelmonochlorid stellt eine gelbrote, schwere Flüssigkeit von heftigem, Übelkeit erregendem Geruch vor, die bei $+138^0$ siedet. Das Gewichtsverhältnis von Chlor und Schwefel in dieser Verbindung ist wie 35,5 zu 32. Allein die daraus ableitbare Formel SCl entspricht nicht den Tatsachen. Denn wenn man nach irgend einer der später zu besprechenden Methoden (vgl. z. B. S. 159) das Molekulargewicht des Schwefelchlorürs bestimmt, so zeigt sich, daß es nicht dem einfachen Werte $35{,}5 + 32 = 67{,}5$ entspricht, sondern die doppelte Molekulargröße besitzt. Die Formel des Schwefelmonochlorids ist demnach S_2Cl_2.

Schwefelmonochlorid vermag bis zu 67 % Schwefel aufzulösen, und die so entstehende Flüssigkeit findet Anwendung zum Vulkanisieren des Kautschuks.

Gegen Wasser erweist sich Schwefelmonochlorid sehr unbeständig. Es wird dabei im Sinne der Gleichung:

$$2S_2Cl_2 + 2H_2O = SO_2 + 3S + 4HCl$$

gespalten.

Versuch 103. Einige Tropfen Schwefelmonochlorid werden in kaltes Wasser eingetragen und kräftig damit verrührt: Erwärmung und Abscheidung von Schwefel.

Verglichen mit dem Schwefelmonochlorid spielen die anderen Chloride des Schwefels eine untergeordnete Rolle. Die Existenz eines Schwefeldichlorids von der Formel SCl_2 ist nicht sicher.

Dagegen läßt sich ein Tetrachlorid SCl_4 ohne Schwierigkeit darstellen. Es bildet eine hellbraune, nur bei tiefer Temperatur beständige Flüssigkeit, die bereits bei Zimmertemperatur in freies Chlor und Schwefelmonochlorid zerfällt.

b) Schwefelhexafluorid.

Aus Fluor und Schwefel konnte Moissan das sehr interessante Schwefelhexafluorid SF_6 darstellen. Es ist ein bereits bei -55^0 siedendes Gas, das sich weder durch hohe chemische Aktivität noch durch Zersetzlichkeit auszeichnet, sondern im Gegenteil eine Indifferenz aufweist, wie wir sie sonst nur beim Stickstoff und den Edelgasen kennen. Diese früher unverständliche Erscheinung findet durch neue theoretische Anschauungen eine einfache Deutung.

17. Selen.

Atomgewicht = 79,2.

Das Selen — der Name (vom griechischen σελήνη = Mond) wurde von Berzelius gewählt, um die Ähnlichkeit mit dem Tellur (von tellus = Erde) (vgl. S. 82) anzudeuten — kommt in einigen seltenen Mineralien vor und findet sich in geringer Menge in manchen Schwefelkiesen (vgl. S. 398). Beim „Rösten" dieser Erze verflüchtigt sich das Selen und sammelt sich in den Bleikammern gemengt mit anderen Substanzen als Schlamm ab. In einem solchen Schlamm wurde das interessante Element im Jahre 1817 von Berzelius entdeckt, doch ist seine Gewinnung recht mühsam und umständlich.

Selen vermag wie Schwefel in verschiedenen Modifikationen aufzutreten.

Das rote, amorphe Selen läßt sich am einfachsten durch Behandlung von seleniger Säure mit schwefliger Säure gewinnen:

$$H_2SeO_3 + 2SO_2 + H_2O = 2H_2SO_4 + Se.$$

Versuch 104. Eine starke, wäßrige Lösung von seleniger Säure in Wasser wird mit einigen Tropfen wäßriger, schwefliger Säure versetzt: erst Gelb- dann Rotfärbung; dann Trübung und Abscheidung des blutrot gefärbten, amorphen Selens.

Löst man das amorphe Selen in Schwefelkohlenstoff, so scheiden sich beim Abdunsten dunkelrote, monokline Krystallnadeln ab: Krystallinisches Selen.

Wird endlich eine der beiden Modifikationen auf etwa 150^0 erwärmt, so erhält man das hexagonal krystallisierte, grauschwarz gefärbte, metallische Selen als beständigste Form. Ihr Schmelzpunkt liegt bei 219^0, ihr Siedepunkt bei 690^0.

Die metallische Modifikation besitzt eine geringe elektrische Leitfähigkeit, die sich aber bei Belichtung wesentlich erhöht. Hierauf beruhen verschiedene Apparate zur Übertragung optischer Signale in die Ferne.

Wird Selen an der Luft oder in reinem Sauerstoff erhitzt, so verbrennt es mit kornblumenblauer Flamme und unter Verbreitung eines weißen, eigentümlich riechenden Rauches zu einem Oxyde SeO_2 (Selendioxyd, vgl. S. 218).

Selenwasserstoff. H_2Se.

Wie Schwefel, so vermag sich auch Selen direkt mit Wasserstoff zu einer Substanz zu verbinden, die eine dem Schwefelwasserstoff ganz analoge Zusammensetzung aufweist und mit diesem die größte Ähnlichkeit besitzt.

Auch die Darstellungsmethoden sind dieselben. Man stellt Selenwasserstoff entweder durch Zersetzung von Seleneisen mit Salzsäure oder durch Überleiten von Wasserstoff über erhitztes Selen dar.

Versuch 105. Ein Kipp'scher Wasserstoffentwicklungsapparat mit Schwefelsäurewaschflasche und Chlorcalciumtrockenturm wird verbunden mit einem schwer schmelzbaren Glasrohr *a*, dessen 2 Kugeln mit nicht zu wenig Selen beschickt sind. Das Kugelrohr ist angeschlossen an zwei große, sorgfältig getrocknete Glaszylinder *b*, die durch aufgeschliffene, eingefettete Glasplatten *c* mit Ein- und Ableitungsröhren *d* verschlossen sind. Das Ableitungsrohr des zweiten Glaszylinders trägt ein knieförmig nach oben gebogenes Glasrohr mit Platindüse *e*. Es wird nun zunächst die Luft aus der Apparatur durch Wasserstoff verdrängt, hierauf der Wasserstoff an der Platindüse entzündet und der Strom des Gases so eingestellt, daß die Flamme eine Höhe von ca. $^3/_4$ cm besitzt. Man erhitzt nun das Selen in den beiden Kugeln durch zwei Teklubrenner sehr kräftig, worauf sich nach einiger Zeit die schwach leuchtende Wasserstofflamme prächtig blau färbt und ein dichter, weißer Rauch daraus emporsteigt. Eine kalte glasierte Porzellanschale beschlägt sich in der blauen Flamme mit roten Flecken von elementarem Selen.

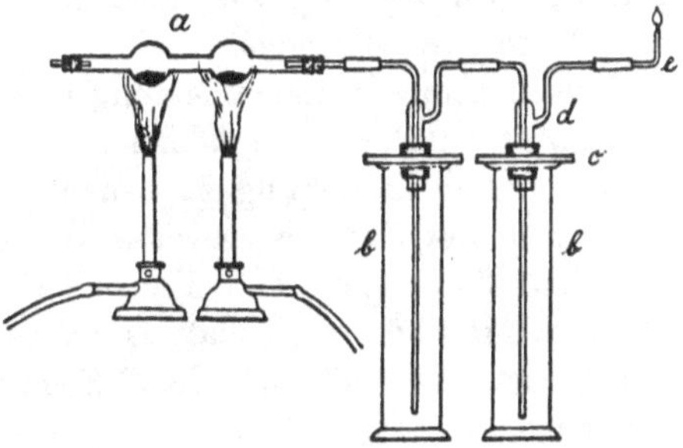

Fig. 49.

Selenwasserstoff ist ein farbloses, intensiv nach faulem Rettich riechendes, sehr giftiges, die Schleimhäute mächtig affizierendes Gas, bei dem noch größere Vorsicht geboten ist, als beim Schwefelwasserstoff. Angezündet, verbrennt es mit schön blauer Flamme.

Versuch 106. Der eine der beiden mit Selenwasserstoff gefüllten Zylinder des Versuches wird entzündet. Prächtige blaue Flamme; die innere Wand des Zylinders beschlägt sich dicht mit rotem, amorphem Selen.

Selenwasserstoff neigt noch weit mehr zum Zerfall, als Schwefelwasserstoff. Ähnlich wie beim letzteren führt die Oxydation mit starker Salpetersäure zu einer explosionsartigen Zersetzung des Gases.

Versuch 107. In den zweiten der mit Selenwasserstoff gefüllten Zylinder werden 10—15 ccm kochende, rote, rauchende Salpetersäure auf einmal hineingegossen: Schwache Explosion, schöne Lichterscheinung und Abscheidung reichlicher Mengen roten, amorphen Selens im Innern des Zylinders.

18. Tellur. Te.

Atomgewicht = 127,5.

Tellur ist ein ziemlich seltenes Element, das sich teils gediegen, teils gebunden an Gold, Silber und Blei in verschiedenen Mineralien, wie z. B. dem Schrifterz (Au, Ag) Te_2, vor allem in Siebenbürgen, Ungarn, Kalifornien und an anderen Stellen findet.

Wegen seines schönen Metallglanzes und seiner Fähigkeit, Wärme und Elektrizität gut leiten zu können, wurde es früher als typisches Metall angesehen und in Beziehung zu den Metallen der Platingruppe gebracht, mit denen es in der Tat eine gewisse Ähnlichkeit besitzt.

Allein die chemischen Eigenschaften des Elementes weisen mit aller Bestimmtheit darauf hin, daß es als nächster Verwandter des Selens zu betrachten ist und daß sich die 3 Elemente Schwefel, Selen und Tellur ungezwungen in eine natürliche Gruppe einreihen lassen.

Tellur ist sehr spröde, schmilzt bei 450° und verbrennt beim Erhitzen an der Luft zum Tellurdioxyd TeO_2 (vgl. S. 219).

Auch die Wasserstoffverbindung des Tellurs, der Tellurwasserstoff, ist bekannt. Er läßt sich durch Zersetzung von Tellurzink mit Salzsäure darstellen, besitzt die dem Schwefel- und Selenwasserstoff entsprechende Zusammensetzung TeH_2 und stellt ein farbloses, höchst giftiges Gas vor, das ähnlich wie Selenwasserstoff riecht und mit diesem und dem Schwefelwasserstoff in chemischer Beziehung die größte Ähnlichkeit besitzt. Die Zersetzlichkeit des Tellurwasserstoffs ist noch größer, als die des Selenwasserstoffs.

19. Vergleichende Betrachtung der Elemente der Sauerstoffgruppe.

Es ist bereits früher bei den Halogenen darauf hingewiesen worden (vgl. S. 62), daß in dieser Familie eng zueinander gehöriger Elemente die physikalischen und chemischen Eigenschaften in deutlich erkennbarer Weise von der Größe des Verbindungsgewichtes abhängig sind. Inzwischen ist gezeigt worden (vgl. S. 68), daß die Verbindungsgewichte der Halogene identisch mit ihren Atomgewichten sind, so daß man die beobachtete Gesetzmäßigkeit auch auf die Atomgewichte zu beziehen hat.

Auch in der zuletzt besprochenen Gruppe des Sauerstoffs, der die Elemente: Sauerstoff, Schwefel, Selen und Tellur angehören, wiederholt sich das gleiche Bild:

Mit Zunahme des Atomgewichts tritt eine deutliche Abnahme der chemischen Energie und eine völlige Änderung der physikalischen Eigenschaften ein.

Auch bei den Wasserstoffverbindungen dieser Elemente tritt die gleiche Gesetzmäßigkeit zutage, wie bei den Halogenwasserstoffen; nämlich eine mit Zunahme des Atomgewichts immer auffälliger werdende Neigung zum Zerfall. An der Spitze der Gruppe das höchst beständige Wasser, am Ende der Reihe der äußerst zersetzliche Tellurwasserstoff:

	O	S	Se	Te
Atomgewicht	16,000	32,07	79,2	127,5
Aggregatzustand bei gewöhnlicher Temperatur	Gas	fest	fest	fest
Schmelzpunkt	– 218°	114,4°	219°	450°
Siedepunkt	– 183°	444,5°	690°	gegen 1400°
Farbe	farblos	gelb	rot oder grauschwarz	metallglänzend
Reaktionsintensität	sehr stark	schwächer	schwach	sehr schwach
	H_2O	H_2S	H_2Se	H_2Te
Schmelzpunkt	0°	– 83,0°	– 64°	– 57°
Siedepunkt	100°	– 61,8°	– 42°	0°
Leichtigkeit der Bildung	sehr leicht	weniger leicht	schwierig	schwierig
Beständigkeit	höchst beständig	ziemlich beständig	wenig beständig	sehr zersetzlich

20. Stickstoff. N (Nitrogenium).

Atomgewicht = 14,008.

Der Stickstoff bildet den Hauptbestandteil der atmosphärischen Luft, die zu etwa $^4/_5$ aus diesem Gase besteht. Weiter findet er sich in komplizierter organischer Bindung in den Eiweißstoffen und ist daher im pflanzlichen und tierischen Organismus, im Eiweiß und im Fleisch enthalten. Wesentlich geringer sind die Mengen von Stickstoff im Ammoniak NH_3 (vgl. S. 97) und im Salpeter, KNO_3 oder $NaNO_3$ (vgl. S. 314). Von der Bezeichnung nitrum für Salpeter ist das Wort Nitrogenium (Salpetererzeuger) für Stickstoff gebildet worden.

Eine andere, bei den Franzosen gebräuchliche Bezeichnung für Stickstoff knüpft an die ihm innewohnende Eigenschaft an, das tierische Leben zu ersticken. Er wird daher Azote (von ἀ und ζωή = das Leben), abgekürzt Az, genannt.

Zur Darstellung des Stickstoffs kann man zunächst von der atmosphärischen Luft ausgehen, indem man ihr den neben Stickstoff vor allem darin enthaltenen Sauerstoff entzieht. Dies kann z. B. so geschehen, daß man in einem über Wasser abgesperrten Volumen Luft eine ausreichende Menge Phosphor verbrennt, der sich hierbei mit dem Sauerstoff zu einem in Wasser äußerst leicht löslichen Oxyde verbindet.

Versuch 108. Eine oben tubulierte Glasglocke *a* wird mit offenem Tubus über einen kleinen Porzellantiegel *b* geschoben, der in einen Korkschwimmer *c* gesteckt ist und auf Wasser in einer größeren Wanne *d* schwimmt. In dem Porzellantiegel befinden sich auf Asbest einige erbsengroße Stücke trockener Phosphor. Man taucht die Glasglocke so tief in das Wasser ein, daß sich ihr unterer Rand etwa zwei Finger breit unter der Oberfläche des Wassers befindet. Durch einen langen, erhitzten, durch den Tubus eingeführten Eisendraht bewirkt man die Zündung des Phosphors und schließt nun sofort den Tubus. Durch die bei der Verbrennung des Phosphors entstehende Wärme sinkt zunächst die Oberfläche des Wassers im Inneren der Glasglocke etwas, bald aber steigt sie wieder und bleibt schließlich nach Beendigung des Versuches stehen, wenn $^1/_5$ des Gasvolumens verschwunden ist.

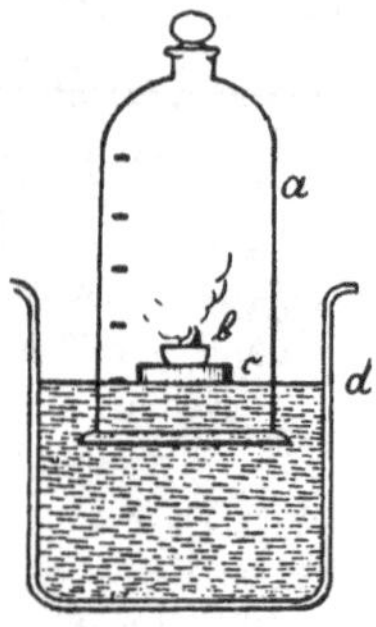

Fig. 50.

Die Entfernung des Sauerstoffs gelingt auch mit Hilfe von glühendem Kupfer. Sorgt man bei diesem Versuche dafür, daß auch die Feuchtigkeit und das in der Luft stets vorhandene Kohlendioxyd entfernt wird, so erhält man ziemlich reinen Stickstoff.

Versuch 109. Ein sorgfältig durch Waschen mit Kalilauge und mit konzentrierter Schwefelsäure von Kohlendioxyd und Feuchtigkeit befreiter Luftstrom wird durch ein Glasrohr *a* geleitet, das mit

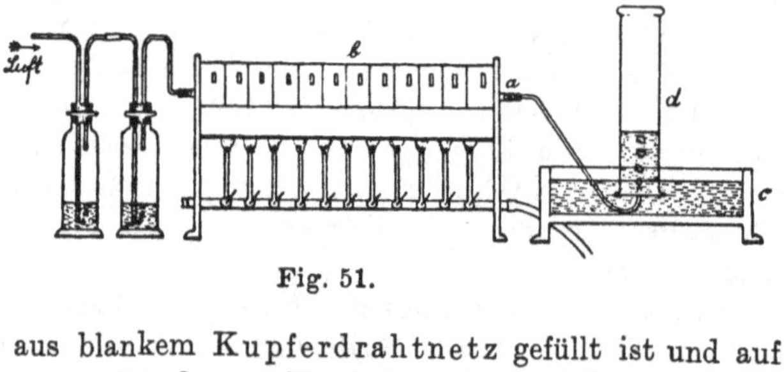

Fig. 51.

Rollen aus blankem Kupferdrahtnetz gefüllt ist und auf einem Verbrennungsofen *b* zur Rotglut erhitzt wird. Das austretende Gas wird durch ein entsprechend gebogenes Glasrohr unter einen großen, mit Wasser gefüllten, in der pneumatischen Wanne *c* stehenden Zylinder *d* geleitet. Prüfung auf Stickstoff durch das Erlöschen eines brennenden Holzspans.

Absolut rein ist der nach den bisher angestellten Versuchen gewonnene Stickstoff deswegen nicht, weil sich in der atmosphärischen Luft nicht unbeträchtliche Mengen der sogenannten Edelgase (vgl. S. 95) befinden, die wegen ihrer Unfähigkeit zu Reaktionen nur sehr schwierig entfernt werden können und sich daher dem Stickstoff beimischen.

Reinen Stickstoff kann man nach verschiedenen Methoden gewinnen, am einfachsten durch Erhitzen von Ammoniumnitrit, das man zweckmäßig durch Vermischen der Lösungen von Ammoniumchlorid (vgl. S. 322) und von Natriumnitrit (vgl. S. 307) darstellt. Die Bildung und Zersetzung des Ammoniumnitrits spielt sich nach folgenden Gleichungen ab:

1. $NH_4Cl + NaNO_2 = NaCl + NH_4NO_2$,

2. $NH_4NO_2 = N_2 + 2H_2O$.

Versuch 110. In einem größeren, mit Tropftrichter versehenen Destillierkolben befinden sich etwa 150 ccm einer heißen, kaltgesättigten Lösung von Salmiak in Wasser. Man läßt nun aus dem Tropftrichter eine gleichfalls kaltgesättigte Lösung von Natriumnitrit in Wasser in die Salmiaklösung eintropfen. Unter Aufschäumen beginnt sofort die Entwicklung des Stickstoffs. Will man das Gas von jeder Spur Sauerstoff oder von kleinen Mengen von Stickoxyden befreien, so tut man gut, es noch durch ein mit glühenden Kupferrollen (vgl. den vorhergehenden Versuch) gefülltes Glasrohr hindurchzuschicken und erst dann in mit Wasser gefüllten Glaszylindern in der pneumatischen Wanne aufzufangen.

Eigenschaften des Stickstoffs.

Stickstoff ist ein farb-, geruch- und geschmackloses Gas, das sich durch Druck und Abkühlung verflüssigen läßt und dann bei -210^0 schmilzt und bei -195^0 siedet. Von Wasser wird es in noch geringerem Maße aufgenommen, als Sauerstoff. Die Verbrennung vermag Stickstoff nicht zu unterhalten, ebensowenig den Lebensprozeß, so daß dem Gase, obwohl es an sich nicht giftig ist, erstickende Eigenschaften zukommen.

In chemischer Beziehung ist die große Indifferenz des Stickstoffs hervorzuheben. Offenbar sind die beiden N-Atome zum Molekül N_2 ganz besonders fest verknüpft, so daß es einer großen Energieentfaltung bedarf, um den Zusammenhang zwischen den Atomen zu lösen und den Stickstoff mit anderen Elementen oder Verbindungen zu vereinigen.

Immerhin sei schon an dieser Stelle auf die technisch höchst bedeutsame Möglichkeit hingewiesen, den Stickstoff mit Wasserstoff zum Ammoniak (vgl. S. 98) und mit Sauerstoff zum Stickoxyd (vgl. S. 227) verbinden zu können.

Auch mit gewissen Metallen wie Lithium, Calcium, Baryum, Magnesium und mit dem Bor vermag sich Stickstoff direkt zu vereinigen, wobei die interessanten Nitride entstehen. Diese sind gegen Wasser unbeständig und zerfallen damit unter Abspaltung von Ammoniak. Ihre Bildung und Zersetzung wird durch die folgenden Gleichungen illustriert:

$$3Ca + N_2 = Ca_3N_2,$$

$$Ca_3N_2 + 3H_2O = 3CaO + 2NH_3.$$

Durch Einwirkung elektrischer Entladungen auf stark verdünnten Stickstoff läßt er sich, wie Strutt beobachtet hat, in eine Modifikation überführen, die sich durch große Reaktionsfähigkeit auszeichnet. Sie vermag sich nicht bloß sehr leicht und glatt mit Metallen zu den bereits erwähnten Nitriden, sondern auch mit vielen anderen Stoffen zu verbinden, die von dem gewöhnlichen, reaktionsträgen Stickstoff nicht angegriffen werden. Man bezeichnet daher diese Modifikation des Stickstoffs als die aktive und hält es für wahrscheinlich, daß sie aus Molekülen N_3 besteht, die die Tendenz besitzen, sich wieder in die zweiatomigen Moleküle N_2 zurückzuverwandeln.

21. Atmosphärische Luft.

Die atmosphärische Luft stellt ein Gasgemisch vor, in welchem die beiden Gase Stickstoff und Sauerstoff an Menge weit überwiegen. Weiter finden sich darin die sogenannten Edelgase, ferner Wasserdampf, Kohlendioxyd und in sehr kleiner Menge noch verschiedene andere Stoffe.

In exakten Versuchsreihen wurde die Zusammensetzung der trockenen Luft von Dumas und Boussingault ermittelt zu:

76,99 Gew.-Proz. N.
23,01 ,, ,, O.

Bunsen und Regnault bestimmten die Volumverhältnisse, in denen die beiden Hauptbestandteile in der Luft enthalten sind, und fanden:

79,05 Vol.-Proz. N.
20,95 ,, ,, O.

Die Luftanalysen, die von Hempel, Kreusler und Morley an den verschiedensten Stellen der Erdoberfläche, wie Dresden, Bonn, Nordamerika, Schweden und Brasilien, ausgeführt worden sind, haben für den Gehalt der Luft an Sauerstoff den Mittelwert 20,93 ergeben. Diese Luftanalysen haben ferner den bündigen Beweis dafür erbracht, daß die Zusammensetzung der Luft, wenn man ihr die mehr zufälligen und wechselnden Bestandteile entzieht, konstant ist. Setzen wir daher für Wasserdampf und Kohlendioxyd, die gleichfalls als regelmäßige Bestandteile der atmosphärischen Luft zu betrachten sind, Mittelwerte ein, so kann man die mittlere Zusammensetzung der atmosphärischen Luft etwa folgendermaßen annehmen:

Bestandteile der Luft	Volumprozente	Gewichtsprozente
Stickstoff	77,188	75,104
Sauerstoff	20,616	22,840
Argon usw.	0,886	1,186
Kohlendioxyd	0,029	0,049
Wasserdampf	1,279	0,830

Die konstante Zusammensetzung der Luft erscheint auf den ersten Blick sehr merkwürdig. Denn da die Menschen und Tiere, deren Menge sich auf Milliarden beläuft, für die Erhaltung ihres Lebens Sauerstoff nötig haben und diesen der atmosphärischen Luft ununterbrochen in großen Mengen entziehen, so sollte man erwarten, daß die Luft immer sauerstoffärmer wird und sich dafür immer mehr mit Kohlendioxyd — dem Ausatmungsprodukte von Mensch und Tier — anreichert. Allein beide für den Lebensprozeß so ungünstigen Faktoren, die Verarmung der Luft an Sauerstoff und ihre Schwängerung mit Kohlendioxyd, werden kompensiert durch die Assimilation des Kohlendioxyds durch die grünen Gewächse. Diese nehmen das in der Luft vorhandene Kohlendioxyd auf, verbrauchen es zum Aufbau ihrer Organe und geben dafür dauernd wieder Sauerstoff an die Luft ab. Da der Stickstoff bei all' diesen Vorgängen überhaupt keine Rolle spielt, sondern lediglich als Verdünnungsmittel fungiert, so muß die Zusammensetzung der atmosphärischen Luft stets annähernd dieselbe bleiben.

Analytische Bestimmung der wichtigsten Bestandteile der Luft.

Über die Bestimmung des in der Luft enthaltenen Kohlendioxyds, dessen Menge nahezu konstant ist, soll später das Nötige mitgeteilt werden (vgl. S. 266).

Der Gehalt der Luft an Wasserdampf unterliegt großen Schwankungen: 1 cbm Luft vermag bei 25° 22,5 g Wasser als Dampf aufzunehmen und ist dann mit Feuchtigkeit gesättigt. Wird solche Luft auf tiefere Temperatur abgekühlt, so scheidet sich ein Teil des Wassers als Flüssigkeit wieder ab, z. B. 17,1 g aus dem bei 25° mit Feuchtigkeit gesättigten Luftvolum bei 0°. Gewöhnlich enthält indessen die Luft weniger Wasserdampf, als sie vermöge ihrer Temperatur aufnehmen könnte. Man gibt dann ihren Feuchtigkeitsgehalt in Prozenten an. Für diese Bestimmung verwendet man entweder physikalische Instrumente — Hygrometer —, oder bedient sich einer chemischen Methode, indem man ein abgemessenes Luftvolumen durch ein gewogenes Chlorcalciumrohr hindurchleitet und dessen Gewichtszunahme bestimmt.

Versuch 111. Ein genau abgewogenes, mit Chlorcalcium gefülltes U-Rohr *a* steht in Verbindung mit einer Schwefelsäurewaschflasche *b* und einer großen, etwa 5—7 Liter fassenden, mit Tubus und Hahn versehenen und ganz mit Wasser gefüllten Flasche *c*. Man saugt nun durch vorsichtiges Öffnen des Hahns und tropfenweises Abfließen des Wassers die Luft ganz langsam durch das Chlorcalciumrohr hindurch. Das durchgesaugte Luftvolumen ergibt sich ohne weiteres aus der Menge des abgeflossenen Wassers, das man zweckmäßig in einem großen Meßzylinder auffängt.

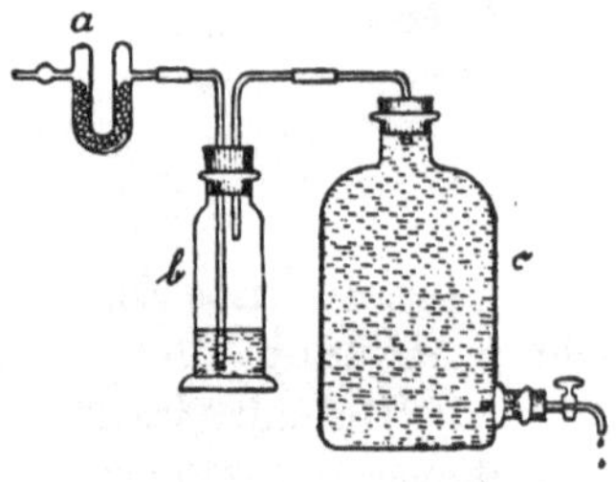

Fig. 52.

Von größter Bedeutung für die Beurteilung der Luft ist ihr Gehalt an Sauerstoff. Es sind daher zahlreiche bequeme und exakte Methoden zur Bestimmung des Verhältnisses Sauerstoff : Stickstoff ausgearbeitet worden.

Am bequemsten ist wohl das von Hempel angegebene gasometrische Verfahren, wobei ein in der ,,Gasbürette" abgemessenes Luftvolumen in eine ,,Gaspipette" herübergedrückt wird, die mit einem geeigneten, den Sauerstoff möglichst rasch absorbierenden Stoff, beschickt ist. Nachdem die Absorption — in etwa 2—3 Minuten — beendigt ist, saugt man den Gasrest wieder in die Gasbürette zurück und bestimmt die Volumverringerung.

Versuch 112. In der Hempel'schen Gasbürette *a* werden 100 ccm Luft über Wasser abgesperrt und durch ein zweimal rechtwinklig gebogenes Glasrohr *b* in eine mit konzentriertem wäßrigem Ammoniak und Rollen aus blankem Kupferdrahtnetz beschickte Gaspipette *c* herübergedrückt. Nach 3 Minuten saugt man das Gas nach Öffnen des Quetschhahnes durch Senken des Niveaurohres *d* der Bürette in diese zurück. Das Gas ist auf etwa 80 ccm zurückgegangen.

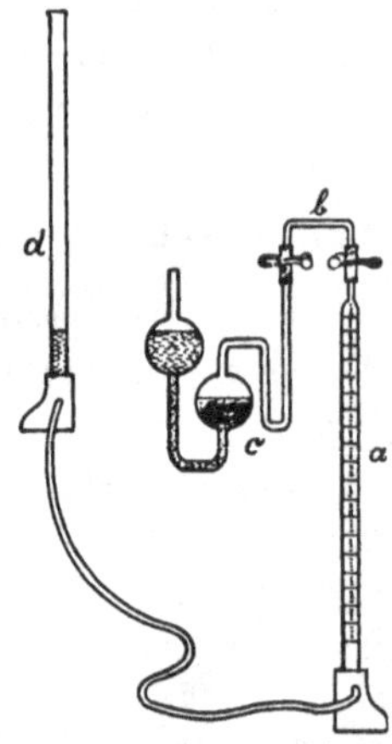

Fig. 53.

Exakter ist die eudiometrische Methode, bei der die Analyse in einem sogenannten Eudiometer (von ἡ εὐδία = schönes Wetter; weil man früher annahm, daß die Zusammensetzung der Luft mit dem Wetter wechselt) ausgeführt wird. Das Prinzip beruht darauf, daß ein bestimmtes Volumen der zu untersuchenden Luft über Quecksilber abgesperrt und mit einem Überschuß von Wasserstoff vermischt wird. Läßt man durch das so entstehende Gemisch von Luft und Wasserstoff einen elektrischen Funken hindurchschlagen, so verbindet sich der in der Luft enthaltene Sauerstoff mit der entsprechenden Menge Wasserstoff und aus der Menge des entschwundenen Gases läßt sich dann ohne weiteres die Menge des Sauerstoffs bestimmen.

Versuch 113. In ein zunächst ganz mit Quecksilber gefülltes Hofmann'sches Eudiometer (vgl. Versuch 29) läßt man bei geöffnetem oberem Hahn durch Ablassen von Quecksilber aus dem seitlichen Ansatz möglichst genau 20 ccm Luft eintreten. Hierauf gibt man 10 ccm reinen Wasserstoff hinzu, wobei gleichzeitig vorsichtig Quecksilber abgelassen wird, so daß die Quecksilberkuppen in den beiden Schenkeln des Eudiometers nach beendigtem Einleiten des Wasserstoffs genau gleich stehen und ein Gesamtvolumen von 30 ccm Gas abgesperrt ist. Nun wird der offene Schenkel des Apparats ganz mit Quecksilber aufgefüllt, verstopft, der Hahn des seitlichen Ansatzes geöffnet und soviel Quecksilber wie möglich abgezapft. Hierdurch wird das Gas so verdünnt, daß man ohne Gefahr mit Hilfe eines Ruhmkorff'schen Funkeninduktors einen kleinen Funken zwischen den Platindrähten überspringen lassen kann. Nach erfolgter Explosion wird der Stopfen von dem mit Quecksilber gefüllten Schenkel des Apparates vorsichtig entfernt und das Quecksilber in dem offenen Schenkel soweit aufgefüllt, daß die Kuppen in den Schenkeln wieder genau gleich stehen. Es hinterbleiben dann 18 ccm Gas.

Die Berechnung des Versuchsergebnisses führt zu folgendem Resultate:

angewendet:	20 ccm Luft
dazugegeben:	10 ccm Wasserstoff
zusammen:	30 ccm Gasgemisch
nach der Explosion:	18 ccm Gasrest
Kontraktion:	12 ccm.

Die Kontraktion ist auf die Explosion des Knallgases zurückzuführen, das sich aus dem in den 20 ccm Luft enthaltenen Sauerstoff mit dem Wasserstoff gebildet hat. Nun sind in 12 ccm Knallgas, wie früher eingehend dargelegt worden ist, 8 ccm Wasserstoff (2 Volumina) und 4 ccm Sauerstoff (1 Volumen) vorhanden, und man kommt schließlich zu dem Resultate, daß in 20 ccm Luft 4 ccm Sauerstoff, also etwa 20 Volumprozent enthalten sind.

Will man bei derartigen Gasanalysen den höchsten Grad von Genauigkeit erzielen, so bedarf es natürlich wesentlich größerer Vorsichtsmaßregeln, als sie bei den soeben angestellten Versuchen vorgesehen sind. Bunsen, der sich um die Ausbildung der Gasanalyse die größten Verdienste erworben hat, hat seine Erfahrungen und Ratschläge in einem noch jetzt lesenswerten Buche: Gasometrische Methoden, niedergelegt.

Eigenschaften der atmosphärischen Luft.

Die atmosphärische Luft ist ein farb-, geruch- und geschmackloses Gas, dessen spezifisches Gewicht = 14,44 (bezogen auf Wasserstoff = 1, vgl. S. 20) ist.

Das absolute Gewicht wechselt wie bei allen Gasen mit Druck und Temperatur. Unter Normalverhältnissen (0°, 760 mm) wiegt

1 Liter Luft: 1,293 g.

Das Gesamtgewicht der die Erdatmosphäre bildenden Luft ist auf 5 Trillionen Kilogramm geschätzt worden. Daß diese gewaltige Luftmasse einen enormen Druck auszuüben vermag, erscheint selbstverständlich. Er ist bekanntlich so groß, daß er am Meeresspiegel einer Quecksilbersäule von 760 mm das Gleichgewicht zu halten vermag.

Die Löslichkeit der atmosphärischen Luft in Wasser ist, wie bereits früher experimentell festgestellt worden ist (vgl. S. 33), nur gering. Trotzdem ist die Tatsache ihrer Löslichkeit doch von der allergrößten Wichtigkeit für das Gedeihen von Wasserpflanzen und -tieren. Die Löslichkeit der Luft in Wasser ist einem allgemeinen Gesetze zufolge (vgl. S. 33) vom Druck abhängig. Je geringer dieser ist, um so geringer ist auch die Löslichkeit eines Gases. Daher kommt es, daß in sehr hochgelegenen Seen Fische nicht mehr zu existieren vermögen. Wird das Verhältnis von Sauerstoff und Stickstoff in der durch Erhitzen aus Wasser ausgetriebenen Luft analytisch bestimmt, so zeigt sich ein großer Unterschied von den bei der Analyse der gewöhnlichen atmosphärischen Luft erhaltenen Werten. Während in der letzteren, wie bereits angegeben (vgl. S. 86) etwa 79 Vol.-Proz. N und 21 Vol.-Proz. O enthalten sind, finden sich in der aus dem Wasser ausgetriebenen Luft nur **65** Vol.-Proz. N und **35** Vol.-Proz. O.

Man kann aus dieser Tatsache den — auch durch alle sonstigen Beobachtungen bestätigten — Schluß ziehen, daß die atmosphärische Luft keine Verbindung, sondern ein Gemisch von Gasen vorstellt, von denen die einzelnen Bestandteile von Wasser nach Maßgabe ihrer Löslichkeit aufgenommen werden.

Durch Druck und starke Abkühlung läßt sich die atmosphärische Luft wie alle anderen Gase verflüssigen. In den von Linde und von Hampson konstruierten Apparaten läßt sich die Herstellung von „flüssiger Luft“ in größtem Maßstabe durchführen. Und da ferner von Weinhold und von Dewar doppelwandige Glasgefäße mit luftleerem Zwischenraum zur möglichst langen Aufbewahrung der flüssigen Luft eingeführt worden sind, so hat das Arbeiten mit flüssiger Luft nicht bloß im Laboratorium für wissenschaftliche Zwecke, sondern auch für industrielle Verwendungen einen großen Umfang angenommen. Da die atmosphärische Luft, wie bereits erwähnt wurde, ein Gemisch von Gasen vorstellt, so hat man auch in der flüssigen Luft eine Flüssigkeit zu erblicken, die aus einer ganzen Anzahl von Stoffen besteht. Die kleinen Mengen von Wasser und von Kohlendioxyd schwimmen in festem Zustande darin herum und lassen sich durch einfache Filtration von der klaren, in überwiegender Menge aus flüssigem Stickstoff und Sauerstoff bestehenden Flüssigkeit trennen.

Die flüssige Luft befindet sich — unter Atmosphärendruck — dauernd in schwachem Sieden. Der Siedepunkt liegt zunächst bei etwa —195°. Dies kommt daher, weil zuerst der flüchtigere Stickstoff absiedet. In dem Maße, wie dieses Gas entweicht, steigt der Siedepunkt der Flüssigkeit und erreicht schließlich mit —183,0° den Siedepunkt des Sauerstoffs. Auch dieses Verhalten beweist bündig, daß wir in der Luft ein Gemenge zu erblicken haben. Wäre es eine Verbindung, so müßte sie einen konstanten Siedepunkt besitzen. Technisch ist die Möglichkeit der glatten Trennung der flüssigen Luft in Stickstoff und Sauerstoff von großer Bedeutung für die Herstellung nahezu reinen Sauerstoffs geworden.

Die tiefe Temperatur der flüssigen Luft (—195° bis —183°) und ihr bei längerem Stehen hoher Gehalt an Sauerstoff lassen sich durch zahlreiche, eigenartige Versuche demonstrieren. Flüssige Luft besitzt eine schwach himmelblaue Farbe.

Versuch 114. Man pumpt flüssige Luft auf ein Faltenfilter, das man in einen aus Kartonpapier geschnittenen Trichter gesteckt hat und läßt die ablaufende Flüssigkeit in ein unversilbertes, durchsichtiges Weinholdgefäß fließen. Man erhält eine ganz klare, schön hellblau gefärbte Flüssigkeit.

Stark gefärbte Stoffe verlieren ihre Farbe in flüssiger Luft entweder gänzlich oder werden jedenfalls viel heller.

Versuch 115. Man bringt zwei dünnwandige Reagenzgläser, von denen das eine etwas Zinnober, das andere einige Schwefelkrystalle enthält, in ein mit flüssiger Luft gefülltes Weinholdgefäß und läßt sie etwa 3—4 Minuten darin. Nach dieser Zeit ist der Zinnober hellgelb geworden, und die Schwefelkrystalle haben ihre Farbe vollständig verloren. Sie sehen aus wie Soda oder Salpeter. An die Luft gebracht, erlangen die beiden Präparate nach wenigen Augenblicken ihre ursprüngliche intensive Farbe wieder.

Stoffe, wie Quecksilber, Alkohol oder auch viele Gase, wie z. B. Kohlendioxyd, werden in flüssiger Luft fest.

Versuch 116. a) Man bringt in eine halbrunde Eisenschale *a* eine größere Menge Quecksilber, drückt einen spiralförmig umgerollten, starken Eisendraht *b* hinein und pumpt auf die Oberfläche des Metalls reichliche Mengen von flüssiger Luft auf. Nach 1—2 Minuten ist das Quecksilber zu einem festen

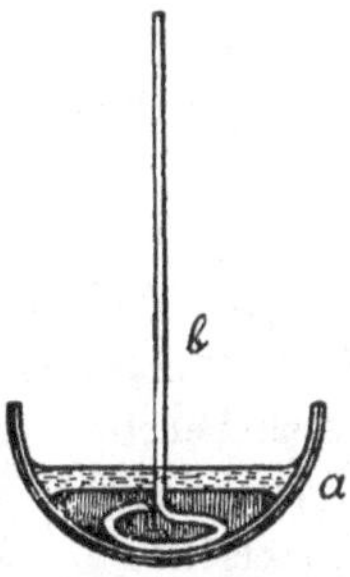

Fig. 54.

Metallblock erstarrt, der sich an dem Draht aus der Schale herausheben und auf einem Ambos mit dem Hammer bearbeiten läßt.

b) Ein Reagenzglas mit etwa 2—3 ccm absolutem Alkohol wird in flüssige Luft getaucht. Der Alkohol wird zunächst dick wie Sirup, verwandelt sich aber alsbald in eine ganz feste, wie Glas aussehende, von Sprüngen durchsetzte Masse.

c) Man leitet in ein längeres, nicht zu dickwandiges, unten geschlossenes und in flüssige Luft eingetauchtes Glasrohr einen nicht zu raschen Strom von Kohlendioxyd ein. Das Gas setzt sich in zusammenhängenden, schneeweißen Krusten an das Glas an und läßt sich nach 1—2 Minuten in größeren Stücken herausschütteln.

Blumen und wasserreiche Früchte werden so hart und spröde, daß sie sich zu Pulver zerreiben oder in Stücke schlagen lassen. Ebenso auffällig sind die Veränderungen, die Gegenstände aus Kautschuk in flüssiger Luft erleiden.

Versuch 117. a) Eine Rose wird mit einer Tiegelzange einige Augenblicke unter flüssige Luft gehalten, die sich zweckmäßig in einem breiten, kelchförmigen Weinholdgefäß befindet. Sie wird dann hart und spröde wie Porzellan und läßt sich in einer Reibschale zu feinem Pulver zerreiben.

b) Man pumpt durch einen längeren Gummischlauch flüssige Luft hindurch. Er wird bald so fest, daß man nur mit Mühe Stücke davon abbrechen kann und daß er, auf die Tischkante geschlagen, wie ein Glasstab in zahllose Splitter zerbricht.

c) Ein kleiner, im Durchmesser etwa 4—5 cm großer Gummiball wird mit der Tiegelzange etwa 1 Minute unter die Oberfläche von flüssiger Luft gedrückt. Er zerspringt dann beim Aufwerfen auf den Boden unter lautem Knall in viele Stücke.

Die Anreicherung der flüssigen Luft an Sauerstoff läßt sich in üblicher Weise durch das Aufflammen eines glimmenden Holzspans zeigen.

Versuch 118. In ein weites Reagenzglas pumpt man flüssige Luft hinein und läßt sie bis auf etwa 25—30 ccm absieden. In den Rückstand senkt man ein Bündel dünner, glimmender Holzstäbchen ein, worauf diese in dem flüssigen Sauerstoff sofort Feuer fangen und mit glänzendem Funkensprühen verbrennen.

Einige Gesetzmäßigkeiten der Gase.

An der atmosphärischen Luft lassen sich in bequemster Weise einige Gesetzmäßigkeiten der Gase studieren, deren Kenntnis für den Chemiker unentbehrlich ist.

Es ist eine selbst dem Laien bekannte Tatsache, daß warme Luft leichter ist als kalte. Die Wirkung der Schornsteine und Kamine, sowie der Luftzug im Freien beruhen auf dieser Erscheinung. Sie kommt dadurch zustande, daß sich Luft und alle anderen Gase beim Erwärmen ausdehnen und beim Abkühlen wieder zusammenziehen.

Versuch 119. Ein leerer, etwa $^1/_2$ Liter fassender Rundkolben *a* ist durch einen gut schließenden Gummistopfen mit einem zweimal rechtwinklig gebogenen Glasrohr *b* verbunden, das in einen hohen, mit Wasser gefüllten Zylinder *c* taucht. Sobald der Kolben mit einer Flamme erwärmt wird, sieht man einen Teil der sich ausdehnenden Luft aus dem Rohr austreten und in Blasen entweichen. Beim Abkühlen wird durch die Zusammenziehung der Luft eine entsprechende Menge Wasser in den Kolben eingesaugt.

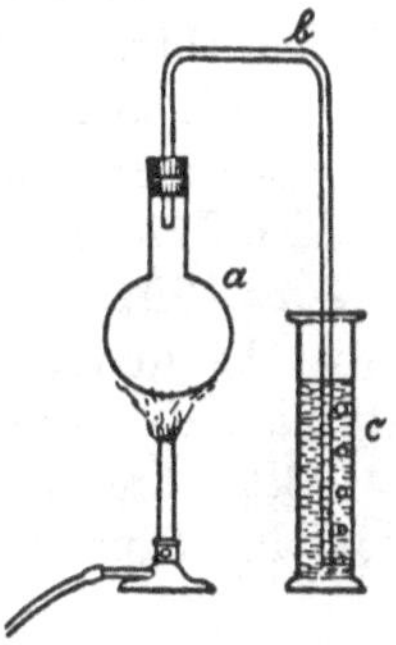

Fig. 55.

Die Ausdehnung der Gase in der Wärme wird durch das Gay-Lussac'sche Gesetz geregelt, wonach sich die Gase für je 1° C Temperaturerhöhung um $^1/_{273}$ ihres Volumens bei 0° ausdehnen und ebenso beim Abkühlen für je 1° um $^1/_{273}$ zusammenziehen. Man bezeichnet diesen Wert als den Ausdehnungskoeffizienten der Gase.

Die gesetzmäßigen Beziehungen, die zwischen Druck und Volumen eines Gases bestehen, werden durch das Gesetz von Boyle-Mariotte zum Ausdruck gebracht. Es besagt, daß das Volumen eines Gases umgekehrt proportional dem Drucke ist, unter den es gebracht wird.

Versuch 120. Ein etwa 1 m langes, unten zu einem kurzen, oben geschlossenen Schenkel umgebogenes Glasrohr wird mit so viel Quecksilber beschickt, daß in dem geschlossenen Schenkel ein Luftvolumen abgesperrt ist und die Quecksilberkuppen auf gleicher Höhe stehen. Man markiert den Stand der Quecksilberkuppe durch einen dünnen Papierstreifen und füllt nun so viel Quecksilber auf, daß das Gas, das zunächst unter dem gewöhnlichen Luftdruck steht, auf 2 Atmosphären komprimiert wird. Das Volumen geht dann auf die Hälfte zurück.

Auch für die Schnelligkeit, mit der sich verschiedene Gase gegenseitig durchdringen — für ihre Diffusion — existiert eine bemerkenswerte Gesetzmäßigkeit. Denkt man sich zwei größere Glaskolben, von denen der eine mit Stickstoff, der andere mit Sauerstoff gefüllt ist, durch ein enges Glasrohr miteinander in Verbindung gebracht, so werden infolge der ununterbrochenen Bewegung, in der sich nach unseren Vorstellungen die Moleküle der Gase befinden, Sauerstoffmoleküle in den Stickstoff und umgekehrt Stickstoffmoleküle in den Sauerstoff gelangen. Diese gegenseitige Einwanderung wird erst dann beendigt sein, wenn die Bestandteile Stickstoff und Sauerstoff sich gegenseitig vollständig durchdrungen haben und die Zusammensetzung der Gase in beiden Gefäßen gleich geworden ist.

Die Diffusion der Gase wird beschleunigt durch mechanische Einflüsse, z. B. durch Schütteln, in der Natur durch die Bewegung der Luft, den Wind.

Die Diffusion der Gase findet auch durch feste Körper statt, wenn sie porös sind, also z. B. durch Gips, durch unglasiertes Porzellan; aber im allgemeinen nicht durch Metalle oder Glas.

Die Schnelligkeit, mit der ein Gas durch solche poröse Körper dringt — seine Diffusionsgeschwindigkeit — ist abhängig von seinem spezifischen Gewicht und zwar ist sie umgekehrt proportional den Quadratwurzeln der Dichte der betreffenden Gase.

Betrachten wir z. B. die Diffusionsgeschwindigkeiten für die Gase Wasserstoff und Sauerstoff, so lautet das Gesetz:

$$\text{D.G. H} : \text{D.G. O} = \sqrt{16} : \sqrt{1} = 4 : 1 ,$$

d. h., der Wasserstoff wird viermal so schnell durch einen porösen Körper hindurchdringen, als der Sauerstoff.

Versuch 121. Eine größere Woulfe'sche Flasche *a*, die zu $^3/_4$ mit Wasser gefüllt ist, trägt in ihrem einen Tubus ein in das Wasser eintauchendes, umgebogenes und zu einer Spitze ausgezogenes Glasrohr *b*. In den anderen Tubus ist durch einen sehr gut schließenden Gummistopfen ein hohes und ziemlich weites Glasrohr *c* eingesetzt, das durch einen guten, außen mit Wachs überzogenen Korkstopfen in eine geräumige poröse Tonzelle *d* hineinführt. Man stülpt nun ein großes Becherglas über die Tonzelle herüber und leitet einen starken Wasserstoffstrom — am besten aus einer Wasserstoffbombe — in das Becherglas. Nach wenigen Augenblicken wird das Wasser in dem engen Glasrohr in die Höhe getrieben und spritzt als hohe Fontäne heraus.

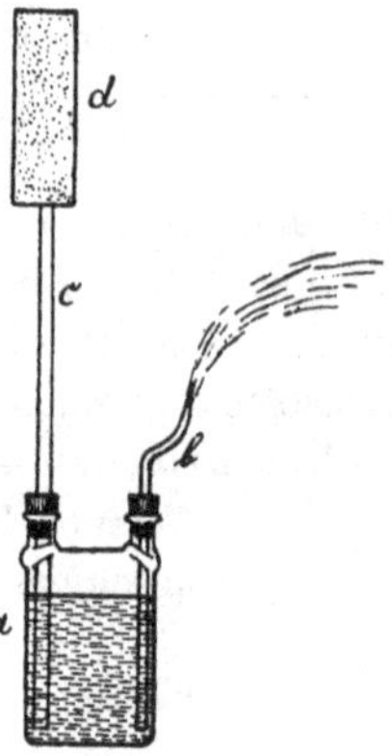

Fig. 56.

Die Diffusion der Luft ist auch von praktischer Bedeutung für unsere Wohnungen, wo durch das Zusammenleben der Menschen und Ausdünstungen verschiedenster Art die Luft verschlechtert und damit eine beständige Lufterneuerung notwendig wird. Die Annahme, daß diese ausschließlich durch Fenster und Türen vor sich geht, ist irrig; auch die Ventilation durch die porösen Mauerwände ist sehr beträchtlich. Selbst durch ganz dicke Steine hindurch vermag die Luft ohne besondere Schwierigkeit hindurchzugehen, wie ein Versuch mit dem Pettenkofer'schen Stein zeigt.

Versuch 122. a) Man preßt mit dem Gebläse in die eine Metallfassung des Steines Luft ein und verbindet die andere Fassung durch einen Gummistopfen mit einem abwärts gebogenen, in ein

Glas mit Wasser tauchenden Glasrohr. Die Luft steigt dann in dicken Blasen durch das Wasser in die Höhe.

b) Man setzt in die eine Metallfassung *a* des Steines *b* durch einen Gummistopfen ein kurzes, zu einer Spitze ausgezogenes Glasrohr *c* ein und preßt mit dem Gebläse Luft durch den Stein. Den aus dem Glasröhrchen austretenden Luftstrahl richtet man gegen den Docht einer brennenden Stearinkerze *d*, worauf diese nach wenigen Augenblicken erlischt.

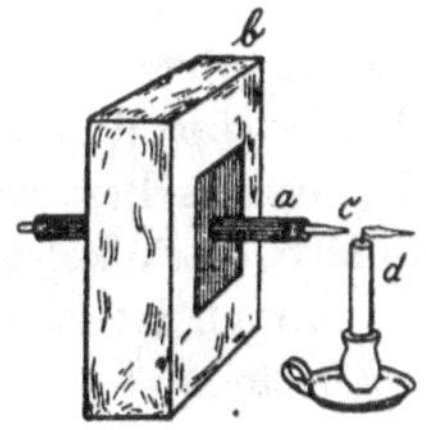

Fig. 57.

c) Um sich davon zu überzeugen, daß ein Gas für die Diffusion durch den Stein einer gewissen Zeit bedarf, wird die Metallfassung des Steines mit einer Kohlensäurebombe verbunden und der auf der anderen Seite austretende Gasstrom in klares Barytwasser geleitet (vgl. S. 339). Erst nach etwa 1 Minute tritt plötzlich starke, weiße Trübung auf.

22. Die Edelgase.
Argon, Krypton, Neon, Xenon, Helium.

Die Edelgase bilden eine höchst charakteristische Gruppe gasförmiger Elemente, die sich von allen anderen Grundstoffen dadurch unterscheiden, daß sie sich mit keinem anderen Elemente zu verbinden vermögen.

Wir haben ferner gesehen, daß die Moleküle anderer gasförmiger Elemente aus mindestens 2 Atomen bestehen. Auch diese Fähigkeit, sich untereinander zu Molekülen verbinden zu können, geht den Edelgasen ab. Bei ihnen sind Atom und Molekül miteinander identisch.

Abgesehen von dieser beispiellosen chemischen Indifferenz, die die des Stickstoffs (vgl. S. 85) weit übertrifft, sind die Edelgase ausgezeichnet durch charakteristische Spektra, an denen man sie leicht erkennen und ihre Reinheit prüfen kann.

Argon. Ar. (Atomgewicht = 39,9). Die alte Beobachtung Cavendishs, daß beim Durchschlagen elektrischer Funken durch ein über Ätzkali befindliches Gemisch von Stickstoff und Sauerstoff sich niemals die ganze Menge des Stickstoffs in Salpeter überführen läßt, daß vielmehr stets ein Gasrest — Argon — hinterbleibt, wurde viele Jahrzehnte nicht beachtet. Erst Rayleigh verfolgte die Beobachtung, daß der ganz reine Stickstoff ein niedrigeres spezifisches Gewicht besitzt, als der aus der Luft gewonnene, näher, und es gelang ihm, gemeinsam mit Ramsay, diese Erscheinung auf die Anwesenheit eines neuen, gasförmigen Elementes, des Argons, zurückzuführen.

Zur Darstellung des Argons aus der atmosphärischen Luft wird diese über ein auf hohe Temperatur erhitztes Gemisch von Magnesium mit gelöschtem Kalk geleitet. Dieses setzt sich zu Magnesiumoxyd und Calcium um:

$$Mg + CaO = MgO + Ca ,$$

und das letztere, das in sehr fein verteilter Form entsteht, vermag sowohl den Stickstoff wie den Sauerstoff zu absorbieren, während das Argon wegen der bereits hervorgehobenen Unfähigkeit, sich mit anderen Stoffen zu verbinden, zurückbleibt.

Argon ist zu etwa 1,2% in der atmosphärischen Luft enthalten. Es ist ein farb- und geruchloses Gas, dessen Siedepunkt bei —186,9° liegt und das in Wasser verhältnismäßig reichlich löslich ist.

Krypton, Kr (Atomgewicht = 82,92), **Neon, Ne** (Atomgewicht = 20,2, **Xenon, X** (Atomgewicht = 130,2) finden sich neben Argon in äußerst geringen Mengen in der atmosphärischen Luft und lassen sich auf mühsame Weise aus großen Mengen flüssiger Luft isolieren.

Helium, He (Atomgewicht = 4,0). Dieses Element nimmt seiner Bedeutung nach unter den Edelgasen eine besondere Stellung ein. Man hatte es schon lange vor seiner Gewinnung aus irdischen Materialien auf spektralanalytischem Wege in der Atmosphäre der Sonne entdeckt und ihm aus diesem Grunde seinen Namen (von ἥλιος = die Sonne) beigelegt. Ramsay und Travers wiesen dann 1895 nach, daß dieses Element auch auf der Erde verbreitet ist. Man erhält es z. B. durch Erhitzen des Minerals Clevëit; weiter findet es sich in den Exhalationen einiger Mineralquellen und auch in der atmosphärischen Luft, besonders in ihren höheren Schichten. Nach aus Amerika stammenden Berichten soll sich in Texas eine Gasquelle befinden, die 0,9% Helium enthält und eine Gewinnung des interessanten Edelgases auch in großem Maßstabe lohnend erscheinen läßt.

Helium ist ein farb-, geruch- und geschmackloses Gas, dessen Verflüssigung zunächst die größten Schwierigkeiten bereitete. Erst im Jahre 1909 glückte sie dem holländischen Physiker Kammerlingh Onnes, indem er das durch flüssigen Wasserstoff abgekühlte und auf 100 Atmosphären komprimierte Gas plötzlich entspannte. Dabei verwandelte sich ein Teil des gasförmigen in flüssiges Helium, dessen Siedepunkt bei − 268,5° liegt. Läßt man flüssiges Helium sehr schnell absieden, so sinkt die Temperatur bis auf − 271°, also fast bis auf den absoluten Nullpunkt.

Helium ist in der neuesten Zeit Gegenstand des allergrößten wissenschaftlichen Interesses geworden, einmal wegen seiner Beziehungen zu den radioaktiven Elementen (vgl. S. 343) und dann, weil nach den neuesten Forschungen die Annahme begründet erscheint, daß möglicherweise das Helium am Aufbau der Atome sämtlicher Elemente beteiligt ist. (Vgl. dazu aber auch S. 348.)

23. Die Wasserstoffverbindungen des Stickstoffs.

I. Ammoniak. NH_3.

Ammoniak bildet sich in der Natur vielfach bei der Zersetzung organischer, stickstoffhaltiger Materie, mag diese unter den Erscheinungen einer Fäulnis oder Verwesung oder der sogenannten trockenen Destillation vor sich gehen.

So entstehen z. B. reichliche Mengen von Ammoniak bei der Fäulnis des Harns, in welchem große Quantitäten von Harnstoff enthalten sind.

Sehr reich an organischen Stickstoffverbindungen ist ferner das Horn, aus dem sich beim Erhitzen neben vielen anderen Stoffen Ammoniak in ansehnlicher Ausbeute bildet.

Versuch 123. In einem weiten Reagenzglas werden zerkleinerte Hornspäne über freier Flamme erhitzt. Die Späne verkohlen und stoßen dabei dichte, weiße, äußerst übelriechende Dämpfe aus, in denen man durch den Geruch und durch die Bläuung eines angefeuchteten Streifens roten Lackmuspapiers die Anwesenheit von Ammoniak feststellen kann.

Auch aus den Steinkohlen, die bis zu 2% organisch gebundenen Stickstoff enthalten können, gewinnt man bei der trockenen Destillation, die zur Fabrikation des Leuchtgases und Steinkohlenteers oder zur Verkokung in ungeheurem Maßstabe ausgeführt wird, große Mengen von Ammoniak, die meist in verdünnter Schwefelsäure aufgefangen und als Ammoniumsulfat (vgl. S. 323) besonders zu Düngezwecken in den Handel gebracht werden.

Versuch 124. Eine etwas größere, außen mit Asbestpapier umkleidete Retorte *a* aus schwer schmelzbarem Glase wird zu $^2/_3$ mit haselnußgroßen Steinkohlestücken beschickt und durch einen gut schließenden Stopfen mit einer zweifach tubulierten Vorlage *b* verbunden, die ihrerseits zu einer mit wenig Wasser gefüllten Waschflasche *c* führt. Die letztere trägt ein kleines Gasentbindungsrohr *d*. Die Retorte wird nun mit einem guten Dreibrenner kräftig erhitzt, worauf sich alsbald in der Vorlage braunschwarzer, übelriechender Teer ansammelt und große Mengen von Leuchtgas die Waschflasche passieren. Man kann das Gas, nachdem die Entwicklung einige Zeit gedauert hat, an dem Gasentbindungsrohr ent-

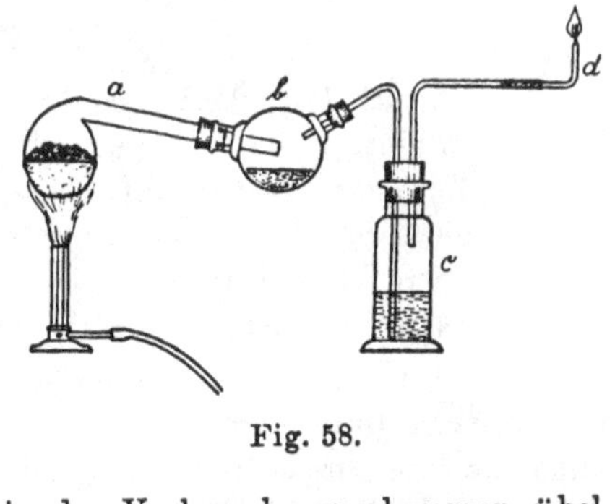

Fig. 58.

zünden. Das in der Waschflasche befindliche Wasser enthält das Ammoniak und bläut daher einen Streifen rotes Lackmuspapier.

Die Hauptquantität des für wissenschaftliche und industrielle Zwecke gebrauchten Ammoniaks wird heute nach dem Verfahren von F. Haber direkt aus dem Stickstoff der Luft gewonnen. Dieser wird, mit Wasserstoff gemischt, bei etwa 400° über eine aus feinverteiltem Uran oder anderen Stoffen bestehende Kontaktmasse geleitet und das Gemisch der beiden Gase gleichzeitig noch einem hohen Drucke unterworfen. Der letztere wirkt sehr günstig auf den Verlauf der Reaktion ein, da diese, wie man aus der Gleichung:

$$N_2 \text{(1 Volum)} + 3H_2 \text{(3 Volumina)} = 2NH_3 \text{(2 Volumina)}$$

ohne weiteres ersieht, mit einer sehr bedeutenden Volumverminderung verbunden ist.

Eine andere Möglichkeit, den atmosphärischen Stickstoff für die Gewinnung des so wichtigen Ammoniaks auszunutzen, besteht darin, daß man das Gas über glühendes Calciumcarbid (vgl. S. 336) hinüberleitet. Er verbindet sich damit zu einer Verbindung $CaCN_2$, die Calciumcyanamid genannt worden ist und von Wasser bei hoher Temperatur in Ammoniak und kohlensaures Calcium gespalten wird. Diese Vorgänge spielen sich ab nach den Gleichungen:

$$1.\ CaC_2 \text{(Calciumcarbid)} + N_2 = CaCN_2 + C.$$

$$2.\ CaCN_2 + 3H_2O = CaCO_3 + 2NH_3.$$

Handelt es sich darum, reines Ammoniak in kleinerem Maßstabe herzustellen, so zersetzt man zweckmäßig ein reines Ammoniumsalz, z. B. Salmiak, durch Erhitzen mit gelöschtem Kalk, wobei Ammoniak entweicht:

$$2NH_4Cl \text{ (Salmiak)} + Ca(OH)_2 \text{ (gelöschter Kalk, vgl. S. 331)}$$
$$= 2NH_3 + CaCl_2 + 2H_2O.$$

Versuch 125. Man verreibt etwas Salmiak mit gelöschtem Kalk in einer Reibschale und erhitzt das Gemisch in einem Reagenzglas. Das entweichende Gas läßt sich durch den Geruch, durch die Bläuung eines Streifens roten Lackmuspapiers, sowie durch die Nebelbildung beim Heranbringen eines in konzentrierte Salzsäure getauchten Glasstabes als Ammoniak identifizieren.

Sehr bequem lassen sich große Mengen ganz reinen, gasförmigen Ammoniaks durch Erwärmen seiner gesättigten, wäßrigen Lösung darstellen, da, wie bereits früher mitgeteilt wurde (vgl. S. 32), der Unterschied der Löslichkeit des Gases in kaltem und in warmem Wasser ein ganz außerordentlich großer ist. Bedarf man eines völlig trockenen Gases, so leitet man das feuchte Ammoniak am besten durch einen hohen, mit frisch gebranntem Kalk beschickten Trockenturm, da das Gas sich sowohl mit Schwefelsäure (vgl. S. 202), wie auch mit dem zum Trocknen sonst meist verwendeten Chlorcalcium verbindet.

Versuch 126. Ein großer, mit Sicherheitsrohr *a* versehener Kolben *b*, der zu etwa $^1/_3$ mit am besten bei 0° gesättigter, wäßriger Ammoniakflüssigkeit gefüllt ist, wird an einen hohen, mit gebranntem Kalk beschickten Trockenturm *c* angeschlossen, von welch' letzterem ein Gasentbindungsrohr *d* in eine kleine, mit Quecksilber gefüllte Porzellanwanne *e* führt. In dieser befindet sich mit der Öffnung nach unten — in das Quecksilber eintauchend — eine etwa 40 cm lange, 1,5—2 cm weite, mit Quecksilber gefüllte Glasröhre *f*. — Man erhitzt nun den Inhalt des großen Kolbens und läßt — nachdem die Luft aus der Apparatur vollständig verdrängt ist und reines Ammoniak entweicht — so viel des Gases in die mit Quecksilber gefüllte Röhre aufsteigen, daß diese zu etwa $^3/_4$ damit gefüllt ist. — Hierauf saugt man mittels einer unten umgebogenen Pipette etwa 4—5 ccm durch rote Lackmuslösung gefärbtes Wasser an und spritzt es vorsichtig in die Quecksilberröhre hinein, so daß es sich auf der Oberfläche des Quecksilbers sammelt: Das Ammoniak wird vom Wasser rapide verschluckt, die Farbe der Flüssigkeit schlägt in blau um, und nach wenigen Augenblicken ist das Gas absorbiert.

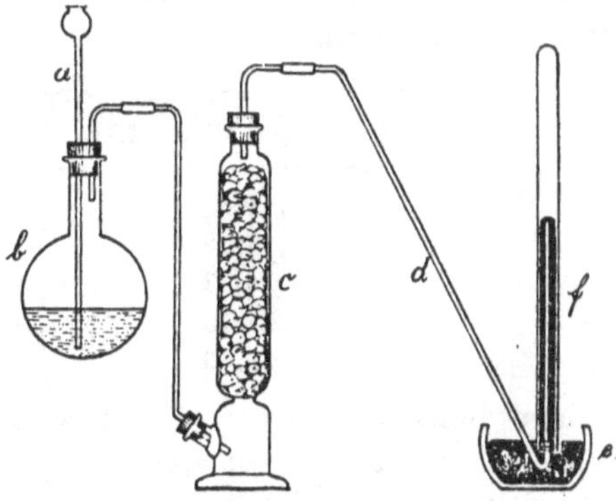

Fig. 59.

Ammoniak ist ein farbloses, leichtes Gas von höchst stechendem, charakteristischem Geruch, das sich sehr leicht verflüssigen läßt und dann bei — 33,5° siedet. Beim schnellen Verdunsten des Ammoniaks tritt eine sehr starke Erniedrigung der Temperatur ein, die man praktisch in den Kältemaschinen ausnutzt. In der neueren Zeit bedient man sich indessen für diesen Zweck mehr und mehr der flüssigen Luft, da sie eine viel tiefere Temperatur gibt und in der Handhabung weit bequemer als Ammoniak ist.

Daß Ammoniak von Wasser mit äußerster Begierde aufgenommen wird, ist schon früher gezeigt worden (vgl. S. 32); es geht aber auch aus dem zuletzt angestellten Versuche (vgl. Versuch 126) hervor. Bei 0° lösen sich in 1 Volumen Wasser 1150 Volumina des Gases, wobei eine Flüssigkeit entsteht, die den stechenden Geruch des Ammoniaks und dessen Eigenschaften besitzt. Sie kommt in den Handel unter der Bezeichnung Salmiakgeist und wird nicht bloß für chemische, sondern auch für medizinische Zwecke und in zahlreichen Gewerben benutzt. Im Gegensatz zu der wäßrigen Lösung des Chlorwasserstoffs und der anderen Halogenwasserstoffsäuren, deren spezifisches Gewicht mit zunehmender Konzentration steigt, wird das spezifische Gewicht der wäßrigen Ammoniaklösungen immer niedriger, je höher der Gehalt an dem Gase wird. Man kann dies aus der folgenden kleinen Tabelle ersehen:

Prozentgehalt an NH_3	Spezifisches Gewicht
4,8	0,980
8,59	0,965
15,63	0,940
31,73	0,890
35,60	0,880

Man braucht also zur Gehaltsbestimmung einer wäßrigen Ammoniaklösung nur mit dem Aräometer das spezifische Gewicht zu bestimmen und kann dann den Prozentgehalt aus genau ausgearbeiteten Tabellen entnehmen.

Die wäßrige Lösung des Ammoniaks enthält zum kleinen Teil — und zwar um so weniger, je konzentrierter sie ist — Moleküle von der Formel NH_4OH, so daß man, wenn auch nur in geringem Betrage, beim Lösen von Ammoniak eine Vereinigung des Gases mit dem Wasser nach der Gleichung:

$$NH_3 + H_2O = NH_4OH$$

annehmen muß.

Zur Prüfung der Frage nach der Zusammensetzung des Ammoniaks — dessen Formel bisher ohne Begründung gebraucht worden ist — kann man sich, ebenso wie beim Wasser (vgl. S. 15) oder der Salzsäure (vgl. S. 36), der Elektrolyse bedienen.

Versuch 127. Die Elektrolyse des Ammoniaks wird im Hofmann'schen Apparate (vgl. S. 16) am besten mit Kohleelektroden ausgeführt. Die Elektrolysierflüssigkeit besteht aus 20 ccm konzentriertem, wäßrigem Ammoniak und 200 ccm einer kaltgesättigten, wäßrigen Lösung von Chlornatrium. Die Stromstärke soll etwa 2 Ampère betragen. Die in den beiden Schenkeln des Apparates sich ansammelnden Gasvolumina stehen im Verhältnis 1 : 3. Auf den Schenkel mit dem kleinen Gasvolumen wird ein unten zu einer Röhre ausgezogenes Reagenzglas aufgesetzt, das Gas durch Öffnen des Hahnes hineingeleitet und die Anwesenheit des Stickstoffs durch das Erlöschen eines brennenden Spanes beim Eintauchen in das Reagenzglas bewiesen. Auf den anderen Schenkel wird ein ausgezogenes Glasröhrchen aufgesteckt und der nach dem Öffnen des Hahnes ausströmende Wasserstoff entzündet.

Der Versuch führt zu dem Resultate, daß bei der Elektrolyse des Ammoniaks Wasserstoff und Stickstoff im Verhältnis 3 : 1 entstehen, was mit der angenommenen Formel NH_3 in Einklang steht. Denn nach der Gleichung:

$$2NH_3 = N_2 (1 \text{ Volumen}) + 3H_2 (3 \text{ Volumina})$$

müssen bei der Zersetzung des Ammoniaks die beiden Gase Wasserstoff und Stickstoff tatsächlich in dem beobachteten Verhältnis gebildet werden.

Auch bei der Zerlegung des Ammoniakgases durch den elektrischen Funken — wobei ebenfalls Wasserstoff und Stickstoff entstehen — gelangt man zu dem gleichen Resultate.

Versuch 128. In ein mit breiten, eingeschmolzenen Platinblättchen versehenes, mit Quecksilber gefülltes Hofmann'sches Eudiometer (vgl. Versuch 29) leitet man 10—15 ccm reines, trockenes Ammoniak ein, wobei natürlich auf gleichen Stand der Quecksilberkuppen in den beiden Schenkeln des Apparates geachtet werden muß. Man markiert dann den Stand des Quecksilbers durch einen aufgeklebten, schmalen Papierstreifen und schaltet den Funkenstrom durch Inbetriebsetzen eines Funkeninduktors ein.

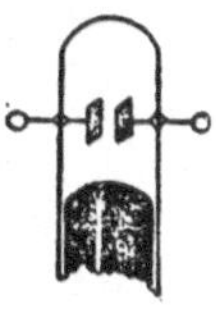

Fig. 60.

Nach etwa 25—30 Minuten ist die Zerlegung des Ammoniaks beendet und das Gasvolumen — nachdem durch Ablassen von Quecksilber die Kuppen in beiden Schenkeln auf gleiche Höhe gebracht worden sind — doppelt so groß, als vorher. Da nach der obigen Gleichung aus **2** Volumina Ammoniak **1** Volum Stickstoff und **3** Volumina Wasserstoff, zusammen also **4** Volumina Gas hervorgehen, so muß — die Richtigkeit der Formel NH_3 vorausgesetzt — eine Verdoppelung des ursprünglichen Gasvolumens stattfinden, wie es auch beobachtet worden ist.

Chemisches Verhalten des Ammoniaks.

Ohne weiteres, d. h. etwa so wie Wasserstoff oder Schwefelwasserstoff, vermag Ammoniak nicht zu brennen. Leitet man aber das Gas in eine nicht leuchtende Flamme hinein, so sieht man an ihrer starken Vergrößerung und der auffallenden Änderung ihrer Farbe, daß unter diesen Umständen eine Verbrennung von Ammoniak stattfindet.

Versuch 129. Man steckt in einen unten offenen Bunsenbrenner ein mit einer Ammoniakbombe in Verbindung stehendes Glasrohr und zündet den Brenner — am besten im Dunkeln — an. Öffnet man nun vorsichtig das Ventil der Bombe und läßt das Ammoniak in die

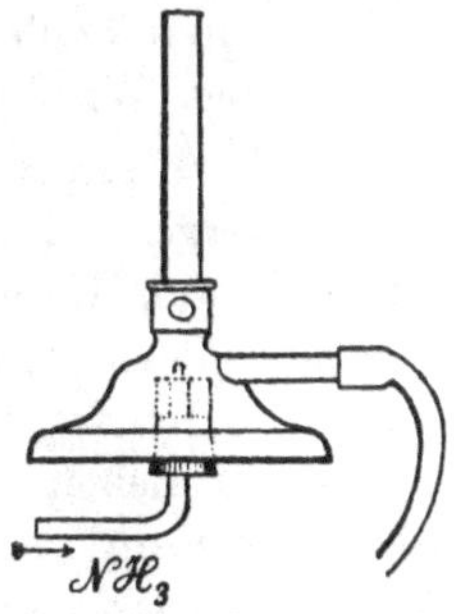

Fig. 61.

Flamme einströmen, so vergrößert sich diese fast um das doppelte und nimmt eine eigentümliche fahl-orange Färbung an.

Direkt läßt sich die Brennbarkeit des Ammoniaks in reinem Sauerstoff zeigen.

Versuch 130. Man erhitzt in einem weithalsigen Erlenmeyerkolben *a* — am besten im verdunkelten Raum — etwa 70 ccm bei 0° gesättigtes, wäßriges Ammoniak und leitet dann durch ein rechtwinklig gebogenes, zu einer Spitze ausgezogenes Glasrohr *b* einen mäßig starken Sauerstoffstrom auf die Oberfläche der Ammoniakflüssigkeit, während man gleichzeitig einen brennenden Wachsfaden hineinhält. Man sieht dann aus dem Glasrohr eine spitze, gelbe Flamme herausbrennen, die sich beim tieferen Einführen des Glasrohres auf der Oberfläche der Flüssigkeit ausbreitet und aus in Ammoniak brennendem Sauerstoff besteht. Aus der weiten Mündung des Erlenmeyerkolbens schlägt eine fahle Flamme brennenden Ammoniaks heraus.

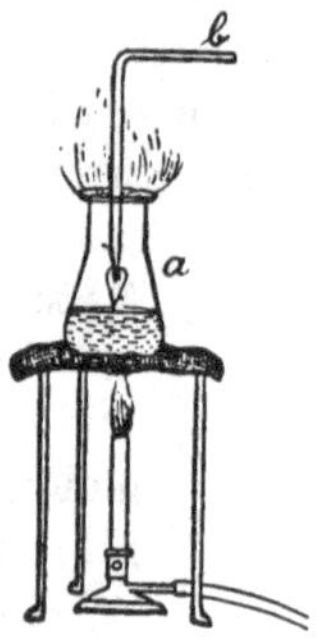

Fig. 62.

Von hoher praktischer Bedeutung ist die Möglichkeit geworden, durch Oxydation des Ammoniaks Salpetersäure zu gewinnen (vgl. S. 235).

Ammoniak besitzt die Eigenschaften einer Base, denn es vermag sich mit sämtlichen Säuren zu Salzen zu verbinden, z. B.:

$$NH_3 + HCl = NH_4Cl\,.$$

$$NH_3 + H_2S = NH_4HS\,.$$

$$2NH_3 + H_2S = (NH_4)_2S\,.$$

$$NH_3 + HNO_3\,(\text{Salpetersäure}) = NH_4NO_3\,.$$

Versuch 131. In einen großen, mit 3 Tuben versehenen Kolben leitet man von der einen Seite Ammoniak, von der anderen Salzsäuregas. Dichte, weiße Nebel und Bildung eines weißen, krystallinischen Anfluges auf den Wandungen des Kolbens.

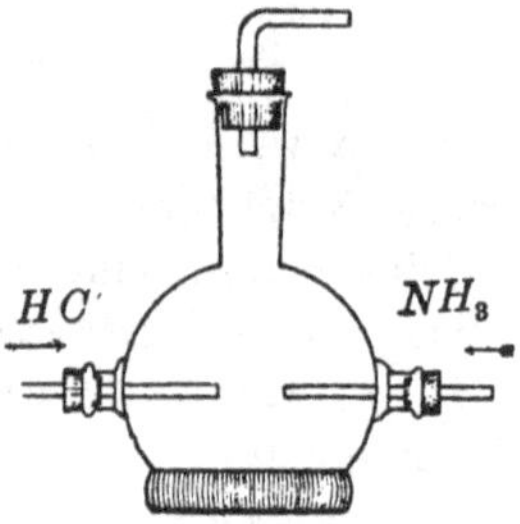

Fig. 63.

In all' diesen Salzen findet sich ein Rest NH_4, der zu vergleichen ist mit einem Metallatom, wie z. B. Natrium, Kalium usw. Er wird um die Analogie mit diesen anzudeuten, als Ammonium bezeichnet. Die in der wäßrigen Lösung des Ammoniaks in kleiner Menge vorhandene Verbindung NH_4OH (vgl. S. 100), heißt daher Ammoniumhydroxyd, das Salz NH_4Cl Ammoniumchlorid, $(NH_4)_2S$ Ammoniumsulfid (vgl. S. 324) usw.

Die Versuche, das freie Ammonium darzustellen, haben bisher zu keinem vollen Erfolge geführt. Immerhin beweist die Existenzmöglichkeit eines Ammoniumamalgams (über Amalgame vgl. S. 296), daß die Gruppe NH_4 ein vorübergehendes Dasein zu fristen und sich wie ein Metall mit dem Quecksilber zu verbinden vermag. Die Beständigkeit des Ammoniumamalgams ist freilich nur gering. Schon bald nach seiner Bildung zerfällt es in Ammoniak, Wasserstoff und Quecksilber:

$$(NH_4)_2Hg^1 = 2NH_3 + H_2 + Hg.$$

Versuch 132. In einem hohen, engen, in einer Glasschale stehenden Glaszylinder wird eine etwa 8—10 cm hohe Schicht $2^1/_2$ %igen, in erbsengroße Stückchen zerschlagenen Natriumamalgams mit einer kaltgesättigten, wäßrigen Salmiaklösung übergossen. Das feste, schwere Amalgam verwandelt sich in eine leichte, silberglänzende, schaumige Masse, die durch den alsbald entstehenden Wasserstoff in dem Zylinder hochgedrückt und schließlich herausgepreßt wird.

Die Ammoniumsalze, unter denen sich viele Stoffe von großer, praktischer Bedeutung befinden, lassen sich auch auf nassem Wege durch Neutralisation der wäßrigen Ammoniakflüssigkeit mit den entsprechenden Säuren darstellen.

Versuch 133. a) Konzentriertes wäßriges Ammoniak wird mit rauchender Salzsäure vorsichtig vermischt. Die Reaktion spielt sich unter heftigem Zischen, starker Erhitzung und Herumschleudern der Flüssigkeit ab. Beim Kühlen in Eis scheidet sich das Reaktionsprodukt — Chlorammonium — direkt in krystallinischer Form ab.

b) Beim Zusammengießen von Ammoniakflüssigkeit mit starker Bromwasserstoffsäure beobachtet man dieselben Erscheinungen, wie bei der Bildung des Chlorammoniums. Das beim Abkühlen auskrystallisierende Salz besteht aus Bromammonium NH_4Br.

c) Man leitet in etwa 50 ccm wäßriges Ammoniak Schwefelwasserstoff bis zur Sättigung ein. Die Flüssigkeit enthält dann das saure Sulfid NH_4HS. Fügt man nunmehr zu der Flüssigkeit nochmals 50 ccm Ammoniak hinzu, so entsteht neutrales Ammoniumsulfid $(NH_4)_2S$:

$$1.\ NH_3 + H_2S = NH_4HS.$$

$$2.\ NH_3 + NH_4HS = (NH_4)_2S.$$

Der Nachweis und die Erkennung von Ammoniak in freier und gebundener Form (in den Ammoniumsalzen) bietet keine Schwierigkeit.

[1] Durch die Einsetzung dieser Formel in die Gleichung soll nicht zum Ausdruck gebracht werden, daß das Ammoniumamalgam wirklich diese Zusammensetzung besitzt.

Freies Ammoniak verrät sich ohne weiteres durch den höchst charakteristischen Geruch oder durch die auf der Entstehung von Salmiak beruhende Nebelbildung beim Prüfen mit einem mit starker Salzsäure benetzten Glasstab.

Um das in den Ammoniumverbindungen befindliche Ammoniak zu erkennen, handelt es sich darum, das letztere in Freiheit zu setzen, was ohne weiteres durch Behandlung mit starken Basen, wie Natronlauge NaOH (vgl. S. 300) oder gelöschtem Kalk $Ca(OH)_2$ (vgl. S. 331), gelingt, z. B.:

$$NH_4Cl + NaOH = NaCl + H_2O + NH_3 .$$

$$2NH_4NO_3 + Ca(OH)_2 = Ca(NO_3)_2 + 2NH_3 + 2H_2O .$$

Versuch 134. Etwas Salmiak wird im Reagenzglas mit Natronlauge erhitzt und das Ammoniak durch den Geruch und die Bläuung von rotem Lackmuspapier nachgewiesen.

Hat man es mit sehr geringen Mengen von Ammoniumverbindungen zu tun, so verfährt man etwas anders.

Versuch 135. Eine sehr geringe Menge von Salmiak wird in einem Bechergläschen mit gelöschtem Kalk verrührt und dieses mit einem Uhrglas bedeckt, auf dessen konvexe Seite ein Streifchen feuchtes Curcumapapier geklebt worden ist. Nach kürzerer oder längerer Zeit — je nach der Menge der Ammoniumverbindung — tritt Bräunung des gelben Reagenspapiers ein.

Zum Nachweis von Spuren von Ammoniak, wie sie sich z. B. im Trinkwasser durch Fäulnisprozesse ansammeln können, bedient man sich des Nessler'schen Reagenses, d. i. eine Lösung von Quecksilberjodid (vgl. S. 370) in Jodkaliumlösung.

Versuch 136. In ein großes, etwa 2 Liter fassendes Becherglas, das mit gewöhnlichem Wasser gefüllt ist, gießt man zunächst eine reichliche Menge von Natronlauge und dann einige Kubikzentimeter Nessler'sches Reagens. Die Flüssigkeit bleibt vollständig klar. Sobald man aber auch nur 1 Tropfen verdünntes, wäßriges Ammoniak dazubringt, wird sie durch Bildung eines rostfarbigen, voluminösen Niederschlages getrübt.

II. Hydrazin. $H_2N \cdot NH_2$.

Während Ammoniak und seine Verbindungen schon lange bekannt waren, ist das Hydrazin erst im Jahre 1889 von Curtius aus einer stickstoffhaltigen organischen Verbindung, dem Glykokollester, auf folgendem Wege gewonnen worden:

1. $NH_2 \cdot CH_2 \cdot CO_2C_2H_5$ (Glykokollester) $+ HNO_2$ (Salpetrige Säure vgl. S. 231) $= 2H_2O + N_2 : CH \cdot CO_2C_2H_5$ (Diazoessigester).
2. $N_2 : CH \cdot CO_2C_2H_5 + H_2 = N_2H_2 : CH \cdot CO_2C_2H_5$ (Hydraziessigester).

3. $N_2H_2 : CH \cdot CO_2C_2H_5 + H_2O = \mathbf{N_2H_4}$ (Hydrazin)
$+ OHC \cdot CO_2C_2H_5$ (Glyoxylsäureester).

Dieser ersten Bildungsweise der interessanten Verbindung reihten sich alsbald noch mehrere andere an, die aber gleichfalls ihren Ausgangspunkt von komplizierten, organischen Stoffen nahmen.

Ganz einfach dagegen ist der Verlauf eines in der neueren Zeit von F. Raschig aufgefundenen Verfahrens, bei dem als Ausgangsmaterialien zur Hydrazindarstellung Ammoniak und unterchlorigsaure Salze (vgl. S. 182) verwendet werden. Zunächst bildet sich eine chlorhaltige Substanz, Monochloramin NH_2Cl (vgl. S. 107):

1. $NH_3 + HOCl$ (unterchlorige Säure) $= H_2O + NH_2Cl$,

die sich dann mit einem 2. Molekül Ammoniak zu Hydrazin umsetzt:

2. $NH_2Cl + NH_3 = HCl + NH_2 \cdot NH_2$.

Da Hydrazin eine Base ist, so verbindet es sich mit Salzsäure zu einem salzsauren Salze. Wird dieses mit einer starken Base, wie etwa Natronlauge, destilliert, so erhält man nicht das freie Hydrazin, sondern eine Verbindung desselben mit Wasser: Hydrazinhydrat, $N_2H_4 \cdot H_2O$, aus dem man durch Erhitzen und schließliches Destillieren mit den stärksten wasserentziehenden Mitteln das reine Hydrazin ohne Schwierigkeit gewinnen kann.

Eigenschaften des Hydrazins.

Hydrazin stellt eine farblose, ölige Flüssigkeit von schwachem, charakteristischem Geruche und großer Giftigkeit vor, die bei $+1{,}4^0$ erstarrt und bei $+113{,}5^0$ siedet.

Auch Hydrazinhydrat besitzt ölige Konsistenz, riecht ebenso wie die wasserfreie Base, raucht an der Luft und siedet bei 118^0.

Hydrazin ist eine starke Base, deren Wirkungen sich auch in großer Verdünnung bemerkbar machen.

Versuch 137. Zu viel Wasser, das sich in einem Becherglase befindet, gibt man 1 Tropfen Hydrazinhydrat hinzu. Die Flüssigkeit vermag auch in dieser Verdünnung rotes Lackmuspapier deutlich zu bläuen.

Die Salze, die das Hydrazin mit Säuren bildet, enthalten 1 oder 2 Moleküle der letzteren. Besonders schwerlöslich und zur Erkennung des Hydrazins geeignet ist das schwefelsaure Salz: $N_2H_4 \cdot H_2SO_4$.

Versuch 138. Etwas Hydrazinhydrat wird mit wenig verdünnter Schwefelsäure vermischt. Es scheidet sich sofort ein dichter, aus schönen, wohlausgebildeten Krystallen des schwefelsauren Salzes bestehender Niederschlag ab.

Hydrazin ist bemerkenswert wegen seiner außerordentlich stark ausgeprägten Reduktionskraft. Sie gibt sich darin zu erkennen, daß Hydrazin aus den Lösungen gewisser Metallsalze die Metalle selbst, aus einer in bestimmter Weise dargestellten alkalischen Kupferlösung — der sogenannten Fehling'schen Lösung (vgl. S. 373) — Kupferoxydul Cu_2O, abzuscheiden vermag.

Versuch 139. Zu einer in einem Reagenzglas befindlichen sehr verdünnten Hydrazinlösung fügt man einige Tropfen Fehling'sche Lösung hinzu. Man beobachtet sofort eine Gelb-, dann Rotfärbung der Flüssigkeit, während sich gleichzeitig ein Niederschlag abscheidet. Ist die Menge des Hydrazins nicht zu gering, so geht beim Erwärmen der Flüssigkeit die Reduktion noch weiter und man beobachtet — häufig in schöner, metallisch glänzender Form — die Abscheidung elementaren Kupfers.

Diese Wirkung des Hydrazins ist zurückzuführen auf seine Neigung, in Stickstoff und Wasserstoff zu zerfallen:

$$N_2H_4 = N_2 + 2H_2 .$$

Der freiwerdende Wasserstoff vermag dann bei Gegenwart geeigneter Stoffe energische Reduktionswirkungen auszulösen.

Aus diesem Grunde und wegen seiner auch im übrigen sehr ausgeprägten Reaktionsfähigkeit ist Hydrazin eine wichtige und im Laboratorium häufig verwendete Verbindung.

III. Stickstoffwasserstoffsäure. N_3H.

Auch die Entdeckung dieser sehr interessanten Stickstoffwasserstoffverbindung, die aus dem Jahre 1890 stammt, verdanken wir Curtius. Die ersten Darstellungsmethoden gingen von komplizierten organischen Verbindungen aus, bis W. Wislicenus zeigte, daß sich auch aus ganz einfachen anorganischen Stoffen Stickstoffwasserstoffsäure bilden kann. Er gelangte dazu durch Einwirkung von Stickoxydul, N_2O (vgl. S. 226), auf eine eigentümliche Natriumverbindung des Ammoniaks, das sogenannte Natriumamid, $NaNH_2$:

$$NaNH_2 + N_2O = H_2O + NaN_3 .$$

Das hierbei entstehende Natriumsalz geht dann durch Behandlung mit verdünnten Säuren in Stickstoffwasserstoffsäure über.

Auch bei der Umsetzung von Hydrazin mit salpetriger Säure (vgl. S. 231) und bei seiner Oxydation mit den verschiedensten Mitteln bilden sich reichliche Mengen von Stickstoffwasserstoffsäure.

Eigenschaften der Stickstoffwasserstoffsäure.

Die reine, wasserfreie Stickstoffwasserstoffsäure ist eine farblose, bewegliche Flüssigkeit von charakteristischem, starke Kopfschmerzen bewirkendem Geruch, die bereits bei + 37° siedet und äußerst gefährliche Eigenschaften besitzt. Sie explodiert bei Berührung mit einer Flamme oder auch spontan mit furchtbarer Gewalt.

Ihre Salze heißen Azide; die bekanntesten von ihnen sind KN_3 (Kaliumazid), NaN_3 (Natriumazid), AgN_3 (Silberazid), LiN_3 (Lithiumazid) und $Pb(N_3)_2$ (Bleiazid).

Zur Erkennung der Stickstoffwasserstoffsäure kann das in Wasser äußerst schwerlösliche Silberazid dienen, das bisweilen sogar in feuchtem Zustande explodiert:

Versuch 140. Stark verdünnte Stickstoffwasserstoffsäure wird im Reagenzglase mit einigen Tropfen Silbernitratlösung versetzt. Weiße, käsige Fällung, die vorsichtig auf ein kleines Filter filtriert und mit Wasser ausgewaschen wird. Man breitet dann das Filter auf einem mit Fließpapier überzogenen Holzrahmen aus und läßt das Azid an der Luft trocknen. Berührt man es dann mit einem glühenden Drahte, so explodiert es unter blauer Lichterscheinung mit äußerst heftigem Knall.

Silberazid, AgN_3, zeigt äußerlich mit Silberchlorid, AgCl (vgl. S.380), große Ähnlichkeit. Beide Salze bilden in Wasser nahezu unlösliche, wie geronnenes Eiweiß aussehende Niederschläge. Sie lassen sich aber durch ihr Verhalten gegen verdünnte Salpetersäure leicht unterscheiden. Chlorsilber ist darin unlöslich, Silberazid wird dagegen leicht davon aufgenommen.

Die Ähnlichkeit des Restes N_3 mit Cl, die im Verhalten der beiden eben erwähnten Salze deutlich zum Ausdruck kommt, wird auch sonst bei zahlreichen Reaktionen beobachtet.

Es ist aber bis jetzt nicht gelungen, in Analogie zu dem aus 2 Atomen bestehenden Molekül Cl_2 zwei Reste N_3 zu dem Komplex $(N_3)_2 = N_6$ zusammenzuschweißen.

24. Die Halogenide des Stickstoffs.

I. Stickstoffchloride.

a) Monochloramin, NH_2Cl. Man könnte sich vorstellen, daß ausgehend vom Ammoniak durch sukzessiven Ersatz der 3 Wasserstoffatome durch Chlor folgende 3 Chlorverbindungen zu gewinnen sind:

$$NH_3 \rightarrow NH_2Cl \rightarrow NHCl_2—NCl_3.$$

Die erste und die letzte sind in der Tat bekannt und näher untersucht.

Monochloramin entsteht, wie bereits bei der Gewinnung des Hydrazins auseinandergesetzt worden ist (vgl. S. 105), als stechend riechende Substanz in wäßriger Lösung, wenn man wäßrige Lösungen von Natriumhypochlorit (vgl. S. 182) und von Ammoniak aufeinander einwirken läßt:

$$NH_3 + NaOCl = NaOH + NH_2Cl.$$

Es spielt eine wichtige Rolle als Zwischenprodukt der Raschig'schem Hydrazindarstellung.

b) Chlorstickstoff, NCl_3.

Bei der Einwirkung von Chlor auf Ammoniak bildet sich zunächstt unter lebhafter Stickstoffentwicklung Chlorammonium:

$$8NH_3 + 3Cl_2 = 6\,NH_4Cl + N_2.$$

Versuch 141. In eine größere, zu etwa $^2/_3$ mit bei 0° gesättigtem, wäßrigem Ammoniak gefüllte Woulfe'sche Flasche *a* leitet man durch einen oben rechtwinklig umgebogenen Vorstoß *b*, zweckmäßig im verdunkelten Raum, einen kräftigen Chlorstrom ein: Lebhafte Feuererscheinung in der Flüssigkeit und starke Stickstoffentwicklung. Das Gas wird in üblicher Weise in einem mit Wasser gefüllten Zylinder *c* in der pneumatischen Wanne *d* gesammelt und der Stickstoff durch Erlöschen einer Flamme charakterisiert.

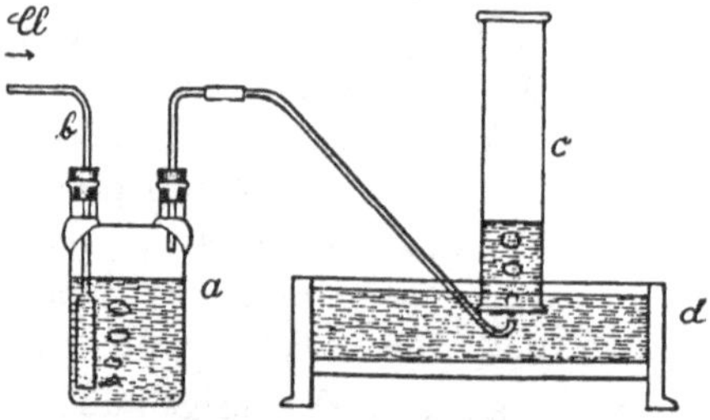

Fig. 64.

Würde man den Versuch fortsetzen, bis die gesamte Ammoniakmenge umgesetzt ist, so würde das Chlor nunmehr auf das Chlorammonium weiter einwirken und ein gelbes, leichtbewegliches Öl von sehr stechendem Geruch und der Zusammensetzung NCl_3: Chlorstickstoff, ausfallen. Wegen der gefährlichen Eigenschaften dieses Stoffes muß man sich aber hüten, die Zersetzung des Ammoniaks durch Chlor bis zu diesem Punkte fortzusetzen.

Gefahrlos verläuft dagegen die Darstellung des Chlorstickstoffs durch Elektrolyse einer wäßrigen Chlorammoniumlösung.

Versuch 142. In eine tiefe, zu etwa $^2/_3$ mit bei 35° gesättigter, wäßriger Chlorammoniumlösung gefüllte Glasschale *a* tauchen als Elektroden 2 schmale, senkrecht nach unten gerichtete Platinstreifen *b* ein. Auf die Oberfläche der auf etwa 30° erwärmten Salmiaklösung bringt man eine dünne Schicht Terpentinöl *c*. Die Elektrolyse wird durch eine Batterie von 2—3 hintereinander geschalteten Akkumulatoren in Gang gesetzt: An der Anode entstehen durch Einwirkung von Chlor auf den Salmiak kleine Tröpfchen von Chlorstickstoff, die in die Höhe steigen und bei Berührung mit dem Terpentinöl unter Feuererscheinung

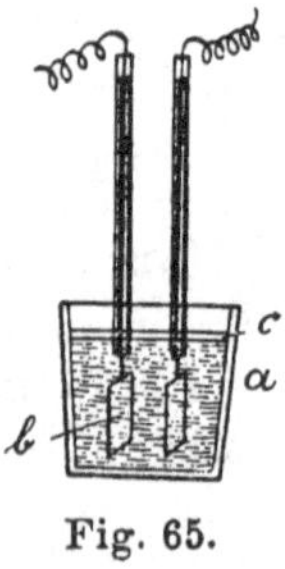

Fig. 65.

und leichtem Knall explodieren. Sollte sich das Terpentinöl entzünden, so hebt man die Elektroden heraus und bedeckt die Glasschale mit einem großen Uhrglas.

Eigenschaften des Chlorstickstoffs.

Chlorstickstoff stellt ein dunkelgelbes Öl vor, daß durch Stoß und Schlag oder bei dem Zusammentreffen mit zahlreichen, organischen Stoffen, oder bei der Berührung mit Staub, aber auch aus unkontrollierbarer Ursache mit furchtbarer Gewalt explodiert. Der Entdecker des Chlorstickstoffs — Dulong 1812 — hat die Bekanntschaft mit dem so ungemein gefährlichen Stoffe mit schweren Verletzungen bezahlen müssen; ebenso Davy und Faraday, die sich nach ihm mit der Verbindung beschäftigt haben.

Die Herstellung irgendwie erheblicherer Mengen von Chlorstickstoff in reinem Zustande ist daher ausgeschlossen, wohl aber kann man eine 10%ige Lösung davon in Benzol herstellen, mit der man ohne Gefahr hantieren und seine wichtigsten Umsetzungen studieren kann.

II. Jodstickstoff.

Eine reine, einheitliche, dem Monochloramin entsprechende Verbindung NH_2J hat sich bis jetzt nicht gewinnen lassen. Dagegen beobachtet man, daß bei der Einwirkung von Ammoniak auf Jod oder Jodlösungen Gemische jodhaltiger Verbindungen entstehen, in denen sich ein Dijodid NHJ_2 und vor allem der Jodstickstoff NJ_3 finden. Bei längerer Behandlung von fein pulverisiertem Jod mit starkem, wäßrigem Ammoniak bildet sich Jodstickstoff in nahezu reinem Zustande.

Versuch 143. Nicht mehr als 0,2—0,3 sehr fein gepulvertes Jod wird in einem Bechergläschen mit einem Holzstäbchen mit etwa 5—10 ccm konzentriertem, wäßrigem Ammoniak vorsichtig 1—2 Minuten verrührt. Man saugt dann den gebildeten schwarzen Niederschlag schnell auf ein kleines Filter ab, wäscht zunächst mit schwach ammoniakalischem Wasser, dann mit Alkohol und schließlich mit Äther aus und bringt den Jodstickstoff mitsamt dem Filter auf einem mit Filtrierpapier bespannten und in ein Stativ eingeklammerten Holzreif an einen sicheren Ort. Nachdem das Präparat trocken geworden ist, genügt die Berührung mit einer an einem Holzstab befestigten Feder, um eine ungemein heftige Explosion auszulösen.

Bei der Explosion des Jodstickstoffs tritt Zerfall in Stickstoff und Jod ein, welch' letzteres als violette Dampfwolke ausgestoßen wird.

25. Phosphor. P.

Atomgewicht = 31,04.

Der Phosphor ist ein sehr eigentümlicher und interessanter Stoff, dessen Name (von φωσφόρος = Lichtträger) von der merkwürdigen Eigenschaft dieses Elements, im Dunklen zu leuchten, abgeleitet worden ist.

Er wurde im Jahre 1669 von dem Alchemisten Brandt in Hamburg entdeckt, der sich bemühte, einen „liquor" darzustellen, mit dem es gelänge, Silber in Gold zu verwandeln und der zu diesem Zwecke Harn zur Trockene eindampfte und den Rückstand mit Kohle glühte. Die Bildung des Phosphors auf diesem Wege erklärt sich durch die Anwesenheit von Phosphorsäure im Harn.

Phosphor ist weit verbreitet in der Natur. Von seinen Mineralien ist vor allem der Apatit (von wechselnder Zusammensetzung z. B. $Ca_5F(PO_4)_3$) zu nennen, durch dessen Verwitterung der Phosphorit $Ca_3(PO_4)_2$ entsteht. Phosphorit bildet sich auch bei der Zersetzung tierischer Exkremente und ist daher auch im Guano enthalten. Die größten Lager eines sehr reinen Phosphorits befinden sich in Florida. Der Phosphor spielt im Lebensprozeß von Tieren und Pflanzen eine sehr wichtige Rolle. Er findet sich in der Masse der Zähne, im Harn, in den äußerst wichtigen Lecithinen, deren sehr kompliziertes Molekül aus Glycerin, der giftigen Base Cholin, aus Fettsäuren und Phosphorsäure aufgebaut ist, ferner im Nucleïn, einem Bestandteil der Zellsubstanz von Pflanzen und Tieren. Besonders reichlich ist indessen sein Vorkommen in den Knochen. Werden diese gebrannt und dadurch von Leim, Fett und anderen organischen Stoffen befreit, so hinterbleibt eine weiße, poröse Masse, die in weitaus überwiegender Menge aus Tricalciumphosphat $Ca_3(PO_4)_2$ besteht. Aus diesem gelang es zuerst Scheele im Jahre 1769 nach einem umständlichen Verfahren den elementaren Phosphor zu gewinnen. Zunächst wird hierbei das Tricalciumphosphat durch Behandlung mit konzentrierter Schwefelsäure in Monocalciumphosphat übergeführt:

$$1.\quad Ca_3(PO_4)_2 + 2H_2SO_4 = 2CaSO_4 + Ca(H_2PO_4)_2.$$

Dieses verliert beim Glühen Wasser und verwandelt sich in Calciummetaphosphat:

$$2.\quad Ca(H_2PO_4)_2 = 2H_2O + Ca(PO_3)_2.$$

Um hieraus den Phosphor in Freiheit zu setzen, wurde das Calciummetaphosphat mit Quarzsand und Kohle geglüht, wobei fast die gesamte Menge des Phosphors gewonnen wurde.

$$3.\quad Ca(PO_3)_2 + SiO_2 + 5C = CaSiO_3 + 5CO + \mathbf{P_2}.$$

Im modernen Großbetrieb wird nach der Gleichung:

$$2Ca_3(PO_4)_2 + 6SiO_2 + 10C = 6CaSiO_3 + 10CO + P_4$$

direkt in kontinuierlichem Verfahren Tricalciumphosphat durch Erhitzen mit Quarzsand und Kohle im elektrischen Flammenbogen in Phosphor verwandelt, der als Dampf entweicht, während das geschmolzene Calciumsilikat ($CaSiO_3$) von Zeit zu Zeit abgelassen wird. Diese Methode hat vor der alten Scheele'schen wesentliche Vorzüge, vor allem weil die Schwefelsäure gespart wird und der Phosphor nicht durch das der Schwefelsäure häufig anhaftende Arsen verunreinigt wird.

Zur Reinigung wird der rohe Phosphor nochmals destilliert, die Dämpfe unter Wasser aufgefangen, das so entstehende Produkt durch Behandlung mit Chromsäure entfärbt und der reine Phosphor schließlich in Stangen gegossen.

Eigenschaften des Phosphors.

Der reine Phosphor ist farblos und durchsichtig und besitzt krystallinisches Gefüge. Er ist weich wie Wachs und läßt sich daher bequem zerschneiden. Er ist ausgezeichnet durch einen höchst charakteristischen Geruch nach Knoblauch und leuchtet im Dunkeln intensiv mit fahlem, bläulichem Licht. Sein Schmelzpunkt liegt bei $+44{,}5^0$. Weil dieser vor allem bei Sommertemperatur oder bei der Berührung mit den Fingern leicht erreicht wird, muß der Phosphor, der infolge der rapiden Oxydation durch den Luftsauerstoff sehr dazu neigt, sich zu entzünden und unter Herumspritzen brennender Stückchen zu verbrennen, unter Wasser aufbewahrt und auch unter Wasser zerschnitten werden.

Er muß ferner im Dunkeln aufbewahrt werden, da er sich im hellen Lichte sehr bald gelb färbt und allmählich von der Oberfläche her mit einer orangeroten Schicht bedeckt. Der Phosphor läßt sich — zweckmäßig in einem indifferenten Gasstrom — destillieren. Der Siedepunkt liegt bei 290^0.

Versuch 144. Zwei kleinere Destillationskolben, von denen der eine etwa 5—7 g trockenen Phosphor enthält und durch ein bis auf die Oberfläche des Phosphors reichendes Gaseinleitungsrohr mit einem Kohlensäureentwicklungsapparat in Verbindung steht, sind durch einen Stopfen miteinander verbunden. Der zweite Destillationskolben dient als Vorlage und wird durch fließendes Wasser gekühlt. Man erhitzt nun vorsichtig den den Phosphor enthaltenden Kolben. Der Phosphor schmilzt zunächst; aber bald beginnt die Destillation des Elements, das in farblosen, lichtbrechenden Tropfen in die Vorlage übergeht.

Man hat durch exakte Versuche festgestellt, daß der Dampf des Phosphors bei niederer Temperatur aus **vier** Atomen bestehende Moleküle enthält. Bei hoher Temperatur zerfallen diese in aus zwei Atomen zusammengesetzte Moleküle. Dieser Zerfall in zweiatomige Moleküle bei hoher und die Rückbildung der vieratomigen Moleküle bei niedriger Temperatur verläuft in folgendem Sinne:

$$P_4 \rightleftarrows 2P_2.$$

Von Wasser wird Phosphor nur in äußerst geringer Menge aufgenommen; viel leichter von Äther, Benzol und anderen organischen Lösungsmitteln. Besonders groß sind die Mengen, die von Schwefelkohlenstoff gelöst werden. Aus einer solchen Lösung scheidet sich beim langsamen Abdunsten des Lösungsmittels der Phosphor in glänzenden Krystallen des regulären Systems ab. Wird aber eine verdünntere Lösung, mit der man einen Bogen porösen Papiers getränkt hat, schnell verdunstet, so hinterbleibt der Phosphor in so feiner Verteilung, daß die Oxydation durch den Luftsauerstoff rapide verläuft und das Papier durch den sich entzündenden Phosphor in Brand gerät (vgl. Versuch 13).

Phosphor als solcher wie auch sein Dampf sind außerordentlich giftig. Eine Dosis von 0,1 g vermag bereits einen erwachsenen Menschen zu töten, und absichtliche, wie unabsichtliche Vergiftungen durch Phosphor sind nicht selten gewesen. In Vergiftungsfällen vermag man selbst kleine Mengen des Elements nach dem Verfahren von Mitscherlich zu erkennen, das auf einer Verflüchtigung des Phosphors mit Wasserdämpfen und auf einer Leuchterscheinung im Dunkeln beruht.

Versuch 145. In einem etwa 1 Liter fassenden Rundkolben *a* befindet sich $^1/_2$ Liter Wasser und ein ganz kleines Stückchen Phosphor. Der Inhalt des Gefäßes wird zum lebhaften Sieden erhitzt und die Dämpfe durch ein zweimal rechtwinklig umgebogenes Rohr *b* in einen senkrecht nach unten gerichteten Liebig'schen Kühler *c* mit eingeschmolzenem Kühlrohr geleitet. Man beobachtet dann im Dunkeln an der Stelle, wo die Wasserdämpfe in den Kühler eintreten, ein grünliches, fahles Leuchten, das sich wegen des meist nicht regelmäßigen Siedens im Kühler hin und her verschiebt und sehr gut zu beobachten ist.

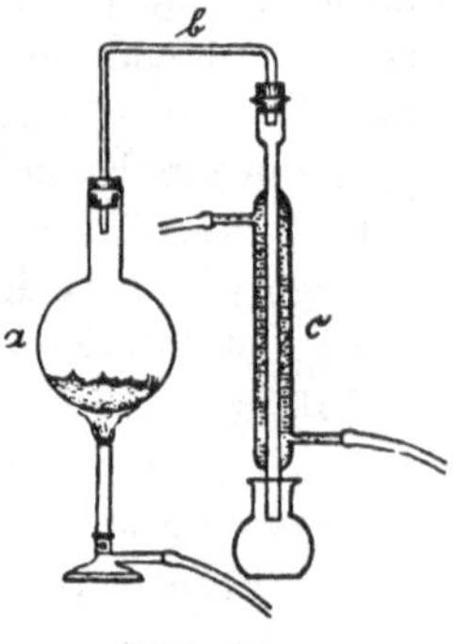

Fig. 66.

Auch Fälle chronischer Phosphorvergiftung — sogenannte Phosphornekrose — waren früher, wo große Mengen von farblosem Phosphor in den Zündholzfabriken verbraucht wurden, häufig. Sie sind sehr viel seltener geworden, seitdem die Verwendung des giftigen Phosphors für die genannten Zwecke durch das Gesetz verboten worden ist.

Die roten Modifikationen des Phosphors.

Es wurde bereits erwähnt, daß der farblose Phosphor sich am hellen Lichte allmählich gelbrot färbt; es ist dies der Beginn einer Umwandlung, die sich bei 240—300° glatt vollzieht und den farblosen Phosphor in ein dunkelcarminrotes Produkt, den roten Phosphor, verwandelt.

Versuch 146. Man schmilzt eine etwa 12cm lange Phosphorstange in ein sogenanntes „Einschlußrohr" aus schwerschmelzbarem Glase ein und erhitzt dieses, nachdem es in einen eisernen Schutzmantel gesteckt ist, in einem „Bombenofen" ca. 12 Stunden lang auf etwa 290°. Nach dem Erkalten ist der farblose Phosphor in eine violettrote Masse verwandelt worden.

Fig. 67.

Auch der rote Phosphor ist zweifellos krystallinisch. In besonders schön ausgebildeten, dunkel, fast metallisch glänzenden, in der Durchsicht aber deutlich roten Blättchen des monoklinen Systems erhält man ihn, wenn man ihn in geschmolzenem Blei auflöst und diese Lösung langsam abkühlen läßt. Wegen des metallischen Aussehens des nach diesem Verfahren gewonnenen Phosphors sprach man früher von einer metallischen Modifikation. Diese Bezeichnung ist nicht angebracht, da diese Modifikation den elektrischen Strom nicht zu leiten vermag. Man bezeichnet sie daher heute allgemein nach ihrem Entdecker als Hittorf'schen Phosphor.

Der rote Phosphor unterscheidet sich sehr wesentlich von dem farblosen: Er ist in Schwefelkohlenstoff nicht löslich, gänzlich ungiftig, wird auch von heißer Natronlauge — sofern er frei von farblosem Phosphor ist — nicht angegriffen und besitzt eine Entzündungstemperatur, die außerordentlich viel höher liegt, als die der farblosen Modifikation. Die reinsten Sorten des roten Phosphors entzünden sich erst gegen 430—440°, unreine immerhin auch erst gegen 260°, während der farblose Phosphor schon bei 60° Feuer fängt.

Versuch 147. Man legt auf eine dünne, auf einem Glühring befindliche Kupferplatte ein kleines Stückchen farblosen Phosphor *a* an das eine Ende, etwas roten Phosphor *b* in die Mitte und erhitzt durch eine untergestellte Flamme. Zuerst entzündet sich der von der Flamme weit entfernte, farblose Phosphor und erst, wenn die Kupferplatte fast ins Glühen gerät, der rote.

Fig. 68.

Wesentlich andere Eigenschaften besitzt der hellrot gefärbte sogenannte Schenck'sche Phosphor, der beim längeren Kochen einer Lösung von farblosem Phosphor in Phosphortribromid entsteht und von heißen Alkalien unter Bildung von Phosphorwasserstoff leicht angegriffen wird. Es scheint sich bei diesem Präparat um eine wesentlich feiner verteilte und darum reaktionsfähigere Spielart des roten Phosphors zu handeln.

Wird roter Phosphor — im Kohlendioxydstrom (vgl. Versuch 144) — stark erhitzt, so verwandelt er sich in einen farblosen Dampf, aus dem sich beim Abkühlen in der Hauptsache farbloser, in kleinerer Menge aber auch roter Phosphor abscheidet. Man hat daher anzunehmen, daß dieser Dampf neben den Molekülen P_4 des gewöhnlichen, auch solche des roten Phosphors enthält. Von der Höhe der für die Destillation aufgewendeten Temperatur und der Schnelligkeit der Abkühlung der Dämpfe hängt das Mengenverhältnis zwischen farblosem und rotem Phosphor ab.

Die Unterschiede zwischen den verschiedenen Phosphormodifikationen beruhen zweifellos auf Polymerie, d. h. diese bestehen aus verschieden großen Atomaggregaten desselben Elementes.

26. Die Wasserstoffverbindungen des Phosphors.

I. Gasförmiger Phosphorwasserstoff. PH_3.

Unreiner, d. h. durch flüssigen Phosphorwasserstoff verunreinigter und aus diesem Grunde selbstentzündlicher Phosphorwasserstoff bildet sich bei der Einwirkung heißer Alkalilaugen auf farblosen Phosphor:

$$4P + 3KOH + 3H_2O = PH_3 + 3KH_2PO_2$$

(Kaliumhypophosphit, vgl. S. 250).

Versuch 148. Ein mit gutschließendem, dreifach durchbohrtem Gummistopfen *a* verschlossener 1 l-Kolben *b* wird zur Hälfte mit 33%iger Kalilauge gefüllt, etwa 20—30 g Phosphor hinzugegeben und der Kolben in ein flaches, auf einem Dreifuß befindliches Sandbad *c* eingebaut. Die eine Bohrung trägt ein bis auf die Oberfläche der Lauge reichendes Glasrohr *d*, das mit der Leuchtgasleitung in Verbindung steht, die zweite ein zweimal rechtwinklig umgebogenes Rohr *e*, das in einen hohen, mit gesättigter Chlorkalklösung gefüllten Zylinder *f* taucht, und die dritte ein mit Hahn versehenes, umgebogenes, langes Gasentbindungsrohr *g*, das in eine mit warmem Wasser gefüllte pneumatische Wanne *h* führt. Man treibt zunächst durch Öffnen der Gasleitung die Luft aus der Apparatur und beginnt dann den Kolben vorsichtig zu erhitzen. Bald schmilzt der Phosphor, und man beobachtet an dem Einsetzen einer immer lebhafter werdenden Gasentwicklung die Bildung des Phosphorwasserstoffs. Um nicht durch den Geruch des zunächst noch mit Leuchtgas vermischten Gases belästigt zu werden, schließt man den Hahn und zwingt so das Gas zum Eintritt in die Chlorkalklösung, wo es vollständig zerstört wird. Sobald die Bildung des Phosphorwasserstoffs in lebhaftem Gange ist, öffnet man den Hahn

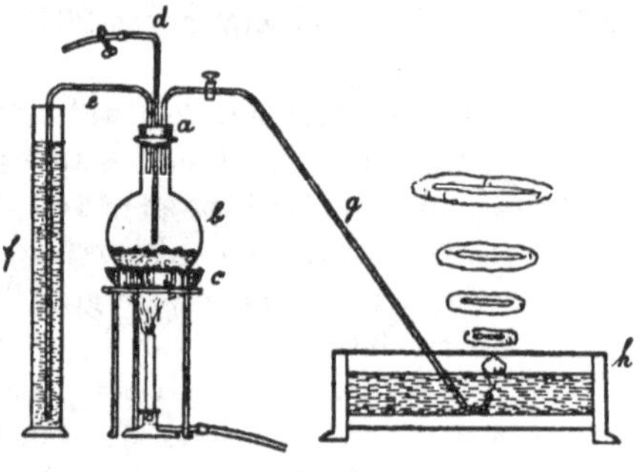

Fig. 69.

und läßt das Gas langsam aus dem Gasentbindungsrohr austreten. Es steigt dann in dem Wasser in dicken Blasen empor, die sich an der Luft sofort entzünden und unter glänzender Lichterscheinung und unter Bildung prächtiger, weißer Rauchringe verbrennen.

Reiner, **nicht** selbstentzündlicher Phosphorwasserstoff wird durch Einwirkung heißer, alkoholischer Kalilauge auf elementaren, farblosen Phosphor gewonnen.

Versuch 149. In einem ähnlich eingerichteten Kolben, wie er bei dem vorhergehenden Versuche benutzt wurde, bei dem aber das Einleitungsrohr für Leuchtgas weggelassen wird, erhitzt man auf einem Sandbade ein Gemisch von ganz konzentrierter, alkoholischer Kalilauge mit 10—20 g farblosem Phosphor. Das alsbald entweichende Gas fängt man über warmem Wasser auf und charakterisiert es durch die Brennbarkeit mit hellleuchtender Flamme als Phosphorwasserstoff.

Auch durch Zersetzung des Jodphosphoniums PH_4J (vgl. S. 116) mit Natronlauge erhält man in sehr einfacher und bequemer Weise reinen Phosphorwasserstoff.

Versuch 150. In ein weites, mit Tropftrichter *a* und rechtwinklig gebogenem Ableitungsrohr versehenes Reagenzglas *b* füllt man 5 g trockenes Jodphosphonium ein und läßt aus dem Tropftrichter konzentrierte Natronlauge hinzutropfen. Unter stürmischer Reaktion entweicht reiner Phosphorwasserstoff, den man für die unten angegebenen Versuche verwenden kann.

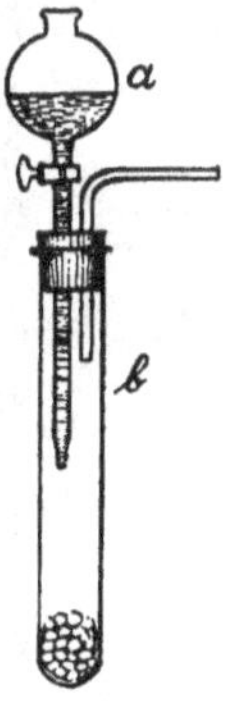

Fig. 70.

Die Zersetzung des Jodphosphoniums verläuft nach der Gleichung:

$$PH_4J + NaOH = NaJ + H_2O + PH_3.$$

Eigenschaften des Phosphorwasserstoffs.

Phosphorwasserstoff ist ein farbloses, in Wasser schwer lösliches Gas von widerwärtigem, an faule Fische erinnerndem Geruch, das bei $-86{,}2^0$ siedet und sehr giftige Eigenschaften besitzt. Angezündet, verbrennt es mit glänzendem Lichte unter Ausstoßung weißer Rauchwolken, die aus Phosphorpentoxyd (vgl. S. 240) bestehen.

Aus Kupfer- oder Silberlösungen werden durch das Gas Phosphorverbindungen dieser Metalle, sogenannte Phosphide, ausgefällt.

Versuch 151. Der aus Jodphosphonium (vgl. den vorhergehenden Versuch) gebildete Phosphorwasserstoff wird eingeleitet:

a) In eine verdünnte, kalte Lösung von Silbernitrat: Schwarze Fällung.

b) In heiße Kupfersulfatlösung: Schwarze Fällung.

Trotz der formalen Ähnlichkeit des Phosphorwasserstoffs mit dem Ammoniak, die sich in den Formeln NH_3 und PH_3 ausprägt, unterscheiden sich die beiden Gase ganz außerordentlich und zwar sowohl in den physikalischen, wie in den chemischen Eigenschaften.

Während sich Ammoniak in seinem Verhalten gegen Säuren wie eine ausgesprochene Base verhält, ist der Phosphorwasserstoff nur sehr schwach basisch, und seine Salze mit Säuren sind ungemein unbeständig.

Am beständigsten ist das bereits erwähnte Jodphosphonium, das sich z. B. durch direkte Addition von Phosphorwasserstoff an Jodwasserstoff zu bilden vermag:

$$PH_3 + HJ = PH_4J.$$

Man stellt es am besten dar durch Zersetzung des Phosphordijodids PJ_2 mit Wasser.

Versuch 152. Zu einer Lösung von 25 g trockenem, farblosem Phosphor in 28 g Schwefelkohlenstoff, die sich in einer geräumigen, tubulierten Retorte *a* befindet, fügt man allmählich in kleinen Portionen 46 g fein pulverisiertes Jod hinzu. Sobald alles gelöst ist, destilliert man das Lösungsmittel aus dem Wasserbade in einem ganz scharf getrockneten Strome von Kohlendioxyd völlig ab, wobei das Phosphordijodid als trockene, dunkelrote, krystallinische Masse hinterbleibt. Man setzt nun in den Tubus der Retorte einen Korkstopfen mit kleinem, zu einer Spitze ausgezogenem Tropftrichter *b* ein und schließt an die Retorte — ebenfalls durch einen Korkstopfen — ein etwa 2 cm weites, langes Glasrohr *c* an. Man läßt nun langsam und vorsichtig 12,5 g Wasser auf das Jodid auftropfen, wobei man die Vorsichtsmaßregel gebrauche, unmittelbar vor Beginn der Zersetzung die ganze Apparatur nochmals mit trockenem Kohlendioxyd zu füllen. Die Bildung des Jodphosphoniums setzt fast augenblicklich ein, sobald das Phosphorjodid mit dem Wasser zusammentrifft, und nach kurzer Zeit bedecken sich die Wandungen des Glasrohrs mit dicken, diamantglänzenden Krystallen.

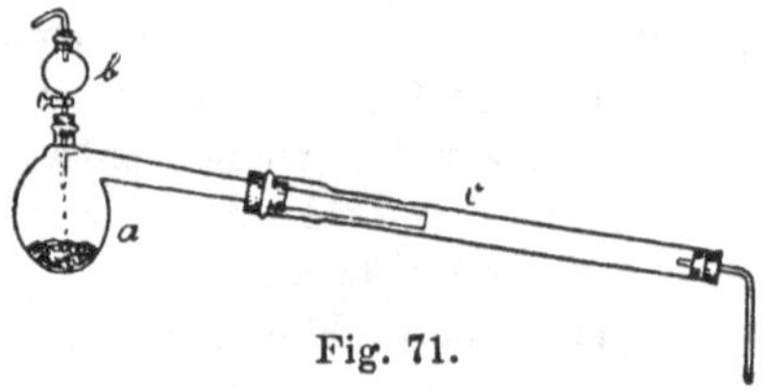

Fig. 71.

Im Jodphosphonium und anderen Salzen des Phosphorwasserstoffs ist die dem Ammonium NH_4 analog gebaute Gruppe PH_4, Phosphonium, enthalten.

Phosphoniumjodid wird bereits von kaltem Wasser in Jodwasserstoff und Phosphorwasserstoff gespalten.

Versuch 153. Man wirft einige Krystalle Phosphoniumjodid in ein mit Wasser gefülltes, kleines Becherglas, wobei unter Aufbrausen Phosphorwasserstoff entweicht, der beim Anzünden mit heller Flamme verbrennt.

Wegen der Leichtigkeit, mit der dieser Zerfall und die Bildung des Jodwasserstoffs eintritt, ist Jodphosphonium ein sehr energisches Reduktionsmittel, das besonders in der organischen Chemie häufig Verwendung findet. Sehr sauerstoffreiche Verbindungen, wie z. B. Kaliumchlorat, wirken so heftig auf Jodphosphonium ein, daß sich die Reaktion unter lebhafter Feuererscheinung abspielt.

Versuch 154. Einige Gramme grobkrystallinisches Kaliumchlorat werden auf eine Eisenplatte geschüttet und etwas Jodphosphonium dazu gegeben. Fast momentan tritt heftige, mit blendender Lichterscheinung verbundene Reaktion ein, wobei gleichzeitig violette Joddämpfe entweichen.

II. Flüssiger Phosphorwasserstoff. P_2H_4.

Der flüssige Phosphorwasserstoff stellt eine farblose, lichtbrechende, bei 58° siedende Flüssigkeit vor, die sich an der Luft augenblicklich entzündet und deren Anwesenheit in geringer Menge die Selbstentzündlichkeit des rohen, gasförmigen Phosphorwasserstoffs (vgl. S. 114) bedingt. Man gewinnt ihn am besten durch starke Abkühlung des letzteren, wobei er kondensiert wird, während der gasförmige Phophorwasserstoff wegen seines tiefen Siedepunktes nicht verflüssigt wird.

Eine andere Möglichkeit zur Gewinnung des flüssigen Phosphorwasserstoffs besteht in der Zersetzung des durch Glühen von Kalk in Phosphordampf erhaltenen Phosphorcalciums durch Wasser. Hierbei entstehen allerdings außerdem auch der gasförmige und der feste Phosphorwasserstoff P_4H_2.

Versuch 155. Man wirft in ein mit lauwarmem Wasser bis fast zum Rande gefülltes Becherglas einige etwa erbsengroße Stücke Phosphorcalcium hinein. Die aufsteigenden Gasblasen zerplatzen an der Oberfläche und entzünden sich dann mit hellem Lichte, worauf sehr schön und regelmäßig ausgebildete Rauchringe aufsteigen.

III. Fester Phosphorwasserstoff. P_4H_2 (bzw. $P_{12}H_6$).

Wie bereits erwähnt, tritt bei der Zersetzung des Phosphorcalciums mit Wasser neben dem gasförmigen und dem flüssigen auch der feste Phosphorwasserstoff auf, der sich aus dem flüssigen unter der Wirkung von Licht und Wärme sowie bei der Behandlung mit Salzsäure bildet. Er stellt eine flockige, gelbe Substanz vor, der man früher die Formel P_4H_2 beizulegen pflegte, deren Zusammensetzung indessen wahrscheinlich dem komplizierteren Ausdrucke $P_{12}H_6$ entsprechen dürfte.

27. Die Halogenide des Phosphors.

I. Phosphorchlorverbindungen.

A. Phosphortrichlorid PCl_3. [Nach der Nomenklatur von A. Stock: Phosphor(3)-Chlorid.] Phosphor vermag sich mit Chlor in mehreren Verhältnissen zu verbinden. Bei Einwirkung des Halogens auf überschüssigen Phosphor entsteht nach der Gleichung:

$$P + 3Cl = PCl_3$$

Phosphortrichlorid.

Versuch 156. Man bringt in einen mit Einleitungsrohr versehenen Destillierkolben etwa 10—15 g trockenen, farblosen Phosphor und verbindet den Kolben durch einen Korkstopfen mit einem zweiten, der als Vorlage dient und durch fließendes Wasser gekühlt wird. Man schmilzt nun zunächst den Phosphor und leitet einen nicht zu lebhaften Chlorstrom in den Kolben ein. Unter Feuererscheinung findet die Vereinigung der beiden Elemente statt, und das Phosphortrichlorid destilliert in die Vorlage über.

Phosphortrichlorid bildet eine farblose Flüssigkeit von stechendem, zu Tränen reizendem Geruch, die die Atmungsorgane lebhaft angreift und bei $+ 76^0$ siedet. An der Luft raucht die Verbindung, da sie von Wasser und Feuchtigkeit sehr schnell und unter starker Wärmeentwicklung in Salzsäure und phosphorige Säure übergeführt wird:

$$PCl_3 + 3H_2O = 3HCl + H_3PO_3 \text{ (Phosphorige Säure, vgl. S. 248).}$$

Versuch 157. Man gießt etwa 10—15 ccm Phosphortrichlorid in kaltes Wasser, das sich in einem Becherglas befindet, hinein. Zuerst sinkt die Substanz als schwere Flüssigkeit zu Boden. Bald aber macht sich die Umsetzung mit dem Wasser durch die deutlich bemerkbare Erwärmung, durch Schlierenbildung und durch das Emporwirbeln des Trichlorids bemerkbar, und nach kurzer Zeit entsteht eine klare, stark sauer reagierende Flüssigkeit.

Phosphortrichlorid ist ein wichtiges Reagens, das besonders in der organischen Chemie vielfache Anwendung findet.

B. Phosphorpentachlorid. [Phosphor(5)-Chlorid.] Läßt man von vornherein auf Phosphor einen Überschuß von Chlor einwirken oder setzt Phosphortrichlorid der weiteren Einwirkung dieses Gases aus, so bildet sich das sehr wichtige und viel gebrauchte Phosphorpentachlorid:

$$P + 5Cl = PCl_5.$$

$$PCl_3 + 2Cl = PCl_5.$$

Versuch 158. Ein etwa 2 Liter fassender, mit trockenem Chlor gefüllter Stehkolben *a* ist verschlossen mit einem Gummistopfen, der in seiner einen Bohrung einen mit Phosphortrichlorid gefüllten Tropftrichter *b*, in der anderen ein Knierohr trägt, das mit einem in eine geräumige Woulfe'sche Flasche *c* führenden Glasrohr verbunden ist. In den zweiten Tubus der Woulfe'schen Flasche ist ein zweimal rechtwinklig gebogenes Rohr eingesetzt, das in einen mit Wasser gefüllten Zylinder *d* taucht. Man läßt nun, während man gleichzeitig den einen Stopfen der Woulfe'schen Flasche etwas lüftet, das Phosphortrichlorid möglichst in einem Strahle in den mit Chlor gefüllten Kolben einfließen, worauf man den Stopfen sofort wieder fest aufsetzt. — Die Reaktion spielt sich momentan ab: Die Wandungen des Kolbens überziehen sich mit einer weißen, krystallinischen Kruste von Phosphorpentachlorid, und gleichzeitig wird durch das Verschwinden des Chlorgases ein leerer Raum geschaffen, so daß das Wasser angesaugt wird und in die Woulfe'sche Flasche einströmt.

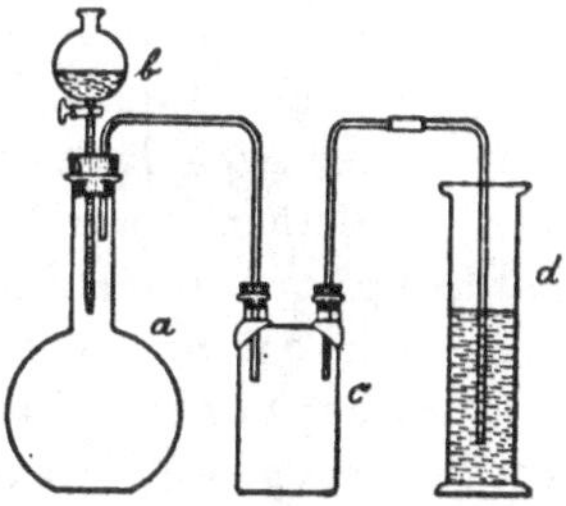

Fig. 72.

Phosphorpentachlorid ist ein fester, weißer, schön krystallisierter Körper von scharfem, eigentümlichem Geruch, der die Schleimhäute der Nase und des Halses sehr stark angreift und dessen Einatmen langwierige Katarrhe hervorruft. Der Dampf des Phosphorpentachlorides zerfällt, je höher man mit der Temperatur geht, in um so beträchtlicherem Maße in Phosphortrichlorid und freies Chlor:

$$PCl_5 = PCl_3 + Cl_2.$$

Umgekehrt haben wir soeben feststellen können, daß sich bei gewöhnlicher Temperatur diese letzteren Bestandteile glatt miteinander zu Phosphorpentachlorid verbinden. Das System:

$$PCl_5 \rightleftarrows PCl_3 + Cl_2$$

stellt also eine, je nach den Bedingungen im Sinne des einen oder des anderen Pfeiles verlaufende umkehrbare Reaktion vor. Wir sprechen davon, daß das Phosphorpentachlorid in der Wärme eine Dissoziation erleidet, die beim Abkühlen im rückläufigen Sinne vor sich geht. Die Dissoziation des Phosphorpentachlorids ist bereits bei etwa 300° eine nahezu vollständige.

Höchst empfindlich ist Phosphorpentachlorid, wie man bereits aus dem starken Rauchen der Substanz an feuchter Luft ersehen kann, gegen Wasser. Geringe Mengen des letzteren verwandeln es unter Abspaltung von Salzsäure in Phosphoroxychlorid, größere Quantitäten in Salzsäure und Phosphorsäure:

1. $PCl_5 + H_2O = 2HCl + POCl_3$ (Phosphoroxychlorid).
2. $POCl_3 + 3H_2O = 3HCl + H_3PO_4$ (Phosphorsäure).
3. $PCl_5 + 4H_2O = 5HCl + H_3PO_4$ (Phosphorsäure).

Versuch 159. Man schüttet 5—10 g Phosphorpentachlorid in ein mit Wasser gefülltes Becherglas. Es verwandelt sich zunächst in ein schweres, zu Boden sinkendes Öl (Phosphoroxychlorid), das aber nach kurzer Zeit unter starker Erwärmung und Bildung von Salzsäure und Phosphorsäure in Lösung geht.

Phosphorpentachlorid ist ein sehr energisch wirkendes Agens, das vor allem in der organischen Chemie ausgedehnte Verwendung findet.

C. Phosphoroxychlorid: $POCl_3$. Zur Darstellung dieser Verbindung zersetzt man am einfachsten Phosphorpentachlorid durch die berechnete Menge Wasser:

$$PCl_5 + H_2O = 2HCl + POCl_3.$$

Versuch 160. Eine kleine tubulierte Retorte, die in ihrem Tubus einen Tropftrichter mit wenig Wasser trägt, enthält 25 g Phosphorpentachlorid. Sie ist durch einen gut wirkenden Kühler mit einer doppelt tubulierten Vorlage verbunden, deren zweiter Tubus in den Abzug ausmündet. Man läßt nun das Wasser langsam auf das Pentachlorid auftropfen, wobei die Zersetzung augenblicklich unter heftiger Reaktion vor sich geht und das entstehende Phosphoroxychlorid direkt überdestilliert.

Phosphoroxychlorid spielt, ebenso wie die beiden anderen Chloride des Phosphors: PCl_3 und PCl_5, eine wichtige Rolle als vielgebrauchtes Reagens in der organischen Chemie.

Es ist eine farblose Flüssigkeit von heftigem Geruch und siedet bei 107,2°. Von Wasser wird es, wie aus Versuch 159 hervorgeht, glatt in Salzsäure und Phosphorsäure verwandelt.

Säurechloride.

Wie gezeigt worden ist, sind die drei Chlorverbindungen des Phosphors: PCl_3, PCl_5 und $POCl_3$, sehr empfindlich gegen Wasser und werden davon mit größter Leichtigkeit unter Abspaltung von Salzsäure zersetzt.

Aus dem Phosphortrichlorid bildet sich dabei nebenher phosphorige Säure:

$$PCl_3 + 3H_2O = 3HCl + H_3PO_3.$$

Aus Phosphorpentachlorid und Phosphoroxychlorid entsteht als Endprodukt der Zersetzung durch Wasser die Phosphorsäure:

$$PCl_5 + 4H_2O = 5HCl + H_3PO_4.$$

$$POCl_3 + 3H_2O = 3HCl + H_3PO_4.$$

Man bezeichnet chlorhaltige Verbindungen, die bei der Behandlung mit Wasser in Säuren übergehen, als Säurechloride.

Es ist also Phosphortrichlorid als Chlorid der phosphorigen Säure zu betrachten, während im Phosphorpentachlorid und im Phosphoroxychlorid Chloride der Phosphorsäure vorliegen. Andere Säurechloride werden später besprochen (vgl. S. 211).

II. Phosphorbromverbindungen.

Auch mit Brom tritt Phosphor in mehreren Verhältnissen zusammen. Die Vereinigung der beiden Elemente spielt sich unter sehr heftigen Reaktionserscheinungen ab.

Versuch 161. Man wirft in einen etwa 30 cm hohen und 2,5 cm weiten Glaszylinder, dessen Boden eben mit Brom bedeckt ist, nacheinander 3—4 ganz kleine Stückchen farblosen Phosphor hinein. Heftiger Knall und Feuererscheinung! Das Reaktionsprodukt (PBr_5) wird als gelbe, feste Masse emporgeschleudert und bedeckt die Wandungen des Glaszylinders.

A. Phosphortribromid [Phosphor(3)-Bromid] bildet eine farblose, lichtbrechende, sehr schwere Flüssigkeit, die zweckmäßig aus rotem Phosphor und der berechneten Menge Brom gewonnen wird:

$$P + 3Br = PBr_3.$$

Die Substanz siedet bei 175° und stellt das Bromid der phosphorigen Säure dar. Dementsprechend wird sie von Wasser in Bromwasserstoff und phosphorige Säure gespalten:

$$PBr_3 + 3H_2O = 3HBr + H_3PO_3.$$

B. Phosphorpentabromid [Phosphor(5)-Bromid] ist — die Verhältnisse liegen ganz analog wie bei den Chloriden — fest und wohlkrystallisiert. Es besitzt frisch dargestellt eine schön gelbe Farbe. Beim Aufbewahren der Verbindung bilden sich indessen in der gelben Substanz prächtige Krystalle von dunkelrubinroter Farbe aus; daneben beobachtet man die Entstehung völlig farbloser Krystalle.

Durch Wasser wird Phosphorpentabromid zunächst in Phosphoroxybromid, dann in Phosphorsäure übergeführt.

III. Phosphorjodverbindungen.

Die Verhältnisse, in denen Phosphor und Jod zusammentreten, sind andere als bei den Chlor- bzw. Bromverbindungen. Es existieren ein Phosphordijodid PJ_2, das aber wohl die kompliziertere Formel P_2J_4 besitzt, und ein Phosphortrijodid PJ_3.

A. Phosphordijodid entsteht — wie bereits gelegentlich des Versuches 152 festgestellt worden ist —, wenn man in eine Lösung von Phosphor in Schwefelkohlenstoff die berechnete Menge Jod einträgt und dann das Lösungsmittel abdunstet, als rote krystallinische Masse.

Von wenig Wasser wird die Verbindung unter Bildung von Jodphosphonium zerlegt.

B. Phosphortrijodid [Phosphor (3)-Jodid] wird gleichfalls aus den berechneten Mengen Phosphor und Jod gewonnen und liefert mit Wasser neben phosphoriger Säure große Mengen von Jodwasserstoff:

$$PJ_3 + 3H_2O = 3HJ + H_3PO_3.$$

Diese Zersetzung ist früher zur Darstellung des Jodwasserstoffs verwertet worden (vgl. Versuch 79).

IV. Phosphorfluorverbindungen.

Von den beiden Fluoriden des Phosphors: PF_3 Phosphortrifluorid und PF_5 Phosphorpentafluorid, ist nur das zweite wegen seiner Bildungsweise erwähnenswert. Man erhält es nämlich als ein bei — 75° siedendes Gas durch doppelte Umsetzung von Arsentrifluorid mit Phosphorpentachlorid:

$$5AsF_3 + 3PCl_5 = 5AsCl_3 + 3PF_5.$$

28. Arsen. As.

Atomgewicht = 74,96.

Das Arsen unterscheidet sich in mancher Beziehung sehr wesentlich von sämtlichen bisher besprochenen Elementen. Während es einerseits eine auffallende Ähnlichkeit mit dem Phosphor zeigt, lehnt es sich in anderen Eigenschaften durchaus an die Metalle, vor allem an Antimon, an. Der Übergang von den Nichtmetallen — deren typischste Vertreter in den vorhergehenden Kapiteln charakterisiert worden sind — zu den wahren Metallen ist kein scharfer, sondern es finden sich mehrere Elemente, die man sowohl der einen wie der anderen Klasse von Elementen zuweisen kann. Zu ihnen ist auch das Arsen zu rechnen.

Seine in der Natur vorkommenden Verbindungen: Mineralien und Erze, erinnern in ihrem Aussehen und auch in ihrer Zusammensetzung vollkommen an die natürlichen Verbindungen der Metalle.

Gediegen findet sich das Element in flachen, schalenförmigen Stücken von grauer Farbe als Scherbenkobalt, als Oxyd von der Formel As_2O_3 unter dem Namen Arsenikblüte. An schwefelhaltigen Erzen sind zu nennen Realgar As_2S_2, Auripigment As_2S_3, Arsenkies FeSAs und Glanzkobalt CoSAs. Auch in den kompliziert zusammengesetzten Fahlerzen ist Arsen in ansehnlicher Menge enthalten.

Von Interesse ist das Vorkommen sehr kleiner Mengen von Arsen in manchen wegen ihrer Heilwirkung sehr geschätzten Mineralwässern (Levico, Roncegno).

Nach einem einfachen metallurgischen Prozeß von großer Bedeutung (vgl. z. B. S. 398) läßt sich elementares Arsen durch Reduktion des Oxydes As_2O_3 mit glühender Kohle darstellen:

$$As_2O_3 + 3C = 3CO + As_2.$$

Versuch 162. In die kugelige Erweiterung eines an einem Ende geschlossenen Glasrohres aus schwer schmelzbarem Glase bringt man etwas Arsentrioxyd hinein und schiebt in den engen Teil des in ein Stativ wagerecht eingeklammerten Rohres ein längliches, dem Rohre möglichst gut anliegendes Stück Holzkohle hinein. Dieses wird nun zunächst mit dem Gebläse glühend gemacht und hierauf das Arsentrioxyd durch gelindes Erhitzen verflüchtigt. Es bildet sich dann unmittelbar hinter der glühenden Kohle ein schwarzbrauner, ringförmiger, spiegelnder Belag von Arsen.

Fig. 73.

Modifikationen des Arsens.

Arsen vermag in zwei Modifikationen aufzutreten:

1. Als grau-schwarz krystallinisches Arsen, das je nach dem Verteilungszustand verschieden aussieht und die Elektrizität leitet.

2. Als gelbes krystallisiertes Arsen, das keine metallischen Eigenschaften besitzt.

A. Das grau-krystallinische Arsen zeigt in einem geschlossenen Rohre den ungefähren Schmelzpunkt von 480°. Unter Atmosphärendruck dagegen verwandelt es sich bei etwa 450° in Dampf, der eine ausgesprochen zitronengelbe Farbe besitzt und bei nicht zu hoher Temperatur ausschließlich aus Molekülen As_4 besteht. Bei höherer Temperatur setzt — wie beim Phosphor — eine Dissoziation im Sinne der Gleichung:

$$As_4 \longrightarrow 2As_2$$

ein, so daß bei 1700° nur noch aus zwei Atomen bestehende Moleküle vorhanden sind.

Läßt man den gelben Arsendampf sich ohne besondere Vorsichtsmaßregeln abkühlen, so erhält man das Arsen teils als fest zusammenhängenden Anflug von braunschwarzer Farbe, teils in schönen, silberglänzenden Krystallen.

Versuch 163. Etwas elementares Arsen wird in einem Reagenzglas aus schwer schmelzbarem Glase kräftig erhitzt. Bei beginnender Rotglut beobachtet man deutlich die Entstehung des gelben Arsendampfes, und alsbald sublimiert an den kälteren Stellen des Reagenzglases ein Ring von schön krystallisiertem Arsen.

B. Das gelbe krystallinische Arsen — gewissermaßen ein Niederschlag des gelben Arsendampfes — läßt sich durch sehr schnelle Abkühlung des letzteren, am besten durch flüssige Luft, in gelben Krystallen gewinnen.

In dieser Modifikation wird die Ähnlichkeit des Arsens mit dem Phosphor auffallend. Wie dieser wird sie von Schwefelkohlenstoff leicht gelöst und zeichnet sich durch Flüchtigkeit und einen starken knoblauchartigen Geruch aus.

Freilich ist die Beständigkeit der gelben Modifikation nur gering und die Neigung, in die dunkel gefärbte, metallische Modifikation überzugehen, eine sehr große.

Verhältnismäßig stabil ist die Lösung des gelben Arsens in Schwefelkohlenstoff, doch wird auch diese — vor allem im hellen Lichte — sehr schnell verändert.

Versuch 164. Man gießt einige Tropfen einer im Dunkeln hergestellten Lösung von gelbem Arsen in Schwefelkohlenstoff auf einen Bogen Filtrierpapier, läßt das Lösungsmittel im Dunkeln verdunsten und bringt dann den Bogen schnell ans helle Tageslicht. Man beobachtet im ersten Augenblick einen gelben Fleck, der sich aber nach ganz kurzer Zeit dunkel färbt.

Durch exakte Bestimmungen wurde einwandfrei festgestellt, daß das Molekül des gelben Arsens — ebenso wie das des Dampfes bei nicht zu hoher Temperatur — aus vier Atomen aufgebaut ist.

Eigenschaften des Arsens.

Von den Eigenschaften des Arsens — soweit sie nicht bereits zur Charakterisierung der beiden Modifikationen besprochen worden sind — sei noch hervorgehoben, daß dieses Element nahezu in allen Lösungsmitteln unlöslich ist.

Im Sauerstoff erhitzt, verbrennt es mit schöner Lichterscheinung zu einem Oxyde von der Formel As_2O_3, dem sehr wichtigen Arsentrioxyd (vgl. S. 250).

Versuch 165. In die Kugel eines schwerschmelzbaren Kugelrohres werden einige Gramme gröblich zerstoßenes Arsen eingefüllt und das Rohr mit einer zweifach tubulierten Vorlage verbunden. Man leitet nun von der anderen Seite des Rohres einen mäßig starken Strom Sauerstoff über das Arsen und erhitzt dieses kräftig mit einem Dreibrenner. Nach kurzer Zeit entzündet sich das Arsen und verbrennt mit glänzendem, weißem Licht unter Bildung eines weißen Rauches, der sich in der Vorlage als weißes, krystallinisches Pulver niederschlägt.

Arsen wird zur Herstellung von therapeutisch wichtigen Präparaten, ferner das Oxyd As_2O_3 als Arsenik zu mancherlei Zwecken benutzt. Die Verwendung, die das elementare Arsen findet, ist eine nur ziemlich beschränkte; man setzt es z. B. dem zur Herstellung von Schrotkörnern dienenden Blei in geringer Menge zu, weil diese sich durch diesen Zusatz besser runden.

29. Arsenwasserstoff. AsH_3.

Zur Darstellung von reinem Arsenwasserstoff zersetzt man eine aus Zink und Arsen bestehende Legierung mit verdünnter Schwefelsäure:

$$As_2Zn_3 + 3H_2SO_4 = 3ZnSO_4 + 2AsH_3.$$

Arsenwasserstoff ist ein farbloses Gas, das bei -55^0 siedet und durch einen intensiven Knoblauchgeruch sowie durch außerordentliche Giftigkeit ausgezeichnet ist. Selbst in sehr großer Verdünnung machen sich seine schädlichen Wirkungen noch geltend.

Sehr viel leichter als der reine entsteht der durch viel Wasserstoff verdünnte Arsenwasserstoff, wenn man irgend eine Arsenverbindung in ein in lebhafter Wasserstoffentwicklung befindliches Gemisch aus Zink und Salzsäure einträgt. Der Wasserstoff, der sich hierbei im Entstehungszustand — in statu nascendi — befindet, vermag besonders energische Reduktionswirkungen auszuüben und reduziert die Arsenverbindung zum Arsenwasserstoff. Man erkennt die Anwesenheit des giftigen Gases in dem ausströmenden Wasserstoff einmal an der fahlgefärbten, einen weißen Rauch ausstoßenden Flamme, sodann daran, daß sich auf einer kalten, glasierten Porzellanschale dunkelbraune, glänzende, aus Arsen bestehende Flecken abscheiden, wenn man sie in die Flamme hineinhält.

Versuch 166. Man bringt in einer mit Trichterrohr und zweimal rechtwinklig gebogenem Ableitungsrohr mit Platindüse versehenen Gasentbindungsflasche aus Zink und Salzsäure eine lebhafte Wasserstoffentwicklung in Gang. Hierauf läßt man durch das Trichterrohr einige Tropfen einer salzsauren Lösung von Arsentrichlorid hinzufließen. Die Gasentwicklung wird bedeutend lebhafter, und die vor dem Eintragen der Arsenverbindung ziemlich kleine und nicht leuchtende Flamme des entzündeten Wasserstoffs wird viel größer, nimmt eine fahle, bläuliche Färbung an und stößt weiße Rauchwolken aus. Hält man nun eine glasierte Porzellanschale hinein, so schlägt sich darauf ein glänzender, braunschwarzer Fleck nieder, der beim Betupfen mit einer wäßrigen Chlorkalklösung verschwindet. (Unterschied von Antimonwasserstoff, vgl. S. 129).

Nach dieser Methode — d. h. durch Überführung in Arsenwasserstoff und dessen weitere Verwandlung in Arsen — lassen sich die geringsten Mengen von Arsenverbindungen erkennen. Man macht davon besonders häufig Gebrauch, wenn es sich um den Nachweis von Arsen in Vergiftungsfällen handelt. Man bedient sich dabei einer von Marsh angegebenen Versuchsanordnung.

Versuch 167. Eine Gasentbindungsflasche *a*, in welcher aus reinem Zink und reiner Salzsäure Wasserstoff entwickelt wird, ist zunächst mit einem wagerecht eingespannten, mit Chlorcalcium gefüllten

Glasrohr *b*, hierauf mit einem 2—3mal stark verjüngten Glasrohr *c* aus schwerschmelzbarem Glase verbunden. Das letztere ist schließlich zu einer langen aufwärts gerichteten Spitze umgebogen. — Nachdem man sich von der Luftfreiheit des Wasserstoffs überzeugt hat (vgl. S. 19), wird dieser entzündet und eine glasierte Porzellanschale in die Flamme gehalten. Wenn hierbei keine Spur eines dunklen Anfluges entsteht, ist kein Arsen in den verwendeten

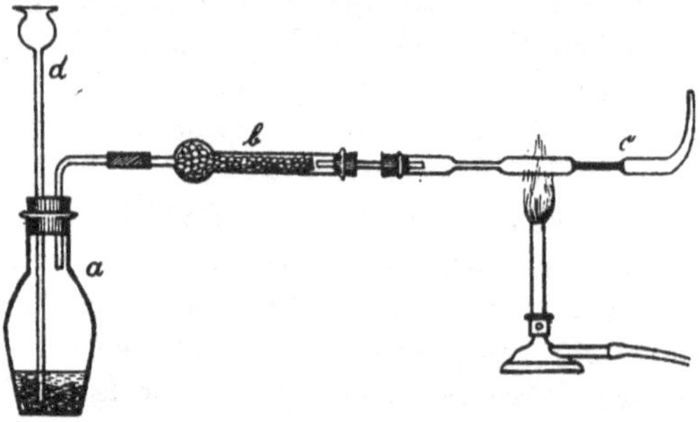

Fig. 74.

Chemikalien enthalten. Man gießt nun eine salzsaure Lösung oder Aufschlämmung der auf Arsen zu prüfenden Verbindung durch das Trichterrohr *d* in die Gasentbindungsflasche ein und beobachtet die Flamme. Bei Gegenwart auch nur kleiner Mengen treten die beim vorhergehenden Versuch geschilderten Erscheinungen und die Abscheidung dunkler Arsenflecken auf der Porzellanschale ein. Wird nun das ausgezogene Glasrohr vor einer Verjüngung mit einem Dreibrenner kräftig erhitzt, so bildet sich nach kurzer Zeit in der Verjüngung ein schöner glänzender Arsenspiegel.

Es zeigt sich also, daß der Arsenwasserstoff, der sich aus den Elementen nur bildet, wenn der Wasserstoff in statu nascendi zur Anwendung kommt, umgekehrt durch Erhitzung wieder in seine Komponenten zerlegt wird.

Sehr eigentümlich ist sein Verhalten gegen Silbernitratlösung. Ist diese verdünnt, so scheidet sich ein schwarzer Niederschlag aus, der aus metallischem Silber besteht; ist sie dagegen konzentriert, so bildet sich zunächst eine gelbe Verbindung von der eigentümlichen Formel:

$$AsAg_6 (NO_3)_3,$$

die aber dann beim Verdünnen mit Wasser schließlich in schwarzes, metallisches Silber und arsenige Säure übergeht.

30. Arsentrichlorid. $AsCl_3$.

Das Arsentrichlorid [Arsen (3)-chlorid] entsteht unter Feuererscheinung beim Überleiten von Chlor über schwach erhitztes Arsen.

Es bildet eine farblose, lichtbrechende, schwere Flüssigkeit von sehr giftigen Eigenschaften, die bei + 130,2° siedet.

Wird eine schwach salzsaure Lösung von Arsentrichlorid mit viel Wasser versetzt, so beobachtet man die Abscheidung eines weißen, krystallinischen Niederschlages, der aus Arsentrioxyd besteht; fügt man nunmehr starke Salzsäure hinzu, so löst er sich wieder auf, da Arsentrichlorid zurückgebildet wird.

Wir haben es hier — ähnlich wie bei der Spaltung des Phosphorpentachlorids in Phosphortrichlorid und Chlor und seiner Rückbildung — mit einer umkehrbaren Reaktion zu tun, die sich nach der Gleichung:

$$2AsCl_3 + 3H_2O \rightleftarrows 6HCl + As_2O_3$$

abspielt.

Das Gleichgewicht, das sich bei solchen Reaktionen für eine bestimmte Temperatur einstellt, ist so zu definieren, daß in einem bestimmten Zeitabschnitt ebenso viele Moleküle im einen, wie im umgekehrten Sinne reagieren.

Dieses Gleichgewicht wird aber gestört, wenn man die Menge eines der miteinander reagierenden Stoffe — im vorliegenden Falle also z. B. die des Wassers oder der Salzsäure — vermehrt. Das Gesetz, welches diese Wirkung der Massen auf den Verlauf von Reaktionen regelt, ist von Guldberg und Waage aufgestellt worden und wird als Massenwirkungsgesetz bezeichnet.

Nach diesem Gesetz ist der Quotient aus den Produkten der Konzentrationen der auf den beiden Seiten der Gleichung miteinander reagierenden Moleküle für eine bestimmte Temperatur gleich einer Konstanten (*K*).

Angewendet auf den vorliegenden Fall, ergibt sich also der folgende Ausdruck:

$$\frac{(\text{Konz.}\,AsCl_3)^2 \cdot (\text{Konz.}\,H_2O)^3}{(\text{Konz.}\,HCl)^6 \cdot \text{Konz.}\,As_2O_3} = K.^{1)}$$

Wird also die Menge des Wassers vermehrt, so muß, um die Konstanz des Verhältnisses aufrecht zu halten, auch die des Arsentrioxyds zunehmen. Wird aber die Menge der Salzsäure größer, so wird aus dem gleichen Grunde die Bildung von Arsentrichlorid zunehmen müssen.

Arsentrichlorid zeigt die Eigentümlichkeit, sich mit Salzsäuredämpfen zu verflüchtigen.

Versuch 168. In einem durch ein Knierohr mit einem absteigenden Kühler verbundenen Kolben wird eine salzsaure Lösung von Arsentrioxyd zum Sieden erhitzt und etwa 150 ccm Destillat in einer Vorlage aufgefangen. Auf Zusatz von Schwefelwasserstoffwasser zu dem letzteren scheidet sich gelbes Arsentrisulfid (vgl. S. 255) ab.

Da nun nach dem Massenwirkungsgesetz bei Gegenwart ausreichender Mengen von Salzsäure die gesamte Menge des Arsentrioxyds in Arsen-

---

[1] Die Größe der Exponenten erklärt sich durch die aus der obigen Gleichung ersichtliche Zahl der Moleküle.

trichlorid übergehen muß, so bietet uns dieses Verhalten ein vorzügliches Mittel zur quantitativen Trennung des Arsens von anderen Elementen, das in der Analyse häufig benutzt wird.

31. Antimon. Sb (von Stibium).

Atomgewicht = 120,2.

Obwohl das Antimon in vieler Beziehung sich als naher Verwandter des Arsens zu erkennen gibt, so ist doch andererseits an seinem rein metallischen Charakter nicht zu zweifeln. Es ist ein bereits seit den ältesten Zeiten bekanntes Element, das besonders im Mittelalter wegen der mancherlei aus ihm darstellbaren medizinisch wertvollen Präparate sehr geschätzt war.

Das wichtigste Antimonerz ist der Grauspießglanz Sb_2S_3, der besonders in Japan und China vorkommt und häufig prächtig silberglänzende, lange, zugespitzte Prismen bildet. Andere antimonhaltige Erze sind z. B. das dunkle Rotgiltigerz Ag_3SbS_3, der Bournonit $Cu_2Pb_2Sb_2S_6$ und die kompliziert zusammengesetzten Fahlerze.

Das elementare Antimon läßt sich am besten aus dem Grauspießglanz gewinnen. Er wird durch „Rösten“, d. h. durch Erhitzen an der Luft, in Antimonoxyd übergeführt und dieses dann durch glühende Kohle zum Antimon reduziert.

Eigenschaften des Antimons.

Antimon ist ein krystallinisches, außerordentlich sprödes Metall von schönem silberhellen Glanze, das gegen 631° schmilzt und bei sehr hoher Temperatur siedet. Wird das geschmolzene Metall aus einer gewissen Höhe auf Papier gegossen, so springen die Metallkugeln auseinander und hinterlassen auf dem Papier eine schwarze Spur.

Versuch 169. In einem kleinen, mit Deckel versehenem Porzellantiegel wird soviel Antimon mit dem Gebläse zur Rotglut erhitzt, daß es den Tiegel im geschmolzenen Zustande zu etwa $^2/_3$ füllt. Hierauf faßt man den Tiegel nach Entfernung des Deckels mit einer Tiegelzange und gießt die geschmolzene Masse möglichst in einem Guß auf ein großes, steifes, weißes Papier, das zweckmäßig in einen flachen, schräg nach unten gerichteten Holzkasten aufgespannt ist. Die Metallkugeln springen beim Auftreffen auf das Papier nach allen Seiten und rollen umher, wobei sich ihre Bahn in eigenartig durchkreuzten schwarzen Linien markiert.

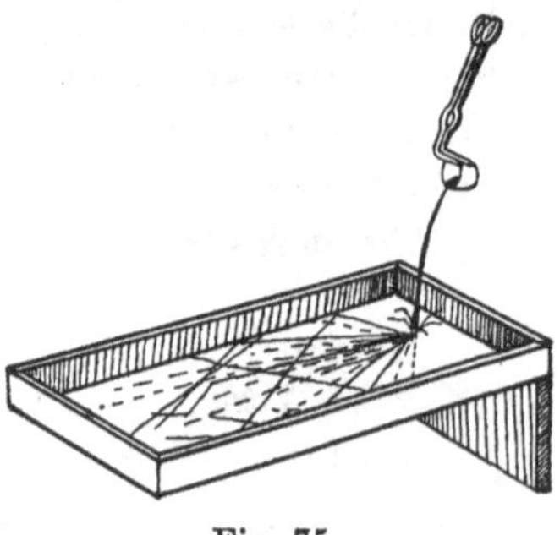

Fig. 75.

Unter den Verwendungen, die das Antimon findet, ist das zur Herstellung der Buchdruckerlettern dienende Letternmetall — aus Blei und Antimon bestehend — und das aus Zinn und Antimon zusammengesetzte Britanniametall zu nennen.

Von medizinisch gebrauchten Antimonpräparaten seien genannt: Brechweinstein (vgl. S. 257), Goldschwefel (vgl. S. 258) und Schlippe'-sches Salz (vgl. S. 258).

Gegen Salzsäure ist Antimon beständig. Von Salpetersäure dagegen wird es unter Oxydation sehr lebhaft angegriffen und in unlösliche Metaantimonsäure (vgl. S. 257) verwandelt.

Versuch 170. Gepulvertes Antimon wird im Reagenzglas mit konzentrierter Salpetersäure gelinde erwärmt: Heftige Reaktion. Das Antimon wird unter massenhaftem Entweichen brauner Dämpfe in ein weißes, unlösliches Pulver verwandelt.

32. Antimonwasserstoff. SbH_3.

Der Antimonwasserstoff bildet sich nach dem Prinzip des „nascierenden" Wasserstoffs beim Eintragen von Antimonverbindungen in ein in lebhafter Wasserstoffentwicklung begriffenes Gemisch von Zink und Salzsäure.

Versuch 171. Im Marsh'schen Apparate des Versuches 167 wird aus reinem Zink und reiner Salzsäure Wasserstoff entwickelt und einige Tropfen salzsaure Antimonchloridlösung durch das Trichterrohr hinzugegeben. Der sich dann dem Wasserstoff beimischende Antimonwasserstoff wird durch die fahle Flamme, durch die schwarzbraunen Flecken auf einer Porzellanschale (die in Chlorkalklösung unlöslich sind) und durch die Abscheidung eines glänzenden Antimonspiegels in dem verjüngten Glasrohr charakterisiert.

In reinem Zustande erhält man den Antimonwasserstoff beim langsamen Eintragen sehr fein pulverisierten Magnesiumantimonids in kalte, verdünnte Salzsäure.

Antimonwasserstoff ist ein farbloses Gas, welches bei -18^0 siedet, einen widerwärtigen Geruch besitzt und sich als gefährliches Gift erweist. Seine Zersetzlichkeit ist sehr groß. Unter der Wirkung des elektrischen Funkens tritt unter Explosion Zerfall in die Elemente ein; aber auch schon bei gewöhnlicher Temperatur läßt sich diese Zersetzung beobachten. In der Wärme verläuft sie, wie der soeben angestellte Versuch beweist, sehr schnell.

Antimonwasserstoff ist zweifellos erheblich instabiler, als der ihm sonst so ähnliche Arsenwasserstoff.

33. Chloride des Antimons.

Es existieren zwei Chloride des Antimons:

$SbCl_3$ = Antimontrichlorid [Antimon (3)-Chlorid],
$SbCl_5$ = Antimonpentachlorid [Antimon (5)-Chlorid].

A. Antimontrichlorid wird durch Lösen von Grauspießglanz in Salzsäure und Abdampfen dieser Flüssigkeit gewonnen. Es bildet eine aus kleinen, farblosen Krystallen bestehende Masse, die früher Antimonbutter genannt wurde. In Salzsäure löst sich Antimontrichlorid unzersetzt. Wird aber diese salzsaure Lösung mit Wasser versetzt, so scheidet sich ein blendend weißer Niederschlag aus, der neben Chlor noch Sauerstoff an Antimon gebunden enthält:

$$SbCl_3 + H_2O = 2HCl + SbOCl.$$

Er wird als Antimonoxychlorid oder (nach seinem Entdecker, einem mittelalterlichen Arzte) Algarothpulver genannt.

Versuch 172. Eine salzsaure Lösung von Antimontrichlorid wird mit viel Wasser versetzt: Sofort Abscheidung des weißen Antimonoxychlorids. Auf Zusatz von Salzsäure löst sich der Niederschlag wieder auf.

Die Löslichkeit des Algarothpulvers in Salzsäure zeigt, daß die Reaktion:

$$SbCl_3 + H_2O \rightleftarrows 2HCl + SbOCl$$

eine umkehrbare ist, und daß, ebenso wie bei der Zersetzung des Arsentrichlorids durch Wasser, die Masse der reagierenden Stoffe für den Verlauf der Umsetzung von entscheidender Bedeutung ist.

B. Antimonpentachlorid entsteht sowohl aus Antimon, wie aus Antimontrichlorid mit überschüssigem Chlor:

$$Sb + 5Cl = SbCl_5.$$

$$SbCl_3 + 2Cl = SbCl_5.$$

Es ist im Gegensatz zum Antimontrichlorid eine Flüssigkeit von gelber Farbe, die bei Atmosphärendruck bei etwa 140° unter teilweisem Zerfall in Antimontrichlorid und freies Chlor siedet. Durch Destillation im luftverdünnten Raume dagegen läßt sich die Verbindung ohne Zersetzung reinigen.

Mit wenig Wasser bildet Antimonpentachlorid gut krystallisierte „Hydrate“ (vgl. S. 38) von der Formel $SbCl_5 \cdot H_2O$ und $SbCl_5 \cdot 4H_2O$.

Auch sonst ist das Chlorid sehr geneigt, andere Stoffe, wie z. B. anorganische Chloride, unter Bildung wohldefinierter, häufig intensiv gefärbter Verbindungen anzulagern.

34. Vergleichende Betrachtung der Elemente der Stickstoffgruppe.

Die bereits in zwei anderen Elementengruppen (vgl. S. 62 und S. 83) beobachtete Erscheinung, daß die physikalischen und chemischen Eigenschaften der Elemente in einer gesetzmäßigen Abhängigkeit zur Größe der Atomgewichte stehen, findet auch in der Gruppe des Stickstoffs eine eklatante Bestätigung. Vor allem fällt auf, daß mit zunehmendem Atomgewicht die Elemente einen immer metallartigeren Charakter erlangen, der im Antimon und vor allem in dem zur gleichen Gruppe gehörigen Wismut aufs deutlichste ausgeprägt ist. Außerdem ist bemerkenswert die Änderung der Eigenschaften der Wasserstoffverbindungen dieser Elemente. Am Anfang der Reihe: das höchst beständige Ammoniak mit stark basischen Eigenschaften, am Ende: der giftige, bereits bei gewöhnlicher Temperatur in seine Bestandteile zerfallende Antimonwasserstoff. In Übereinstimmung damit steht die in allerneuster Zeit gemachte Beobachtung, daß die Wasserstoffverbindung des Wismuts (vgl. S. 425) einen Stoff von äußerster Zersetzlichkeit vorstellt.

	N	P	As	Sb
Atomgewicht	14,008	31,04	74,96	120,2
Aggregat-Zustand	Gas	fest	fest	fest
Farbe	farblos	farblos oder rot	grau oder gelb	grau; Krystalle silberglänzend
Schmelzpunkt	– 210°	+ 44,5°	+ 480° (unter Druck)	+ 630,6°
Siedepunkt	– 195,7°	+ 290°	Sublimationspunkt gegen + 450°	1500—1700°

	NH_3	PH_3	AsH_3	SbH_3
Aggregatzustand	Gas	Gas	Gas	Gas
Schmelzpunkt	– 75°	– 133°	– 113,5°	– 91,5°
Siedepunkt	– 33,5°	– 86,2°	– 55°	– 18°
Basicität	stark	sehr schwach	nicht basisch	nicht basisch
Beständigkeit	sehr groß	mittelgroß	mäßig	sehr gering

35. Kohlenstoff. C (von Carbo = Kohle).

Atomgewicht = 12,00.

Gegenüber dem in der belebten und in der unbelebten Natur massenhaften Vorkommen von Kohlenstoffverbindungen der verschiedensten Art ist dasjenige des reinen Kohlenstoffs als spärlich zu bezeichnen.

Wir begegnen ihm in zwei voneinander verschiedenen krystallinischen Modifikationen: als Diamant und als Graphit.

Andere Modifikationen des reinen Kohlenstoffs, wie z. B. Koks, Gaskohle und Ruß, denen man früher eine amorphe Struktur zuschrieb und die man von den genannten krystallinischen Modifikationen unterschied, sind nach den neuesten Untersuchungen vom Graphit prinzipiell nicht verschieden.

I. Diamant.

Der Diamant stammte zuerst aus Indien; seit 1727 wurde er aus Brasilien eingeführt, neuerdings aus dem Ural, vom Kapland, Australien und endlich Südwestafrika.

Er krystallisiert im regulären System und zwar gewöhnlich in Rhombendodekaedern, seltener in Oktaedern.

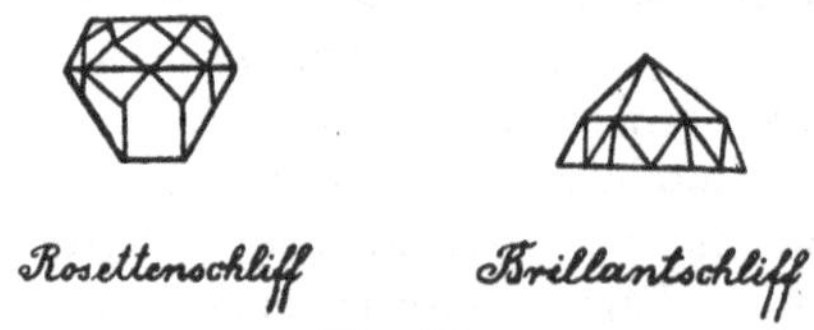

Fig. 76.

Die zum Schmuck bestimmten Diamanten müssen geschliffen werden, um das auf dem hohen Lichtbrechungsvermögen des Diamanten beruhende Farbenspiel, das sogenannte „Feuer“, hervorzurufen. Je nach der Art, wie dieser Schliff vorgenommen wird, unterscheidet man die Rosetten- und die Brillantform (Fig. 76). Die „Brillanten“ besitzen einen lebhafteren Glanz, sind aber wegen des mit ihrer Herstellung verbundenen Substanzverlustes teurer.

Der Wert eines Diamanten hängt nicht bloß von der Größe, sondern auch von der Farbe ab.

Diamant besitzt von allen Stoffen die größte Härte. Er hat daher in der Moß'schen Härteskala den Wert 10 bekommen. Er wird seiner Härte wegen zum Schneiden des Glases, zum Bohren harter Gesteine und in Form von feinem Pulver als wertvolles Schleifmittel benutzt.

Diamant gehört zu den widerstandsfähigsten Stoffen, die wir kennen, und wird von keinem, selbst nicht dem energischsten Agens, angegriffen.

Dagegen gelingt es, den Diamanten in Sauerstoff zu verbrennen, wenn man ihn auf genügend hohe Temperatur erhitzt.

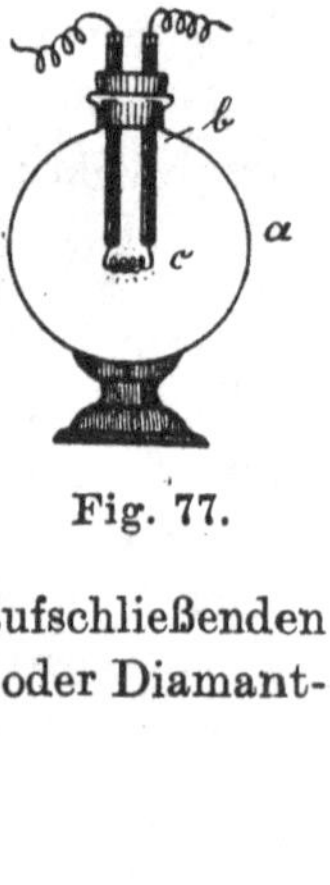

Fig. 77.

Versuch 173. Ein etwa 2 Liter fassendes Kugelgefäß *a* aus Glas wird in der pneumatischen Wanne mit Sauerstoff gefüllt und dann mit einem Gummistopfen verschlossen, durch dessen zwei Bohrungen zwei unten geschlossene Glasröhrchen *b* gesteckt sind, die unten durch einen beiderseits eingeschmolzenen, nicht zu dünnen Draht *c* aus Platin verbunden sind. Der Platindraht wird zu einer ziemlich eng aufschließenden Spirale gewickelt und in diese ein kleiner Diamant oder Diamantsplitter hineingelegt. Man füllt die Glasröhrchen mit Quecksilber und steckt in dieses die Poldrähte einer genügend starken, regulierbaren Stromzuführungsquelle hinein. Man schaltet nun — im verdunkelten Raum — den Strom ein und reguliert ihn so, daß der Draht zuerst nur schwach, dann stärker rot und schließlich nahezu weiß glüht. Man kann so den Augenblick, in dem der Diamant Feuer fängt, genau feststellen und muß dann sofort die Zuleitung des Stromes unterbrechen. Der Diamant glüht von selbst mit hellem Lichte weiter, wird immer kleiner und ist nach kurzer Zeit völlig in ein Gas verwandelt. Man nimmt nun den Stopfen mit den Stromzuführungen heraus, gießt einige Kubikzentimeter klares Barytwasser in das Kugelgefäß, verschließt es mit einem Stopfen und schüttelt kräftig um. Die alsbald auftretende, weiße Trübung beweist die Anwesenheit des bei der Verbrennung des Diamanten entstandenen Kohlendioxyds.

Die künstliche Herstellung größerer Diamanten, die aus verschiedenen Gründen von Interesse wäre und auch hohe praktische Bedeutung haben würde, ist bisher nicht gelungen.

Dagegen haben verschiedene Forscher winzige Diamanten auf künstlichem Wege darstellen können. Vor allem sind hierbei die Versuche von Moissan zu erwähnen, der eine bei 2—3000° gesättigte Lösung von Kohlenstoff in geschmolzenem Eisen plötzlich abkühlte und hierbei bis 0,5 mm große Krystalle erhielt, die sich in ihren Eigenschaften von reinen Diamanten nicht unterschieden.

II. Graphit.

Der Graphit ist weit verbreiteter in der Natur als der Diamant und findet sich an zahlreichen Stellen in Lagern von verschiedener Mächtigkeit: So in Cumberland, bei Passau, in Böhmen, Mähren, dann in Kalifornien und in Ceylon.

Der rohe Graphit bildet grauschwarze, blättrige Massen von großer Weichheit und krystallisiert im hexagonalen System.

Zur Reinigung wird der Graphit einer teils mechanischen Bearbeitung durch Schlämmen, teils einer Behandlung mit chemischen Agentien unterworfen.

Die Hauptanwendung des Graphits ist die zur Fabrikation der Bleistifte. Früher wurden diese direkt aus den Graphitblöcken geschnitten, jetzt wird indessen auch der lockere Graphit dazu verwendet. Er wird fein gemahlen, geschlämmt, einer chemischen Reinigung unterworfen, mit Ton gemengt und durch ein feines Loch gepreßt, aus dem er schließlich in den uns wohlbekannten viereckigen oder runden Stängchen herauskommt. Von der Menge des Tones hängt die Härte und Schwärze der Bleistifte ab.

Graphit leitet — im Gegensatz zum Diamanten — Wärme und Elektrizität und ist ferner ein gegen Feuer und die meisten chemischen Agentien widerstandsfähiges Material. Auch auf diesen Eigenschaften beruhen wichtige Anwendungen: So die zur Herstellung von Schmelztiegeln für metallurgische Zwecke (Passauer Tiegel) und von Elektroden, die gegen Chlor widerstandsfähig sein sollen. Auch in der Galvanoplastik bedient man sich des Graphits, um Formen aus Wachs, Gips u. dgl. durch Bestäuben mit feinem Graphitpulver eine gut leitende Oberfläche zu verleihen. Endlich wird er als Schmiermittel, zum Anstrich von eisernen Gegenständen, z. B. Öfen, und zur Herstellung von Rost- oder Nadelpapier benutzt.

In chemischer Beziehung ist seine große Widerstandsfähigkeit gegen energisch wirkende Agentien hervorzuheben, die freilich geringer ist, als die des Diamanten.

Die Verbrennung im Sauerstoff — die sich unter denselben Versuchsbedingungen, wie sie beim Diamanten zur Durchführung kamen, bewerkstelligen läßt — geht leichter von statten, als bei diesem, führt aber im übrigen zu dem gleichen Produkte: Kohlendioxyd.

Auch auf nassem Wege läßt sich Graphit oxydieren. Ein Gemisch von Salpetersäure (vgl. S. 220) und Kaliumchlorat (vgl. S. 316) verwandelt ihn in ein eigenartiges, seiner chemischen Natur nach noch unaufgeklärtes Produkt: die Graphitsäure. Diese bildet grüngelbe Blättchen, die als Pseudomorphosen nach dem Graphit aufzufassen sind.

Noch ein anderes Oxydationsprodukt des Graphits, die Mellitsäure, ist von Interesse, zumal man über ihre Zusammensetzung und den Bau ihres Moleküls völlig im klaren ist. Mellitsäure ist eine 6-basische (vgl. S. 77), organische Säure, die einen aus 6 Kohlenstoffatomen zusammengesetzten 6-Ring:

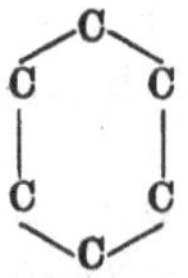

enthält, an welchen sechsmal — an jedes Kohlenstoffatom einmal — der Rest COOH angeheftet ist. Man kann daher die Mellitsäure durch die Formel $C_6(COOH)_6$ wiedergeben.

Aus der Tatsache ihrer Bildung durch Oxydation von Graphit wird man a priori den Schluß ziehen dürfen, daß sich auch im Graphit 6-Ringe von der Art des in der Mellitsäure sicher vorhandenen befinden müssen. Diese Vermutung ist durch moderne physikalische Untersuchungen zur Gewißheit erhoben, und man nimmt jetzt an, daß der Graphit aus einem Netzwerk besteht, in welchem Kohlenstoff-6-Ringe nebeneinander und übereinander gelagert und miteinander verbunden sind. Der innere Bau des Diamanten — der ja auch in einem ganz anderen Krystallsystem krystallisiert — ist, wie man bewiesen hat, ein ganz anderer.

III. Die dem Graphit nahestehenden Modifikationen des Kohlenstoffs (Ruß, Gaskohle, Koks).

Zahlreiche organische — d. h. kohlenstoffhaltige — Verbindungen hinterlassen beim Glühen unter Luftabschluß mehr oder minder fein verteilten Kohlenstoff — sie verkohlen.

Versuch 174. 1—2 g Rohrzucker werden in einem Reagenzglas über freier Flamme erhitzt. Zunächst schmilzt der Zucker, färbt sich dann gelb und braun und verkohlt schließlich unter Entwicklung reichlicher Mengen von charakteristisch riechenden Dämpfen. Schließlich hinterbleibt blättrige Zuckerkohle.

Auch unter der Wirkung konzentrierter Schwefelsäure wird Rohrzucker in Zuckerkohle verwandelt.

Versuch 175. Mit Hilfe eines Trichterrohrs läßt man unter eine ganz konzentrierte Auflösung von Rohrzucker in Wasser, die sich in einem hohen, engen Becherglase befindet, etwa das gleiche Volumen konzentrierte Schwefelsäure fließen. Wenn man dann die beiden zunächst noch voneinander getrennten Schichten durch kräftiges Rühren miteinander vermischt, färbt sich die Masse braun, und unter heftiger, mit starker Erhitzung verbundener Reaktion tritt Verkohlung ein. Die blasige, verkohlte Masse wird in dem Becherglas in die Höhe gehoben und fällt schließlich über dessen Rand herunter.

Am feinsten verteilt ist der Kohlenstoff im Ruß, der sich, wie allgemein bekannt ist, in sämtlichen Kaminen findet und in vielen Flammen entsteht. Er bildet sich stets, wenn flüchtige Verbindungen des Kohlenstoffs mit Wasserstoff bei ungenügendem Luftzutritt verbrennen. Hierbei verbrennt zunächst der Wasserstoff, und Kohlenstoff bleibt zurück.

Hierauf beruht das „Rußen" von Öl- oder Petroleumlampen. Substanzen, die an und für sich sehr kohlenstoffreich sind, bedürfen zu ihrer völligen Verbrennung natürlich mehr Sauerstoff, als solche, die nur wenig Kohlenstoff und viel Wasserstoff enthalten. Daher rußen z. B. Benzol oder Terpentinöl beim Entzünden ihrer Dämpfe sehr stark.

Versuch 167. a) In einem Reagenzglas erhitzt man etwas Benzol zum Sieden und zündet die Dämpfe an. Sie brennen mit stark rußender Flamme!

b) Eine kleine, mit Terpentinöl gefüllte Spirituslampe wird angesteckt. Sie brennt mit rötlicher Flamme, die dichte Rußwolken ausstößt. Auf einer glasierten Porzellanschale wird der Ruß in matten, schwarzen Flecken niedergeschlagen.

Der „Kienruß“ wird entweder auf diese Weise, also durch Verbrennen von Terpentinöl, oder aus Harz beziehungsweise harzreichen Hölzern oder durch Verbrennen von Steinkohlenteer gewonnen. Er wird als beständige schwarze Farbe z. B. zur Herstellung von Druckerschwärze und Stiefelwichse verwendet.

Nach dem Ruß ist die Gas- oder Retortenkohle als reinste Form des feinverteilten, graphitartigen Kohlenstoffs anzusehen. Sie setzt sich bei der Darstellung des Leuchtgases in den Retorten als feste, kompakte, sehr harte Masse ab und ist ein guter Leiter der Elektrizität. Sie wird daher zur Herstellung von Platten für galvanische Elemente und von Kohlestäben für elektrische Bogenlampen verwendet.

Koks bildet den bei der trockenen Destillation der Steinkohlen in den Retorten verbleibenden Rückstand. Er bildet eine poröse, häufig grauglänzende Masse, die fast reinen, graphitartigen Kohlenstoff vorstellt. Koks wird als sehr wertvolles, eine hohe Temperatur lieferndes Brennmaterial und als Reduktionsmittel in der Eisenindustrie in ungeheuren Massen verbraucht.

IV. Die Kohlearten.

Verschieden von den Modifikationen des reinen oder annähernd reinen Kohlenstoffs sind die mannigfaltigen Arten der Kohle.

Die Holzkohle wurde früher allgemein nach dem primitiven Verfahren der Köhlerei, das noch jetzt in waldreichen Gegenden ausgeübt wird, dargestellt. Hierbei werden die Holzscheite zu einem „Meiler“ aufgeschichtet, dieser locker mit Erde bedeckt und nur hier und da eine Öffnung gelassen, um für die Verbrennung des Holzes der Luft den Zutritt zu ermöglichen.

Der Meiler wird dann angesteckt und der Prozeß so reguliert, daß eine möglichst geringe Menge des Holzes durch vollständige Verbrennung verloren geht und eine maximale Ausbeute an Holzkohle erhalten wird.

Die Nachteile dieses Verfahrens bestehen nicht bloß in einem Verlust an Holz, sondern vor allem darin, daß die zahlreichen flüchtigen Nebenprodukte, die sich bei der trockenen Destillation des Holzes bilden, verloren gehen.

Es wird daher heute meistens die Gewinnung der letzteren, unter denen sich viele wertvolle Stoffe befinden, mit der Herstellung von Holzkohle in der Weise verbunden, daß man das Holz einer trockenen Destillation in eisernen Retorten unterwirft.

Holzkohle zeigt noch deutlich die Struktur des Holzes, aus dem sie hergestellt worden ist. Sie ist infolge ihrer Porosität ungemein leicht. Außer Kohlenstoff enthält sie noch reichliche Mengen von Wasser und von Asche.

Wegen ihrer Porosität vermag die Holzkohle und ebenso die aus Blut oder Knochen durch Erhitzen unter Luftabschluß gewonnene Blut- und

Knochenkohle stark absorbierend und adsorbierend zu wirken. Gase, Flüssigkeiten und auch feste Stoffe vermag sie in reichlicher Menge in ihren Poren aufzunehmen und spielt für derartige Zwecke eine wichtige Rolle.

Versuch 177. Ein hoher, enger, mit Quecksilber gefüllter Zylinder ist mit der Öffnung nach unten in eine mit Quecksilber gefüllte Schale eingehängt. Man leitet nun so viel Ammoniak ein, daß der Zylinder nahezu mit dem Gase gefüllt ist und bringt dann mit einer Tiegelzange 2—3 Holzkohlekugeln, die man in einem bedeckten Porzellantiegel bis zur Rotglut erhitzt hat, in den Zylinder hinein. Das Quecksilber beginnt alsbald zu steigen, und nach kurzer Zeit ist die gesamte Menge des Ammoniaks von der Kohle absorbiert.

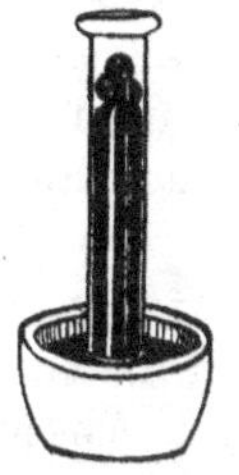

Fig. 78.

Auch die in unreinem Wasser vorhandenen Verunreinigungen werden von der Holzkohle so leicht und vollständig aufgenommen, daß man Kohlefilter zur Gewinnung reinen Trinkwassers mit Vorteil verwenden kann.

Versuch 178. Ein Holzkohlefilter mit eingesetztem, zweimal rechtwinklig gebogenem Glasrohr wird in ein Gefäß mit durch Lehm verunreinigtem Wasser eingehängt und die Filtration durch Ansaugen an dem langen Ende des Rohres in Gang gebracht. Das ablaufende Wasser ist völlig klar.

Im Laboratorium und in der Industrie benutzt man die stark adsorbierende Wirkung der Holzkohle zur Reinigung und Entfärbung gefärbter Flüssigkeiten. Noch wirksamer ist die sogenannte Tierkohle, die durch starkes Erhitzen von Knochen in Retorten gewonnen wird, wobei als Nebenprodukt das Tieröl (Oleum animale Dippelii) gewonnen wird. Natürlich ist in der so entstehenden Tier- oder Knochenkohle eine reichliche Menge von Asche enthalten, vor allem Calciumphosphat (vgl. S. 334) und Calciumcarbonat (vgl. S. 333). Aber gerade diese anorganischen Stoffe, auf denen der Kohlenstoff niedergeschlagen ist, haben zur Folge, daß er in feinster Form zur Wirkung kommt.

Versuch 179. In zwei etwa $^1/_2$ Liter fassenden Kolben wird stark verdünnte Indigolösung und gleichfalls mit Wasser verdünnter Rotwein zum Sieden erhitzt und in die beiden Flüssigkeiten je ein Löffel Tierkohle gebracht. Hierauf läßt man noch 1—2 Minuten sieden und filtriert heiß durch ein gutes, angefeuchtetes Filter. In beiden Fällen erhält man völlig klare, farblose Flüssigkeiten.

Die Kohlearten Torf, Braunkohle, Steinkohle, Anthracit.

Die in der Überschrift genannten Kohlearten entstehen durch Verwesung von Pflanzenstoffen bei Mangel an Luft unter Wasser oder im Boden, wobei zweifellos auch Mikroorganismen eine wichtige

Rolle spielen. Die Organe der Pflanzen sind in weitaus überwiegender Menge aus den Elementen Kohlenstoff, Wasserstoff, Sauerstoff und Stickstoff aufgebaut, und bei ihrer Verwesung, die eine ähnliche, wenn auch sehr viel langsamere Veränderung als eine trockene Destillation bewirkt, entweichen die drei letzteren sowie auch ein kleiner Teil des Kohlenstoffs in Form von flüchtigen Verbindungen, und es findet eine immer zunehmende Anreicherung des Rückstandes an Kohlenstoff statt.

Das jüngste Produkt dieser Umwandlung, dessen Bildung wir bequem verfolgen können, ist der Torf. Viel weiter zurück liegt die Entstehung der Braunkohle und noch weit älter ist der Ursprung von Steinkohle und Anthracit. Die frühere Annahme, daß sich die zuletzt genannten Kohlearten aus Braunkohle gebildet haben, trifft nicht zu, da sich Braun- und Steinkohle in chemischer Beziehung so weitgehend voneinander unterscheiden, daß ein genetischer Zusammenhang zwischen beiden ausgeschlossen erscheint.

Der allmähliche Austritt flüchtiger Verbindungen und die Anreicherung an Kohlenstoff läßt sich ohne weiteres aus der folgenden Tabelle ersehen, die die prozentische Zusammensetzung der verschiedenen Kohlearten enthält:

	Kohlenstoff	Wasserstoff	Sauerstoff, Stickstoff
Holz	50	6	44
Torf	60	5,8	34,2
Braunkohle bei Cöln .	67	5	28
Steinkohle, engl. . .	89	5	6
Anthracit	94	3,4	2,6

Die letzte Stufe dieser Umwandlung bildet der Graphit, der, wie bereits erwähnt, reinen Kohlenstoff vorstellt. Es unterliegt aber keinem Zweifel, daß zahlreiche Graphitlager auf eruptivem Wege entstanden sind, so daß es nicht angängig ist, das Vorkommen des Graphits stets auf die Umwandlung des Holzes zurückzuführen.

Was nun die Bildung der ungeheuren Steinkohlen- und Anthracitlager betrifft, so nimmt man an, daß in weit zurückliegenden Zeitperioden, in denen das Klima dem der Tropen glich, auf dem Boden flacher Binnenlandseen gewaltige Waldmoore entstanden. Ihre Flora setzte sich zur Zeit der Tertiärformation, während der sich die Braunkohlen bildeten, wesentlich aus den Bäumen der Sumpfconiferen, im paläozoischen Zeitalter, dessen Formationen nahezu ausschließlich die Steinkohlenlager einschließen, vorwiegend aus Palmen, baumartigen Schachtelhalmen und Bärlappgewächsen zusammen. Die jahraus, jahrein in ungeheuren Mengen niederfallenden Blattmassen und absterbenden Stämme vermoderten unter dem Schutze des Wassers. Neue Vegetationen wuchsen empor und erlitten dasselbe Schicksal. So sammelte sich das verwesende Material mehr und mehr an, bis Naturereignisse große Massen von Schlamm herbeischafften, welche das Waldmoor zudeckten, zugleich aber den Boden für ein neues Moor vorbereiteten. Indem sich diese Vorgänge im Verlauf sehr langer Zeitperioden wiederholten, bildeten sich abwechselnd schalenartige, mehr oder minder mächtige Schichten vermodernder Pflanzensubstanz, sogenannte Kohlenflöze, und Schichten von Kalk, Sand oder Ton.

In den Kohlenflözen schreitet die Vermoderung und Kohlenbildung ununterbrochen bis auf den heutigen Tag fort, und das häufige Vorkommen der aus einem Gemisch von Methan und Luft bestehenden „schlagenden Wetter" legt Zeugnis davon ab, daß fortwährend wasserstoffreiche Kohlenstoffverbindungen abgegeben werden und sich dadurch der Kohlenstoff in der Kohle immer mehr anreichert.

36. Die Wasserstoffverbindungen des Kohlenstoffs (Kohlenwasserstoffe).

Der Kohlenstoff besitzt unter allen Elementen die weitaus größte Neigung, sich mit anderen in der mannigfaltigsten Weise zu verbinden. Diese Neigung ist so ausgeprägt, und die Möglichkeiten zum Aufbau kohlenstoffhaltiger Moleküle sind so außerordentlich zahlreich, daß bis jetzt gegen 200000 reine, einheitliche Kohlenstoffverbindungen existieren. Aus didaktischen Gründen ist es nicht ratsam, dieses ungeheure Material in der Reihe der übrigen Elemente abzuhandeln. Es ist vielmehr üblich, es zum Gegenstand einer gesonderten Besprechung zu machen und als Organische Chemie zusammenzufassen.

Immerhin ist es zweckmäßig, die Bekanntschaft mit dem elementaren Kohlenstoff und mit einigen seiner einfachsten Verbindungen bereits in der anorganischen Chemie zu vermitteln.

Die einfachsten Verbindungen bestehen ausschließlich aus Kohlenstoff und Wasserstoff und werden daher Kohlenwasserstoffe genannt. Auch von ihnen ist eine sehr große Zahl bekannt, von denen drei aus bestimmten Gründen für die Besprechung ausgewählt seien.

I. Methan. CH_4 (Sumpfgas, Grubengas).

Diese Verbindung bildet sich bei einem gärungsartigen Vorgang der Cellulose, wie er sich an verwesenden Pflanzenteilen in Sümpfen oder Teichen abspielt, und wird daher auch Sumpfgas genannt.

Das Vorkommen des Methans in Steinkohlenbergwerken bedeutet eine große Gefahr für die Bergleute, weil Mischungen des Gases mit Luft durch eine Flamme oder einen elektrischen Funken zur Explosion gebracht werden. Es ist daher auch der Name Grubengas im Gebrauch.

An manchen Stellen der Erdoberfläche, wie z. B. in den Petroleumquellen von Baku und von Pennsylvanien, entströmt Methan in ungeheuren Mengen und wird dort für Heizzwecke verwendet.

Zur Darstellung des Methans kann man sich der Umsetzung des Aluminiumcarbids mit heißem Wasser bedienen, die sich nach der Gleichung:

$$C_3Al_4 + 12H_2O = 4Al(OH)_3 + 3CH_4$$

abspielt.

Versuch 180. Ein Kolben *a* von etwa $^1/_2$ Liter Inhalt ist mit einem doppelt durchbohrten Gummistopfen verschlossen, durch dessen eine Bohrung ein Tropftrichter *b* eingesetzt ist, während durch die andere ein kleiner aufwärts gerichteter Kühler *c* führt. Der letztere trägt ein mit Chlorcalcium gefülltes Rohr *d* und schließlich ein kurzes Glasrohr mit Platindüse *e*. Der Kolben wird nun mit etwa 20 g gröblich zerkleinertem Aluminiumcarbid beschickt und in den Tropftrichter möglichst heißes Wasser gefüllt. Man läßt dieses nicht zu rasch auf das Carbid auftropfen und hilft, falls die Reaktion gar zu träge einsetzt, durch Erwärmen nach. Sehr bald wird der Prozeß so lebhaft, daß ein großer Teil des Wassers als Dampf entweicht. Der angeschlossene Kühler und das Chlorcalciumrohr sollen verhindern, daß zuviel Wasser mit dem Methan fortgeht, weil sonst die Entzündung nur schwierig oder gar nicht gelingt.

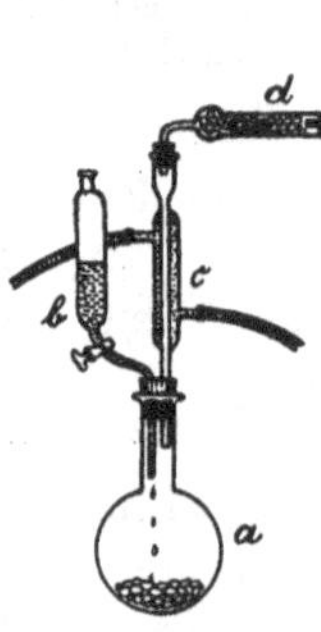

Fig. 79.

Auch aus Natriumacetat läßt sich Methan durch Erhitzen mit Natriumhydroxyd oder noch zweckmäßiger Natronkalk bequem gewinnen. Der Vorgang läuft hinaus auf eine starke Reduktion der dem Natriumacetat zugrunde liegenden Essigsäure:

$$CH_3COONa \text{ (Natriumacetat)} + NaOH = Na_2CO_3 + CH_4.$$

Versuch 181. Eine außen mit Asbestpapier beschlagene Retorte von etwa 500 ccm Inhalt wird zur Hälfte gefüllt mit einem trockenen Gemisch aus 50 g geschmolzenem Natriumacetat und 100 g Natronkalk und ist durch ein Gasentbindungsrohr mit der pneumatischen Wanne verbunden. Die Retorte wird dann kräftig erhitzt und das Methan, nachdem die Luft ausgetrieben ist, in einem großen mit Wasser gefüllten Zylinder aufgefangen. Der Inhalt des letzteren wird entzündet, wobei man gleichzeitig Wasser in den Zylinder gießt, um das Gas herauszutreiben.

Eigenschaften des Methans.

Methan ist ein farb-, geruch- und geschmackloses Gas, das sich in Wasser nur sehr wenig löst. Sein Schmelzpunkt liegt bei — 184°, der Siedepunkt bei — 164°. Methan gehört also zu den schwer zu verflüssigenden Gasen.

Mit Luft oder Sauerstoff gemischt, bildet Methan ein äußerst gefährliches Gasgemisch, das bei der Entzündung mit größter Heftigkeit explodiert. Nach der Gleichung:

$$CH_4 \text{ (1 Volumen)} + 2O_2 \text{ (2 Volumina)} = 2H_2O + CO_2$$

müssen, um das Methan vollständig zu verbrennen, auf 1 Volumen davon 2 Volumina Sauerstoff angewendet werden.

Versuch 182. Ein Explosionskölbchen (vgl. Versuch 23) wird zu $^1/_3$ mit reinem Methan, zu $^2/_3$ mit Sauerstoff gefüllt, durch einen festsitzenden Gummistopfen gut verschlossen und das Gasgemisch in der früher beschriebenen Schutzvorrichtung (vgl. Versuch 23) durch einen elektrischen Funken gezündet: Sehr heftige Explosion!

Hervorzuheben ist unter den Eigenschaften des Methans die große Widerstandsfähigkeit gegen die meisten Agentien.

II. Äthan. C_2H_6.

Äthan läßt sich ebenso wie Methan nach verschiedenen Methoden darstellen. Am bequemsten und raschesten gelingt seine Gewinnung aus Zinkäthyl, einer eigenartigen Kohlenstoffverbindung von der Formel $Zn(C_2H_5)_2$.

Zinkäthyl ist — wie bereits früher (vgl. S. 13) festgestellt worden ist — eine Flüssigkeit, die sich an der Luft augenblicklich von selbst entzündet.

Von Wasser dagegen wird die Verbindung in stürmischer Reaktion unter Bildung von Zinkhydroxyd (vgl. S. 362) und Äthan zersetzt:

$$Zn(C_2H_5)_2 + 2H_2O = 2C_2H_6 + Zn(OH)_2.$$

Versuch 183. Ein mittelgroßer, mit Wasser gefüllter Glaszylinder ist mit der Öffnung nach unten in eine ziemlich geräumige, gleichfalls mit Wasser gefüllte Wanne gehängt. Man packt nun vorsichtig ein mit Zinkäthyl gefülltes Glaskügelchen mit einer geeigneten Zange, führt es in dieser unter die Öffnung des Glaszylinders und zerdrückt es dann mit der Zange: Sofort stürmische Gasentwicklung und Abscheidung von weißem Zinkhydroxyd! In derselben Weise wird der Inhalt eines zweiten und, falls nötig, auch eines dritten Glaskügelchens mit dem Wasser umgesetzt. Der Zylinder wird dann mit einer Glasplatte verschlossen, aus der Wanne gehoben und das Äthan unter gleichzeitigem Nachgießen von Wasser entzündet.

Äthan ist im chemischen Verhalten dem Methan sehr ähnlich. Es ist wie dieses ein farbloses, in Wasser schwer lösliches Gas, das einen beträchtlich höheren Siedepunkt als Methan besitzt und brennbar ist.

Bemerkenswert ist die Zusammensetzung dieses Kohlenwasserstoffs C_2H_6 und nicht CH_3, wie man nach dem Ergebnis der Analyse für möglich halten könnte.

III. Äthylen. C_2H_4.

Die beste Darstellungsmethode für Äthylen beruht auf der Einwirkung konzentrierter Schwefelsäure auf Äthylalkohol, die sich in zwei Stadien abspielt:

1. C_2H_5OH (Äthylalkohol) $+ H_2SO_4 = H_2O + C_2H_5HSO_4$ (Äthylschwefelsäure).
2. $C_2H_5HSO_4 = H_2SO_4 + C_2H_4$ (Äthylen).

Versuch 184. In dem beistehend abgebildeten Apparate wird in dem etwa $1^1/_2$ Liter fassenden Kolben *a* ein Gemisch von 32 ccm Äthylalkohol und 81 ccm konzentrierter Schwefelsäure nebst zahlreichen kleinen Stückchen aus unglasiertem Porzellan (sogenannten Siedesteinchen) bis zur beginnenden Gasentwicklung erhitzt. Man läßt dann aus dem unten zu einer Spitze ausgezogenen Tropftrichter *b* in ziemlich flottem Tempo ein Gemisch von 1 Gewichtsteil Äthylalkohol und 2 Gewichtsteilen konzentrierter Schwefelsäure zutropfen. Das als starker Gasstrom entweichende Äthylen wird in der ersten Waschflasche *c* durch Wasser, in der zweiten *d* durch verdünnte Natronlauge gewaschen und in üblicher Weise aufgefangen. Angezündet verbrennt es mit hellleuchtender Flamme.

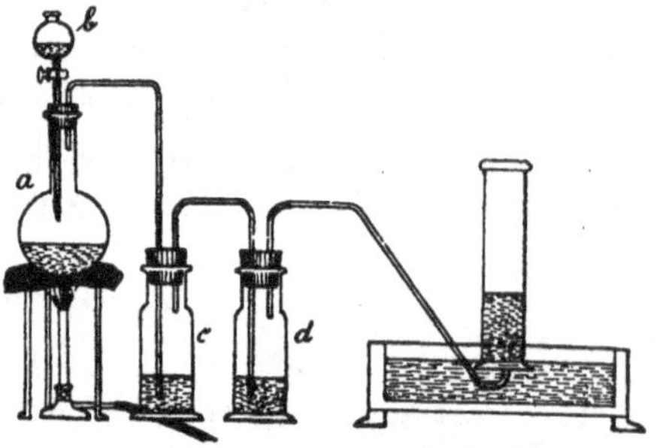

Fig. 80.

Äthylen ist ein farbloses Gas, das bei -103^0 siedet, in Wasser etwas löslicher ist, als die beiden anderen Gase und einen schwachen, charakteristischen Geruch besitzt. Es brennt mit hellleuchtender Flamme.

In chemischer Beziehung ist mit besonderem Nachdruck auf die weit größere Reaktionsfähigkeit des Äthylens verglichen mit der des Methans und Äthans hinzuweisen.

Auch auf seine Zusammensetzung C_2H_4 (gegenüber C_2H_6 beim Äthan) ist wohl zu achten (vgl. dazu S. 172).

IV. Leuchtgas.

Ein kompliziertes Gemisch von Gasen, in welchem außer Wasserstoff in großer Menge Methan und andere Kohlenwasserstoffe, aber auch Kohlenoxyd (vgl. S. 268) enthalten ist, liegt vor im Leuchtgase, das zu Beleuchtungs- und Heizungszwecken allgemeine Verwendung findet.

Leuchtgas entsteht bei der durch Erhitzen unter Luftabschluß bewirkten Zersetzung zahlreicher organischer Stoffe und wird vor allem durch trockene Destillation der Steinkohlen in größtem Maßstabe gewonnen.

Es ist schon früher gelegentlich der Gewinnung von Ammoniak aus Steinkohlen (vgl. S. 97) darauf hingewiesen worden, daß neben Leuchtgas und Ammoniak noch in reichlicher Menge der Steinkohlenteer als Zersetzungsprodukt der Steinkohlen gewonnen wird.

Man weiß jetzt, daß die Zusammensetzung dieses Teers großen Schwankungen unterworfen sein kann.

Wird die Zersetzung der Steinkohlen bei möglichst niederer Temperatur vorgenommen, so erhält man neben Leuchtgas den sogenannten Urteer, in dem in großer Menge die wertvollen Schmieröle enthalten sind.

Wird dagegen die Zersetzung der Steinkohlen, wie es früher allgemein üblich war, bei sehr hoher Temperatur vorgenommen, so erfährt der Urteer an den glühenden Wandungen der Retorten sekundäre Zersetzungen, und man erhält den Steinkohlenteer, aus dem eine große Zahl von besonders „aromatischen" Verbindungen (wie z. B. Benzol, Naphtalin, Phenol, Anthracen, Phenanthren usw.) isoliert werden können.

Versuch 185. Um sich von der glatten Bildung von Leuchtgas, Ammoniak und Teer bei der trockenen Destillation der Steinkohlen zu überzeugen, erhitzt man in der seitlich verschraubbaren, eisernen

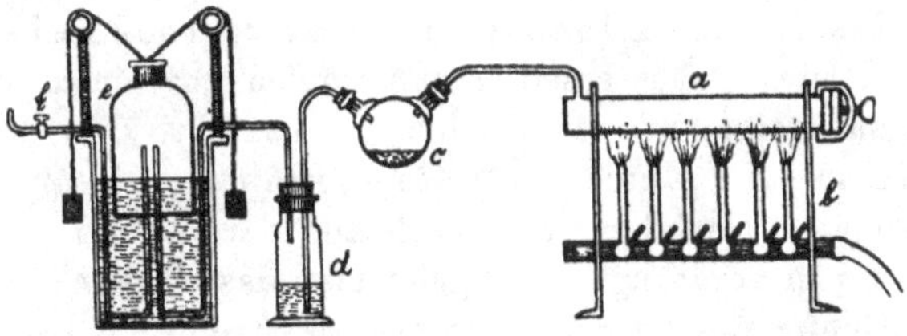

Fig. 81.

Retorte *a* haselnußgroße Stücke von Steinkohle recht kräftig durch eine Anzahl von Brennern *b*. Der Teer sammelt sich in der kugeligen Vorlage *c* an, Ammoniak wird von dem Wasser der Waschflasche *d* aufgenommen, und das Leuchtgas hebt die zunächst mit Wasser gefüllte Glasglocke *e* in die Höhe und läßt sich nach Öffnen des Hahnes *f* entzünden.

Das rohe Leuchtgas enthält noch verschiedene Verunreinigungen und zu Beleuchtungszwecken unbrauchbare Bestandteile, von denen es in den Gasfabriken in verschiedenen Reinigungs- und Waschapparaten befreit wird. Das gereinigte Gas wird schließlich in „Gasometern" gesammelt und den Konsumenten zugeführt.

Die Zusammensetzung des Leuchtgases ist je nach der Beschaffenheit der verwendeten Steinkohle und der Art, in welcher man ihre Zersetzung vornimmt, verschieden.

Die Analyse eines Leuchtgases, das nach dem alten Verfahren aus gewöhnlicher Steinkohle dargestellt worden ist, ergibt etwa folgende Zahlen:

Wasserstoff	46%
Methan	38%
Äthylen usw.	6%
Kohlenoxyd	7%
Stickstoff	2%
Andere Stoffe	1%

Leuchtgas besitzt einen charakteristischen Geruch, der von organischen Schwefel- und Stickstoffverbindungen herrührt, und ist infolge des verhältnismäßig hohen Gehalts an Kohlenoxyd sehr giftig.

Da ferner Leuchtgas in überwiegender Menge aus zwei Gasen besteht, die mit Luft äußerst explosive Gemische bilden, so ist es verständlich, daß auch das Leuchtgas, wenn es sich mit Luft mischt, zu sehr gefährlichen Explosionen Veranlassung geben kann, eine Tatsache, die durch die zahlreichen, verheerenden Gasexplosionen eine traurige Bestätigung findet.

Versuch 186. Um sich von der Heftigkeit einer Leuchtgas-Luft-Explosion gefahrlos zu überzeugen, leitet man durch ein bis auf den Boden führendes Rohr in eine sehr geräumige Woulfe'sche Flasche Leuchtgas ein. Die Woulfe'sche Flasche enthält in ihrem mittleren Tubus einen Gummistopfen mit einem etwa 2 cm weiten und $1^1/_4$ m langen Glasrohr. Der dritte Tubus wird durch einen Gummistopfen locker verstopft. Nachdem die Luft aus der Woulfe'schen Flasche verdrängt ist, zündet man das aus der oberen Öffnung des langen Glasrohres ausströmende Leuchtgas an und zieht dann das Gaseinleitungsrohr mit samt dem Stopfen heraus und läßt die Öffnung dieses Tubus unverschlossen. Man beobachtet dann sofort (zweckmäßig ist der Versuch im Dunkeln anzustellen), daß die Flamme ihr Aussehen verändert. Sie wird entleuchtet, wird immer kleiner, und nach wenigen Sekunden wandert sie mit immer steigender Geschwindigkeit zuerst ins Innere des Rohres und schließlich in die Woulfe'sche Flasche hinein. In diesem Augenblick erfolgt unter bläulicher Feuererscheinung eine mächtige Detonation, und durch die Wucht der Explosion wird der auf dem dritten Tubus befindliche Gummistopfen in die Höhe geschleudert. — Man achte bei diesem Versuch sorgfältig darauf, sich gegen die bei einer unter Umständen möglichen Zerschmetterung der Woulfe'schen Flasche auftretenden Gefahren zu schützen!

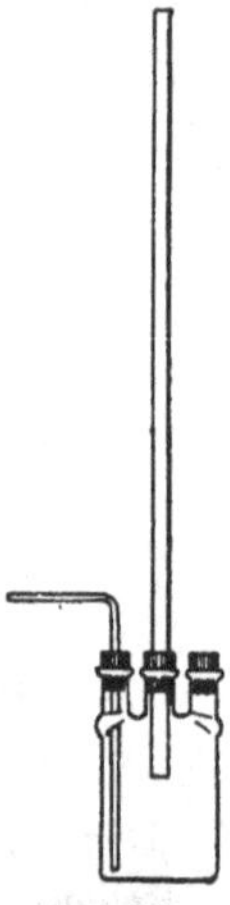

Fig. 82.

Das Wesen der Flamme.

Die Erscheinung der Flamme stellt ein ziemlich verwickeltes Phänomen dar. Leuchtgas z. B. oxydiert sich. Dadurch wird große Hitze erzeugt, und die Folge davon ist die Feuererscheinung. Allein diese Erklärung genügt noch nicht, denn das Glühen eines festen Körpers erzeugt keine Flamme, wie man beim Eintauchen einer glühenden Holzkohle in Sauerstoff beobachten kann. Sie verschwindet unter lebhafter Glüherscheinung, allein eine Flamme bildet sich nicht. Diese entsteht nur, wenn gasförmige Substanzen verbrennen.

Ein scheinbarer Widerspruch scheint beim Brennen einer Kerze vorzuliegen. In Wirklichkeit dagegen steht auch diese Erscheinung im Einklang mit dem Vorhergehenden. Das Material der Kerzen besteht aus Talg, Wachs, Paraffin oder Stearin. Beim Anzünden der Kerze wird zunächst dieses geschmolzen, vom Docht aufgesaugt, vergast, und dann bildet sich erst durch den Verbrennungsprozeß dieses Gases die Flamme. Genau das Gleiche gilt für die flüssigen Beleuchtungsmaterialien, wie Öl, Petroleum und Spiritus.

In allen Fällen besteht die Flamme aus glühenden Gasen. Das Glühen ist eine Folge der Oxydation.

Das Aussehen der Flamme ist stark beeinflußt durch die Natur des brennenden Gases.

Besonders verschieden ist die Leuchtkraft desselben.

Reine, glühende Gase strahlen nur ein schwaches Licht aus, wie man z. B. an der Flamme des brennenden Wasserstoffs oder Schwefels sehen kann.

Bringt man aber in eine derartige Flamme irgendwelche festen Stoffe hinein, so werden diese glühend, und die Flamme leuchtet.

Versuch 187. Man leitet in ein einseitig geschlossenes, mit 4 seitlichen, gekrümmten Ansätzen mit aufgesetzten Glasröhrchen mit Platindüse versehenes Glasrohr Wasserstoff ein und entzündet das Gas an den 4 Ausmündungsstellen. Man erhält 4 kaum leuchtende Flammen. Hierauf füllt man in die Krümmung des ersten Ansatzrohres etwas Benzol, in das zweite einige Tropfen Chromylchlorid (vgl. S. 430), in das dritte Arsentrichlorid (vgl. S. 126), während man das 4. Rohr leer läßt. Leitet man nunmehr wieder Wasserstoff ein und entzündet ihn, so sind drei Flammen leuchtend geworden, und beim Einführen kalter, glasierter Porzellanschälchen scheiden sich aus allen drei Flammen dunkle

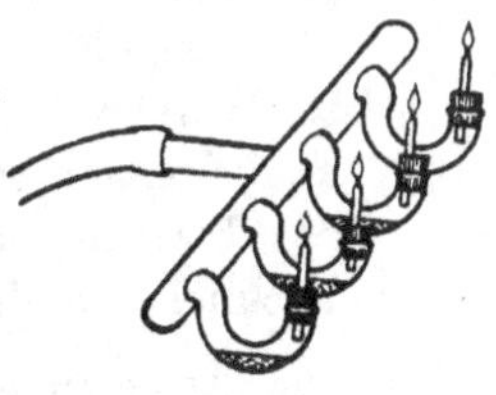

Fig. 83.

Flecken auf dem Porzellan aus: Aus der Flamme, die aus dem mit Benzol gefüllten Rohr brennt, ein schwarzer Fleck von Ruß; aus der Flamme, die aus dem Chromylchloridrohr brennt, ein moosgrüner Fleck von Chromoxyd; aus der Arsentrichloridflamme ein dunkelschwarzbrauner Fleck von Arsen.

Die Anwesenheit fester, im Innern der Flamme zum Glühen erhitzter Stoffe verursacht also das Leuchten der Flamme. Auch das Leuchten einer gewöhnlichen Kerzen- oder Leuchtgasflamme ist hierauf zurückzuführen. Als fester, glühender Körper findet sich in diesen Flammen unverbrannter, fein verteilter Kohlenstoff.

Daß dies sich wirklich so verhält, geht aus zahlreichen Erscheinungen hervor. Betrachtet man z. B. eine Kerzen- oder Leuchtgasflamme etwas genauer, so sieht man als innersten Teil eine Zone *a* von bläulicher Färbung. Sie enthält viel unverbranntes Gas und ist verhältnismäßig kühl. Der Hauptteil der Flamme ist ein helleuchtender Raum *b*. Er kommt durch das Brennen des Gases und den zum Glühen erhitzten, infolge der mangelnden Sauerstoffzufuhr unverbrannten Kohlenstoff zustande.

Fig. 84.

Außen ist die Flamme von einem schwächer leuchtenden Saume *c* umgeben und zeigt dort die höchste Temperatur. Es kommt dies daher, weil der Sauerstoff der Luft freien Zutritt zu der äußeren Flammenfläche hat und daher dort die Reaktionstemperatur höher sein muß, als in dem inneren oder gar dem untersten, dunkeln Teile.

Daß im innersten Teile der Flamme eine ziemlich niedrige Temperatur herrscht, läßt sich so zeigen, daß sich Schießpulver in diesem Teile der Flamme nicht, wohl aber an der äußeren Zone entzündet.

Versuch 188. Man setzt auf den Glaszylinder eines Argandbrenners eine Haube aus Drahtnetz und entzündet das beim Öffnen des Hahnes aus dieser entströmende Gas. Hierauf schiebt man ein rundgeschnittenes Stückchen Kartonpapier, auf das man etwa $^1/_4$ g gekörntes Schießpulver geschüttet hat, mit einer Tiegelzange schnell ins Innere der Flamme hinein und legt es auf das Drahtnetz. Das Schießpulver entzündet sich **nicht**. Sobald es aber aus der Mitte der Flamme nach dem heißen Rande gezogen wird, tritt augenblicklich die Verpuffung ein.

Von der Anwesenheit unverbrannten Gases im Inneren der Flamme kann man sich in einfacher Weise dadurch überzeugen, daß man ein kurzes Glasrohr einführt und das abgeleitete Gas am anderen Ende entzündet.

Versuch 189. Man setzt in den innersten Teil der aus dem Argandbrenner des vorhergehenden Versuches herausbrennenden Flamme ein etwa 30 cm langes und 1,3 cm weites Glasrohr ein, worauf sich nach wenigen Augenblicken am anderen Ende das Gas entzünden läßt. Man kann dieses Abzapfen von unverbranntem Gas noch 2 bis 3 mal wiederholen, wobei die Flammen natürlich immer kleiner werden.

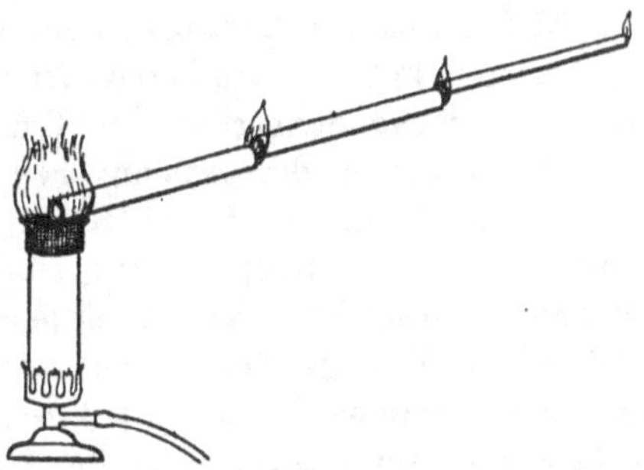
Fig. 85.

Auch dafür läßt sich der Beweis leicht erbringen, daß der leuchtende Teil der Flamme seine Entstehung einer ungenügenden Verbrennung des Kohlenstoffs verdankt. Denn sobald man dafür sorgt, daß auch dem Inneren der Flamme die nötige Menge von Sauerstoff zugeführt wird, tritt Entleuchtung der Flamme ein. Gleichzeitig ist damit durch die gesteigerte Verbrennung auch eine wesentliche Erhöhung der Temperatur verbunden. Hierauf beruht das Prinzip des Bunsenbrenners, des Lötrohrs und des Gebläses.

Der Bunsenbrenner besteht aus einem mit schwerem Fuß versehenen unteren Teil. Das Gas, das durch ein seitliches Rohr eingeführt wird, strömt aus einem feinen Dreischlitz aus. Auf den unteren Teil ist durch ein Schraubengewinde ein Metallrohr mit zwei seitlichen, kreisrunden Öffnungen — die durch eine Hülse verschlossen oder geöffnet werden können — aufgesetzt. Sind die Öffnungen verschlossen, so brennt das Gas mit leuchtender Flamme. Werden sie geöffnet, so wird Luft angesaugt, mischt sich dem Gase bei, und die Flamme vermag, da die gesamte Menge des Kohlenstoffs verbrennen kann, nicht zu leuchten.

Bei dem Lötrohr wird durch einen mit dem Munde eingepreßten Luftstrom eine kleine leuchtende Flamme (einer Kerze oder eines Gasbrenners) entleuchtet und die durch den Luftstrom abgelenkte, sehr heiße Stichflamme auf eine Holzkohle gerichtet, in die man mit dem Messer eine kleine Grube gegraben hat und auf der man dann alle möglichen Glühoperationen ausführen kann.

Handelt es sich um Glühoperationen in größerem Maßstabe, so wird das Lötrohr durch das Gebläse (vgl. S. 7) ersetzt, das ihm in seiner Wirkung vollkommen entspricht. Die Entleuchtung der Gasflamme wird hierbei

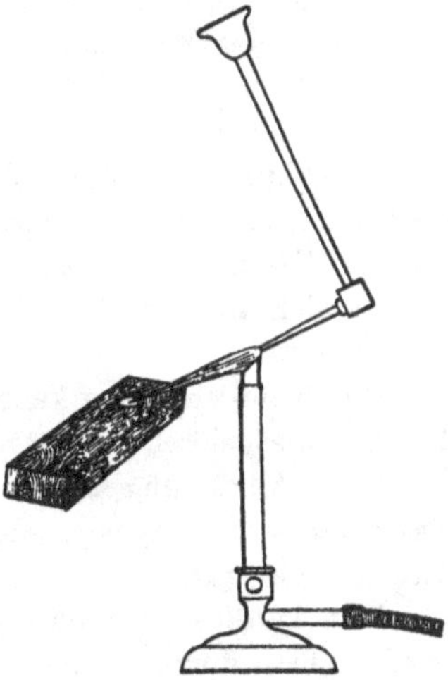
Fig. 86.

entweder durch die Luft oder auch durch reinen Sauerstoff bewirkt, wobei im letzteren Falle — wie bereits früher (vgl. S. 8) gezeigt worden ist — eine außerordentliche Steigerung der Temperatur eintritt.

Das Leuchten der gewöhnlichen Gas-, Öl- oder Petroleumflamme wird also durch glühenden, festen Kohlenstoff verursacht. In derselben Weise wirken alle festen Körper, wenn sie auf genügend hohe Temperatur erhitzt werden. Ist die Temperatur hoch genug, so strahlen sie ein weißes Licht aus. Auf diesem Prinzipe beruht das „Auerlicht", bei welchem in eine nichtleuchtende Flamme brennenden Gases ein feines, aus Thor- und Ceroxyd bestehendes Gewebe, ein sogenannter Glühstrumpf, eingeführt wird. Die feinverteilten Metalloxyde spielen demnach hierbei die Rolle des Kohlenstoffs.

Schwächer, als das von festen Körpern ausgestrahlte Licht, ist dasjenige, welches glühende Gase aussenden. Es ist ferner nicht weiß, sondern zeigt die verschiedensten Farben. So geben z. B. viele Metalle oder auch Metallverbindungen, wenn sie in die Bunsenflamme eingeführt werden, intensiv gefärbte Metalldämpfe, deren Farbe häufig so charakteristisch ist, daß wir sie als bequemes Hilfsmittel zur analytischen Erkennung der Metalle verwenden können. Natrium, Kalium, Thallium und Lithium lassen sich auf diese Weise in der bequemsten Art nachweisen.

Versuch 190. Man führe in den unteren Saum der nichtleuchtenden Gasflamme der Reihe nach an in Glasstäbchen eingeschmolzenen Platindrähten folgende Metallsalze in fester Form oder in konzentrierter, wäßriger Lösung ein:

1. Chlornatrium: Intensive, lang anhaltende, gelbe Farbe.
2. Chlorkalium: Fahles, helles Violett. Beim Betrachten der Flamme durch ein Indigoprisma erscheint sie karminrot.
3. Thalliumcyanid: Vergängliche, schön smaragdgrüne Färbung der Flamme.
4. Lithiumchlorid: Prächtig karmoisinrote, ziemlich andauernde Farbe.

Die Flamme ist die Folge eines lebhaften Verbrennungsprozesses. Um aber die Verbrennung irgend eines Körpers einzuleiten, muß dieser zunächst auf die Entzündungstemperatur (vgl. S. 13) erhitzt werden. So erklärt es sich, daß eine Kerze, eine Lampe, eine Gasflamme usw. „angezündet" werden muß.

Durch Abkühlung kann die Fortsetzung der Verbrennung verhindert — die Flamme gelöscht — werden.

Diese Abkühlung kann man durch eine große Luftmenge, wie beim Ausblasen eines Lichtes, oder aber durch kaltes Wasser, wie beim Löschen eines Brandes, bewirken.

Man kann aber auch — und hierauf beruhen wichtige praktische Anwendungen — durch ein in eine Flamme eingeführtes, feinmaschiges Drahtnetz die Temperatur der Flamme so weit herabsetzen, daß sie erlischt.

Versuch 191. Wirkung eines feinmaschigen Drahtnetzes auf eine Flamme.

a) Auf die obere Öffnung eines brennenden Bunsenbrenners preßt man ein feinmaschiges Drahtnetz so auf, daß es fest aufliegt. Die Flamme erlischt!

b) Man schiebt, während eine zweite Person den Brenner festhält, von der Seite das Drahtnetz in die Flamme hinein und preßt es auf die Mündung des Bunsenbrenners auf, daß beim Hochheben des Netzes die Flamme vom Brenner abgehoben wird.

c) Man hält das Drahtnetz, indem man es von oben herabdrückt, so in die Flamme hinein, daß es sich in etwa $^2/_3$ ihrer Höhe befindet. Die Flamme wird zunächst nach unten gedrückt und brennt oberhalb des Netzes nicht! Sobald aber das Netz hellrotglühend geworden ist, schlägt sie hindurch und brennt auch oberhalb des Netzes!

Man macht von diesem Verhalten z. B. in der Weise Gebrauch, daß man Gefäße aus Glas oder Porzellan, um sie vor der direkten Berührung einer Flamme zu schützen, auf einem Drahtnetz erhitzt.

37. Die Halogenide des Kohlenstoffs.

Bei der Einwirkung von Chlor auf die drei Kohlenwasserstoffe: Methan CH_4, Äthan C_2H_6 und Äthylen C_2H_4, spielen sich Reaktionen ab, die in den beiden ersten Fällen prinzipiell gleich, dagegen im dritten Falle verschieden sind. Methan wird vom Chlor sukzessive viermal unter Austritt von Salzsäure substituiert:

$$1.\ CH_4 + Cl_2 = HCl + CH_3Cl.$$
$$2.\ CH_3Cl + Cl_2 = HCl + CH_2Cl_2.$$
$$3.\ CH_2Cl_2 + Cl_2 = HCl + CHCl_3.$$
$$4.\ CHCl_3 + Cl_2 = HCl + CCl_4.$$

Es bilden sich Mono-, Di-, Tri- und Tetrachlormethan, von denen insbesondere das Trichlormethan als Chloroform auch einem größeren Publikum bekannt ist.

Dieselbe Art von Substitution findet beim Äthan statt, wobei schließlich eine Verbindung C_2Cl_6, das Hexachloräthan, entsteht:

$$C_2H_6 \longrightarrow C_2H_5Cl \longrightarrow C_2H_4Cl_2 \longrightarrow C_2H_3Cl_3 \longrightarrow C_2H_2Cl_4 \longrightarrow C_2HCl_5 \longrightarrow C_2Cl_6.$$

Anders liegen die Verhältnisse dagegen beim Äthylen, bei dem Chlor zunächst nicht substituierend wirkt, sondern sich anlagert:

$$C_2H_4 + Cl_2 = C_2H_4Cl_2.$$

Erst wenn diese Verbindung sich gebildet hat, beginnt bei weiterer Einwirkung von Chlor die Substitution, die dann schließlich zu demselben Endprodukte C_2Cl_6 führt, wie beim Äthan.

38. Silicium. Si.

Atomgewicht = 28,3.

Das Silicium besitzt nächst Sauerstoff die größte Verbreitung auf der Oberfläche der Erde. Doch finden wir es nirgends in freiem Zustande, sondern stets an Sauerstoff gebunden entweder als Siliciumdioxyd SiO_2 als Quarzsand, Quarz oder Bergkrystall (vgl. S. 280), oder in Form von Silikaten, das sind Verbindungen des Siliciumdioxydes mit Metalloxyden. Zu den komplizierteren Silikaten gehört eine Reihe der wichtigsten Mineralien und Gesteine, wie Ton, Granit, Gneiß, Schiefer und zahlreiche andere.

Silicium wurde früher aus Natriumsilicofluorid Na_2SiF_6 durch Erhitzen mit metallischem Natrium dargestellt:

$$Na_2SiF_6 + 4Na = 6NaF + Si.$$

Bequemer ist es, Siliciumdioxyd — also z. B. Quarzsand — mit Magnesium oder Aluminium bei hoher Temperatur zu reduzieren:

$$SiO_2 + 2Mg = 2MgO + Si.$$

Vom nebenher gebildeten Magnesiumoxyd wird Silicium durch Behandlung mit verdünnter Salzsäure getrennt und bildet dann ein amorphes, braunes Pulver.

Von geschmolzenem Aluminium oder Zink wird das amorphe Silicium gelöst und beim Abkühlen der Schmelze in schwarzen, glänzenden, dem Graphit ähnlichen Blättern als krystallisiertes Silicium wieder abgeschieden.

Das krystallinische Silicium vermag ebenso wie Graphit die Elektrizität zu leiten und zeichnet sich durch eine Härte aus, die der des Diamanten nur sehr wenig nachsteht. Silicium ist in Wasser und Säuren so gut wie unlöslich, sehr leicht wird es dagegen von Alkalien angegriffen und gelöst.

Versuch 192. Man erhitzt in einem nicht zu engen Reagenzglas etwa $^3/_4$ g amorphes Silicium mit einigen Kubikzentimetern starker, wäßriger Kalilauge. Alsbald setzt eine stürmische Gasentwicklung ein, und das Silicium geht in Lösung. An der Mündung des Reagenzglases läßt sich der entweichende Wasserstoff entzünden.

Die Auflösung des Siliciums bei diesem Versuche beruht auf der Bildung des sogenannten „Wasserglases“ (vgl. S. 282):

$$Si + 2KOH + H_2O = 2H_2 + K_2SiO_3.$$

Mit Kohlenstoff vermag sich Silicium bei einer Temperatur von etwa 3000—3500°, die man bequem in einem elektrischen Ofen erreicht, zu verbinden.

Versuch 193. Ein halbrunder, aus feuerfestem Material angefertigter Tiegel *a*, der mit einem innigen Gemisch aus 14 g Siliciumdioxyd und 6 g fein pulverisierter Zuckerkohle beschickt ist, wird unter die beiden Kohlenstäbe *b* eines elektrischen Ofens geschoben. Die letzteren werden mit den außen angebrachten Handhaben *c* so eingestellt, daß sie sich bis auf 1—2 mm gegenüber stehen und unmittelbar über der Oberfläche des zu erhitzenden Gemisches befinden. Die Kohlen stehen durch Kabel *d* von genügender Stärke mit der stromerzeugenden Maschine in Verbindung. Man schließt nun die mit Glimmerscheiben versehenen Türen des Ofens, bringt die den Strom liefernde Maschine in Gang und bewirkt durch langsames Drehen der Handhaben, daß die Kohlekontakte zusammenstoßen. Hierdurch wird der Strom geschlossen und der Lichtbogen gebildet. Man beobachtet nunmehr dauernd das Ampèremeter und reguliert durch Nähern oder Entfernen der Kohlestäbe die Stromstärke so, daß sie etwa 380—400 Ampère (bei 60—70 Volt Spannung) beträgt. Zeigt das Ampèremeter ein Heraufschnellen der Stromstärke an, so muß man sofort die Kohlen so weit voneinander entfernen, daß die Stromstärke in ausreichendem Maße zurückgeht. Umgekehrt ist zu verfahren, wenn die Stromstärke sinkt.

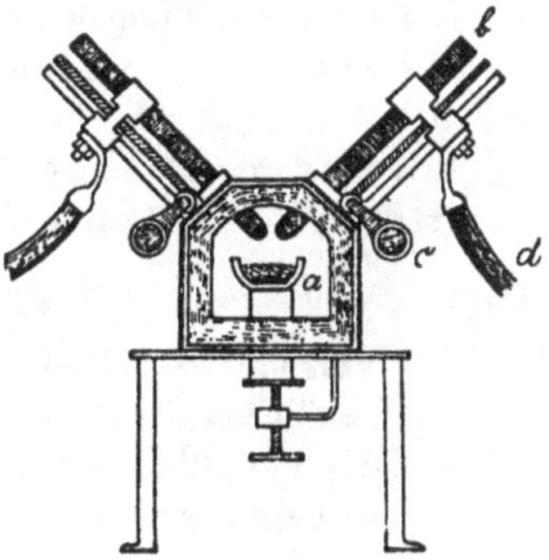

Fig. 87.

Die Dauer des Versuches kann 3—5 Minuten betragen.

Hierauf werden die Kohlen auseinandergezogen und der elektrische Strom abgestellt.

Beim vorsichtigen Öffnen einer Tür des Ofens zeigt sich der Tiegel und ebenso der untere Teil der Kohlestäbe in lebhafter Weißglut, und nach dem Abkühlen findet man in dem Tiegel eine zusammengesinterte Masse, die von hübschen, kleinen, in allen Farben spielenden Krystallen von Siliciumcarbid durchsetzt ist.

Die Vereinigung der beiden Elemente spielt sich ab nach der Gleichung:

$$SiO_2 + 3C = SiC + 2CO$$

und führt zur Bildung eines Produktes, das Siliciumcarbid oder Carborundum genannt und wegen seiner außerordentlichen Härte zur Herstellung von Schleifmitteln viel verwendet wird.

An und für sich ist Siliciumcarbid eine farblose, schön krystallisierende Substanz, die aber meist durch verschiedene Beimengungen dunkelbraun oder blauschwarz gefärbt ist.

Die Beständigkeit des Siliciumcarbids gegen chemische Agentien ist eine außerordentliche.

39. Die Silane.

Die Ähnlichkeit zwischen Silicium und Kohlenstoff, die aus zahlreichen Erscheinungen hervorgeht, tritt besonders in den Wasserstoffverbindungen des Siliciums — den Silanen —, die in der neuesten Zeit von A. Stock eingehend studiert worden sind, zutage. Zur Gewinnung der Silane wird zunächst Magnesiumsilicid $SiMg_2$ hergestellt und dieses durch verdünnte Salzsäure zersetzt:

$$SiMg_2 + 4HCl = 2MgCl_2 + SiH_4.$$

Versuch 194. Man füllt in einen von außen durch kaltes Wasser gekühlten Eisentiegel ein inniges Gemisch von 1 Teil Siliciumdioxyd (das mit 0,5% Alkali vermischt wird) und 2 Teilen Magnesiumpulver ein und zündet das Gemenge am besten durch eine mit einem Magnesiumbändchen versehene „Zündkirsche". Die Reaktion verläuft unter heftiger Wärmeentwicklung und strahlender Lichterscheinung. Sobald sich die Masse abgekühlt hat, trägt man sie in verdünnte Salzsäure, die sich in einem Becherglase befindet, ein: Entwicklung eines Gases, das sich an der Luft von selbst entzündet und mit knatterndem Geräusch verbrennt.

Die eben für die Zersetzung des Magnesiumsilicids aufgestellte Gleichung wird den wirklich vorliegenden Verhältnissen nicht gerecht. Die nähere Untersuchung hat vielmehr gezeigt, daß das bei dieser Reaktion entweichende „Rohgas" ein Gemisch von einer ganzen Reihe von Silanen mit Wasserstoff vorstellt. Durch Kondensation mit flüssiger Luft lassen sich die Silane vom Wasserstoff abscheiden und dann durch eine mühsame „fraktionierte Destillation" im stark luftverdünnten Raume voneinander trennen. Die wichtigsten Silane sind etwa die folgenden:

1. Monosilan SiH_4. Farbloses, giftiges, in reinem Zustande ohne weiteres nicht selbstentzündliches Gas von unangenehmem Geruch und großer Beständigkeit. Von Wasser wird es — wenn auch langsam — unter Bildung von Siliciumdioxyd und Wasserstoff zerlegt:

$$SiH_4 + 2H_2O = SiO_2 + 4H_2.$$

Dieses Verhalten zeigt, daß die Analogie des Monosilans mit dem Methan, die sich in den Formeln SiH_4 und CH_4 ausprägt, mehr formaler Art ist und daß sich in der ungeheuer ausgeprägten Neigung des Siliciums, sich mit dem Sauerstoff zu dem stabilen Siliciumdioxyd zu verbinden, ein großer Unterschied gegenüber dem Verhalten des Kohlenstoffs und der Kohlenstoffverbindungen zu erkennen gibt.

2. Disilan Si_2H_6 stellt ein farbloses, häßlich riechendes Gas vom Siedepunkt -15^0 dar, das sich an der Luft von selbst entzündet und von Wasser in ähnlicher Weise zersetzt wird, wie Monosilan:

$$Si_2H_6 + 4H_2O = 2SiO_2 + 7H_2.$$

3. Trisilan Si_3H_8 ist im Gegensatz zu den beiden vorher genannten Silanen flüssig. Es siedet bei $+53^0$. Es ist wenig beständig und entzündet sich an der Luft freiwillig unter heftiger Explosion.

Von den höheren Silanen seien noch genannt Tetrasilan Si_4H_{10}, Pentasilan Si_5H_{12} und Hexasilan Si_6H_{14}.

Man ersieht daraus, daß die allgemeine Formel für die Reihe der Silane durch den Ausdruck Si_nH_{2n+2} wiedergegeben werden kann.

40. Die Halogenide des Siliciums.

I. Siliciumchloride.

Das in früherer Zeit übliche Verfahren, über ein auf hohe Temperatur erhitztes Gemisch von Siliciumdioxyd und Kohle Chlor zu leiten und dabei nach der Gleichung:

$$SiO_2 + 2C + 2Cl_2 = 2CO + SiCl_4$$

zum Siliciumtetrachlorid $SiCl_4$ zu gelangen, wird heute kaum mehr angewandt.

Man läßt vielmehr Chlor direkt auf Silicium oder Ferrosilicium einwirken, wobei allerdings neben Siliciumtetrachlorid auch noch andere Chlorverbindungen des Siliciums, nämlich Disiliciumhexachlorid Si_2Cl_6 und Trisiliciumoktochlorid Si_3Cl_8, gebildet werden.

Siliciumtetrachlorid $SiCl_4$ stellt eine farblose, lichtbrechende, stechend riechende Flüssigkeit vor, die bei $+57^0$ siedet, und von Wasser sofort unter heftiger Reaktion zersetzt wird.

Versuch 195. Man gießt einige Kubikzentimeter Siliciumtetrachlorid in Wasser, das sich in einem Kelchglas befindet. Unter heftiger Reaktion und starker Erhitzung scheiden sich weiße, gelatinöse Flocken ab.

Es bildet sich dabei zunächst die sogenannte Orthokieselsäure H_4SiO_4:

$$SiCl_4 + 4H_2O = 4HCl + H_4SiO_4,$$

die aber sehr leicht Wasser verliert und sich in wasserärmere Kieselsäuren, z. B. H_2SiO_3 (vgl. S. 282), verwandelt:

$$H_4SiO_4 = H_2O + H_2SiO_3.$$

II. Siliciumtetrafluorid.

Beim Übergießen von feinverteiltem Siliciumdioxyd mit starker Fluorwasserstoffsäure (vgl. S. 60) setzt unter Aufbrausen und Gasentwicklung eine heftige Reaktion ein, die nach kurzer Zeit zur Auflösung des Siliciumdioxydes führt. Das an der Luft stark rauchende Gas besteht aus Siliciumtetrafluorid SiF_4:

$$SiO_2 + 4HF = 2H_2O + SiF_4.$$

Zur Darstellung in etwas größerem Maßstabe wird ein Gemisch von Quarzsand, Flußspat (vgl. S. 59) und konzentrierter Schwefelsäure erhitzt, wobei sich folgende Reaktionen abspielen:

$$1.\ CaF_2 + H_2SO_4 = CaSO_4 + 2HF.$$

$$2.\ SiO_2 + 4HF = 2H_2O + SiF_4.$$

Versuch 196. Man bringt in einen 1 l-Rundkolben *a* ein inniges Gemisch von 30 g pulverisiertem Flußspat und 30 g Quarzsand. Der Kolben wird durch einen Gummistopfen verschlossen, in dessen einer Bohrung sich ein Tropftrichter *b* befindet, während durch die zweite Bohrung ein Gasableitungsrohr zu einem leeren, mit Glasplatte verschlossenen Glaszylinder *c* führt. Dieser letztere endlich steht durch ein 2mal rechtwinklig gebogenes Glasrohr mit einem hohen, mit Wasser und einer Schicht Quecksilber gefüllten Glaszylinder in Verbindung. (In der Figur weggelassen). Man läßt nun aus dem Tropftrichter so viel konz. Schwefelsäure in den Kolben einfließen, daß ein dünner Brei entsteht, den man vorsichtig erhitzt. Zunächst wird die Luft verdrängt; alsbald aber bildet sich Siliciumtetrafluorid, das sich zuerst in dem leeren Zylinder ansammelt. Sobald es in den mit Wasser gefüllten Zylinder eintritt, setzt es sich mit dem Wasser um, und es bilden sich weiße, gelatinöse Flocken. Gießt man nach dem Auseinandernehmen des Apparats in den Glaszylinder *c* einige Kubikzentimeter Wasser und schüttelt um, so scheidet sich auch aus dieser Flüssigkeit eine reichliche Menge weißer Flocken ab, und das Filtrat davon zeigt stark saure Reaktion.

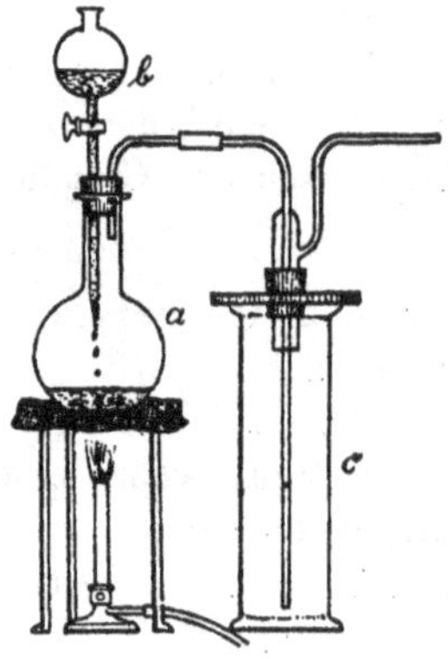

Fig. 88.

Siliciumtetrafluorid ist ein farbloses, an der Luft rauchendes Gas, das bei -74^0 siedet. Auf seiner Bildung und dem dadurch bedingten Substanzverlust beruht die Ätzung des Glases durch Fluorwasserstoffsäure (vgl. S. 61).

Sehr eigenartig verläuft die Einwirkung des Gases auf Wasser. Zunächst wird es davon unter Bildung von Kieselsäure und Flußsäure zersetzt:

$$SiF_4 + 4H_2O = H_4SiO_4 + 4HF.$$

Diese vereinigt sich dann aber mit noch unverändertem Siliciumtetrafluorid zur Kieselfluorwasserstoffsäure H_2SiF_6:

$$SiF_4 + 2HF = H_2SiF_6.$$

Sie bildet charakteristische Salze, von denen vor allem Kalium- bzw. Natriumsilikofluorid: K_2SiF_6 bzw. Na_2SiF_6, zu erwähnen sind.

41. Kurze Betrachtung über die Elemente der Kohlenstoffgruppe.

Die bisher behandelten Elemente ordnen sich, wenn man vom Wasserstoff und den Edelgasen absieht, in die Gruppen der Halogene, des Sauerstoffs und des Stickstoffs ein, wobei für jede Gruppe festgestellt werden konnte, daß die physikalischen und chemischen Eigenschaften der Elemente in deutlich sichtbarer Abhängigkeit vom Atomgewicht stehen.

Die beiden zuletzt besprochenen Elemente Kohlenstoff und Silicium bilden eine vierte Elementengruppe, und es ist ganz besonders bemerkenswert, daß das eine von ihnen, nämlich der Kohlenstoff, am Aufbau der Organe des Tier- und Pflanzenkörpers wesentlich beteiligt ist und in der belebten Natur eine unersetzliche Rolle spielt, während das andere, das Silicium, das dominierende Element in der starren Erdrinde bildet und am Aufbau der unbelebten Natur in erster Linie beteiligt ist.

Daß in formaler Beziehung, d. h. in der Zusammensetzung der Verbindungstypen, zwischen Kohlenstoff und Silicium die größte Ähnlichkeit besteht, kann nicht zweifelhaft sein, wenn man eine Reihe sich entsprechender Verbindungen ihrer Zusammensetzung nach miteinander vergleicht; etwa die folgenden:

CH_4 . . . . SiH_4
C_2H_6 . . . . Si_2H_6
C_3H_8 . . . . Si_3H_8
CCl_4 . . . . $SiCl_4$ usw.

Darüber hinaus sind indessen die Unterschiede im Verhalten der beiden Elemente außerordentlich groß und jedenfalls sehr viel beträchtlicher, als etwa beim Übergang vom Chlor zum Brom, vom Schwefel zum Selen oder vom Arsen zum Antimon.

42. Atom- und Molekulartheorie (II. Abschnitt).

Wenn man aus dem reichen Tatsachenmaterial, das sich aus den bis jetzt angestellten Versuchen ergibt, weitere Schlüsse ziehen und neue Gesetze kennen lernen will, so wird man zweckmäßig von der in großen Zügen bereits entwickelten Atomtheorie Daltons ausgehen (vgl. S. 63).

Danach stellen, um es kurz zu wiederholen, die kleinsten für sich existenzfähigen Teilchen der Elemente sogenannte Atome vor, die unteilbar, für jedes Element gleich, aber für verschiedene Elemente verschieden, d. h. ungleich an Größe, Gewicht und Eigenschaften sein sollen. Durch den Zusammentritt derartiger Atome bilden sich größere Verbände, die Moleküle genannt werden und die kleinsten Teile chemischer Verbindungen vorstellen.

Bei den Molekülen liegen die Dinge, wie bei den Atomen. Die Moleküle ein und derselben Verbindung, z. B. des Chlorwasserstoffs, sind einander völlig gleich, dagegen die verschiedener Verbindungen von einander verschieden.

Mit der Annahme der atomistischen Hypothese wird es die wesentlichste Aufgabe der Chemie, die Eigenschaften der Atome und die Gesetze, nach denen sie sich gegenseitig verbinden, zu studieren.

Von den Eigenschaften der Atome sind besonders eingehend untersucht ihre Gewichte.

Man versteht unter Atomgewichten nicht die absoluten Zahlen — obwohl man auch diese jetzt bestimmen kann —, sondern die relativen Gewichte der Atome bezogen auf eine Einheit. Früher hatte man den Wasserstoff mit der Zahl 1 gewählt; heute ist es ziemlich allgemein üblich, die Atomgewichte auf den Sauerstoff zu beziehen und diesem das Atomgewicht 16 beizulegen.

Der Bestimmung der Atomgewichte ist mit vollem Rechte die allergrößte Sorgfalt gewidmet worden, da die Atomgewichte die Grundkonstanten für alle chemischen Berechnungen bilden.

Auch wenn sich durch die weiteren Forschungen ergeben sollte, daß alle Atome — entgegen den Dalton'schen Anschauungen — zusammengesetzt sind (vgl. S. 348) und sich möglicherweise in manchen Fällen in einfachere Bestandteile spalten lassen werden, behalten die mit einem möglichst hohen Grad von Genauigkeit bestimmten Atomgewichte ihre Bedeutung, da sich die Atome bei chemischen Umsetzungen so verhalten, als wären sie wirklich die letzten unteilbaren Bausteine der Materie.

Daher kommt der experimentellen Bestimmung der Atomgewichte eine große Bedeutung zu.

Die Atomgewichte stehen, worauf bereits früher hingewiesen worden ist, in naher Beziehung zu den Verbindungsgewichten. Beim Chlor z. B. gilt für beide Größen die Zahl 35,5, während beim Sauerstoff mit dem Atomgewicht 16 das Verbindungsgewicht nur halb so groß, also = 8, ist. In der überwiegenden Zahl der Fälle handelt es sich daher bei der Bestimmung genauer Atomgewichte darum, die Größe des Verbindungsgewichtes auf möglichst einwandfreiem Wege auf das sorgfältigste zu bestimmen.

Für eine Reihe von gasförmigen Elementen hat sich das Atomgewicht auf Grund eigentümlicher Gesetzmäßigkeiten, wie sie für den gasförmigen Zustand gelten, ermitteln lassen.

Vergleicht man die Verbindungsgewichte von Wasserstoff und Chlor mit den spezifischen Gewichten dieser beiden Gase, so ergibt sich folgendes:

	Spez. Gewicht	Verbindungsgewicht
H	1	1
Cl	35,5	35,5

Aus dieser Gleichheit von spezifischem und Verbindungsgewicht scheint zunächst mit zwingender Notwendigkeit zu folgen, daß in gleich großen Raumteilen dieser beiden Gase gleich viele Atome enthalten sind.

Macht man also z. B. die Annahme, daß 1 Raumteil Wasserstoff 1000 Atome enthält und stellt dies durch folgendes einfache Symbol dar:

1000 H

so müßten in dem gleich großen Volumen Chlor ebenfalls 1000 Atome vorhanden sein:

1000 Cl

Bei ihrer Vereinigung zu Chlorwasserstoff erhält man 1000 Moleküle dieses Gases, das denselben Raum einnimmt, wie Chlor und Wasserstoff zusammen (vgl. S. 44). Aus **1** Volumen Wasserstoff und **1** Volumen Chlor bilden sich also **2** Volumina Chlorwasserstoff:

1000 H	+	1000 Cl	=	1000 HCl

Es ergibt sich also, daß **1** Volumen Chlorwasserstoff nur halb so viele kleinste Teilchen (Moleküle) enthält, wie ein gleich großes Volumen Wasserstoff oder Chlor, nämlich **500**.

Allein eine solche Annahme würde allem widersprechen, was wir über das physikalische Verhalten der Gase wissen.

Denn sowohl für die elementaren, wie für die zusammengesetzten Gase gilt das Boyle-Mariotte'sche (vgl. S. 93) und das Dalton-Gay Lussac'sche Gesetz.

Aus diesen Gesetzen folgt mit unbedingter Notwendigkeit der Schluß, daß in gleich großen Raumteilen irgendwelcher Gase die Zahl der kleinsten Teilchen gleich groß sein muß.

Es ist also offenbar unmöglich und widersinnig, daß in dem Raumteil Wasserstoff, der 1000 kleinste Teilchen dieses Elementes enthält, nach seiner Umwandlung in Chlorwasserstoff nur 500 kleinste Teilchen vorhanden sein sollen.

Dieser Widerspruch wird in einfachster Weise durch eine von Avogadro im Jahre 1811 entwickelte Hypothese gelöst, die besagt, daß in gleichen Raumteilen verschiedener Gase — Gleichheit von Druck und Temperatur vorausgesetzt — die Anzahl der **Moleküle** als gleich anzunehmen ist.

Formulieren wir die Bildung von Chlorwasserstoff aus Chlor und Wasserstoff unter dieser Voraussetzung, so nimmt sie folgende Gestalt an:

500 H_2	+	500 Cl_2	=	1000 HCl
1 Vol.		1 Vol.		2 Vol.

Die Avogadro'sche Hypothese ist nicht allein durch eine große Zahl chemischer Tatsachen, sondern auch durch die moderne Gastheorie so wahrscheinlich gemacht, daß wir an ihrer Richtigkeit nicht zweifeln können.

Indem wir mit ihr als einer ganz sicher und fest begründeten wissenschaftlichen Anschauung rechnen, gelangen wir zu Schlüssen von ungeheurer Tragweite.

So ergibt sich zunächst die für die folgenden Betrachtungen höchst wichtige, bereits früher ohne Beweis angeführte Tatsache, daß die Elemente Wasserstoff und Chlor aus Molekülen bestehen, die aus 2 Atomen zusammengesetzt sind. Daß dies auch bei anderen gasförmigen Elementen der Fall ist, wurde gleichfalls bereits früher erwähnt.

Eine weitere höchst bedeutsame Folgerung aus der Avogadro'schen Hypothese ist die, daß 1 Grammolekül (d. h. das Molekulargewicht in Grammen) jedes beliebigen Gases, also z. B.

71 g Chlor,
32 g Sauerstoff,
2 g Wasserstoff,
28 g Stickstoff,

denselben Raum — natürlich unter denselben Bedingungen von Druck und Temperatur gemessen — einnehmen muß. Man kann sich von der Richtigkeit dieser Schlußfolgerung durch das Experiment leicht überzeugen und hat festgestellt, daß unter normalen Verhältnissen das Volum eines Grammoleküls irgend welcher Gase

$$= 22{,}4 \text{ Liter}$$

ist.

Diese wichtige Tatsache gestattet uns, das Gewicht jedes beliebigen Volums irgend eines Gases abzuleiten, wenn wir seine Molekulargröße kennen.

Endlich bietet sich uns auf Grund der Avogadro'schen Hypothese ein bequemer Weg zur Bestimmung des Molekulargewichts von Verbindungen, die sich unzersetzt vergasen lassen. Denn die Gewichte der einzelnen Moleküle müssen sich zueinander verhalten wie die spezifischen Gewichte der betreffenden Stoffe.

Wenn man z. B. beobachtet, daß sich die spezifischen Gewichte von Wasserstoff, Chlor und Chlorwasserstoff zueinander verhalten wie:

$$1 : 35{,}5 : 18{,}25,$$

so folgt aus der Avogadro'schen Hypothese, daß auch die relativen Molekulargewichte der drei genannten Stoffe in diesem Verhältnis zueinander stehen müssen. In der Tat entsprechen die Molekulargewichte von H_2, Cl_2 und HCl dem Verhältnis:

$$2 : 71 : 36{,}5.$$

Will man daher das Molekulargewicht vergasbarer Stoffe bestimmen — mögen es Elemente oder Verbindungen sein — so ist es nur erforderlich, ihr spezifisches Gewicht als Gas exakt zu bestimmen. Bezieht man dieses, wie es meistens geschieht, auf Wasserstoff = 1, so ist, da ja das Molekulargewicht des Wasserstoffs = 2 ist, der erhaltene Wert mit 2 zu multiplizieren, falls man die Zahl für das Molekulargewicht haben will.

Da das Molekulargewicht gleich der Summe der Atomgewichte ist, so ist durch seine Feststellung auch ein Mittel geboten, das Atomgewicht eines in dem Molekül enthaltenen Elementes zu bestimmen.

Die Bestimmung des spezifischen Gewichts von Gasen, das als Dampfdichte bezeichnet zu werden pflegt, hat daher für den Chemiker ein besonderes Interesse. Sie wird nach verschiedenen Prinzipien durchgeführt, die im folgenden in aller Kürze behandelt werden sollen.

Handelt es sich darum, das spezifische Gewicht eines Gases, also etwa von Sauerstoff oder von Stickstoff, zu bestimmen, so wird unter den nötigen Vorsichtsmaßregeln und unter Berücksichtigung der in Betracht kommenden Fehlerquellen ein etwa 1 Liter fassender Kolben zunächst leer, dann mit dem Gase gewogen. Wenn man dann noch durch Auswägen mit einer geeigneten Flüssigkeit oder Ausmessen des Kolbens dessen Rauminhalt bestimmt, so hat man die für die Ermittelung der Dampfdichte nötigen Größen: Gewicht und Volumen, experimentell bestimmt.

Liegen aber die zu untersuchenden Stoffe im flüssigen oder festen Zustande vor, wie etwa beim Brom und beim Jod, so müssen sie zunächst vergast werden. Alsdann ist zu bestimmen, ein wie großes Volumen von einer abgewogenen Substanzmenge bei bestimmter Temperatur und unter bestimmtem Druck eingenommen wird.

Die bequemsten Methoden der Dampfdichtebestimmung nach dem letzteren Prinzipe sind von Dumas, A. W. v. Hofmann und Victor Meyer angegeben worden.

a) Methode von Dumas: In einem Kolben wird der zu untersuchende Stoff vergast, das Gewicht der Substanz bestimmt und der Rauminhalt des Kolbens durch Ausmessen ermittelt.

Versuch 197. Man bringt in einen leeren, ausgezogenen und genau abgewogenen Glaskolben von etwa 150—200 ccm Inhalt die zu vergasende Substanz, deren Molekulargewicht bestimmt werden soll, z.B. 5—7 ccm reinen Äther. Hierauf setzt man den Kolben in einer entsprechend eingerichteten Drahtvorrichtung in ein Bad von auf 70—80° erhitztem Wasser ein, worauf der Äther sofort ins Sieden gerät und aus dem Ansatzrohr des Kolbens entweicht. Man zündet die Ätherdämpfe an und schmilzt, sobald die Flamme erlischt, also kein Ätherdampf mehr entweicht, den Kolben mit dem Gebläse an der verjüngten Stelle ab.

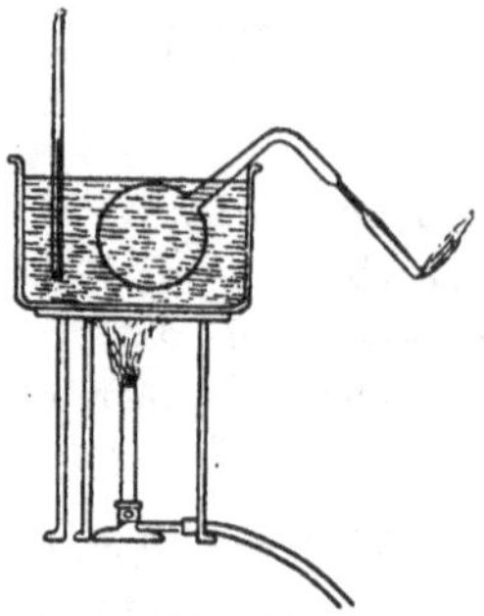

Fig. 89.

Nach dem sorgfältigen Reinigen und Abkühlen des Kolbens wägt man ihn zusammen mit dem abgezogenen Glasstück genau ab. Die Gewichtszunahme ist gleich der Menge der im Kolben als Gas vorhanden gewesenen Substanz. Natürlich muß die Temperatur des Bades notiert werden, um in entsprechender Weise rechnerisch verwertet zu werden. Um den Rauminhalt des Kolbens zu erfahren, steckt man ihn mit dem abgeschmolzenen Rohrende in eine ziemlich tiefe, mit Quecksilber gefüllte Schale und zwickt unter der Oberfläche des Metalls mit einer Zange die äußerste Spitze ab. Das Quecksilber strömt dann in den Kolben ein und füllt ihn schließlich ganz an. Man läßt es schließlich in einen Meßzylinder auslaufen und erfährt so ohne Schwierigkeit das Volumen des Kolbens.

b) Methode von A. W. v. Hofmann: Eine abgewogene Menge der zu prüfenden Substanz wird bei einer bestimmten Temperatur in der Barometerleere vergast und das Volumen des Gases bestimmt.

Versuch 198. Ein sehr langes, mit Quecksilber sorgfältig gefülltes Glasrohr *a* wird mit der Öffnung nach unten in eine mit Quecksilber gefüllte Wanne *b* eingehängt und ein Heizmantel *c* herübergestülpt. Dieser steht in Verbindung mit einem mit Wasser gefüllten Kolben *d*, der durch einen Brenner erhitzt wird. Man pipettiert nun in ein kleines, mit Glasstöpselchen verschließbares, abgewogenes Glaseimerchen *e* etwas Metylalkohol hinein und wägt zurück. Hierauf bringt man den verstopften Glaseimer vorsichtig in die mit Quecksilber gefüllte Röhre, in der er nach oben steigt. An der Oberfläche wird meist der Stopfen abgeworfen. Man läßt nun den Dampf des siedenden Wassers in den Heizmantel eintreten und bewirkt dadurch eine Vergrößerung des Gasvolumens, die mit einem starken Sinken der Quecksilberkuppe verbunden ist. Sobald aus dem unteren Ansatzrohr des Dampfmantels der Wasserdampf lebhaft herausströmt und die Kuppe des Quecksilbers nicht mehr sinkt, wird die Höhe der Quecksilbersäule über dem Niveau des Quecksilbers in der Wanne genau abgemessen und auch der vom Gas eingenommene Raum markiert. Man hat dann alle Daten zur Berechnung: Die Menge der Substanz ist direkt abgewogen und auch das Volumen durch einfache Ablesung bestimmt worden. Die Temperatur des Versuches ist 100°, und der Druck, unter dem das Gas gemessen worden ist, entspricht dem des herrschenden Barometerstandes, vermindert um die Höhe der Quecksilbersäule.

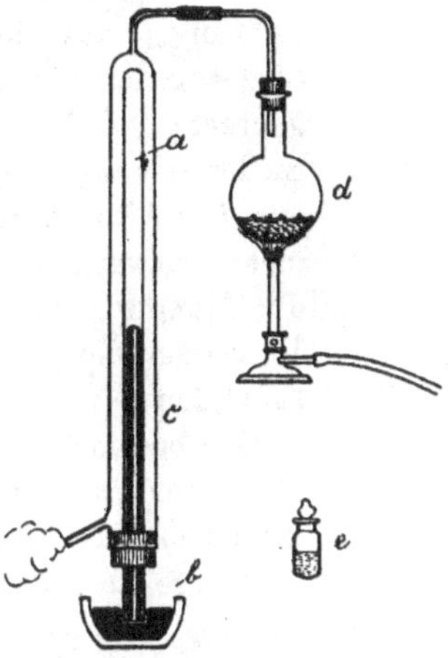

Fig. 90.

Der große Vorzug des Hofmann'schen Verfahrens gegenüber der Methode von Dumas besteht darin, daß die Vergasung der zur Untersuchung kommenden Stoffe im luftleeren Raume stattfindet. Der Siedepunkt wird unter diesen Umständen außerordentlich erniedrigt (vgl. S. 30) und hierdurch erreicht, daß auch von solchen Substanzen, die unter Atmosphärendruck nur unter Zersetzung sieden, bequem die Dampfdichte bestimmt werden kann.

c) Methode von Victor Meyer. Auch hierbei wird die Substanzmenge abgewogen und vergast. Aber es wird nicht ihr Volumen im Gaszustande bestimmt, sondern das eines von der vergasten Substanz verdrängten Luftvolumens, welches dem ersteren natürlich völlig gleich ist. Die Temperatur braucht nicht genau bestimmt zu werden, da man das aufgefangene Luftvolumen auf normale Verhältnisse reduziert. Sie muß aber genügend hoch über dem Siedepunkt der zu vergasenden Substanz liegen, um ihren Dampf zu überhitzen und damit die Vorbedingungen für die Gültigkeit der Gasgesetze zu schaffen.

Versuch 199. Ein zunächst mit Luft gefülltes, unten erweitertes Glasrohr *a* von der aus der Figur ersichtlichen Form wird durch den Dampf von in dem weiten Heizmantel *b* im Sieden befindlichen Wasser auf 100° erhitzt. An das seitliche Ansatzrohr ist ein unten umgebogenes, kapillares Gasentbindungsrohr *c* angeschlossen, das zunächst neben die Mündung eines kalibrierten, mit Wasser gefüllten, etwa 50 cm hohen Meßrohres *d* führt.

Dieses ist mit der Öffnung nach unten in eine mit Wasser gefüllte Glasschale *e* eingehängt. Im obersten Teile des für die Vergasung der Substanz bestimmten Glasrohres befindet sich eine Fallvorrichtung *f*, auf die das Glaseimerchen mit der abgewogenen Substanzmenge, z. B. Äther, gebracht wird. Sobald auch bei längerem Sieden des im Heizmantel befindlichen Wassers aus dem Gasentbindungsrohr keine Luftblasen mehr entweichen, schiebt man dieses unter die Mündung des Meßrohres und läßt durch Vorziehen des Glasstäbchens der Fallvorrichtung den Glaseimer herabfallen. Der Stopfen wird abgeworfen und der Äther mit großer Geschwindigkeit vergast. Die hierdurch ausgetriebene Luft sammelt sich schnell in dem Meßrohre an. Sobald keine Blase mehr entweicht, schiebt man mit einer Tiegelzange einen mit Wasser gefüllten kleinen Porzellantiegel unter die Mündung des Meßrohres, hebt dieses zusammen mit dem Tiegel heraus und bringt es in einen hohen, mit Wasser gefüllten Zylinder, in welchem man es etwa $^1/_2$ Stunde sich selbst überläßt. Hierauf faßt man das Rohr mit einer Holzklammer, hebt es so hoch aus dem Wasser, daß dieses innen und außen gleich hoch steht und liest das Gasvolumen ab. Natürlich ist dabei auch die Temperatur des Wassers und der Barometerstand zu berücksichtigen.

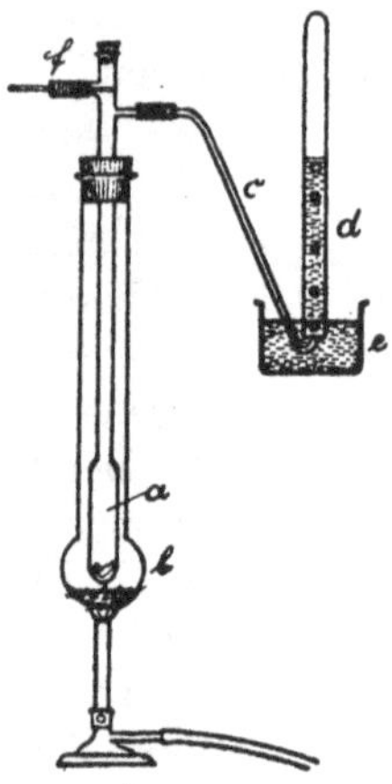

Fig. 91.

Für die Berechnung einer Dampfdichtebestimmung kann man folgende Formel zugrunde legen, wobei zu bemerken ist, daß die Dampfdichte auf Wasserstoff = 1 bezogen ist:

$$D = \frac{p}{V} \cdot \frac{760}{B - h} \cdot \frac{1 + 0{,}00366 \cdot t}{0{,}0000896} .$$

Dabei bedeutet:

p = Gewicht der Substanz.
V = Abgelesenes Volumen.
B = Barometerstand.
h = Tension des Wasserdampfes (vgl. S. 31).
t = Beobachtete Temperatur.
0,00366 = $^1/_{273}$ = Ausdehnungsfaktor der Gase für 1° C Temperaturerhöhung.
0,0000896 = Gewicht von 1 ccm Wasserstoff bei 0° und 760 mm.

Nach diesen und anderen Methoden erhält man die spezifischen Gewichte der Gase — ihre Dampfdichten —, bezogen auf Wasserstoff = 1, z. B. die folgenden

Dampfdichten:

$$H = 1$$
$$Cl = 35{,}5$$
$$HCl = 18{,}25$$
$$H_2O = 9\,.$$

Nach der Avogadro'schen Regel (vgl. S. 158) braucht man diese Werte nur mit 2 zu multiplizieren, um die relativen Molekulargewichte:

$$H_2 = 2$$
$$Cl_2 = 71$$
$$HCl = 36{,}5$$
$$H_2O = 18$$

zu erhalten.

Um hieraus zu den Atomgewichten zu gelangen, stellt man folgende Erwägungen an:

Nach dem Ergebnis der Analyse sind enthalten in:

	36,5	Gewichtsteilen	HCl	1	Gewichtsteil	H und 35,5	Teile Cl.
	18	,,	H_2O	2	,,	H und 16	,, O.
Also in	18,25	,,	HCl	$^1/_2$	,,	H.	
,, ,,	9	,,	H_2O	1	,,	H.	

Daraus folgt also, daß die Menge von Wasserstoff im Salzsäuremolekül **nur halb so groß** ist, als im Wasser oder im Wasserstoff.

Nehmen wir weiter an, daß diese Menge **1** Atom Wasserstoff entspricht, so müßten, wie es ja auch tatsächlich der Fall ist, im Wasser sowohl wie im Wasserstoff **2** Atome Wasserstoff vorhanden sein.

Genau die gleichen Überlegungen würden zu der Annahme führen, daß die Menge von Chlor in der Salzsäure nur die Hälfte von der im Chlormolekül beträgt.

Natürlich könnten die Dinge auch so liegen, daß im Molekül der Salzsäure 2 Atome Wasserstoff und daher im Wasser und im Wasserstoff 4 enthalten sind.

Die Frage nach der Größe des Atomgewichts wird also darauf hinauslaufen, auf irgend eine Weise festzustellen, wieviel Wasserstoffatome in der Salzsäure vorhanden sind.

Diese Entscheidung wird dadurch ermöglicht, daß wir von einer größeren Zahl flüchtiger Wasserstoffverbindungen die Dampfdichte bestimmen.

Dies ist geschehen, und es hat sich dabei herausgestellt, daß in keiner dieser Verbindungen eine geringere Menge von Wasserstoff, als im Salzsäuremolekül vorkommt; wir dürfen daher den Schluß ziehen, daß diese wirklich nur 1 Atom Wasserstoff enthält.

Wir können also als Atomgewicht die geringste Menge eines Elementes (bezogen auf das Molekulargewicht) definieren, die wir bei der Untersuchung einer größeren Zahl seiner gasförmigen Verbindungen beobachten.

Dieser Schluß ist um so sicherer, je größer die Zahl der untersuchten Verbindungen ist.

Die Ableitung der Atomgewichte aus den Ergebnissen der Dampfdichte setzt voraus, daß sich die zu untersuchenden Stoffe unzersetzt vergasen lassen.

In solchen Fällen nun, wo dies nicht der Fall ist, oder wo die Temperatur zu hoch liegt und daher Dampfdichtebestimmungen gar nicht oder nur mit großen Schwierigkeiten ausgeführt werden können, lassen sich die Atomgewichte auf Grund gesetzmäßiger Beziehungen zur Größe der spezifischen Wärme ermitteln.

Da Wasser von den leicht zugänglichen Stoffen sich durch die größte spezifische Wärme auszeichnet, so setzt man seine spezifische Wärme = 1.

Als nun im Jahre 1819 von Dulong und Petit die spezifischen Wärmen einer Reihe von Metallen untersucht wurden, fanden sie folgendes Gesetz:

Die spezifischen Wärmen der festen Elemente verhalten sich umgekehrt proportional wie die Atomgewichte.

Bezeichnet man das Produkt aus Atomgewicht und spezifischer Wärme als Atomwärme, so bekommt das Dulong-Petit'sche Gesetz eine andere Fassung:

Die Atomwärmen der festen Elemente sind miteinander gleich.

Wie man aus der folgenden Tabelle ersehen kann, liegen die Werte der Atomwärmen etwa zwischen 5 und 6,8. Der Mittelwert beträgt **6,4**.

Atomwärmen einiger Elemente.

Phosphor	5,4	Eisen	6,37
Schwefel	5,4	Platin	6,4
Germanium	5,5	Wismut	6,4
Gold	5,86	Zinn	6,4
Zink	6,25	Kalium	6,47
Nickel	6,38	Kadmium	6,36

Wesentlich niedrigere Atomwärmen besitzen die Elemente Kohlenstoff, Silicium, Beryllium und Bor. Wenn man indessen die Bestimmung ihrer spezifischen Wärme bei höherer Temperatur vornimmt, so erhält man für die Atomwärme Werte, die sich der Zahl 6,4 stark nähern:

	Atomwärme	Atomwärme
Diamant	1,7	5,5 bei 900°
Graphit	2,1	
Beryllium	3,7	5,2 bei 257°
Silicium	4,6	5,8 bei 200°.

Nach den Beobachtungen von W. Nernst liegen die Dinge so, daß für jedes Element das Gesetz von Dulong und Petit innerhalb eines bestimmten Gebietes gilt, daß aber die Elemente dieser Regel nicht mehr gehorchen, wenn die Bestimmung der spezifischen Wärme bei genügend **tiefer** Temperatur vorgenommen wird.

Jedenfalls besitzen wir in der Atomwärme ein einfaches und bequemes Mittel zur Bestimmung der Atomgewichte; denn nach der Gleichung:

$$\text{Atomgewicht} = \frac{6{,}4}{\text{spezifische Wärme}}$$

bedarf es dazu nur einer Bestimmung der spezifischen Wärme.

Für derartige Bestimmungen gibt es verschiedene Methoden. Für chemische Zwecke, und besonders dann, wenn es sich um kleinere Mengen handelt, ist besonders geeignet das Bunsen'sche Eiskalorimeter.

Versuch 200. Ein Bunsen'sches Eiskalorimeter, dessen kugeliger Teil mit Wasser und Quecksilber beschickt ist, wird vollständig in zerstoßenes Eis eingebettet. Hierauf wird in das Reagenzglas etwas reiner Äther gegossen und dieser durch einen eingepreßten, trockenen Luftstrom zur schnellen Verdunstung gebracht. Hierdurch bildet sich um das Reagenzglas herum ein Eismantel. Man verstopft nun das Reagenzglas und läßt das Kalorimeter, dessen mehrfach umgebogenes und kapillar gearbeitetes Ansatzrohr in ein kleines mit Quecksilber gefülltes Porzellannäpfchen taucht, so lange stehen, bis es in allen Teilen die Temperatur 0° angenommen hat. Hierauf wird das Porzellannäpfchen mit dem Quecksilber abgewogen. Inzwischen hat man in einem geeigneten Luftbade ein abgewogenes Stück Zink auf etwa 200—250° erhitzt und bringt es dann so rasch als möglich in das gekühlte Reagenzglas des Bunsen'schen Kalorimeters hinein, wo es sich abkühlt und einen Teil des Eises vom Eismantel zum Schmelzen bringt. Hierdurch erfolgt eine Kontraktion, die sich auf das Wasser und das Quecksilber überträgt. Sie bewirkt, daß ein Teil des letzteren aus dem damit gefüllten Porzellangefäß angesaugt wird. Sobald das Kalorimeter wieder die Temperatur 0° angenommen hat, wird das Porzellannäpfchen zurückgewogen und dadurch die Menge des angesaugten Quecksilbers ermittelt. Hieraus läßt sich die Quantität des geschmolzenen Eises und damit die spezifische Wärme des Zinks berechnen.

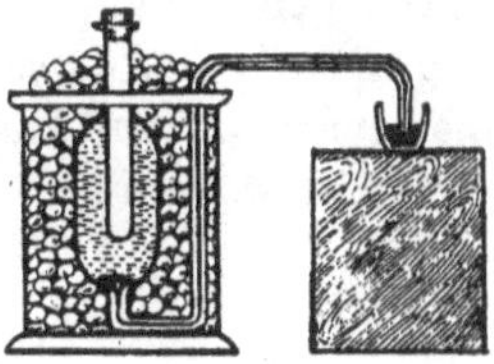

Fig. 92.

Die Bestimmung der Dampfdichte einerseits und die der spezifischen Wärme andererseits wurde bei einer Reihe von Elementen durchgeführt und hat zu übereinstimmenden Werten geführt, z. B. beim Quecksilber, Blei, Zink und Antimon, sowie bei zahlreichen Nichtmetallen.

Gewissermaßen als Kontrolle für die Richtigkeit der Atomgewichte sei bereits an dieser Stelle auf das periodische System der Elemente hingewiesen (vgl. S. 290). In diesem nimmt jedes Element seine bestimmte Stelle ein, und man kann ihm auf Grund seiner physikalischen und chemischen Eigenschaften meist einen ganz bestimmten Platz anweisen. Dem entspricht nun ein Atomgewicht, das zur Kontrolle von Werten, die aus der Dampfdichte oder nach dem Dulong-Petit'schen Gesetz abgeleitet worden sind, dienen kann.

Auf diese Weise sind die meisten Atomgewichte bestimmt worden. Ihre Genauigkeit ist abhängig von der Schärfe, mit der das Verbindungsgewicht ermittelt werden kann.

Molekulargewichte.

Um das Molekulargewicht irgend einer Verbindung zu bestimmen, muß zunächst ihre Zusammensetzung qualitativ und quantitativ ermittelt werden.

Nehmen wir an, es handelte sich um einen Stoff, der nach dem Ergebnis der qualitativen Analyse aus Natrium und Chlor besteht, und es sei bei seiner quantitativen Analyse folgendes Prozentverhältnis der beiden Elemente festgestellt worden:

$$39{,}32\,\%\ \text{Natrium},$$
$$60{,}68\,\%\ \text{Chlor}.$$

Um daraus das Atomverhältnis abzuleiten, in dem sich die Elemente im Molekül befinden, hat man nur nötig, die Prozentzahlen durch die Atomgewichte der betreffenden Elemente zu dividieren; also:

$$39{,}32 : 23 \quad = 1{,}7,$$
$$60{,}68 : 35{,}5 = 1{,}7.$$

Man bekommt in beiden Fällen dieselbe Zahl, woraus sich ergibt, daß die beiden Elemente in einer gleichen Anzahl von Atomen im Molekül vorhanden sind. Ob aber das Verhältnis 1 : 1 oder 2 : 2 oder 3 : 3 usw. ist, ist noch unbestimmt.

Nun gibt es viele Stoffe, bei denen wegen der Art ihrer Bildung oder aus anderen Gründen Zweifel an der Größe des Moleküls ausgeschlossen sind. In zahllosen Fällen ist dies aber nicht so, und man ist bei ihnen auf eine exakte Bestimmung des Molekulargewichts angewiesen.

Diese ist — wie sich aus den vorhergehenden Betrachtungen ergibt — sehr einfach bei solchen Verbindungen, die sich unzersetzt und bei nicht allzuhoher Temperatur vergasen lassen. Man führt mit ihnen nach einer der geschilderten Methoden eine Bestimmung der **Dampfdichte** aus und erhält aus dem gefundenen Werte das Molekulargewicht durch Multiplikation mit 2.

Bei vielen Verbindungen ist dieses Verfahren ausgeschlossen, weil sie ohne Zersetzung nicht vergast werden können.

Man ist bei ihnen auf andere Methoden angewiesen, die auf **Lösungen** angewendet werden und auf den Gesetzen des **osmotischen** Drucks beruhen.

Man versteht hierunter den Druck, den die in irgend einer Lösung vorhandenen Moleküle ausüben und der nach den Untersuchungen von van t'Hoff gleich ist dem Druck, den die gleiche Anzahl von Molekülen bei der gleichen Temperatur und dem gleichen Volumen im Gaszustand ausüben würde.

Es besteht also eine weitgehende Analogie zwischen dem Zustand der in einem Gase vorhandenen Moleküle und der in einer Lösung befindlichen. Wie man bei den Gasen auf Grund der Avogadro'schen Regel in einfacher Weise das Molekulargewicht bestimmen kann, so läßt sich dies auch bei gelösten Stoffen durchführen, wenn man die Menge des Lösungsmittels, der gelösten Substanz und die Temperatur kennt, durch Bestimmung des osmotischen Drucks.

Nun stößt aber seine experimentelle Bestimmung auf Schwierigkeiten, und es ist daher von großer Bedeutung, daß man den osmotischen Druck umgehen und durch zwei ihm proportionale Größen, nämlich die Gefrierpunktserniedrigung und die Siedepunktserhöhung von Lösungen gegenüber dem reinen Lösungsmittel, ersetzen kann.

Löst man in irgend einem Lösungsmittel einen beliebigen Stoff, so sinkt der Dampfdruck der Lösung, und mit dieser Tensionsverminderung ist verbunden ein Sinken des Gefrierpunkts und ein Steigen des Siedepunkts.

> **Versuch 201.** Man füllt in einen dickwandigen Glaszylinder 100 ccm reinen Eisessig, kühlt außen mit Eiswasser und rührt mit einem geeigneten, gleichfalls starkwandigen Thermometer solange, bis die Krystallisation des Eisessigs beginnt. Der Faden des Thermometers stellt sich dann auf einen bestimmten Punkt ein, den man notiert. Man taut alsdann den erstarrten Eisessig durch Eintauchen des Glaszylinders in warmes Wasser auf, löst 5 g zerriebenes Acetamid darin auf und bestimmt aufs neue den Erstarrungspunkt der Lösung.
>
> Er liegt beträchtlich tiefer, als der des reinen Lösungsmittels.

Es gilt für diese Gefrierpunktsdepression das wichtige Gesetz, daß, wenn verschiedene Stoffe im Verhältnis ihrer Molekulargewichte stets in derselben Menge desselben Lösungsmittels gelöst werden, die Gefrierpunktsdepression immer die gleiche ist.

Isotonische Lösungen (d. h. solche, die den gleichen osmotischen Druck besitzen) vom gleichen Lösungsmittel haben den gleichen Gefrierpunkt.

Für ein bestimmtes Lösungsmittel ist also die molekulare Gefrierpunktserniedrigung gleich einer **Konstanten**.

Mit Hilfe dieser letzteren ist es nach dem Verfahren von Raoult, welches man als das kryoskopische zu bezeichnen pflegt, in der bequemsten Weise möglich, das Molekulargewicht zu bestimmen.

Versuch 202. Zur Bestimmung des Molekulargewichts einer Substanz nach der Raoult'schen Methode wird zunächst der innere Teil eines Beckmann'schen Apparates mit samt einem Beckmann'schen Thermometer auf einer guten Tarierwage abgewogen und dann etwa 12—15 ccm reiner Eisessig eingefüllt. Hierauf setzt man den Apparat zusammen, füllt das äußere Gefäß mit Eiswasser und bewirkt unter beständigem Rühren mit dem durch den Stopfen eingesetzten Rührer und unter dauernder Beobachtung des Quecksilberfadens im Beckmann'schen Thermometer das Erstarren des Eisessigs. Sobald bei anhaltendem Rühren der Stand der Quecksilberkuppe sich nicht mehr ändert, wird abgelesen. Hierauf nimmt man den inneren Teil aus dem Kühlmantel heraus und trägt etwa 0,2—0,3 g Acetamid, das sich in einem genau tarierten Wägeröhrchen befindet, in den Eisessig, den man mit der Hand aufgetaut hat, ein. Sobald sich das Acetamid darin gelöst hat, setzt man den Apparat wieder zusammen und bestimmt unter gutem Rühren den Erstarrungspunkt der Lösung. Die Differenz der beobachteten Gefrierpunkte ist die Gefrierpunktserniedrigung. Zum Schluß wird der innere Teil des Apparates mit dem Thermometer zurückgewogen, ebenso das leere Wägeröhrchen. Man hat dann alle Daten, die man zur Berechnung braucht.

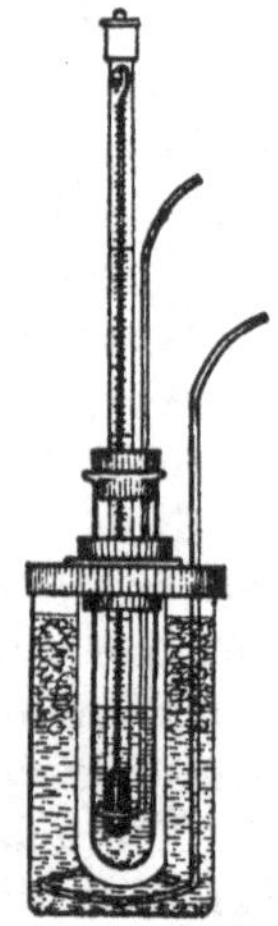

Fig. 93.

Wenn p = Gewicht der Substanz in Grammen,
P = Gewicht des Lösungsmittels,
K = Depressionskonstante des verwendeten Lösungsmittels,
Δ = Beobachtete Gefrierpunktsdepression

bedeutet, so berechnet sich das Molekulargewicht nach der Formel:

$$M = \frac{p}{\Delta} \cdot \frac{100}{P} \cdot K.$$

Der Nachteil des an und für sich außerordentlich bequemen kryoskopischen Verfahrens besteht darin, daß die Zahl der für eine derartige Bestimmung brauchbaren Lösungsmittel nur beschränkt ist und daß auch in sehr vielen Fällen die Löslichkeit der Stoffe bei tiefen Temperaturen zu gering ist.

Nun ist, wie bereits erwähnt wurde, die Dampfdruckerniedrigung auch von einer Siedepunktserhöhung begleitet.

Auch für sie gilt das Gesetz: Isotonische Lösungen des gleichen Lösungsmittels haben den gleichen Siedepunkt.

Für ein bestimmtes Lösungsmittel ist daher wiederum die molekulare Siedepunktserhöhung gleich einer **Konstanten**, und es läßt sich auch auf diese Weise bequem das Molekulargewicht ermitteln.

Man nennt diese Methode die ebullioskopische. Sie stammt gleichfalls von Raoult.

Ein bequemer Apparat zu ihrer experimentellen Ausführung ist von Landsberger angegeben worden. Seine Einrichtung dürfte sich aus der nebenstehenden Figur 94 klar ergeben. Das Prinzip ist folgendes: Es wird zunächst in dem Siedekolben *a* das Lösungsmittel, in welchem die Bestimmung ausgeführt werden soll, zum flotten Sieden erhitzt. Die Dämpfe treten in das mit einem seitlichen Loch versehene Reagenzglas *b*, kondensieren sich zunächst, entweichen aber schließlich, nachdem die kondensierte Flüssigkeit in dem Reagenzglas ins Sieden geraten ist, durch das Loch *c*, umspülen auch außen das Reagenzglas und treten schließlich bei *d* entweder in die Luft oder in einen abwärts gerichteten Kühler ein, in welchem sie sich wieder verflüssigen.

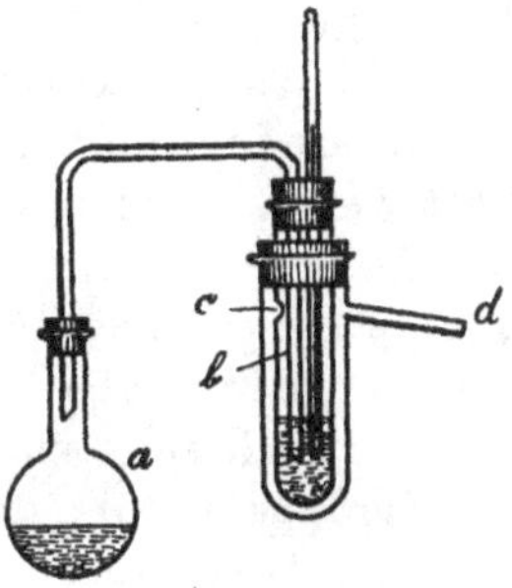

Fig. 94.

Sobald das Thermometer eine konstante Temperatur anzeigt, wird abgelesen, das Reagenzglas geöffnet und die abgewogene Menge der Substanz aus einem Wägeröhrchen eingetragen. Hierauf wird der Versuch fortgesetzt, die Siedepunktserhöhung bestimmt und die Menge des Lösungsmittels abgewogen.

Man hat dann alle für die Berechnung des Versuches nötigen Daten. Man bedient sich derselben Formel, wie sie für die Berechnung der kryoskopischen Bestimmung angegeben worden ist. Nur ist zu beachten, daß die Größe Δ hierbei die molekulare Siedepunktserhöhung bedeutet.

Die Valenz (Wertigkeit).

Die atomistische Hypothese Daltons, wonach durch Zusammentritt kleinster Teilchen, der sogenannten Atome, größere Atomverbände, die Moleküle, entstehen, erklärt in einfacher und lichtvoller Weise die Gesetze von der Konstanz der Verbindungsgewichte (vgl. S. 12), von den konstanten (vgl. S. 64) und den multiplen Proportionen (vgl. S. 64).

Dagegen läßt sie unerklärt eine äußerst auffällige Erscheinung, deren Deutung bisher noch nicht versucht worden ist.

Stellen wir die Wasserstoffverbindungen der vier großen, bisher untersuchten Elementengruppen nebeneinander, so kommen wir zu folgender Übersicht:

1. Gruppe der Halogene:	HCl	HBr	HJ	HF
2. „ des Sauerstoffs:	H_2O	H_2S	H_2Se	H_2Te
3. „ „ Stickstoffs:	H_3N	H_3P	H_3As	H_3Sb
4. „ „ Kohlenstoffs:	H_4C	H_4Si		

Wir sehen also, daß in der ersten Gruppe stets **1**, in der zweiten **2**, in der dritten **3** und in der vierten **4** Wasserstoffatome mit je **1** Atom eines Elements aus der betreffenden Gruppe verbunden sind.

Diese Erscheinung, so überraschend und unverständlich sie auf den ersten Blick erscheint, ist ganz allgemein in der Chemie. Sie beruht auf der Eigenschaft der Elementaratome, immer nur eine bestimmte und für das betreffende Element charakteristische Zahl anderer Atome aufnehmen zu können und wird als die Valenz oder Wertigkeit der Elemente bezeichnet.

Je nach ihrer Fähigkeit, 1 oder 2 oder mehr Wasserstoffatome fixieren zu können, unterscheiden wir 1-, 2-, oder noch mehrwertige Elemente.

Die Halogene sind nach dieser Definition ein-, die Elemente der Sauerstoffgruppe zwei-, die der Stickstoffgruppe drei- und endlich die der Kohlenstoffgruppe vierwertig.

Aber der Begriff der Wertigkeit gilt nicht bloß in bezug auf den Wasserstoff, sondern auch für alle anderen Elemente. Die Halogene z. B., die sich dem Wasserstoff gegenüber als einwertige Elemente betätigen, beweisen diesen einwertigen Charakter auch den anderen Elementen gegenüber, wie wir aus der Zusammensetzung folgender Verbindungen ersehen können:

PCl_3 $AsCl_3$ CCl_4 $SiCl_4$ NJ_3 usw.

Ferner können die „Valenzen“ eines mehrwertigen Elementes z. T. durch ein-, z. T. durch mehrwertige Elemente, oder aber auch ausschließlich durch mehrwertige abgesättigt sein; z. B.:

$COCl_2$ $POCl_3$ CO_2 CS_2 usw.

Man macht weiter die sehr auffällige Beobachtung, daß sich bisweilen ein und dasselbe Element — nach dem Gesetz der multiplen Proportionen — mit einem anderen Elemente in **mehreren Verhältnissen** verbindet, daß es sich also in verschiedenem Wertigkeitsbetrag zu betätigen vermag; z. B.:

NH_3 NH_4Cl PCl_3 PCl_5 PBr_3 PBr_5 $POCl_3$ $SbCl_3$ $SbCl_5$ usw.

Man hatte nun beobachtet, daß manche von diesen Verbindungen mit scheinbar anormaler Wertigkeit in der Hitze mehr oder minder leicht dissoziieren, z. B.:

$$NH_4Cl \rightarrow NH_3 + HCl,$$
$$PCl_5 \rightarrow PCl_3 + Cl_2,$$
$$SbCl_5 \rightarrow SbCl_3 + Cl_2,$$

und hatte daraus geschlossen, daß in diesen ihrer Zusammensetzung nach von *fünfwertigen* Atomen abgeleiteten Stoffen nur *lockere Molekülverbindungen* der *dreiwertigen Typen* mit 2 Atomen vorliegen.

Man hatte sich dieser Auffassung zugeneigt, weil man der Ansicht war, *daß die Valenz unter allen Umständen eine* **konstante** *Eigenschaft der Elementaratome sein müsse* und daß eine Betätigung in wechselndem Verhältnis ausgeschlossen sei.

Diese Auffassung muß heute unbedingt als irrig zurückgewiesen werden.

Abgesehen von zahlreichen anderen Argumenten, die gegen sie sprechen, hat man im *Phosphorpentafluorid* PF_5 eine Verbindung kennen gelernt, die auch bei *hoher* Temperatur *nicht* dissoziiert, in der also der Phosphor sicher *fünfwertig* ist. Da es andererseits viele Verbindungen gibt, die *dreiwertigen* Phosphor enthalten, so kann es keinem Zweifel unterliegen, daß dieses Element *drei-* **und** *fünfwertig* auftreten kann. Genau so liegen die Dinge bei den anderen Elementen.

Man nimmt heute allgemein an, daß die Valenz zwar eine in der Natur der Elementaratome begründete Eigenschaft ist, die aber unter gewissen Umständen *wechseln* kann.

Die Wertigkeit eines Elements hängt einmal von der Natur der anderen mit ihm in Bindung tretenden Elemente ab. Denn während z. B. die Elemente der Stickstoffgruppe sich dem Wasserstoff gegenüber als *dreiwertig* verhalten, sind sie gegen die Halogene *drei- und fünfwertig*.

Auch die *Temperatur* spielt bei der Valenz eines Elementes eine wichtige Rolle. So ist z. B. Stickstoff, Phosphor und Antimon bei *hoher* Temperatur *dreiwertig*, bei *niedriger fünfwertig*, wie sich aus den bereits besprochenen Dissoziationserscheinungen:

$$NH_4Cl \rightarrow NH_3 + HCl,$$
$$PCl_5 \rightarrow PCl_3 + Cl_2,$$
$$SbCl_5 \rightarrow SbCl_3 + Cl_2,$$

ergibt.

Über die tieferen Ursachen und das Wesen der Valenz ist man noch nicht völlig im klaren, wenn man auch als sicher annehmen darf, daß es sich dabei um den Ausgleich elektrischer Ladungen handelt. Trotzdem ist es üblich, die Wertigkeit eines Elements in einer zwar rohen, aber doch übersichtlichen und verständlichen Art und Weise *durch Striche anzudeuten*, die dem Atom beigefügt werden. Die Zahl der Striche drückt die betreffende Wertigkeit aus; z. B.:

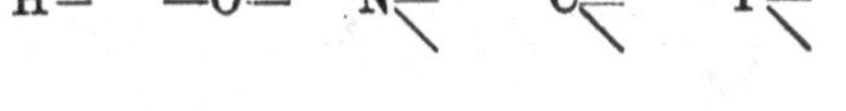 usw.

Will man bei einer Reaktion die Valenzverhältnisse besonders zum Ausdruck bringen, so kann dies z. B. folgendermaßen geschehen:

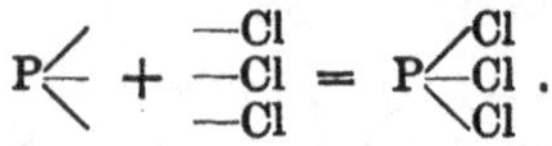

Man nennt derartige Formeln, die uns über die Valenzverhältnisse und die Verkettung der Atome Aufschluß geben, Strukturformeln.

Die Zusammensetzung des Wassers, Schwefelwasserstoffs, Ammoniaks und des Methans — um nur diese wenigen Beispiele zu nennen — läßt sich durch folgende Strukturformeln ausdrücken:

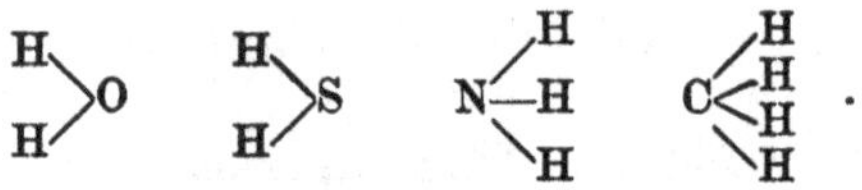

Diese Formelbilder sind sehr anschaulich, denn sie unterrichten uns nicht bloß über die Gewichts- und Atomverhältnisse der betreffenden Verbindungen, sondern bis zu einem gewissen Grade auch über den inneren Bau des Moleküls.

So haben wir z. B. früher (vgl. S. 104) außer dem Ammoniak noch zwei andere Stickstoffwasserstoffverbindungen kennen gelernt. Die eine davon, das Hydrazin, besitzt die Zusammensetzung N_2H_4, die uns nicht den geringsten Anhalt für den inneren Bau der Verbindung gibt. Die Eigenschaften des Hydrazins lassen aber keinen Zweifel darüber, daß es eine Kombination von 2 NH_2-Gruppen vorstellt, und die Strukturformel:

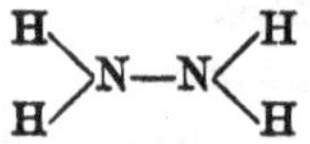

trägt diesem Umstande, sowie der Dreiwertigkeit des Stickstoffs und der Einwertigkeit des Wasserstoffs in ausgezeichneter Weise Rechnung.

Die Strukturformel des Hydrazins bietet uns das erste Beispiel einer kettenförmigen Aneinanderlagerung der Atome, wie sie ganz besonders charakteristisch für den Kohlenstoff ist.

So tritt uns in dem Kohlenwasserstoff Äthan C_2H_6 (vgl. S. 141) eine aus zwei aneinandergereihten Kohlenstoffatomen bestehende Kette entgegen:

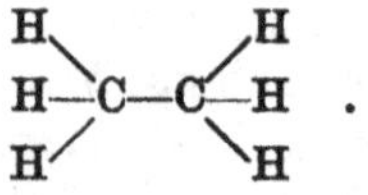

Beim Äthylen (vgl. S. 142), das die Formel C_2H_4 besitzt und demnach 2 Atome Wasserstoff weniger enthält, als Äthan, haben sich offenbar je zwei Wertigkeiten der beiden Kohlenstoffatome zu einer sogenannten „doppelten Bindung" vereinigt:

Die Kohlenstoffverbindungen, von denen wir eine ungeheure Zahl kennen, zeichnen sich häufig durch eine sehr komplizierte Zusammensetzung aus. Da sich aber — von ganz wenigen Ausnahmen abgesehen — der Kohlenstoff vierwertig zeigt, so lassen sich meistens ohne allzugroße Schwierigkeiten Strukturformeln aufstellen, die uns einen klaren Einblick in den Bau des Moleküls und die „Verkettung der Atome" gewähren.

B. Verbindungen der Nichtmetalle mit Sauerstoff und Schwefel.

1. Ozon. O_3.

Man hatte schon frühzeitig beobachtet, daß die Luft unter der Einwirkung elektrischer Funken einen sehr eigentümlichen Geruch annimmt. Diese Erscheinung wurde von Schönbein näher verfolgt und führte ihn 1840 zur Entdeckung des Ozons. Die bemerkenswerteste Eigenschaft dieses Stoffes ist zweifellos der auch in großer Verdünnung noch deutlich hervortretende Geruch, so daß er seinen Namen (von *ὄζειν* = riechen) mit Recht trägt.

Ozon ist eine Modifikation des Sauerstoffs, die die Formel O_3, also das Molekulargewicht 48 besitzt, während das Molekül des gewöhnlichen Sauerstoffs nur aus 2 Atomen besteht.

Ozon bildet sich häufig bei Oxydationsprozessen verschiedenster Art. Dies liegt daran, daß das Molekül O_2, um Oxydationswirkungen auslösen zu können, zunächst in einfache Atome zerfallen muß. Diese letzteren treten, soweit sie nicht zur Oxydation gebraucht werden, entweder wieder zu gewöhnlichem Sauerstoff, oder — in kleiner Menge — zu Ozon zusammen.

So sieht man z. B. Ozon in verhältnismäßig reichlicher Menge bei der langsamen Oxydation von Phosphor an der Luft entstehen.

Versuch 203. Man bringt in eine größere Flasche eine Stange farblosen Phosphor und gießt so viel Wasser darauf, daß sie etwa zur Hälfte davon bedeckt ist. Man läßt die Flasche mehrere Stunden unverstopft stehen und kann dann das gebildete Ozon durch den Geruch oder durch die sofort eintretende Bläuung eines Streifchens Jodkaliumstärkepapier mit aller Schärfe nachweisen.

Ebenso kommt es zur Bildung von Ozon bei der elektrolytischen Zersetzung des Wassers. Auch in diesem Falle ist die Ursache die primäre Bildung freier Sauerstoffatome, die sich in geringem Betrage zu Ozonmolekülen vereinigen. Besonders große Mengen von Ozon entstehen auf diese Weise bei **hoher** Stromdichte.

Versuch 204. Man läßt das bei schneller Elektrolyse aus einem Knallgasvoltameter (vgl. S. 15) austretende Gas in eine tiefe Glasschale eintreten, die mit einer sehr verdünnten, mit Schwefelsäure angesäuerten und mit Stärkekleister versetzten Jodkaliumlösung gefüllt ist. Man beobachtet schon nach wenigen Augenblicken blaue Schlieren in der Flüssigkeit, und nach kurzer Zeit hat die Lösung eine tief blaue Farbe angenommen.

Da sich auch in der Natur langsame Oxydationsprozesse genug abspielen, so ist es erklärlich, daß in der Luft etwas Ozon enthalten ist. Aber seine Menge ist äußerst gering, denn in 100 g reiner Luft finden sich nur etwa 1—2/1000 mg Ozon. Daß nicht mehr vorhanden ist, erklärt sich aus seiner großen, chemischen Aktivität besonders gegen organische Stoffe, welche bewirkt, daß es alsbald nach seiner Entstehung wieder verbraucht wird.

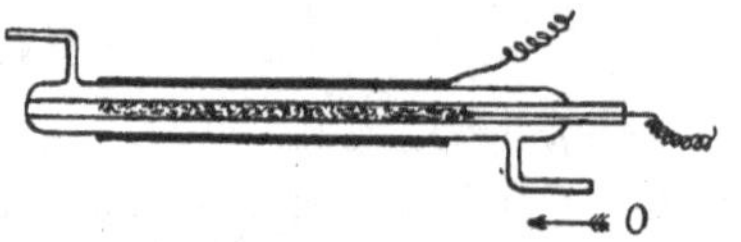

Fig. 95.

Zur Darstellung des Ozons läßt man dunkle, elektrische Entladungen auf Sauerstoff einwirken, wobei dieser — wenn auch nur in verhältnismäßig geringer Ausbeute, bis zu höchstens 15%₀ — in Ozon verwandelt wird. Der für diese Umwandlung des Sauerstoffs früher verwendete Siemens'sche Ozonisator (Fig. 95) besteht aus zwei ineinander gesteckten und in geeigneter Weise verschmolzenen Glasröhren mit 2 Ansätzen für die Zu- und Ableitung des Sauerstoffs. Die beiden Röhren sind mit metallischen Belegen aus Staniol versehen, die ihrerseits mit den Polen eines Ruhmkorff'schen Funkeninduktors in Verbindung stehen. Läßt man diesen in Tätigkeit treten, so bilden sich zwischen den beiden Metallbelegen dunkle elektrische Entladungen, die den langsam durchgeleiteten Sauerstoff zum Teil in Ozon verwandeln.

Zweckmäßig ersetzt man, wie es von Berthelot eingeführt worden ist, die Staniolbelege durch stark verdünnte Schwefelsäure, in welche die vom Ruhmkorff hergeleiteten Poldrähte eintauchen.

Versuch 205. Ein Berthelot'scher Ozonisator, dessen inneres Rohr zu etwa $^4/_5$ mit verdünnter Schwefelsäure gefüllt ist, wird in ein größeres Glasgefäß, welches gleichfalls verdünnte Schwefelsäure enthält, eingehängt; ferner werden zwei Elektroden, die in die innere und die äußere Flüssigkeit tauchen, an einen Ruhmkorff'schen Funkeninduktor angeschlossen. Man leitet nun einen langsamen Strom trockenen Sauerstoff durch den Ozonisator und schaltet gleichzeitig den Induktor ein. Es bilden sich dann reichliche Mengen von Ozon,

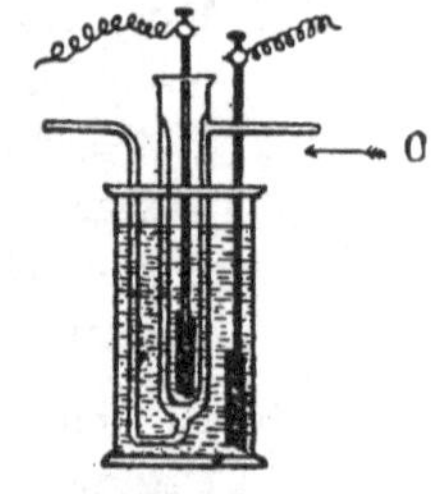

Fig. 96.

das durch den Geruch und seine sonstigen Eigenschaften charakterisiert werden kann.

Wenn es sich um die Gewinnung etwas größerer Mengen von Ozon handelt, so wird eine größere Zahl Berthelot'scher Röhren zu einer Batterie zusammengeschlossen und die dunklen elektrischen Entladungen auf bequemere Weise erzeugt.

Wird Luft oder Sauerstoff auf hohe Temperatur erhitzt, so kommt es gleichfalls zur Bildung von Ozon. Freilich muß bei dieser Umwandlung dafür gesorgt werden, daß das Ozon in dem Maße, wie es hierbei entsteht, der heißen Zone möglichst schnell entzogen wird, da es sonst wieder in einfachen Sauerstoff übergeht.

Eigenschaften des Ozons.

Ozon ist ein Gas, welches sich in flüssigem Sauerstoff mit schön blauer Farbe löst. Läßt man diese Flüssigkeit an der Luft verdunsten, so wird die Farbe immer intensiver, und schließlich bleibt reines Ozon, das erst bei — 119° siedet, als Flüssigkeit von tief indigoblauer Farbe zurück.

Der Geruch des Gases ist durchdringend, entfernt an Chlor erinnernd und bewirkt eingeatmet heftige katarrhalische Störungen.

Mit dem Übergang von Sauerstoff in Ozon ist eine beträchtliche Kontraktion verbunden:

$$3\,O_2 \rightarrow 2\,O_3$$
$$3\text{ Vol.} \rightarrow 2\text{ Vol.}$$

Umgekehrt findet bei der Rückverwandlung von Ozon in Sauerstoff eine Volumvergrößerung statt:

$$2\,O_3 \rightarrow 3\,O_2$$

Diese letztere Umwandlung des Ozons findet langsam schon bei gewöhnlicher Temperatur, sehr schnell in der Wärme statt und kann als Beweis dafür gelten, daß das Molekül des Ozons nur locker gefügt und zum Zerfall geneigt ist.

Eine Bestätigung dieser Annahme kann man darin sehen, daß verflüssigtes reines Ozon beim raschen Erhitzen oder beim Zusammenbringen mit Terpentinöl aufs heftigste explodiert.

Eine völlig sichere Strukturformel des Ozons hat sich bis jetzt nicht aufstellen lassen, doch dürften sich die folgenden beiden:

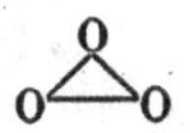

$$O = O = O$$

zwischen denen eine Entscheidung vorläufig nicht möglich ist, am besten begründen lassen.

Die Leichtigkeit, mit der das Molekül des Ozons unter Rückbildung von gewöhnlichem Sauerstoff zerfällt, macht es zu einem hervorragenden Oxydationsmittel. Man sieht dies z. B. daran, daß aus einer wäßrigen Jodkaliumlösung durch Ozon Jod in Freiheit gesetzt wird, während gleichzeitig Alkali entsteht und elementarer Sauerstoff entweicht:

$$2KJ + O_3 + H_2O = 2KOH + J_2 + O_2 .$$

Versuch 206. Man füllt einen leeren Glaszylinder mittels des Berthelot'schen Ozonisators mit Ozon-Sauerstoff und hält dann einen angefeuchteten Streifen Jodkaliumstärkepapier hinein. Es tritt augenblicklich tiefe Blaufärbung ein.

Auch das eigentümliche Verhalten des Ozons gegen metallisches Quecksilber beruht auf einer augenblicklich eintretenden, oberflächlichen Oxydation des Metalls zu Quecksilberoxyd. Hierdurch wird das vorher reine Metall verunreinigt und vermag eine Glasfläche spiegelartig zu belegen.

Versuch 207. Man gießt in einen mit Ozon-Sauerstoff gefüllten Glaszylindert einige Kubikzentimeter Quecksilber und schüttelt einmal kräfig um. Der ganze Zylinder bedeckt sich mit einem spiegelnden Belag.

Wegen seiner hohen Oxydationskraft und der Leichtigkeit, mit der insbesondere organische Verbindungen davon angegriffen werden, spielt Ozon eine sehr wichtige Rolle im Laboratorium und hat zur Aufklärung der chemischen Natur komplizierter Naturprodukte, wie z.B.des Kautschuks, wesentlich beigetragen. Ozon ist ferner ein vorzügliches Bleichmittel und dient in großen Anlageu zum Sterilisieren des Trinkwassers, da es in ausgesprochenem Maße bakterientötende Eigenschaften besitzt.

2. Wasserstoffsuperoxyd (Hydroperoxyd). H_2O_2.

Die Bildungsweisen dieser wichtigen Verbindung sind sehr zahlreich. So entsteht es in kleiner Menge bei vielen langsamen Oxydationsprozessen. Sein Auftreten bei diesen und anderen Vorgängen erklärt sich durch die Reduktion des Sauerstoffmoleküls O_2 durch nascierenden Wasserstoff:

$$\begin{matrix} O \\ \| \\ O \end{matrix} + H_2 = \begin{matrix} O-H \\ | \\ O-H \end{matrix} ,$$

die häufig nicht direkt zum Wasser, sondern — unter Erhaltung der aus 2 Sauerstoffatomen bestehenden Kette — zum Wasserstoffsuperoxyd führt.

So kann man z. B., wie F. Fischer und O. Prieß gefunden haben, durch Reduktion von Sauerstoff mit Hilfe von elektrolytisch entwickeltem Wasserstoff eine wäßrige Lösung von Wasserstoffsuperoxyd darstellen, die 2,7% davon enthält.

Zur Darstellung in größerem Maßstabe eignet sich am besten die Umsetzung von Metallsuperoxyden mit Säuren. So erhält man Wasserstoffsuperoxyd in bequemer Weise aus Baryumsuperoxyd und verdünnter Schwefelsäure:

$$Ba\begin{matrix} O \\ | \\ O \end{matrix} + H_2SO_4 = BaSO_4 + \begin{matrix} H-O \\ | \\ H-O \end{matrix}.$$

Versuch 208. In durch Eis sorgfältig gekühlte, verdünnte Schwefelsäure trägt man langsam unter Umschütteln und in kleinen Portionen fein pulverisiertes Baryumsuperoxyd ein. Die durch Abscheidung von Baryumsulfat milchig getrübte Flüssigkeit wird dann filtriert und das klare Filtrat zum Nachweis des Wasserstoffsuperoxyds nach einer der weiter unten mitgeteilten Methoden benutzt.

In konzentrierterer Lösung wird es aus den verdünnten, wäßrigen Lösungen durch vorsichtige Destillation im luftverdünnten Raum bei möglichst niedriger Temperatur gewonnen.

Die 30%ige wäßrige Lösung wird als „Perhydrol" in den Handel gebracht.

Eigenschaften des Wasserstoffsuperoxyds.

Wasserstoffsuperoxyd bildet in reinem Zustande eine dickflüssige, farblose Flüssigkeit, die bei -2^0 zu farblosen Krystallen erstarrt.

Es ist — wenn frei von Verunreinigungen irgendwelcher Art — haltbar. Verdünnte Lösungen zerfallen im Sonnenlicht und vor allem bei Gegenwart katalytisch wirkender Stoffe unter Sauerstoffentwicklung ziemlich schnell.

Als Katalysatoren sind dabei nicht bloß fein verteilte Metalle und andere anorganische Stoffe, wie z. B. Platin, Braunstein, Staub, Rauhigkeiten des Glases usw., wirksam, sondern auch die sogenannten „Katalasen", wie sie z. B. im Speichel oder im Fibrin des Blutes enthalten sind.

Versuch 209. In eine 3%ige wäßrige Lösung von Wasserstoffsuperoxyd wirft man einen kleinen Löffel pulverisierten Braunstein hinein: Sofort lebhafte Gasentwicklung! Das Gas besteht, wie man mit dem glimmenden Span feststellen kann, aus Sauerstoff.

Wasserstoffsuperoxyd vermag vor allem als Oxydationsmittel, aber auch reduzierend zu wirken.

Bei seiner Betätigung als Oxydationsmittel wirkt es im Sinne folgender Gleichung:

$$H_2O_2 = H_2O + O.$$

Ein anderer Zerfall seines Moleküls, der die reduzierenden Wirkungen erklärt, wird durch die Gleichung:

$$H_2O_2 = H_2 + O_2$$

wiedergegeben.

Von Oxydationsreaktionen seien z. B. genannt die Überführung von Indigo in Isatin, die mit einem Verschwinden der blauen Farbe verbunden ist.

Versuch 210. Man fügt zu einigen Kubikzentimetern stark verdünnter Indigolösung etwa $^1/_2$ ccm Perhydrol hinzu und kocht die Flüssigkeit in einem Reagenzglase. Nach 1—2 Minuten ist völlige Entfärbung eingetreten.

Ferner die Abscheidung von Jod aus einer angesäuerten Jodkaliumlösung.

Versuch 211. Man gibt einige Tropfen des bei Versuch 208 erhaltenen Filtrates zu einer stark verdünnten, mit Schwefelsäure angesäuerten und mit Stärkekleister versetzten Jodkaliumlösung: Tiefe Blaufärbung!

Endlich der Übergang von Chromsäure (vgl. S. 429) in die prächtig blau gefärbte Überchromsäure $HCrO_5$ (vgl. S. 430).

Versuch 212. In einem verschließbaren Schüttelzylinder gibt man zu etwa 100 ccm Wasser 2—3 Tropfen einer wäßrigen Lösung von Kaliumbichromat, ebensoviel verdünnte Schwefelsäure und eine kleine Menge von dem bei Versuch 208 erhaltenen Filtrat: Dunkelblaue Färbung, die beim Schütteln mit etwa dem gleichen Volumen Äther in diesen übergeht, während die wäßrige Schicht sich vollkommen entfärbt.

Wegen seiner stark oxydierenden Kraft spielt Wasserstoffsuperoxyd nicht bloß im Laboratorium, sondern auch in der Medizin und in vielen Gewerben eine wichtige Rolle.

In der Medizin verwertet man die stark desinfizierenden Wirkungen der Verbindung und benutzt sie unter anderem auch zum Loslösen der Verbände. Hierbei spielt der Sauerstoff, der unter der Wirkung der Wundsekrete aus dem Wasserstoffsuperoxyd entwickelt wird, eine wesentliche Rolle.

Der gleichen Fähigkeit, zu oxydieren, verdankt das Wasserstoffsuperoxyd seine Bleichwirkung. Es wird daher vor allem zum Bleichen der Haare, aber auch zum Aufhellen nachgedunkelter Gemälde benutzt. Das Dunkelwerden der letzteren beruht in der Hauptsache auf einer Schwärzung des als Malerfarbe vielfach verwendeten Bleiweißes. Dieses verwandelt sich allmählich durch die in der Luft häufig vorhandenen kleinen Mengen von Schwefelwasserstoff in schwarz gefärbtes Schwefelblei. Bei der Behandlung mit Wasserstoffsuperoxyd wird dieses nach der Gleichung:

$$PbS + 4H_2O_2 = 4H_2O + PbSO_4$$

in weiß gefärbtes Bleisulfat verwandelt.

Versuch 213. Man übergießt in einem Stehkolben einen frisch dargestellten und sorgfältig ausgewaschenen, in Wasser suspendierten

Niederschlag von Bleisulfid mit wäßrigem Wasserstoffsuperoxyd. Innerhalb einiger Minuten färbt er sich nahezu weiß.

Die reduzierenden Wirkungen des Wasserstoffsuperoxyds treten besonders auffällig in seinem Verhalten gegen Kaliumpermanganat hervor. Dieses stellt eine sehr sauerstoffreiche, tief violett gefärbte Substanz von der Zusammensetzung $KMnO_4$ (vgl. S. 395) vor. In saurer Lösung wird es von Wasserstoffsuperoxyd unter Sauerstoffentwicklung so glatt zu einer farblosen Manganverbindung (vgl. S. 396) reduziert, daß man hierauf eine einfache analytische Bestimmungsmethode des Wasserstoffsuperoxyds gegründet hat (vgl. S. 396). Der Vorgang spielt sich ab nach der Gleichung:

$$2KMnO_4 + 5H_2O_2 + 3H_2SO_4 = K_2SO_4 + 2MnSO_4 + 5O_2 + 8H_2O.$$

Versuch 214. Zu einer starken, wäßrigen, mit viel verdünnter Schwefelsäure angesäuerten Lösung von Kaliumpermanganat gibt man eine ausreichende Menge von wäßrigem Wasserstoffsuperoxyd hinzu. Unter lebhaftem, auf Entwicklung von Sauerstoff beruhendem Aufbrausen tritt nach wenigen Augenblicken völlige Entfärbung ein.

Wasserstoffsuperoxyd besitzt im Gegensatz zum Wasser den Charakter einer außerordentlich schwachen Säure, deren Salze in den sogenannten Superoxyden oder Peroxyden vorliegen. Hierher gehören z. B. Baryumsuperoxyd BaO_2 oder Natriumsuperoxyd Na_2O_2, die, wie bereits erwähnt, zur Darstellung von Wasserstoffsuperoxyd Verwendung finden. Ihr Charakteristikum ist die aus zwei miteinander verbundenen Sauerstoffatomen bestehende Kette O— | O—, die auch im Wasserstoffsuperoxyd enthalten sein dürfte:

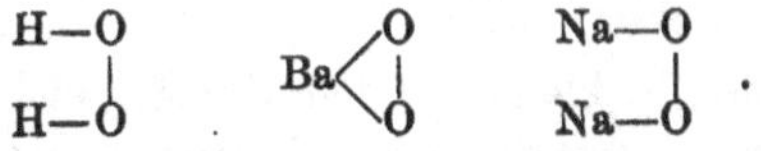

3. Oxyde der Halogene.

A. Oxyde und Sauerstoffsäuren des Chlors.

Eine direkte Vereinigung von Chlor mit Sauerstoff findet nicht statt; aber auf Umwegen lassen sich 3 Oxyde dieses Halogens darstellen:

Cl_2O	Chlormonoxyd.
ClO_2	Chlordioxyd.
Cl_2O_7	Chlorheptoxyd.

Chlormonoxyd bildet sich bei der Einwirkung von gasförmigem Chlor auf fein verteiltes Quecksilberoxyd:

$$HgO + 2Cl_2 = HgCl_2 + Cl_2O.$$

Versuch 215. Man leitet einen ganz langsamen Strom trockenen Chlors über frisch gefälltes, gut ausgewaschenes und unmittelbar vor dem Versuch auf etwa 300° erhitztes Quecksilberoxyd herüber. Dieses ist in einem ganz aus Glas gearbeiteten Apparate *a* auf einer Reihe übereinander angebrachter Glasteller *b* ausgebreitet. Der Apparat ist außen mit schwarzem Papier bedeckt und steht durch einen Schliff *c* mit einem abwärts gebogenen Rohr *d* in Verbindung, das in einen sorgfältig gereinigten, trockenen Glaszylinder hineinführt. Beim langsamen Überleiten des Chlors über das Quecksilberoxyd beginnt sehr bald die Reaktion, und es sammelt sich in dem Apparate und dem vorgelegten Glaszylinder ein braungefärbtes Gas an. Man entfernt nun vorsichtig den Zylinder von dem Entwicklungsapparate und wirft eine Messerspitze Schwefelblumen hinein: Blaue Lichterscheinung und heftige Detonation!

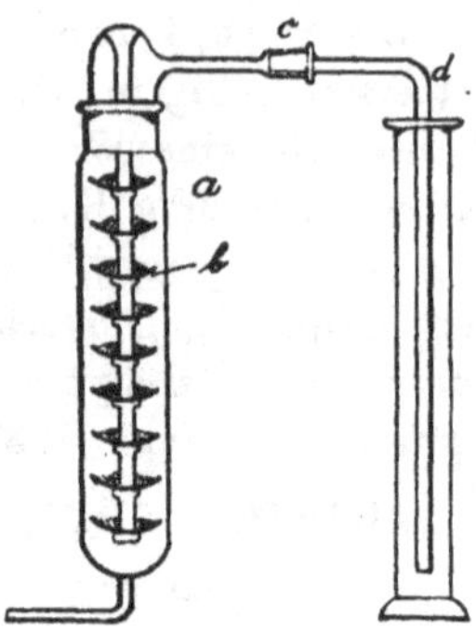

Fig. 97.

Chlormonoxyd stellt ein heftig riechendes, olivbraun gefärbtes Gas vor, das sich in einer Kältemischung zu einer braunen, bei + 3,8° siedenden Flüssigkeit verdichtet. In der Hitze, bisweilen aber auch ohne erkennbare Ursache, explodiert es mit großer Heftigkeit. Auch von Sonnenlicht wird es rasch in seine Elemente gespalten:

$$2Cl_2O = 2Cl_2 + O_2.$$

Es ist also ein sehr unbeständiger Körper, dessen Bearbeitung große Vorsicht erfordert.

Chlordioxyd läßt sich in kleiner Menge durch Behandlung von Kaliumchlorat $KClO_3$ mit konzentrierter Schwefelsäure darstellen.

Zunächst bildet sich dabei freie Chlorsäure, die aber unter den Versuchsbedingungen sofort in Chlordioxyd und Überchlorsäure verwandelt wird:

1. $KClO_3 + H_2SO_4 = HClO_3$ (Chlorsäure) $+ KHSO_4$.
2. $3HClO_3 = 2ClO_2 + HClO_4$ (Überchlorsäure) $+ H_2O$.

Versuch 216. Man bringt in ein nicht zu enges Reagenzglas eine starke Messerspitze reines, grob krystallinisches Kaliumchlorat und läßt dann — während man zweckmäßig das Reagenzglas schwach geneigt in ein Stativ einspannt — 1—2 Tropfen konzentrierte Schwefelsäure langsam an der inneren Reagenzglaswand herablaufen. Sobald die Säure das Kaliumchlorat durchdrungen hat, wird Chlordioxyd als tief olivgrünes Gas entwickelt und füllt alsbald das Reagenzglas an. Man schiebt nun — indem man Gesicht und Hand durch eine dicke Schutzscheibe oder dergl. schützt — eine Bunsenflamme unter den oberen, mit dem Gase gefüllten Teil des Reagenzglases: Heftige Explosion und Zertrümmerung des Reagenzglases!

Auch Chlordioxyd besitzt also sehr gefährliche Eigenschaften, und man muß vermeiden, es ohne besondere Vorsichtsmaßregeln in größerer Menge darzustellen.

Verhältnismäßig harmlos gestaltet sich seine Gewinnung durch Erwärmen einer gesättigten wäßrigen Lösung von Oxalsäure mit Kaliumchlorat, weil hierbei gleichzeitig Kohlendioxyd entsteht, welches das Gas stark verdünnt und ihm dadurch seine gefährlichen Eigenschaften nimmt.

Chlordioxyd läßt sich durch Abkühlung leicht verflüssigen, bildet dann eine schwere, dunkelrote Flüssigkeit, die bei $+10^{0}$ siedet und in ein olivgrün gefärbtes Gas übergeht. Sowohl dieses, wie das verflüssigte Oxyd explodieren häufig spontan mit größter Heftigkeit.

Chlorheptoxyd Cl_2O_7 bildet eine farblose, bei etwa 85^{0} siedende Flüssigkeit, die, ebenso wie die beiden anderen Oxyde des Chlors, zu Explosionen geneigt ist und durch vorsichtig durchgeführte Entwässerung von Überchlorsäure gewonnen wird:

$$2HClO_4 = H_2O + Cl_2O_7.$$

Sehr eigenartig und von hohem Interesse ist das Verhalten der Chloroxyde gegen Wasser. Es bilden sich dabei sehr wichtige Verbindungen von ausgesprochenem Säurecharakter.

Sauerstoffsäuren des Chlors.

I. Unterchlorige Säure. HOCl.

Leitet man das bei der Wechselwirkung zwischen Chlor und Quecksilberoxyd entstehende Chlormonoxyd in Wasser ein oder behandelt eine Suspension von Quecksilberoxyd in Wasser mit gasförmigem Chlor, so vereinigt sich Chlormonoxyd mit Wasser, und es bildet sich eine stark sauer reagierende Flüssigkeit, in welcher die sogenannte unterchlorige Säure HClO enthalten ist:

$$Cl_2O + H_2O = 2HOCl.$$

Versuch 217. In einem mit Ein- und Ableitungsrohr versehenen Erlenmeyerkolben befindet sich eine Suspension von wenig frisch gefälltem Quecksilberoxyd in Wasser. Man leitet nun unter beständigem, kräftigem Schütteln einen lebhaften Chlorstrom ein, wobei sich das Oxyd nach kurzer Zeit löst. Man fügt, falls ein Überschuß von Chlor vorhanden ist, nachträglich in kleinen Portionen soviel von der Quecksilberoxyd-Wasser-Suspension hinzu, bis auch nach längerem Schütteln keine Lösung mehr eintritt. Von dem ungelösten Rest wird filtriert.

Stoffe, die, wie im vorliegenden Fall das Chlormonoxyd, durch Aufnahme von Wasser in Säuren übergehen, werden **Anhydride** genannt. Chlormonoxyd ist das Anhydrid der unterchlorigen Säure.

Eigenschaften der unterchlorigen Säure.

Im reinen Zustande vermag unterchlorige Säure nicht zu existieren; man kennt nur ihre wäßrige Lösung, die eine gelbe Farbe und einen charakteristischen, vom Chlor deutlich verschiedenen Geruch besitzt. Durch Destillation unter vermindertem Druck, wobei sie sich in den zuerst übergehenden Anteilen ansammelt, läßt sie sich reinigen.

Unterchlorige Säure besitzt sehr starke Bleichwirkungen.

Versuch 218. Man gibt zu verdünnter Indigolösung eine kleine Menge wäßriger unterchloriger Säure hinzu: Sofort Zerstörung des Farbstoffes unter Bildung einer gelblichen Lösung.

Es hängt dies zusammen mit ihrer außerordentlichen Oxydationskraft, die auf ihrem Übergang in Salzsäure und Sauerstoff beruht:

$$HOCl = HCl + O.$$

Die Salze der unterchlorigen Säure heißen Hypochlorite und besitzen eine große Bedeutung.

Da die unterchlorige Säure nur eine sehr schwache Säure ist, so genügt bereits die Kohlensäure der Luft, um sie aus ihren Salzen in Freiheit zu setzen. Daher sind die Hypochlorite durch den Geruch nach freier unterchloriger Säure ausgezeichnet.

Sie werden durch Einwirkung von Chlor auf die **kalten, verdünnten** Lösungen von Alkalien dargestellt, wobei die Hälfte des Chlors in Chlorid übergeht:

$$2NaOH + Cl_2 = NaOCl + NaCl + H_2O.$$

Versuch 219. In verdünnte Natronlauge leitet man unter Eiskühlung gasförmiges Chlor ein. Die Flüssigkeit vermag, Indigo zu bleichen und kräftige Oxydationswirkungen auszulösen.

Die Hypochlorite sind, ebenso wie die freie unterchlorige Säure, infolge ihres leichten und glatten Überganges in Chloride, wie z. B.:

$$NaOCl = NaCl + O,$$

durch kräftige Bleich- und Oxydationswirkungen ausgezeichnet. Man hatte diese Wirkung schon frühzeitig erkannt und eine Lösung von Kaliumhypochlorit unter der Bezeichnung eau de Javelle — so benannt nach dem Ort, an welchem sich die Bleicherei befand — in den Handel gebracht.

Die Hypochlorite sind, abgesehen von den Bleichwirkungen, die sie auf Farbstoffe wie Indigo, Lackmus oder dgl. ausüben, durch zahlreiche Oxydationswirkungen — auf die verschiedensten Stoffe — charakterisiert.

Versuch 220. a) Eine Probe der bei Versuch 219 gewonnenen Lösung wird zu einer verdünnten Jodkaliumlösung hinzugegeben: Abscheidung von Jod.

b) Eine zweite Probe wird mit einer wäßrigen Lösung von Manganosulfat versetzt: Abscheidung von Braunstein.

Bekannter, wichtiger und billiger als Kalium- oder Natriumhypochlorit ist das Calciumsalz der unterchlorigen Säure, das gewöhnlich Chlorkalk genannt wird.

Dieser Stoff wird im großen durch Behandlung von gelöschtem Kalk mit der ausreichenden Menge Chlor dargestellt. Dabei spielt sich im Prinzip derselbe Vorgang ab, wie bei der Bildung des Kalium- oder Natriumhypochlorits:

$$2\,Ca\begin{cases}OH\\OH\end{cases} + 2\,Cl_2 = Ca\begin{cases}O-Cl\\O-Cl\end{cases} + CaCl_2 + 2\,H_2O\ .$$

Allein die Zusammensetzung des Reaktionsproduktes entspricht nicht der einfachen Formel:

$$Ca\begin{cases}O-Cl\\O-Cl\end{cases},$$

sondern der Zusammensetzung:

$$Ca\begin{cases}O-Cl\\Cl\end{cases},$$

wonach der Chlorkalk als eine intramolekulare Verbindung von Chlorcalcium und Calciumhypochlorit erscheint. Außerdem sind in dem Handelsprodukt auch noch verschiedene Verunreinigungen, vor allem Calciumhydroxyd, enthalten. Das wirksame Prinzip des Chlorkalks ist jedenfalls das Calciumhypochlorit, das man auch in reinem, krystallisiertem Zustande darstellen kann. Durch Behandlung des Chlorkalks mit warmem Wasser läßt es sich in Lösung bringen und für Reaktionen der verschiedensten Art, vor allem für Bleich- und Oxydationswirkungen, verwenden.

Versuch 221. In einem Schüttelzylinder werden etwa 15 g käuflicher Chlorkalk mit warmem Wasser einige Minuten kräftig durchgeschüttelt und die durch den unlöslichen Kalk milchig getrübte Flüssigkeit filtriert. Sie besitzt eine gelbliche Farbe und den charakteristischen Geruch der unterchlorigen Säure.

Versuch 222. a) Die Chlorkalklösung des vorhergehenden Versuches wird hinzugefügt:

1. Zu Indigolösung.
2. Zu heißer Lackmuslösung.

In beiden Fällen tritt Entfärbung ein.

b) Chlorkalklösung und Jodkaliumlösung geben Abscheidung von Jod.

c) Beim Vermischen von Manganosulfat mit Chlorkalklösung fällt ein dunkelbrauner Niederschlag von Braunstein aus.

d) Eine Lösung von Bleiacetat gibt mit Chlorkalklösung zunächst eine weiße oder gelbliche Fällung, die beim Erwärmen kastanienbraun wird (Bildung von Bleidioxyd, vgl. S. 423).

Der Geruch, den der Chlorkalk besitzt, beweist, daß bereits durch die Kohlensäure der Luft unterchlorige Säure daraus in Freiheit gesetzt wird. Dieselbe Zersetzung bewirken natürlich sämtliche anderen, auch schwache Säuren.

Auch von Salzsäure wird daraus zunächst unterchlorige Säure abgespalten:

$$Ca\begin{cases} O-Cl \\ O-Cl \end{cases} + 2HCl = Ca\begin{cases} Cl \\ Cl \end{cases} + 2H-O-Cl\,.$$

Allein als sehr starkes Oxydationsmittel oxydiert diese die Salzsäure, wobei lediglich Chlor und Wasser entstehen:

$$2HOCl + 2HCl = 2H_2O + 2Cl_2\,.$$

Die gesamte Reaktion ist also durch die Gleichung:

$$Ca\begin{cases} O-Cl \\ O-Cl \end{cases} + 4HCl = CaCl_2 + 2H_2O + 2Cl_2$$

wiederzugeben, d. h. man erhält durch Zersetzung von Calciumhypochlorit mit Salzsäure die doppelte Menge von Chlor, als darin enthalten ist.

Da diese aus dem Calciumhypochlorit mit Salzsäure gewinnbare Menge von Chlor sich analytisch leicht bestimmen läßt, so ist der Gehalt an wirksamem Chlor, der bei gutem Chlorkalk möglichst hoch sein soll, bequem zu ermitteln.

Wegen der Leichtigkeit, mit der die Hypochlorite unterchlorige Säure bzw. Chlor abzugeben und oxydierend zu wirken vermögen, werden sie in großem Maßstabe fabriziert und in der Bleicherei, Färberei und zu Desinfektionszwecken verwendet. Für alle diese Zwecke soll natürlich ein möglichst reines und wirksames Präparat verwendet werden, was um so mehr zu beachten ist, als sich die Hypochlorite beim längeren Lagern an der Luft zersetzen.

II. Chlorige Säure. $HClO_2$.

Die beiden Oxyde Cl_2O und ClO_2 verhalten sich gegen Wasser nicht gleich.

Chlormonoxyd wird davon, wie bereits erwähnt, glatt in unterchlorige Säure verwandelt:

$$Cl_2O + H_2O = 2HOCl.$$

Chlordioxyd löst sich dagegen in Wasser mit gelber Farbe, zunächst ohne sich in eine Säure zu verwandeln. Diese Lösung gibt mit Alkalien ein Gemisch zweier Salze: eines Chlorits und eines Chlorats:

$$2ClO_2 + 2KOH = KClO_2 + KClO_3 + H_2O.$$

Die Dinge liegen genau so, wie beim Stickstoffdioxyd NO_2 (vgl. S. 234), das beim Einleiten in alkalische Lösungen gleichfalls ein Gemisch von Nitrit und Nitrat liefert:

$$2NO_2 + 2KOH = KNO_2 + KNO_3 + H_2O.$$

Die chlorige ist ebensowenig wie die unterchlorige Säure in reinem Zustande existenzfähig, ist aber wesentlich stärker als diese. Ihre Salze werden daher von Kohlensäure nicht zersetzt. Eine praktische Bedeutung kommt den Chloriten nicht zu.

III. Chlorsäure. $HClO_3$.

Die Chlorsäure besitzt viel stärker saure Eigenschaften, als die beiden vorhergehenden Säuren. Rein läßt sich auch sie nicht darstellen, doch gelingt es, eine 40%ige wäßrige Lösung durch vorsichtige Konzentration einer verdünnteren Säure herzustellen.

Versucht man die Konzentration noch weiter zu treiben, so tritt Zersetzung der Chlorsäure ein, wobei zum Teil Chlordioxyd, zum Teil Überchlorsäure entstehen:

$$3HClO_3 = 2ClO_2 + HClO_4 + H_2O.$$

Dieselbe Zersetzung tritt auch bei der Behandlung von Kaliumchlorat mit konzentrierter Schwefelsäure ein, wobei, wie bereits auf S. 180 gezeigt worden ist, gleichfalls zunächst Chlorsäure entsteht.

Zur Gewinnung von freier Chlorsäure behandelt man ihr Baryumsalz mit der berechneten Menge verdünnter Schwefelsäure, wobei freie Chlorsäure und in Wasser unlösliches Baryumsulfat entstehen:

$$Ba\begin{matrix} ClO_3 \\ ClO_3 \end{matrix} + H_2SO_4 = 2HClO_3 + BaSO_4 .$$

Man filtriert von dem letzteren ab und dunstet das Filtrat so lange ein, bis die Konzentration an Chlorsäure 40% beträgt.

Von großer Bedeutung sind die Salze der Chlorsäure, die Chlorate, vor allem das Kaliumchlorat $KClO_3$.

Dieses wird technisch durch Elektrolyse von Chlorkaliumlösungen, aber auch durch Einwirkung von Chlor auf Alkalien in der Wärme hergestellt.

Die letztere Reaktion, die durch die summarische Gleichung:

$$6KOH + 3Cl_2 = KClO_3 + 5KCl + 3H_2O$$

auszudrücken ist, verläuft in wesentlich komplizierterer Weise.

Zunächst bildet sich, wie in der Kälte, Hypochlorit:

$$2KOH + Cl_2 = KCl + KOCl + H_2O.$$

Dieses wird von überschüssigem Chlor unter Bildung von unterchloriger Säure angegriffen.

$$Cl_2 + H_2O + KOCl = KCl + 2HOCl,$$

worauf die letztere ihr Kaliumsalz oxydiert:

$$2HOCl + KOCl = \mathbf{KClO_3} + 2HCl.$$

Kaliumchlorat ist in kaltem Wasser ziemlich schwer, in heißem reichlicher löslich und krystallisiert in glänzenden Schuppen. Innerlich eingenommen, wirkt es stark giftig und sollte daher in seiner Verwendung in der Medizin als Gurgelmittel zweckmäßiger durch andere ebenso wirksame und unschädliche Stoffe, wie z. B. Wasserstoffsuperoxyd, ersetzt werden.

Kaliumchlorat enthält im Molekül eine große Menge von Sauerstoff, den es leicht abzugeben vermag, so daß es die Wirkungen eines ausgezeichneten Oxydationsmittels besitzt. Schon früher ist festgestellt worden (vgl. S. 6), daß es beim Erhitzen Sauerstoff abgibt und in Chlorkalium (vgl. S. 312) übergeht.

Versuch 223. Reines Kaliumchlorat wird in Wasser gelöst und mit einer Lösung von Silbernitrat versetzt. Es erfolgt nicht die geringste Trübung.

Hierauf wird eine Probe desselben Präparates im Reagenzglas bis zu lebhafter Gasentwicklung erhitzt. Das Gas läßt sich durch die Entflammung des glimmenden Spanes als Sauerstoff kennzeichnen.

Den beim Erhitzen schließlich verbleibenden Rückstand löst man in Wasser und prüft abermals mit Silbernitrat. Nunmehr fällt damit ein dickkäsiger, weißer Niederschlag von Chlorsilber aus.

Die Zersetzung des Kaliumchlorats verläuft indessen nicht so einfach, wie sie früher (vgl. S. 6) dargestellt worden ist, man hat vielmehr zwei Phasen zu unterscheiden. In der ersten wird ein Teil des Sauerstoffs abgegeben, daneben aber Kaliumperchlorat $KClO_4$ (vgl. S. 190) gebildet:

$$2KClO_3 = KClO_4 + KCl + O_2.$$

In der zweiten tritt der Zerfall des Kaliumperchlorats in Chlorkalium und weitere Mengen von Sauerstoff ein:

$$KClO_4 = KCl + 2O_2.$$

Von der großen Leichtigkeit und Energie, mit der das Kaliumchlorat viele andere leicht oxydierbare Stoffe anzugreifen vermag, kann man sich durch mancherlei Versuche leicht überzeugen.

Versuch 224. Man erhitzt ein großes Stück Holzkohle vor dem Gebläse an einer Stelle zum Glühen und streut fein pulverisiertes Kaliumchlorat auf die glühende Stelle. Die Verbrennung der Kohle wird nun sehr viel lebhafter und vollzieht sich unter lebhaftem Funkensprühen.

Stoffe, wie Schwefel, Phosphor, Schwefelantimon und viele andere, werden von Kaliumchlorat unter geeigneten Bedingungen mit solcher Heftigkeit oxydiert, daß sich der Vorgang unter den Erscheinungen sehr heftiger Explosionen abspielt.

Versuch 225. a) Man streut eine kleine Messerspitze voll Kaliumchlorat auf den Boden einer innen rauhen Reibschale, verteilt dann etwa die gleiche Menge Schwefelblumen in der Reibschale und reibt nun — indem man die Hand zweckmäßig mit einem umgewickelten Handtuch schützt — kräftig mit einem Pistill. Jedesmal, wenn ein Körnchen Kaliumchlorat mit einer Spur Schwefel gepreßt wird, erfolgt unter lebhaftem Knall Explosion.

b) Man mischt mit einem Pinsel auf einem glatten Papierblättchen je eine kleine Messerspitze Kaliumchlorat und roten Phosphor sehr vorsichtig miteinander. Das Gemisch explodiert, auf einem Amboß mit dem Hammer geschlagen, aufs heftigste.

Auch die den Chloraten zugrunde liegende Chlorsäure, bzw. ihr Zersetzungsprodukt Chlordioxyd (vgl. S. 180), wirken auf geeignete Verbindungen mit größter Heftigkeit und unter Feuererscheinung ein.

Versuch 226. a) Man bringt in ein unten spitz zulaufendes Kelchglas etwa 5—10 g Kaliumchlorat, gießt etwa 75 ccm Wasser hinzu und legt auf das Kaliumchlorat 3—4 erbsengroße Stückchen Phosphor. Hierauf läßt man — am besten im verdunkelten Raum — aus einer Pipette, die man mit ihrer Mündung in das Kaliumchlorat hineinstößt, 5—7 ccm konzentrierte Schwefelsäure langsam ausfließen. Der Phosphor wird dann unter dem Wasser mit schöner Lichterscheinung verbrannt.

Fig. 98.

b) Man mischt auf einem glatten Papier vorsichtig etwa 5 g Rohrzucker mit der gleichen Menge pulverisierten Kaliumchlorats, schüttet das Gemisch auf eine Eisenplatte und bringt — im Dunkeln — mit Hilfe eines längeren Glasstabes 1 Tropfen konzentrierte Schwefelsäure dazu: Sofort äußerst energische Verbrennung des Zuckers mit schöner, hellvioletter Flamme.

Wird Kaliumchlorat mit starker Salzsäure erwärmt, so entweicht ein gelbes, nicht einheitlich zusammengesetztes Gas, das aus Chlor und Chlordioxyd besteht und früher Euchlorin genannt worden ist. Man benutzt es zur energischen Oxydation und Zerstörung organischer Materie z. B. in der forensischen Chemie, wenn es sich darum handelt, bei Vergiftungsfällen auf Mineralgifte, wie vor allem Arsen, zu prüfen.

Auch in der Geschichte unserer Zündvorrichtungen hat Kaliumchlorat eine ungemein wichtige Rolle gespielt.

Geschichte des Zündhölzer.

Sieht man ab von der ältesten, noch jetzt bei manchen primitiven Völkerschaften gebräuchlichen Methode des Feuermachens, die auf dem Reiben verschieden harter Hölzer beruht, so ist es vor allem das Verfahren mit Feuerstein, Stahl und Zunder, das seit den ältesten Zeiten bis in das vorige Jahrhundert hinein dazu diente, Funken hervorzubringen und hierdurch den Zunder zum Glimmen zu bringen. Dieser wurde dann zur Entzündung von leicht brennbaren Stoffen verwendet.

Fig. 99.

Zu Anfang des 19. Jahrhunderts wurden wesentliche Fortschritte auf dem Gebiete der Zündvorrichtungen gemacht.

Zunächst war es das Döbereiner'sche Feuerzeug (siehe Fig. 99), das als Zündmaschine viel Anklang fand. Es besteht aus einem kleinen Apparate, in welchem etwa nach dem Prinzip des Kipp'schen Apparates (vgl. S. 19) aus verdünnter Schwefelsäure und Zink Wasserstoff entwickelt wird, der beim Öffnen des Hahnes gegen fein verteiltes Platin ausströmt und sich hierbei entzündet (vgl. S. 21).

Etwa aus derselben Zeit datieren allerlei Zündvorrichtungen, die auf der zündenden Wirkung konzentrierter Schwefelsäure auf ein Gemisch von Kaliumchlorat und Rohrzucker beruhen, z. B. die Prometheus-Fidibusse, bei denen in der Spitze eines fidibusartig zusammengefalteten Papierstreifens eine kleine Menge des Kaliumchlorat-Rohrzucker-Gemisches nebst einem mit konzentrierter Schwefelsäure gefüllten Glaskügelchen untergebracht war. Beim Zerdrücken des letzteren trat die Entflammung des Zuckers ein, die sich auf das Papier ausdehnte und dieses zur Entzündung brachte.

Die ersten „Zündhölzchen", deren Entdeckung ungefähr in dieselbe Zeit fällt, stammen von Chancel. Es waren „Tunkhölzchen", deren Spitze in geschmolzenen Schwefel getaucht und mit einem aus Kaliumchlorat und Zucker bestehenden Köpfchen versehen war. Die Hölzchen wurden durch kurzes Eintauchen in ein „Tunkfläschchen", das von Asbest aufgesaugte konzentrierte Schwefelsäure enthielt, entzündet. Die beim Berühren des Köpfchens mit der Säure hervorbrechende Flamme setzte zunächst den Schwefel und dieser das Hölzchen in Brand.

Die eigentlichen Reibzündhölzer stammen von Kammerer und Moldenhauer. Sie enthielten ursprünglich als Zündmasse ein Gemisch von farblosem Phosphor und chlorsaurem Kalium und waren wegen ihrer leichten Entzündbarkeit an jeder Reibfläche sehr bequem im Gebrauch. Sie sind erst vor wenigen Jahren völlig verdrängt worden, seitdem die Verwendung von farblosem, giftigem Phosphor ungesetzlich geworden ist.

Die Verwendung des letzteren hat in der Tat schwere Mißstände im Gefolge, wie z. B. die häufig vorgekommenen unfreiwilligen Entzündungen und die Möglichkeit von Vergiftungen in selbstmörderischer oder verbrecherischer Absicht, sowie endlich die schweren Erkrankungen an Knochennekrose, denen die Arbeiter in den Zündholzfabriken ausgesetzt waren.

Es war eine wesentliche Verbesserung, als die schwedischen Sicherheitszündhölzer allgemeine Verbreitung fanden, denn durch den Kunstgriff, statt des farblosen, giftigen Phosphors den roten, ungiftigen zu verwenden und außerdem die miteinander reagierenden Stoffe auf Zündholzköpfchen und Reibfläche zu verteilen, war jede Gefahr vermieden.

Die Masse der Zündholzköpfchen bei diesen Hölzern besteht aus einem Gemisch von Kaliumchlorat, Kaliumbichromat, Mennige und Schwefelantimon. — Die Reibfläche enthält der Hauptsache nach ein Gemisch von rotem Phosphor und Schwefelantimon.

Endlich hat man in der neuesten Zeit wieder Reibzündhölzchen hergestellt, die sich an jeder Reibfläche entzünden lassen, bei denen aber die Entzündungstemperatur so hoch liegt, daß Unglücksfälle durch unfreiwillige Entzündungen ausgeschlossen sind. Ebenso sind Vergiftungen unmöglich, da diese Hölzchen keinen farblosen Phosphor enthalten.

IV. Überchlorsäure. $HClO_4$.

Es ist sehr bemerkenswert, daß in der Reihe der Sauerstoffsäuren des Chlors die Beständigkeit mit zunehmender Zahl der Sauerstoffatome wächst: Unterchlorige und chlorige Säure existieren nur in verdünnter, wäßriger Lösung. Chlorsäure vermag man bis zu 40% anzureichern und Überchlorsäure ist im reinen Zustande existenzfähig.

Man gewinnt sie aus ihrem Kaliumsalz $KClO_4$ durch vorsichtige Destillation mit konzentrierter Schwefelsäure im luftverdünnten Raum als farblose, an der Luft rauchende Flüssigkeit von geringer Haltbarkeit. Sie zersetzt sich leicht, häufig unter heftiger Explosion, unter Abspaltung von Sauerstoff und Chlordioxyd und läßt sich nur im stark luftverdünnten Raume unzersetzt destillieren.

Gänzlich ungefährlich dagegen und von überraschender Beständigkeit sind die Hydrate (vgl. S. 38) der Überchlorsäure, die sich aus der Säure beim Zusammenbringen mit Wasser unter starker Wärmeentwicklung bilden und von denen das schön krystallisierende Monohydrat: $HClO_4 \cdot H_2O$, das bei 50° schmilzt und wegen seiner bequemen Handhabung zu zahlreichen

Umsetzungen der Überchlorsäure verwendet werden kann, besonders genannt sei.

Die wäßrige Lösung der Überchlorsäure ist der Typus einer sehr starken Säure, die auffallenderweise keine Oxydationswirkungen zeigt.

Von den Salzen der Überchlorsäure besitzt die Kaliumverbindung die charakteristischsten Eigenschaften. Kaliumperchlorat ist in kaltem Wasser sehr schwer löslich, so daß es zur Erkennung und Charakterisierung des Kaliums verwendet werden kann (vgl. auch S. 317).

Versuch 227. Eine heißgesättigte, wäßrige Lösung von Kaliumperchlorat wird in ein eisgekühltes Becherglas gegossen: Sofort Abscheidung des schön krystallisierenden Salzes.

Beim Übergießen von Kaliumperchlorat mit konzentrierter Schwefelsäure tritt zum Unterschied vom Kaliumchlorat keine Gelbfärbung auf, und es entwickelt sich kein explosives Gas. Erst beim Erhitzen entweichen Nebel von Überchlorsäure.

Analytische Erkennung und Unterscheidung der chlorhaltigen Säuren.

Wenn man von der wenig wichtigen chlorigen Säure absieht, hat man bei analytischen Untersuchungen auf folgende 4 chlorhaltige Säuren bzw. deren Salze Rücksicht zu nehmen:

1. HCl . . . . Chlorwasserstoffsäure.
2. $HClO$ . . . Unterchlorige Säure.
3. $HClO_3$ . . . Chlorsäure.
4. $HClO_4$ . . . Überchlorsäure.

Die Chlorwasserstoffsäure ist die einzige von diesen 4 Säuren, die als solche, oder in Form ihrer Salze mit Silbernitrat einen dicken, weißen Niederschlag von Chlorsilber gibt:

$$HCl + AgNO_3 = AgCl + HNO_3 .$$
$$NaCl + AgNO_3 = AgCl + NaNO_3 .$$

Versuch 228. a) Man fügt zu stark verdünnter Salzsäure einige Tropfen Silbernitratlösung: Weiße, flockige Fällung, die in Salpetersäure unlöslich ist, sich aber in Ammoniak leicht löst.

b) Derselbe Versuch wird mit einer Chlornatriumlösung angestellt: Genau dieselben Erscheinungen!

Die Hypochlorite sind dadurch ausgezeichnet, daß sie alkalisch reagieren und Indigo- oder warme Lackmuslösung entfärben. Für die Chlorsäure ist es charakteristisch, daß eine neutrale Lösung ihrer Salze Lackmus oder Indigo nicht bleicht, wohl aber nach dem Ansäuern mit konzentrierter Salzsäure.

Versuch 229. Man versetzt eine kaltgesättigte Lösung von Kaliumchlorat mit einigen Tropfen Indigolösung: Keine Entfärbung! Auf Zusatz einiger Tropfen konzentrierter Salzsäure findet glatt Zerstörung des Indigos unter Entfärbung statt.

Ferner sind die Chlorate daran zu erkennen, daß eine kleine Probe davon, mit wenig konzentrierter Schwefelsäure übergossen, sich tiefgelbbraun färbt und ein olivgrünes Gas von hoher Explosivität abspaltet.

Die Perchlorate endlich sind dadurch charakterisiert, daß sie weder mit Silbernitratlösung einen Niederschlag geben, noch alkalisch reagieren, noch in neutraler oder saurer Lösung bleichen und beim Übergießen mit konzentrierter Schwefelsäure farblos bleiben.

Die Wertigkeit des Chlors in den Chlorsauerstoffsäuren.

Da die Überchlorsäure und die Perchlorate — ganz im Widerspruch zu dem, was man eigentlich erwarten sollte — von allen Sauerstoffsäuren des Chlors bei weitem die beständigste ist, so wird man die Annahme machen müssen, daß der Bau ihres Moleküls besonders stabil ist. Durch die Strukturformel läßt sich indessen diese Anschauung nicht zum Ausdruck bringen.

Dagegen bieten uns die Chlorwasserstoffsäure und die Sauerstoffsäuren des Chlors ein ausgezeichnetes Beispiel für die Fähigkeit der Elementaratome, ganz verschiedene Valenzbeträge zur Bindung anderer Elemente zur Verfügung stellen zu können.

Das Chlor tritt in den 5 besprochenen Säuren 1-, 3-, 5- und 7wertig auf.

Einwertig: in der Salzsäure . . . . $H-Cl$

und der unterchlorigen Säure: . . . . $H-O-Cl$,

dreiwertig: in der chlorigen Säure . . . . $H-O-Cl{=}O$,

fünfwertig: in der Chlorsäure . . . . $H-O-Cl{<}^{O}_{O}$,

siebenwertig: in der Überchlorsäure . . . . $H-O-Cl{\lessgtr}\begin{smallmatrix}O\\O\\O\end{smallmatrix}$.

B. Sauerstoffsäuren des Broms.

Das Brom gehört zu den Elementen, von denen bisher einwandfreie Oxyde nicht dargestellt werden konnten.

Wohl aber existieren die den chlorhaltigen Analogen entsprechenden Säuren:

Unterbromige Säure . . . . . . $HOBr$

Bromsäure . . . . HO_3Br

und die sich davon ableitenden Salze, die Hypobromite und Bromate genannt werden.

Die Hypobromite bilden sich aus Brom und kalten verdünnten Alkalien:

$$2NaOH + Br_2 = NaBr + NaOBr + H_2O.$$

Versuch 230. Man fügt zu eisgekühlter, verdünnter Natronlauge Bromwasser hinzu, wobei eine schwach gelbliche, eigenartig riechende Flüssigkeit entsteht.

Die unterbromige Säure und die Hypobromite wirken infolge des leicht eintretenden Übergangs:

$$HOBr = HBr + O$$

$$NaOBr = NaBr + O$$

genau so bleichend und oxydierend, wie Hypochlorite und unterchlorige Säure.

Versuch 231. a) Ein Teil der bei Versuch 230 erhaltenen Flüssigkeit wird zu Indigolösung hinzugefügt: Entfärbung!

b) Ein anderer Teil wird zu einer Lösung von Manganosulfat hinzugegeben: Abscheidung von dunkelbraunem Mangandioxyd.

C. Oxyde und Sauerstoffsäuren des Jods.

Durch Erhitzen von Jodsäure HJO_3 erhält man Jodpentoxyd J_2O_5 als weiße, krystallinische Substanz, die erst beim starken Erhitzen zum Teil zerfällt:

$$2HJO_3 = H_2O + J_2O_5 .$$

Eine dem Chlormonoxyd Cl_2O und dem Chlordioxyd ClO_2 entsprechend zusammengesetzte Jodsauerstoffverbindung existiert nicht. Dagegen bildet sich bei der Einwirkung von Jod auf kalte, verdünnte Natronlauge Natriumhypojodit:

$$2NaOH + J_2 = NaJ + NaOJ + H_2O .$$

Die freie unterjodige Säure ist äußerst schwach, so daß ihre Salze in wäßriger Lösung zum größten Teil in Alkali und die freie Säure gespalten sind:

$$NaOJ + H_2O = NaOH + HOJ .$$

Von größerer Bedeutung ist die Jodsäure HJO_3 (bzw. $H_2J_2O_6$) und ihre Salze, die Jodate.

Man gewinnt Jodsäure am leichtesten durch Oxydation von Jod mit rauchender Salpetersäure:

$$3J_2 + 10HNO_3 = 6HJO_3 + 10NO + 2H_2O .$$

Versuch 232. Man erhitzt im Abzuge in einem nicht zu engen Reagenzglase etwa 1 g fein pulverisiertes Jod mit rauchender Salpetersäure: Heftige Reaktion, Entwicklung brauner Dämpfe und Abscheidung farbloser Krystalle von Jodsäure.

Für die Analyse ist eine andere Bildungsweise der Jodsäure von Wichtigkeit: Versetzt man eine Jodkaliumlösung vorsichtig mit Chlorwasser, so scheidet sich zunächst elementares Jod aus (vgl. S. 56):

$$KJ + Cl = KCl + J \ .$$

Beim weiteren Zusatz von Chlorwasser verschwindet der Niederschlag wieder, weil sich farblose, in Wasser leicht lösliche Jodsäure bildet:

$$J + 3H_2O + 5Cl = 5HCl + HJO_3 \ .$$

Versuch 233. Man fügt zu wenig verdünnter Jodkaliumlösung vorsichtig tropfenweise nicht zu starkes Chlorwasser hinzu: Braunfärbung und Abscheidung von Jod! Auf Zusatz eines Überschusses von Chlorwasser entsteht eine vollkommen farblose Lösung.

Entsprechend der Bildung von Kaliumchlorat entsteht Kaliumjodat KJO_3 durch Einwirkung von Jod auf starke, heiße Kalilauge:

$$3J_2 + 6KOH = 5KJ + KJO_3 + 3H_2O \ .$$

Versuch 234. Man trägt in heiße Kalilauge (50%ige) fein pulverisiertes Jod ein und erhitzt zum Kochen: Abscheidung von farblosem, krystallinischem Kaliumjodat.

Das gleiche Salz entsteht in eigenartiger Reaktion durch Behandlung einer Lösung von Kaliumchlorat mit Jod, wobei Chlor in Freiheit gesetzt wird:

$$KClO_3 + J = KJO_3 + Cl \ .$$

Versuch 235. Man erhitzt in einem kleinen, in ein Stativ eingespannten Kölbchen eine heißgesättigte Lösung von 5 g Kaliumchlorat in Wasser mit 1 ccm rauchender Salpetersäure zum Sieden und trägt dann 4,5 g sehr fein pulverisiertes Jod ein. Sofort setzt lebhafte Reaktion ein, das Jod geht in Lösung, Chlor entweicht und kann durch die beim Einleiten in Indigolösung sofort eintretende Entfärbung leicht charakterisiert werden. Beim Erkalten der Flüssigkeit krystallisiert Kaliumjodat aus.

Eigenschaften der Jodsäure.

Jodsäure bildet farblose, sehr sauer schmeckende, in Wasser leicht lösliche Krystalle und liefert zahlreiche wohldefinierte Salze. Auch saure Salze (vgl. S. 61 und 77) existieren, z. B. KHJ_2O_6, wodurch ihre Auffassung als zweibasische Säure gerechtfertigt erscheint.

Sie ist ein starkes Oxydationsmittel, von dem z. B. Salzsäure unter Entwicklung von Chlor oxydiert wird.

Auch Jodwasserstoff wird von ihr glatt unter Abscheidung von Jod oxydiert, so daß beim Zusammentreffen dieser beiden Bestandteile nur Jod und Wasser entstehen:

$$HJO_3 + 5HJ = 3J_2 + 3H_2O\ .$$

Stellt man hierbei den Jodwasserstoff erst während der Reaktion, z. B. durch Reduktion mit schwefliger Säure, dar, so kann man die Bildung des Jods so stark verzögern, daß sich seine Entstehung erst nach einiger Zeit durch die Jodstärkereaktion (vgl. S. 56) nachweisen läßt.

Versuch 236. Man stellt sich 2 Lösungen her:

1. 1500 ccm Wasser,
   17—20 ccm wäßrige schweflige Säure (von mittlerer Konzentration),
   100 ccm frisch bereitete Stärkelösung.
2. 100 ccm kaltgesättigte, wäßrige Kaliumjodatlösung.

Beide Lösungen befinden sich in Bechergläsern von etwa 2 Liter Inhalt.

Man gießt nun, möglichst in einem Guß, den Inhalt von **1** zu **2**. (Nicht umgekehrt!) Die Flüssigkeit ist zunächst vollkommen wasserklar; aber nach $^1/_2$—1 Minute färbt sie sich mit einem Schlage durch die ganze Masse plötzlich tiefblau.

Auch eine Überjodsäure existiert. Sie besitzt die Formel H_5JO_6 (bzw. $HJO_4 . 2H_2O$) und stellt eine farblose, krystallinische Verbindung von verhältnismäßig großer Beständigkeit vor.

4. Vergleichende Betrachtung der Oxyde und Sauerstoffsäuren der Halogene.

Übersicht.

1. Oxyde:

Cl	Br	J
Cl_2O ClO_2 Cl_2O_7	—	J_2O_5

2. Säuren:

$HClO$ $HClO_2$	$HBrO$	HJO $HJO_3(H_2J_2O_6)$
$HClO_3$ $HClO_4$	$HBrO_3$	$H_5JO_6(HJO_4 + 2H_2O)$

Während sich die Halogene dem Wasserstoff gegenüber ausschließlich einwertig betätigen, treten sie dem Sauerstoff auch drei-, fünf- und siebenwertig gegenüber (vgl. S. 191). Weiter ist es sehr bemerkenswert, daß in der Reihe:

F Cl Br J

die Affinität zum Wasserstoff mit steigendem Atomgewicht fällt, daß dagegen die Stabilität der Sauerstoffverbindungen in derselben Reihenfolge wächst.

Im Einklang hiermit steht, daß es trotz der großen chemischen Aktivität des Fluors bisher nicht gelungen ist, Verbindungen dieses Elements mit Sauerstoff herzustellen.

Auch die Beobachtung, daß aus einer wäßrigen Lösung von Kaliumchlorat durch Jod Chlor ausgetrieben und dafür Jod in das Molekül aufgenommen wird, findet durch dieselbe Gesetzmäßigkeit ihre Erklärung.

5. Oxyde und Sauerstoffsäuren des Schwefels.

Der Schwefel bildet mit Sauerstoff vier Oxyde:

$$SO_2 \quad SO_3 \quad S_2O_7 \quad S_2O_3(?)\ ,$$

wobei aber die Auffassung der zuletzt genannten Verbindung S_2O_3 als Oxyd des Schwefels nicht sicher begründet erscheint.

Außerdem existieren noch eine große Zahl von Säuren, von denen sich ein Teil auf die genannten Oxyde zurückführen läßt. Sowohl Schwefeldioxyd (SO_2), wie -trioxyd (SO_3), wie -heptoxyd (S_2O_7) sind ausgesprochene Säureanhydride (vgl. S. 182):

$$SO_2 + H_2O = H_2SO_3 \text{ (Schweflige Säure).}$$
$$SO_3 + H_2O = H_2SO_4 \text{ (Schwefelsäure).}$$
$$S_2O_7 + H_2O = H_2S_2O_8 \text{ (Überschwefelsäure).}$$

A. Schwefeldioxyd SO_2 und schweflige Säure H_2SO_3.

Schwefeldioxyd bildet sich stets, wenn Schwefel oder Schwefelverbindungen der Metalle, die Kiese, Blenden oder Glanze (vgl. S. 70), an der Luft oder im Sauerstoffstrom erhitzt werden. Dabei wird die wenig leuchtende blaue Flamme des brennenden Schwefels sehr viel heller und leuchtender, wenn die Verbrennung im Sauerstoffstrome vorgenommen wird (vgl. Versuch 5, S. 7):

$$S_2 + 2O_2 = 2SO_2\ .$$

Zur Gewinnung des Schwefeldioxydes in kleinerem Maßstabe eignet sich der Zerfall, den Schwefelsäure in der Hitze durch manche Metalle, z. B. durch Kupfer, erleidet.

Versuch 237. Man erhitzt in einem Kölbchen mit Gasentbindungsrohr Kupferspäne mit konzentrierter Schwefelsäure ziemlich kräftig. Das entweichende Gas wird in Wasser geleitet, dem es den bekannten stechenden Geruch des brennenden Schwefels verleiht und in dem man die gelöste Verbindung durch die augenblickliche Entfärbung einer Jodjodkaliumlösung (vgl. S. 55) nachweisen kann.

Schwefelsäure besitzt die Neigung, bei höherer Temperatur im Sinne folgender Gleichung zu zerfallen:

$$H_2SO_4 = H_2O + SO_2 + O$$

und durch den freiwerdenden Sauerstoff oxydierend zu wirken. Bei Gegenwart geeigneter Stoffe, zu denen insbesondere gewisse Metalle gehören, geht dieser Zerfall sehr glatt vonstatten. Die Metalle werden in Oxyde verwandelt und diese von der überschüssigen Schwefelsäure in Sulfate (vgl. S. 207) übergeführt, z. B.:

$$Cu + O = CuO\,,$$

$$CuO + H_2SO_4 = H_2O + CuSO_4\;.$$

Die Reaktion zwischen Kupfer und Schwefelsäure läßt sich daher durch folgende summarische Gleichung wiedergeben:

$$2H_2SO_4 + Cu = CuSO_4 + 2H_2O + SO_2\;.$$

Auch die Umsetzung schwefligsaurer Salze mit konzentrierter Schwefelsäure kann zur Darstellung von Schwefeldioxyd in größerem Maßstabe Verwendung finden. Besonders geeignet ist dazu die sog. „Bisulfitlauge", d. i. eine konzentrierte, wäßrige Lösung von Natriumbisulfit $NaHSO_3$, die mit Schwefelsäure folgendermaßen reagiert:

$$NaHSO_3 + H_2SO_4 = NaHSO_4 + H_2O + SO_2\;.$$

Versuch 238. Ein großer, etwa 1—2 Liter fassender Kolben *a* ist zu $^1/_3$ seines Volumens mit $40^0/_0$iger „Bisulfitlauge" gefüllt und durch einen Stopfen verschlossen, der einen Tropftrichter *b* und ein Ableitungsrohr enthält. Der Tropftrichter ist mit konzentrierter Schwefelsäure gefüllt. Das beim Zutropfen der letzteren zur Bisulfitlauge entweichende Gas passiert zunächst 2 Waschflaschen *c*, die mit wenig Wasser beschickt sind, und tritt dann in ein U-Rohr *d* ein, an dem sich zwei gut eingeschliffene Glashähne befinden und das durch eine Kältemischung sorgfältig abgekühlt wird. Nachdem die Gasentwicklung etwa 20 Minuten in nicht zu schnellem Gang gehalten worden ist, wird der Versuch unterbrochen und das U-Rohr aus der Kältemischung herausgenommen. Es enthält dann eine reichliche Menge einer farblosen, leicht beweglichen Flüssigkeit, die flüssiges Schwefeldioxyd vorstellt.

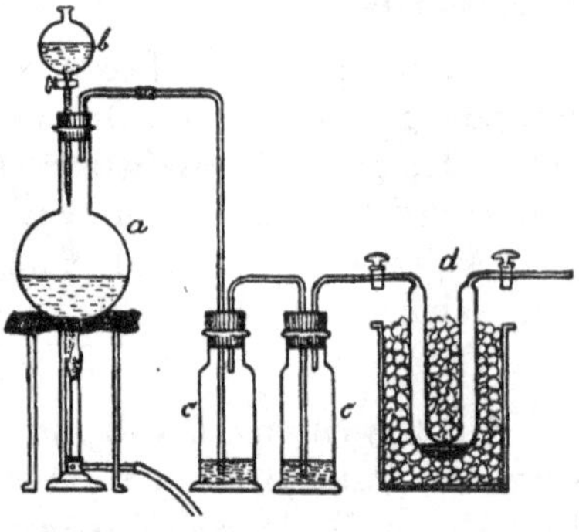

Fig. 100.

Eigenschaften des Schwefeldioxyds.

Schwefeldioxyd ist ein farbloses Gas von stechendem, die Atmungswerkzeuge heftig angreifendem Geruch, dessen Schmelzpunkt bei -73^0 liegt und das bei -8^0 siedet. Es wird von Wasser in ziemlicher Menge aufgenommen. Es lösen sich in 1 Teil Wasser bei:

0^0	80 Teile SO_2,
20^0	40 „ „ ,
40^0	19 „ „ .

Die wäßrige Lösung enthält die schweflige Säure H_2SO_3, als deren Anhydrid Schwefeldioxyd demnach aufzufassen ist. Da die schweflige Säure aber wieder sehr leicht in dieses Anhydrid und Wasser zerfällt, so besitzt die wäßrige Lösung des Schwefeldioxyds den heftigen Geruch des freien Gases.

Verflüssigtes Schwefeldioxyd vermag viele anorganische und organische Stoffe zu lösen und wird daher hin und wieder als wertvolles Lösungsmittel verwendet.

Die Zusammensetzung des Schwefeldioxyds läßt sich z. B. in der Weise ermitteln, daß man in einem abgemessenen Volumen Sauerstoff soviel Schwefel verbrennt, daß das Gas vollständig verbraucht wird. Es sind dann die Volumina vor und nach der Verbrennung vollkommen gleich:

$$S + O_2 = SO_2 .$$
$$\text{1 Vol.} \quad \text{1 Vol.}$$

Unter den chemischen Eigenschaften des Schwefeldioxyds und seiner wäßrigen Lösung, der schwefligen Säure, ist hervorzuheben das große Reduktionsvermögen und die damit im Zusammenhang stehenden bleichenden und desinfizierenden Wirkungen.

Das Reduktionsvermögen der schwefligen Säure beruht auf ihrer Neigung, anderen Stoffen Sauerstoff zu entziehen und sich in Schwefelsäure zu verwandeln:

$$H_2SO_3 + O = H_2SO_4 .$$

So werden z. B. die Halogene — unter Oxydation der schwefligen Säure zu Schwefelsäure — glatt zu Halogenwasserstoffsäuren reduziert, z. B.:

$$2J + H_2O + H_2SO_3 = 2HJ + H_2SO_4 .$$

Versuch 239. a) Man versetzt Bromwasser mit einer ausreichenden Menge wäßriger, schwefliger Säure: Entfärbung!

b) Eine Lösung von Jod in Jodkalium wird mit schwefliger Säure vermischt: Entfärbung!

Ebenso leicht findet auch die Reduktion sauerstoffreicher Verbindungen, z. B. des Kaliumpermanganats, statt.

Versuch 240. Eine tief violett gefärbte Lösung von Kaliumpermanganat wird mit wäßriger schwefliger Säure zusammengebracht: Entfärbung!

Die bleichende Wirkung der schwefligen Säure tritt in ihrem Verhalten zu zahlreichen Farbstoffen, z. B. dem der Veilchen, Rosen usw., aufs deutlichste hervor.

Versuch 241. Man stellt einige angefeuchtete Veilchen oder Stiefmütterchen in einem kleinen Gefäß auf eine matte Glasplatte und bringt daneben einen kleinen Porzellantiegel mit brennendem Schwefel. Das ganze wird mit einer unten abgeschliffenen Glasglocke bedeckt. Nach wenigen Augenblicken setzt die Wirkung des Schwefeldioxyds ein, und die Veilchen verlieren ihre Farbe vollständig.

Die Bleichwirkung der schwefligen Säure beruht häufig darauf, daß sie sich mit den Farbstoffen zu ungefärbten Verbindungen vereinigt. Man kann aus diesen meistens die ursprünglichen Farbstoffe durch Behandlung mit verdünnten Säuren regenerieren.

In anderen Fällen werden die Farbstoffe durch Reduktion verändert. Hierbei ist die Wirkung der schwefligen Säure gerade umgekehrt derjenigen des Chlors, das durch Oxydation bleichend wirkt (vgl. S. 40):

$$H_2SO_3 + O = H_2SO_4 .$$
$$Cl_2 + H_2O = 2HCl + O .$$

Man macht von den bleichenden Wirkungen der schwefligen Säure mancherlei praktische Anwendung. So werden Wolle, Seide, Federn, Schwämme und Strohhüte, vor allem aber auch die aus Holz gewonnene und zur Papierfabrikation dienende Masse entfärbt und gebleicht.

Schwefeldioxyd ist ferner ein sehr beliebtes und vielfach im Gebrauch befindliches Mittel zur Desinfektion und Sterilisation. Der dumpfe Geruch in Kellern und Zimmern läßt sich, wie man bereits im Altertum wußte, durch Ausräuchern mit brennendem Schwefel beseitigen. Die Schimmelpilze und die Keime, die Gärungen und Krankheiten erregen, werden durch Schwefeldioxyd größtenteils zerstört. Daher werden Weinfässer und Einmachegefäße, um sie keimfrei zu machen, vor dem Gebrauch ausgeschwefelt.

Wenn man schweflige Säure in erster Linie als starkes Reduktionsmittel zu betrachten hat, so vermag sie in gewissen Fällen auch oxydierend zu wirken, so z. B. auf Schwefelwasserstoff, der von ihr unter Schwefelabscheidung zersetzt wird:

$$SO_2 + 2H_2S = 2H_2O + 3S .$$

Versuch 242. In eine konzentrierte, wäßrige Lösung von Schwefeldioxyd leitet man Schwefelwasserstoff aus dem Kipp'schen Apparate ein: Fast augenblicklich starke Schwefelabscheidung!

Man nimmt an, daß dieser Reaktion auch eine geologische Bedeutung zukommt, indem sich das Auftreten großer Mengen von elementarem Schwefel in der Nähe tätiger oder erloschener Vulkane durch diese Reaktion am bequemsten deuten läßt.

Es ist bereits darauf hingewiesen worden, daß Schwefeldioxyd die Eigenschaften eines Säureanhydrids besitzt und sich mit Wasser in die sogenannte „schweflige Säure" verwandelt:

$$SO_2 + H_2O = H_2SO_3 \, .$$

Die schweflige Säure existiert indessen nur in wäßriger Lösung. Wird diese gekocht, so entweicht schließlich die gesamte Menge des Schwefeldioxyds gasförmig.

Die Stärke der schwefligen Säure ist nur gering.

Als zweibasische Säure vermag sie 2 Reihen von Salzen, Sulfite und Bisulfite, zu bilden, z. B.:

H_2SO_3:

$\begin{matrix}Na\\H\end{matrix}SO_3$ . . . . Natriumbisulfit,

$\begin{matrix}Na\\Na\end{matrix}SO_3$ . . . . Natriumsulfit.

Beide Salzreihen lassen sich bequem gewinnen.

Behandelt man z. B. wäßrige Natronlauge mit Schwefeldioxyd bis zur Sättigung, so erhält man das saure Salz, Natriumbisulfit:

$$NaOH + SO_2 = NaHSO_3 \, .$$

Fügt man noch einmal die gleiche Quantität Natronlauge hinzu, so wird das saure Sulfit neutralisiert, und es entsteht Natriumsulfit:

$$NaHSO_3 + NaOH = H_2O + Na_2SO_3 \, .$$

Welche Strukturformel man den Sulfiten und der schwefligen Säure beizulegen hat, ist unbestimmt, da sich eine sichere Wahl zwischen den folgenden beiden Formeln:

I. 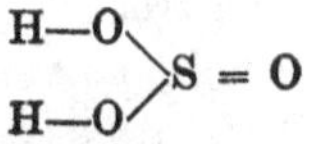 und II. 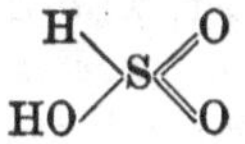

nicht treffen läßt. Während das Verhalten der Sulfite eine einwandfreie Deutung erfährt, wenn man sie auf die unsymmetrische Formel (II) bezieht, sprechen andere Beobachtungen mehr für die symmetrische (I).

Durch stärkere Säuren werden die Sulfite, und zwar sowohl die sauren, wie die neutralen, unter Abspaltung von Schwefeldioxyd zersetzt, z. B.:

$$NaHSO_3 + H_2SO_4 = NaHSO_4 + H_2O + SO_2 \, .$$

Hierauf beruht das bereits zur Verwendung gekommene Verfahren zur Darstellung gasförmigen Schwefeldioxyds aus Bisulfitlauge und konzentrierter Schwefelsäure (vgl. Versuch 238).

B. Schwefeltrioxyd SO_3 und Schwefelsäure H_2SO_4.

Die direkte Vereinigung von Schwefeldioxyd mit Sauerstoff nach der Gleichung:

$$2SO_2 + O_2 = 2SO_3$$

gelingt nicht, wohl aber nach den Beobachtungen von Clemens Winkler bei Gegenwart gewisser Kontaktsubstanzen. Sehr geeignet ist dafür z. B. fein verteiltes Platin, dessen reaktionsbefördernde Wirkung schon früher bei der Synthese des Jodwasserstoffs (vgl. S. 57) verwertet worden ist.

Versuch 243. Man läßt in eine dreifach tubulierte Woulfe'sche Flasche *a*, die zu $^1/_3$ mit konzentrierter Schwefelsäure gefüllt ist, durch 2 Röhren Sauerstoff und Schwefeldioxyd in einem solchen Verhältnis einströmen, daß die Menge des letzteren etwa das Doppelte von der des Sauerstoffs beträgt; der dritte Tubus steht durch ein rechtwinklig gebogenes Rohr mit einem beiderseits offenen, mit

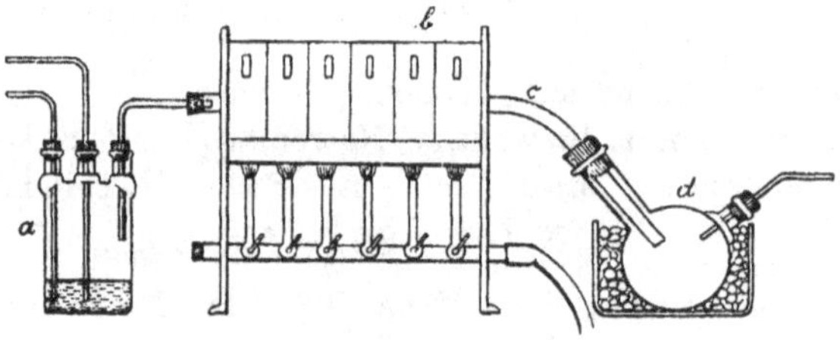

Fig. 101.

platiniertem Asbest beschickten, auf einem kleinen Verbrennungsofen *b* auf etwa 400—500° erhitzten Glasrohr *c* in Verbindung. An die andere Seite des letzteren, das zweckmäßig nach abwärts gebogen ist, wird eine geräumige, ganz trockene, zweifach tubulierte Vorlage *d* angeschlossen, die man mit einer Kältemischung gut kühlt. Sobald die im richtigen Verhältnis gemischten Gase auf den heißen platinierten Asbest auftreffen, tritt die Bildung von Schwefeltrioxyd ein, das sich nach Beendigung des Versuches als teils eisartige, teils seidig glänzende Krystallmasse in der Vorlage vorfindet. — Vorsicht vor den Dämpfen der Substanz und bei ihrer Behandlung!

Die Vereinigung des Schwefeldioxyds mit dem Sauerstoff gelingt nach diesem Verfahren bei Beobachtung und Innehaltung bestimmter, genau bekannter Bedingungen völlig glatt, so daß die Gewinnung von Schwefeltrioxyd nach dem Kontaktverfahren technisch im größten Maßstabe durchgeführt wird.

Es handelt sich hierbei einmal darum, daß die zur Herstellung des Schwefeltrioxyds dienenden Gase rein, d.h. frei von gewissen Verunreinigungen, sind, die auf die Kontaktsubstanzen „vergiftend" wirken. Besonders schädlich ist aus diesem Grunde die Anwesenheit auch nur kleiner Mengen von Arsen.

Dann aber ist auch der Temperatur während des Versuchs die gebührende Aufmerksamkeit zu schenken. Ihr Optimum liegt bei etwa 430°. Steigt sie wesentlich höher, so beginnt sehr bald der rückläufige Zerfall des Schwefeltrioxyds in Sauerstoff und Schwefeldioxyd:

$$2SO_3 = O_2 + 2SO_2.$$

Die Reaktion:

$$2SO_2 + O_2 \rightleftarrows 2SO_3$$

ist demnach umkehrbar. Bei hoher Temperatur verschiebt sich das Gleichgewicht nach links, bei niedriger — aber nicht wesentlich unter 400° sinkender — nach rechts.

Eigenschaften des Schwefeltrioxyds.

Reines Schwefeltrioxyd bildet eine farblose, eisartige Krystallmasse, die bereits bei 14,8° schmilzt.

Sobald sie aber — z. B. durch Spuren aus der Luft aufgenommenen Wasserdampfs — eine kleine Menge Schwefelsäure enthält, wandelt sie sich sehr bald in eine Verbindung von der doppelten Molekulargröße um, die der Formel S_2O_6 entspricht und in prächtigen, langen Prismen von seidenähnlichem Glanze krystallisiert. Sie schmilzt erst bei 50°.

In dieser Form kommt das Schwefeltrioxyd gewöhnlich in den Handel.

Schwefeltrioxyd ist ein typisches Säureanhydrid und verbindet sich mit Wasser unter heftiger Reaktion zu Schwefelsäure:

$$SO_3 + H_2O = H_2SO_4.$$

Versuch 244. Man entnimmt der bei Versuch 243 benutzten Vorlage — unter einem gut ziehenden Abzuge — mit einer Tiegelzange oder einem starken Glasstabe einige größere Stücke des fest zusammenhängenden Trioxyds und läßt sie — indem man die Hand durch ein darum gewickeltes Handtuch schützt — in ein großes mit Wasser gefülltes Becherglas fallen: Sehr heftige, mit zischendem und knatterndem Geräusch verbundene Reaktion. Vorsicht wegen des Herumspritzens!

Da die glatte Vereinigung des Schwefeltrioxyds mit Wasser — gerade wegen der Heftigkeit der Reaktion — vor allem im technischen Maßstabe Schwierigkeiten bereitet, so wird das Schwefeltrioxyd in Schwefelsäure geleitet, von der es ohne Verluste und unter Bildung von rauchender Schwefelsäure (vgl. S. 210) gelöst wird.

An feuchter Luft stößt Schwefeltrioxyd dicke, weiße, die Atmungsorgane heftig angreifende Dämpfe aus und wirkt auf zahlreiche organische Stoffe mit großer Heftigkeit und unter Verkohlung ein.

Die Schwefelsäure.

Die Schwefelsäure H_2SO_4, die wegen ihrer Bedeutung für die chemische Industrie und zahlreiche andere Gewerbe in enormen Mengen hergestellt werden muß, wird nicht bloß nach dem eben im Prinzip durchgeführten „Kontaktverfahren", sondern vielfach noch nach einer anderen Methode gewonnen, die man als den „Bleikammerprozeß" zu bezeichnen pflegt. Bei diesem kommt es im Prinzip darauf an, die Oxydation der schwefligen Säure, die zur Schwefelsäure führt, durch ein möglichst billiges und rationell arbeitendes Oxydationsmittel zu bewerkstelligen.

Es ist bereits darauf hingewiesen worden, daß die schweflige Säure große Neigung besitzt, sich nach der Gleichung:

$$H_2SO_3 + O = H_2SO_4$$

zu oxydieren. Dies geschieht bereits durch den Sauerstoff der Luft, wie man daraus ersieht, daß wäßrige schweflige Säure, die einige Zeit gestanden hat, die Reaktionen der Schwefelsäure aufs deutlichste zeigt.

Eine besonders empfindliche Probe auf die letztere ist ihr Verhalten gegen Baryumchlorid $BaCl_2$, mit dem sie auch in größter Verdünnung einen fast unlöslichen Niederschlag von Baryumsulfat $BaSO_4$ (vgl. S. 340) gibt:

$$H_2SO_4 + BaCl_2 = 2HCl + BaSO_4.$$

Ganz frisch hergestellte Schwefligsäurelösung gibt mit Baryumchlorid keine Trübung:

Versuch 245. Man erhitzt in einem Kolben mit Ein- und Ableitungsrohr eine verdünnte Chlorbaryumlösung zum Sieden und läßt sie in einem Strome von Wasserstoff erkalten. Hierauf leitet man in die Flüssigkeit gasförmiges Schwefeldioxyd ein: Keine Trübung!

Wird aber die schweflige Säure mit Chlor- oder Bromwasser oder Salpetersäure behandelt, so entstehen augenblicklich sehr beträchtliche Mengen von Schwefelsäure.

Versuch 246. a) Die bei Versuch 245 erhaltene chlorbaryumhaltige Schwefligsäurelösung wird mit Bromwasser versetzt. Dieses verliert seine Farbe, und es scheidet sich ein dichter, weißer Niederschlag von Baryumsulfat aus.

b) Ein anderer Teil derselben Flüssigkeit wird mit Salpetersäure versetzt. Es entweichen braune Dämpfe unter gleichzeitiger Abscheidung von weißem Baryumsulfat.

Die Oxydation der schwefligen Säure durch Halogene ist bereits früher (vgl. S. 197) formuliert worden.

Dagegen bedarf die Wirkung der Salpetersäure der näheren Erläuterung.

Diese Säure besitzt die Zusammensetzung HNO_3 und ist infolge ihres Reichtums an Sauerstoff zu sehr starken Oxydationswirkungen befähigt.

Sie zerfällt dabei im Sinne folgender Gleichung:

$$2HNO_3 = H_2O + 2NO + 3O,$$

und der freiwerdende Sauerstoff wirkt oxydierend.

Das gleichzeitig entweichende farblose Gas NO — das den Namen Stickoxyd besitzt (vgl. S. 227) — ist dadurch charakterisiert, daß es sich sofort mit dem Sauerstoff der Luft zu dem braunen Stickstoffdioxyd (vgl. S. 233) verbindet:

$$2NO + O_2 = 2NO_2.$$

Das letztere liefert mit Wasser Salpetersäure zurück, und gleichzeitig bildet sich wieder Stickoxyd:

$$3NO_2 + H_2O = 2HNO_3 + NO.$$

Man hat also nunmehr das Oxydationsmittel — Salpetersäure — regeneriert, und es kann die Oxydation neuer Mengen von schwefliger Säure einsetzen.

Dieses Wechselspiel von Reaktionen, bei dem durch eine verhältnismäßig kleine Menge von Salpetersäure große Mengen von Luftsauerstoff mit Hilfe des Stickoxydes aktiviert und zur Oxydation von schwefliger in Schwefelsäure verbraucht werden, läßt sich durch einen Versuch leicht zur Darstellung bringen:

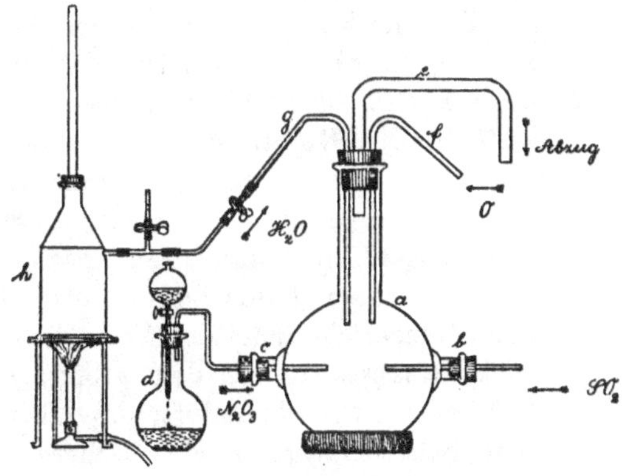

Fig. 102.

Versuch 247. Ein großer, etwa 5 bis 10 Liter fassender Glaskolben *a* mit 3 Tuben wird sorgfältig getrocknet und in einen großen Strohkranz gestellt. Der eine seitliche Tubus *b* steht mit einer Schwefligsäurebombe, der andere *c* mit einem Stehkolben *d* in Verbindung, dessen Stopfen einen Tropftrichter trägt. In dem Tropftrichter ist konzentrierte Schwefelsäure, in dem Kolben eine sehr konzentrierte wäßrige Lösung von Natriumnitrit enthalten.

Der Hals des großen Kolbens ist mit einem gut schließenden dreifach durchbohrten Stopfen verschlossen. Durch die eine Bohrung geht ein weites, zweimal rechtwinklig umgebogenes Glasrohr *e*, das zu einem Abzug führt. Durch die zweite führt ein mit der Sauerstoffbombe in Verbindung stehendes Rohr *f*. Durch die dritte ist ein Rohr *g* eingesetzt, das an einen Wasserdampfentwickler *h* angeschlossen ist. Dieser ist so einzurichten, daß man den Wasserdampf nach Belieben in den Kolben oder ins Freie strömen lassen kann.

Man beginnt den Versuch damit, daß man den Kolben zunächst vollständig mit Schwefeldioxyd füllt. Hierauf entwickelt man durch Eintropfen konzentrierter Schwefelsäure in die Nitritlösung einen kräftigen Strom von Stickoxyden, die zusammen mit dem durch die Reaktionswärme verflüchtigten Wasserdampf in den Kolben gelangen. Dieser überzieht sich nach wenigen Augenblicken mit einer eisblumenartigen Schicht farbloser Krystalle, die sich besonders auch an den Knien des weiten Ableitungsrohres ansetzen und aus Nitrosylschwefelsäure (Bleikammerkrystallen) bestehen. Man leitet nun — wobei sowohl die Zuleitung von Schwefeldioxyd wie von Stickoxyden unterbrochen ist — Wasserdampf ein, bis die Bleikammerkrystalle unter Bildung öliger Schwefelsäure, die an den Wandungen des Kolbens herabläuft, verschwunden sind. Der Dampf wird dann abgestellt und ein starker Strom von Schwefeldioxyd in den Kolben eingeführt. Nach kurzer Zeit verschwindet die braune Farbe der Gase und der Inhalt des Kolbens wird vollkommen farblos. Man sieht dabei aufs neue die gebildete Schwefelsäure herabfließen. Wird nunmehr mit der Sauerstoffbombe Sauerstoff in den Kolben geleitet, so färben sich die Gase wieder dunkelrotbraun, um nach dem Einleiten weiterer Mengen von Schwefeldioxyd abermals entfärbt zu werden. Man kann dieses Wechselspiel von Reaktionen noch mehrmals wiederholen und beobachtet jedesmal aufs deutlichste die Entstehung von Schwefelsäure. Man unterbricht dann den Versuch, koppelt die verschiedenen Entwicklungsapparate von dem großen Kolben ab, saugt die braunen Gase mit einer Wasserluftpumpe heraus und gießt die dicköligе, rohe Schwefelsäure in ein Becherglas. Fügt man starke, wäßrige Chlorcalciumlösung hinzu, so erstarrt die Reaktionsflüssigkeit zu einem dicken Brei von Calciumsulfat.

Theoretisch läßt sich die Bildung der Schwefelsäure bei diesem Versuch etwa durch folgende Vorgänge erklären. Durch Einwirkung von Schwefeldioxyd, Stickstoffdioxyd NO_2, Luft und Wasser aufeinander bilden sich zunächst die sogenannten Bleikammerkrystalle:

$$O + 2SO_2 + 2NO_2 + H_2O = 2O_2S\langle^{O-NO}_{OH} ,$$

die von Wasser sofort in Schwefelsäure und Stickstofftrioxyd zerlegt werden:

$$2O_2S\langle^{O-NO}_{OH} + H_2O = 2H_2SO_4 + N_2O_3 .$$

Das letztere vermag bei Gegenwart von Wasser Schwefeldioxyd in Schwefelsäure überzuführen, wobei es selbst in Stickoxyd übergeht:

$$N_2O_3 + H_2O + SO_2 = H_2SO_4 + 2NO.$$

Stickoxyd vereinigt sich dann wieder mit dem Sauerstoff der Luft zu Stickstoffdioxyd:

$$2NO + O_2 = 2NO_2 ,$$

und dieses letztere vermag, wie bereits oben erwähnt, mit Wasser wieder in Salpetersäure unter Bildung von Stickoxyd überzugehen oder mit Wasser, Sauerstoff und Schwefeldioxyd wieder Bleikammerkrystalle zu bilden usw.

Diese Vorgänge werden in großartigem Maßstabe bei der Fabrikation der Schwefelsäure nach dem Bleikammerverfahren ausgenutzt. Der Prozeß trägt seinen Namen daher, daß die Bildung der Schwefelsäure in großen, aus Bleiplatten zusammengefügten Kammern stattfindet.

Das für die Gewinnung der Schwefelsäure nötige Schwefeldioxyd wird durch Erhitzen des Pyrits FeS_2 in besonderen Öfen bei Luftzutritt gewonnen. Es wird dann zusammen mit überschüsssiger Luft, Wasserdampf und Salpetersäuredämpfen in die Bleikammern eingeleitet, worauf alsbald das Wechselspiel der bei Versuch 247 beobachteten Reaktionen beginnt. Theoretisch sollte eine geringe Menge Salpetersäure ausreichen, um große Mengen von schwefliger in Schwefelsäure umzuwandeln. Da aber ein Teil der Stickoxyde bis zum Stickstoff reduziert wird und sich dieser nicht wieder oxydieren läßt und andererseits überschüssiger Stickstoff, aus der beim „Rösten" des Pyrits in den Pyritöfen verbrauchten Luft stammend, in die Bleikammern gelangt, so entstehen teils durch mechanisches Mitreißen, teils durch die erwähnte Reduktion bis zu elementarem Stickstoff, nicht unbeträchtliche Verluste an den wertvollen Stickoxyden. Um diese möglichst einzuschränken, werden die Reaktionsgase teils im „Glover"-, teils im „Gay-Lussac"-Turm in entsprechender Weise behandelt und die unvermeidlichen Verluste durch Ergänzung der verbrauchten Salpetersäure ausgeglichen.

Die sich am Boden der Kammern ansammelnde „Kammersäure" enthält ungefähr 67% Schwefelsäure und ist noch ziemlich unrein. Zur Konzentration wird sie zunächst in Bleipfannen, später in vergoldeten Platinapparaten erhitzt.

Zur vollständigen Reinigung kann man sie destillieren, wobei man das erste Drittel des Destillats verwirft. Man erhält hierbei aber eine noch immer $1^1/_2$% Wasser enthaltende Säure. Zur Herstellung der 100%igen Säure, des Monohydrats, fügt man zu einer verdünnteren Säure soviel reines Schwefeltrioxyd hinzu, als ihrem Wassergehalt entspricht.

Eigenschaften der Schwefelsäure.

Reine Schwefelsäure bildet eine farblose, ölige Flüssigkeit vom spezifischen Gewicht 1,850 (15°), die bei tiefer Temperatur zu schönen, farblosen, bei 10,5° schmelzenden Krystallen erstarrt und bei 338° nicht unzersetzt siedet.

Wird der Dampf der Schwefelsäure über den Siedepunkt erhitzt, so tritt völlige Zersetzung ein:

$$H_2SO_4 = H_2O + SO_2 + O.$$

Versuch 248. Ein längliches Kölbchen aus Platin *a* mit oben eingegipstem Tropftrichter *b* und gleichfalls durch Gipsverschluß angesetztem Glasrohr *c* wird durch ein gutes Gebläse zur hellsten

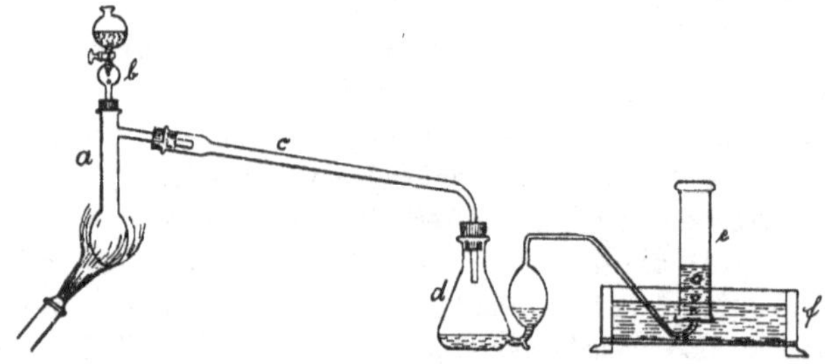

Fig. 103.

Rotglut erhitzt. Man läßt dann unter beständigem Erhitzen durch das Gebläse langsam konzentrierte Schwefelsäure in das glühende Kölbchen eintropfen und leitet die entweichenden Gase, nachdem sie das angesetzte Rohr passiert haben, durch eine Volhard'sche, mit wenig Wasser beschickte Vorlage *d* und schließlich in einen kleinen, mit Wasser gefüllten Zylinder *e*, der in der pneumatischen Wanne *f* steht. Der aufgefangene Sauerstoff wird durch den glimmenden Span charakterisiert.

Auf dieser Zersetzung beruht es, daß Schwefelsäure bei hoher Temperatur starke Oxydationswirkungen zeigt.

Sie vermischt sich mit Wasser unter heftiger Erhitzung.

Versuch 249. Zu Wasser, das sich in einem Becherglase befindet, gießt man in dünnem Strahle Schwefelsäure und rührt dann um: Starke Erhitzung! Verfährt man umgekehrt, gießt also Wasser in Schwefelsäure, so kann es bei größeren Mengen zu einem sehr gefährlichen, explosionsartigen Herumschleudern der Säure kommen.

Die Vereinigung der beiden Stoffe ist mit einer Kontraktion verbunden, die auf der Bildung von Hydraten der Schwefelsäure beruht. Es existieren mit Sicherheit das Dihydrat $H_2SO_4.H_2O$ und das Trihydrat $H_2SO_4.2H_2O$.

Wegen ihrer großen Neigung, sich mit Wasser zu verbinden, ist Schwefelsäure ein ausgezeichnetes Trockenmittel für Gase und als Füllung von Exsikkatoren auch für feste Stoffe.

Auf der gleichen Affinität zum Wasser beruht die verkohlende Wirkung, die die Schwefelsäure auf viele organische Stoffe, wie Holz, Papier, Stroh, Zucker, Leinwand usw., ausübt.

Schwefelsäure ist eine außerordentlich starke Säure, die auch in großer Verdünnung noch einen stark sauren Geschmack besitzt.

Sie ist imstande, aus den Salzen anderer Säuren, wie z. B. den Chloriden, Nitraten (vgl. S. 225), Phosphaten (vgl. S. 242) usw., die entsprechenden Säuren in Freiheit zu setzen. Darauf beruht eine wichtige Dartellungsmethode von Säuren der verschiedensten Art.

Die Schwefelsäure ist eine zweibasische Säure, die daher saure und neutrale Salze bildet, z. B.:

$NaHSO_4$ . . . Natriumbisulfat (saures Salz),
Na_2SO_4 . . . Natriumsulfat (neutrales Salz).

Ihre Salze, unter denen sich sehr wichtige Vertreter befinden, heißen Sulfate.

Es ist nicht uninteressant, bei der wichtigsten aller Säuren die verschiedenen Möglichkeiten der Bildung von Sulfaten zu betrachten.

Sulfate entstehen in üblicher Weise aus Schwefelsäure durch Neutralisation mit Basen.

Versuch 250. In einem Kelchglase fügt man zu wenig starker Kalilauge vorsichtig verdünnte Schwefelsäure hinzu. Das schwer lösliche Kaliumsulfat fällt aus, löst sich aber in einem Überschuß der Säure zu einem sauren Salz wieder auf.

Man erhält Sulfate ferner durch Einwirkung von Schwefelsäure auf Metalle. Handelt es sich dabei z. B. um Eisen oder Zink, so entweicht nebenher Wasserstoff:

$$H_2SO_4 + Zn = H_2 + ZnSO_4.$$
$$H_2SO_4 + Fe = H_2 + FeSO_4.$$

Versuch 251. In einem Kelchglase werden Zinkgrannalien oder Eisenfeilspäne mit mäßig verdünnter Schwefelsäure übergossen. Das entweichende Gas läßt sich entzünden und besteht aus Wasserstoff.

Andere Metalle dagegen, wie Kupfer, Quecksilber oder Silber, werden von der Schwefelsäure oxydiert und dann in Sulfate verwandelt, wobei **Schwefeldioxyd** entweicht.

Versuch 252. Man erhitze in 3 Reagenzgläsern mit konzentrierter Schwefelsäure:

a) Kupferspäne,

b) einige Tropfen Quecksilber,

c) Silberschaum.

In allen 3 Fällen setzt in der Wärme eine energische Entwicklung von Schwefeldioxyd ein, und die Metalle gehen unter Bildung der entsprechenden Sulfate in Lösung.

Auf der Umsetzung zwischen Kupfer und heißer Schwefelsäure beruht, wie bereits festgestellt worden ist, ein bequemes Verfahren zur Darstellung von Schwefeldioxyd (vgl. S. 195).

Die Löslichkeit der Sulfate ist sehr verschieden. Während z. B. Zink-, Natrium-, Magnesium-, Eisensulfat usw. in Wasser leicht löslich sind, zeichnen sich andere Sulfate durch einen so hohen Grad von Schwerlöslichkeit aus, daß sie aus wäßriger Lösung durch doppelte Umsetzung abgeschieden werden und daher zum Nachweis der Schwefelsäure dienen können. Zu ihnen gehören vor allem die Sulfate des Calciums, Bleis und Baryums.

Versuch 253. a) Man vermischt in einem Kelchglase gleiche Volumina einer ganz gesättigten, wäßrigen Lösung von Chlorcalcium und 50%iger Schwefelsäure.

Das hierbei sich bildende Calciumsulfat scheidet sich in solcher Menge aus, daß beim Umrühren die Masse nahezu völlig erstarrt.

b) Eine Lösung von Bleinitrat wird mit verdünnter Schwefelsäure versetzt: Dicke weiße Fällung von Bleisulfat. Zum Unterschied von dem beim nächsten Versuch dargestellten Baryumsulfat löst sich Bleisulfat in weinsaurem Ammonium leicht auf.

c) Zu 2 Liter Wasser fügt man einige Tropfen verdünnte Schwefelsäure und dann Chlorbaryumlösung hinzu: Starke Trübung und Abscheidung eines sehr feinkörnigen Niederschlags von Baryumsulfat.

Auch durch Aneinanderlagerung von Oxyden mit Schwefeltrioxyd entstehen Sulfate. So kann man z. B. Bleisulfat aus Bleioxyd und Schwefeltrioxyd gewinnen:

$$PbO + SO_3 = PbSO_4.$$

Versuch 254. Man füllt eine ganz kleine, etwa 15 ccm fassende, tubulierte Retorte *a* mit 70%iger rauchender Schwefelsäure und schiebt sie mit Hilfe eines Gips- oder Asbeststopfens in ein Kugelrohr *b*, in dessen Kugel sich trockene Bleiglätte befindet. Man erhitzt zunächst die letztere kräftig und entwickelt dann durch Erwärmen der rauchenden Schwefelsäure Dämpfe von Schwefeltrioxyd. Sobald diese auf das erhitzte Bleioxyd auftreffen, tritt Erglühen ein, und die Masse färbt sich weiß.

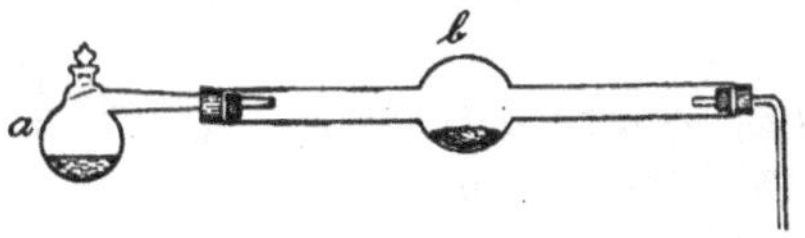

Fig. 104.

Bleisulfat bildet sich ferner aus Bleidioxyd PbO_2 und Schwefeldioxyd:

$$PbO_2 + SO_2 = PbSO_4.$$

Versuch 255. Über scharf getrocknetes und kräftig erhitztes Bleidioxyd, das in ein Kugelrohr gefüllt ist, wird Schwefeldioxyd geleitet: Feuererscheinung und Umschlag der Farbe in weiß.

Endlich sei daran erinnert, daß auch vom Bleisulfid PbS ein einfacher und gangbarer Weg zum Bleisulfat führt, indem man es mit Wasserstoffsuperoxyd oxydiert (vgl. S. 178):

$$PbS + 2O_2 = PbSO_4.$$

Die Verwendungen der Schwefelsäure im Laboratorium, in der chemischen Industrie und in vielen Gewerben sind so außerordentlich zahlreich und mannigfaltig, daß ihre Aufzählung kaum möglich erscheint und man ihr für die chemische Industrie etwa die gleiche Bedeutung zuzuschreiben hat, wie dem Eisen in der Maschinenindustrie.

Pyroschwefelsäure. $H_2S_2O_7$. (Rauchende Schwefelsäure.)

Leitet man Dämpfe von Schwefeltrioxyd in konzentrierte Schwefelsäure ein, so werden sie mit großer Begierde verschluckt, und es bildet sich nach der Gleichung:

$$H_2SO_4 + SO_3 = H_2S_2O_7$$

die Pyroschwefelsäure $H_2S_2O_7$, die in farblosen, bei 35° schmelzenden Krystallen auskrystallisiert und in der rauchenden Schwefelsäure enthalten ist.

Früher wurde diese durch Erhitzen von Eisenvitriol $FeSO_4$ gewonnen, wovon sich die Bezeichnung Vitriolöl für Schwefelsäure bis auf den heutigen Tag erhalten hat.

Legt man der Schwefelsäure die Strukturformel:

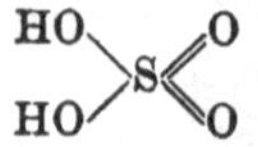

bei, so läßt sich die Bildung der Pyroschwefelsäure durch Kondensation von zwei Molekülen Schwefelsäure unter Abspaltung von einem Molekül Wasser deuten:

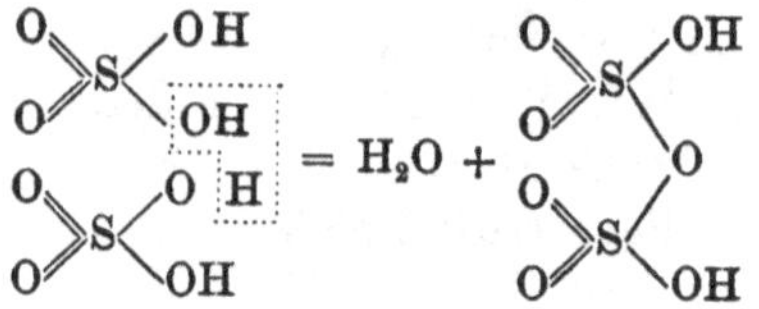

Die freie Säure ist wenig beständig und zerfällt schon beim gelinden Erwärmen in H_2SO_4 und SO_3:

$$H_2S_2O_7 = H_2SO_4 + SO_3.$$

Auf dieser leichten Abspaltung von Schwefeltrioxyd beruht das „Rauchen" der „rauchenden Schwefelsäure".

Auch von Wasser wird Pyroschwefelsäure in gewöhnliche Schwefelsäure verwandelt:

$$H_2S_2O_7 + H_2O = 2H_2SO_4.$$

Die Pyroschwefelsäure ist eine zweibasische Säure und bildet charakteristische Salze: Pyrosulfate, die leicht dargestellt werden können.

Man erhält sie durch Erhitzen von sauren Sulfaten, z. B.:

$$2KHSO_4 = H_2O + K_2S_2O_7.$$

Versuch 256. Man erhitzt Kaliumbisulfat in einer Platinschale über freier Flamme. Zunächst entweichen Dämpfe von Wasser. Beim weiteren Erhitzen wird Schwefeltrioxyd abgespalten, das sich in dicken, weißen Nebeln verflüchtigt.

Beim starken Erhitzen spalten sich die Pyrosulfate in Schwefeltrioxyd und neutrale Sulfate:

$$K_2S_2O_7 = K_2SO_4 + SO_3.$$

Wegen der leichten Abgabe von Schwefeltrioxyd wird die rauchende Schwefelsäure besonders in der organischen Chemie vielfach verwendet, da sie in manchen Beziehungen der gewöhnlichen Schwefelsäure in der Wirkung überlegen ist. So gelingt es z. B. mit der letzteren nicht, den Indigo in wasserlösliche Form zu bringen, wohl aber mit rauchender Schwefelsäure.

Versuch 257. Man verreibt in 2 Reagenzgläsern je eine Probe von gepulvertem Indigo, einmal mit gewöhnlicher, und einmal mit schwach rauchender Schwefelsäure. Im ersteren Falle erhält man eine dunkelolivgrüne Lösung, die beim Eingießen in viel Wasser den Indigo wieder als blaues Pulver abscheidet und beim Filtrieren ein farbloses Filtrat gibt; mit rauchender Schwefelsäure entsteht dagegen eine dunkelblaue Lösung, die, in Wasser gegossen, mit schön blauer Farbe aufgenommen wird und auch ein blaues Filtrat liefert.

Chloride der Schwefelsäure.

Schon früher wurde an einigen Halogeniden des Phosphors gezeigt, daß sie bei der Behandlung mit Wasser unter Abspaltung von Halogenwasserstoff in Säuren übergehen, z. B. Phosphortrichlorid in phosphorige Säure (vgl. S. 118):

$$PCl_3 + 3H_2O = 3HCl + H_3PO_3.$$

Sie wurden aus diesem Grunde als Säurehalogenide bezeichnet. Auch von der Schwefelsäure leiten sich Verbindungen ab, die zu ihr im Verhältnis der Säurechloride stehen. Es sind:

$SO_2(OH)Cl$ . . . . . Chlorsulfonsäure,
SO_2Cl_2 . . . . . . Sulfurylchlorid.

Chlorsulfonsäure bildet sich aus Chlorwasserstoff und Schwefeltrioxyd:

$$HCl + SO_3 = SO_2(OH)Cl$$

und stellt eine stechend riechende, an der Luft rauchende Flüssigkeit vor, die bei 155—156° siedet und von Wasser glatt in Schwefelsäure verwandelt wird:

$$SO_2(OH)Cl + H_2O = HCl + SO_2{<}^{OH}_{OH}.$$

Versuch 258. Man gießt etwas Chlorsulfonsäure in kaltes Wasser. Sie reagiert damit unter heftiger Erhitzung, und es entsteht nach kurzer Zeit eine klare Auflösung.

Sulfurylchlorid wird am besten durch direkte Vereinigung von Schwefeldioxyd mit Chlor dargestellt:

$$SO_2 + Cl_2 = SO_2Cl_2.$$

Dabei hat es sich als zweckmäßig herausgestellt, etwas Campher zuzusetzen, der an sich unverändert bleibt, aber den Verlauf der Reaktion günstig beeinflußt.

Sulfurylchlorid bildet eine farblose, scharf riechende Flüssigkeit, die bei 69° siedet. Von kaltem Wasser wird die Verbindung in ein Hydrat übergeführt, das sich dann bald unter Erwärmung in Schwefelsäure verwandelt:

$$SO_2Cl_2 + 2H_2O = 2HCl + H_2SO_4.$$

Versuch 259. Eine Probe Sulfurylchlorid, in kaltes Wasser gegossen, sinkt zunächst unter. Alsbald aber findet Erwärmung statt, und das Chlorid geht in Lösung.

Als Zwischenprodukt dieser Zersetzung tritt Chlorsulfonsäure auf.

Die stufenweise Zersetzung des Sulfurylchlorids durch Wasser, wobei sich erst Chlorsulfonsäure, dann Schwefelsäure bildet, kann als Stütze für die schon mehrfach erwähnte Strukturformel der Schwefelsäure dienen (vgl. z. B. S. 210).

Denn in Analogie mit der bereits erwähnten Wirkung von Wasser auf Phosphorchloride, wo für jedes Chloratom eine Hydroxylgruppe eintritt, wäre dieser Vorgang folgendermaßen zu deuten:

1.
2.

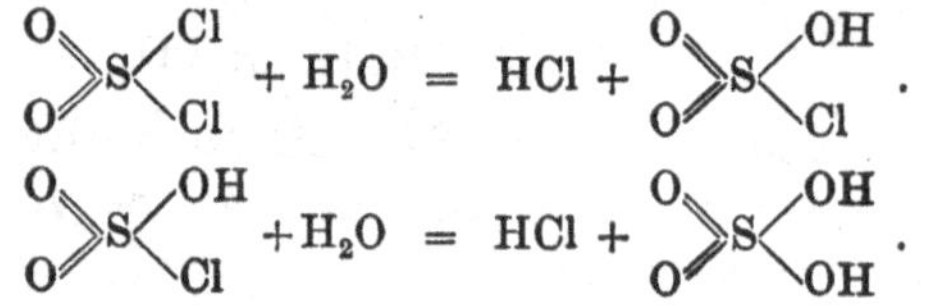

Sulfurylchlorid wird vor allem in der organischen Chemie häufig gebraucht.

C. Schwefelsesquioxyd. S_2O_3. (?)

Bei der Vereinigung von Schwefeltrioxyd mit elementarem Schwefel erhält man eine tief dunkelblau gefärbte Masse, für deren Bildung früher die Gleichung:

$$SO_3 + S = S_2O_3$$

angenommen wurde.

Versuch 260. Man trägt in stark rauchende Schwefelsäure (ca. 2—3 ccm), die sich in einem Reagenzglas befindet, etwa $^1/_2$ g Schwefelblumen ein, wobei man eine tief indigoblaue Färbung der Flüssigkeit beobachtet. Man gießt diese in ein mit Wasser gefülltes Becherglas, wobei sofort Zersetzung eintritt und fein verteilter Schwefel ausfällt. (Vorsichtig wegen des Spritzens!)

Die Auffassung des gefärbten Stoffes als Schwefelsesquioxyd muß Zweifel erwecken. Denn einmal läßt sich die starke Färbung und die übergroße Zersetzlichkeit kaum mit einem Oxyd des Schwefels in Einklang bringen, und ferner ist es nicht gelungen, einen Übergang von dem vermeintlichen Oxyd des Schwefels zur hydroschwefligen Säure $H_2S_2O_4$ (vgl. S. 214) zu finden, der — die Richtigkeit der Auffassung vorausgesetzt — existieren müßte:

$$S_2O_3 + H_2O = H_2S_2O_4.$$

Wahrscheinlicher ist es, daß in dem „Schwefelsesquioxyd" nichts anderes vorliegt, als eine Lösung von Schwefel in Schwefeltrioxyd, und daß die blaue Farbe von einem besonderen Dispersitätsgrade des Schwefels herrührt.

D. Schwefelheptoxyd S_2O_7 und Überschwefelsäure $H_2S_2O_8$.

Schwefelheptoxyd S_2O_7 wird bei der Einwirkung dunkler elektrischer Entladungen (vgl. Ozon, S. 174) auf ein Gemisch von Schwefeldioxyd und Sauerstoff erhalten. Es bildet eine wenig beständige, krystallisierte Substanz von starken Oxydationswirkungen.

Überschwefelsäure läßt sich als reine, krystallinische Verbindung vom Schmelzpunkt 60° durch Umsetzung zweier Moleküle Chlorsulfonsäure mit Wasserstoffsuperoxyd gewinnen:

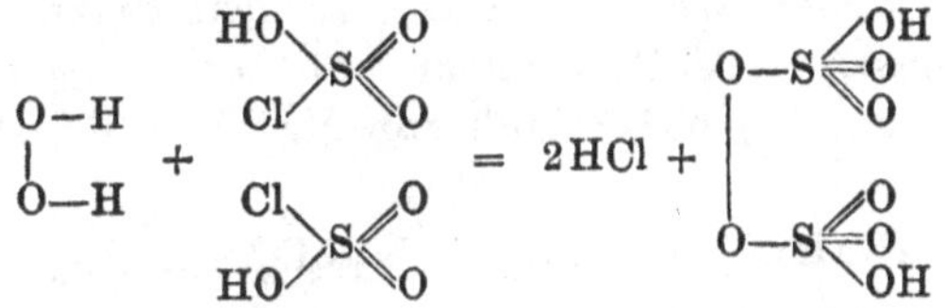

Auch bei der Elektrolyse starker Schwefelsäure, zumal bei tiefer Temperatur und hoher Stromdichte an der Anode, kommt es zur Bildung von Überschwefelsäure.

Die freie Säure und ihre Salze, die Persulfate, von denen das Kalium- und das Ammoniumsalz:

$$K_2S_2O_8,$$
$$(NH_4)_2S_2O_8,$$

als schön krystallisierende Verbindungen in den Handel kommen, wirken stark oxydierend.

Versuch 261. Man erhitzt im Reagenzglas eine verdünnte Indigolösung mit etwas Kaliumpersulfat und verdünnter Schwefelsäure: Nach kurzer Zeit Entfärbung!

Die Oxydationswirkung ist darauf zurückzuführen, daß das Molekül der Überschwefelsäure und ihrer Salze den Rest des Wasserstoffsuperoxyds:

—O—O—

enthält.

E. Caro'sche Säure. H_2SO_5. (Sulfomonopersäure).

Die Struktur der Caro'schen Säure folgt aus ihrer Herstellung aus 1 Mol. Wasserstoffsuperoxyd und 1 Mol. Chlorsulfonsäure:

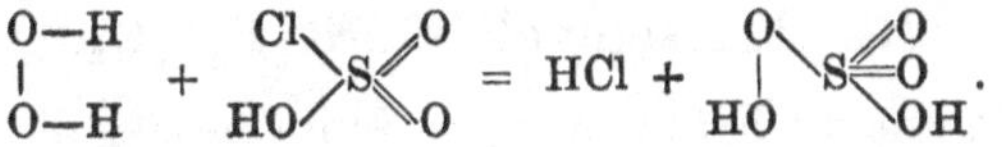

Auch aus Wasserstoffsuperoxyd und konzentrierter Schwefelsäure sowie durch Einwirkung von Schwefelsäure auf Kaliumpersulfat läßt sie sich gewinnen. Im letzteren Falle beruht ihre Bildung auf einer Spaltung des Moleküls der Überschwefelsäure unter Aufnahme von 1 Mol. Wasser:

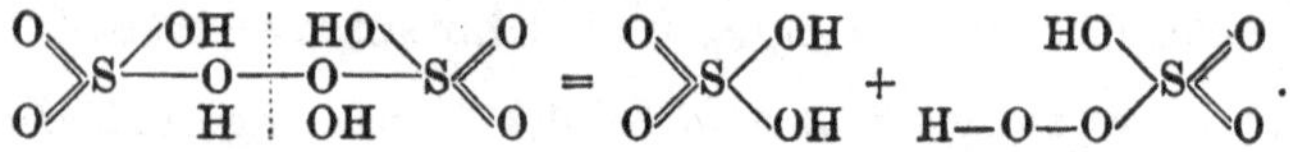

Caro'sche Säure stellt eine bei 45° schmelzende, krystallinische Verbindung vor, die wegen der mancherlei eigenartigen Oxydationseffekte, die sich damit erzielen lassen, Bedeutung erlangt hat.

F. Hydroschweflige Säure. $H_2S_2O_4$. (Unterschweflige Säure.)

Die freie hydroschweflige Säure ist nicht bekannt.

Ihr Natriumsalz $Na_2S_2O_4$ entsteht bei der Einwirkung von fein verteiltem Zink auf ein Gemisch von Natriumbisulfit und schwefliger Säure:

$$Zn + 2NaHSO_3 + H_2SO_3 = Na_2S_2O_4 + ZnSO_3 + 2H_2O.$$

Versuch 262. In eisgekühlte, schweflige Säure enthaltende, käufliche Bisulfitlauge trägt man unter beständigem Umschütteln in kleinen Portionen Zinkstaub ein. Hierauf wird filtriert, das Filtrat mit überschüssiger Natronlauge alkalisch gemacht und einige Kubikzentimeter Fehling'sche Lösung hinzugefügt. Nach wenigen Augenblicken findet Reduktion der letzteren und Abscheidung von Cuprooxyd statt.

Das Natriumhydrosulfit $Na_2S_2O_4$ wird technisch hergestellt und spielt wegen seiner stark reduzierenden Eigenschaften eine wichtige Rolle, besonders in der Färberei, um an sich unlösliche Farbstoffe in eine für die Durchtränkung der Gewebe geeignete, lösliche Form zu bringen.

Die Struktur des Natriumhydrosulfits entspricht sehr wahrscheinlich dem Formelbild:

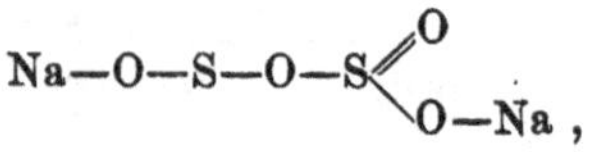

denn es erfährt leicht eine Spaltung in Natriumbisulfit und Natriumsulfoxylat:

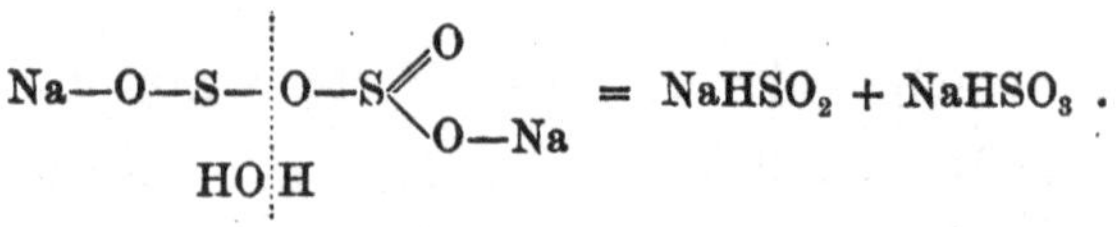

G. Thioschwefelsäure. $H_2S_2O_3$.

Ebensowenig wie die hydroschweflige Säure vermag die Thioschwefelsäure im freien Zustande zu existieren.

Sehr leicht bilden sich dagegen ihre Salze: die Thiosulfate, durch Erhitzen von Sulfitlösungen mit Schwefel:

$$Na_2SO_3 + S = Na_2S_2O_3.$$

Versuch 263. In einem Kolben, der mit einem senkrecht nach oben gerichteten Kühler (einem „Rückflußkühler") versehen ist, wird eine konzentrierte, wäßrige Lösung von Natriumsulfit mit einem Überschuß von Schwefelblumen 7—10 Minuten gekocht. Hierauf wird filtriert und das Filtrat mit einer reichlichen Menge von verdünnter Salzsäure versetzt: Entwicklung von Schwefeldioxyd unter gleichzeitiger Abscheidung von Schwefel!

Diese Bildungsweise der Thiosulfate ist ganz analog der der Sulfate durch Oxydation der Sulfite:

$$Na_2SO_3 + O = Na_2SO_4.$$
$$Na_2SO_3 + S = Na_2S_2O_3.$$

Versucht man aus dem Natriumthiosulfat durch Ansäuern Thioschwefelsäure in Freiheit zu setzen, so zerfällt diese unter Entwicklung von Schwefeldioxyd **und Abscheidung von Schwefel:**

$$Na_2S_2O_3 + 2HCl = 2NaCl + H_2O + SO_2 + S.$$

Versuch 264. Zu 2 Liter Wasser gibt man 100 ccm einer kalt gesättigten, wäßrigen Lösung von Natriumthiosulfat und fügt 20 ccm verdünnte Salzsäure (spez. Gew. 1,08) hinzu. Man bemerkt zunächst etwa $^3/_4$ Minuten gar nichts, dann fängt die Flüssigkeit plötzlich auf das prächtigste zu opalisieren an. Die Opalescenz verstärkt sich alsbald zu einer deutlichen Trübung, und schließlich scheiden sich reichliche Mengen von Schwefel ab.

Von großer Bedeutung ist das Verhalten von Natriumthiosulfat gegen Jod.

Versuch 265. a) Man gießt vorsichtig Jodjodkaliumlösung in nicht zu konzentrierte Natriumthiosulfatlösung hinein: Zunächst völlige Entfärbung, bis plötzlich die braune Farbe der Jodlösung bestehen bleibt.

b) Umgekehrt wird eine wäßrige Lösung von Natriumthiosulfat in eine Jodjodkaliumlösung eingegossen. Zunächst bleibt die braune Farbe der Flüssigkeit bestehen, bis plötzlich die Entfärbung eintritt!

Der Vorgang beruht darauf, daß 2 Moleküle Natriumthiosulfat mit 2 Atomen Jod unter Bildung von Natriumjodid und **tetrathionsaurem Natrium** (vgl. S. 218) miteinander reagieren:

$$\begin{matrix} Na_2S_2O_3 \\ Na_2S_2O_3 \end{matrix} + 2J = 2NaJ + \begin{matrix} NaS_2O_3 \\ | \\ NaS_2O_3 \end{matrix}.$$

Er ist deswegen von erheblicher Wichtigkeit, weil er sich mit größter Schnelligkeit und ganz glatt abspielt und uns ein einfaches und genaues Hilfsmittel zur quantitativen Bestimmung des Jodes in die Hand gibt.

Da aber, wie früher gezeigt worden ist (vgl. S. 56), nach den Gleichungen:

$$KJ + Cl = KCl + J,$$
$$KJ + Br = KBr + J$$

aus Jodkaliumlösungen durch Chlor oder Brom die äquivalente Menge von Jod in Freiheit gesetzt werden kann, so bietet die Reaktion zwischen diesem und Natriumthiosulfat gleichzeitig die Möglichkeit einer quantitativen Bestimmung von Chlor und Brom.

Man braucht dazu eine „Normallösung" von Natriumthiosulfat, das heißt: eine Flüssigkeit, die in 1 Liter ein **Grammäquivalent** dieses Salzes enthält.

Nun sind nach der soeben angeführten Gleichung 1 Atom Jod und 1 Molekül Natriumthiosulfat miteinander äquivalent. 1 Liter Normalthiosulfatlösung enthält also soviel von dem Salze gelöst, als seinem Molekulargewicht in Grammen entspricht.

1 Liter Normaljodlösung wird durch Lösen von 1 Atom Jod in Grammen, d. h. von 127 g, in so viel Jodkaliumlösung hergestellt, daß die gesamte Flüssigkeitsmenge genau 1 Liter beträgt.

Das Prinzip der Jodometrie besteht nun darin, daß man die Flüssigkeit, deren Jodgehalt bestimmt werden soll, zu einer genau abgemessenen Menge einer Normalthiosulfatlösung hinzufließen läßt. Sobald die gesamte Menge des Natriumthiosulfats im Sinne der obigen Gleichung verbraucht, d. h. in Natriumjodid und tetrathionsaures Natrium verwandelt worden ist, verrät sich der geringste Überschuß an Jod durch eine Braunfärbung.

Um aber diesen für die Genauigkeit der jodometrischen Bestimmung entscheidenden Punkt möglichst scharf zu treffen, fügt man noch etwas Stärkelösung als Indikator hinzu, um durch die auch mit minimalen Jodmengen auftretende schöne Blaufärbung die Beendigung der „Titrieranalyse" oder „Titration" zu erkennen.

Man kann dann, da ja die Menge des Natriumthiosulfates in der abgemessenen Menge der Normallösung genau bekannt ist, nach der obigen Gleichung mit Leichtigkeit berechnen, wieviel Jod in der bei der Analyse bis zum Auftreten der blauen Jodstärkereaktion verbrauchten Menge der jodhaltigen Flüssigkeit enthalten war.

Versuch 266. Man läßt aus einer „Pipette" 20 ccm Normal-Natriumthiosulfatlösung in ein Becherglas auslaufen und fügt 50 ccm Wasser nebst einigen Kubikzentimetern frisch bereiteter Stärkelösung hinzu. Hierauf läßt man aus einer „Bürette" tropfenweise und unter beständigem Umschwenken des Becherglases Normaljodlösung in die Thiosulfatlösung fließen. Die Blaufärbung tritt plötzlich auf, sobald genau 20 ccm Jodlösung aus der

Bürette entnommen sind. Die beiden Normallösungen sind also wirklich einander äquivalent.

Abgesehen von dieser Verwendung des Natriumthiosulfats in der Titrieranalyse wird das Salz als Antichlor in der Wäscherei und Bleicherei gebraucht, um die schädlichen Wirkungen des Chlorkalks auf die Gewebe aufzuheben.

Versuch 267. Frische Chlorkalklösung wird mit einer reichlichen Menge von Natriumthiosulfatlösung versetzt und dann Indigolösung hinzugefügt. Es findet keine Entfärbung statt!

In größter Menge wird endlich das Salz für photographische Zwecke hergestellt und als Fixiernatron in den Handel gebracht. Seine Bedeutung liegt darin, daß es die Silberhalogenverbindungen, auf deren Lichtempfindlichkeit die photographischen Prozesse beruhen, sehr leicht auflöst.

Versuch 268. Man stelle sich durch Versetzen dreier wäßriger Lösungen von Chlornatrium, Bromnatrium und Jodnatrium mit Silbernitrat Niederschläge von Chlorsilber, Bromsilber und Jodsilber dar und füge zu den 3 Suspensionen eine gesättigte, wäßrige Lösung von Natriumthiosulfat hinzu. Die Niederschläge gehen sofort in Lösung!

Die Löslichkeit der lichtempfindlichen Niederschläge in Natriumthiosulfat beruht auf der Bildung leichtlöslicher Doppelverbindungen, die sich folgendermaßen bilden, z. B.:

1. $Na_2S_2O_3 + AgBr = NaBr + AgNaS_2O_3$.
2. $2AgNaS_2O_3 + Na_2S_2O_3 = (AgNaS_2O_3)_2 \cdot Na_2S_2O_3$.

H. Die Polythionsäuren. $H_2S_nO_6$.

Man bezeichnet als Polythionsäuren eine Reihe zweibasischer Säuren, die **6** Atome Sauerstoff und außerdem 2, 3, 4 und 5 Atome Schwefel im Molekül enthalten. Man kennt mit Sicherheit:

Dithionsäure	$H_2S_2O_6$,
Trithionsäure	$H_2S_3O_6$,
Tetrathionsäure	$H_2S_4O_6$,
Pentathionsäure	$H_2S_5O_6$.

Die Dithionsäure $H_2S_2O_6$ besitzt vielleicht die Struktur:

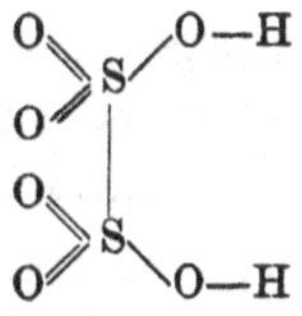

Ihr Mangansalz entsteht leicht aus Mangandioxyd bei der Behandlung mit wäßriger schwefliger Säure:

$$MnO_2 + 2SO_2 = MnS_2O_6.$$

Versuch 269. Man suspendiert möglichst fein verteiltes Mangandioxydhydrat in Wasser, das sich in einem hohen, engen Zylinder befindet, und leitet einen kräftigen Strom von Schwefeldioxyd ein. Nach wenigen Augenblicken erhält man eine klare Lösung von Mangandithionat.

Die Tetrathionsäure $H_2S_4O_6$ bildet sich in Form ihres Natriumsalzes bei der wichtigen, bereits besprochenen Grundreaktion der Jodometrie (vgl. S. 215):

$$2Na_2S_2O_3 + 2J = 2NaJ + Na_2S_4O_6.$$

Ein Gemisch von Polythionsäuren liegt vor in der „Wackenroder'schen Flüssigkeit", die beim Einleiten von Schwefelwasserstoff in wäßrige schweflige Säure entsteht, sofern man im Dunkeln und bei tiefer Temperatur arbeitet (vgl. dazu S. 198).

6. Oxyde und Sauerstoffsäuren des Selens.

Beim Verbrennen von Selen in der Luft oder im Sauerstoff bildet sich das dem Schwefeldioxyd entsprechende Selendioxyd:

$$Se + O_2 = SeO_2.$$

Versuch 270. Über Selen, das in einem schwerschmelzbaren Kugelrohr stark erhitzt wird, leitet man einen nicht zu schnellen Sauerstoffstrom herüber: Schöne, grünblaue Feuererscheinung und Bildung eines festen, weißen Verbrennungsproduktes, das sich in einer an das Kugelrohr angeschlossenen, zweifach tubulierten Vorlage niederschlägt.

Selendioxyd ist im Gegensatz zum Schwefeldioxyd ein fester, wohlkrystallisierter Körper von den Eigenschaften eines Säureanhydrids. Es verwandelt sich daher mit Wasser in eine Säure, selenige Säure H_2SeO_3:

$$SeO_2 + H_2O = H_2SeO_3,$$

die zum Unterschied von der schwefligen Säure im reinen Zustande zu existieren vermag und eine schön krystallisierende, farblose Substanz vorstellt.

Eine wäßrige Lösung von seleniger Säure wird von wäßriger schwefliger Säure unter Abscheidung von Selen reduziert.

Versuch 271. Nicht zu verdünnte, wäßrige selenige Säure wird mit wäßriger schwefliger Säure versetzt. Die Flüssigkeit färbt sich gelb, dann rot, und nach kurzer Zeit, viel schneller beim Erwärmen, scheidet sich rotes, amorphes Selen aus (vgl. S. 80).

Durch Oxydationsmittel, wie z. B. Chlor, läßt sich die selenige glatt in Selensäure überführen:

$$H_2SeO_3 + H_2O + Cl_2 = 2HCl + H_2SeO_4.$$

Sie stellt im reinen Zustande eine krystallinische, bei 58° schmelzende Substanz vor. Ihre 95%ige Lösung ist eine ölige Flüssigkeit, die zwar äußerlich der Schwefelsäure gleicht, aber viel weniger ätzend wirkt. Mit Chlorbaryum liefert sie wie Schwefelsäure ein in Wasser nahezu unlösliches Salz: Baryumseleniat $BaSeO_4$, das aber von Salzsäure gelöst wird.

Viel stärker als bei der Schwefelsäure sind bei der Selensäure die oxydierenden Wirkungen ausgeprägt.

Versuch 272. a) Reine Selensäure, in Wasser gelöst, gibt mit schwefliger Säure keine Abscheidung von Selen.

b) Etwas Selensäure wird mit starker Salzsäure im Reagenzglas 1—2 Minuten gekocht. Es entweicht Chlor, und auf Zusatz von schwefliger Säure fallen nunmehr reichliche Mengen von rotem, amorphem Selen aus.

7. Oxyde und Sauerstoffsäuren des Tellurs.

Die Sauerstoffverbindungen des Tellurs und die dazu in Beziehung stehenden Säuren unterscheiden sich von den entsprechenden Derivaten des Schwefels nicht unbeträchtlich, wenn auch in formaler Beziehung manche Analogie besteht.

Beim Verbrennen des Tellurs an der Luft oder im Sauerstoff bildet sich Tellurdioxyd TeO_2, das sich in Wasser zur tellurigen Säure H_2TeO_3 löst.

Die Tellursäure entsteht durch Oxydation von Tellur mit verdünnter Salpetersäure, besitzt die Zusammensetzung $Te(OH)_6$ und unterscheidet sich hierdurch, wie durch ihre außerordentlich schwach sauren Eigenschaften erheblich von Selensäure und Schwefelsäure.

Auch die Salze der Tellursäure, die Tellurate, zeigen keine Ähnlichkeit mit Seleniaten und Sulfaten.

8. Oxyde des Stickstoffs und davon ableitbare Säuren.

Ein Blick auf die Oxyde, die der Stickstoff zu bilden vermag, und auf die Säuren, die sich davon herleiten, bietet das Bild einer großen Mannigfaltigkeit. Wir kennen nicht weniger als 5 Oxyde des Stickstoffs und 3 mit diesen in Beziehung stehende Säuren, außerdem noch einige aus Stickstoff, Sauerstoff und Wasserstoff bestehende Verbindungen von geringerer Bedeutung:

N_2O	Stickoxydul,
NO	Stickoxyd,
N_2O_3	Stickstofftrioxyd,
NO_2	Stickstoffdioxyd,
N_2O_5	Stickstoffpentoxyd,
$H_2O_2N_2$	Untersalpetrige Säure,
HNO_2	Salpetrige Säure,
HNO_3	Salpetersäure,
$HONH_2$	Hydroxylamin,
$O_2N \cdot NH_2$	Nitramid.

Im Mittelpunkte der ganzen Gruppe steht — an Bedeutung alle anderen Verbindungen überragend — die Salpetersäure.

A. Salpetersäure HNO_3 und Stickstoffpentoxyd N_2O_5.

Freie Salpetersäure kommt in der Natur nicht vor, wohl aber einige ihrer Salze — die Nitrate; unter ihnen vor allem Kaliumnitrat oder Salpeter KNO_3, Natriumnitrat $NaNO_3$ und Calciumnitrat $Ca(NO_3)_2$.

Die Nitrate entstehen aus organischen, stickstoffhaltigen Substanzen. Bei der Fäulnis derartiger Produkte bildet sich neben anderen Stoffen auch Ammoniak, wie man das z. B. beim Faulen des Urins beobachten kann (vgl. S. 97). Sind aber starke Basen, wie z. B. Kali oder Natron, zugegen, so wirkt gleichzeitig der Sauerstoff der Luft oxydierend, und es entstehen Nitrate.

Natürlich bedarf es zur Anreicherung des Salpeters im Boden einer möglichst warmen und trockenen Witterung, wie sie vor allem in tropischen und subtropischen Gegenden herrscht. Die mächtigen Lager von Natronsalpeter $NaNO_3$, die sich in Chile und Peru finden, dürften auf die Verwesung von Seetieren und Seepflanzen zurückzuführen sein. Dieser sogenannte Chilesalpeter ist unreiner als Kalisalpeter, aber billiger und diente früher in erster Linie zur Darstellung von Salpetersäure.

Das Prinzip ihrer Gewinnung nach diesem Verfahren besteht in der Zersetzung des Nitrates durch konzentrierte Schwefelsäure und Abdestillation der gebildeten Salpetersäure:

Versuch 273. In einem durch Korkstopfen verschlossenen Destillationskolben werden 30 g Salpeter und 50 g konzentrierte Schwefelsäure innig gemischt und vorsichtig erhitzt. Als Vorlage dient ein zweiter Fraktionierkolben, der auf den ersten durch einen Korkstopfen aufgesetzt ist und durch fließendes Wasser gekühlt wird. Die Destillation der Salpetersäure beginnt alsbald, und diese geht als schwach gelb gefärbte, an der Luft rauchende Flüssigkeit über.

Man wählt hierbei, wie aus den bei Versuch 273 angewendeten Mengen von Nitrat und Schwefelsäure hervorgeht, die Verhältnisse so, daß je ein Molekül der reagierenden Stoffe zur Verwendung kommt:

$$KNO_3 + H_2SO_4 = KHSO_4 + HNO_3.$$

Nun gelingt es zwar, mit Hilfe des als Nebenprodukt entstandenen Kaliumbisulfats ein zweites Molekül Salpeter unter Bildung von Salpetersäure zu zersetzen:

$$KHSO_4 + KNO_3 = K_2SO_4 + HNO_3.$$

Allein die Temperatur, bei der diese Umwandlung von statten geht, liegt so hoch, daß ein Teil der Salpetersäure nach folgender Gleichung zersetzt wird:

$$2HNO_3 = H_2O + 2NO_2 + O.$$

Das dabei als Gas entweichende, tief dunkelbraun gefärbte Stickstoffdioxyd NO_2 löst sich in der übergehenden Salpetersäure und verleiht dieser eine rotbraune Farbe. Sie wird in dieser Zusammensetzung als rote, rauchende Salpetersäure bezeichnet.

Versuch 274. In einer mittelgroßen, zur Hälfte mit Asbestpapier umkleideten Retorte mit durch Asbeststopfen angesetzter, zweifach tubulierter Vorlage wird ein inniges Gemisch von 62 g scharf getrocknetem Kaliumnitrat mit 30 g konzentrierter Schwefelsäure kräftig und anhaltend erhitzt. Zuerst destilliert gewöhnliche, kaum gefärbte Salpetersäure über, bald aber erfüllt sich Retorte und Vorlage mit immer dunkler werdenden, braunen Dämpfen, die sich in der Salpetersäure lösen und ihr eine rotbraune Färbung erteilen.

In technischem Maßstabe wird heute Salpetersäure aus dem Stickstoff der Luft nach verschiedenen Verfahren gewonnen (vgl. S. 234).

Reine Salpetersäure ist eine vollkommen farblose, an der Luft stark rauchende Flüssigkeit, die bei tiefer Temperatur zu farblosen Krystallen erstarrt, bei $-41{,}3^0$ schmilzt und das spezifische Gewicht 1,52 besitzt.

Um aus einer wasserhaltigen Salpetersäure die völlig reine, wasserfreie Verbindung zu gewinnen, wird sie mit dem gleichen Volumen konzentrierter Schwefelsäure im stark luftverdünnten Raum destilliert.

Mit Wasser mischt sich Salpetersäure in jedem Verhältnis; je mehr sie davon enthält, um so niedriger ist ihr spezifisches Gewicht. Man kann daher, wie sich aus der folgenden Tabelle (siehe S. 222) ersehen läßt, ihre Konzentration durch Bestimmung des spezifischen Gewichts mit dem Aräometer in bequemer Weise bestimmen.

Merkwürdig sind die Beobachtungen, die man bei der Destillation der Salpetersäure macht. Verdünnte Salpetersäure wird hierbei immer stärker, bis sie 68% HNO_3 enthält und von da ab konstant bei 121^0 siedet.

Spez. Gewicht	Prozente HNO_3
1,142	23,7
1,195	31,68
1,247	39,37
1,354	56,6
1,412	68,15
1,485	87,93
1,520	99,70

Starke Salpetersäure wird bei der Destillation immer schwächer, indem sie sich nach der bereits angeführten Gleichung:

$$2HNO_3 = O + H_2O + 2NO_2$$

zersetzt und durch das entstehende Wasser mehr und mehr verdünnt. Dies geschieht solange, bis wiederum die Konzentration von 68% erreicht ist, worauf die Säure bei 121° konstant siedet. Beim Stehen am Lichte färbt sich die Salpetersäure durch Zersetzung bald gelb. Noch leichter tritt dies in der Wärme ein, und durch Erhitzen auf höhere Temperatur läßt sie sich nach der schon mehrfach erwähnten Gleichung glatt in Wasser, Stickstoffdioxyd und Sauerstoff spalten.

Versuch 275. In der gleichen Versuchsanordnung wie bei Versuch 206 läßt man rauchende Salpetersäure in ein durch ein Gebläse zur hellen Rotglut erhitztes Platinkölbchen eintropfen. Der entwickelte Sauerstoff wird in der pneumatischen Wanne in mit Wasser gefüllten Zylindern aufgefangen und durch den glimmenden Span nachgewiesen.

Salpetersäure wirkt auf eine große Zahl von Stoffen — und zwar sowohl anorganische, wie organische — sehr heftig ein. Viele Metalle werden von ihr entweder direkt gelöst oder aber in Oxyde umgewandelt. Manche werden auch nicht angegriffen, wie z. B. Gold oder Platin.

Die Lösung der Metalle ist so aufzufassen, daß sie durch die sauerstoffreiche Salpetersäure zunächst in Oxyde umgewandelt werden, wobei die Säure zum Stickoxyd NO reduziert wird. Die entstandenen Oxyde werden dann, wie auch in allen anderen Fällen, von der Säure unter Salzbildung gelöst. So spielen sich die Lösungsprozesse beim Kupfer, Silber, Quecksilber und mehreren anderen Metallen ab:

1. $2HNO_3 = 2NO + H_2O + 3O.$
2. $3Cu + 2HNO_3 = 3CuO + H_2O + 2NO.$
3. $3CuO + 6HNO_3 = 3H_2O + 3Cu(NO_3)_2.$

Der gesamte Vorgang bei der Lösung von Kupfer in Salpetersäure läßt sich daher in die Gleichung zusammenfassen:

$$3Cu + 8HNO_3 = 3Cu(NO_3)_2 + 2NO + 4H_2O.$$

Da Stickoxyd, wie bereits bei der Darstellung der Schwefelsäure nach dem Bleikammerprozeß auseinandergesetzt (vgl. S. 203) und bei Versuch 247 experimentell festgestellt worden ist, an der Luft Sauerstoff aufnimmt:

$$NO + O = NO_2$$

und sich in das dunkelbraun gefärbte Stickstoffdioxyd verwandelt, so ist die Lösung des Kupfers wie der genannten anderen Metalle in Salpetersäure mit der Entwicklung brauner Gase verbunden.

Versuch 276. Man behandle in Reagenzgläsern mit konzentrierter Salpetersäure:

a) Kupferspäne,

b) 1—2 Tropfen Quecksilber,

c) etwas Silberschaum.

Bei a) entsteht unter heftiger Reaktion eine blaue, bei b) und c) farblose Lösungen. In allen 3 Fällen findet eine massenhafte Entwicklung brauner Gase statt.

Gold, Platin und einige weniger wichtige, seltene Metalle werden von Salpetersäure weder gelöst noch in anderer Weise angegriffen. Dagegen lassen sie sich in einem Gemisch von Salpetersäure und Salzsäure, dem sogenannten Königswasser, in Lösung bringen:

Versuch 277. Man verteilt in 2 Reagenzgläsern einige Flitter von echtem Blattgold und gibt in das eine Reagenzglas 3 ccm rauchende Salzsäure, in das zweite 1 ccm konzentrierte Salpetersäure. Beim Erhitzen der beiden Proben tritt weder im einen noch im anderen Falle Lösung oder Veränderung des Metalles ein. Sobald aber die beiden heißen Flüssigkeiten mit den Goldflittern darin zusammengegossen werden, entsteht in wenigen Augenblicken eine tief gelb gefärbte, klare Lösung.

Die Wirkung des Königswassers beruht auf der Bildung von freiem Chlor, das sich in statu nascendi befindet (vgl. S. 125). Nebenher entsteht eine Verbindung von der Formel NOCl, Nitrosylchlorid (vgl. S. 229):

$$3HCl + HNO_3 = NOCl + Cl_2 + 2H_2O.$$

Auch auf organische Stoffe wirkt Salpetersäure energisch und unter Entwicklung brauner, giftiger Gase ein, die hauptsächlich aus Stickstoffdioxyd bestehen.

Versuch 278. a) Man wirft ein etwa erbsengroßes, in der Flamme zum Glühen erhitztes Stückchen Sprengkohle in ein weites, etwa 5—7 ccm rote rauchende Salpetersäure enthaltendes Reagenzglas. Die Kohle brennt in der Flüssigkeit lebhaft weiter!

b) In ein schräg nach oben in ein Stativ eingespanntes Reagenzglas bringt man etwa 10 ccm rote rauchende Salpetersäure und verstopft seine Mündung mit einem lockeren Pfropf von Roßhaaren. Wird nun die Salpetersäure zum Sieden erhitzt, so wirken ihre Dämpfe so heftig auf das Roßhaar ein, daß sich dieses entzündet und mit Funkensprühen verbrennt.

c) Aus einer kleinen Pipette läßt man tropfenweise reines Terpentinöl in ein Gemisch aus

1 Raumteil konzentrierter Schwefelsäure und
1 „ rauchender Salpetersäure

einfließen: Entflammung des Terpentinöls!

Starke Salpetersäure besitzt, wie aus diesen Versuchen hervorgeht, stark angreifende und zerstörende Wirkungen auf organische Materie und erzeugt auf Haut, Haaren, Wolle usw. gelbe Flecken, die auf einer Farbstoffbildung beruhen. Sie ist ein Oxydationsmittel von hervorragender Kraft und spielt aus diesen und anderen Gründen eine sehr wichtige Rolle.

Ihr Nachweis, auch wenn sie nur in kleiner Menge vorliegt, ist daher von Wichtigkeit.

Qualitativ kann sie zunächst durch die sehr empfindliche Diphenylaminreaktion erkannt werden:

Versuch 279. Man gießt 2—3 ccm einer kalt gesättigten Lösung von Diphenylamin in konzentrierter Schwefelsäure in ein Kelchglas, das etwa zu $^1/_4$ ebenfalls mit konzentrierter Schwefelsäure gefüllt ist. Bringt man nun soviel sehr verdünnte Salpetersäure in diese Flüssigkeit hinein, wie an der äußersten Spitze eines Glasstabes hängen bleibt, so färbt sie sich schön kornblumenblau.

Ein anderer, gleichfalls höchst empfindlicher qualitativer Nachweis der Salpetersäure beruht darauf, daß sie von Ferrosulfat unter Entwicklung von Stickoxyd reduziert wird und daß sich dieses in überschüssigem Ferrosulfat mit dunkelschwarzbrauner Farbe löst.

Versuch 280. Man bringt in ein nicht zu enges Reagenzglas ein Körnchen Salpeter und 2—3 ccm konzentrierte Schwefelsäure. Hierauf schichtet man, während man das Reagenzglas ganz schwach neigt, sehr vorsichtig eine kalt gesättigte Lösung von Ferrosulfat auf die Schwefelsäure, worauf sich nach wenigen Augenblicken an der Trennungsfläche der beiden Schichten ein dunkel amethystfarbiger Ring bildet.

Zur quantitativen Bestimmung der Salpetersäure wird diese entweder in Stickoxyd NO übergeführt und dessen Volumen gemessen oder in Ammoniak umgewandelt und dessen Menge bestimmt.

Durch Fällung mit „Nitron" gelingt es endlich, Salpetersäure in Form eines ungemein schwer löslichen Nitrates quantitativ abzuscheiden.

Versuch 281. Eine Lösung von käuflichem Nitron in 50%iger Essigsäure wird zu einer äußerst verdünnten Salpetersäure hinzugefügt. Entweder sofort oder nach kurzem Stehen scheidet sich das in Wasser sehr schwer lösliche Nitronnitrat ab.

Man kann mit Nitron Salpetersäure noch in einer Verdünnung von 1 : 60000 — 1 : 80000 bestimmen.

Nitron stellt eine komplizierte organische Base vor, die aus Kohlenstoff, Wasserstoff und Stickstoff besteht und der in der Sprache der organischen Strukturchemie die Formel:

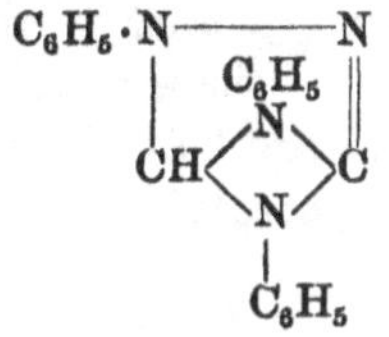

beizulegen ist.

Salpetersäure ist ein für die wissenschaftliche und technische Chemie gleich wichtiges Produkt. Sie spielt bei der Fabrikation der Schwefelsäure eine große Rolle (vgl. S. 203); ihr Ammonium- und Calciumsalz werden zur künstlichen Düngung verwendet; weiter dient sie zur Herstellung der in großartigem Maßstabe fabrizierten Sprengstoffe: Nitroglycerin, Dynamit, Schießbaumwolle, Pikrinsäure, und endlich stellt sie eines der wichtigsten Ausgangsprodukte in der organisch-chemischen Großindustrie vor.

Auch unter ihren Salzen, den Nitraten, findet sich eine sehr große Zahl, die im Laboratorium und in der Praxis Verwendung finden.

Stickstoffpentoxyd. N_2O_5.

Stickstoffpentoxyd ist das Anhydrid der Salpetersäure und verwandelt sich daher durch Aufnahme von Wasser in diese Säure. Umgekehrt vermag man es aus Salpetersäure durch Entziehung von Wasser zu gewinnen:

$$N_2O_5 + H_2O \rightleftarrows 2HNO_3.$$

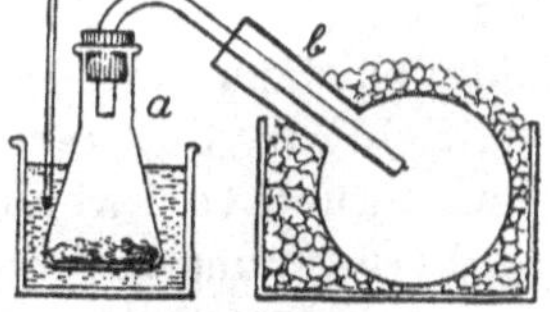

Fig. 105.

Versuch 282. In einem trockenen, dickwandigen Kolben *a* werden 80 g reine, konzentrierte Salpetersäure (spez. Gew. 1,52) in einer guten Kältemischung sorgfältig abgekühlt und unter beständigem Rühren und Kühlen ganz langsam 90 g Phosphorpentoxyd eingetragen. Der Kolben wird dann durch ein weites, gebogenes Glasrohr mit einem trockenen, 750 ccm fassenden Kolben *b* verbunden, der in eine gute Kältemischung eingebettet wird. Der die Reaktionsmasse enthaltende Kolben wird nun sehr langsam durch ein Wasserbad angewärmt, dessen Temperatur man schließlich bis auf 50—55° steigert. Hierbei destilliert das Stickstoffpentoxyd allmählich in die gekühlte Vorlage hinein und setzt sich darin in harten, farblosen, diamantglänzenden Krystallen ab. Die Destillation dauert etwa 2 Stunden. Vorsicht, daß die Krystalle des Stickstoffpentoxyds nicht das Ableitungsrohr verstopfen!

Stickstoffpentoxyd ist das einzige bei gewöhnlicher Temperatur feste Oxyd des Stickstoffs. Es bildet schöne, harte, glänzende Krystalle, die bei 30° schmelzen und bereits gegen 50° sieden. Es ist leicht zersetzlich, zerfällt sogar bisweilen unter Explosionserscheinungen und vermag infolge der großen, in ihm enthaltenen Menge locker gebundenen Sauerstoffs äußerst energische Oxydationswirkungen auszulösen.

B. Stickoxydul. N_2O.

Die einfachste Darstellung des Stickoxyduls beruht auf dem in der Hitze vor sich gehenden Zerfall des Ammoniumnitrats in Wasser und Stickoxydul:

$$NH_4NO_3 = 2H_2O + N_2O.$$

Versuch 283. Eine etwa zur Hälfte mit Ammoniumnitrat gefüllte Retorte wird vorsichtig erhitzt, bis das Salz geschmolzen und eine — nicht zu lebhafte — Gasentwicklung in Gang gekommen ist. Ist dieser Punkt erreicht, so muß der weitere Verlauf der Zersetzung sorgfältig beobachtet werden, damit sie keinen allzu stürmischen Verlauf nimmt. Das entweichende Gas wird in einem weiten, mit heißem Wasser gefüllten Zylinder aufgesammelt und das Stickoxydul durch das Entflammen eines glimmenden Spanes charakterisiert.

Stickoxydul ist ein farbloses, in Wasser ziemlich reichlich lösliches Gas von süßlichem Geruch, das sich bei 0° und 30 Atmosphären verflüssigen läßt und dann bei — 90° siedet.

Stickoxydul vermag an brennbare Stoffe, wie z. B. Holz oder Phosphor, Sauerstoff abzugeben und daher in ähnlicher Weise wie Sauerstoff die Verbrennung zu unterhalten.

Versuch 284. Man senkt in eine 3 l-Flasche (vgl. S. 7), die mit Stickoxydul gefüllt ist, einen eisernen Löffel mit 2—3 Stückchen trockenem Phosphor, die man unmittelbar vor dem Eintauchen an der Mündung der Flasche durch Berühren mit einem heißen Drahte entzündet hat. Der Phosphor verbrennt dann in dem Gase mit strahlendem Lichte!

Auf der leichten Abgabe von Sauerstoff beruht es auch, daß ein Gemisch von Wasserstoff und Stickoxydul beim Anzünden ebenso heftig explodiert, wie Knallgas:

$$N_2O + H_2 = H_2O + N_2.$$

Versuch 285. Ein Explosionskölbchen wird zur Hälfte mit Wasserstoff, zur Hälfte mit Stickoxydul gefüllt und dann unter den Bedingungen des Versuches 23 zur Explosion gebracht: Heftige Detonation!

Beim Einatmen bewirkt Stickoxydul einen rauschartigen Zustand, der mit einer Verminderung des Empfindungsvermögens verbunden ist. Es kann daher als „Lach-" oder „Lustgas" für kleinere chirurgische Eingriffe, wie z. B. Zahnextraktionen u. dergl., Verwendung finden.

Über die Struktur des Stickoxyduls ist man sich nicht ganz im klaren. Man kann entweder eine Formel mit ringförmiger oder eine solche mit kettenförmiger Anordnung der Atome annehmen:

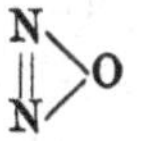 bzw. $N \equiv N = O$.

Beide würden die Neigung des Gases, unter Abspaltung von Sauerstoff in elementaren Stickstoff überzugehen, ohne Schwierigkeit zum Ausdruck bringen.

Eine bequeme Unterscheidung des Stickoxyduls vom Sauerstoff läßt sich dadurch erzielen, daß man das zu prüfende Gas mit Stickoxyd zusammenbringt: Sauerstoff gibt damit braune Dämpfe von NO_2, Stickoxydul nicht.

C. Stickoxyd. NO.

Bei sehr hoher Temperatur vermag sich Stickstoff mit Sauerstoff zum Stickoxyd zu verbinden. Andererseits wird Stickoxyd bei hoher Temperatur wieder in die Elemente gespalten. Es wird sich also für eine bestimmte Temperatur immer ein besonderes Gleichgewicht bilden:

$$N_2 + O_2 \rightleftarrows 2NO,$$

das um so schneller erreicht wird, je höher die Temperatur ist. Bei 2500° stellt es sich bereits in $^1/_{100}$ Sekunde ein, und die Menge des gebildeten Stickoxyds beträgt dann etwa 2,2%.

Auf der Möglichkeit einer direkten Oxydation des Stickstoffs zu Stickoxyd bei hoher Temperatur beruht eine wichtige Methode zur technischen Darstellung der Salpetersäure (vgl. S. 235).

Ganz reines Stickoxyd entsteht bei der Behandlung eines Gemisches von Natriumnitrit $NaNO_2$ und Kaliumjodid KJ mit 50%iger Schwefelsäure:

$$NaNO_2 + KJ + 2H_2SO_4 = KHSO_4 + NaHSO_4 + NO + H_2O + J.$$

Zur Gewinnung in größerem Maßstabe eignet sich vor allem die Umsetzung von Kupfer mit Salpetersäure vom spez. Gewichte 1,2, die nach der bereits entwickelten Gleichung:

$$3Cu + 8HNO_3 = 3Cu(NO_3)_2 + 2NO + 4H_2O$$

verläuft.

Versuch 286. Ein Kipp'scher Apparat wird beschickt mit winkelförmig umgebogenen Stücken aus dickem Kupferblech und verdünnter Salpetersäure vom spez. Gew. 1,2—1,3. Sobald der Hahn geöffnet wird und die Säure auf das Kupfer fließt, setzt eine lebhafte Entwicklung von Stickoxyd ein.

Stickoxyd ist ein farbloses Gas, das sehr niedrig, nämlich erst bei — 153,6°, siedet und in Wasser sehr schwer löslich ist. Die Verbrennung vermag es nicht in dem Maße zu unterstützen, wie das Stickoxydul.

Versuch 287. Man füllt mit dem Kipp'schen NO-Apparate in der pneumatischen Wanne einen Zylinder mit dem Gase und taucht einen glimmenden Span ein: Sofortiges Erlöschen!

Immerhin gelingt es ohne Schwierigkeit, leicht verbrennliche Stoffe auch im Stickoxyd zu verbrennen; so z. B. Phosphor und Schwefelkohlenstoff.

Versuch 288. Man senkt einen eisernen Löffel mit 1—2 Stückchen Phosphor darin in eine mit Stickoxyd gefüllte 3 l-Flasche (vgl. Versuch 5). Man zündet hierauf den Phosphor durch einen erhitzten Eisendraht, worauf er mit strahlendem Glanze verbrennt.

Versuch 289. In einen hohen, weiten, mit Stickoxyd gefüllten und mit Glasplatte verschlossenen Zylinder gießt man einige Kubikzentimeter siedenden Schwefelkohlenstoff, schüttelt kräftig um und zündet das Gemisch von Stickoxyd mit Schwefelkohlenstoffdampf an. (Am besten im verdunkelten Raume.) Es schlägt unter schwacher Verpuffung eine blendende Flamme von bläulicher Farbe in den Zylinder hinein, die sehr reich ist an chemisch wirksamen Strahlen.

Von größter Bedeutung ist die Fähigkeit des Stickoxyds, sich mit dem Sauerstoff der Luft augenblicklich zu dem dunkelbraun gefärbten Stickstoffdioxyd zu verbinden, wobei folgender Vorgang sich abspielt:

$$2NO + O_2 = 2NO_2.$$

Versuch 290. Von zwei aufeinander passenden Zylindern ist der eine mit Sauerstoff, der andere mit Stickoxyd gefüllt. Sie werden nun — mit Glasplatten verschlossen — mit den Öffnungen aufeinander gestellt und dann die Platten rasch fortgezogen. Sofort erfüllen sich beide Zylinder mit dicken, dunkelrotbraunen Dämpfen von Stickstoffdioxyd.

Diese Reaktion spielt, worauf bereits hingewiesen worden ist, eine wichtige Rolle bei der Herstellung der Schwefelsäure nach dem Bleikammerprozeß (vgl. S. 203) und ebenso bei der Gewinnung der Salpetersäure aus dem Luftstickstoff (vgl. S. 235). Man kann diese Reaktion geradezu zum Nachweis und zur Erkennung des Stickoxyds verwerten.

Stickoxyd ist ferner durch die merkwürdige Eigenschaft charakterisiert, mit **Ferrosulfat** eine dunkelbraunschwarze Verbindung zu bilden.

Versuch 291. Man leitet Stickoxyd (aus dem Kipp'schen Apparate, vgl. S. 228) bis zur Sättigung in eine kalte, wäßrige Lösung von Ferrosulfat ein. Sie färbt sich intensiv braunschwarz!

Die in der dunkeln Lösung enthaltene Substanz gehört zu den komplexen Verbindungen (vgl. S. 411) und besitzt die Formel:

$$Fe(NO)SO_4.$$

Das Stickoxyd ist darin nur locker gebunden und wird bereits beim Erwärmen wieder ausgetrieben:

Versuch 292. Man erwärmt die bei Versuch 291 erhaltene, dunkel gefärbte Lösung und leitet das entweichende Gas in einen mit Wasser gefüllten, in der pneumatischen Wanne stehenden Zylinder. Das Gas besteht aus reinem Stickoxyd.

Hierauf beruht einmal eine bequeme Methode zur Reinigung des Stickoxyds, das auf diese Weise sich leicht von irgendwelchen Verunreinigungen befreien läßt.

Ferner ist es auf diese Zersetzlichkeit der Verbindung $Fe(NO)SO_4$ zurückzuführen, daß der Nachweis der Salpetersäure mit Ferrosulfat (vgl. S. 224) in der Wärme mißlingt.

Nitrosylchlorid. NOCl.

Obwohl das Nitrosylchlorid als Säurechlorid zur salpetrigen Säure (vgl. S. 231) gehört, so rechtfertigt seine Entstehung aus Stickoxyd und Chlor:

$$2NO + Cl_2 = 2NOCl,$$

die, ebenso wie die Bildung der Verbindung $Fe(NO)SO_4$ oder der Übergang von NO in NO_2 durch Aufnahme von Sauerstoff aus der Luft, gewissermaßen den ungesättigten Charakter des Stickoxyds beweist, seine Betrachtung im Anschluß an das Stickoxyd.

Zur Gewinnung von reinem Nitrosylchlorid kann man sich der Zersetzung der früher bereits besprochenen Bleikammerkrystalle (vgl. S. 205) mit Chlornatrium bedienen:

Auch bei der Einwirkung von Salpetersäure auf Salzsäure entsteht Nitrosylchlorid:

$$3HCl + HNO_3 = NOCl + Cl_2 + 2H_2O.$$

Es ist daher im „Königswasser" enthalten (vgl. S. 223). Nitrosylchlorid ist ein hellolivgrünes Gas, das sich leicht verflüssigen läßt und dann eine dunkelrotbraune, bei — 4° siedende Flüssigkeit bildet.

Von Wasser wird Nitrosylchlorid — im Einklang mit seiner Auffassung als Chlorid der salpetrigen Säure — in Salzsäure und salpetrige Säure gespalten:

$$NOCl + H_2O = HCl + HNO_2.$$

Nitrosylchlorid wird bei manchen Reaktionen der organischen Chemie benutzt.

Außer Nitrosylchlorid kennen wir auch noch ein -bromid und ein -fluorid, die aber weniger wichtig sind, als das Chlorid.

D. Stickstofftrioxyd (Stickstoffsesquioxyd) N_2O_3 und salpetrige Säure HNO_2.

Läßt man Salpetersäure auf gewisse Stoffe wie Stärke oder Arsentrioxyd As_2O_3 (vgl. S. 250) einwirken, so entstehen braune Gase, die sich bei niedriger Temperatur zu einer tief indigoblauen Flüssigkeit verdichten. Diese besteht in der Hauptsache aus Stickstofftrioxyd:

$$As_2O_3 + 2HNO_3 + 2H_2O = N_2O_3 + 2H_3AsO_4.$$

Versuch 293. In dem beistehend abgebildeten Apparate, der zweckmäßig ganz aus Glas besteht und ohne Kork- oder Gummiverbindungen zusammengesetzt ist, werden haselnußgroße Stücke von Arsentrioxyd mit soviel Salpetersäure (spez. Gew. 1,3) übergossen, daß sie davon gerade bedeckt sind. Man erhitzt dann vorsichtig mit nicht zu großer Flamme, bis die Gasentwicklung lebhaft in Gang kommt. Von da ab genügt eine kleine Flamme. Das entwickelte, dunkelrotbraune Gas läßt man zunächst durch ein leeres Glasgefäß *a* hindurchstreichen und leitet es dann in ein U-förmiges, mit 2 Hähnen versehenes Glasrohr, das durch eine gute Kältemischung gekühlt wird. Nachdem die

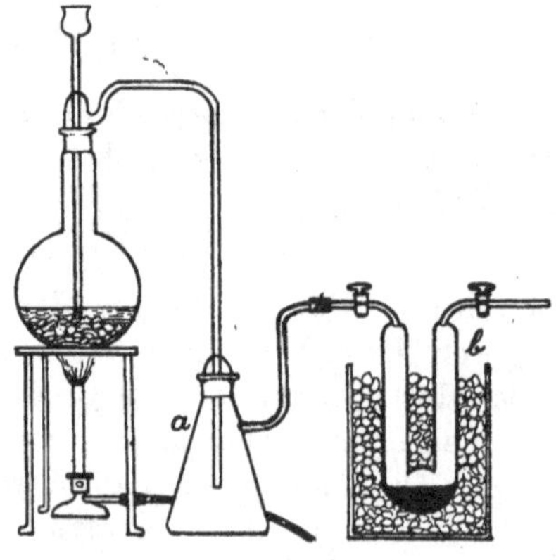

Fig. 106.

Gasentwicklung etwa 20 Minuten gedauert hat, ist in dem U-Rohr eine reichliche Menge einer rein blauen Flüssigkeit enthalten.

Nur bei etwa -20^0 vermag Stickstofftrioxyd als solches in reinem Zustande zu existieren. Schon bei -10^0 setzt ein Zerfall in Stickoxyd und Stickstoffdioxyd ein:

$$N_2O_3 = NO + NO_2,$$

der bei 0^0 fast vollendet ist.

Trotzdem vermag das bei dem Zerfall entstehende Gemisch von Stickoxyd und Stickstoffdioxyd vielfach so wie das intakte Molekül N_2O_3 zu reagieren.

Die Bedeutung des Stickstofftrioxydes liegt darin, daß es das Anhydrid der wichtigen salpetrigen Säure bildet, die daraus nach der Gleichung:

$$N_2O_3 + H_2O = 2HNO_2$$

abgeleitet werden kann.

Ob freilich die himmelblaue Lösung, die beim Eintragen des flüssigen Stickstofftrioxydes in eiskaltes Wasser bisweilen erhalten wird, wirklich freie salpetrige Säure enthält, erscheint zweifelhaft.

Diese Säure ist in reinem Zustande nicht bekannt und zerfällt auch in wäßriger Lösung sehr schnell in Salpetersäure und Stickoxyd:

$$3HNO_2 = HNO_3 + 2NO + H_2O.$$

Viel beständiger und weit wichtiger sind die Salze der salpetrigen Säure, die Nitrite.

Am bekanntesten sind Kalium- und Natriumnitrit: KNO_2 bzw. $NaNO_2$, die aus den entsprechenden Nitraten durch Reduktion mit gewissen Metallen leicht dargestellt werden können, z. B.:

$$KNO_3 + Pb = PbO + KNO_2.$$

Versuch 294. Man schmilzt in einem Eisentiegel etwa 30—40 g Kaliumnitrit und trägt dann in die Schmelze Bleigrannalien ein. Nachdem man die Masse einige Zeit unter dauerndem Erhitzen gerührt hat, gießt man die Reaktionsflüssigkeit, in der man gelbes Bleioxyd in reichlicher Menge bemerkt, auf eine Eisenplatte aus. Nach dem Abkühlen und Erstarren kann man sie in Wasser lösen und das entstandene Nitrit durch irgend eine Reaktion nachweisen.

Versetzt man die stark gekühlte, verdünnte Lösung von Kaliumnitrit mit verdünnter Schwefelsäure, so entsteht eine schwachblaue Lösung, in welcher freie salpetrige Säure anzunehmen ist.

Stellt man dagegen den gleichen Versuch ohne Kühlung und in größerer Konzentration an, so treten die Zerfallsprodukte der salpetrigen Säure, NO und NO_2, auf.

Versuch 295. Zu einer starken, wäßrigen Lösung von Natriumnitrit fügt man ohne Kühlung verdünnte Schwefelsäure hinzu. Unter Aufschäumen entweichen braune Gase!

Salpetrige Säure vermag oxydierend und reduzierend zu wirken.

Ihre oxydierende Wirkung zeigt sich z. B. im Verhalten gegen Jodwasserstoff, der von ihr glatt unter Abscheidung von Jod oxydiert wird:

$$HNO_2 + HJ = NO + J + H_2O.$$

Versuch 296. Eine mit verdünnter Schwefelsäure angesäuerte Lösung von Jodkalium wird mit Natriumnitritlösung versetzt: Abscheidung von Jod!

Umgekehrt vermag salpetrige Säure z. B. Kaliumpermanganat $KMnO_4$ (vgl. S. 396) glatt zu reduzieren:

$$2KMnO_4 + 5HNO_2 + 3H_2SO_4 = K_2SO_4 + 2MnSO_4 + 5HNO_3 + 3H_2O.$$

Versuch 297. Eine mit viel verdünnter Schwefelsäure versetzte Kaliumpermanganatlösung wird mit einer Lösung von Natriumnitrit versetzt: Sofortige Reduktion unter völliger Entfärbung!

Der Nachweis sehr geringer Mengen von salpetriger Säure kann bisweilen nötig werden, wenn es sich z. B. um die Prüfung des Trinkwassers handelt, bei welchem die Anwesenheit von salpetriger Säure den Verdacht auf das Vorhandensein von Zersetzungsprodukten stickstoffhaltiger organischer Materie erweckt. Dieser Nachweis gelingt unter Verwendung zweier organischer Verbindungen: Sulfanilsäure und α-Naphtylaminchlorhydrat, die von salpetriger Säure unter Bildung eines schön rot gefärbten Farbstoffs verändert werden.

Versuch 298. Man bereitet sich zwei kaltgesättigte, wäßrige Lösungen von

a) Sulfanilsäure,

b) α-Naphtylaminchlorhydrat (die eventuell durch Tierkohle zu klären [vgl. S. 137] und zu filtrieren ist).

Von diesen fügt man je 10 ccm zu etwa 100—200 ccm Wasser und gibt eine winzige Menge Natriumnitritlösung hinzu: Schöne rote Färbung!

Von den sonstigen Reaktionen der salpetrigen Säure ist noch als interessant und wichtig der Zerfall ihres Ammoniumsalzes in der Wärme in Stickstoff und Wasser hervorzuheben:

$$NH_4NO_2 = 2H_2O + N_2.$$

Es ist bereits früher darauf hingewiesen worden, daß es auf diesem Wege, nämlich durch Erhitzen wäßriger Lösungen von Ammoniumchlorid und

Natriumnitrit, gelingt, reinen Stickstoff in größerem Maßstabe herzustellen (vgl. S. 85):

$$NaNO_2 + NH_4Cl = NaCl + 2H_2O + N_2.$$

E. Stickstoffdioxyd. NO_2.

Stickstoffdioxyd bildet sich äußerst glatt aus Stickoxyd und Sauerstoff (vgl. S. 228 und S. 203):

$$2NO + O_2 = 2NO_2.$$

Es wird daher bei allen Oxydationen mit Salpetersäure als braunes Gas erhalten, da das primär gebildete Stickoxyd sofort aus der Luft Sauerstoff aufnimmt und in Stickstoffdioxyd übergeht.

Zur Darstellung von Stickstoffdioxyd bedient man sich der Zersetzung von Schwermetallnitraten, vor allem des Bleinitrats, in der Hitze. Sie spielt sich in der Weise ab, daß neben Stickstoffdioxyd Sauerstoff und die entsprechenden Metalloxyde gebildet werden:

$$Pb(NO_3)_2 = PbO + 2NO_2 + O.$$

Versuch 299. Eine nach oben gerichtete Retorte *a* aus schwer schmelzbarem Glase, die außen zur Hälfte mit Asbestpapier bekleidet ist, wird mit einem mit zwei Glashähnen versehenen, U-förmigen Glasrohr *b* verbunden. Die Retorte ist etwa zur Hälfte mit durch längeres Erhitzen vollkommen entwässertem Bleinitrat beschickt, das U-Rohr mit einer guten Kältemischung umgeben. Man erhitzt nun die Retorte stark, worauf alsbald die Entwicklung des dunkelrotbraun gefärbten Gases beginnt. Nach etwa 20 Minuten wird der Versuch unterbrochen und das U-Rohr aus der Kältemischung herausgenommen. Es enthält in ansehnlicher Menge eine schwach gelblich gefärbte Flüssigkeit.

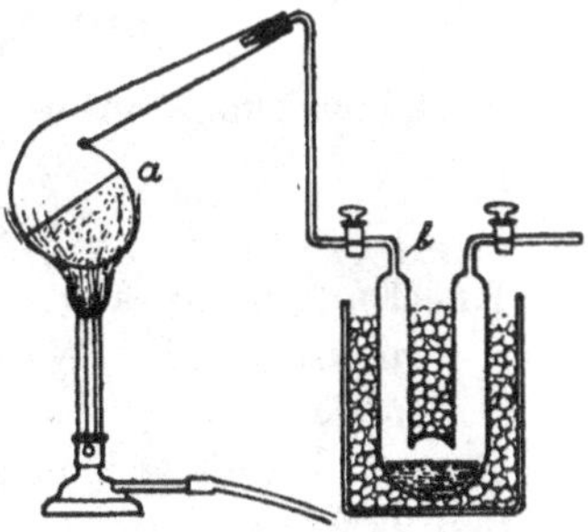

Fig. 107.

Stickstoffdioxyd bildet bei tiefer Temperatur farblose Krystalle, die bei -9^0 schmelzen und in eine zunächst gleichfalls farblose, gegen 0^0 aber gelb werdende Flüssigkeit übergehen. Diese gerät bei $+22-23^0$ ins Sieden und verwandelt sich dabei in ein rotbraun gefärbtes Gas, dessen Farbe um so intensiver wird, je höher die Temperatur ist.

Umgekehrt wird die Farbe des Gases um so heller, je tiefer die Temperatur ist.

Versuch 300. Man schmilzt in ein etwa 45 cm langes und 2 cm weites Glasrohr gasförmiges Stickstoffdioxyd — aus Bleinitrat entwickelt — ein. Dieses Rohr steckt man zunächst einige Minuten in einen hohen, mit Eiswasser gefüllten Zylinder. Hierauf taucht man es zur Hälfte in ein mit heißem Wasser gefülltes Gefäß und hält es dann vor einen weißen Hintergrund. Die erhitzte Hälfte ist wesentlich dunkler gefärbt, als die abgekühlte.

Diese Erscheinungen erklären sich folgendermaßen: Die farblosen Krystalle und die unter 0° beständige, farblose Flüssigkeit bestehen nicht aus Stickstoffdioxyd, sondern aus einer Verbindung von doppelter Molekulargröße N_2O_4, die Stickstofftetroxyd genannt wird.

Diese erleidet in der Wärme eine Dissoziation in die einfachen Moleküle NO_2:

$$N_2O_4 \rightleftarrows 2NO_2,$$

die bei 150° vollendet ist.

Beim Abkühlen tritt die Rückverwandlung in Stickstofftetroxyd ein.

Von großer Bedeutung ist es, daß Stickstoffdioxyd mit Wasser in Salpetersäure und salpetrige Säure übergeht:

$$2NO_2 + H_2O = HNO_3 + HNO_2.$$

Die salpetrige Säure verwandelt sich dann weiter in Salpetersäure und Stickoxyd:

$$3HNO_2 = HNO_3 + 2NO + H_2O.$$

Stickoxyd nimmt aus der Luft Sauerstoff auf und bildet damit Stickstoffdioxyd:

$$2NO + O_2 = 2NO_2.$$

Das Endergebnis ist also, daß sich Stickstoffdioxyd bei Gegenwart von Luft und Wasser vollständig in Salpetersäure überführen läßt.

Hierauf beruht ein modernes Verfahren zur technischen Fabrikation der Salpetersäure.

Moderne Verfahren zur Darstellung von Salpetersäure.

1. Es ist bereits erwähnt worden, daß sich Stickstoff und Sauerstoff bei hoher Temperatur, wenn auch nur zu geringem Betrage, miteinander zu Stickoxyd verbinden, das mit einem Überschuß von Luft sofort in Stickstoffdioxyd übergeht. Man kann diese Umwandlung sehr leicht durch Einwirkung elektrischer Entladungen auf atmosphärische Luft bewerkstelligen.

Versuch 301. In einen großen, zweifach tubulierten Kolben von der beistehend abgebildeten Form sind mit Korkstopfen zwei dicke Kupferdrähte eingesetzt, die sich im Inneren des Kolbens bis auf 4—6 cm gegenüberstehen und mit den Polen eines sehr großen

Ruhmkorff'schen Funkeninduktors verbunden sind. Sobald der letztere in Tätigkeit tritt, bilden sich zwischen den Drähten funken- oder flammenförmige elektrische Entladungen, und schon nach 1—2 Minuten hat sich die Luft in dem Kolben gelbbraun gefärbt. Man führt nun ein Streifchen angefeuchtetes Jodkaliumstärkepapier in den Kolben ein. Es färbt sich augenblicklich dunkelblau!

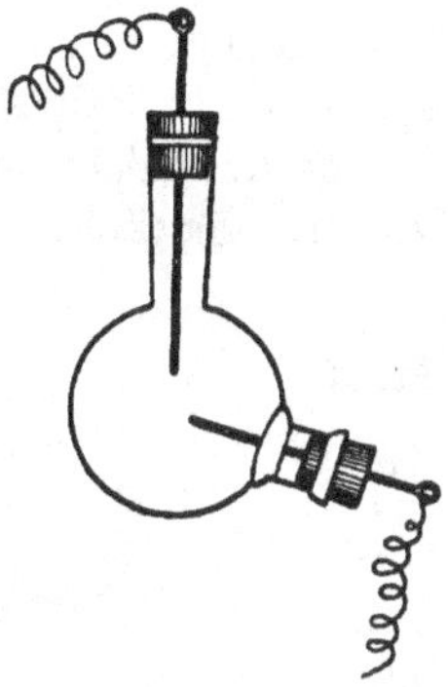

Fig. 108.

Im großen bedient man sich bei dem Verfahren von Birkeland und Eyde einer gewaltigen elektrischen Flammenscheibe von etwa 2 m Durchmesser, wie sie durch elektromagnetische Ausbreitung eines großen Flammenbogens erzeugt wird. Durch diese wird die Luft hindurchgepreßt, wobei unter der Wirkung der Temperatur der Flammenscheibe etwa 2% Stickoxyd gewonnen werden. Dieses wird dann in entsprechenden Anlagen mit Wasser und Luft zusammengebracht und verwandelt sich schließlich vollständig in Salpetersäure.

2. Bei einem zweiten Verfahren zur Gewinnung der so überaus wichtigen Salpetersäure aus dem atmosphärischen Stickstoff wird der letztere zunächst nach dem Verfahren von Haber (vgl. S. 98) in Ammoniak übergeführt und dieses durch Oxydation mit Luft am Platinkontakt in Stickoxyd umgewandelt.

Versuch 302. Man läßt durch ein kurzes, mit platiniertem Asbest gefülltes und auf etwa 400° erhitztes Verbrennungsrohr einen Gasstrom streichen, der einem zu $^1/_3$ mit Sauerstoff, zu $^2/_3$ mit Luft gefüllten Gasometer entnommen und durch eine mit konzentriertem, wäßrigem Ammoniak gefüllte Waschflasche geleitet worden ist. Das Verbrennungsrohr ist mit einem trockenen, etwa 1 Liter fassenden Kolben als Vorlage verbunden, der sich alsbald nach Beginn des Durchleitens der Luft mit roten Nebeln füllt. Beim Eintauchen eines angefeuchteten Streifens Jodkaliumstärkepapier in den Kolben färbt sich dieses schwarzblau.

Die nach dem Verfahren von Birkeland und Eyde, sowie durch Oxydation von Ammoniak am Platinkontakt gewonnene Salpetersäure ist für viele Zwecke zu verdünnt. Man entzieht ihr daher, da die Säure durch Destillation nicht entwässert werden kann, den Überschuß des Wassers durch Behandlung mit konzentrierter Schwefelsäure.

Übersicht über die gegenseitigen Beziehungen der Stickstoffoxyde und der Sauerstoffsäuren des Stickstoffs.

Wie aus den vorhergehenden Kapiteln hervorgeht, sind die Stickoxyde durch einfache Übergänge miteinander verbunden und stehen sämtlich in Beziehung zur Salpetersäure.

Aus der folgenden Zusammenstellung ergibt sich dieser Zusammenhang besonders deutlich:

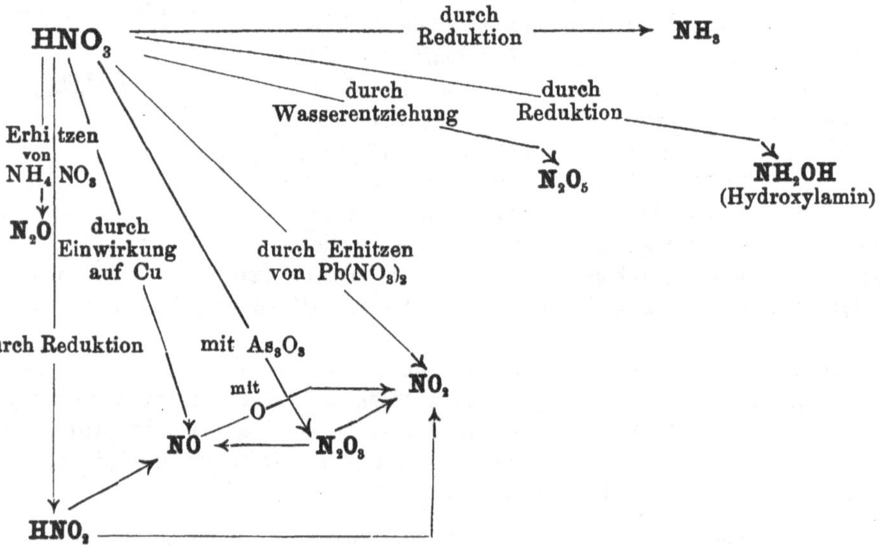

Man ersieht daraus, daß sämtliche Oxyde des Stickstoffs aus der Salpetersäure dargestellt werden können. Ebenso Ammoniak und Hydroxylamin (vgl. S. 237).

Versuch 303. Zu einer wäßrigen Lösung von Kaliumnitrat fügt man nicht zu wenig 33%ige Kalilauge und Zinkstaub hinzu. Die Flüssigkeit erwärmt sich, und nach kurzer Zeit entweicht eine so reichliche Menge von Ammoniak, daß es durch den Geruch oder die Bräunung eines Streifens Curcumapapier leicht nachgewiesen werden kann. Nimmt man hierbei statt des Zinkstaubs die aus Aluminium, Kupfer und Zink bestehende Devarda'sche Legierung, so läßt sich die Überführung der Salpetersäure in Ammoniak so glatt durchführen, daß auf diesem Wege ihre quantitative Bestimmung möglich ist.

Umgekehrt lassen sich alle Oxyde des Stickstoffs, mit Ausnahme des Stickoxyduls, wieder in Salpetersäure zurückverwandeln, und dieselbe Umwandlung läßt sich auch mit Ammoniak durchführen.

F. Hydroxylamin. NH_2OH.

Hydroxylamin bildet sich sehr leicht bei einer in entsprechender Weise geleiteten Reduktion der Salpetersäure.

Versuch 304. Man schüttelt lauwarme, stark verdünnte Salpetersäure, die man mit Essigsäure versetzt hat, kurze Zeit mit Zinkstaub, filtriert dann und versetzt das Filtrat mit einem Überschuß von Natronlauge und mit einigen Kubikzentimetern Fehling'scher Lösung: Fast augenblicklich starke Reduktion der letzteren unter Abscheidung von gelbrotem Cuprooxyd!

Technisch wird die Reduktion durch elektrolytisch entwickelten Wasserstoff bewirkt, wobei sich die Bildung des Hydroxylamins nach der Gleichung:

$$HNO_3 + 6H = NH_2OH + 2H_2O$$

abspielt.

Das freie Hydroxylamin erhält man am besten durch vorsichtig geleitete Zersetzung seines Phosphates:

$$(NH_2OH)_3 \cdot H_3PO_4 = H_3PO_4 + 3NH_2OH,$$

wobei man wegen der Gefahr heftiger Explosionen mit größter Vorsicht zu operieren und sich sorgfältig an ganz bestimmte Versuchsbedingungen zu halten hat.

Hydroxylamin bildet eine farblose Krystallmasse, die bei $+33^0$ schmilzt, unter 60 mm Druck bei 70^0 siedet und beim Erhitzen, häufig auch spontan mit furchtbarer Gewalt explodiert.

Hydroxylamin besitzt den Charakter einer starken Base, deren Salzen wegen ihrer vielfachen Verwendung im chemischen Laboratorium eine große Bedeutung zukommt.

Am bekanntesten von diesen sind das Chlorid $NH_2OH \cdot HCl$, das Sulfat $(NH_2OH)_2 \cdot H_2SO_4$ und das bereits erwähnte Phosphat $(NH_2OH)_3 \cdot H_3PO_4$.

Die Salze, die äußerlich und in der Löslichkeit vielfach den Ammoniumsalzen recht ähnlich sind, unterscheiden sich von diesen in mancher Hinsicht sehr erheblich.

So zeichnen sie sich durch Giftigkeit aus, während die Ammoniumsalze gänzlich unschädlich sind.

Versetzt man ferner ihre Lösung mit Alkali, so nimmt sie wegen der Bildung freien Hydroxylamins, z. B.:

$$NH_2OH \cdot HCl + NaOH = NaCl + H_2O + NH_2OH,$$

stark reduzierende Eigenschaften an.

Versuch 305. Eine Lösung von salzsaurem Hydroxylamin wird mit Natronlauge versetzt und mit einigen Kubikzentimetern Fehling'scher Lösung vermischt: Bereits in der Kälte starke Reduktion!

Die Neigung des freien Hydroxylamins und seiner Lösungen, sich selbst unter Abgabe von Wasserstoff zu oxydieren und sich daher als kräftiges Reduktionsmittel zu betätigen, ist sehr groß.

Es wird daher in der chemischen Analyse und für viele andere Zwecke häufig gebraucht.

Fügt man zu einer Salmiaklösung Platinchlorid hinzu, so scheidet sich augenblicklich in Wasser fast unlösliches Ammoniumchloroplatinat (vgl. S. 433) aus:

$$2NH_4Cl + PtCl_4 = (NH_4)_2PtCl_6.$$

In den Lösungen von salzsaurem Hydroxylamin bewirkt das gleiche Reagens keine Fällung:

Versuch 306. a) In einem Reagenzglas versetzt man 1 ccm Salmiaklösung mit einigen Tropfen Platinchloridlösung: Sofort gelbliche, sandige Fällung, die unter dem Mikroskop betrachtet, aus wohl ausgebildeten Oktaedern besteht.

b) Eine Lösung von salzsaurem Hydroxylamin liefert mit Platinchlorid lediglich eine gelbe Lösung.

Endlich zeigt sich ein wesentlicher Unterschied im Verhalten von Salmiak respektive salzsaurem Hydroxylamin gegen Natriumnitrit. Im ersteren Falle findet Umsetzung zu Ammoniumnitrit statt, das dann bei gelinder Wärme in Wasser und Stickstoff zerfällt:

$$NaNO_2 + NH_4Cl = NaCl + NH_4NO_2,$$

$$NH_4NO_2 = 2H_2O + \mathbf{N_2},$$

im letzteren dagegen wird das entstehende Hydroxylaminnitrit in Wasser und Stickoxydul gespalten:

$$NaNO_2 + NH_2OH \cdot HCl = NaCl + NH_2OH \cdot HNO_2,$$

$$NH_2OH \cdot HNO_2 = 2H_2O + \mathbf{N_2O}.$$

Versuch 307. Konzentrierte Lösungen von Natriumnitrit und von salzsaurem Hydroxylamin werden zu etwa gleichen Raumteilen in einem Kelchglas miteinander gemischt. Schon nach wenigen Sekunden beginnt die Stickoxydulentwicklung, die alsbald so lebhaft wird, daß der Inhalt des Glases heftig aufschäumt und sich das entweichende Stickoxydul durch die Entflammung des glimmenden Spanes nachweisen läßt.

G. Nitramid $O_2N—NH_2$ und Untersalpetrige Säure $H_2O_2N_2$.

Nitramid läßt sich, ausgehend von einer stickstoffhaltigen organischen Verbindung, dem sogenannten Nitrourethan, auf folgendem Wege darstellen:

$$O_2N \cdot NH \cdot COOC_2H_5 \rightarrow O_2N \cdot NH \cdot COOK \rightarrow O_2N \cdot NH \cdot COOH \rightarrow O_2N{-}NH_2.$$

Es ist eine bei 72—75° schmelzende, schön krystallisierende Verbindung, die sehr geneigt ist, in Wasser und Stickoxydul zu zerfallen:

$$NO_2{-}NH_2 = H_2O + N_2O.$$

Untersalpetrige Säure entsteht durch Einwirkung von salpetriger Säure auf Hydroxylamin:

$$HNO_2 + NH_2OH = H_2O + \begin{matrix} N{-}OH \\ \| \\ N{-}OH \end{matrix},$$

oder durch vorsichtige Reduktion von Natriumnitrit.

Zur Isolierung eignet sich das schwerlösliche Silbersalz:

$$Ag_2O_2N_2,$$

aus dem sich durch Salzsäure untersalpetrige Säure in Freiheit setzen läßt.

Diese stellt farblose, beim Reiben heftig explodierende Blättchen vor und wird ebenso wie Nitramid leicht unter Bildung von Stickoxydul und Wasser zersetzt.

Ob die Strukturformel der untersalpetrigen Säure durch den Ausdruck:

$$HON = NOH$$

wiederzugeben ist, steht nicht fest, wenn auch die Wahrscheinlichkeit für ihre Richtigkeit spricht.

9. Oxyde des Phosphors und davon ableitbare Säuren.

Übersicht.

P_4O_6	(meistens Phosphortrioxyd genannt).
P_2O_4	Phosphortetroxyd.
P_2O_5	Phosphorpentoxyd (Phosphor(5)-Oxyd).
H_3PO_2	Unterphosphorige Säure.
H_3PO_3	Phosphorige Säure.
H_3PO_4	Phosphorsäure (Orthophosphorsäure).
$H_4P_2O_7$	Pyrophosphorsäure.
HPO_3	Metaphosphorsäure.

A. Phosphorpentoxyd P_2O_5 und Phosphorsäure H_3PO_4.

Beim Brennen von Phosphor an der Luft oder in reinem Sauerstoff bildet sich das sauerstoffreiche Phosphorpentoxyd:

$$P_2 + 5O = P_2O_5.$$

Versuch 308. Man bringt in einen kleinen Porzellantiegel *a* mehrere Stücke Phosphor und hängt ihn in eine Drahtschlinge, die an einem langen, weiten Rohr *b* angebracht ist. Das Rohr wird mit einem

Stopfen so in einen großen, dreifach tubulierten Kolben eingesetzt, daß sich der Tiegel etwa in der Mitte befindet. Durch den einen seitlichen Tubus ist ein Rohr *c* bis an die Mündung des Tiegels herangeführt, das mit einem großen Chlorcalciumrohr *d* und einer mit Schwefelsäure gefüllten Waschflasche *e* verbunden ist. In den anderen Tubus ist ein weiteres Glasrohr eingesetzt, das in eine völlig trockene Pulverflasche *f* mündet. Man zündet nun durch einen langen, erhitzten Eisendraht den Phosphor, verschließt das Rohr durch einen Stopfen und saugt — mit einer Wasserluftpumpe — bei *f* einen Luftstrom durch den Kolben. Auf diese Weise gelingt es — indem man von Zeit zu Zeit durch das Rohr *b* Phosphorstücke einträgt — auch größere Mengen von Phosphorpentoxyd darzustellen. Dieses sammelt sich teils in dem Kolben, teils in der Vorlage als schneeartige Masse an.

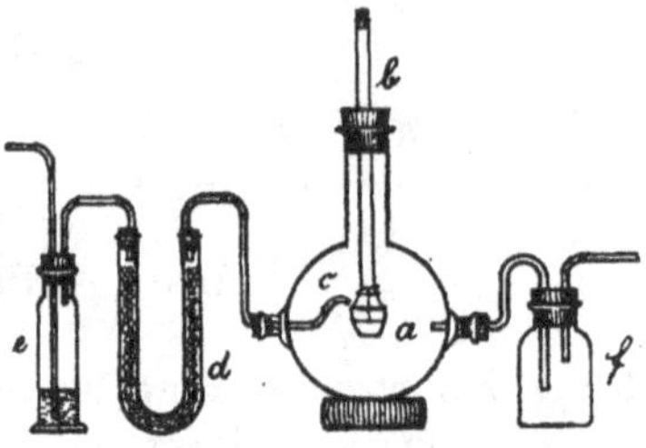

Fig. 109.

Phosphorpentoxyd ist ein weißes, lockeres Krystallpulver, das sich gegen 250° verflüchtigt und durch Sublimation in schönen, lichtbrechenden Kryställchen erhalten werden kann.

Phosphorpentoxyd ist ein äußerst hygroskopischer Körper, der mit größter Begierde Wasser anzieht und sich dabei in Metaphosphorsäure verwandelt:

$$P_2O_5 + H_2O = 2HPO_3.$$

Versuch 309. Man bringt einige Gramme Phosphorpentoxyd auf einem Uhrglas an die Luft und läßt es kurze Zeit stehen. Die Masse wird schon nach wenigen Augenblicken klebrig und verwandelt sich bald in eine zähe Flüssigkeit.

Trägt man größere Mengen Phosphorpentoxyd in Wasser ein, so vollzieht sich die Reaktion fast mit der gleichen Heftigkeit, wie beim Schwefeltrioxyd (vgl. S. 201).

Versuch 310. Man wirft etwa 15—20 g Phosphorpentoxyd in ein Gefäß mit kaltem Wasser. Das Oxyd verwandelt sich dabei unter heftigem Zischen z. T. in weiße, gelatinöse Klumpen von Metaphosphorsäure, z. T. geht es in Lösung.

Phosphorpentoxyd ist demnach das Anhydrid (vgl. S. 182) der Phosphorsäure.

Es wird wegen seiner außerordentlichen Hygroskopizität zur Entfernung der letzten Spuren von Feuchtigkeit in Gasen sowie als Füllung von „Exsikkatoren“ allgemein benutzt.

Orthophosphorsäure. H_3PO_4.

Phosphorsäure findet sich in Form ihrer Salze — der Phosphate — und anderer Verbindungen weit verbreitet in der Natur: So als Apatit, der etwa die Zusammensetzung $3Ca_3(PO_4)_2 \cdot CaF_2$ besitzt, und als Phosphorit $Ca_3(PO_4)_2$.

Tricalciumphosphat findet sich auch in großer Menge in den Knochen und bildet daher den Hauptbestandteil der Knochenasche. Auch in komplizierter organischer Bindung, nämlich in den im Hirn und im Eidotter enthaltenen Lecithinen, ist Phosphorsäure enthalten.

Phosphorsäure dient zur Bereitung aller anderen Phosphorverbindungen, und auch die Gewinnung des elementaren Phosphors beruht, wie früher (vgl. S. 110) gezeigt worden ist, auf einer Umwandlung von Phosphaten.

Umgekehrt kann man vom Phosphor ausgehen und hieraus reine Phosphorsäure darstellen; entweder indem man ihn zunächst zu Phosphorpentoxyd verbrennt und dieses in heißem Wasser löst:

$$P_2O_5 + 3H_2O = 2H_3PO_4 \ ,$$

oder indem man roten Phosphor direkt mit starker, kochender Salpetersäure oxydiert:

$$3P_2 + 10HNO_3 + 4H_2O = 6H_3PO_4 + 10NO.$$

Versuch 311. Man kocht in einem Kölbchen etwa 50 ccm konzentrierte Salpetersäure (spez. Gew. 1,4) mit 1 g rotem Phosphor. Die Oxydation, die sich unter Entwicklung großer Mengen von braunen Dämpfen abspielt, ist beendet, sobald der Phosphor vollständig in Lösung gegangen ist. Die Flüssigkeit enthält dann reichliche Mengen von Phosphorsäure.

Wird die so entstehende Lösung so lange eingedampft, bis alle Salpetersäure verjagt ist, so hinterbleibt die Phosphorsäure als Sirup, der sich nach längerer Zeit in Krystalle verwandelt, die aus reiner Phosphorsäure bestehen.

Unreine Phosphorsäure erhält man viel billiger und bequemer durch Behandlung von Knochenasche mit konzentrierter Schwefelsäure. Die Knochenasche besteht in der Hauptsache aus Tricalciumphosphat und geht bei der Behandlung mit Schwefelsäure in Calciumsulfat und Phosphorsäure über:

$$Ca_3(PO_4)_2 + 3H_2SO_4 = 2H_3PO_4 + 3CaSO_4.$$

Versuch 312. Gepulverte Knochenasche wird in heiße, verdünnte Schwefelsäure eingetragen und kurze Zeit damit digeriert. Hierauf wird von dem gebildeten Gips abfiltriert und im Filtrate nach Versuch 317 die Phosphorsäure nachgewiesen.

Reine Phosphorsäure bildet farblose, harte Krystalle, die aber häufig von einer sirupösen Flüssigkeit durchtränkt sind, da ihr Schmelzpunkt bei 38,6° liegt und sie an feuchter Luft zerfließt.

Die Struktur der Phosphorsäure läßt sich auf Grund der bereits früher (vgl. S. 120) eingehend gewürdigten Tatsache, daß bei der Zersetzung von Phosphorpentachlorid durch Wasser *erst Phosphoroxychlorid*, *dann Phosphorsäure* entsteht, sicher begründen.

Die Struktur des Phosphoroxychlorides läßt sich kaum anders, als durch den Ausdruck:

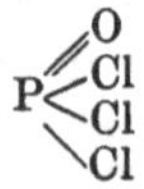

wiedergeben, und bei der weiteren Einwirkung des Wassers hat man es ohne Zweifel mit der normalen Reaktion, d. h. dem Ersatz der 3 Chloratome durch Hydroxylgruppen, zu tun:

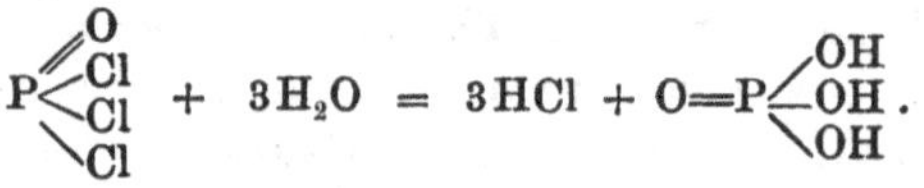

Daß diese Strukturformel höchstwahrscheinlich richtig ist, geht auch daraus hervor, daß die *Phosphorsäure dreibasisch ist und daß sich von ihr durch Eintritt von Metallatomen für Wasserstoff 3 Reihen von Phosphaten herleiten.*

Sie bildet daher z. B. drei *Natriumphosphate*, von denen nur eines *neutral* ist, während die beiden anderen noch vertretbaren Wasserstoff enthalten und daher als *saure* Salze zu bezeichnen sind:

1. Na_3PO_4 *Trinatrium-* oder neutrales oder *tertiäres* Natriumphosphat.
2. Na_2HPO_4 *Dinatrium-* oder *sekundäres* Natriumphosphat.
3. NaH_2PO_4 *Mononatrium-* oder *primäres* Natriumphosphat.

Komplizierter als bei den Natriumphosphaten ist die Zusammensetzung der Phosphate *mehrwertiger Metalle*, wie sich dies z. B. aus den Formeln der *Calciumphosphate* ergibt:

1. $Ca_3(PO_4)_2$ *Tricalcium-* oder neutrales oder *tertiäres* Calciumphosphat.
2. $CaHPO_4$ Dicalcium- oder *sekundäres* Calciumphosphat.
3. $Ca(H_2PO_4)_2$ *Monocalcium-* oder *primäres* Calciumphosphat.

Die 3 Reihen der Phosphate zeigen beträchtliche Unterschiede in der Löslichkeit: Die *Mono*metallphosphate, also die primären Salze, *sind in Wasser löslich*, von den *sekundären* und *tertiären* dagegen nur die Salze des *Kaliums*, *Natriums* und *Ammoniums*.

Man kann diese nicht unwichtigen Verhältnisse bequem an den Phosphaten des Calciums studieren.

Versuch 313. Eine Lösung von *Calciumchlorid* wird mit einer solchen von *Dinatriumphosphat* versetzt: Dichter, weißer Niederschlag!

Es bildet sich nach der Gleichung:

$$Na_2HPO_4 + CaCl_2 = 2NaCl + CaHPO_4$$

in Wasser unlösliches Dicalciumphosphat.

Fügt man aber zu dem Calciumchlorid zunächst Ammoniak hinzu und versetzt erst dann mit Natriumphosphat, so fällt tertiäres Calciumphosphat aus:

$$3CaCl_2 + 2Na_2HPO_4 + 2NH_3 = 4NaCl + 2NH_4Cl + Ca_3(PO_4)_2.$$

Versuch 314. Man versetzt eine Chlorcalciumlösung erst mit Ammoniak, dann mit Natriumphosphatlösung: Weißer, in Wasser unlöslicher Niederschlag!

Beide Niederschläge, sowohl der bei Versuch 313 wie bei Versuch 314 erhaltene, gehen aber sofort in Lösung, wenn man sie mit verdünnter Essigsäure oder einer anderen schwachen Säure übergießt.

Versuch 315. Die bei den Versuchen 313 und 314 erhaltenen weißen Niederschläge werden mit 50%iger Essigsäure übergossen. Sie lösen sich darin sofort auf.

Dies liegt daran, daß unter diesen Bedingungen sowohl das Di-, wie das Tricalciumphosphat in Monocalciumphosphat übergeht, das in Wasser leicht löslich ist; z. B.:

$$Ca_3(PO_4)_2 + 4CH_3COOH \text{ (Essigsäure)} = 2Ca(OOC \cdot CH_3)_2 + Ca(H_2PO_4)_2.$$

Von den Phosphaten, die wegen ihrer Schwerlöslichkeit durch Behandlung von Metallsalzlösungen mit Natriumphosphat leicht dargestellt werden können, seien als wichtig und charakteristisch genannt: Silberphosphat Ag_3PO_4, das sich durch seine schöne eigelbe Farbe auszeichnet, ferner Magnesiumammoniumphosphat $MgNH_4PO_4$, das wegen seiner außerordentlichen Schwerlöslichkeit in der quantitativen Analyse zur Bestimmung der Phosphorsäure respektive des Magnesiums Verwendung findet.

Will man Phosphate auf diese Weise in nahezu unlöslicher Form abscheiden, so vermischt man ihre Lösung mit der sogenannten Magnesiamischung, die aus einem Gemisch der Lösungen von Magnesiumchlorid, Salmiak und Ammoniak besteht.

Versuch 316. Eine Magnesiumchloridlösung wird zuerst mit einer Salmiaklösung, dann mit Ammoniak versetzt und dieses Gemisch zu einer Lösung von Dinatriumphosphat hinzugefügt. Es bildet sich sofort ein weißer, krystallinischer, aber äußerst feinkörniger Niederschlag, der aus Magnesiumammoniumphosphat besteht.

Die Entstehung des Magnesiumammoniumphosphats ist auf folgenden Vorgang zurückzuführen:

$$MgCl_2 + NH_3 + Na_2HPO_4 = 2NaCl + MgNH_4PO_4.$$

Beim Glühen verwandelt es sich in Magnesiumpyrophosphat (vgl. S. 246):

$$2MgNH_4PO_4 = H_2O + 2NH_3 + Mg_2P_2O_7.$$

Die geringsten Mengen von Phosphorsäure lassen sich durch die sogenannte Molybdänlösung erkennen und quantitativ abscheiden. Dieses wichtige Reagens besteht aus einer mit Salpetersäure angesäuerten Lösung von Ammoniummolybdat $(NH_4)_2MoO_4$ und gibt mit Phosphorsäure einen intensiv zitronengelben, feinkrystallinischen Niederschlag.

Versuch 317. Ein Reagenzglas wird zu etwa $^1/_3$ mit einer Ammoniummolybdatlösung gefüllt, die mit so viel verdünnter Salpetersäure versetzt wird, daß der zuerst ausfallende Niederschlag sich vollständig wieder löst. Hierauf fügt man 1—2 Tropfen einer nicht zu konzentrierten Lösung von Dinatriumphosphat hinzu. Die Flüssigkeit färbt sich sofort gelb. Wird sie nun auf 40—50° erhitzt und mit einem Glasstab umgerührt, so trübt sie sich mehr und mehr, und das Reaktionsprodukt scheidet sich in ansehnlicher Menge als gelber, krystallinischer Niederschlag aus.

Man kann auf diese Weise ohne Schwierigkeit in dem bei Versuch 312 erhaltenen Filtrat die vorhandene Phosphorsäure nachweisen.

Die Verbindung besteht aus dem Ammoniumsalz der komplexen (vgl. S. 411) Phosphormolybdänsäure und läßt sich strukturell etwa durch folgende Formel:

$$O = P \begin{cases} O—MoO_3 \cdot MoO_3 \cdot MoO_3 \cdot MoO_2 \cdot O \cdot NH_4 \\ O—MoO_3 \cdot MoO_3 \cdot MoO_3 \cdot MoO_2 \cdot O \cdot NH_4 \\ O—MoO_3 \cdot MoO_3 \cdot MoO_3 \cdot MoO_2 \cdot O \cdot NH_4 \end{cases}$$

wiedergeben. Zweckmäßiger kann man dieses komplizierte Formelbild durch den einfacheren Ausdruck:

$$(NH_4)_3PO_4 \cdot 12MoO_3$$

ersetzen.

Die Phosphorsäure besitzt in freiem Zustande, wie insbesondere in Form ihrer zahlreichen Salze — der Phosphate — eine große praktische Bedeutung.

So stellt sie ein vielfach verwendetes Medikament vor.

Weiter ist hervorzuheben, daß die Phosphate einen wesentlichen und wichtigen Bestandteil des Tier- und Pflanzenleibes bilden. Wir wissen heute, daß die Pflanzen zu ihrer möglichst vollkommenen Entwicklung verhältnismäßig nur wenige Stoffe, diese aber unter allen Umständen gebrauchen. Hierzu gehören auch die Phosphate, die unter keinen Umständen fehlen dürfen. Die Pflanze nimmt diese aus dem Boden auf, der allmählich an diesen wertvollen Stoffen verarmen würde, wenn der Verlust nicht immer wieder ersetzt würde. Dies geschieht durch die phosphorsäurehaltigen Dünger, unter denen vor allem Guano, Superphosphat und Thomasphosphatmehl zu nennen sind.

Guano besteht aus den allmählich völlig zersetzten und in ungeheuren Lagern an der Küste von Peru aufgestapelten Exkrementen von Seevögeln und enthält beträchtliche Mengen von Phosphaten.

Superphosphat wird das Produkt der Einwirkung von 2 Molekülen Schwefelsäure auf Tricalciumphosphat genannt:

$$Ca_3(PO_4)_2 + 2H_2SO_4 = 2CaSO_4 + Ca(H_2PO_4)_2.$$

Es besteht aus einem Gemisch von Gips (Calciumsulfat) und Monocalciumphosphat, das wegen seiner Löslichkeit in Wasser (vgl. S. 242) von den Pflanzen besonders leicht aufgenommen und verarbeitet werden kann.

Das Thomasphosphatmehl fällt als wichtiges Produkt bei der Umwandlung phosphorhaltigen Roheisens in Stahl nach dem Thomas-Gilchrist-Prozeß ab (vgl. S. 399).

Phosphorsäure läßt sich nicht destillieren, ist vielmehr vollkommen glühbeständig. Wird sie auf höhere Temperatur erhitzt, so geht sie in wasserärmere Modifikationen über.

Beim Erhitzen auf 200—250° wird aus 2 Molekülen Phosphorsäure 1 Molekül Wasser abgespalten und die vierbasische Pyrophosphorsäure gebildet:

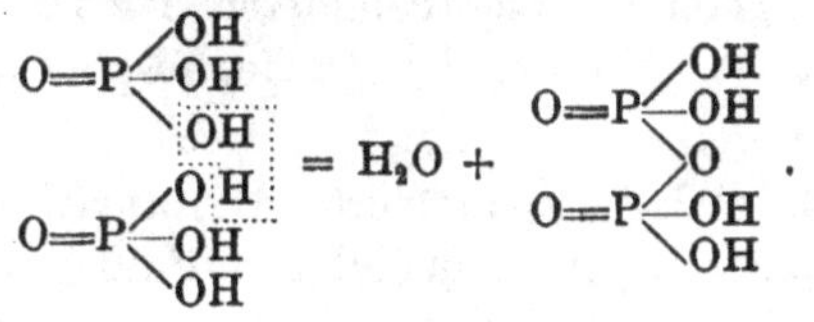

Diese verliert beim weiteren Erhitzen abermals Wasser und verwandelt sich in die einbasische Metaphosphorsäure HPO_3:

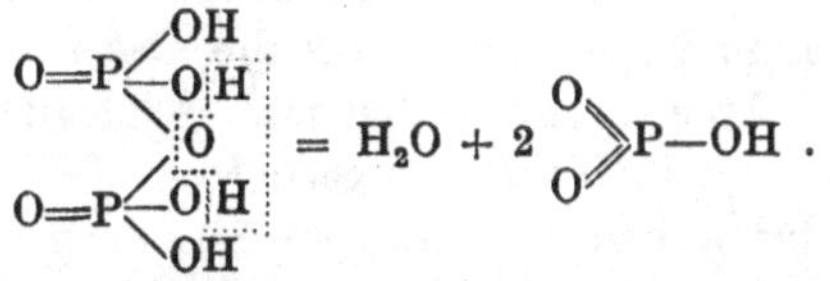

Man hat also 3 Phosphorsäuren zu unterscheiden:

1. H_3PO_4 = Orthophosphorsäure (dreibasisch).
2. $H_4P_2O_7$ = Pyrophosphorsäure (vierbasisch).
3. HPO_3 = Metaphosphorsäure (einbasisch).

Für den Analytiker ist die Frage nach der Unterscheidbarkeit der verschiedenen Phosphorsäuren und Phosphate von Wichtigkeit. In dieser Beziehung ist es von Bedeutung, daß nur die Metaphosphorsäure die Eigenschaft besitzt, eine wäßrige Eiweißlösung zu koagulieren, während dies die beiden anderen Modifikationen nicht tun.

Versuch 318. a) Eine Lösung von Orthophosphorsäure wird mit einer frisch dargestellten, filtrierten Lösung von Hühnereiweiß versetzt: Keine Koagulierung!

b) Eine in der Kälte hergestellte Lösung von Metaphosphorsäure wird gleichfalls mit Eiweißlösung versetzt: Sofort Koagulierung!

Fast noch leichter als die freien Säuren entstehen die Salze der Pyro- und Metaphosphorsäure: Pyro- und Metaphosphate. Aus Dimetallphosphaten bilden sich in der Hitze Pyrophosphate; z. B.:

$$2Na_2HPO_4 = Na_4P_2O_7 + H_2O$$
$$2MgNH_4PO_4 = 2NH_3 + H_2O + Mg_2P_2O_7.$$

Monometallphosphate verwandeln sich dagegen unter denselben Bedingungen in Metaphosphate, z. B.:

$$NaH_2PO_4 = H_2O + NaPO_3,$$

und ebenso verhält sich das in der Analyse viel benutzte „Phosphorsalz", d. i. Natriumammoniumphosphat:

$$NaNH_4HPO_4 = NH_3 + H_2O + NaPO_3.$$

Man kann die glatte Bildung von Pyro- und Metaphosphaten beim Erhitzen von Di- und Monometallphosphaten sehr leicht daran erkennen, daß die Lösungen der beim Erhitzen gebildeten Salze mit Silbernitrat weiße Niederschläge und nicht, wie bei der Orthophosphorsäure, gelbes Silberorthophosphat liefern.

Versuch 319. a) Etwas gepulvertes Dinatriumphosphat wird auf einem Platindeckel bis zum ruhigen Fluß geschmolzen und nach völligem Abkühlen der Deckel in ein Bechergläschen mit Wasser gesteckt.

b) Eine Probe „Phosphorsalz" wird gleichfalls auf einem Platindeckel so lange erhitzt, bis die Gasentwicklung beendet und eine klare Schmelze entstanden ist. Auch diese Probe wird nach dem Erkalten in Wasser eingetragen.

c) Die bei a und b erhaltenen Lösungen werden, jede für sich, mit Silbernitratlösung versetzt: Weiße Fällung!

Während aus Orthophosphorsäure in der Hitze Pyro- und Metaphosphorsäure entstehen, bildet sich umgekehrt aus den beiden letzteren in wäßriger Lösung — besonders schnell in der Wärme — Orthophosphorsäure zurück:

$$H_4P_2O_7 + H_2O = 2H_3PO_4.$$
$$HPO_3 + H_2O = H_3PO_4.$$

Auch in physiologischer Beziehung bestehen zwischen den verschiedenen Phosphorsäuren beträchtliche Unterschiede: Orthophosphorsäure und ihre Salze sind gänzlich ungiftig, Metaphosphorsäure ist wenig giftig, dagegen ist die Giftigkeit der Pyrophosphate sehr beträchtlich.

Die drei verschiedenen Phosphorsäuren bieten auf den ersten Blick ein überraschendes und kompliziertes Bild, und es ist verständlich, daß man zu einer Zeit, als die chemischen Theorien noch wenig entwickelt waren, mit ihrer Erklärung Schwierigkeit hatte. Erst durch eine berühmte Untersuchung Grahams über die Phosphorsäuren wurde ihr Zusammenhang richtig erkannt und damit auch in theoretischer Erkenntnis ein bedeutender Schritt vorwärts getan.

B. Phosphortrioxyd P_4O_6 und Phosphorige Säure H_3PO_3.

Läßt man farblosen Phosphor bei mangelnder Luftzufuhr langsam verbrennen, so entsteht neben Phosphorpentoxyd P_2O_5 auch noch ein Oxyd von der Zusammensetzung P_2O_3, dem aber auf Grund von Molekulargewichtsbestimmungen die Formel P_4O_6 beizulegen ist.

Versuch 320. Man schiebt ein mit vier bis fünf erbsengroßen Stückchen farblosen Phosphors beschicktes Schiffchen *a* aus Porzellan in ein kurzes, mit einem Aspirator (vgl. Versuch 111) *b* verbundenes und am anderen Ende zu einem Bajonett umgebogenes Glasrohr. An das Bajonett wird ein Chlorcalciumrohr *c* angeschlossen. Man setzt nun den Aspirator in Tätigkeit, indem man das Wasser langsam abtropfen läßt. Gleichzeitig erhitzt man den Phosphor, bis er sich entzündet. Man kann dann die Verbrennung durch das Tempo des abtropfenden Wassers so regulieren, daß der Phosphor nur sehr langsam verbrennt und die Bildung von Phosphorpentoxyd nur in untergeordnetem Maße stattfindet. Unter diesen Umständen bildet sich in der Hauptsache „Phosphortrioxyd".

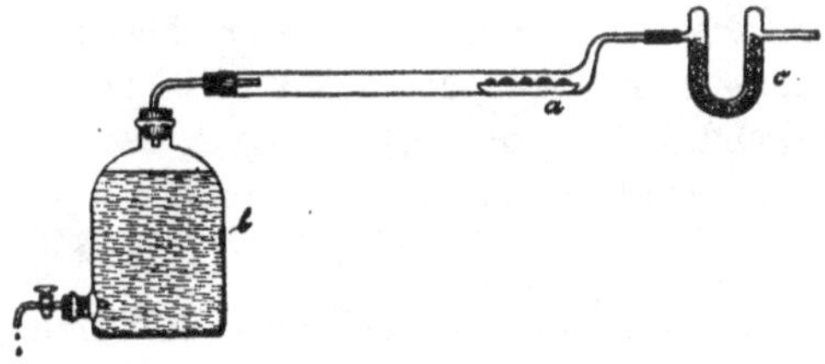

Fig. 110.

Die frühere Annahme, daß Phosphortrioxyd als Anhydrid der phosphorigen Säure aufzufassen sei und dementsprechend sich durch Behandlung mit Wasser nach der Gleichung:

$$P_2O_3 + 3H_2O = 2H_3PO_3$$

in phosphorige Säure überführen lasse, trifft nicht zu.

Vielmehr setzt sich das „Phosphortrioxyd" P_4O_6 mit Wasser sowohl in der Kälte wie in der Wärme in recht verwickelter Weise um.

„Phosphortrioxyd" bildet farblose, weiche Krystalle, deren Schmelzpunkt bei 22,5° liegt, und siedet bei 173°.

Phosphorige Säure. H_3PO_3.

Bei langsamer Oxydation von Phosphor an feuchter Luft bilden sich verschiedene Produkte, unter denen auch die phosphorige Säure enthalten ist.

Versuch 321. In einen weiten Trichter, der auf eine Flasche aufgesetzt ist, bringt man acht bis zehn kurze Glasröhren hinein, die unten verengert sind und in die man eine angefeuchtete Phosphorstange hineingesteckt hat. Über das Ganze wird eine oben offene Glasglocke gestülpt und auf drei Korke als Unterlage gestellt, so daß die Luft ungehindert zirkulieren kann. Von Zeit zu Zeit werden in die Glasröhren einige Tropfen Wasser hineingespritzt. Nach etwa 24 Stunden hat sich in der Flasche eine dickliche Flüssigkeit angesammelt, in der sich die Anwesenheit von phosphoriger Säure leicht feststellen läßt, z. B. durch die reduzierende Wirkung, die sie auf eine Silberlösung ausübt.

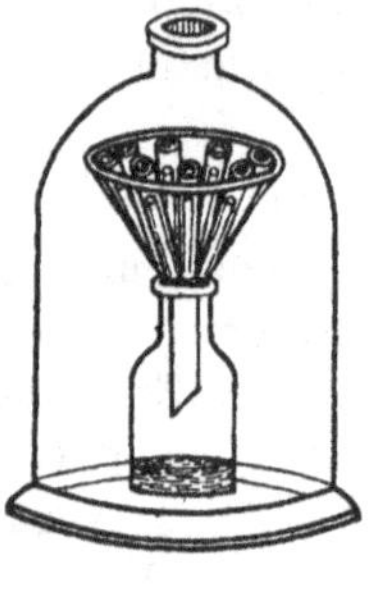

Fig. 111.

Zur Gewinnung von reiner phosphoriger Säure bedient man sich zweckmäßig der Zersetzung von Phosphortrichlorid durch Wasser (vgl. Versuch 157), wobei glatte Spaltung in Chlorwasserstoff und phosphorige Säure eintritt:

$$PCl_3 + 3H_2O = 3HCl + H_3PO_3.$$

Dampft man die bei dieser Zersetzung erhaltene Flüssigkeit vorsichtig ein, so hinterbleibt die phosphorige Säure als farbloser, alsbald krystallinisch erstarrender Sirup.

Der Schmelzpunkt der reinen Verbindung liegt bei $+ 71^0$.

Phosphorige Säure ist durch die Leichtigkeit ausgezeichnet, mit der sich der Übergang:

$$H_3PO_3 + O = H_3PO_4$$

abspielt: Sie ist ein sehr kräftiges Reduktionsmittel.

So verwandelt sie Mercurichlorid (vgl. S. 370) in Mercurochlorid:

$$2HgCl_2 + H_2O + H_3PO_3 = 2HgCl + 2HCl + H_3PO_4,$$

reduziert eine Lösung von Silbernitrat zu metallischem Silber und scheidet aus wäßriger schwefliger Säure in der Wärme Schwefel aus:

$$H_2SO_3 + 2H_3PO_3 = H_2O + S + 2H_3PO_4.$$

Versuch 322. a) Eine Lösung von Mercurichlorid wird mit einer starken, wäßrigen Lösung von phosphoriger Säure erhitzt: Abscheidung von Mercurochlorid!

b) Die bei Versuch 321 erhaltene Flüssigkeit oder eine wäßrige Lösung von reiner phosphoriger Säure wird mit Silbernitratlösung erwärmt: Abscheidung von metallischem Silber!

c) Starke, wäßrige Schwefligsäurelösung wird mit konzentrierter Phosphorigsäurelösung einige Augenblicke gekocht: Plötzliche Trübung und Abscheidung von Schwefel!

Wegen dieser starken Reduktionswirkung wird phosphorige Säure nicht selten in der Analyse verwendet.

Sehr eigentümlich ist es, daß beim Erhitzen von phosphoriger Säure für sich teils Reduktion bis zum Phosphorwasserstoff, teils Oxydation zur Phosphorsäure stattfindet:

$$4H_3PO_3 = PH_3 + 3H_3PO_4.$$

Versuch 323. Man erhitzt in einem Reagenzglase einige trockene Krystalle von reiner phosphoriger Säure. Die Substanz schmilzt zunächst, gerät dann in lebhafte Zersetzung, bis plötzlich an der Mündung des Reagenzglases eine hellleuchtende, mit weißer Rauchentwicklung brennende Flamme erscheint.

Die Entstehung der phosphorigen Säure aus Phosphortrichlorid und Wasser:

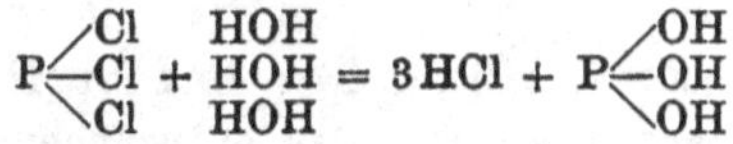

scheint darauf hinzudeuten, daß die Struktur der phosphorigen Säure eine symmetrische ist und daß in ihr — ebenso wie bei der Phosphorsäure — eine dreibasische Säure vorliegt.

Dies ist aber nicht der Fall; ihre Salze, die Phosphite, enthalten höchstens nur **zwei** Metallatome, und da auch die leichte Bildung von Phosphorwasserstoff beim Erhitzen der phosphorigen Säure dafür spricht, daß in ihrem Molekül Wasserstoff direkt, d. h. ohne Vermittlung von Sauerstoff, an Phosphor gebunden ist, so hat man ihre Strukturformel folgendermaßen zu schreiben:

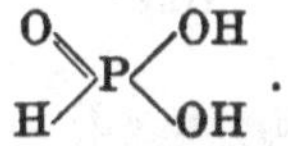

Phosphorige Säure ist demnach eine zweibasische Säure.

Unterphosphorige Säure H_3PO_2.

Freie unterphosphorige Säure ist eine farblose, schön krystallisierende Substanz, die in Wasser leicht löslich ist und noch energischer zu reduzieren vermag, als phosphorige Säure.

Aus der Strukturformel:

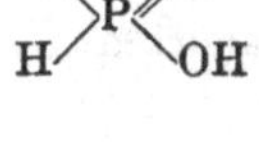

geht hervor, daß die unterphosphorige Säure nur **ein**basisch ist und daß offenbar die Tendenz zum Übergang in Phosphorwasserstoff bei ihr noch ausgeprägter sein muß. Dies ist in der Tat der Fall.

Ihre Salze, die Hypophosphite, bilden sich bei der Behandlung von farblosem Phosphor mit heißen Alkalien (vgl. Versuch 148), wobei gleichzeitig Phosphorwasserstoff entsteht:

$$4P + 3NaOH + 3H_2O = 3NaH_2PO_2 + PH_3.$$

10. Phosphorschwefelverbindungen.

Die Schwefelverbindungen des Phosphors werden beim Zusammenschmelzen der Elemente in entsprechendem Verhältnis leicht gewonnen.

Tetraphosphortrisulfid P_4S_3 krystallisiert aus Schwefelkohlenstoff in hellgelben, schönen Prismen, die bei 165° schmelzen.

Phosphorpentasulfid P_2S_5 wird durch Erhitzen eines Gemisches von rotem Phosphor mit Schwefel im berechneten Verhältnis dargestellt. Es ist eine gelbe, krystallinische Verbindung, die bei 274—276° schmilzt und bei 530° siedet. Von heißem Wasser wird sie in Phosphorsäure und Schwefelwasserstoff gespalten:

$$P_2S_5 + 8H_2O = 2H_3PO_4 + 5H_2S.$$

Versuch 324. Etwas Phosphorpentasulfid wird im Reagenzglas mit Wasser gekocht. Der entweichende Schwefelwasserstoff kann mit Bleipapier nachgewiesen werden.

11. Sauerstoffverbindungen des Arsens und sich davon herleitende Säuren.

Übersicht.

As_2O_3	Arsentrioxyd (Arsen(3)-Oxyd).
As_2O_5	Arsenpentoxyd (Arsen(5)-Oxyd).
H_3AsO_3	Arsenige Säure.
H_3AsO_4	Arsensäure.

A. Arsentrioxyd (Arsen(3)-Oxyd) As_2O_3 und arsenige Säure H_3AsO_3.

In der Natur findet sich ein Erz von der Zusammensetzung des Arsentrioxyds: die sogenannte Arsenikblüte. Das gleiche Oxyd bildet sich beim „Rösten" arsenhaltiger Erze und beim Verbrennen von Arsen im Sauerstoff (vgl. Versuch 165). Während demnach beim Verbrennen von Phosphor das sauerstoffreiche Phosphorpentoxyd entsteht, bildet sich aus Arsen unter analogen Bedingungen das sauerstoffärmere Oxyd.

Bei der Verhüttung arsenhaltiger Erze verflüchtigt sich das Arsentrioxyd und setzt sich in den gemauerten Kanälen als „Giftmehl" ab; bei langsamer Abkühlung der Dämpfe entsteht eine durchsichtige, wie Glas aussehende, amorphe Modifikation von muscheligem Bruch.

Läßt man diese an der Luft liegen, so bedeckt sie sich unter der Mitwirkung der Luftfeuchtigkeit von der Oberfläche her mit einer weißen, porzellanartigen Schicht, die aus kleinen Kryställchen besteht. In dieser Form kommt Arsentrioxyd meistens in den Handel.

Versuch 325. Man zerschlägt ein großes Stück porzellanartig aussehenden Arsentrioxyds mit dem Hammer, so daß es in mehrere, aber nicht zu kleine Stücke zerspringt. Man sieht dann im Inneren die glasartige, durchsichtige Modifikation, die außen von einer mehr oder minder dicken, porzellanartigen Schicht umgeben ist.

Die Löslichkeit der amorphen und der krystallinischen Modifikation des Arsentrioxyds in Wasser ist verschieden; die amorphe wird leichter davon aufgenommen. Die Menge der gelösten Substanz ist nur gering, doch läßt sich die Löslichkeit immerhin leicht feststellen.

Versuch 326. In 1 Liter kochendes Wasser trägt man einige Gramm fein pulverisiertes Arsentrioxyd ein und läßt die Flüssigkeit einige Zeit damit sieden. Hierauf wird filtriert, das Filtrat mit Salzsäure angesäuert und Schwefelwasserstoffwasser hinzugefügt: Gelbe Fällung von Arsentrisulfid!

In der wäßrigen Lösung des Arsentrioxydes ist die sogenannte arsenige Säure H_3AsO_3, sowie die wasserärmere Form $HAsO_2$ enthalten, die in freiem Zustande nicht zu existieren vermögen, von der sich aber eine große Zahl wichtiger Salze, die Arsenite, herleiten.

Kalium- oder Natriumarsenit bilden sich leicht bei der Behandlung von Arsentrioxyd mit verdünnter Kali- oder Natronlauge:

$$As_2O_3 + 6KOH = 2K_3AsO_3 + 3H_2O.$$

Versuch 327. In einem Schüttelzylinder wird fein pulverisiertes Arsentrioxyd mit verdünnter Kalilauge kräftig durchgeschüttelt. Es entsteht nach kurzer Zeit eine klare Lösung.

Die Arsenite der Alkalimetalle sind in Wasser leicht löslich, die der Schwermetalle mehr oder minder schwerlöslich. Man kann die letzteren daher durch Umsetzung von Metallsalzlösungen mit Alkaliarseniten leicht darstellen. Von diesen Salzen ist das Silberarsenit Ag_3AsO_3 durch seine gelbe Farbe, das Kupferarsenit $Cu_3(AsO_3)_2$ durch ein prächtiges Grün ausgezeichnet, so daß die letztere Verbindung als Scheele's Grün eine Rolle als geschätzte Malerfarbe gespielt hat.

Nicht alle Salze der arsenigen Säure leiten sich von der Säure H_3AsO_3, sondern einige auch von der sogenannten metaarsenigen Säure $HAsO_2$ ab.

Arsentrioxyd wird aber nicht bloß von Alkalien, sondern auch von Salzsäure gelöst.

Versuch 328. Wenig gepulvertes Arsentrioxyd wird mit starker Salzsäure in einem Schüttelzylinder durchgeschüttelt. Es löst sich alsbald zu einer ganz klaren Flüssigkeit auf.

Dieser Lösungsvorgang beruht auf der Bildung von Arsentrichlorid $AsCl_3$:

$$As_2O_3 + 6\,HCl = 3\,H_2O + 2\,AsCl_3,$$

das von der Salzsäure gelöst wird und in dieser stark salzsauren Lösung zu bestehen vermag. Wie alle Säurechloride wird auch Arsentrichlorid als Chlorid der orthoarsenigen Säure von Wasser in üblicher Weise zersetzt, mit dem einzigen Unterschiede, daß die zunächst zu erwartende arsenige Säure in Wasser und Arsentrioxyd zerfällt:

$$1.\quad As\begin{matrix}\diagup Cl\\ -Cl\\ \diagdown Cl\end{matrix} + 3\,H_2O = 3\,HCl + As\begin{matrix}\diagup OH\\ -OH\\ \diagdown OH\end{matrix},$$

$$2.\quad 2\,As\begin{matrix}\diagup OH\\ -OH\\ \diagdown OH\end{matrix} = As_2O_3 + 3\,H_2O\,.$$

Arsentrioxyd und die löslichen Arsenite sind außerordentlich heftige Gifte. Schon eine Dosis von 0,1 g vermag bei einem erwachsenen Menschen den Tod herbeizuführen, und es ist daher nicht verwunderlich, daß diese Präparate nicht bloß zur Vertilgung von allerhand Ungeziefer, sondern auch in verbrecherischer oder selbstmörderischer Absicht zur Anwendung kommen. In Vergiftungsfällen sind Magenausspülungen und das zuerst von Bunsen empfohlene Antidotum Arsenici anzuwenden. Dieses Mittel, das möglichst frisch bereitet werden soll und durch Vermischen von Ferrisulfat mit Magnesiumoxyd dargestellt wird, besteht demnach aus einem Gemisch von Ferrihydroxyd und Magnesiumsulfat:

$$Fe_2(SO_4)_3 + 3\,MgO + 3\,H_2O = 3\,MgSO_4 + 2\,Fe(OH)_3.$$

Das Ferrihydroxyd wirkt adsorbierend auf das Arsentrioxyd, und das Magnesiumsulfat — das unter dem Namen Bittersalz als Abführmittel wohlbekannt ist — bewirkt eine schnelle Ausscheidung des Arsens aus dem Körper.

In kleinen Dosen, d. h. in Mengen von 0,001—0,003 g, ist Arsentrioxyd ein geschätztes Medikament, z. B. bei Hautkrankheiten.

Eigentümlich ist es, daß sich der menschliche Organismus sehr schnell an den Genuß dieses Giftes gewöhnen kann. So kommt es, daß das „Arsenikessen" in manchen Gegenden zu einer lasterhaften Gewohnheit geworden ist, und es soll, nachdem sich der Organismus durch immer gesteigerte Dosen an den Genuß des Giftes gewöhnt hat, eine Menge von 0,5 g pro Tag ohne weiteres vertragen werden. Die „Arsenikesser" behaupten, schwere körperliche Strapazen, wie vor allem Bergsteigen, nach dem Genuß des Giftes ohne Beschwerde ertragen zu können, und verfallen in bedenkliche Schwächezustände, wenn man ihnen das Gift entzieht.

Arsenige Säure ist, ähnlich wie schweflige oder phosphorige Säure (vgl. S. 197 und S. 248), sehr geneigt, unter Aufnahme von Sauerstoff in Arsensäure überzugehen:

$$H_3AsO_3 + O = H_3AsO_4.$$

Sie ist daher ein ziemlich starkes Reduktionsmittel.

So vermag sie, wie dies früher für andere Reduktionsmittel gezeigt worden ist, Fehling'sche Lösung unter Abscheidung von Cuprooxyd zu reduzieren (vgl. z. B. S. 106 und S. 237).

Versuch 329. Starke, wäßrige Kaliumarsenitlösung wird mit Fehling'scher Lösung im Reagenzglas zum Sieden erhitzt. Nach kurzer Zeit beginnt die Abscheidung von Cuprooxyd.

Von Bedeutung für die quantitative Bestimmung der arsenigen Säure ist die Leichtigkeit, mit der sie von Jod zu Arsensäure oxydiert wird:

$$H_3AsO_3 + H_2O + J_2 = 2HJ + H_3AsO_4.$$

Da dieser Vorgang unter Verwendung einer Normaljodlösung (vgl. S. 216) und bei Zusatz eines zur Aufnahme des Jodwasserstoffs dienenden geeigneten Mittels mit größter Schnelligkeit und quantitativ im Sinne der soeben angeführten Gleichung verläuft, so eignet er sich vortrefflich für eine maßanalytische Bestimmung der arsenigen Säure.

Versuch 330. Die zu untersuchende Arsenitlösung, etwa eine Lösung von Kaliumarsenit, wird in einem „Meßkolben" mit Wasser bis zur Marke aufgefüllt und gut gemischt. Von dieser Flüssigkeit „pipettiert" man 25 ccm in ein Becherglas, fügt eine reichliche Menge kaltgesättigter, wäßriger Natriumbicarbonatlösung sowie einige Kubikzentimeter frisch bereiteter Stärkelösung hinzu und läßt nun soviel Normaljodlösung aus einer Bürette hinzutropfen, bis eben Blaufärbung eintritt. Aus der Anzahl der Kubikzentimeter verbrauchter Jodlösung läßt sich nach obiger Gleichung die Menge der in den verwendeten 25 ccm Arsenitlösung enthaltenen arsenigen Säure leicht berechnen.

Endlich ist bereits früher beobachtet worden (vgl. S. 230), daß Salpetersäure durch Arsentrioxyd zum Stickstofftrioxyd reduziert wird. Auch dieser in präparativer Beziehung recht wichtige Vorgang beruht auf dem Übergang von arseniger in Arsensäure:

$$2HNO_3 + As_2O_3 + 2H_2O = 2H_3AsO_4 + N_2O_3.$$

B. Arsenpentoxyd As_2O_5 und Arsensäure H_3AsO_4.

Arsenpentoxyd As_2O_5 entsteht nicht bei der Verbrennung von Arsen an der Luft, sondern wird bei der Entwässerung der Arsensäure:

$$2H_3AsO_4 = As_2O_5 + 3H_2O$$

als glasiger, amorpher Körper erhalten, der sich mit Wasser wieder langsam zur Arsensäure verbindet und über dessen Molekulargröße wir nichts wissen.

Die Arsensäure H_3AsO_4 entspricht in Zusammensetzung und auch in zahlreichen Eigenschaften der Phosphorsäure:

$$O{=}P\begin{cases}OH\\OH\\OH\end{cases} \text{ Phosphorsäure}, \qquad O{=}As\begin{cases}OH\\OH\\OH\end{cases} \text{ Arsensäure}.$$

Sie ist, wie die Phosphorsäure, dreibasisch und bildet dementsprechend drei Reihen von Arseniaten. Von diesen ist das dem $MgNH_4PO_4$ vollkommen entsprechende Magnesiumammoniumarseniat $MgNH_4AsO_4$ wegen seiner Schwerlöslichkeit für analytische Zwecke verwertbar.

Versuch 331. Zu einer Lösung von Kaliumarseniat fügt man Magnesiamischung (vgl. S. 243) hinzu: Dichter weißer Niederschlag von Magnesiumammoniumarseniat!

Das Silbersalz der Arsensäure fällt durch seine charakteristisch schokoladenfarbige Nuance auf.

Versuch 332. Eine Lösung von Kaliumarseniat wird mit Silbernitratlösung versetzt: Sofort ausgesprochen schokoladenfarbige Fällung!

Auch eine Pyroarsensäure $H_4As_2O_7$ und eine Metaarsensäure $HAsO_3$ existieren, doch sind sie nur in festem Zustande bekannt und verwandeln sich in wäßriger Lösung schnell in die Orthoarsensäure.

Wird Arsensäure mit Salzsäure gekocht, so entweicht Chlor, das nach der Gleichung:

$$H_3AsO_4 + 5\,HCl = 4\,H_2O + AsCl_3 + Cl_2$$

entsteht und auf die intermediäre Bildung eines der Arsensäure entsprechenden, äußerst labilen Arsenpentachlorides hinweist:

$$H_3AsO_4 + 5\,HCl = 4\,H_2O + AsCl_5,$$
$$AsCl_5 = AsCl_3 + Cl_2.$$

12. Schwefelverbindungen des Arsens.

In der Natur treffen wir zwei Schwefelverbindungen des Arsens an:

As_2S_2 . . . . Realgar,
As_2S_3 . . . . Auripigment.

Außerdem läßt sich auch noch ein drittes Sulfid:

As_2S_5 . . . . Arsenpentasulfid

gewinnen.

Realgar bildet ein monoklin krystallisierendes, rotes Mineral; Auripigment krystallisiert rhombisch und zeichnet sich durch eine schöne, goldgelbe Farbe aus.

Die Arsensulfide sind gegen Wasser im Gegensatz zu den Sulfiden des Phosphors beständig und werden daher aus den entsprechenden in Wasser gelösten Arsenverbindungen beim Einleiten von Schwefelwasserstoff abgeschieden (vgl. S. 101). Aus einer angesäuerten Arsenitlösung scheidet sich augenblicklich Arsentrisulfid As_2S_3 ab, während bei der Behandlung von Arsensäurelösungen mit Schwefelwasserstoff, je nachdem ob in der Kälte oder in der Wärme gearbeitet, ob das Gas langsam oder schnell eingeleitet wird, die Zusammensetzung des ausfallenden Niederschlages verschieden ist. Wirkt der Schwefelwasserstoff langsam ein, so findet zunächst Reduktion der Arsensäure zur arsenigen Säure statt, die mit dem Schwefelwasserstoff unter Bildung von Arsentrisulfid reagiert. Der Niederschlag besteht daher aus einem Gemisch von Schwefel und Arsentrisulfid.

Wird dagegen ein rascher Schwefelwasserstoffstrom in eine warme Lösung von Arsensäure eingeleitet, so besteht der Niederschlag in der Hauptsache aus Arsenpentasulfid.

Versuch 333. Man schaltet zwei mit Ein- und Ableitungsrohr versehene Kolben, von denen der eine eine mit Salzsäure angesäuerte Lösung von Kaliumarsenit *a*, der andere eine solche von Kaliumarseniat *b* enthält, hintereinander und verbindet sie in der Weise mit einem Schwefelwasserstoffentwickler, daß das Gas zuerst durch den mit der Arsenatlösung beschickten Kolben hindurchstreicht. Die Fällung tritt trotzdem zuerst in dem zweiten Kolben mit der Arsenitlösung ein. Setzt man nun den ersten Kolben auf ein siedendes Wasserbad und fährt mit dem Einleiten des Schwefelwasserstoffs fort, so tritt auch in der Arsenatlösung eine Fällung auf.

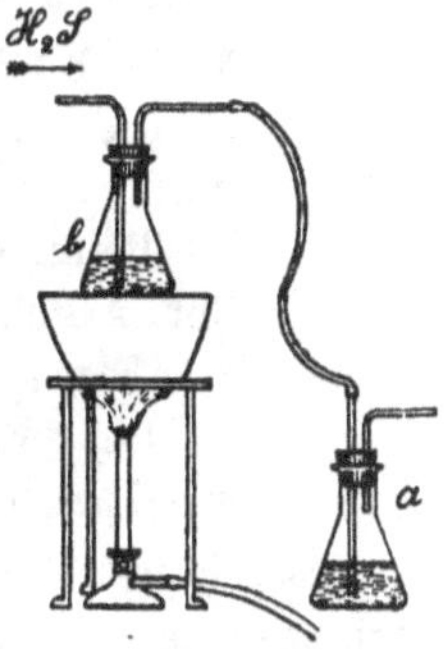

Fig. 112.

Die beiden auf nassem Wege darstellbaren Sulfide des Arsens, As_2S_3 und As_2S_5, sind deswegen für den Chemiker so wichtig, weil man sie zur Erkennung, Abscheidung und Trennung des Arsens von anderen Metallen benutzt und weil auch bei gerichtlichen Untersuchungen das Arsen in dieser Form abgeschieden wird. Es spielt daher das Verhalten dieser Niederschläge gegen gewisse Agentien, wie Säuren, Alkalien, Schwefelalkalien und Schwefelammonium eine nicht unwichtige Rolle.

Versuch 334. a) Ein frisch dargestellter Niederschlag von Arsentrisulfid wird abgesaugt, sorgfältig ausgewaschen und dann in wenig Wasser suspendiert, so daß man einen dünnflüssigen Brei erhält. Eine Probe davon wird in einem Kelchglas mit verdünnter Natronlauge übergossen. Sie geht sofort in Lösung.

Die Lösung des Arsentrisulfids beruht in diesem Falle auf der Bildung von Natriumarsenit und Natriumsulfarsenit:

$$As_2S_3 + 6NaOH = Na_3AsO_3 + Na_3AsS_3 + 3H_2O.$$

Wird das Trisulfid mit Natriumsulfidlösung behandelt, so entsteht ausschließlich Natriumsulfarsenit:

$$As_2S_3 + 3Na_2S = 2Na_3AsS_3.$$

b) Eine Probe der Suspension wird mit einer wäßrigen Natriumsulfidlösung übergossen: Sofort Lösung!

Wird endlich gelbes Schwefelammonium verwendet, so bildet sich durch Anlagerung des gelösten Schwefels an das Sulfarsenit Sulfarseniat:

$$As_2S_3 + 3(NH_4)_2S + 2S = 2(NH_4)_3AsS_4.$$

c) Die dritte Probe der As_2S_3-Suspension wird mit gelbem Schwefelammonium übergossen: Klare Lösung!

Die Erscheinungen, die beim Ansäuern der bei den Versuchen a, b, c entstandenen Lösungen auftreten, sind verschieden.

Versuch 335. Die bei a erhaltene Lösung wird mit verdünnter Salzsäure angesäuert. Es fällt Arsentrisulfid aus, ohne daß Schwefelwasserstoff entweicht.

Beim Ansäuern der Lösung b dagegen beobachtet man außer der Abscheidung des gelben Niederschlags von As_2S_3 die Entwicklung von Schwefelwasserstoff.

Bei c endlich wird beim Ansäuern gleichfalls Schwefelwasserstoff erhalten, daneben aber gelbes Arsenpentasulfid gefällt.

Man kann die beobachteten Erscheinungen aus folgenden Gleichungen ohne weiteres ablesen:

1. $Na_3AsO_3 + Na_3AsS_3 + 6HCl = 6NaCl + \mathbf{As_2S_3} + 3H_2O.$
2. $2Na_3AsS_3 + 6HCl = 6NaCl + \mathbf{3H_2S} + \mathbf{As_2S_3}.$
3. $2Na_3AsS_4 + 6HCl = 6NaCl + \mathbf{3H_2S} + \mathbf{As_2S_5}.$

13. Sauerstoffverbindungen des Antimons und sich davon herleitende Säuren.

Es existieren 3 Oxyde des Antimons:

Sb_2O_3 . . . . Antimontrioxyd.
Sb_2O_4 . . . . Antimontetroxyd.
Sb_2O_5 . . . . Antimonpentoxyd.

Antimontrioxyd Sb_2O_3 bildet sich beim Verbrennen von Antimon an der Luft. Erhitzt man es aber längere Zeit an der Luft oder im Sauerstoff, so nimmt es noch Sauerstoff auf und verwandelt sich in das Tetroxyd Sb_2O_4. Dieses wird auch beim Erhitzen von Antimonpentoxyd Sb_2O_5 erhalten. Die Verhältnisse liegen demnach folgendermaßen:

$$Sb_2O_3 \xrightarrow{+O} Sb_2O_4 \xleftarrow{-O} Sb_2O_5 .$$

Dem Antimontrioxyd entspricht ein Hydroxyd:

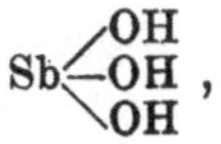

das antimonige Säure heißt und sehr leicht in die wasserärmere meta-antimonige Säure:

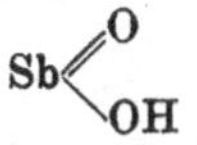

übergeht, von der sich die Salze der antimonigen Säure ableiten. Es sind dies demnach Metaantimonite.

Der metallische Charakter des Antimons prägt sich darin aus, daß die antimonige Säure auch basische Eigenschaften besitzt und daher auch mit Säuren Salze bildet. Von diesen sind z. B. zu nennen:

Antimonsulfat . . . . $Sb_2(SO_4)_3$,
Antimonnitrat . . . . $Sb(NO_3)_3$.

Durch Wasser werden diese Salze indessen hydrolytisch gespalten, d. h. die Säurereste werden herausgeworfen und dafür Sauerstoff in das Molekül eingeführt.

Eines der bekanntesten Antimonsalze ist der Brechweinstein, in welchem sich die Gruppe —Sb=O, das Antimonyl, außerdem Kalium an Weinsäure gebunden findet. Brechweinstein ist Kaliumantimonyltartrat:

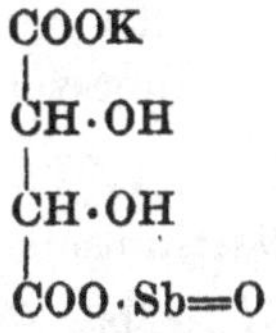

Die vom Antimonpentoxyd ableitbaren Säuren:

H_3SbO_4 . . . . Antimonsäure,
$H_4Sb_2O_7$ . . . . Pyroantimonsäure,
$HSbO_3$ . . . . Metaantimonsäure,

sind in freiem Zustande kaum bekannt. Dagegen kennen wir Salze von ihnen. Insbesondere das saure pyroantimonsaure Kalium:

$$K_2H_2Sb_2O_7$$

spielt eine nicht unwichtige Rolle in der Analyse. Man kann es zum Nachweis von Natrium benutzen, da dessen Salz mit Pyroantimonsäure: $Na_2H_2Sb_2O_7$ nahezu unlöslich ist.

14. Schwefelverbindungen des Antimons.

Von den beiden Sulfiden, die das Antimon zu bilden vermag: Sb_2S_3 und Sb_2S_5, kommt das erstere in prächtig krystallinischer Form als Grauspießglanz in der Natur vor. Als schön ziegelrot gefärbten Niederschlag erhält man dieselbe Verbindung aus einer salzsauren Lösung von Antimonchlorid mit Schwefelwasserstoff.

Versuch 336. Zu einer salzsauren Lösung von Antimontrichlorid gibt man Schwefelwasserstoffwasser hinzu. Es fällt sofort ein leuchtend roter Niederschlag von Antimontrisulfid aus.

Da auch dieses Sulfid — wie die entsprechenden Verbindungen des Arsens — wegen der Verbreitung des Antimons in zahlreichen Mineralien häufig zur Untersuchung kommt, so ist die Kenntnis seines Verhaltens gegen die bereits bei den Arsensulfiden erwähnten Reagentien von Wichtigkeit.

Versuch 337. a) Eine Probe eines frisch dargestellten, abfiltrierten, ausgewaschenen und in wenig Wasser suspendierten Antimontrisulfidniederschlags wird mit starker Salzsäure übergossen. Das Sulfid löst sich unter Schwefelwasserstoffentwicklung (vgl. S. 74) auf.

b) Eine zweite Probe wird mit einer Lösung von Natriumsulfid verrührt. Sie geht in Lösung.

c) Eine dritte Probe wird mit gelbem Schwefelammonium versetzt. Sie löst sich darin leicht auf.

Die Ursache der Lösung ist bei den Versuchen b und c genau dieselbe, wie beim Arsen; sie besteht in der Bildung von Salzen der sulfoantimonigen und der Sulfoantimonsäure:

$Sb_2S_3 + 3Na_2S = 2Na_3SbS_3$ (Natriumsulfantimonit).

$Sb_2S_3 + 3(NH_4)_2S + 2S = 2(NH_4)_3SbS_4$ (Natriumsulfantimoniat).

Unter den Salzen der Sulfoantimonsäure ist die Natriumverbindung:

$$Na_3SbS_4 \cdot 9H_2O,$$

die den Namen Schlippe'sches Salz trägt, durch besondere Krystallisationsfähigkeit ausgezeichnet.

Wird ein Sulfantimoniat mit einer Säure behandelt, so fällt ein orangeroter Niederschlag aus, der die Zusammensetzung Sb_2S_5 besitzt und Antimonpentasulfid oder Goldschwefel genannt wird:

$$2Na_3SbS_4 + 6HCl = 6NaCl + Sb_2S_5 + 3H_2S.$$

Antimonpentasulfid findet praktische Anwendung einmal als pharmazeutisches Präparat, ferner als Zusatz zum Kautschuk, da es die Vulkanisierung, d. h. die Aufnahme von Schwefel, erleichtert.

15. Oxyde des Kohlenstoffs.

In der ungeheuren Schar von Kohlenstoffverbindungen, die zurzeit auf etwa 200 000 zu beziffern ist, finden sich nur drei einfache Oxyde des Kohlenstoffs:

CO_2 . . . . Kohlendioxyd.
CO . . . . Kohlenoxyd.
C_3O_2 . . . . Kohlensuboxyd.

A. Kohlendioxyd CO_2 und Kohlensäure H_2CO_3.

Der Gehalt der atmosphärischen Luft an Kohlendioxyd, der in weit zurückliegenden Zeitperioden zweifellos erheblich größer war, als in der Gegenwart, ist nur gering. Er beträgt im Durchschnitt etwa 0,04 %. Trotzdem ist diese geringe Quantität für den Lebensprozeß der grünen Gewächse von großer Bedeutung, da sie imstande sind, das Kohlendioxyd zu assimilieren und alle für ihre Entwicklung nötigen organischen Verbindungen daraus aufzubauen.

Kohlendioxyd bildet sich auf die mannigfaltigste Art und Weise und bei den verschiedensten Prozessen.

So entsteht es beim Verbrennen von Kohle oder reinem Kohlenstoff in Sauerstoff:

$$C + O_2 = CO_2.$$

Versuch 338. Wiederholung des Versuchs 5: Verbrennung von Holzkohle in Sauerstoff. Nach beendigter Verbrennung gießt man in das Reaktionsgefäß einige Kubikzentimeter klares Barytwasser: Sofort Trübung und Abscheidung von Baryumcarbonat!

Ebenso bildet es sich bei der Verbrennung von Kohlenstoffverbindungen der verschiedensten Art, wird daher in reichlicher Menge aus Feuerungsanlagen oder beim Brennen von Kerzen oder Gasflammen erhalten.

Versuch 339. Man stülpt zwei leere und nicht zu enge Glaszylinder über eine brennende Kerzen- und eine Bunsenflamme, verschließt die Zylinder schnell durch Glasplatten und gießt in beide etwas Barytwasser. Beim Umschütteln damit tritt in beiden Zylindern eine weiße Fällung von Baryumcarbonat auf.

Auch beim menschlichen und tierischen Atmungsprozeß wird durch die Verbrennung der in den Nahrungsstoffen enthaltenen Kohlenstoffverbindungen Kohlendioxyd in reichlicher Menge erzeugt.

Versuch 340. Mit Hilfe eines an einen Gummischlauch befestigten Glasrohres bläst man mit dem Munde kurze Zeit Luft in klares Barytwasser, das sich in einem Kelchglase befindet. Nach wenigen Augenblicken trübt sich dieses durch Abscheidung von Baryumcarbonat.

Bei der vollständigen Verbrennung des Kohlenstoffs und sämtlicher Kohlenstoffverbindungen wird also stets Kohlendioxyd gebildet. Dieses ist daher ein regelmäßiger Bestandteil der Feuerungsgase und kann daraus gewonnen werden, doch ist das so dargestellte Gas wegen des Stickstoffgehaltes der Luft nicht rein.

Die Darstellung reinen Kohlendioxydes beruht auf einem anderen Prinzipe.

Kohlendioxyd verbindet sich nämlich mit Basen zu kohlensauren Salzen, sogenannten Carbonaten, z. B. mit Calciumoxyd zum Calciumcarbonat:

$$CaO + CO_2 = CaCO_3.$$

Solche Carbonate finden sich nun in der Natur in ungeheuren Mengen; z. B. bestehen Kalkstein, Marmor und Kreide aus Calciumcarbonat; Dolomit stellt ein isomorphes Gemisch von Calcium- und Magnesiumcarbonat dar. Auch die Schalen der Eier, Schnecken, Austern u. dergl. enthalten als Hauptbestandteil Calciumcarbonat.

Alle diese Stoffe werden nun in der gleichen Art durch Säuren zersetzt: Es entweicht unter Aufbrausen gasförmiges Kohlendioxyd.

Versuch 341. Man übergieße in drei Kelchgläsern

a) einige Marmorstückchen,

b) zerkleinerte Eierschalen,

c) eine wäßrige Lösung von Natriumcarbonat

mit verdünnter Salzsäure. In sämtlichen drei Fällen wird unter Aufschäumen ein Gas abgespalten, das sich leicht als Kohlendioxyd charakterisieren läßt.

Die bei der Einwirkung von Säuren auf Carbonate zunächst zu erwartende Säure H_2CO_3, die Kohlensäure, ist nicht beständig; sie zerfällt sofort in Wasser und ihr Anhydrid, das als Gas entweicht:

$$1.\ CaCO_3 + 2HCl = CaCl_2 + H_2CO_3,$$

$$2.\ H_2CO_3 = H_2O + CO_2.$$

Diese Reaktion spielt sich so glatt ab, daß sie sich zu einer äußerst bequemen Darstellung des Kohlendioxydes eignet.

Versuch 342. Ein Kipp'scher Apparat (vgl. S. 19) wird mit haselnußgroßen Stücken Marmor und starker Salzsäure beschickt. Sobald die Säure zu dem Marmor gelangt, setzt eine sehr stürmische Entwicklung von Kohlendioxyd ein, das man in üblicher Weise in mit Wasser gefüllten Zylindern in der pneumatischen Wanne auffangen kann.

Eigenschaften des Kohlendioxyds.

Kohlendioxyd ist ein farb- und geruchloses Gas, das einen säuerlich-prickelnden Geschmack besitzt und in Wasser nicht unbeträchtlich löslich ist.

Es ist nicht nur nicht brennbar, sondern vermag ebensowenig wie Stickstoff die Verbrennung anderer Stoffe zu unterhalten.

Versuch 343. Man füllt mit Hilfe des Kipp'schen Kohlensäureentwicklungsapparats einen Zylinder mit Kohlendioxyd und senkt eine an einem unten umgebogenen Eisendraht befestigte, brennende Kerze hinein. Sie erlischt sofort!

Aus diesem Grunde wirkt Kohlendioxyd erstickend auf Tiere und Menschen ein, obwohl ihm direkt giftige Eigenschaften, wie sie etwa Chlor oder Stickstoffdioxyd besitzen, nicht zukommen.

Kohlendioxyd ist ein schweres Gas, dessen Gewicht etwa $1^1/_2$mal so groß ist, als das der atmosphärischen Luft.

Auf dieser Tatsache beruht die Erscheinung, daß das an manchen Stellen der Erdoberfläche aus Spalten hervorströmende Kohlendioxyd sich als schwere Schicht von verhältnismäßig geringer Höhe ausbreitet. Es kann sich dann ereignen, daß kleinere Tiere, wie z. B. Hunde, sobald sie in diese Gasschicht geraten, ersticken, während Menschen, die die Luft aus höheren Schichten entnehmen, ungehindert atmen können. Derartige Verhältnisse liegen z. B. in der Hundsgrotte bei Neapel vor, in welcher Kohlendioxyd aus dem Erdinnern quillt. Die Schwere des Kohlendioxyds läßt sich durch eine Reihe überzeugender Versuche beweisen.

Versuch 344. a) Man füllt mit dem Kipp'schen CO_2-Entwickler einen Zylinder mit dem Gase, verschließt ihn mit einer Glasplatte, dreht ihn mit der Öffnung nach oben um, entfernt die Glasplatte und gießt das Gas durch allmähliches Neigen des Zylinders in einen zweiten, leeren Zylinder um. Man kann in dem letzteren das umgefüllte Gas durch Barytwasser nachweisen!

b) Man hält einen größeren, mit Kohlendioxyd gefüllten Zylinder mit der Öffnung nach unten schräg gegen eine brennende Kerze. Der herausstürzende Gasstrom bringt sie sofort zum Erlöschen!

c) Man füllt ein sehr großes Gefäß, z. B. eine geräumige, hohe Glaswanne, mit Kohlendioxyd, das man für diesen Versuch zweckmäßig einer „Bombe" entnimmt, und senkt nun ein an einer Schnur befestigtes Becherglas mit der Öffnung nach oben hinein. Es zeigt sich, daß es nach wenigen Augenblicken mit Kohlendioxyd gefüllt ist, daß sich also mit dem Becherglas das Gas wie irgend eine Flüssigkeit aus dem größeren Reservoir ausschöpfen läßt. Man kann mit dem herausgeschöpften Kohlendioxyd z. B. eine Flamme „ausgießen" oder das Gas auf andere Weise charakterisieren.

d) Man bringt in ein größeres Glasgefäß einen treppenförmig gebogenen Blechstreifen, auf dem fünf bis sechs Kerzen angebracht sind. Unter den Blechstreifen mündet ein zweimal rechtwinklig gebogenes Glasrohr, das mit einem Kohlensäureentwickler in Verbindung steht. Man entzündet nun die Kerzen und läßt einen langsamen Strom von Kohlendioxyd in das Gefäß eintreten. Die Kerzen erlöschen allmählich der Reihe nach von unten nach oben.

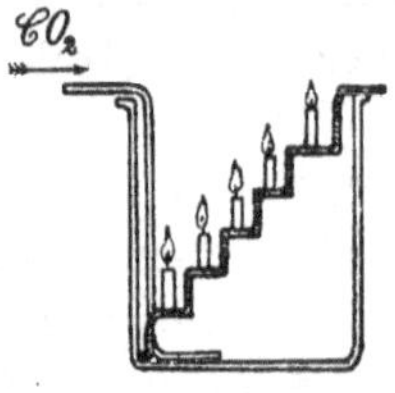

Fig. 113.

Kohlendioxyd läßt sich — wie dies früher auch am Chlor (vgl. S. 39), Ammoniak (vgl. S. 99) und am Schwefeldioxyd (vgl. S. 196) gezeigt worden ist — ziemlich leicht verflüssigen.

Wird das Gas auf 0° abgekühlt, so ist dazu ein Druck von 36 Atmosphären nötig. Bei niedrigerer Temperatur gelingt die Verflüssigung leichter, bei höherer schwieriger.

Über 31° läßt sich Kohlendioxyd indessen unter keinen Umständen verflüssigen. Diese Temperatur wird als die kritische bezeichnet. Sie ist für jedes Gas eine Konstante, aber für die einzelnen Gase ganz verschieden. Den Zustand des Gases bei der kritischen Temperatur nennen wir den kritischen, und ebenso wird der dabei herrschende Druck als kritischer bezeichnet.

Man kann also sagen: Die kritische Temperatur ist diejenige, oberhalb deren sich ein Gas durch keinen noch so gesteigerten Druck kondensieren läßt und der kritische Druck derjenige, durch den ein Gas kondensiert wird, wenn die Temperatur ein wenig unter die kritische erniedrigt wird.

Wird der Druck, der sich z. B. in einer Kohlensäurebombe über dem flüssigen Kohlendioxyd befindet, aufgehoben, so verwandelt sich dieses rasch in Gas. Dabei wird durch die schnelle Verdunstung so große Kälte erzeugt, daß die Temperatur bis auf — 78°, den Siedepunkt des Kohlendioxyds, sinkt.

Wird dagegen flüssiges Kohlendioxyd auf einer großen Oberfläche rasch verdunstet, so wird soviel Kälte erzeugt, daß ein Teil des Kohlendioxyds fest wird.

Versuch 345. Eine möglichst frisch gefüllte Kohlensäurebombe wird mit dem Ventil schräg nach unten in ein geeignetes Gestell eingehängt, auf das Ausmündungsrohr ein aus festem Tuch gearbeiteter Beutel oder Sack aufgebunden und das Ventil der Bombe rasch geöffnet. Das flüssige Kohlendioxyd wird in den Beutel hereingespritzt und das durch die rapide Verdunstung gebildete feste Kohlendioxyd darin zurückgehalten. Man schließt dann das Ventil wieder, bindet den Beutel los und schüttet die Kohlensäure schnell in einen Pappteller.

Man kann das feste Kohlendioxyd gefahrlos in die Hand nehmen, sofern man es nicht zwischen den Fingern preßt, da es von einer Dampfhülle umgeben ist, die die Haut vor der Berührung mit der kalten Substanz schützt.

An der Luft verwandelt sich das feste Kohlendioxyd sehr bald wieder in Gas.

Preßt man es durch Hammerschläge in einer geeigneten Form zusammen, so findet die Rückverwandlung in gasförmiges Kohlendioxyd viel langsamer statt.

Versuch 346. Man bringt in eine ausgehöhlte und mit Stempel versehene Holzform Kohlensäureschnee hinein und preßt ihn durch kräftige Hammerschläge zu einer dicken Pastille zusammen. Man kann diese 1—2 Stunden an der Luft aufbewahren, bis sie sich verflüchtigt hat.

Wegen seiner tiefen Temperatur eignet sich festes Kohlendioxyd vortrefflich zur Herstellung sehr wirksamer Kältemischungen.

Versuch 346. Man bringt in eine halbkugelige, auf einem Strohkranz stehende Eisenschale etwa 50 ccm Quecksilber, drückt einen unten zu einer Spirale umgebogenen, dicken Eisendraht hinein, überschichtet dann das Quecksilber mit viel Kohlensäureschnee und vermischt diesen mit Äther, so daß ein ziemlich dünnflüssiger Brei entsteht. — Nach wenigen Minuten ist das Metall erstarrt und läßt sich an dem Drahte als fester Block herausheben.

Die Löslichkeit von Kohlendioxyd in Wasser ist ziemlich beträchtlich. Sie ist abhängig von der Temperatur:

1 Volum Wasser löst	bei 0°	1,8 Vol. CO_2,
	bei 15°	1 ,, ,, ,
	bei 20°	0,9 ,, ,, .

Eine bei 0° mit dem Gase gesättigte, wäßrige Lösung des Gases gibt beim Kochen die gesamte Menge des Kohlendioxyds ab. Das kohlendioxydhaltige Wasser besitzt einen erfrischenden, prickelnden Geschnack, den wir auch bei den teils natürlichen, teils künstlichen Mineralwässen beobachten. Auch im Bier, im Weißbier, ferner im Schaumwein und Chanpagner ist es enthalten; es wird in diesen Getränken durch einen eigentümlichen Prozeß, den wir Gärung nennen, erzeugt und bleibt unter Druck in der betreffenden Flüssigkeit gelöst.

Die wäßrige Lösung des Kohlendioxydes enthält, wenn auch nur in äußerst geringer Menge, freie Kohlensäure, die sich nach der Gleichung:

$$CO_2 + H_2O = H_2CO_3$$

bildet. Kohlendioxyd ist demnach das Anhydrid der Kohleısäure.

Diese ist an und für sich keine besonders schwache Säure, sie vermag aber nur in äußerst geringen Konzentrationen zu existieren und zerfällt in überwiegender Menge in Wasser und das Anhydrid:

$$H_2CO_3 = H_2O + CO_2.$$

Von der Kohlensäure leiten sich zwei Reihen von Salzen: saure und neutrale Carbonate, ab; z. B. zwei Natriumsalze:

$$O = C\begin{matrix}\diagup O-H \\ \diagdown O-Na\end{matrix} \qquad O = C\begin{matrix}\diagup O-Na \\ \diagdown O-Na\end{matrix} .$$

Diese Salze entstehen direkt beim Zusammentreffen von Kohlendioxyd mit Natron- oder Kalilauge.

Versuch 348. Ein in einer Quecksilberwanne umgestülptes, mit Quecksilber gefülltes Rohr wird zu etwa $^3/_4$ mit reinem Kohlendioxyd gefüllt. Hierauf werden mittels einer gekrümmten Pipette einige Kubikzentimeter etwa $50^0/_0$ige Kalilauge hineingespritzt. Das Kohlendioxyd wird — besonders beim Schütteln des Rohres — rasch absorbiert, und das Quecksilber erfüllt bald wieder das Rohr.

Ist hierbei die Menge der Kalilauge groß, so bildet sich das neutrale, im umgekehrten Falle das saure Carbonat:

$$2KOH + CO_2 = K_2CO_3 + H_2O.$$
$$KOH + CO_2 = KHCO_3.$$

Die neutralen Carbonate sind im allgemeinen in der Hitze beständig (vgl. aber Calciumcarbonat, S. 331), die sauren unbeständig. Werden die letzteren erhitzt, so verwandeln sie sich unter Entwicklung von Kohlendioxyd in neutrale Carbonate, z. B.:

$$2NaHCO_3 = CO_2 + H_2O + Na_2CO_3.$$

Versuch 349. Etwas festes Natriumbicarbonat wird im Reagenzglas erhitzt und das bereits bei gelinder Wärme entwickelte Gas in klares Barytwasser geleitet: Abscheidung von Baryumcarbonat.

Von den neutralen Carbonaten sind die des Kaliums, Natriums und Ammoniums in Wasser leicht löslich, während die Carbonate aller anderen Metalle in Wasser so gut wie unlöslich sind. Darauf beruht die Abscheidung von Baryumcarbonat beim Einleiten von Kohlendioxyd in Barytwasser. Ebenso entsteht in Kalkwasser (vgl. S. 332) mit Kohlendioxyd zunächst eine Fällung von Calciumcarbonat, die sich aber beim weiteren Einleiten des Gases unter Bildung des sauren Salzes Calciumbicarbonat wieder löst:

$$1. \quad Ca\begin{matrix}\diagup OH \\ \diagdown OH\end{matrix} + CO_2 = CaCO_3 + H_2O ,$$

$$2. \quad CaCO_3 + CO_2 + H_2O = Ca(HCO_3)_2 .$$

Versuch 350. Man leitet einen nicht zu raschen Strom von Kohlendioxyd in klares Kalkwasser, das sich in einem hohen, engen Zylinder befindet: Abscheidung von Calciumcarbonat! Beim Verstärken des Kohlendioxydstromes löst sich der weiße Niederschlag unter Bildung des in Wasser leicht löslichen Calciumbicarbonats wieder auf.

Die entstandene Lösung des Calciumbicarbonats wird beim Erwärmen glatt zersetzt: Kohlendioxyd entweicht, und es bildet sich das beständige, in Wasser unlösliche Calciumcarbonat:

$$Ca(HCO_3)_2 = CaCO_3 + H_2O + CO_2.$$

Versuch 351. Die bei dem vorhergehenden Versuch erhaltene, klare Lösung wird in einem Kölbchen zum Sieden erhitzt und das entweichende Gas in Barytwasser geleitet. Es fällt Baryumcarbonat aus. Auch der Inhalt des Kölbchens trübt sich durch Abscheidung von Calciumcarbonat.

Die meisten Metallcarbonate lassen sich durch Umsetzung von Metallsalzlösungen mit einer wäßrigen Lösung von Natriumcarbonat als schwerlösliche Niederschläge gewinnen. Wenn auch die meisten von diesen die normale Zusammensetzung von neutralen Carbonaten besitzen, so gibt es doch auch manche Ausnahme, und es werden dabei nicht selten basische Carbonate von wechselnder Zusammensetzung ausgefällt (vgl. z. B. beim Kupfer S. 376, sowie beim Blei S. 422 usw.).

Wird ein festes oder gelöstes neutrales oder saures Carbonat mit irgend einer Säure zusammengebracht, so tritt unter allen Umständen die gleiche Erscheinung ein: es entweicht unter lebhaftem Aufbrausen Kohlendioxyd.

Versuch 352. Man versetzt Proben einer Natriumcarbonatlösung mit:

a) verdünnter Salzsäure,
b) Phosphorsäure,
c) schwefliger Säure,
d) Essigsäure.

In allen Fällen findet Aufschäumen und Entwicklung von Kohlendioxyd statt.

Interessant ist das Verhalten in Wasser gelöster Carbonate gegen Schwefelwasserstoff. Nach der Gleichung:

$$Na_2CO_3 + H_2S = H_2O + CO_2 + Na_2S$$

wird dabei allmählich Kohlendioxyd entwickelt und dafür Natriumsulfid gebildet.

Versuch 353. Durch zwei hintereinander geschaltete Kölbchen, von denen das erste eine Lösung von Natriumbicarbonat, das zweite Barytwasser enthält, leitet man Schwefelwasserstoff hindurch: Abscheidung von Baryumcarbonat!

Allein die Gleichung, die diesen Vorgang zur Anschauung bringt, ist eine umkehrbare und läßt sich auch folgendermaßen schreiben:

$$Na_2S + CO_2 + H_2O = Na_2CO_3 + H_2S.$$

Man beobachtet daher, daß Sulfide durch Kohlendioxyd unter Entwickelung von Schwefelwasserstoff zersetzt werden.

Versuch 354. Durch zwei Kölbchen, von denen das erste eine wäßrige Lösung von Natriumsulfid, das zweite eine solche von Bleinitrat enthält, leitet man einen kräftigen Strom von Kohlendioxyd durch: Abscheidung von schwarzem Schwefelblei.

Es ist dies ein zweites überzeugendes Beispiel für das chemische Massenwirkungsgesetz (vgl. S. 127).

Der Nachweis und die quantitative Bestimmung des Kohlendioxyds im freien Zustande wie auch der Carbonate ist eine an den Chemiker oftmals herantretende Aufgabe.

Qualitativ gelingt der Nachweis des freien Kohlendioxyds, auch wenn es in größerer Verdünnung vorliegt, in einfacher Weise mit Hilfe von Barytwasser durch die Bildung des in Wasser unlöslichen Baryumcarbonats.

Liegen Carbonate in festem oder gelöstem Zustande vor, so versetzt man mit einer Säure und prüft das entweichende Gas mit dem gleichen Reagens.

Die quantitative Bestimmung des Kohlendioxydes, die sehr häufig in Betracht kommt, richtet sich danach, ob das Gas in freiem oder gebundenem Zustande vorliegt.

Handelt es sich z. B. um die Bestimmung des Kohlendioxydgehalts von Mineralien, etwa von Magnesit oder Dolomit, so kann man sich einer im Prinzip höchst einfachen Methode bedienen, die darin besteht, daß man eine genau abgewogene Menge der zu prüfenden Substanz mit Säuren zersetzt und den Gewichtsverlust, der mit dem Entweichen des Kohlendioxyds verbunden ist, genau bestimmt.

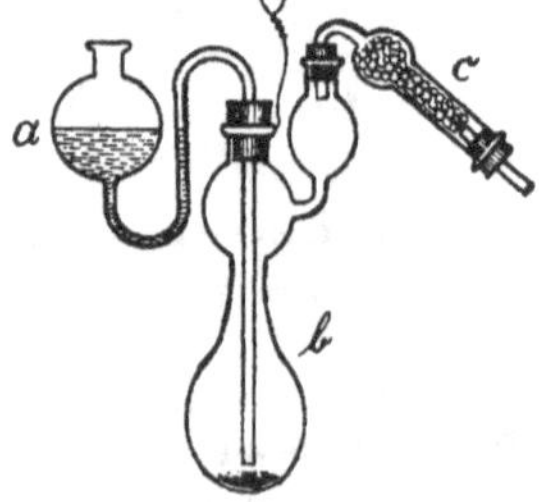

Fig. 114.

Versuch 355. Man saugt mittels eines Gummischlauches die in dem Trichterrohr *a* des gewogenen Bunsen'schen Apparates befindliche 5%ige Salzsäure in das Hauptgefäß *b*, in welches vorher etwa 1 g gepulverter Dolomit genau eingewogen worden ist. Das unter Aufbrausen entweichende Kohlendioxyd passiert das mit dem Apparat verbundene und mit diesem abgewogene Chlorcalciumrohr *c* und gibt dabei die mitgerissene Feuchtigkeit ab. — Sobald der Dolomit in Lösung gegangen ist, wird die Flüssigkeit gelinde erwärmt und mit dem

Munde vorsichtig von *c* aus Luft angesaugt, um die Reste des Kohlendioxyds aus dem Apparat zu entfernen. Durch Zurückwägen des Apparats erhält man den Gewichtsverlust, und aus diesem läßt sich dann ohne weiteres der Prozentgehalt des Minerals an Kohlendioxyd berechnen.

Die Bestimmung des Kohlendioxydgehaltes der atmosphärischen Luft und des Wassers beruht darauf, daß man abgemessene Volumina davon mit Normal-Barytwasser zusammenbringt und ermittelt, wieviel von diesem zur Bildung von Baryumcarbonat verbraucht wird.

Endlich spielt die quantitative Bestimmung des bei der Verbrennung organischer Verbindungen entstehenden Kohlendioxydes eine sehr wichtige Rolle.

Handelt es sich darum, die prozentuale Menge von Kohlenstoff und Wasserstoff in einer organischen Verbindung zu bestimmen, so wird die abgewogene Substanzmenge in einem „Schiffchen" in ein mit Kupferoxyd beschicktes „Verbrennungsrohr" gebracht, dieses mit einem „Chlorcalciumrohr" und mit einem mit Kalilauge gefüllten „Kaliapparat" verbunden und auf einem „Verbrennungsofen" erhitzt. Das glühende Kupferoxyd bewirkt dann die Oxydation der organischen Verbindung; der Kohlenstoff wird zu Kohlendioxyd, der Wasserstoff zu Wasser oxydiert und diese beiden Produkte in den vorher genau gewogenen Absorptionsapparaten, dem Chlorcalciumrohr und dem Kaliapparat, aufgefangen. Deren Gewichtszunahme ergibt die Menge des Kohlendioxydes und des Wassers, und hieraus läßt sich der Gehalt der ursprünglichen Substanz an Kohlenstoff und Wasserstoff in einfacher Weise berechnen.

Die Umwandlung von kohlenstoffhaltigen, sogenannten organischen Substanzen in Wasser und Kohlendioxyd ist ein Prozeß, der sich dauernd im großartigsten Maßstabe abspielt. Durch die in den Feuerungsanlagen zur Verbrennung gelangenden gewaltigen Mengen von Holz, Kohle und anderen Brennmaterialien werden ununterbrochen riesige Mengen von Kohlendioxyd in die Atmosphäre abgegeben. Weitere Mengen desselben Gases entstehen durch den tierischen Atmungsprozeß. Wenn man bedenkt, daß die Menge des von einem erwachsenen Menschen im Durchschnitt ausgeatmeten Quantums Kohlendioxyd etwa 860 g pro Tag beträgt, so kann man leicht eine Vorstellung davon gewinnen, um welch' ungeheure Mengen es sich bei dieser Kohlendioxydquelle handelt. Nimmt man die Zahl der menschlichen Bewohner der Erde zu ungefähr 2 Milliarden an, so würden von ihnen pro Tag 1720 Millionen Kilogramm Kohlendioxyd ausgeatmet. Dazu kommt noch das von den Tieren ausgeatmete Kohlendioxyd.

Daher ist Kohlendioxyd ein regelmäßiger Bestandteil der atmosphärischen Luft, die davon etwa 0,03—0,04 % enthält. Daß es sich trotz der ungeheuren Mengen, die sich ununterbrochen bilden, darin nicht anreichert, liegt daran, daß die Pflanzen unter der Mitwirkung des Chlorophyllfarbstoffes im hellen

Lichte dieses Gas zu „assimilieren“ vermögen und daraus die organischen Stoffe fabrizieren, die sie zur Ausbildung ihrer Organe gebrauchen.

Die Bildung von Kohlendioxyd durch Verbrennungsprozesse und die tierische Atmung einerseits und Absorption durch die grünen Pflanzen andererseits halten sich nahezu das Gleichgewicht, so daß der Kohlendioxydgehalt der Luft ziemlich konstant ist, vor allem auf dem Meere. Weniger inmitten einer üppigen Vegetation oder in sehr volkreichen Städten.

Auch in schlecht ventilierten und überfüllten Wohnräumen kann eine solche Anreicherung von Kohlendioxyd stattfinden, daß diese zum Wohnen untauglich werden.

B. Kohlenoxyd. CO.

Das sauerstoffärmere Kohlenoxyd läßt sich sehr leicht aus Kohlendioxyd durch Entziehung von Sauerstoff darstellen. Diese Reduktion gelingt z. B. beim Überleiten von Kohlendioxyd über glühende Holzkohlen:

$$CO_2 + C = 2CO.$$

Versuch 356. Man leitet einen durch Wasser gewaschenen und durch konzentrierte Schwefelsäure getrockneten Strom von Kohlendioxyd durch ein ziemlich weites Quarz- oder Porzellanrohr *a*, das mit kleinen Holzkohlestücken gefüllt ist und auf einem guten Verbrennungsofen *b* zur hellen Rotglut erhitzt wird. Das aus dem Rohr austretende Gas wird durch ein großes mit Natronkalk beschicktes U-Rohr *c* geleitet und schließlich in einem großen, mit Wasser gefüllten Zylinder *d* in der pneumatischen Wanne *e* aufgefangen.

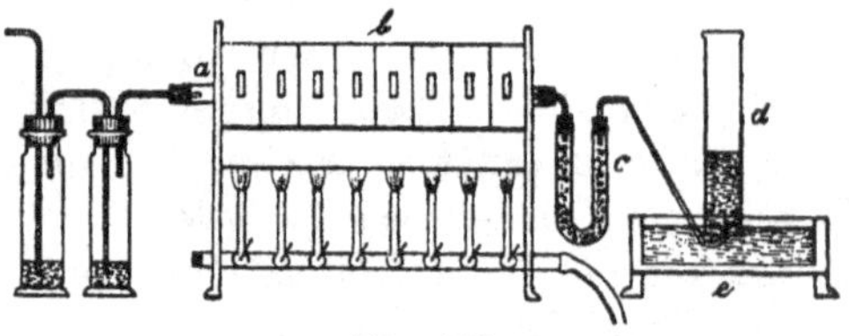

Fig. 115.

Einfacher und in ganz reinem Zustande läßt sich Kohlenoxyd durch Behandlung von Ameisensäure mit konzentrierter Schwefelsäure gewinnen:

$$H{-}C\begin{matrix}{\nearrow}O\\ {\searrow}OH\end{matrix} = H_2O + CO\ .$$

Versuch 357. Ein etwa 500 ccm fassender Destillierkolben wird zu $^1/_4$ mit konzentrierter Schwefelsäure gefüllt. Er ist durch einen Stopfen verschlossen, durch den ein mit wasserfreier Ameisensäure beschickter Tropftrichter hindurchführt. Man erhitzt nun die Schwefelsäure auf etwa 100° und läßt dann die Ameisensäure in nicht zu schnellem Tempo eintropfen. Die Entwicklung von

Kohlenoxyd setzt sofort sehr stürmisch ein, und man fängt das entweichende Gas, nachdem die Luft aus dem Kolben ausgetrieben ist, in der üblichen Weise über Wasser in der pneumatischen Wanne auf. Beim Anzünden eines damit gefüllten Zylinders verbrennt es mit schön blauer Flamme.

Eigenschaften des Kohlenoxyds.

Kohlenoxyd ist ein farb- und geruchloses, in Wasser kaum lösliches Gas, dessen Schmelzpunkt bei —207° liegt und das bei —190° siedet. Charakteristisch ist die kornblumenblaue Farbe, mit der das Gas verbrennt.

Sehr eigentümlich ist es, daß die Verbrennung von Kohlenoxyd an die Gegenwart sehr kleiner Mengen Wasser gebunden ist. Fehlt dieses absolut, so vermag Kohlenoxyd nicht zu brennen.

Versuch 358. Man füllt einen kleinen Glasgasometer *a* mit Kohlenoxyd und verbindet ihn mit einer Waschflasche mit konzentrierter Schwefelsäure *b* und daran anschließend mit einem großen, mit Chlorcalcium gefüllten U-Rohr *c*. An dieses ist durch ein kurzes, absolut trockenes Stück Gummischlauch ein gleichfalls ganz trockenes, unten umgebogenes Gasentbindungsrohr *d* angesetzt. Man läßt nun durch Öffnen des Gasometerhahns einen langsamen Strom von Kohlenoxyd durch die Trockengefäße hindurchgehen und entzündet das Gas, nachdem die Luft völlig verdrängt ist, so daß es mit einer etwa 1 cm hohen Flamme brennt.

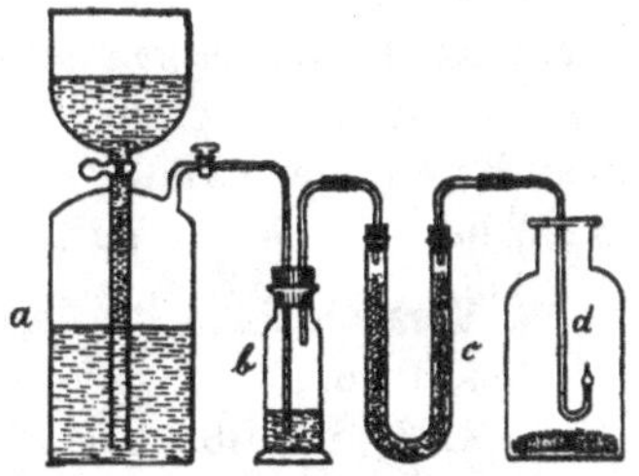

Fig. 116.

Senkt man nun das Gasentbindungsrohr mit der kleinen Kohlenoxydflamme in eine etwa 1 Liter fassende, zu $^1/_4$ mit Phosphorpentoxyd gefüllte Flasche, die mehrere Tage, ohne sie zu öffnen, gestanden hat, so erlischt sie sofort.

Vielleicht ist die Wirkung des Wassers so zu deuten, daß es den Sauerstoff überträgt, so daß sich die Verbrennung des Kohlenoxyds folgendermaßen abspielt:

$$2CO + H_2O = CO_2 + H_2,$$
$$2H_2 + O_2 = 2H_2O \text{ usw.}$$

Man hat auch sonst Beispiele, daß Reaktionen, die an sich leicht und glatt verlaufen, versagen, wenn sie unter völligem Ausschluß von Wasser stattfinden.

Der ungesättigte Charakter des Kohlenoxyds, der sich in der Formel:

$$>C=O$$

deutlich ausspricht, tritt in manchen Umsetzungen des Gases hervor.

So wird es von Sauerstoff unter Bildung des gesättigten Kohlendioxyds verbrannt:

$$2CO + O_2 = 2CO_2 .$$

Auch andere Oxydationsmittel vermögen es im selben Sinne anzugreifen. Besonders schnell und energisch wirkt eine mit Natriumacetat versetzte, verdünnte Lösung von Palladiumchlorür auf Kohlenoxyd ein. Als sichtbares Zeichen der Oxydation scheidet sich sehr fein verteiltes, tiefschwarzes Palladium aus. Man kann diese Reaktion auch zur Erkennung kleiner Mengen von Kohlenoxyd bequem verwerten.

Charakteristisch für Kohlenoxyd ist seine Neigung, sich mit Cuprochlorid CuCl zu einem krystallinischen Additionsprodukte von der Zusammensetzung:

$$2CuCl . CO . 2H_2O$$

zu verbinden, dessen glatte Bildung man in der Gasanalyse benutzt, um Kohlendioxyd aus Gasgemischen, wie z. B. Leuchtgas, herauszuschaffen.

Dieses Additionsprodukt ist aber nur locker gefügt. Bereits bei gelindem Erwärmen zerfällt es wieder in seine Bestandteile, so daß sich auf diese Weise sehr leicht ganz reines Kohlenoxyd darstellen läßt.

Versuch 359. Man sättigt zunächst bei 0° eine frisch dargestellte ammoniakalische Cuprochloridlösung mit Kohlenoxyd, gießt die Flüssigkeit in ein Kölbchen, das durch ein Gasentbindungsrohr mit der pneumatischen Wanne in Verbindung steht und erhitzt gelinde. Die Entwicklung des Kohlenoxyds verläuft schnell und glatt, und man kann das entweichende Gas in einem mit Wasser gefüllten Zylinder auffangen und durch die Brennbarkeit mit blauer Flamme oder durch die Reduktion einer Palladiumchlorürlösung als Kohlenoxyd charakterisieren.

Auch die große Giftigkeit des Kohlenoxyds ist eine Folge seines ungesättigten Charakters. Es hat eine solche Neigung, sich mit dem Hämoglobin des Blutes zu verbinden, daß es sogar den Sauerstoff aus dem Oxyhämoglobin verdrängt und sich an dessen Stelle setzt. Dadurch wird das Hämoglobin außer Stand gesetzt, den für den Lebensprozeß wichtigen Sauerstoff zu fixieren. Außerdem ist Kohlenoxyd auch noch ein schweres Nervengift, dessen gefährliche Wirkungen sich selbst in großer Verdünnung geltend machen.

In Vergiftungsfällen läßt sich der Nachweis des Kohlenoxyds auf spektralanalytischem Wege leicht durchführen.

Versuch 360. Von frischem, sehr verdünntem Ochsenblut wird ein Teil mit Kohlenoxyd gesättigt, ein anderer unverändert gelassen. Beide Portionen werden sorgfältig filtriert, mit Schwefelammonium versetzt, in Reagenzgläser gefüllt und diese mit Gummistopfen verschlossen.

Zur Prüfung auf Kohlenoxyd bringt man die beiden Proben nacheinander — von einem guten Auerbrenner scharf beleuchtet — vor den Spalt eines Spektralapparats.

Es zeigt sich folgendes: Die Probe, die das nicht vergiftete Blut enthält, liefert ein Absorptionsspektrum, das durch eine sehr breite, dunkle Bande ausgezeichnet ist.

Dagegen zeigen sich bei der Betrachtung der vergifteten Blutprobe zwei durch einen schmalen Zwischenraum getrennte, dunkle Banden.

Die Erklärung für den Unterschied im Aussehen der beiden Absorptionsspektren, der um so auffälliger ist, als die Spektra des Oxyhämoglobins und des Kohlenoxydhämoglobins miteinander nahezu gleich sind, liegt darin, daß das Oxyhämoglobin durch die Behandlung mit Schwefelammonium verändert, nämlich reduziert, dagegen das Kohlenoxydhämoglobin nicht angegriffen wird.

Vergiftungen durch Kohlenoxyd kommen häufig vor, da sich das Gas stets dann bildet, wenn Kohlen bei zu ihrer völligen Verbrennung ungenügendem Luftzutritt verbrennen. So entwickelt sich das Gas in offenstehenden Kohlenbecken; es kann ferner aus Öfen bei geschlossener Ventilationsklappe entweichen. Endlich ist es, wie bereits früher gezeigt worden ist (vgl. S. 144), ein regelmäßiger Bestandteil des Leuchtgases, das bis zu 12% davon enthalten kann.

Kohlenoxyd ist auch ein Hauptbestandteil des zu Heizzwecken viel benutzten, wichtigen Wassergases, das durch Einwirkung von Wasserdampf auf glühende Kohlen dargestellt wird und aus einem Gemisch von Kohlenoxyd und Wasserstoff besteht:

$$C + H_2O = CO + H_2 .$$

Versuch 361. Ein mit Holzkohlestückchen gefülltes kürzeres Quarzrohr *a* wird auf einem Verbrennungsofen *b* zur hellen Rotglut erhitzt. Auf der einen Seite ist das Rohr mit einem Gasentbindungsrohr *c* und der pneumatischen Wanne *d*, auf der anderen Seite mit einem rechtwinklig aufwärts gebogenen

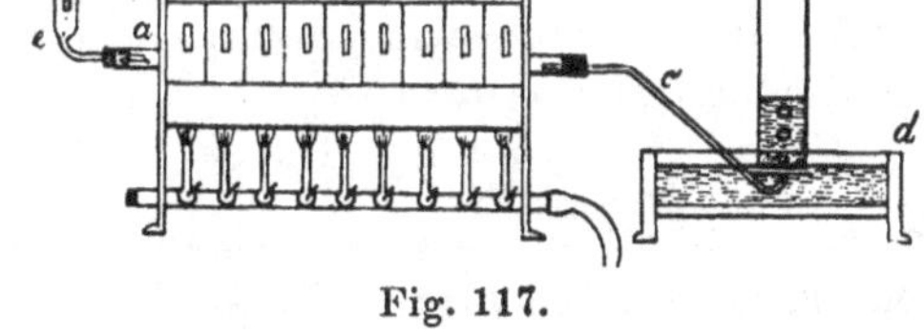

Fig. 117.

Vorstoß *e* verbunden, der einen Gummistopfen mit einem mit Wasser gefüllten Tropftrichter *f* trägt. Man läßt nun das Wasser langsam in das schräg abwärts gerichtete, glühende Rohr eintropfen, wobei sich ein Gas entwickelt, das durch Brennbarkeit und die Farbe der Flamme seinen hohen Gehalt an Kohlenoxyd verrät!

C. Kohlensuboxyd. C_3O_2.

Die Zusammensetzung des Kohlensuboxyds C_3O_2 läßt erkennen, daß es noch sauerstoffärmer ist, als Kohlenoxyd. Es wird aus einer organischen Säure, der Malonsäure, durch Abspaltung von 2 Molekülen Wasser gewonnen:

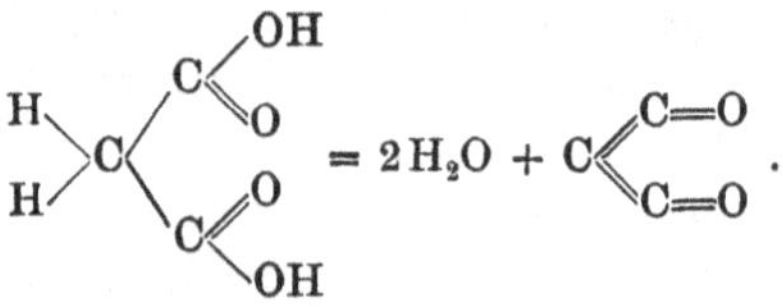

Versuch 362. 1 g sehr fein pulverisierte Malonsäure wird mit 5 g staubtrockenem Phosphorpentoxyd durch Schütteln in einem Reagenzglas gemischt und das Gemenge in einem gut wirkenden Brenner schnell erhitzt. Die Masse färbt sich dunkelbraunschwarz, und aus dem Reagenzglas entweichen Dämpfe, die infolge der Anwesenheit von Kohlensuboxyd außerordentlich stark zu Tränen reizen!

Kohlensuboxyd bildet bei gewöhnlicher Temperatur ein farbloses Gas, das sich leicht verflüssigen läßt, bei -100^0 schmilzt und bei $+7^0$ siedet. Sehr charakteristisch ist der äußerst heftige, an Senf erinnernde, zu Tränen reizende Geruch des Gases.

Kohlensuboxyd wirkt eingeatmet stark giftig.

Es brennt mit einer leuchtenden, von blauem Saum umgebenen Flamme.

Mit Wasser reagiert es sehr leicht und schnell unter Rückbildung von Malonsäure:

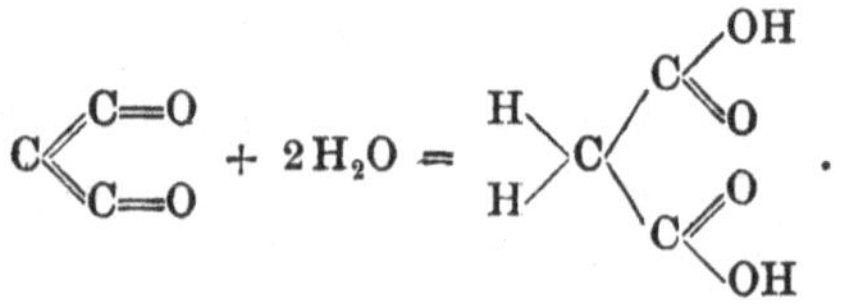

Es hat also die Eigenschaften eines Säureanhydrides (vgl. S. 182). In der Hitze wird Kohlensuboxyd unter Bildung von Kohlenoxyd und Kohlenstoff zersetzt:

$$C_3O_2 = 2CO + C\ .$$

Der letztere scheidet sich dabei als schöner Spiegel aus (vgl. Arsen- und Antimonspiegel, S. 126 und S. 129).

Versuch 363. Man leitet die Dämpfe von etwas verflüssigtem Kohlensuboxyd durch ein mehrfach verjüngtes Rohr hindurch und erhitzt dieses vor einer Verjüngung. Es scheidet sich dann ein glänzender Kohlenspiegel ab, während gleichzeitig Kohlenoxyd aus dem Rohr austritt und sich die leuchtende Kohlensuboxydflamme in die blaue des brennenden Kohlenoxyds verwandelt.

16. Thermochemische Betrachtungen.

Wenn man Kohle zu Kohlenoxyd oder Kohlendioxyd verbrennt, so geschieht dies unter einer beträchtlichen Entwicklung von Wärme. Auch fast alle anderen chemischen Reaktionen sind entweder mit einer mehr oder minder lebhaften Wärmeentwicklung verbunden oder bedürfen für ihren Verlauf einer Zufuhr von Wärme. Die Aufgabe der Thermochemie ist es, das Maß dieser Wärmebeträge zu bestimmen, daraus entsprechende Schlüsse zu ziehen und theoretische Gesetze abzuleiten.

Zur Bestimmung der bei chemischen Reaktionen in Betracht kommenden Wärmequantitäten bedient man sich als Maß der Kalorie, d. h. der Wärmemenge, die nötig ist, um 1 kg Wasser von 15° auf 16° zu erwärmen.

In diesem Wärmemaß gemessen, ergibt sich, daß bei der Verbrennung von:

1 g Kohle	8,1 Kalorien
1 g Stärke	4,2 ,,
1 g Cellulose	4,2 ,,

entwickelt werden.

Weit größere Bedeutung werden die Werte dieser „Verbrennungswärmen" erlangen, wenn man sie nicht auf beliebige, sondern auf molekulare Mengen bezieht, z. B. auf 1 Grammolekül Kohlendioxyd.

Die Gleichung:

$$C + O_2 = CO_2,$$

welche besagt, daß bei der Verbrennung von 12 g Kohlenstoff mit 32 g Sauerstoff 44 g Kohlendioxyd entstehen, entspricht wohl dem Gesetze von der Erhaltung des Stoffes, aber nicht dem von der Erhaltung der Energie, denn es werden bei diesem Vorgange noch 96,9 Kalorien entwickelt.

Vollständig wird daher die Gleichung, die die Bildung von Kohlendioxyd aus Kohlenstoff und Sauerstoff darstellen soll, erst in folgender Form:

$$C + O_2 = CO_2 + 96{,}9 \text{ Kal.}$$
$$12\,g + 32\,g = 44\,g + 96{,}9 \text{ Kal.}$$

Thermochemisch läßt sich dieser etwas komplizierte Ausdruck wesentlich vereinfachen und in folgendes Symbol zusammenfassen:

$$C,O_2 = 96{,}9 \text{ Kal.}$$

Man bezeichnet die Anzahl von 96,9 Kal. als Bildungswärme des Kohlendioxyds aus den Elementen.

Betrachtet man eine Anzahl von Bildungswärmen verschiedener Stoffe etwas genauer, so lassen sich nicht unwichtige Schlußfolgerungen ziehen:

	C,O	= + 28,5 Kal.
	C,O_2	= + 96,9 ,,
	CO,O	= + 68,4 ,,
(dampfförmig)	H_2,O	= + 57,2 ,,
(flüssig)	H_2,O	= + 68,3 ,,
	H,Cl	= + 22,0 ,,
	H,Br	= + 8,4 ,,
	H,J	= − 6 ,,

Man sieht zunächst, daß für die Bildungswärme des Kohlendioxyds derselbe Wert erhalten wird, gleichgültig, ob man 1 Atom Kohlenstoff direkt in CO_2 verwandelt oder zunächst Kohlenstoff in Kohlenoxyd überführt und dieses dann zu CO_2 oxydiert:

$$C,O_2 = 96,9 \text{ Kal.}$$
$$C,O + CO,O = 28,5 + 68,4 = 96,9 \text{ Kal.}$$

Es ist dies ein Beispiel für ein thermochemisches Gesetz von allgemeiner Gültigkeit.

Weiter ergibt sich, daß auch der Aggregatzustand des Reaktionsproduktes bei der Messung der entwickelten Wärmemenge zu berücksichtigen ist. Denn während z. B. die Bildungswärme von Wasserdampf von 100° 57,2 Kalorien beträgt, ist die der gleichen Menge flüssigen Wassers 68,3, weil noch die Kondensationswärme beim Übergang von Wasserdampf in flüssiges Wasser hinzukommt.

Endlich sieht man, daß zwar die meisten der in der Tabelle aufgeführten Reaktionen unter Wärmeabgabe verlaufen, daß aber bei der Bildung des Jodwasserstoffs Wärme verbraucht, also der Umgebung entzogen wird.

Bezeichnet man ganz allgemein den bei irgend einem chemischen Vorgang beobachteten kalorischen Effekt mit Wärmetönung, so hat man zu unterscheiden zwischen Vorgängen mit positiver und solchen mit negativer Wärmetönung. Erstere heißen auch exothermische, letztere endothermische Reaktionen.

Da bei der Bildung exothermischer Verbindungen Wärme entwickelt wird, also die Reaktionsprodukte einen geringeren Energiegehalt besitzen, als die Ausgangsstoffe, so sind sie im allgemeinen sehr stabil, und es bedarf zu ihrer Zerlegung großer Energiemengen.

Bei der Entstehung der endothermischen Verbindungen dagegen wird Wärme aufgenommen. Die Reaktionsprodukte sind daher energiereicher, als die Ausgangsstoffe und daher mehr oder minder geneigt, unter Betätigung der in ihnen aufgestapelten Energie zu zerfallen. Man kann daher sagen, daß im großen und ganzen die endothermischen Verbindungen wenig beständig, häufig sogar, wie die eigentlichen Explosivstoffe, äußerst labil sind, so daß die geringste Anregung genügt, die dem Molekül gewissermaßen aufgezwungene Energie auszulösen.

Die praktischen Methoden zur Bestimmung der Wärmetönungen.

Zur exakten Bestimmung zahlreicher kalorischer Effekte, wie z. B. der Lösungs-, Neutralisations- und Dissoziationswärme, eignen sich empfindliche Kalorimeter, wie z. B. das bereits beschriebene Bunsen'sche Eiskalorimeter.

Handelt es sich aber um die Bestimmung der Verbrennungswärme einer organischen Verbindung, d. h. derjenigen Wärmemenge, die bei der vollständigen Verbrennung der betreffenden Substanz entwickelt wird, so bedient man sich der Berthelot'schen Bombe.

Diese besteht aus einem aus zwei aufeinanderschraubbaren Hälften bestehenden, stählernen, innen mit Platin ausgekleideten Gefäß *a*. Durch den Deckel sind — voneinander und von dem Metall des Bombengefäßes isoliert — zwei Stromzuführungen *b* und *c* eingesetzt, die im Inneren der Bombe aus Platin bestehen. Auf den einen dieser Metallstäbe ist ein kleines becherförmiges Gefäß *d* aus Platin aufgesetzt. Die beiden Stromzuführungen sind kurz oberhalb des Platinbechers durch ein abgemessenes Stückchen spiralig aufgerollten, reinen Eisendrahtes *e* miteinander verbunden. Die Substanz, deren Verbrennungswärme bestimmt werden soll, muß auf das allersorgfältigste gereinigt werden und wird zweckmäßig zu einer festen Pastille zusammengepreßt, deren Gewicht genau bestimmt wird. Die Pastille wird dann in den Platinbecher gelegt, die Bombe fest verschraubt und nunmehr von der Seite her durch den Ansatz *e* Sauerstoff in die Bombe eingeleitet.

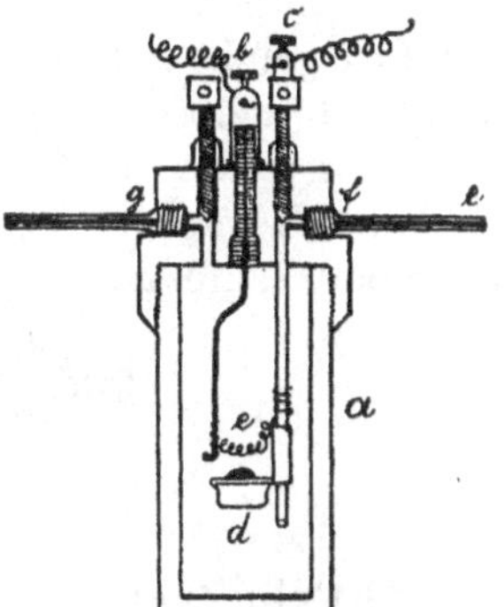

Fig. 118.

Sobald die Luft daraus verdrängt ist, wird die Öffnung *g* verschlossen und der Sauerstoffdruck im Inneren der Bombe auf 25 Atmosphären erhöht. Hierauf wird auch die Öffnung *f* abgeschlossen und die Bombe in ein mit Wasser gefülltes Kalorimeter eingesenkt. Die beiden Polklemmen werden mit einer geeigneten Stromquelle, z. B. einer Akkumulatorenbatterie, verbunden und durch anhaltendes Rühren mit einem durch Elektromotor betriebenen Rührwerk die Temperaturunterschiede ausgeglichen. Sobald sich der Stand des Quecksilbers in dem empfindlichen Thermometer nicht mehr ändert, wird der Strom eingeschaltet. Dadurch gerät der feine Eisendraht ins Glühen, schmilzt ab, und die glühenden Eisenkügelchen fallen auf die Pastille, die unter diesen Umständen in dem komprimierten Sauerstoff eine blitzartige Verbrennung erleidet. Die Verbrennungswärme wird auf die Wandungen der Bombe, von da auf das Wasser des Kalorimeters und endlich auf dieses selbst übertragen und macht sich durch ein Steigen des Quecksilberfadens im Thermometer bemerkbar.

Natürlich müssen derartige Bestimmungen, wenn sie genaue und brauchbare Werte liefern sollen, sehr sorgfältig ausgeführt, mancherlei Korrekturen angebracht und auf die Vermeidung von allerlei Fehlerquellen geachtet werden.

17. Einige einfache, zum Kohlendioxyd und Kohlenoxyd in Beziehung stehende Kohlenstoffverbindungen.

A. Phosgen. $COCl_2$.

Beim Zusammentreffen von Chlor mit Kohlenoxyd im hellen Lichte vereinigen sich die beiden Stoffe zu einem heftig und erstickend riechenden Gase, das (von den griechischen Worten φώς = Licht und γεννάω = erzeuge) den Namen Phosgen erhalten hat:

$$CO + Cl_2 = COCl_2 .$$

Sein Siedepunkt liegt bei $+8^0$.

Man bringt es entweder verflüssigt in Bomben oder gelöst in Toluol, von dem es in reichlicher Menge aufgenommen wird, in den Handel.

Von Wasser wird Phosgen als Chlorid der Kohlensäure in Salzsäure und Kohlensäure zersetzt:

$$CO\begin{matrix} \diagup Cl \\ \diagdown Cl \end{matrix} + 2H_2O = 2HCl + H_2O + CO_2 .$$

B. Schwefelkohlenstoff. CS_2.

Schwefelkohlenstoff entsteht beim Überleiten von Schwefeldampf über glühende Kohlen:

$$C + S_2 = CS_2$$

und besitzt im unreinen Zustande einen sehr üblen Geruch. Zur Reinigung wird das Rohprodukt zweckmäßig mit Quecksilber geschüttelt und dann über weißem Wachs destilliert. Reiner Schwefelkohlenstoff bildet eine vollkommen farblose, schwere, das Licht stark brechende Flüssigkeit von nicht unangenehmem, ätherischem Geruche, die bereits bei 46^0 siedet.

Die Entzündungstemperatur des Schwefelkohlenstoffs liegt sehr niedrig, so daß seine Dämpfe bereits durch einen warmen Glasstab entzündet werden.

Versuch 364. In ein größeres Becherglas wird etwas Schwefelkohlenstoff gegossen, umgeschüttelt und ein heißer Glasstab hereingehalten. Es findet sofort Entzündung statt!

Bei der Verbrennung verbrennt der Schwefelkohlenstoff mit blauer Flamme zu Kohlen- und Schwefeldioxyd:

$$CS_2 + 3O_2 = CO_2 + 2SO_2 .$$

Der Dampf des Schwefelkohlenstoffs erzeugt Kopfweh und Übelkeit. In größerer Menge eingeatmet, vermag er starke Vergiftungserscheinungen auszulösen. Er wirkt antiseptisch und tötet mancherlei Ungeziefer. Er wird daher unter anderem auch zur Vertilgung der Reblaus verwendet.

Schwefelkohlenstoff ist ein ausgezeichnetes Lösungsmittel, z. B. für Schwefel und Phosphor. Da er ferner Harze und Öle mit Leichtigkeit aufnimmt, so wird er zur Extraktion von Fetten und Ölen aus Samen, ferner zur Entfettung von Wolle und Wollabfällen verwendet.

Endlich dient er in der organischen Chemie vielfach als Ausgangsmaterial für Synthesen.

C. Kohlenoxysulfid. COS.

Während der Schwefelkohlenstoff dem Kohlendioxyd entsprechend zusammengesetzt ist, ist die dem Kohlenoxyd analog gebaute Schwefelverbindung CS vorläufig nicht mit Sicherheit bekannt. Dagegen existiert eine Verbindung, die zwischen Kohlendioxyd und Schwefelkohlenstoff in der Mitte steht und die Formel COS besitzt. Sie heißt Kohlenoxysulfid.

Man stellt sie durch Erhitzen eines Gemisches von Rhodankalium mit starker Schwefelsäure dar, wobei sich folgende Umsetzungen abspielen:

1. $KSCN + H_2SO_4 = KHSO_4 + HSCN .$

2. $HSCN + H_2O = NH_3 + C\langle{}^{O}_{S} .$

Versuch 365. Man bringt in einen geräumigen Kolben 100 g Rhodankalium, verschließt ihn durch einen Gummistopfen mit Gasentbindungsrohr und Tropftrichter und läßt aus dem letzteren ein heißes Gemisch von 4 Raumteilen Wasser und 5 Raumteilen konzentrierter Schwefelsäure zum Rhodankalium hinzufließen. Die Bildung des Kohlenoxysulfids setzt sofort ein, und man fängt das Gas über Wasser in der pneumatischen Wanne auf. Es brennt mit bläulicher Flamme!

D. Cyankalium KCN, Blausäure HCN, Cyan $(CN)_2$.

Kohlenstoff läßt sich direkt nicht mit Stickstoff verbinden. Wenn man aber die mehr oder minder kompliziert zusammengesetzten, organischen

Stickstoffverbindungen mit metallischem Kalium erhitzt, so vereinigt sich dieses Metall mit Stickstoff und Kohlenstoff zu einer eigentümlichen Verbindung, die wir Cyankalium nennen. Sie besitzt die Zusammensetzung KCN. Mit Eisensalzen setzt sie sich zu einer intensiv blau gefärbten Verbindung, dem „Berlinerblau" (vgl. S. 406), um, dessen Entstehung man benutzen kann, um die Bildung des Cyankaliums zu beweisen:

Versuch 366. Man erhitzt eine Messerspitze Harnsäure mit einem erbsengroßen Stück Kalium in einem Reagenzglas, bis die heftige Reaktion vorüber und die Masse rotglühend geworden ist. Hierauf taucht man das Reagenzglas in ein kleines, mit Wasser gefülltes Becherglas, filtriert, fügt zu dem stark alkalischen Filtrat einige Tropfen Ferrosulfat- und Ferrichloridlösung, kocht auf und säuert mit verdünnter Salzsäure an. Man erhält eine tief blaugrüne Suspension, aus der sich beim Stehen das Berlinerblau als schöner, blauer Niederschlag absetzt.

Cyankalium, das technisch nach verschiedenen Verfahren hergestellt wird, bildet ein farbloses, in Würfeln krystallisierendes, in Wasser leicht lösliches Salz von großer Giftigkeit, das stark nach bitteren Mandeln riecht.

Dies liegt daran, daß durch die Kohlensäure der Luft die ihm zugrunde liegende Säure: Cyanwasserstoff- oder Blausäure, ausgetrieben wird.

Zur Darstellung der reinen Cyanwasserstoffsäure HCN erhitzt man eine gesättigte, wäßrige Cyankaliumlösung mit konzentrierter Schwefelsäure, kondensiert die entweichenden Blausäuredämpfe in einem Kühler und entzieht der überdestillierenden Flüssigkeit die Reste des Wassers durch Chlorcalcium.

Versuch 367. Ein geräumiger Destillierkolben *a* ist mit einem langen, abwärts gerichteten Kühler *b* verbunden, der in eine zur Hälfte mit gekörntem Chlorcalcium gefüllte Vorlage *c* mündet, die durch eine Kältemischung gut gekühlt wird. Auf den Destillierkolben ist ein Stopfen mit zwei Tropftrichtern *d* aufgesetzt, von denen der eine ganz gesättigte, wäßrige Cyankaliumlösung, der andere konzentrierte Schwefelsäure enthält. Man läßt nun aus den beiden Tropftrichtern die beiden Flüssigkeiten im gleichen Tempo in den Kolben tropfen. Sie mischen sich dabei, und unter starker Erwärmung

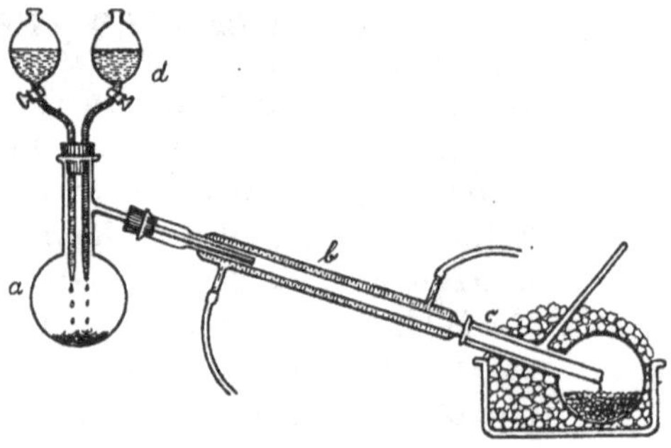

Fig. 119.

werden Blausäuredämpfe abgegeben. Die letzteren werden in dem Kühler zu flüssiger Blausäure kondensiert, die in die mit Chlorcalcium beschickte Vorlage hineintropft. Nachdem man sie mehrere Stunden mit dem Trockenmittel in Berührung gelassen hat, nimmt man die Vorlage vom Kühler ab und reinigt die Blausäure, indem man sie vorsichtig aus einem schwach erwärmten Wasserbade destilliert. Sämtliche Operationen müssen in einem gut ziehenden Abzuge vorgenommen werden! Große Vorsicht!

Reine Blausäure bildet eine wasserhelle, sehr bewegliche Flüssigkeit, die bei -11^{0} erstarrt und bei $+27^{0}$ siedet. Sie ist durch einen sehr intensiven, charakteristischen Bittermandelgeruch ausgezeichnet und erzeugt im Schlunde ein kratzendes Gefühl.

Blausäure ist ein ungemein rasch wirkendes Gift, das einen erwachsenen Menschen bereits in einer Dosis von etwa 0,1 g zu töten vermag.

Die Salze der Cyanwasserstoffsäure heißen Cyanide. Die meisten von ihnen sind in Wasser unlöslich und werden durch Umsetzung von Metallsalzlösungen mit in Wasser löslichen Cyaniden, z. B. einer wäßrigen Cyankaliumlösung, dargestellt.

Versuch 368. a) Man versetzt eine Lösung von Bleinitrat mit Kaliumcyanid: Ausscheidung von weißem Bleicyanid!

b) Zu einer Lösung von Silbernitrat gibt man wenig Cyankaliumlösung hinzu: Abscheidung von Silbercyanid!

Der Niederschlag löst sich in einem Überschuß von Cyankaliumlösung wieder auf.

Unter den Cyaniden befinden sich manche für die analytische Chemie und die chemische Technik wichtigen Stoffe.

Unter den Cyaniden der Schwermetalle fällt das Quecksilbercyanid durch seine Löslichkeit in Wasser auf. Es entsteht aus Quecksilberoxyd und Blausäure:

$$HgO + 2HCN = H_2O + Hg(CN)_2 .$$

Versuch 369. Man trägt frisch gefälltes, ausgewaschenes und getrocknetes Quecksilberoxyd in 20%ige Blausäure ein und schüttelt kräftig um. Nach wenigen Augenblicken entsteht eine klare Lösung!

Beim Erhitzen von Quecksilbercyanid tritt Zerfall in Quecksilber und Cyan ein:

$$Hg(CN)_2 = Hg + (CN)_2 .$$

Versuch 370. Ein mit krystallisiertem, trockenem Quecksilbercyanid zur Hälfte gefülltes, schräg in ein Stativ eingespanntes, schwerschmelzbares Reagenzglas wird mit einem Dreibrenner kräftig erhitzt. Das entweichende Gas wird durch ein gebogenes Gasableitungsrohr in eine mit heißem Wasser gefüllte pneumatische Wanne geleitet und in einem, gleichfalls heißes Wasser enthaltenden Glaszylinder aufgefangen.

Beim Anzünden des in dem Zylinder angesammelten Gases brennt es mit schöner pfirsichblütroter Flamme.

Cyan ist ein farbloses, bei -21^0 siedendes Gas von sehr stechendem Geruch und großer Giftigkeit. In Wasser löst es sich in ziemlich beträchtlicher Menge zum Cyanwasser, das den Geruch und die Eigenschaften des freien Cyans besitzt. Es ist indessen nicht sehr haltbar, und wird bald unter Abscheidung schwarzbrauner, amorpher Massen zersetzt. In der wäßrigen Lösung findet sich außerdem Ammoniumoxalat, das auf folgende Weise entsteht:

$$(CN)_2 + 4H_2O = \begin{matrix} COONH_4 \\ | \\ COONH_4 \end{matrix} .$$

Die Strukturformel des Cyans läßt es als eine Vereinigung zweier CN-Gruppen erscheinen:

$$\begin{matrix} C\equiv N \\ | \\ C\equiv N \end{matrix} .$$

Der Übergang des Cyans in Oxalsäure und Ammoniak vollzieht sich danach so, daß zunächst 2 Moleküle Wasser angelagert werden und daß dann unter weiterer Aufnahme von Wasser eine Spaltung in Ammoniak und Oxalsäure erfolgt:

$$\begin{matrix} C\equiv N \\ | \\ C\equiv N \end{matrix} + 2H_2O = \begin{matrix} CO \cdot NH_2 \\ | \\ CO \cdot NH_2 \end{matrix} .$$

$$\begin{matrix} CO \cdot NH_2 \\ | \\ CO \cdot NH_2 \end{matrix} + 2H_2O = \begin{matrix} COOH \\ | \\ COOH \end{matrix} + 2NH_3 .$$

18. Siliciumdioxyd SiO_2 und die Kieselsäuren.

Silicium vermag mit Sauerstoff nur ein Oxyd: Siliciumdioxyd SiO_2, zu bilden, das sich künstlich durch Verbrennen von Silicium im Sauerstoffstrome darstellen läßt und dabei als weißes, festes Pulver erhalten wird.

Es ist in der Natur weit verbreitet und findet sich — meist krystallisiert — in der mannigfaltigsten Form. Man bezeichnet diese krystallinische Modifikation als Quarz. Sie liegt z. B. vor in dem gewöhnlichen Sand, der freilich meistens durch kohlensauren Kalk, durch Eisenoxyd, Ton u. dgl. mehr oder minder verunreinigt ist. Ansehnlich krystallisierter Quarz findet sich als Bergkrystall, Rosenquarz und Amethyst.

Auch **amorphes** Siliciumdioxyd kommt in der Natur sehr verbreitet vor als Feuerstein, Achat und Opal. Eine besondere Form ist die „Infusorienerde", die aus den „Infusorientierchen" entstanden ist, deren Panzer aus Siliciumdioxyd besteht. Sie enthält etwa 85—87% Siliciumdioxyd. Da sie ein sehr poröser Stoff ist, so wird sie z. B. zur Herstellung von Filtern, zur Bereitung von Dynamit, sowie zur Verpackung feuergefährlicher Stoffe verwendet. Auch im Pflanzen- und Tierreich wird Siliciumdioxyd häufig angetroffen. Die Pflanzen nehmen es als Hydrat aus dem Boden auf, so daß alle Pflanzenaschen Siliciumdioxyd enthalten. Manche lagern es in reichlicher Menge in ihrem Gewebe ab, wie z. B. die Schachtelhalme und das spanische Rohr.

In den Haaren und Federn der Tiere findet es sich gleichfalls, z. B. in den Federn körnerfressender Vögel bis zu 40%.

Zur Herstellung reinen Siliciumdioxyds zersetzt man die Salze der Kieselsäure mit Salzsäure, filtriert die Kieselsäure ab, wäscht sie aus und glüht sie schließlich.

Reines Siliciumdioxyd ist nicht flüchtig und schmilzt im Knallgasgebläse zu einer farblosen Flüssigkeit, die sich wie geschmolzenes Glas verarbeiten läßt. Die daraus hergestellten Gefäße und Gerätschaften aus Quarzglas sind zwar zerbrechlich und gegen alkalische Agenzien empfindlich, aber sie vermögen selbst sehr hohe Temperaturen, wie auch die schroffsten Temperaturunterschiede zu ertragen, ohne daß sie leiden.

Versuch 371. Man erhitzt einen Quarztiegel vor der Gebläselampe zu heller Rotglut und taucht ihn dann in Eiswasser. Er bleibt vollkommen intakt.

Siliciumdioxyd wird weder von Wasser noch von den meisten Säuren gelöst. Leicht angegriffen wird es dagegen von Fluorwasserstoff, der es in Siliciumtetrafluorid überführt (vgl. S. 154 und Versuch 196):

$$SiO_2 + 4\,HF = 2\,H_2O + SiF_4\,.$$

Dieses Verhalten ist für die Analyse kieselsaurer Salze von Wichtigkeit.

Auch von wäßrigen Alkalilaugen und geschmolzenen Alkalicarbonaten wird Siliciumdioxyd unter Bildung wasserlöslicher, kieselsaurer Salze, sogenannter Silikate, gelöst:

$$SiO_2 + 2\,NaOH = Na_2SiO_3 + H_2O\,.$$
$$SiO_2 + Na_2CO_3 = CO_2 + Na_2SiO_3\,.$$

Versuch 372. Feinverteiltes Siliciumdioxyd wird im Reagenzglas mit 50%iger wäßriger Kalilauge erhitzt. Man erhält eine klare Lösung.

Versuch 373. In einem Platintiegel erhitzt man ein inniges Gemisch von 4 g Siliciumdioxyd, 10 g Natriumcarbonat und 10 g Kaliumcarbonat vor dem Gebläse so lange, bis eine klare, ruhig fließende Masse entstanden ist. Diese läßt sich nach dem Abkühlen in Wasser klar lösen.

Da aber diese Silikate, selbst in mäßiger Verdünnung, weitgehend „hydrolytisch" gespalten sind, z. B.:

$$Na_2SiO_3 + 2H_2O = 2NaOH + SiO_2 \cdot H_2O ,$$

so sind offenbar diese Lösungen keine echten. Diese Vermutung wird durch das Verhalten der Silikat„lösungen" gegen Säuren bestätigt.

Versuch 374. a) Man versetzt eine konzentrierte Lösung von „Wasserglas" (Na_2SiO_3) mit rauchender Salzsäure. Es scheidet sich ein dicker, farbloser, gelatinöser Niederschlag aus.

b) Auf Zusatz von Salmiaklösung zu einer starken Wasserglaslösung scheidet sich gleichfalls ein dichter, farbloser Niederschlag aus.

Man könnte diese Erscheinungen durch die Gleichungen wiedergeben:

$$Na_2SiO_3 + 2HCl = 2NaCl + H_2SiO_3 .$$
$$Na_2SiO_3 + 2NH_4Cl = 2NH_3 + 2NaCl + H_2SiO_3 .$$

Allein der in beiden Fällen entstehende Niederschlag entspricht durchaus nicht der Zusammensetzung H_2SiO_3. Er stellt vielmehr ein Hydrat des Siliciumdioxydes von wechselndem Wassergehalt vor.

Nimmt man die Zersetzung des Wasserglases durch verdünnte Säuren vor, so fällt nichts aus.

Versuch 375. Eine 10%ige wäßrige Wasserglaslösung bleibt beim Vermischen mit verdünnter Salzsäure klar.

Allein auch diese Lösung ist nur eine scheinbare.

Gießt man sie in ein zylindrisches Gefäß, das unten mit einer tierischen Membran oder Pergamentpapier fest zugebunden ist, und taucht diese Vorrichtung in ein weites, mit Wasser gefülltes Gefäß, so zeigt sich, daß das nach der Gleichung:

$$Na_2SiO_3 + 2HCl = 2NaCl + H_2SiO_3$$

entstehende Chlornatrium von innen nach außen wandert, während die „Kieselsäure" dies nicht tut. Man nennt diesen von Graham beobachteten Vorgang Dialyse.

Setzt man nun unter beständiger Erneuerung des äußeren Wassers die Dialyse so lange fort, bis kein Chlornatrium mehr vorhanden ist, so hinterbleibt schließlich eine reine Lösung von Kieselsäure, die sich aber alsbald in eine farblose oder trübe koagulierte Masse verwandelt.

Ebenso wie Kieselsäure verhalten sich bei der Dialyse z. B. noch Gummi, Leim, Eiweiß, die man als Kolloide zu bezeichnen pflegt, im Gegensatz zu den Krystalloiden, die sich wie Chlornatrium verhalten und zu denen die gewöhnlichen Säuren, Basen und Salze gehören. Die scheinbaren Lösungen der Kolloide werden kolloidale Lösungen genannt. Wäßrige, kolloidale Lösungen werden als Hydrosole von den sich daraus meist gelatinös abscheidenden Hydrogelen unterschieden.

Man nimmt an, daß die kolloidalen Lösungen äußerst feine Suspensionen vorstellen, deren Teilchen so klein sind, daß wir sie mit unbewaffnetem Auge nicht zu erkennen vermögen. Man kann dann die Dialyse als eine Filtration auffassen, bei der sich durch die feinen Öffnungen der betreffenden Membranen zwar die Moleküle der Krystalloide, nicht aber die großen Kolloidpartikeln hindurchfiltrieren lassen.

Man kann die kolloidalen Lösungen von den echten etwa durch folgende Merkmale unterscheiden.

1. Kolloidale Lösungen werden durch Zusatz von Salzen u. dgl. oder auf andere Weise „ausgeflockt“, das heißt der kolloidal gelöste Stoff wird ausgefällt.

2. Da die Kolloidpartikeln im Vergleich zu den gewöhnlichen Molekülen außerordentlich groß sind, so ist von einer Siedepunktserhöhung bzw. Gefrierpunktserniedrigung kolloidaler Lösungen nichts zu merken.

3. Läßt man durch eine kolloidale Lösung ein möglichst konzentriertes Lichtbündel hindurchfallen, so erscheint der Weg, den es in der Flüssigkeit nimmt, milchig getrübt (Tyndall'sches Phänomen). In einer echten — vollkommen reinen — Lösung läßt sich hierbei der Weg des Lichtes nicht verfolgen.

Versuch 376. Man stellt sich in zwei großen Bechergläsern zwei gleichgefärbte Lösungen her:

a) Eine Lösung von wenig Kaliumbichromat in etwa 2 Liter Wasser von tief gelber Farbe als echte Lösung.

b) Eine kolloidale Lösung von Arsentrisulfid. Zu ihrer Darstellung wird wenig Arsentrioxyd in 2 Liter siedendem Wasser gelöst, abgekühlt, sehr sorgfältig filtriert und in das klare Filtrat durch Wasser gut gewaschener Schwefelwasserstoff geleitet, bis die Flüssigkeit genau den gleichen Farbenton besitzt, wie die unter a) beschriebene Bichromatlösung. Man stellt nun die beiden Bechergläser nacheinander in den Lichtkegel hinein, den man mit Hilfe eines Projektionsapparates herstellt und den man zweckmäßig durch eine geeignete Vorrichtung vertikal nach oben wirft.

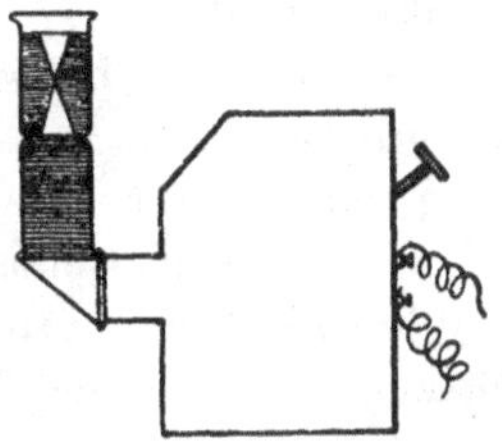

Fig. 120.

Es zeigt sich, daß in der unter a) dargestellten echten Lösung der Strahlenkegel im verdunkelten Raume kaum zu erkennen ist, während er in der kolloidalen Lösung des Arsentrisulfids milchig gefärbt erscheint und selbst auf weite Entfernungen deutlich zu erkennen ist.

Es steht außer Frage, daß die Gesetze und Eigenschaften kolloidaler Lösungen im tierischen und pflanzlichen Organismus von großer Bedeutung sind und daß hierbei auch der bei der kolloidalen Kieselsäurelösung geschilderte Vorgang der Dialyse eine wichtige Rolle spielt. —

Die Natur der freien Kieselsäure ist nach den vorhergehenden Darlegungen eine einigermaßen problematische. Während man bei der Zersetzung von Siliciumtetrachlorid (vgl. S. 153) mit Wasser die Entstehung von Orthokieselsäure:

$$Si\begin{cases}Cl\\Cl\\Cl\\Cl\end{cases} + 4H_2O = 4HCl + Si\begin{cases}OH\\OH\\OH\\OH\end{cases}$$

und bei der Behandlung von Natriumsilikat mit Säuren die Bildung von Metakieselsäure erwarten sollte:

$$Na_2SiO_3 + 2HCl = 2NaCl + H_2SiO_3,$$

beobachtet man tatsächlich, daß die ausfallenden Niederschläge Hydrate des Siliciumdioxyds mit außerordentlich und innerhalb sehr weiter Grenzen schwankendem Wassergehalt darstellen.

Trotzdem gibt es zahllose Salze dieser hypothetischen Kieselsäuren, die in der Natur weit verbreitet sind und in den mannigfaltigsten und kompliziertesten Vertretern vorkommen. Dabei zeigt sich, daß von diesen Silikaten nur ein geringer Teil auf Ortho- und Metakieselsäure zurückzuführen sind.

Die weitaus überwiegende Mehrzahl leitet sich von Di-, Tri- oder Polykieselsäuren ab, die sich aus der einfachen Orthokieselsäure durch Abspaltung von Wasser zwischen mehreren Molekülen in derselben Weise bilden, wie etwa Pyrophosphorsäure aus Orthophosphorsäure.

So bildet sich durch den Austritt von 1 Molekül Wasser aus 2 Molekülen Orthokieselsäure eine Dikieselsäure:

$$2H_4SiO_4 - H_2O = H_6Si_2O_7,$$

aus 3 Molekülen Orthokieselsäure unter Abspaltung von 4 Molekülen Wasser eine Trikieselsäure:

$$3H_4SiO_4 - 4H_2O = H_4Si_3O_8.$$

Auch wesentlich komplizierter gebaute Polykieselsäuren existieren, und von allen leiten sich Silikate von zum Teil sehr verwickelter Zusammensetzung ab.

So kann man schematisch den Olivin Mg_2SiO_4 als Magnesiumsalz der Orthokieselsäure, den Serpentin $Mg_3Si_2O_7$ als Magnesiumsalz einer Dikieselsäure, den gewöhnlichen Kalifeldspat als Kaliumaluminiumsalz einer Trikieselsäure von der Formel $KAlSi_3O_8$ betrachten.

Die Verbreitung derartiger Silikate in der Natur ist eine ungeheuer große: Ton, Granit, Gneiß, Glimmer, Schiefer, Basalt und noch viele andere der wichtigsten Gesteine bestehen aus Gemengen verschiedener Silikate.

19. Bor.

Atomgewicht = 10,90.

Als letztes Element in der Reihe der Nichtmetalle tritt das Bor auf, das in vieler Beziehung dem Silicium gleicht, aber auch mit dem Kohlenstoff Ähnlichkeit besitzt und endlich in manchen Reaktionen an das Verhalten der Metalle erinnert.

Bor findet sich in der Natur vor allem als Borsäure H_3BO_3 und wird hauptsächlich in Toscana gewonnen. Die ganze Gegend dort ist vulkanisch, und an vielen Stellen treten Wasserdämpfe aus dem Erdinnern hervor, die man soffioni oder fumaruole nennt. Diese Dämpfe enthalten beträchtliche Mengen der flüchtigen Borsäure und werden in flachen Bassins kondensiert. Die so erhaltene Borsäurelösung wird dann in Bleipfannen konzentriert, die durch die natürliche Hitze der Soffioni geheizt werden.

Von sonstigen natürlichen Vorkommnissen ist der Boracit zu nennen, der sich in Staßfurt findet und ein kompliziert zusammengesetztes Magnesiumborat von der Formel $2Mg_3B_8O_{15} \cdot MgCl_2$ vorstellt.

Auch der Borax $Na_2B_4O_7 \cdot 10H_2O$, das Natriumsalz der Tetraborsäure, kommt in der Natur vor: einmal im Meerwasser, dann in einigen Seen Tibets, von wo er unter dem Namen Tinkal in beträchtlichen Mengen eingeführt worden ist.

Das elementare Bor wird durch starkes Glühen von Bortrioxyd mit Magnesium dargestellt.

Versuch 377. Man erhitzt in einem schwer schmelzbaren Reagenzglas ein inniges Gemisch von feinem Magnesiumpulver mit gleichfalls pulverisiertem, frisch dargestelltem Bortrioxyd zum Glühen. Es bildet sich dann eine durch Abscheidung von Bor schwarz gefärbte Masse.

Man gewinnt es auf diese Weise nach dem Herauslösen des überschüssigen Magnesiums als dunkelbraun gefärbtes, lockeres Pulver von amorpher Beschaffenheit.

In geschmolzenem Aluminium löst sich das amorphe Bor auf, und man erhält beim Abkühlen sehr gut ausgebildete, glänzende Krystalle, die aber kein völlig reines Bor vorstellen, sondern stets eine kleine Menge von Aluminium enthalten.

Borane.

Aus Bortrioxyd entsteht beim Erhitzen mit überschüssigem Magnesium ein Magnesiumborid, durch dessen Zersetzung mit verdünnten Säuren 2 Borwasserstoffe erhalten werden:

a) Diboran B_2H_6, das ein farbloses, unangenehm riechendes Gas vom Siedepunkte -88^0 bildet. Von Wasser wird es sofort in Borsäure und Wasserstoff gespalten:

$$B_2H_6 + 6H_2O = 2H_3BO_3 + 6H_2.$$

b) Tetraboran B_4H_{10} ist eine widerwärtig riechende, farblose Flüssigkeit, die bei $+16^0$ siedet und wenig beständig ist.

c) Außerdem existieren auch noch andere, teils flüssige, teils feste Borane von der Zusammensetzung B_6H_{12} und $B_{10}H_{14}$. —

Die Zusammensetzung des Diborans und Tetraborans, die der des Disilans und Tetrasilans bzw. des Äthans und Butans analog ist:

C_2H_6 Äthan . . . Si_2H_6 Disilan . . . . B_2H_6 Diboran

C_4H_{10} Butan . . . Si_4H_{10} Tetrasilan . . . B_4H_{10} Tetraboran

beweist, daß in diesen Verbindungen sich Bor als vierwertiges Element betätigt und darin den ausgesprochen vierwertigen Elementen Kohlenstoff und Silicium vollkommen entspricht. Im übrigen aber besitzt es einen dreiwertigen Charakter.

Halogenide des Bors.

Durch direkte Vereinigung von elementarem Bor mit Chlor bei höherer Temperatur entsteht Bortrichlorid BCl_3, eine farblose, an der Luft rauchende, bei $+12,4^0$ siedende Flüssigkeit, die von Wasser glatt in Salzsäure und Borsäure gespalten wird:

$$BCl_3 + 3H_2O = H_3BO_3 + 3HCl\,.$$

Borfluorid, das aus Bortrioxyd und Fluorwasserstoff erhalten wird:

$$B_2O_3 + 6HF = 3H_2O + 2BF_3\,,$$

ist ein sehr niedrig siedendes Gas, das von kaltem Wasser in reichlicher Menge gelöst wird. Beim längeren Stehen zersetzt sich die wäßrige Lösung in derselben Art, wie dies früher am Siliciumtetrafluorid festgestellt worden ist (vgl. S. 154 und Versuch 196):

$$SiF_4 + 4H_2O = 4HF + H_4SiO_4\,.$$

$$SiF_4 + 2HF = H_2SiF_6\,.$$

$$4BF_3 + 3H_2O = 3HBF_4 + H_3BO_3.$$

Die freie Borfluorwasserstoffsäure läßt sich aus der wäßrigen Lösung nicht isolieren, doch sind Salze von ihr bekannt.

Borstickstoff. BN.

Der Borstickstoff, der durch seine einfache Zusammensetzung auffällt, kann nach verschiedenen Methoden dargestellt werden, z. B. durch Überleiten von Stickstoff über zur Weißglut erhitztes, amorphes Bor. Er stellt ein lockeres, weißes Pulver dar und wird von Wasser bei höherer Temperatur in Borsäure und Ammoniak gespalten:

$$BN + 3H_2O = H_3BO_3 + NH_3\,.$$

Auf dieser Umsetzung beruht die Bedeutung des Präparates, denn es bietet sich hierdurch eine weitere Möglichkeit, den Stickstoff der atmosphärischen Luft zur Darstellung von Ammoniak und Salpetersäure zu verwerten.

Bortrioxyd B_2O_3 und Borsäure H_3BO_3.

Bortrioxyd wird durch Glühen von Borsäure dargestellt. Es bildet eine farblose, außerordentlich harte Masse, die, ebenso wie Siliciumdioxyd, in der Glühhitze Carbonate und Sulfate zersetzt und sich mit Wasser zu Borsäure verbindet:

$$B_2O_3 + 3H_2O = 2H_3BO_3 .$$

Zur Herstellung völlig reiner Borsäure benutzt man zweckmäßig die Zersetzung des vorzüglich krystallisierenden Borax durch Schwefelsäure.

Versuch 378. Man löst 60 g Borax in 120 ccm siedendem Wasser, gießt die heiße Flüssigkeit in ein Becherglas und versetzt sie mit einem Überschuß von 50%iger Schwefelsäure. Beim Abkühlen scheidet sich die Borsäure in schön krystallisierter Form ab.

Borsäure bildet fettig glänzende Krystallblätter, ist in kaltem Wasser wenig, in heißem leicht löslich. Mit Wasserdämpfen ist sie, wie ja bereits aus der Art ihres Vorkommens hervorgeht, leicht flüchtig, ebenso mit Alkoholdämpfen. Sie verbindet sich dabei mit dem Alkohol zu einem Borsäureester, der der Flamme des brennenden Alkohols eine intensiv smaragdgrüne Färbung verleiht:

Versuch 379. Man löst in etwa 50—70 ccm Methylalkohol, der sich in einem Kolben von ca. $^1/_2$ Liter Inhalt befindet, etwas Borsäure auf, verschließt den Kolben durch einen Stopfen mit einem hindurchgeführten Glasrohr, erhitzt die Flüssigkeit zum Sieden und zündet die aus dem Rohre entweichenden Dämpfe an. Sie brennen mit grüner Flamme, während gleichzeitig ein aus Bortrioxyd bestehender, weißer Rauch emporsteigt.

Die durch die Bildung von Borsäureestern bedingte Grünfärbung der Flamme gestattet uns einen einfachen analytischen Nachweis zur Erkennung der Borsäure und der Borate.

Versuch 380. Man verrührt in einer kleinen Porzellanschale eine Messerspitze Borax mit Alkohol und konzentrierter Schwefelsäure und zündet das Gemisch an. Die Flamme zeigt einen prächtig grünen Saum.

Eigentümlich ist das Verhalten von Borsäure gegen den Farbstoff der Curcuma. Er wird davon gebräunt und durch darauffolgende Behandlung mit Ammoniak schwarzblau gefärbt.

Versuch 381. Ein Stück tief gelb gefärbtes Curcumapapier wird mit konzentrierter, frisch bereiteter Borsäurelösung übergossen.

Es färbt sich braun und wird beim Trocknen orangefarbig. Taucht man den getrockneten Streifen in wäßriges *Ammoniak*, so färbt er sich intensiv schwarzblau.

Borsäure findet vielfache Anwendung.

Vor allem dient sie wegen ihrer schwach antiseptischen Wirkung als mildes *Desinfektionsmittel* in der Wundbehandlung, z. B. als Augenwasser usw. Der gleichen, fäulnishemmenden Eigenschaft verdankt sie ihre vielfache Verwendung zum Konservieren von Lebensmitteln aller Art, z. B. von Fleisch und Fischen.

Wird Borsäure erhitzt, so verwandelt sie sich bei 107° in *Metaborsäure* und diese bei 140° in *Tetraborsäure*:

$$\underset{}{H_3BO_3} \longrightarrow \underset{\text{Metaborsäure}}{HBO_2} \longrightarrow \underset{\text{Tetraborsäure}}{H_2B_4O_7}$$

Die Salze der Borsäure, die *Borate*, sind sehr verschieden zusammengesetzt, und auch in ihrer Mannigfaltigkeit und in ihrem verwickelten Bau gibt sich die Analogie des Bors mit dem Silicium zu erkennen.

Von der einfachen, normalen Säure H_3BO_3 ist nur ein Magnesiumsalz bekannt, das die Formel:

$Mg_3B_2O_6$ = 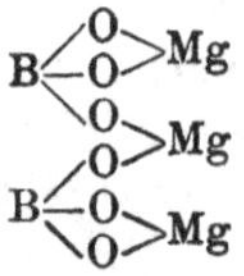

besitzt.

Die meisten Salze leiten sich — wie bei der Kieselsäure — von wasserärmeren Säuren ab, zunächst von der Metaborsäure HBO_2.

Der *Borax*, das bekannteste Salz der Borsäure, ist auf die *Tetraborsäure* $H_2B_4O_7$ zurückzuführen. Man kann sich seine Struktur etwa durch die Formel:

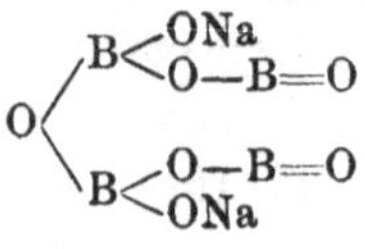

veranschaulichen.

Borax krystallisiert mit 10 Molekülen Krystallwasser in großen, wasserklaren Krystallen. Beim Erhitzen bläht er sich zunächst auf und schmilzt dann zu einem völlig klaren Glase, das die Fähigkeit besitzt, im Schmelzfluß Metalloxyde *mit für die betreffenden Metalle charakteristischer Farbe aufzulösen*. Dieses Verhalten benutzt man in der qualitativen Analyse, um mittels der „*Boraxperle*" einen Aufschluß über die Natur des zu untersuchenden Stoffes zu erhalten.

Versuch 382. An einem zu einer Öse umgebogenen in ein Glasröhrchen eingeschmolzenen Platindraht wird eine kleine *Borax*-

perle angeschmolzen, diese in eine Lösung von Kobaltnitrat getaucht und nochmals erhitzt. Nachdem das Metalloxyd sich völlig mit dem Boraxglas verbunden hat, wird abgekühlt. Die Perle zeichnet sich durch eine schöne, tief ultramarinblaue Farbe aus.

Diese Wirkung des Borax, Metalloxyde aufzulösen, beruht darauf, daß er beim Erhitzen in Natriummetaborat und Bortrioxyd zerfällt:

$$Na_2B_4O_7 = 2NaBO_2 + B_2O_3 ,$$

und daß sich das letztere mit dem Metalloxyd zu einem Borat von charakteristischer Färbung verbindet:

$$B_2O_3 + CoO = Co(BO_2)_2 .$$

Auch die Verwendung des Borax beim Löten beruht auf der gleichen Eigenschaft. Die aneinander zu lötenden Metallflächen müssen völlig blank sein, und der Borax bewirkt nun, daß die in der Hitze sich bildende Oxydhaut unter Boratbildung verschwindet.

III. Das periodische System der Elemente.

Stellt man die bisher betrachteten Elementengruppen, wie sie verwandtschaftlich zusammengehören, untereinander, so ergeben sich auffällige Übereinstimmungen in bezug auf die Differenz zwischen den Atomgewichten:

	I.		II.		III.		IV.		V.	
	F	19	O	16	N	14	C	12	B	11
Differenz:		**16,5**		**16**		**17**		**16**		
	Cl	35,5	S	32	P	31	Si	28		
Differenz:		**44,5**		**47**		**44**				
	Br	80	Se	79	As	75				
Differenz:		**47**		**48,5**		**45**				
	J	127	Te	127,5	Sb	120				

Ähnliche Beobachtungen sind bereits im 2. Dezennium des 19. Jahrhunderts von Doebereiner gemacht worden, der das Gesetz der Triaden aufstellte. Dieses besagt, daß es einige Gruppen von je 3 Elementen gibt, bei denen das Element mit dem mittleren Atomgewicht seinen Eigenschaften nach gleichfalls in der Mitte steht:

Cl	35,5	Ca	40,0	P	31
Br	80	Sr	87,6	As	75
J	127	Ba	137,4	Sb	120,2

Schärfer wurden diese Beziehungen von Newlands erkannt, der sie in das Gesetz der Oktaven zusammenfaßte. Er wies darauf hin, daß, wenn man die Elemente nach der Größe ihres Atomgewichts ordnet, zunächst 7 Elemente aufeinanderfolgen, die sich untereinander durch Valenz, physikalische und chemische Eigenschaften voneinander unterscheiden:

Li	Be	B	C	N	O	F
7	9	11	12	14	16	19

Am größten ist die Differenz zwischen dem ersten Element (Lithium) und dem letzten (Fluor).

Das achte Element entspricht aber wieder dem ersten. Beginnt man mit ihm eine neue Reihe, so zeigt sich, daß nunmehr analoge Elemente untereinander zu stehen kommen:

Li	Be	B	C	N	O	F
Na	Mg	Al	Si	P	S	Cl
23	24,3	27,1	28,3	31	32	35,5

Schon aus diesen Tatsachen folgt, daß die Ähnlichkeit der Eigenschaften der Elemente in ihrer periodischen Anordnung zum Ausdruck kommt.

Die nähere Erforschung dieser höchst interessanten Gesetzmäßigkeiten, die wir vor allem Mendelejeff und Lothar Meyer verdanken, führte zur Aufstellung und Entwicklung des periodischen Systems der Elemente.

Der Grundsatz, der durch dieses System zur Anschauung gebracht werden sollte, war zunächst der, daß die Eigenschaften der Elemente periodische Funktionen ihrer Atomgewichte sind. Wasserstoff steht in diesem System, dessen Anordnung aus der auf S. 292 gegebenen Darstellung ersichtlich ist, für sich da, da er sich nicht unterbringen läßt.

Die übrigen Elemente sind nach der Größe ihrer Atomgewichte geordnet, so, daß die ähnlichen untereinander zu stehen kommen. Auf diese Weise entstehen zunächst zwei kleine „Perioden", von denen die erste mit dem Lithium, die zweite mit dem Natrium beginnt. Es folgen dann drei große Perioden, deren erste Glieder Kalium, Rubidium und Caesium bilden.

Das auf diese Weise aufgebaute System zerfällt in neun Vertikalreihen, von denen man die erste als nullte Gruppe, die folgenden als erste bis achte Gruppe zu bezeichnen pflegt.

Die Edelgase (vgl. S. 95) stehen in der „Nullgruppe"; sie sind nullwertig, da es nicht gelungen ist, irgend eine Verbindung davon herzustellen.

Die Wertigkeit in den folgenden 8 Gruppen unterliegt einer gesetzmäßigen Änderung: Gegen Wasserstoff verhalten sich die Elemente der 1. Gruppe ein-, die der 2. Gruppe zwei-, die der 3. Gruppe drei- und die der 4. Gruppe vierwertig. Von der 5. Gruppe ab sinkt die Valenz gegen Wasserstoff wieder. Die Elemente der 5. Gruppe sind drei-, die der 6. Gruppe zwei-, und die der 7. Gruppe einwertig gegen dieses Element.

Ganz anders steht es mit der Wertigkeit gegen Sauerstoff. Hier beobachtet man von der 1.—8. Gruppe ein regelmäßiges Ansteigen von 1 bis 8.

Die Abhängigkeit der physikalischen Eigenschaften der Elemente von der Größe des Atomgewichts kann man am besten aus der von Lothar Meyer angegebenen Kurve der Atomvolumina ersehen.

Man versteht unter Atomvolumen den Quotienten aus Atomgewicht und spezifischem Gewicht:

$$\text{Atomvolumen} = \frac{\text{Atomgewicht}}{\text{Spez. Gewicht}}.$$

Trägt man in ein Koordinatensystem die Atomgewichte als Abszissen und die Atomvolumina als Ordinaten ein, so ergibt sich das Bild der Figur 121.

Es tritt dabei mit auffälliger Deutlichkeit hervor, daß die Maxima der Kurve von den ersten Gliedern der 5 Perioden: Lithium, Natrium, Kalium, Rubidium und Cäsium, die Minima von den in der Mitte der Perioden stehenden Elementen gebildet werden.

Auf den absteigenden Ästen der Kurve stehen die schwer schmelzbaren, auf den aufsteigenden die spröden, gasförmigen und leicht schmelzbaren Elemente. Die Minima der Kurve werden ferner von den schwer schmelzbaren Elementen gebildet.

Periodisches System der Elemente nach Mendelejeff (ergänzt).

Gruppe 0	Gruppe I	Gruppe II	Gruppe III	Gruppe IV	Gruppe V	Gruppe VI	Gruppe VII	Gruppe VIII
—	H 1	—	—	—	—	—	—	—
He 4	Li 7	Be 9	B 11	C 12	N 14	O 16	F 19	—
Ne 20	Na 23	Mg 24	Al 27	Si 28	P 31	S 32	Cl 35,5	—
Ar 40	K 39	Ca 40	Sc 45	Ti 48	V 51	Cr 52	Mn 55	Fe 56 Co 59 Ni 59
—	Cu 64	Zn 65	Ga 70	Ge 72,5	As 75	Se 79	Br 80	—
Kr 83	Rb 85,5	Sr 88	Y 89	Zr 91	Nb 93,5	Mo 96	—	Ru 102 Rh 103 Pd 107
—	Ag 108	Cd 112	In 115	Sn 119	Sb 120	Te 127,5	J 127	—
X 130	Cs 133	Ba 137	La 139	Ce usw. 140—178	Ta 181,5	W 184	—	Os 191 Ir 193 Pt 195
—	Au 197	Hg 201	Tl 204	Pb 207	Bi 209	—	—	—
Em 222	—	Ra 226	—	Th 232	—	U 238	—	—

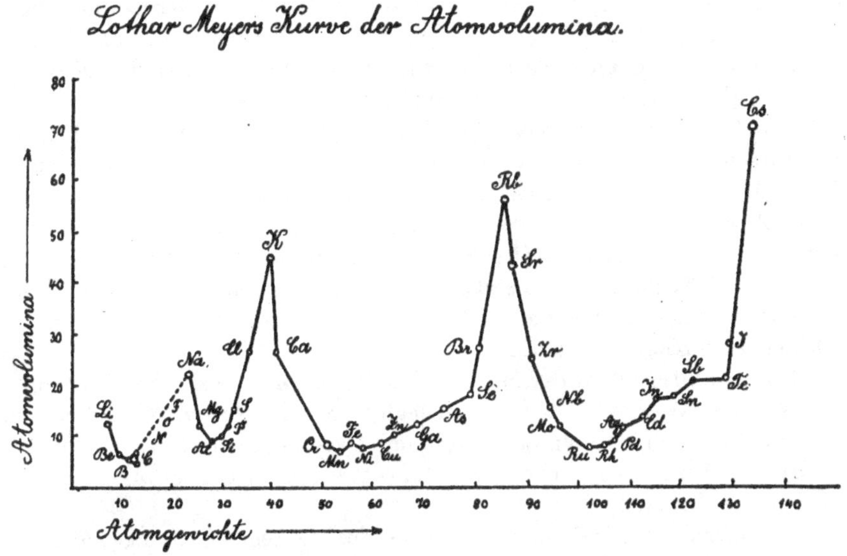

Fig. 121.

Auf den absteigenden Ästen finden sich die elektropositiven, auf den aufsteigenden die elektronegativen Elemente. —

Das periodische System hat schon in mancher Beziehung seine Feuerprobe bestanden und hat der chemischen Wissenschaft viel geleistet.

So ließ es sich in ausgezeichneter Weise zur Revision der Atomgewichte verwerten.

Platin stand z. B. mit seinem früheren Atomgewicht 198 hinter Gold mit dem Atomgewicht 197 an einer Stelle des Systems, wo es nicht hinpaßte. Die Revision des Atomgewichts ergab den Wert 195, der der Stelle entspricht, den das Platin einnehmen muß.

Man hatte ferner dem Beryllium ein Atomgewicht beigelegt, welches dieses Element zwischen Kohlenstoff und Stickstoff stellte. Lothar Meyer sah sich veranlaßt, auch diesen Wert zu kontrollieren und fand das Atomgewicht 9, so daß dieses Element in die wichtige Stelle am Anfang der 2. Gruppe rückte, wo es hingehört.

Ebenso wurden die Atomgewichte von Indium und Uran neu bestimmt, die sich dann ohne Schwierigkeit ins System einordnen ließen.

Auch zur Prognose neuer Elemente hat sich das System glänzend bewährt. Weder Gallium noch Germanium waren zur Zeit seiner Aufstellung bekannt. Aber Mendelejeff sagte voraus, daß diese beiden Lücken des Systems sicher einmal von zwei neuen Elementen ausgefüllt würden, von denen das eine ein Verwandter des Aluminiums (Ekaaluminium), das andere ein Verwandter des Siliciums (Ekasilicium) sein müßte. Als später das Gallium durch Lecoq de Boisbaudran und das Germanium durch Clemens Winkler aufgefunden wurden, stellte sich heraus, daß die Eigenschaften dieser Elemente bis in alle Einzelheiten mit der Voraussage durch Mendelejeff übereinstimmten. —

So läßt sich nicht leugnen, daß das periodische System, abgesehen von dem Nutzen, den es durch die systematische Ordnung der Elemente für die Wissenschaft bietet, diese auch in vielen anderen Beziehungen gefördert hat.

Freilich darf man nicht verschweigen, daß dem System in der bis jetzt besprochenen Form erhebliche Mängel anhaften. Verhältnismäßig wenig ins Gewicht fällt noch der Umstand, daß einige Elemente, wie Silber, Kupfer und Gold, in einer Gruppe des Systems stehen, wo sie eigentlich ihren Eigenschaften nach nicht hingehören.

Schwerer wiegend ist der Mangel, daß für die große Zahl der sogenannten „seltenen Erdmetalle", wie Lanthan, Cer, Praseodym, Neodym, Samarium, Europium, Gadolinium, Terbium, Dysprosium, Holmium, Thulium I und II mit den Atomgewichten von 139—178, ein entsprechender Platz im System fehlt.

Als besonders empfindlicher Mangel des Systems muß aber die Tatsache angesehen werden, daß mehrere wichtige Elemente, trotzdem sie ein **höheres** Atomgewicht besitzen, **vor** Elementen mit **niedrigerem** Atomgewicht stehen. So liegen die Dinge bei:

Argon (40)	und	Kalium (39),
Tellur (127,5)	„	Jod (127),
Kobalt (58,97)	„	Nickel (58,68).

Die naheliegende Annahme, daß diese Unstimmigkeiten auf ungenaue Werte für die Atomgewichte zurückzuführen und daher möglicherweise durch neue, exaktere Bestimmungen zu beheben seien, hat sich als unrichtig herausgestellt.

So hat man den Eindruck, daß dem periodischen System ein wichtiges Naturgesetz zugrunde liegt, das aber aus einem uns vorläufig noch unverständlichen Grunde nicht in voller Klarheit zutage tritt, und daß die Eigenschaften der Elemente zwar im allgemeinen, aber nicht in allen Fällen periodische Funktionen ihrer Atomgewichte sind.

Es wird später (vgl. S. 354) gezeigt werden, daß in der Tat das periodische System in der Mendelejeff'schen Form nicht als Ausdruck eines strengen Naturgesetzes gelten darf, daß es sich aber auf Grund der modernen Anschauungen über den Bau der Atome so modifizieren läßt, daß alle Mängel verschwinden und es seine volle Bedeutung erlangt.

IV. Metalle.

Eine scharfe Grenze zwischen Nichtmetallen und Metallen läßt sich nicht ziehen, und es gibt eine Reihe von Elementen, die ihren Eigenschaften nach sich zur einen wie zur anderen Kategorie zuzählen lassen.

Die früher aufgestellte Definition, daß die Nichtmetalle sich mit Wasserstoff verbinden, die Metalle nicht, läßt sich nicht aufrecht halten, seitdem wir wissen, daß auch die allerausgesprochensten Metalle, wie Magnesium, Calcium, Baryum, Wismut, Zinn und Blei, dazu befähigt sind. Ebensowenig stimmt es generell, daß die Oxyde der Nichtmetalle säurebildender, dagegen die der Metalle basenbildender Art sind. Die Existenz der Mangansäure, Übermangansäure und Chromsäure beweist, daß es auch von dieser Regel wichtige Ausnahmen gibt.

Immerhin existieren eine Reihe von — meist physikalischen — Eigenschaften, die eine Unterscheidung von Nichtmetallen und Metallen ohne allzu große Schwierigkeiten gestatten.

Die Metalle sind sämtlich Leiter der Wärme und der Elektrizität.

Sie besitzen alle im kompakten Zustande einen mehr oder minder lebhaften Glanz.

Mit Ausnahme des Quecksilbers sind sie alle fest. In sehr fein verteiltem Zustande bilden sie schwarze Pulver, und nur in äußerst dünner Schicht sind sie durchsichtig, wobei sie häufig das Licht mit charakteristischer Farbe hindurchlassen.

Die meisten Metalle krystallisieren regulär. Eine Ausnahme machen Antimon, Wismut und Zinn.

Die meisten Metalle sind biegsam, dehnbar und lassen sich zu Draht ausziehen. Nur Antimon und Wismut sind spröde.

Die Schmelzpunkte der Metalle zeigen außerordentliche Unterschiede:

Quecksilber	— 39°	Silber	+ 950°
Kalium	+ 58°	Gold	+1045°
Natrium	+ 98°	Kupfer	+1054°
Zinn	+228°	Eisen	+1500°
Blei	+326°	Platin	+1775°
Zink	+433°	Iridium	+1950°
Aluminium	+600°		

Auch die Flüchtigkeit der Metalle ist äußerst verschieden. Es liegen die Siedepunkte von:

Quecksilber	bei	+ 360°,
Natrium	gegen	+ 750°,
Cadmium	„	+ 860°,
Zink	„	+1000°.

Von vielen Metallen ist der Siedepunkt noch nicht bestimmt; aber alle lassen sich im elektrischen Lichtbogen verdampfen.

In den spezifischen Gewichten zeigen sich gleichfalls große Differenzen:

Lithium	0,6	Eisen	7,8
Natrium	1,0	Kupfer	8,8
Calcium	1,6	Silber	10,5
Aluminium	2,6	Blei	11,4
Baryum	3,8	Quecksilber	13,6
Antimon	6,7	Gold	19,3
Zink	7,1	Platin	21,5
Zinn	7,3	Iridium	22,4

Diejenigen Metalle, deren spezifisches Gewicht unter 5 ist, werden als Leichtmetalle von den Schwermetallen unterschieden.

Die Leichtmetalle haben die größere Verwandtschaft zum Sauerstoff. Ihre Oxyde sind stärkere Basen, die Metalle selbst sind chemisch am aktivsten.

Zu den Schwermetallen gehören die bekanntesten, wie Eisen, Zink und Kupfer. Sie lassen sich leichter darstellen und sind an der **Luft** haltbarer.

Die Haltbarkeit nimmt im selben Verhältnis zu, wie die Verwandtschaft zum Sauerstoff abnimmt. Besonders gering ist die letztere bei den sogenannten Edelmetallen, z. B. Gold, Silber, Platin usw.

Die Metalle lassen sich in verschiedenen Verhältnissen zusammenschmelzen. Diese Mischungen heißen Legierungen. Die bekanntesten sind Messing, Bronze, die Münzmetalle usw.

Die Legierungen, die das Quecksilber mit den Metallen bildet, heißen Amalgame. Im Laboratorium wird besonders häufig das Amalgam des Natriums verwendet.

A. Gruppe der Alkalimetalle.

Das periodische System der Elemente bietet uns in sehr willkommener Weise die Möglichkeit, auch die große Klasse der Metalle in eine Reihe von Gruppen zu zerlegen, die einander nahestehende Elemente enthalten. Eine der charakteristischsten ist die der Alkalimetalle, zu denen — geordnet nach der Größe ihrer Atomgewichte — die Metalle:

Lithium 6,94	Rubidium 85,5
Natrium 23,00	Cäsium 132,8
Kalium 39,10	

gehören, die in der I. Vertikalreihe des periodischen Systems stehen. Von besonderer Bedeutung sind unter den Alkalimetallen Natrium und Kalium.

Das Wort Alkali ist arabischen Ursprungs und bedeutete früher soviel wie kohlensaures Natrium. Jetzt versteht man darunter die Hydroxyde der Alkalimetalle, vor allem die von Natrium und Kalium. Diese wurden früher für Elemente gehalten, bis H. Davy im Jahre 1807 zeigte, daß es Verbindungen zweier neuer Metalle, des Natriums und Kaliums, sind. Die drei anderen Vertreter dieser Gruppe, die sämtlich zu den Leichtmetallen gehören, wurden später entdeckt.

1. Natrium. Na.

Atomgewicht = 23,00.

Natrium ist in Form von Verbindungen auf der ganzen Erdoberfläche in ungeheuren Massen verbreitet. Vor allem als Chlornatrium, das sich in einer Menge von 2,7—3,2% im Wasser der Meere findet und hier und da bergmännisch gewonnen wird. Außerdem seien genannt der Albit (Natronfeldspat) $NaAlSi_3O_8$, sowie der Kryolith $AlF_3 \cdot 3NaF$. Die Bedeutung von Natriumverbindungen für den tierischen Lebensprozeß ist eine sehr große. Sie finden sich daher in allen Teilen des tierischen Organismus, vor allem im Blute.

Zur Gewinnung von metallischem Natrium nach einem älteren Verfahren wurde ein Gemisch von Natriumcarbonat mit Kohle in eisernen Retorten zur lebhaftesten Glut erhitzt:

$$Na_2CO_3 + 2C = 3CO + 2Na .$$

Heute ist man zu dem alten Prinzip Davys zurückgekehrt, der zu dem Metall durch elektrolytische Zersetzung von Natriumhydroxyd gelangte.

Das technische Verfahren besteht darin, daß man geschmolzenes Natriumhydroxyd bei einer Temperatur von etwa 330° bei möglichst niedriger Spannung elektrolysiert. Das an der Kathode sich abscheidende Metall wird herausgeschöpft, durch Umschmelzen gereinigt und entweder unter Petroleum oder in fest verlöteten Blechbüchsen aufbewahrt.

Natrium ist ein silberglänzendes Metall, das sich wegen seiner Weichheit kneten, schneiden und zu Draht pressen läßt. Es ist an der Luft, zumal wenn sie feucht ist, nicht haltbar und bedeckt sich alsbald mit einer graublauen Schicht.

Versuch 383. Man führt durch ein größeres Stück Natrium mit einem scharfen Messer einen kräftigen Schnitt. Die Schnittfläche zeigt zunächst einen schönen, hellen Silberglanz, der aber schon nach 1—2 Sekunden graublau anläuft und alsbald verschwindet.

Natrium muß daher, um es gegen die Wirkung des Sauerstoffs und der in der Luft vorhandenen Feuchtigkeit zu schützen, in geeigneten, sauerstofffreien und trockenen Flüssigkeiten, wie z. B. Petroleum, Ligroin oder Benzol, aufbewahrt werden.

Natrium schmilzt bei 98°, verdampft gegen 740° und verbrennt an der Luft unter Ausstoßung eines dichten Rauches von Natriumsuperoxyd:

$$2Na + O_2 = Na_2O_2.$$

Sehr charakteristisch ist das Verhalten von Natrium gegen Wasser:

Versuch 384. Man wirft ein erbsengroßes Stückchen Natrium in ein zu etwa $^3/_4$ mit Wasser gefülltes Becherglas, das man dann sofort mit einem großen Uhrglas bedeckt. Das Metall schmilzt, läuft als geschmolzene Metallkugel auf der Oberfläche des Wassers hin und her und wird unter Entwicklung von Wasserstoff (vgl. S. 16) immer kleiner, bis es schließlich völlig verschwindet. Das Wasser nimmt stark alkalische Reaktion an.

Es bildet sich dabei unter Entwicklung von Wasserstoff Natriumhydroxyd:

$$2Na + 2H_2O = 2NaOH + H_2.$$

Wird bei dieser Reaktion die Bewegung des Natriums auf der Oberfläche des Wassers gehemmt, so steigt die Temperatur so hoch, daß sich der Wasserstoff entzündet und mit intensiv gelber Flamme verbrennt.

Versuch 385. Man faltet mehrere Bogen Filtrierpapier so, daß ein sehr flaches Kästchen entsteht und tränkt das Papier mit Wasser. Dann wirft man ein erbsengroßes Stück Natrium auf das Filtrierpapier. Die Reaktion setzt sofort ein: Das Metall schmilzt zu einer Kugel, die nicht ungehindert herumrollen kann. Daher bricht nach wenigen Augenblicken eine intensiv gelb gefärbte Flamme daraus hervor, die erlischt, sobald das Metall verbrannt ist. Es hinterbleibt schließlich eine glühende, durchsichtige Kugel aus geschmolzenem Natriumhydroxyd, die noch kurze Zeit auf dem Papierbogen herumrollt und plötzlich unter leichter Explosion herumgeschleudert wird. Vorsicht! Schutz der Augen!

Oxyde des Natriums.

Natrium bildet mit Sauerstoff zwei Oxyde:

Natriumoxyd	Na_2O,
Natriumsuperoxyd . . .	Na_2O_2.

Das erstere ist wenig wichtig.

Natriumsuperoxyd Na_2O_2 wird durch Verbrennen von Natrium in trockener Luft gewonnen. Es stellt ein gelblichweißes Pulver dar, das mit Wasser heftig unter Entwicklung von Sauerstoff reagiert:

$$2Na_2O_2 + 2H_2O = 4NaOH + O_2 .$$

Mit verdünnten Säuren setzt es sich unter Bildung von Wasserstoffsuperoxyd um:

$$Na_2O_2 + 2HCl = H_2O_2 + 2NaCl .$$

Oxydierbare Stoffe werden davon, häufig unter heftigster, mit Feuererscheinung verbundener Reaktion angegriffen.

Versuch 386. In eine kleine Porzellanschale bringt man 3—5 g möglichst frisches Natriumsuperoxyd und tropft mit einer Pipette Eisessig darauf: Heftige Einwirkung und Oxydation unter blendender Lichterscheinung!

Natriumhydroxyd NaOH.

Eine äußerst wichtige und viel gebrauchte Verbindung des Natriums stellt das Natriumhydroxyd NaOH vor.

Seiner Bildung aus dem unwichtigen und schwer zugänglichen Natriumoxyd durch Aufnahme von Wasser:

$$Na_2O + H_2O = 2NaOH$$

kommt keine Bedeutung zu.

Wichtiger ist das Verfahren, durch Einwirkung von Wasser oder Wasserdampf auf Natrium dieselbe Verbindung zu erhalten:

$$Na_2 + 2H_2O = H_2 + 2NaOH .$$

Von technischer Bedeutung ist die Umwandlung des billigen Natriumcarbonats (Soda, vgl. S. 305) in Natriumhydroxyd. Sie wird durch Behandlung einer wäßrigen Sodalösung mit gelöschtem Kalk bewirkt:

$$Na_2CO_3 + Ca(OH)_2 = CaCO_3 + 2NaOH$$

und fabrikmäßig in großen, eisernen Kesseln vorgenommen.

Versuch 387. In einer größeren Silberschale werden 50 g Soda in 540 ccm Wasser gelöst und die Flüssigkeit zum Sieden erhitzt. Man löscht dann 40 g gebrannten Kalk mit Wasser, rührt ihn damit an und trägt diese Masse allmählich in die kochende Sodalösung ein. Sobald eine Probe der Flüssigkeit nach dem Filtrieren auf Zusatz einer Säure nicht mehr aufbraust, ist die Reaktion beendet. Man filtriert nun vom Calciumcarbonat ab und dampft das Filtrat ein. Schließlich wird bis fast zum Glühen erhitzt. Die geschmolzene Masse erstarrt beim Abkühlen in einem „Exsikkator" krystallinisch.

Auch durch Elektrolyse von Chlornatrium läßt sich Natriumhydroxyd unter entsprechend gewählten Versuchsbedingungen technisch herstellen.

Natriumhydroxyd bildet eine weiße, krystallinische Masse, die sich in Wasser unter starker Erwärmung löst, an der Luft zerfließt und aus dieser Kohlendioxyd anzieht.

Die wäßrige Lösung des Natriumhydroxyds wird allgemein Natronlauge genannt. Sie besitzt einen heftig brennenden Geschmack und wirkt auf Haut und Gewebe außerordentlich ätzend. Ist die Natronlauge konzentriert, so ist sie dickflüssig und besitzt ein hohes spezifisches Gewicht.

Dieses beträgt

bei 10%	NaOH	 1,111,
„ 20 „	„	 1,221,
„ 30 „	„	 1,331,
„ 40 „	„	 1,434,
„ 50 „	„	 1,530,
„ 60 „	„	. . . . . 1,64.

Auch in Alkohol löst sich Natriumhydroxyd, wenn auch lange nicht so reichlich wie in Wasser, auf. Man nennt die entstehende Flüssigkeit, die vor allem in der organischen Chemie viel gebraucht wird, alkoholische Natronlauge. Auch metallisches Natrium wird von Alkohol sehr leicht aufgenommen. Dabei bildet sich unter Entwicklung von Wasserstoff das wichtige Natriumäthylat:

$$2C_2H_5OH + 2Na = H_2 + 2C_2H_5ONa\,.$$

Versuch 388. Man trägt etwa 1—2 g Natrium — in erbsengroße Stücke zerschnitten — schnell hintereinander in etwa 35 ccm absoluten Alkohol ein. Die Reaktion setzt sofort ein, und unter stürmischer Wasserstoffentwicklung löst sich das Metall auf. Gleichzeitig gerät durch die Reaktionswärme der Alkohol zum Sieden und verdampft zum Teil. Kühlt man die klare Flüssigkeit ab, so erstarrt sie zu einem Brei weißer Krystalle, die aus Natriumäthylat bestehen.

Natriumhydroxyd ist der Typus einer ganz starken Base, deren Wirkungen sich selbst in den verdünntesten wäßrigen Lösungen geltend machen.

Versuch 389. a) Man fügt 1—2 Tropfen starke Natronlauge zu 2 Liter Wasser, das durch Lackmus blau und dann durch einen Tropfen Salzsäure rot gefärbt war.

b) Der gleiche Versuch wird mit einer durch eine Spur Salzsäure erdbeerrot gefärbte Lösung von Helianthin angestellt. Die Farbe schlägt sofort in ein reines Gelb um.

c) Man gibt zu 2 Liter Wasser einige Tropfen einer alkoholischen Lösung von Phenolphtaleïn, hierauf 1 Tropfen Natronlauge: Intensive Rotviolettfärbung!

Natriumhydroxyd und Natronlauge werden vor allem bei der Seifenfabrikation, ferner in der chemischen Technik und im Laboratorium in großer Menge verbraucht.

Mit Säuren verbindet sich Natriumhydroxyd glatt unter Entstehung von Natriumsalzen.

Die Natriumsalze.

1. Natriumchlorid NaCl ist zweifellos das wichtigste aller Salze. Es läßt sich aus Natriumhydroxyd in normaler Reaktion darstellen:

$$NaOH + HCl = H_2O + NaCl .$$

Versuch 390. Zu wenig starker Natronlauge gibt man vorsichtig einen Überschuß von rauchender Salzsäure hinzu. Unter heftigem Aufkochen und starker Erhitzung findet die Reaktion statt, und das entstehende Chlornatrium scheidet sich dabei ohne weiteres in krystallinischer Form ab.

Auch bei der direkten Vereinigung von Natrium mit Chlor:

$$Na + Cl = NaCl$$

entsteht Chlornatrium.

Natürlich kommen diese Bildungsweisen gegenüber der ungeheuren Verbreitung des Chlornatriums in der Natur nicht in Betracht.

Es wurde bereits erwähnt, daß der Salzgehalt der Meere ein sehr beträchtlicher ist. Er wird auch hier und da zur Gewinnung von „Kochsalz" ausgenutzt. Dies kann entweder durch Verdunsten des Meerwassers, oder — wie in Rußland — in der Weise geschehen, daß man das Meerwasser zum Teil gefrieren läßt. Dabei scheidet sich reines Eis aus, und in der Mutterlauge erfolgt eine erhebliche Anreicherung des Kochsalzes.

Von großer Bedeutung ist die bergmännische Gewinnung des Chlornatriums, wie sie in Staßfurt, Berchtesgaden, Reichenhall, Kreuznach, Wieliczka usw. betrieben wird. Dabei findet entweder ein bergmännischer Abbau des „Steinsalzes" statt, oder man gewinnt das Kochsalz aus Soolen, die entweder künstlich hergestellt und dann direkt versotten oder zunächst auf sogenannten „Gradierwerken" an der Luft konzentriert werden. —

Das käufliche Chlornatrium ist mehr oder minder verunreinigt und infolge der Anwesenheit kleiner Mengen von Magnesiumsalzen meist hygroskopisch.

Um es davon zu befreien und ein ganz reines Salz zu gewinnen, wird eine wäßrige Lösung des rohen Salzes mit Chlorwasserstoffsäure versetzt, wobei man reines Chlornatrium erhält.

Versuch 391. Man fügt zu einer gesättigten, wäßrigen Lösung von käuflichem Kochsalz rauchende Salzsäure hinzu. Das sich abscheidende Salz wird auf einen Platinkonus abgesaugt, mit Salzsäure ausgewaschen und in einer Platinschale getrocknet. Es ist dann völlig rein.

Chlornatrium krystallisiert in Würfeln, schmilzt bei Rotglut und verdampft bei höherer Temperatur.

In Wasser ist es ziemlich leicht löslich, doch ist es auffällig, wie gering im Verhältnis der Löslichkeitsunterschied in der Kälte und in der Wärme bei diesem Salze ist. Wie die nebenstehende Figur erkennen läßt, verläuft die Löslichkeitskurve nur schwach ansteigend.

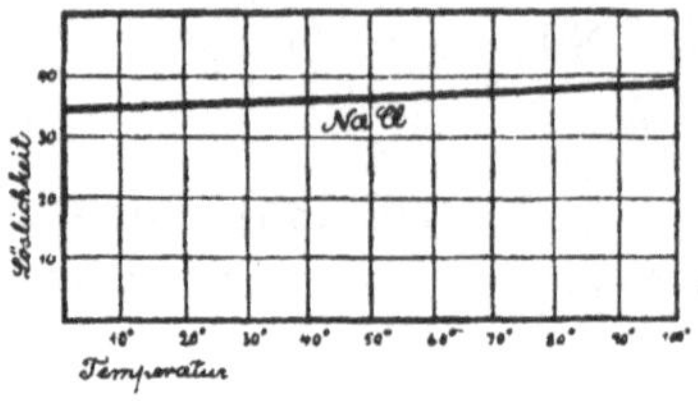

Fig. 122.

Der Siedepunkt einer gesättigten Kochsalzlösung liegt bei $+110^0$, der Gefrierpunkt bei -22^0. Die letztere Tatsache erklärt das schwierige Zufrieren des Meeres und wird praktisch zur Herstellung von Kältemischungen aus Eis und Kochsalz verwertet.

Kochsalz wird in ungeheuren Mengen als Genußmittel verbraucht. In Deutschland z. B. dürften pro Jahr auf den Kopf der Bevölkerung etwa 8 kg Salz kommen. Es spielt im tierischen Organismus eine höchst wichtige Rolle bei der Verdauung und läßt sich durch nichts anderes ersetzen. Das reine, für Genußzwecke bestimmte Chlornatrium ist mit einer Salzsteuer belegt und dadurch verteuert. Um es aber für andere Zwecke, z. B. für die chemische Großindustrie usw., zu billigerem Preise abgeben zu können, wird es durch Eisenoxyd denaturiert. Ein derartiges Produkt kommt als Viehsalz in den Handel.

2. Bromnatrium NaBr und Jodnatrium NaJ sind gut krystallisierende, in Wasser leicht lösliche Salze, die aber relativ unwichtig sind.

3. Sulfate des Natriums. a) Natriumbisulfat $NaHSO_4$ entsteht z. B. bei der Einwirkung von konzentrierter Schwefelsäure auf Natriumnitrat oder Natriumchlorid. Im letzteren Falle wird gleichzeitig Chlorwasserstoff gebildet (vgl. S. 43):

$$NaCl + H_2SO_4 = NaHSO_4 + HCl\,.$$

Natriumbisulfat ist ein in Wasser leicht lösliches Salz, das beim Erhitzen unter Abspaltung von Wasser in Natriumpyrosulfat und dann unter Entwicklung von Schwefeltrioxyd in Natriumsulfat übergeht (vgl. S. 210):

$$1.\quad 2NaHSO_4 = H_2O + Na_2S_2O_7\,.$$

$$2.\quad Na_2S_2O_7 = Na_2SO_4 + SO_3\,.$$

Erhitzt man es mit Chlornatrium, so entweicht noch ein zweites Molekül Chlorwasserstoff, und es bildet sich das neutrale Sulfat Na_2SO_4:

$$NaCl + NaHSO_4 = HCl + Na_2SO_4\,.$$

b) Natriumsulfat $Na_2SO_4 \cdot 10H_2O$ wurde bereits im Jahre 1658 von einem Arzte Glauber entdeckt und trägt daher noch heute den Namen Glaubersalz. Es ist in der Heilkunde wegen seiner abführenden Wirkung bekannt und geschätzt. In der Natur findet es sich hier und da in Salzlagern und in vielen Mineralquellen.

Natriumsulfat wird im großen durch Einwirkung von konzentrierter Schwefelsäure auf Kochsalz dargestellt und spielt eine wichtige Rolle bei der Fabrikation der Soda nach dem Leblanc-Prozeß.

In Staßfurt gewinnt man das wichtige Salz durch Umsetzung der Lösungen von Magnesiumsulfat und Kochsalz bei Winterkälte:

$$MgSO_4 + 2NaCl = MgCl_2 + Na_2SO_4,$$

wobei sich leicht lösliches Magnesiumchlorid bildet und Natriumsulfat auskrystallisiert.

Natriumsulfat krystallisiert aus der wäßrigen Lösung in großen, wasserklaren Krystallen von kühlend-bitterem Geschmack, die 10 Moleküle Krystallwasser enthalten. An der Luft oder noch schneller beim Erwärmen verlieren sie einen Teil davon oder die ganze Menge und verwandeln sich in ein weißes Pulver. Man bezeichnet diesen Vorgang, der sich bei zahlreichen anderen krystallwasserhaltigen Salzen in derselben Weise abspielt, als Verwitterung.

Das völlig entwässerte Natriumsulfat wird als indifferentes Trockenmittel häufig verwendet.

Eigentümliche Erscheinungen beobachtet man beim Lösen des Glaubersalzes in Wasser. Während sich nämlich im allgemeinen mit zunehmender Temperatur die Löslichkeit eines Salzes in Wasser erhöht, zeigt sich beim Natriumsulfat, daß die Löslichkeit bis 33° steigt und von da ab beim weiteren Erhitzen wieder sinkt.

Versuch 392. In einem 33° warmen Wasserbade löst man unter beständigem Schütteln soviel krystallwasserhaltiges Glaubersalz in möglichst wenig Wasser auf, daß eine vollkommen gesättigte Lösung entsteht. Man nimmt dann von der klaren Flüssigkeit zwei Proben und erhitzt die eine im Reagenzglase: Sie trübt sich unter Abscheidung von Krystallen. Die andere Probe wird in Eis abgekühlt: Auch hierbei erfolgt Abscheidung von Glaubersalz.

Dies liegt daran, daß bei 33° das wasserhaltige Glaubersalz in Wasser und wasserfreies Salz zerfällt:

$$Na_2SO_4 \cdot 10H_2O \xrightarrow{\text{bei } 33^0} Na_2SO_4 + 10H_2O,$$

und daß dieses sich durch eine bei steigender Temperatur abnehmende Löslichkeit auszeichnet.

Der „Umwandlungspunkt" des Systems liegt also bei 33°. Läßt man eine bei etwa 30° gesättigte, wäßrige Lösung von Glaubersalz langsam und ohne das Gefäß zu erschüttern, erkalten, so scheiden sich meistens keine Krystalle ab, obwohl die Löslichkeit des Salzes bei der tieferen Temperatur an und für sich geringer ist. Dies ist indessen nur ein labiler Zustand, der sofort aufgehoben wird, sobald man einen winzigen Glaubersalzkrystall einträgt und dadurch die Krystallisation anregt. Noch auffallender läßt sich diese Erscheinung der „Übersättigung" oder „Unterkühlung", die beim praktischen Arbeiten eine nicht unwichtige Rolle spielt, an manchen anderen Salzen, z. B. dem Natriumacetat, beobachten.

Versuch 393. Man schmilzt in einem etwa 1 Liter fassenden Kolben soviel krystallisiertes Natriumacetat mit wenig Wasser auf dem Wasserbade zusammen, daß der Kolben zur Hälfte gefüllt ist. Man hat dabei besonders darauf zu achten, daß die vom Einfüllen her am Kolbenhals hängengebliebenen kleinen Krystallpartikelchen durch den entweichenden Dampf völlig gelöst werden. Sobald sich das Salz gelöst hat, wird der Kolben mit einem Wattestopfen locker verschlossen und zur Abkühlung an einem ruhigen Orte beiseite gestellt. — Die Unterkühlung kann in diesem Falle viele Tage, ja Monate dauern. Sie wird augenblicklich aufgehoben, sobald man den Wattebausch entfernt und ein winziges Kryställchen von Natriumacetat in den Kolben wirft. In wenigen Augenblicken ist dann die Flüssigkeit unter Freiwerden einer beträchtlichen Wärmemenge in einen festen Krystallblock verwandelt.

4. Natriumsulfite. Auch von der schwefligen Säure leiten sich zwei wichtige Natriumsalze ab.

a) Natriumbisulfit $NaHSO_3$ entsteht beim Einleiten von Schwefeldioxyd in Natronlauge:

$$NaOH + SO_2 = NaHSO_3 .$$

Es kommt als konzentrierte, wäßrige Lösung unter der Bezeichnung Bisulfitlauge in den Handel. Diese wird zur Darstellung von Schwefeldioxyd (vgl. S. 196), als wichtiges Reagens in der organischen Chemie und in der Technik für mancherlei Zwecke gebraucht.

b) Natriumsulfit Na_2SO_3, durch Neutralisation von Natriumbisulfit mit Natronlauge leicht darstellbar:

$$NaHSO_3 + NaOH = H_2O + Na_2SO_3 ,$$

bildet große, durchsichtige, in Wasser ziemlich leicht lösliche Krystalle und wird z. B. zur Herstellung photographischer Entwickler gebraucht.

5. Natriumthiosulfat $Na_2S_2O_3 \cdot 5H_2O$ entsteht, wie bereits früher festgestellt worden ist (vgl. S. 215), beim Kochen einer Natriumsulfitlösung mit Schwefel:

$$Na_2SO_3 + S = Na_2S_2O_3 .$$

Es ist ein außerordentlich schön krystallisierendes Salz, dessen Krystalle 5 Moleküle Krystallwasser enthalten und sich in Wasser sehr leicht auflösen.

Seine Zersetzung durch Säuren, sowie seine Verwendung in der Jodometrie und als Fixiernatron bei photographischen Prozessen sind bereits früher (vgl. S. 216) eingehend betrachtet worden.

6. Sulfide des Natriums. a) Natriumhydrosulfid oder Natriumsulfhydrat NaSH wird durch Behandlung von Natronlauge mit Schwefelwasserstoff bis zur Sättigung dargestellt:

$$NaOH + H_2S = H_2O + NaSH.$$

b) Natriumsulfid Na_2S entsteht aus der Lösung des Natriumsulfhydrats, wenn man die gleiche Menge Natronlauge hinzugibt:

$$NaSH + NaOH = H_2O + Na_2S.$$

Auch auf trockenem Wege gelangt man leicht zum Natriumsulfid, wenn man die Sulfate irgendwelcher Metalle mit Soda (vgl. S. 306) mischt und dieses Gemenge auf einer Holzkohle vor dem Lötrohr glüht. Wegen der leberfarbigen Nuance des Reaktionsproduktes, das nach der Gleichung:

$$Na_2SO_4 + 2C = 2CO_2 + Na_2S$$

entsteht, wird diese in der Analyse oft ausgeführte Reaktion als Heparprobe bezeichnet. Der Nachweis der hierbei entstandenen „Hepar" gelingt mit einer Silbermünze, wobei die darauf befindliche dünne Oxydschicht mit dem Natriumsulfid reagiert:

$$Ag_2O + Na_2S = Na_2O + Ag_2S.$$

Versuch 394. Man bohrt mit der Spitze eines Taschenmessers in eine Lötrohrkohle eine kleine Grube, preßt etwas Natriumsulfat hinein und richtet so lange die spitze Lötrohrflamme auf die Substanz, bis diese nicht mehr kugelig ist, sondern der Kohle als gelbbraune Masse flach anliegt. Man hebt sie dann mit dem Messer von der Kohle ab, legt sie auf eine ungereinigte Silbermünze und bringt einen Tropfen Wasser darauf. Sie löst sich darin, und die Lösung gibt auf dem Silber einen festhaftenden, schwarzen Fleck.

7. Natriumcarbonate. a) Natriumcarbonat (Soda) $Na_2CO_3 \cdot 10H_2O$. Wenn man bedenkt, daß die Herstellung billiger Seife und billigen Glases erst nach Auffindung eines Verfahrens zur Gewinnung von Soda in großem Maßstabe möglich war, so wird man die Entdeckung eines solchen durch Leblanc für alle Zeiten zu den großartigsten Leistungen der chemischen Industrie rechnen müssen. Leblanc selbst freilich konnte sich der Früchte seiner Entdeckung, die einzig in ihrer Art ist und die Grundlage der chemischen Großindustrie bildet, nicht erfreuen. Er endete in einem Armenspital, wo er sich selbst das Leben nahm.

Nach Leblanc wird Chlornatrium zunächst in Glaubersalz verwandelt:

$$2NaCl + H_2SO_4 = 2HCl + Na_2SO_4,$$

dieses mit Kohle zu Natriumsulfid reduziert:

$$Na_2SO_4 + 2C = 2CO_2 + Na_2S$$

und das letztere mit Calciumcarbonat in Soda und Calciumsulfid übergeführt:

$$Na_2S + CaCO_3 = Na_2CO_3 + CaS.$$

Zur Isolierung der Soda wird die Reaktionsmasse systematisch mit Wasser ausgelaugt und die Salzlösung eingedampft. In Deutschland und Frankreich ist das Leblanc-Verfahren mehr und mehr durch den Solvay-Prozeß verdrängt worden.

Bei diesem Verfahren wird eine Lösung von Chlornatrium zunächst mit Ammoniak gesättigt und dann Kohlendioxyd unter Druck eingepreßt.

Das zunächst entstehende Ammoniumbicarbonat setzt sich mit Chlornatrium zu Natriumbicarbonat und Chlorammonium um:

$$NaCl + NH_4HCO_3 = NH_4Cl + NaHCO_3.$$

Das als Nebenprodukt entstehende Ammoniumchlorid gibt mit Magnesia wieder Ammoniak:

$$2NH_4Cl + MgO = H_2O + MgCl_2 + 2NH_3.$$

Auch das hierbei abfallende Magnesiumchlorid läßt sich mit Wasserdampf wieder in Magnesiumoxyd und Salzsäure spalten:

$$MgCl_2 + H_2O = MgO + 2HCl,$$

so daß alle Stoffe vollkommen ausgenutzt werden und das Verfahren rentabel wird.

Das als Hauptprodukt entstehende Natriumbicarbonat — das als saures Carbonat wenig beständig ist (vgl. S. 265) — zerfällt bereits beim gelinden Erhitzen in Kohlendioxyd und Soda:

$$2NaHCO_3 = H_2O + CO_2 + Na_2CO_3.$$

Das sich nebenher bildende Kohlendioxyd kehrt gleichfalls wieder in den Betrieb zurück.

Versuch 395. Man löst 30 g Chlornatrium in 100 ccm Wasser und gibt eine gesättigte, wäßrige Lösung von 25 g Ammoniumcarbonat hinzu. Diese Flüssigkeit füllt man in einen hohen, engen Zylinder ein und leitet einen kräftigen Strom von Kohlendioxyd hindurch. Nach kurzer Zeit beginnt die Lösung sich zu trüben, und alsbald krystallisieren reichliche Mengen von Natriumbicarbonat aus.

Natriumcarbonat bildet schöne, große, wasserklare Krystalle, die 10 Moleküle Krystallwasser enthalten. An der Luft „verwittern" die Krystalle schnell, und beim Erhitzen entweicht das Krystallwasser völlig unter Hinterlassung von wasserfreier oder calcinierter Soda.

Soda ist in Wasser leicht löslich, reagiert alkalisch, besitzt einen laugenhaften Geschmack und wird durch Säuren unter Entwicklung von Kohlendioxyd sofort zersetzt:

$$Na_2CO_3 + 2HCl = 2NaCl + CO_2 + H_2O.$$

Die Verwendungen der Soda sind sehr mannigfaltig. In der Haushaltung dient sie zum Waschen, in der Industrie zur Bereitung von Natronlauge und Seife und in ungeheurer Menge zur Glasfabrikation.

Durch Behandlung von Soda mit Kohlendioxyd erhält man Natriumbicarbonat.

b) Natriumbicarbonat $NaHCO_3$ läßt sich auf trockenem, wie auf nassem Wege durch Einwirkung von Kohlendioxyd auf Natriumcarbonat gewinnen:

$$Na_2CO_3 + H_2O + CO_2 = 2NaHCO_3.$$

Versuch 396. a) Ein 30—40 cm langes Glasrohr wird mit gröblich zerkleinerter, krystallisierter Soda gefüllt und die Röhre auf der einen Seite mit einem Kohlendioxydentwickler, auf der anderen mit einem in gefärbtes Wasser tauchenden Rohr verbunden. — Man leitet zunächst einen lebhaften Kohlendioxydstrom durch das Rohr hindurch und unterbricht ihn dann. Man beobachtet nach wenigen Augenblicken das Emporsteigen des Wassers als Beweis für die Absorption des Kohlendioxyds.

b) Man leitet in eine kalt gesättigte, wäßrige Sodalösung Kohlendioxyd ein: Nach kurzer Zeit Abscheidung von Natriumbicarbonat.

Natriumbicarbonat ist in Wasser ziemlich löslich, besitzt einen angenehmeren Geschmack als Soda und wird daher in ziemlich großer Menge in der Medizin, ferner zur Darstellung von Brausepulver und von Sodawasser verwendet.

8. Natriumnitrat $NaNO_3$, das sich in riesigen Lagern, besonders in Peru und Chile, findet, wurde früher in großen Mengen als Chilesalpeter eingeführt und diente als wichtiges Düngemittel und als Ausgangsmaterial zur Darstellung der Salpetersäure. Durch die modernen Anlagen zur Ausnutzung des atmosphärischen Stickstoffs für die Gewinnung von Salpetersäure ist man von den natürlichen Vorkommnissen des Natriumnitrats unabhängig geworden.

Natriumnitrat krystallisiert in farblosen, hygroskopischen Krystallen, die im Gegensatz zu dem prismatischen Kalisalpeter als würfelähnliche Rhomboeder aufzufassen sind. Man spricht daher — wenn auch mit Unrecht — von kubischem Salpeter.

9. Natriumnitrit $NaNO_2$ kann durch Reduktion von geschmolzenem Natriumnitrat mit gewissen Metallen, wie z. B. Blei, gewonnen werden (vgl. S. 231):

$$NaNO_3 + Pb = PbO + NaNO_2.$$

Auch die bei der Oxydation des Luftstickstoffs (vgl. S. 235) oder von Ammoniak (vgl. S. 235) nach den modernen Verfahren gewonnenen Stickoxyde lassen sich direkt auf Natriumnitrit verarbeiten.

Natriumnitrit bildet ein weißes, nicht sehr ansehnlich krystallisierendes Salz, das sich in Wasser leicht löst und in der organischen Chemie eine wichtige Rolle spielt.

10. Natriumphosphate. Es ist bereits früher (vgl. S. 242) auseinandergesetzt worden, daß sich von der dreibasischen Phosphorsäure H_3PO_4 3 Natriumphosphate:

$$Na_3PO_4 \qquad Na_2HPO_4 \qquad NaH_2PO_4$$

ableiten. Von diesen ist das Dinatriumphosphat das wichtigste. Es krystallisiert mit 12 Molekülen Krystallwasser, ist im Urin enthalten und darin 1740 von Haupt aufgefunden und sal mirabile genannt worden. Es ist Handelsprodukt und wird in der chemischen Analyse als wichtiges Reagens verwendet. Beim Glühen geht es in Natriumpyrophosphat über:

$$2Na_2HPO_4 = Na_4P_2O_7 + H_2O\ .$$

11. Natriumsilikat Na_2SiO_3 entsteht beim Schmelzen von Siliciumdioxyd mit Soda und wird wegen seiner Löslichkeit in Wasser „Wasserglas" genannt.

Es findet mancherlei Anwendung. Man benutzt es zum Kitten von Glas und Porzellan, zum Konservieren von Eiern, als Seifenersatz und um leicht brennbare Stoffe, wie Papier, Gewebe u. dgl. feuerfest zu machen.

Versuch 397. Ein Streifen Filtrierpapier wird mit nicht zu verdünnter Wasserglaslösung getränkt und getrocknet. Hält man ihn in eine Flamme, so verkohlt er langsam, ohne Feuer zu fangen.

12. Natriumtetraborat (Borax) $Na_2B_4O_7$ ist bereits bei der Besprechung des Bors (vgl. S. 288) eingehend betrachtet worden.

13. Natriumamid NH_2Na. Beim Erwärmen von Natrium in trockenem Ammoniakgas auf 300—350° bildet sich unter Entwicklung von Wasserstoff Natriumamid:

$$2Na + 2NH_3 = 2NaNH_2 + H_2\ ,$$

ein weißes, krystallinisches Produkt, das technisch fabriziert wird und für viele Synthesen Verwendung findet. Auch an die interessante, zur Stickstoffwasserstoffsäure führende Reaktion zwischen Natriumamid und Stickoxydul sei erinnert (vgl. S. 106):

$$NaNH_2 + N_2O = H_2O + N_3Na.$$

14. Natriumamalgam. Man kann Natrium in verschiedenen Verhältnissen mit Quecksilber zu Natriumamalgam verbinden. Die Vereinigung der beiden Stoffe vollzieht sich unter heftiger Reaktion und Feuererscheinung, und beim Abkühlen krystallisieren Verbindungen wie $HgNa_3$ oder Hg_6Na in silberglänzenden Nadeln aus der Reaktionsmasse heraus.

Versuch 398. Man füllt 200 g reines, lauwarmes Quecksilber in eine größere Reibschale und trägt 5 g Natrium in nicht zu kleinen Stücken, die man in die dreieckige Vertiefung eines entsprechend eingerichteten Pistills (siehe Figur 123) stopft, in das Metall ein. Man rührt dabei um und muß dafür sorgen, daß die Vereinigung des Metalls mit Quecksilber unter dessen Oberfläche vor sich geht. Die in der Wärme flüssige oder teigige Masse wird beim Abkühlen fest und erstarrt zu schönen, metallglänzenden Prismen. Das Amalgam muß noch warm in eine trockene Flasche gefüllt und sorgfältig gegen Feuchtigkeit geschützt werden.

Fig. 123.

Wird Natriumamalgam mit Wasser zusammengebracht, so findet eine sehr viel langsamere Wasserstoffentwicklung statt, als mit reinem Natrium. Daher wird Natriumamalgam als bequem zu handhabendes und wirksames Reduktionsmittel besonders in der organischen Chemie viel verwendet.

Nachweis des Natriums.

Sämtliche Natriumverbindungen sind durch die intensiv gelbe Färbung ausgezeichnet, die sie der nicht leuchtenden Flamme erteilen. Qualitativ ist dies ein sehr bequemer und kaum versagender Nachweis des Metalls.

Die Salze des Natriums sind nahezu sämtlich in Wasser viel zu leicht löslich, als daß sie sich zu seiner Abscheidung und Erkennung eigneten.

Eine Ausnahme macht nur das saure Natriumpyroantimoniat: $Na_2H_2Sb_2O_7$. Man kann daher in neutraler oder alkalischer Lösung auf Natrium prüfen, indem man die zu untersuchende Flüssigkeit mit saurem Kaliumpyroantimoniat versetzt. Im Falle des Vorhandenseins von Natrium scheidet sich das eben erwähnte Natriumpyroantimoniat als schwerlöslicher Niederschlag aus.

2. Kalium. K.

Atomgewicht = 39,10.

Kalium ist dem Natrium in jeder Beziehung sehr ähnlich und wie dieses in der Natur sehr verbreitet. Es findet sich in zahlreichen Gesteinen, wie im Granit, Feldspath und Glimmer, ferner in der Ackererde und in großer Menge im Meerwasser. Als Chlorkalium kommt es in manchen Salzlagern, vor allem in Staßfurt, vor. Die dortigen Salzlager sind durch allmähliche Eintrocknung vom Weltmeer abgeschnürter Meeresbecken entstanden. Hierbei krystallisierte zunächst das relativ schwer lösliche Natriumchlorid als Steinsalz aus, später, also in den oberen Schichten, die leichter löslichen Kalium- und Magnesiumsalze. Da man die letzteren, um zu dem früher ausschließlich abgebauten Steinsalz zu gelangen, forträumen mußte, so erhielten sie den Namen „Abraumsalze". Unter diesen, die gerade für Kaliumverbindungen eine Fundgrube darstellen, sind zu nennen: Sylvin KCl, Carnallit $KCl \cdot MgCl_2 \cdot 6H_2O$, Kainit $KCl \cdot MgSO_4 \cdot 3H_2O$, Schönit $K_2SO_4 \cdot MgSO_4 \cdot 6H_2O$ und noch manche andere.

Aus dem Boden werden Kaliumsalze von den Pflanzen aufgenommen, so daß die Asche von diesen stets Kaliumcarbonat enthält. Wegen der Unentbehrlichkeit von Kaliumverbindungen für das Wachstum und Gedeihen der Pflanzen muß dem Boden der Mangel daran durch geeignete Dünger ersetzt werden.

Die zur Darstellung des Kaliums früher angewendete Methode des Glühens von Pottasche mit Kohle:

$$K_2CO_3 + 2C = 3CO + 2K$$

wird kaum mehr ausgeübt, sondern das Metall durch Elektrolyse von geschmolzenem Ätzkali gewonnen.

Eigenschaften des Kaliums.

Kalium ist ein leichtes, weiches, leicht zerschneidbares, auf frischer Schnittfläche schön silberglänzendes Metall, das bei 62° schmilzt und, auf höhere Temperatur erhitzt, einen grünen Dampf bildet.

Um es gegen die Wirkungen des Luftsauerstoffs und der Feuchtigkeit zu schützen, bewahrt man es zweckmäßig unter Petroleum, Ligroin oder Paraffinöl auf.

Äußerst energisch reagiert es mit Wasser:

$$2K + 2H_2O = H_2 + 2KOH.$$

Versuch 399. Man wirft auf Wasser, das sich in einem großen Becherglas befindet, ein Stückchen Kalium von der Größe einer kleinen Erbse und bedeckt das Gefäß mit einem Uhrglas. Das Metall schmilzt sofort zu einer auf der Oberfläche des Wassers umherrollenden Kugel, wobei gleichzeitig eine Flamme von rotvioletter Farbe aus der Metallkugel hervorbricht. Die letztere wird alsbald kleiner, bis schließlich nur noch eine etwa stecknadelkopfgroße Kugel aus geschmolzenem Kaliumhydroxyd vorhanden ist, die unter leichter Explosion zerspringt und umhergeschleudert wird.

Kaliumhydrid. KH.

Wird Kalium bei 300—400° mit trockenem Wasserstoff behandelt, so entsteht Kaliumhydrid in farblosen Krystallnadeln, die sich an der Luft von selbst entzünden.

Oxyde des Kaliums.

Wird Kalium an trockener Luft verbrannt, so erhält man zunächst braungelb gefärbtes Kaliumtetroxyd K_2O_4, dessen Struktur wahrscheinlich durch die Formel:

$$(K—O—O—K) : O_2$$

wiederzugeben ist, da es mit verdünnten Säuren 1 Molekül gasförmigen Sauerstoff und 1 Molekül Wasserstoffsuperoxyd liefert.

Aus dem Tetroxyd bildet sich mit metallischem Kalium Kaliumoxyd K_2O als unbeständiger, farbloser Körper, der sich in Wasser unter heftiger Reaktion zu Kaliumhydroxyd löst:

$$K_2O + H_2O = 2KOH.$$

Kaliumhydroxyd. KOH.

Für die Gewinnung dieser höchst wichtigen Verbindung kommt weder die Zersetzung von Kalium durch Wasser (vgl. S. 310), noch auch das ältere Verfahren in Betracht, bei dem man eine Lösung von Kaliumcarbonat mit gelöschtem Kalk unter Bildung von Kaliumhydroxyd umsetzt:

$$K_2CO_3 + Ca(OH)_2 = CaCO_3 + 2KOH.$$

Die überwiegende Menge des vielgebrauchten Stoffes wird vielmehr durch Elektrolyse von Chlorkaliumlösung dargestellt. Dabei entsteht zunächst an der Anode Chlor, an der Kathode Kalium, das dann von Wasser sofort unter Bildung von Wasserstoff und Kaliumhydroxyd umgesetzt wird. Natürlich müßten die bei der Elektrolyse entstehenden Produkte Chlor und Kaliumhydroxyd miteinander unter Bildung von Chlorid, Hypochlorit und Chlorat (vgl. S. 182) reagieren, wenn man nicht durch eine entsprechende Einrichtung der Apparate dafür sorgte, daß die an den Elektroden auftretenden Produkte voneinander getrennt werden. Die Trennung läßt sich durchführen und so eine ziemlich starke, wäßrige Lösung von Kaliumhydroxyd gewinnen, die durch Eindampfen weiter konzentriert und auf festes Kaliumhydroxyd verarbeitet werden kann.

Zur Reinigung kann man das Rohprodukt mit Alkohol behandeln, wobei die Verunreinigungen zurückbleiben, während das Ätzkali in Lösung geht. Es hinterbleibt beim Abdunsten des Alkohols und Erhitzen auf höhere Temperatur als geschmolzene Masse, die sich in Formen aus Bronze in Stangen gießen läßt. So erhält man das „Stangen-“ oder „Ätzkali“ des Handels, das gewöhnlich noch durch Kaliumchlorid verunreinigt ist und auch noch Wasser enthält.

Kaliumhydroxyd löst sich in Wasser zu einer ätzend wirkenden, stark basischen Flüssigkeit, der sogenannten „Kalilauge“. Mit zunehmender Konzentration steigt auch ihr spezifisches Gewicht:

Eine	10 %ige	Kalilauge	besitzt	das	spezifische	Gewicht	1,092,
„	20 „	„	„	„	„	„	1,188,
„	30 „	„	„	„	„	„	1,291,
„	50 „	„	„	„	„	„	1,514.

Auch in Alkohol löst sich Kaliumhydroxyd, wenn auch lange nicht so reichlich, wie in Wasser. Die entstehende Flüssigkeit spielt als alkoholische Kalilauge, vor allem in der organischen Chemie, eine wichtige Rolle.

Kaliumhydroxyd und Kalilauge werden oft und zu den mannigfaltigsten Zwecken im Laboratorium, in den verschiedensten Gewerben und in der chemischen Industrie, vor allem zur Fabrikation der Seife, gebraucht.

Die Kaliumsalze.

1. Kaliumchlorid KCl besitzt nicht entfernt die Bedeutung, wie Natriumchlorid, und ist auch lange nicht so verbreitet in der Natur, wie dieses. Der Gehalt des Meerwassers an diesem Salze ist weit geringer, als der an Kochsalz. In Staßfurt findet es sich als Sylvin unter den Abraumsalzen.

Chlorkalium ist dem Chlornatrium sehr ähnlich, besitzt die gleiche Krystallform wie dieses, ist in Wasser leicht löslich, schmeckt bittersalzig und wird zur Darstellung von Kaliumcarbonat, sowie zur Herstellung künstlicher Dünger verwendet, die im wesentlichen aus Kalium- und Ammoniumsalzen, Nitraten und Phosphaten bestehen.

2. Bromkalium KBr und Jodkalium KJ sind weiße, in Wasser leicht lösliche Salze, die beide als wichtige Medikamente und Reagentien im chemischen Laboratorium viel gebraucht werden.

3. Sulfate des Kaliums: a) Kaliumsulfat K_2SO_4 ist bemerkenswert wegen seiner Schwerlöslichkeit in Wasser.

Versuch 400. Man fügt zu wenig starker, wäßriger Kalilauge einige Tropfen verdünnte Schwefelsäure hinzu: Sofort Abscheidung hübscher, farbloser, aus Kaliumsulfat bestehender Krystalle. Auf Zusatz von mehr verdünnter Schwefelsäure geht der Niederschlag unter Bildung des sauren Salzes wieder in Lösung.

b) Kaliumbisulfat $KHSO_4$ ist sehr viel leichter löslich in Wasser, als das neutrale Salz, und geht beim Erhitzen zuerst in Kaliumpyrosulfat:

$$2KHSO_4 = H_2O + K_2S_2O_7,$$

dann unter Abspaltung von Schwefeltrioxyd in Kaliumsulfat über (vgl. S. 210):

$$K_2S_2O_7 = K_2SO_4 + SO_3.$$

Schmelzendes Kaliumbisulfat wird daher in der chemischen Analyse benutzt, um geglühte Oxyde und schwer aufschließbare Mineralien in Lösung zu bringen.

4. Sulfide des Kaliums. Wird Kaliumsulfat auf Kohle vor dem Lötrohr geglüht, so bildet sich, ebenso wie beim Natriumsulfat (vgl. S. 305), das neutrale Sulfid:

$$K_2SO_4 + 2C = 2CO_2 + K_2S.$$

Auf nassem Wege lassen sich beide Sulfide: K_2S und KSH, in Lösung leicht darstellen.

Versuch 401. a) Man sättigt 50 ccm einer etwa $10^0/_0$igen Kalilauge mit Schwefelwasserstoffgas. Die Lösung enthält dann Kaliumsulfhydrat:

$$KOH + H_2S = H_2O + KSH.$$

b) Man gießt nun die gleiche Menge — also nochmals 50 ccm Kalilauge — zu der Kaliumsulfhydratlösung. Sie geht dann in neutrales Kaliumsulfid über:

$$KSH + KOH = K_2S + H_2O.$$

Beide Lösungen — sowohl die des Kaliumsulfhydrats wie die des Kaliumsulfids — färben sich durch Oxydation bald gelb, dann rot unter Bildung sogenannter Polysulfide, wie z. B. K_2S_3, K_2S_5 usw.

Man erhält diese auch durch direkte Anlagerung von elementarem Schwefel an Kaliumsulfid:

Versuch 402. Eine nicht zu verdünnte, wäßrige Lösung von Kaliumsulfid wird mit wenig Alkohol und Schwefelblumen einige Minuten gekocht und heiß filtriert. Das dunkelrotbraun gefärbte Filtrat gibt auf Zusatz von Salzsäure eine dichte, milchige Trübung von fein verteiltem Schwefel.

Auch wenn man ein Gemisch von Kaliumcarbonat und Schwefel zusammenschmilzt, erhält man ein Gemenge von Polysulfiden des Kaliums, gemischt mit Kaliumsulfat und Kaliumthiosulfat.

Versuch 403. Ein fein zerriebenes Gemenge von 1 Teil Kaliumcarbonat und 1 Teil Schwefelblumen wird in einem Porzellantiegel geschmolzen und die Flüssigkeit auf ein Blech ausgegossen. Die Masse zeichnet sich nach dem Abkühlen durch eine leberbraune Farbe aus.

Das hierbei gewonnene Produkt wird wegen seiner leberbraunen Farbe „Schwefelleber" genannt und in der Medizin zur Bereitung von Bädern bei Hautkrankheiten verwendet. Beim Ansäuern einer Lösung von Schwefelleber mit Säuren scheidet sich der Schwefel als „Schwefelmilch" nieder, gleichzeitig entweicht Schwefelwasserstoff.

5. Carbonate des Kaliums: a) Kaliumbicarbonat $KHCO_3$ ist ein verhältnismäßig schwer lösliches, gut krystallisierendes Salz, das durch Einwirkung von Kohlendioxyd auf Kaliumcarbonat leicht entsteht:

$$K_2CO_3 + CO_2 + H_2O = 2KHCO_3.$$

Als saures Carbonat zerfällt es in der Wärme glatt in Kohlendioxyd und Kaliumcarbonat, welch' letzteres sich auf diesem Wege in völlig reinem Zustande herstellen läßt.

b) Von viel größerer Bedeutung ist das neutrale Salz: Kaliumcarbonat K_2CO_3, gewöhnlich Pottasche genannt. Es wurde früher ausschließlich durch Auslaugen von Holzasche gewonnen, die nicht unbeträchtliche Mengen davon enthält.

Versuch 404. Etwa 30—40 g Buchenholzasche wird einige Zeit mit heißem Wasser digeriert und dann filtriert. Im Filtrate läßt sich die Anwesenheit von Kaliumcarbonat durch die Bläuung von rotem Lackmuspapier leicht feststellen.

Heute gibt es noch andere Quellen: So wird z. B. die Rübenzuckermelasse vergoren und die dann bleibende Schlempe verkohlt. Durch Auslaugen dieser Masse gewinnt man ebenfalls Pottasche. Endlich kann man auch durch ein dem Leblanc-Soda-Prozeß (vgl. S. 305) nachgebildetes Verfahren Kaliumcarbonat darstellen. Dieser Weg ist durch folgende Etappen charakterisiert:

1. $2KCl + H_2SO_4 = K_2SO_4 + 2HCl$.
2. $K_2SO_4 + 2C = 2CO_2 + K_2S$.
3. $K_2S + CaCO_3 = CaS + K_2CO_3$.

Kaliumcarbonat bildet ein weißes, krystallinisches, laugenhaft schmeckendes Salz, das bei Rotglut schmilzt. An der Luft zerfließt es durch Aufnahme von Wasser zu einer öligen Flüssigkeit und wird daher als ausgezeichnetes Trockenmittel viel verwendet.

Verbraucht wird Pottasche zur Herstellung von Schmierseife, zur Darstellung anderer Kaliumsalze und bei der Fabrikation des schwerschmelzbaren und des Krystallglases.

6. Kaliumnitrat KNO_3 (Salpeter). Dieses Salz ist in der Natur ziemlich verbreitet, da es sich ganz allgemein dort bildet, wo stickstoffhaltige, organische Stoffe bei Gegenwart von Kaliumverbindungen verwesen, wobei der Sauerstoff der Luft als Oxydationsmittel wirkt. Auf diesem Vorgang beruht die Entstehung von Salpeter in Ostindien und in den „Salpeterplantagen" Frankreichs.

Außer diesen älteren Gewinnungsmethoden für Salpeter spielt die Möglichkeit, durch „Konversion" des Natriumnitrats mit Chlorkalium zum Kaliumnitrat zu gelangen, eine große Rolle. Der Vorgang beruht auf folgender Umsetzung:

$$NaNO_3 + KCl = KNO_3 + NaCl.$$

Das in der Wärme viel schwerer lösliche Chlornatrium scheidet sich aus, wird abfiltriert und aus der Mutterlauge Kaliumnitrat gewonnen.

Versuch 405. Man bereitet sich in der Siedehitze zwei Lösungen von:

a) 8,5 g Natriumnitrat in 6 ccm Wasser,

b) 7,5 g Kaliumchlorid in 14 ccm Wasser,

gießt beide kochend zusammen und erhitzt solange weiter, bis ein großer Teil des Chlornatriums ausgefallen ist.

Hierauf filtriert man siedend heiß und kühlt das Filtrat ab. Es scheidet sich daraus Salpeter in schönen Krystallen aus.

Salpeter krystallisiert beim langsamen Abkühlen einer heißgesättigten Lösung in großen, prachtvoll ausgebildeten rhombischen Prismen. Bei schneller Abkühlung scheidet er sich dagegen als „Salpetermehl" in sehr kleinen, aber gut ausgebildeten Krystallen ab. Der Löslichkeitsunterschied in kaltem und heißem Wasser ist, wie man aus der Löslichkeitskurve des Salpeters ersieht, (vgl. Fig. 29) außerordentlich groß.

Beim starken Erhitzen verliert Salpeter einen Teil des Sauerstoffs und verwandelt sich in Kaliumnitrit:

$$KNO_3 = KNO_2 + O.$$

Er vermag infolgedessen bei höherer Temperatur sehr energische Oxydationswirkungen auszulösen.

Versuch 406. In einem in ein Stativ eingeklammerten Reagenzglas aus schwerschmelzbarem Glase, das zu etwa $^1/_3$ damit gefüllt ist, wird Salpeter geschmolzen und durch einen Dreibrenner zur lebhaften Gasentwicklung erhitzt. Das Gas besteht, wie man an der Entzündung eines glimmenden Holzspanes sieht, aus reinem Sauerstoff. Wirft man linsengroße Stückchen krystallisierten Schwefels in den erhitzten Salpeter hinein, so verbrennt er augenblicklich unter glänzender Lichterscheinung!

Auch die Verbrennung von Kohle, die an der Luft nur langsam verläuft, wird durch Salpeter auf das lebhafteste befördert.

Versuch 407. Man erhitzt eine große Holzkohle mit dem Gebläse an einer Stelle zum Glühen und streut pulverisierten Salpeter darauf. Die Verbrennung verläuft dann unter Funkensprühen sehr energisch!

Auf dieser Wirkung des Salpeters beruht seine Verwendung als Oxydationsmittel im Laboratorium, ferner in der Feuerwerkerei und vor allem zur Fabrikation des Schießpulvers. Die Entdeckung des Schießpulvers, die nächst der der Buchdruckerkunst wohl die bedeutendste Erfindung des Mittelalters ist, wurde früher einem Mönch Bertold Schwarz zugeschrieben und an den Anfang des 14. Jahrhunderts verlegt. Man nimmt aber jetzt an, daß das Schießpulver schon lange vorher bei den Chinesen in Gebrauch gewesen ist.

Die Zusammensetzung des Schießpulvers ist je nach dem Zwecke, dem es dienen soll, eine verschiedene. Es besteht etwa aus:

75% Salpeter,
15% Kohle,
10% Schwefel.

Die Reaktionen, die sich beim Abbrennen des Schießpulvers abspielen, sind verwickelt und nicht völlig aufgeklärt. Man kann sie annähernd durch folgende komplizierte Gleichung wiedergeben:

$$20KNO_3 + 10S + 30C = 6K_2CO_3 + K_2SO_4 + 3K_2S_3 + 14CO_2 + 10CO + 10N_2.$$

An gasförmigen Reaktionsprodukten werden etwa 45%, an festem Rückstande und als Rauch 55% erhalten.

Von der großen Menge gasförmiger Reaktionsprodukte kann man sich leicht durch den Versuch überzeugen.

Versuch 408. Man verreibt — und zwar jeden Stoff für sich —
30 g Kaliumnitrat,
5 g Stangenschwefel,
5 g Holzkohlepulver
zu einem feinen Pulver und vermischt die drei Bestandteile auf einem Papier vorsichtig, aber gründlich. Dazu werden hinzugefügt 40 g in kleinen Portionen verriebenes Jagdpulver. Das Gemenge wird dann mit wenig Alkohol befeuchtet und in etwa 20 cm lange und 1,5 cm weite Papphülsen mit einem Holzstab locker eingestampft. Zuletzt gibt man noch eine $1^1/_2$ cm hohe Schicht gekörntes Jagdpulver darauf und steckt ein Stückchen Zündschwamm oder eine kleine Zündschnur in das Pulver hinein. Man klemmt dann die so hergestellte Pulverpatrone in eine Klammer, entzündet sie und steckt sie, sobald Entzündung eingetreten ist, brennend unter eine große, mit Wasser gefüllte und in der pneumatischen Wanne umgestülpte Glasglocke. In kurzer Zeit sammelt sich dann ein sehr beträchtliches Gasvolumen an.

7. Kaliumchlorat $KClO_3$: Über die Darstellung des Kaliumchlorats und seine wichtigsten Eigenschaften und Verwendungen ist bereits früher (vgl. S. 185) berichtet worden. Es gleicht als Oxydationsmittel dem Salpeter, übertrifft ihn aber noch beträchtlich an Energie. So werden Kohle, Schwefel, Schwefelantimon, Phosphor und andere Stoffe äußerst heftig, teilweise unter gefährlichen Explosionserscheinungen oxydiert und verbrannt.

Die Rolle, die das Kaliumchlorat in der Geschichte unserer Zündvorrichtungen gespielt hat und noch spielt, ist gleichfalls schon zur Sprache gekommen (vgl. S. 188).

Auch in der Feuerwerkerei verwertet man seine Fähigkeit, leicht oxydierbare Stoffe, wie Kohle, Schwefel, Harze u. dgl., in heftiger Weise zu verbrennen, so daß es den wichtigsten Bestandteil der verschiedenen Feuersätze bildet. So bestehen z. B. die bengalischen Feuer aus folgenden Stoffen:

1. Rotfeuer:	2. Grünfeuer:
Kaliumchlorat,	Kaliumchlorat,
Strontiumnitrat,	Baryumnitrat,
Schwefel,	Schwefel,
Kohle.	Kohle.

Im Laboratorium ist Kaliumchlorat als kräftiges Oxydationsmittel geschätzt und kommt häufig zur Anwendung. Auch in der Medizin spielt es eine Rolle als Antisepticum in Form von Mund- und Gurgelwasser, doch ist es für diese Zwecke wegen seiner Giftigkeit nicht zu empfehlen.

Nachweis und quantitative Bestimmung des Kaliums. Kaliumverbindungen kommen wegen ihrer Verbreitung in der Natur häufig zur Untersuchung. Sie lassen sich qualitativ durch die hellviolette Färbung erkennen, die sie der nicht leuchtenden Flamme erteilen. Durch ein tiefblaues Kobaltglas oder ein Indigoprisma betrachtet, erscheint die violett gefärbte Flamme karminrot.

Zur Erkennung des Kaliums eignen sich auch einige Salze wegen ihrer Schwerlöslichkeit. Unter diesen sind zu nennen Kaliumsulfat: K_2SO_4, ferner das Kaliumsalz der Kieselfluorwasserstoffsäure: K_2SiF_6 und vor allem das Kaliumchloroplatinat: K_2PtCl_6.

Versuch 409. Man füge zu einer kleinen Menge Chlorkaliumlösung einige Tropfen Platinchlorid hinzu. Die Flüssigkeit trübt sich fast momentan, und es scheidet sich alsbald eine reichliche Menge eines sandigen, gelbgefärbten Pulvers ab, das — unter dem Mikroskop betrachtet — aus regelmäßig gebildeten kleinen Oktaedern besteht.

Es entsteht nach der Gleichung:

$$2KCl + H_2PtCl_6 = 2HCl + K_2PtCl_6$$

und ist so schwer löslich, daß es sich auch zur quantitativen Bestimmung des Metalls eignet.

Für die Gehaltsbestimmung der besonders wichtigen Hydroxyde und Carbonate des Kaliums und Natriums existieren einfachere Methoden, die auf einer Anwendung der im Prinzip schon früher erläuterten (vgl. S. 216) Maßanalyse beruhen. Man nennt dieses titrimetrische Verfahren: Alkalimetrie.

Man bedient sich dazu sogenannter Normalsäuren, die im Liter 1 Grammäquivalent der betreffenden Säure enthalten, z. B.:

1 Liter Normalsalzsäure 36,5 g HCl
1 „ Normalschwefelsäure $98 : 2 = 49$ g H_2SO_4
1 „ Normalphosphorsäure $98 : 3 = 32,66$ g H_3PO_4 usw.

Man versetzt die zu prüfende alkalische Lauge oder die Carbonatlösung gerade mit soviel Kubikzentimetern der betreffenden Säure, daß eben Neutralisation eingetreten ist. Um diesen Neutralisationspunkt scharf treffen zu können, fügt man als Indikator (vgl. S. 216) noch einen Stoff hinzu, der in saurer und alkalischer Lösung eine verschiedene Farbe besitzt, etwa Lackmus oder Methylorange oder Phenolphthaleïn.

Versuch 410. Man „pipettiert" in einen weithalsigen Erlenmeyerkolben 25 ccm Normalkalilauge hinein, verdünnt mit etwa dem doppelten Volumen Wasser, gibt einige Tropfen alkoholische Phenolphtaleïnlösung hinzu und läßt nun aus einer Bürette langsam und vorsichtig soviel Normalsalzsäure zufließen, bis gerade eben beim Umschütteln die rote Farbe völlig verschwindet. Die Zahl der verbrauchten ccm der Säure beträgt, da sie ja gleichfalls „normal" ist, 25 ccm.

Umgekehrt kann man natürlich auch den Gehalt von Säuren bestimmen, wenn man Normallösungen von Kalium- oder Natriumhydroxyd, sogenannte Normalnatron- oder -kalilauge, verwendet. Man spricht dann von Acidimetrie.

3. Lithium. Li.

Atomgewicht = 6,94.

Lithium ist sehr verbreitet in der Natur, findet sich aber im allgemeinen nur in kleinen Mengen. Reich daran ist Triphyllin (Li_3PO_4). In kleinerer Menge ist es enthalten im Lepidolith ($F_2(Li,K)_2Al_2Si_3O_9$). Auch im Meerwasser, in vielen Mineralquellen, in manchen Ackererden und in gewissen Pflanzen, wie vor allem dem Tabak, kommt es vor.

Zu seiner Darstellung wird ein Gemisch von Chlorlithium und Lithiumbromid elektrolysiert. Auch ein Gemenge von Lithium- und Kaliumchlorid gibt bei der Elektrolyse gute Ausbeuten an Lithium.

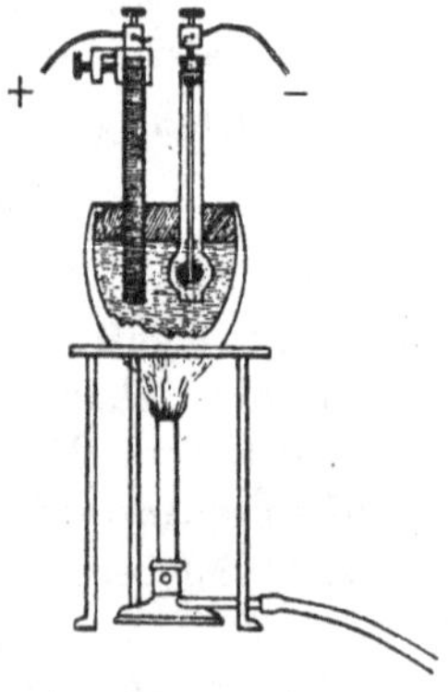

Fig. 124.

Versuch 411. Ein guter Eisentiegel enthält soviel eines Gemisches aus gleichen Teilen Chlorkalium und Chlorlithium, daß er nach dem Schmelzen des Salzes zu etwa $^2/_3$ gefüllt ist. In die geschmolzene Masse taucht als Anode eine etwa 8 mm starke Gaskohle, als Kathode eine dicke Stricknadel, die von einem 18 mm weiten, unten glockenförmig erweiterten Glasrohr umgeben und oben mit einem Stopfen daran befestigt ist. Man erhitzt den Tiegel so stark, daß das Salz eben geschmolzen bleibt und elektrolysiert mit einer Akkumulatorenbatterie bei einer Spannung von 6—7 Volt. Nach ca. $^3/_4$ Stunden unterbricht man die Elektrolyse, holt vorsichtig die Kathode aus der Schmelze heraus, bringt sie in eine mit Petroleum gefüllte Reibschale und zerschlägt den die Kathode umgebenden Glasmantel. An der untersten Spitze der Stricknadel haftet dann — beim Gelingen des Versuchs — ein erbsen- bis haselnußgroßes Stück Lithium, das sich mit dem Messer von der Stricknadel ablösen und in Petroleum aufbewahren läßt.

Lithium ist ein silberglänzendes Metall, wesentlich härter als Kalium oder Natrium, aber doch mit dem Messer leicht zu zerschneiden. Sein spezifisches Gewicht beträgt nur 0,534. Es schwimmt daher sogar in leichtem Steinöl auf der Oberfläche. An der Luft erhitzt, entzündet es sich und verbrennt mit blendend weißem Lichte zu Lithiumoxyd Li_2O.

Versuch 412. Man bringt in einen kleinen, in ein Holzheft gefaßten Eisenlöffel ein erbsengroßes Stück Lithium. Das Metall schmilzt nach kurzer Zeit und verbrennt dann mit einer rein weißen Flamme von der Intensität des brennenden Magnesiums. Sobald das Metall völlig oxydiert und die Flamme erloschen ist, nimmt die Bunsenflamme, in die der Eisenlöffel hineingehalten wird, eine prachtvoll karmoisinrote Farbe an.

Lithiumhydrid. LiH.

Auch das Lithium vermag sich bei 700° mit Wasserstoff zu einer interessanten Verbindung, dem Lithiumhydrid von der Formel LiH, zu verbinden. Wie aus der Gleichung:

$$LiH + H_2O = LiOH + H_2$$

hervorgeht, entwickeln 7,94 g dieser Verbindung 1 Grammolekül Wasserstoff, d. h. 22,4 Liter Wasserstoff (bei 0° und 760 mm).

Lithiumnitrid. Li_3N.

Lithium besitzt eine auffällige Neigung, sich mit dem Stickstoff zu verbinden. Das hierbei entstehende Lithiumnitrid zerfällt mit Wasser in Lithiumhydroxyd und Ammoniak:

$$Li_3N + 3H_2O = 3LiOH + NH_3.$$

Mit Wasserstoff reagiert es bei höherer Temperatur unter Bildung von Lithiumhydrid.

Lithiumhydroxyd. LiOH.

Die Oxyde des Lithiums sind wenig wichtig. Lithiumhydroxyd dagegen wird nicht selten gebraucht. Es ist ein farbloser, krystallinischer Körper, der sich in Wasser, ebenso wie Natrium- oder Kaliumhydroxyd, zu einer stark alkalischen Flüssigkeit löst.

Die Salze des Lithiums.

Lithium ähnelt im großen und ganzen sehr dem Natrium. Dies gilt auch für die meisten seiner Salze. Dagegen zeichnen sich das Carbonat Li_2CO_3 und das Phosphat Li_3PO_4 durch Schwerlöslichkeit aus. Diese Salze werden daher aus den Lösungen wasserlöslicher Lithiumsalze durch Natriumcarbonat bzw. -phosphat ausgefällt.

Versuch 413. Eine konzentrierte wäßrige Lösung von Lithiumchlorid wird versetzt mit Lösungen von
a) Natriumcarbonat,
b) Natriumphosphat.
In beiden Fällen scheidet sich ein weißer, in Wasser schwer löslicher Niederschlag aus.

Die Schwerlöslichkeit des Carbonats und Phosphats ist eine Eigenschaft, die das Lithium mit den in der II. Gruppe des periodischen Systems stehenden Erdalkalimetallen: Calcium, Strontium und Baryum, teilt. Lithium als 1. Glied der I. Gruppe bildet durch diese Eigentümlichkeit zweifellos einen Übergang zur 2. Gruppe, und es zeigt sich, daß derartige Beziehungen im periodischen System auch noch an anderen Stellen zutage treten, so z. B. beim Bor, das in der Zusammensetzung der Borane (vgl. S. 286), der Existenz von Polyborsäuren (vgl. S. 288) und in manchen anderen Eigenschaften dem Kohlenstoff und dem Silicium auffällig gleicht.

Interessant ist die Leichtlöslichkeit des harnsauren Lithiums. Sie spielt deswegen in der Medizin eine Rolle, weil die krankhaften Erscheinungen der Gicht auf Harnsäureausscheidungen im Organismus beruhen, die durch längeren Gebrauch lithiumhaltiger Wässer gelöst werden können.

Versuch 414. Man schüttelt eine starke Messerspitze voll Harnsäure mit etwa 15 ccm einer kaltgesättigten Lösung von Lithiumcarbonat. Die Harnsäure löst sich glatt auf, und beim Ansäuern der Lösung wird sie wieder als feines, weißes Pulver ausgefällt.

4. Rubidium. Rb.

Atomgewicht = 85,5.

Rubidium findet sich in kleiner Menge im Lepidolith (vgl. S. 318) und im Dürkheimer Mineralwasser. Durch Verarbeitung einer großen Menge des letzteren wurden zur Untersuchung ausreichende Mengen eines Rückstandes hergestellt, in welchem das Element auf spektralanalytischem Wege von Bunsen und Kirchhoff im Jahre 1861 entdeckt wurde.

Merkwürdig ist es, daß sich unter den Staßfurter Abraumsalzen Rubidiumverbindungen in nicht unbeträchtlicher Menge finden. Da die Abraumsalze in großen Mengen zu Düngezwecken gebraucht werden, so gelangt auch das Rubidium in die Ackererde und wird zusammen mit Kalium von manchen Pflanzen, wie insbesondere von der Zuckerrübe und vom Tabak, in reichlicher Menge aufgenommen.

Das metallische Rubidium — zweckmäßig durch Erhitzen von Rubidiumhydroxyd mit Magnesium im Wasserstoffstrom dargestellt — reagiert mit Wasser noch energischer als Kalium.

Die Lösung des hierbei entstehenden Rubidiumhydroxyds zeigt noch stärker basische Eigenschaften, als Kalilauge.

5. Cäsium. Cs.

Atomgewicht = 132,8.

Auch das Cäsium wurde von Bunsen und Kirchhoff im Dürkheimer Mineralwasser mittels der Spektralanalyse aufgefunden. Es ist wesentlich seltener als Rubidium, und auch in den Staßfurter Salzlagern finden sich nur sehr geringe Mengen davon.

Cäsium ist, wie die anderen Alkalimetalle, ein silberglänzendes Metall von großer Weichheit und äußerster Unbeständigkeit gegen Luft oder Wasser.

Die wäßrige Lösung des Cäsiumhydroxyds stellt die stärkste Base vor, die wir kennen.

6. Zusammenfassende Betrachtung der Alkalimetalle.

Die 5 Alkalimetalle — geordnet nach der Größe ihrer Atomgewichte — Lithium, Natrium, Kalium, Rubidium und Cäsium, bilden eine höchst charakteristische und scharf umrissene Gruppe von Metallen.

Als freie Elemente zeichnen sie sich durch schönen Silberglanz aus und sind so weich, daß man sie ohne Schwierigkeit schneiden oder pressen kann.

Gegen den Sauerstoff der Luft und gegen Wasser sind sie sämtlich sehr empfindlich und werden von dem letzteren unter Entwicklung von Wasserstoff in stark basische, in Wasser leicht lösliche Hydroxyde verwandelt.

Die Energie der Reaktion zwischen Wasser und den Metallen nimmt vom Lithium bis zum Cäsium zu; im selben Sinne wächst die Basizität der Hydroxyde.

Sämtliche Alkalimetalle erteilen auch in Form ihrer Verbindungen der nichtleuchtenden Gasflamme äußerst charakteristische Färbungen, die zu ihrer Erkennung dienen können. Auch die Spektren der 5 Elemente eignen sich wegen des Auftretens intensiv gefärbter Banden zum Nachweis der Alkalimetalle.

Die weitaus überwiegende Zahl der Salze der Alkalimetalle ist in Wasser leicht löslich.

Das einzige Element, das in dieser Beziehung aus der Reihe der übrigen herausfällt, ist das Lithium. Es bildet — wie bereits (vgl. S. 320) erwähnt worden ist — mit seinem schwerlöslichen Carbonat und Phosphat einen Übergang zur II. Gruppe des periodischen Systems, speziell zu den Erdalkalimetallen.

Sämtliche Alkalimetalle verhalten sich ausgesprochen einwertig.

7. Ammonium und seine Salze.

Mit den stark basisch reagierenden Hydroxyden der Alkalimetalle, z. B. Natron- oder Kalilauge, läßt sich in bezug auf manche Eigenschaften die wäßrige Lösung des Ammoniaks vergleichen. Sie stellt in der Hauptsache eine einfache Lösung dieses Gases vor, enthält aber in kleiner Menge auch die Verbindung:

$$NH_4OH,$$

die man — auf Grund der früher (vgl. S. 100) gegebenen Erläuterungen — als Ammoniumhydroxyd bezeichnet. Die Isolierung des den Atomen der Alkalimetalle entsprechenden Restes NH_4, des „Ammoniums", ist bis jetzt nicht mit Sicherheit gelungen, doch liegen verschiedene Anzeichen dafür vor, daß es eine Gruppe von großer Labilität ist, die aber immerhin eine vorübergehende Existenz zu fristen vermag. So gelingt es z. B., das Ammonium mit Quecksilber zum Ammoniumamalgam zu vereinigen, einem Stoffe, der sehr schnell unter Bildung von Quecksilber, Wasserstoff und Ammoniak wieder zerfällt.

Versuch 415. Man füllt in einen hohen, engen, in einer weiten Glasschale stehenden Glaszylinder eine 5—6 cm hohe Schicht gröblich zerkleinerten 2%igen Natriumamalgams (vgl. S. 309) und gießt etwa 20 ccm kaltgesättigte Salmiaklösung darauf. Es bildet sich dann sofort Ammoniumamalgam als schaumig-weiche, silberglänzende Masse, die nach kurzer Zeit sich aufbläht und durch die entweichenden Gase (Wasserstoff und Ammoniak) als lockeres Produkt aus dem Zylinder herausgepreßt wird.

Unter den Ammoniumsalzen, von denen manche bereits früher erwähnt und verwendet wurden, befinden sich zahlreiche Stoffe von großer Bedeutung.

1. Chlorammonium NH_4Cl (Salmiak). Dieses Salz ist früher nach einer primitiven Methode durch Verbrennen von Kamelmist gewonnen worden. Heute wird es vor allem aus dem bei der Leuchtgasfabrikation abfallenden Gaswasser, welches Ammoniak enthält, dargestellt und durch Sublimation gereinigt.

Salmiak bildet durchscheinende, meist oktaedrische Krystalle, die sich häufig faserig ineinander fügen, und ist in Wasser sehr leicht löslich.

Salmiak wird in vielen Gewerben gebraucht, dient ferner als Medikament und zur Herstellung von Ammoniak und Salmiakgeist.

2. Ammoniumsulfat $(NH_4)_2SO_4$, wird ebenso wie Salmiak, technisch in größtem Maßstabe aus den bei der Fabrikation des Leuchtgases und in den Kokereien abfallenden Waschwässern dargestellt und als vorzüglicher Stickstoffdünger in der Landwirtschaft gebraucht.

3. Unter den Phosphaten des Ammoniums ragt an Bedeutung hervor das interessante Natriumammoniumphosphat $NaNH_4HPO_4$, gewöhnlich „Phosphorsalz“ genannt. Es wurde früher aus altem Urin gewonnen und als „Sal mikrokosmicum“ bezeichnet.

Beim Glühen zerfällt es in Ammoniak, Wasser und Natriummetaphosphat:

$$NaNH_4HPO_4 = NH_3 + H_2O + NaPO_3$$

und hat dann die Fähigkeit, Metalloxyde mit charakteristischer Farbe zu Orthophosphaten zu lösen; z. B.:

$$3\,NaPO_3 + Cr_2O_3 = Na_3Cr_2(PO_4)_3\,.$$

Man kann daher das Phosphorsalz in derselben Weise wie den Borax zur Erkennung von Metallen mit Hilfe der „Perlenprobe“ in der Analyse verwenden.

Versuch 416. An einem zu einer Öse umgebogenen Platindraht wird zunächst eine Probe Phosphorsalz solange erhitzt, bis die unter starkem Aufblähen und Gasentwicklung verlaufende Reaktion beendigt ist und die Öse des Drahtes ein durchsichtiges Glas enthält. Man taucht dann den Draht in eine Lösung von Chromchlorid und erhitzt abermals in der Flamme, bis die Masse ruhig fließt. Beim Abkühlen erhält man eine intensiv smaragdgrün gefärbte „Perle“.

4. Vom Ammoniumnitrat NH_4NO_3 ist bereits früher die Rede gewesen. Es ist ein farbloses, leicht lösliches Salz, das beim Erhitzen glatt in Wasser und Stickoxydul zerfällt (vgl. S. 226):

$$NH_4NO_3 = 2\,H_2O + N_2O\,.$$

5. Von Ammoniumcarbonaten existieren die Verbindungen NH_4HCO_3, Ammoniumbicarbonat, und $(NH_4)_2CO_3$, Ammoniumcarbonat. Keines dieser Produkte bildet sich indessen direkt beim Zusammentreffen von Ammoniak und Kohlendioxyd, mag dies unter Ausschluß von Wasser oder in wäßriger Lösung vor sich gehen. Vielmehr entsteht nach der Gleichung:

$$2\,NH_3 + CO_2 = CO\!\begin{cases} ONH_4 \\ NH_2 \end{cases}$$

carbaminsaures Ammonium, das sich in wäßriger Lösung in der Wärme leicht in Ammoniumcarbonat umwandelt:

$$CO\begin{matrix}\diagup ONH_4\\ \diagdown NH_2\end{matrix} + H_2O = CO\begin{matrix}\diagup ONH_4\\ \diagdown ONH_4\end{matrix}.$$

Versuch 417. a) In einem großen, dreifach tubulierten Kolben, dessen eine Öffnung mit einem Ableitungsrohr versehen ist, wird von der einen Seite Ammoniak, von der anderen Kohlendioxyd eingeleitet: Weiße, krystallinische Abscheidung von Ammoniumcarbamat!

b) Man leitet in eine kalte, wäßrige Lösung von Chlorcalcium wenig gasförmiges Ammoniak, hierauf Kohlendioxyd ein. Die Flüssigkeit, die nunmehr carbaminsaures Ammonium enthält, ist zunächst ganz klar. Beim Erwärmen trübt sie sich durch Ausscheidung von Calciumcarbonat.

6. Sulfide des Ammoniums. Es existieren zwei Verbindungen des Schwefelwasserstoffs mit Ammoniak:

$NH_4—S—H$ . . . . . . Ammoniumsulfhydrat.

$\begin{matrix}NH_4\diagdown\\ NH_4\diagup\end{matrix}S$ . . . . Ammoniumsulfid.

Sättigt man ein bestimmtes Volumen wäßriges Ammoniak mit Schwefelwasserstoff, so entsteht eine wäßrige Lösung von Ammoniumsulfhydrat:

$$NH_3 + H_2S = NH_4SH.$$

Fügt man hierzu das gleiche Quantum Ammoniak noch einmal hinzu, so bildet sich neutrales Ammoniumsulfid:

$$NH_4SH + NH_3 = (NH_4)_2S.$$

Beide Flüssigkeiten sind zunächst farblos.

Durch Oxydation wird indessen Schwefel gebildet, der sich in dem farblosen Ammoniumsulfid auflöst und der Flüssigkeit eine tiefgelbe Farbe erteilt. Dabei entsteht dann Ammoniumdisulfid, das den wesentlichen Bestandteil des in der Analyse viel gebrauchten „gelben" Schwefelammoniums bildet:

$$1.\ (NH_4)_2S + O = 2NH_3 + H_2O + S.$$
$$2.\ (NH_4)_2S + S = (NH_4)_2S_2.$$

Nachweis und quantitative Bestimmung des Ammoniums.

Die Erkennung des freien und in Ammoniumverbindungen gebundenen Ammoniaks ist, wie früher festgestellt worden ist (vgl. S. 104), nicht schwierig.

Auch die quantitative Bestimmung gelingt leicht. Einmal gewichtsanalytisch, indem man die betreffende Ammoniumverbindung mit Platinchlorwasserstoffsäure versetzt. Es scheidet sich dann die gesamte Menge des Ammoniums als Ammoniumchloroplatinat aus, z. B.:

$$2NH_4Cl + H_2PtCl_6 = (NH_4)_2PtCl_6 + 2HCl.$$

Filtriert man dieses schön krystallisierende, gelb gefärbte Salz ab und glüht es, so entweicht Salmiak und Chlor, und es bleibt metallisches Platin zurück, aus dessen Menge man den Gehalt an Ammonium leicht berechnen kann:

$$(NH_4)_2PtCl_6 = 2Cl_2 + 2NH_4Cl + Pt.$$

Auch titrimetrisch (vgl. S. 216) kann man Ammonium sehr bequem in der Weise bestimmen, daß man die betreffende Ammoniumverbindung mit Natronlauge destilliert und das nach der Gleichung:

$$NH_4Cl + NaOH = NaCl + H_2O + NH_3$$

entweichende Ammoniak in einem abgemessenen und mit Methylorange als Indikator (vgl. S. 216) versetzten Volumen Normalsalzsäure auffängt. Nachdem die gesamte Menge des Ammoniaks übergegangen ist, wird durch eine „Rücktitration" mit Normalnatronlauge bestimmt, wieviel von der vorgelegten Salzsäure durch das übergegangene Ammoniak verbraucht worden ist.

8. Die Lehre von der elektrolytischen Dissoziation.

Die im allgemeinen leichte Löslichkeit der in den voraufgegangenen Kapiteln beschriebenen zahlreichen Salze in Wasser regt die Frage an, in welchem Zustande sich die Moleküle der gelösten Stoffe in der Lösung befinden, oder, was auf das gleiche hinausläuft, wie sich die Unterschiede, die zwischen einer Lösung und dem reinen Lösungsmittel bestehen, deuten lassen.

Daß diese nicht unbeträchtlich sind, ist bereits früher bei anderer Gelegenheit erwähnt worden (vgl. S. 167).

Der Gefrierpunkt einer Lösung ist tiefer, als der des Lösungsmittels, der Siedepunkt höher, ebenso ist im allgemeinen das spezifische Gewicht der Lösung ein höheres.

Für die Siedepunktserhöhung bzw. die Gefrierpunktserniedrigung, die ein gelöster Stoff in irgend einem Lösungsmittel bewirkt, gilt nun das höchst wichtige Gesetz, daß äquimolekulare Mengen verschiedener Stoffe, in der gleichen Menge Lösungsmittel gelöst, die gleiche Gefrierpunktserniedrigung und auch die gleiche Siedepunktserhöhung geben.

Kennt man daher für ein bestimmtes Lösungsmittel die Konstante der molekularen Gefrierpunktserniedrigung bzw. diejenige der Siedepunktserhöhung, so ist es möglich, das Molekulargewicht einer unbekannten Substanz experimentell zu bestimmen. Die Methoden, die uns hierfür zur Verfügung stehen, und die praktische Ausführung solcher Molekulargewichtsbestimmungen sind schon früher eingehend erörtert worden (vgl. S. 160 und 166). Dagegen verlohnt es sich, an dieser Stelle etwas näher auf die theoretische Grundlage dieses Verfahrens einzugehen.

Es ist in erster Linie das Verdienst van t'Hoff's, zuerst darauf hingewiesen zu haben, daß der Zustand eines Stoffes in verdünnter Lösung dem im Gaszustande höchst ähnlich ist, nur daß man den bei den Gasgesetzen von Boyle, Gay-Lussac und Avogadro vorkommenden Gasdruck durch den osmotischen Druck zu ersetzen hat.

Nach den früheren Messungen von Pfeffer und de Vries bestehen für den osmotischen Druck folgende Beziehungen:

1. Der osmotische Druck ändert sich proportional mit der Konzentration oder umgekehrt proportional mit dem Volumen, worin eine bestimmte Menge eines gelösten Stoffes enthalten ist.

Man sieht, daß diese Gesetzmäßigkeit ein Gegenstück zum Boyle-Mariotte'schen Gesetz (vgl. S. 93) darstellt.

2. Der osmotische Druck nimmt bei konstantem Volumen proportional mit der absoluten Temperatur zu. — Hierin zeigt sich ein Parallelismus zum Gay-Lussac'schen Gesetz (vgl. S. 93).

3. Molekulare Mengen irgendwelcher Stoffe, gelöst in gleichgroßen Raumteilen eines Lösungsmittels, üben bei gleich hoher Temperatur den gleichen osmotischen Druck aus.

Diese Gesetzmäßigkeit entspricht vollkommen der Avogadro'schen Regel bei Gasen (vgl. S. 158).

Die in den Lösungen enthaltenen, gelösten Moleküle üben demnach in ihren Lösungen eben den Druck als osmotischen aus, den sie bei gleicher Temperatur und im gleichen Volum im Gaszustande betätigen würden. Für Siedepunkt, Schmelzpunkt und osmotischen Druck einer Lösung kommt nur die Zahl, dagegen nicht die Art der gelösten Moleküle in Betracht.

Alle diese Gesetze gelten nur für verdünnte Lösungen, ebenso wie die Gasgesetze nur dann strenge Gültigkeit besitzen, wenn die Gase weit vom Dampfzustande entfernt sind.

Aber auch in sehr verdünnten Lösungen beobachtet man erhebliche Abweichungen, wenn das Lösungsmittel Wasser und der gelöste Stoff ein sogenannter Elektrolyt, d. h. eine Säure, eine Base oder ein Salz, ist.

Z. B. liegt der Gefrierpunkt einer wäßrigen Rohrzuckerlösung, die in 1 Liter ein Grammolekül gelöst enthält, bei — 1,8°, dagegen der Gefrierpunkt einer entsprechenden — d. h. gleichfalls ein Grammolekül enthaltenden — Lösung von Jodkalium bei — 3,6°.

Eine Deutung dieses abweichenden Verhaltens gibt die von Svante Arrhenius begründete Lehre von der elektrolytischen Dissoziation.

Danach bestehen die Elektrolyte in wäßriger Lösung nicht im Molekülverbande, sondern sind mehr oder minder weitgehend in sogenannte Ionen, das sind elektrisch geladene Elementaratome, gespalten; z. B.:

$$NaCl \longrightarrow \overset{+}{Na} \quad \overset{-}{Cl}$$

$$KOH \longrightarrow \overset{+}{K} \quad \overset{-}{OH}$$

$$Na_2SO_4 \longrightarrow \overset{+}{Na}\overset{+}{Na} \quad \overset{--}{SO_4} \text{ usw.}$$

Man wird annehmen müssen, daß auch im undissoziierten Molekül diese Ionen vorhanden sind, aber durch elektrostatische Kräfte zusammengehalten werden. Die dissoziierende Wirkung des Wassers ist so groß, daß diese Kräfte aufgehoben und die Ionen durch das dazwischen tretende Wasser getrennt werden.

Man unterscheidet die beiden Ionenarten auch durch ihre Bezeichnung. Die — geladenen Ionen heißen Anionen, die + geladenen Kationen.

Nach den Faraday'schen Gesetzen verhalten sich die durch die gleiche Strommenge abgeschiedenen Mengen der verschiedenen Elemente wie deren Äquivalentgewichte (vgl. S. 25). Zur Abscheidung von 1 Äquivalent irgend eines Stoffes ist stets die gleiche Elektrizitätsmenge von

96540 Coulomb

nötig.

Das Anion $\overset{--}{SO_4}$ transportiert ein genau doppelt so großes Quantum Elektrizität, als z. B. das Ion $\overset{-}{Cl}$, weil es zwei einwertigen äquivalent ist.

Die Ionen spielen in Lösungen die Rolle von Molekülen und müssen daher auch die Werte von Molekulargewichtsbestimmungen beeinflussen. So erklärt sich in einfachster Weise die weiter oben angeführte Ausnahme der Elektrolyte von der Theorie der Lösungen. Denn da z. B. das Jodnatrium in wäßriger Lösung in die Ionen $\overset{+}{Na}$ und $\overset{-}{J}$ zerfällt, so ist nicht wie bei dem Rohrzucker 1 Molekül, sondern es sind zwei vorhanden; es muß also — wie es auch den Tatsachen entspricht — die doppelte Gefrierpunktserniedrigung beobachtet werden.

Der Vorgang der elektrolytischen Dissoziation ist nicht so aufzufassen, daß nun jeder Elektrolyt, wenn man ihn in Wasser löst, vollständig in die Ionen zerfällt. Vielmehr ist es die Regel, daß zunächst nur eine partielle Dissoziation eintritt. Man kann ihren Grad durch die Bestimmung der elektrischen Leitfähigkeit leicht ermitteln. Sie steigt mit zunehmender Dissoziation bis zu dem Punkte, wo sämtliche Moleküle in Ionen gespalten sind. Dieser wird durch entsprechende Verdünnung der Lösung des Elektrolyten stets erreicht.

Die Lehre von der elektrolytischen Dissoziation gestattet, viele sonst schwer verständliche Erscheinungen in einfacher Weise zu deuten:

1. An und für sich ist es auffallend, daß die **anorganischen** Umsetzungen im allgemeinen mit großer Schnelligkeit verlaufen, während sich die organischen Reaktionen nur langsam abspielen. Nach der Arrhenius'schen Lehre bietet die Erklärung dieses Unterschiedes keine Schwierigkeiten:

Die anorganischen Reaktionen sind danach Reaktionen der freien Ionen. Säuren, Basen und Salze sind in wäßriger Lösung weitgehend dissoziiert, und ihre Ionen können daher sofort miteinander reagieren. Wenn wir z. B. sehen, daß eine Lösung von Silbernitrat (vgl. S. 380) mit wäßriger Salzsäure augenblicklich eine Fällung von Chlorsilber gibt, so liegt dies daran, daß in der Lösung folgende Ionen aufeinander treffen:

$$\overset{+}{Ag} \quad \overset{-}{NO_3}$$

$$\overset{-}{Cl} \quad \overset{+}{H}.$$

Die Ionen $\overset{+}{Ag}$ und $\overset{-}{Cl}$ vereinigen sich sofort zu dem nicht dissoziierten Molekül AgCl, das ausfällt.

2. Die Lehre von der elektrolytischen Dissoziation gestattet eine einfache Definition für Säuren und Basen.

Stellt man von beiden Körperklassen eine Reihe von Vertretern in dissoziiertem Zustande zusammen, so ergibt sich folgendes Bild:

Säuren	Basen
$\overset{+}{H} \cdots \overset{-}{Cl}$	$\overset{+}{Na} \cdots \overset{-}{OH}$
$\overset{+}{H} \cdots \overset{-}{NO_3}$	$\overset{+}{K} \cdots \overset{-}{OH}$
$\overset{+}{H}_2 \cdots \overset{--}{SO_4}$	$\overset{+}{Li} \cdots \overset{-}{OH}$
$\overset{+}{H}_3 \cdots \overset{---}{PO_4}$	$\overset{++}{Ca} \cdots (\overset{-}{OH})_2$ usw.

Säuren sind demnach durch das Vorhandensein freier Wasserstoffionen, Basen durch freie Hydroxylionen charakterisiert.

Die „Stärke" einer Säure hängt in erster Linie davon ab, in welchem Grade sie elektrolytisch dissoziiert ist. Die stärksten Säuren sind am vollständigsten in die Ionen gespalten.

3. Die früher unverständliche Tatsache, daß die Neutralisationswärme **äquivalenter** Mengen starker Basen und Säuren immer demselben Betrage von 13,4 Kal. entspricht, findet eine einfache Deutung durch die Arrhenius'sche Lehre. Betrachtet man z. B. zwei an und für sich scheinbar so verschiedene Vorgänge, wie die Bildung von Salpeter aus Kalilauge und Salpetersäure sowie von Kochsalz aus Natronlauge und Salzsäure, vom Standpunkte der Ionentheorie:

$$\overset{+}{H} \cdots \overset{-}{NO_3} + \overset{+}{K} \cdots \overset{-}{OH} = \overset{+}{K} \cdots \overset{-}{NO_3} + H_2O$$

$$\overset{+}{H} \cdots \overset{-}{Cl} + \overset{+}{Na} \cdots \overset{-}{OH} = \overset{+}{Na} \cdots \overset{-}{Cl} + H_2O,$$

so ergibt sich, daß es sich in diesen beiden Fällen um denselben Prozeß, nämlich die Bildung der gleichen Menge undissoziierten Wassers, handelt. Es ist daher natürlich, daß Unterschiede in der Wärmetönung nicht auftreten werden.

4. Endlich bietet sich durch die Arrhenius'schen Anschauungen die Möglichkeit einer einfachen Erklärung der Elektrolyse, deren Bedeutung für die experimentelle Chemie mehrfach (vgl. z. B. S. 14 und S. 36) hervorgehoben worden ist.

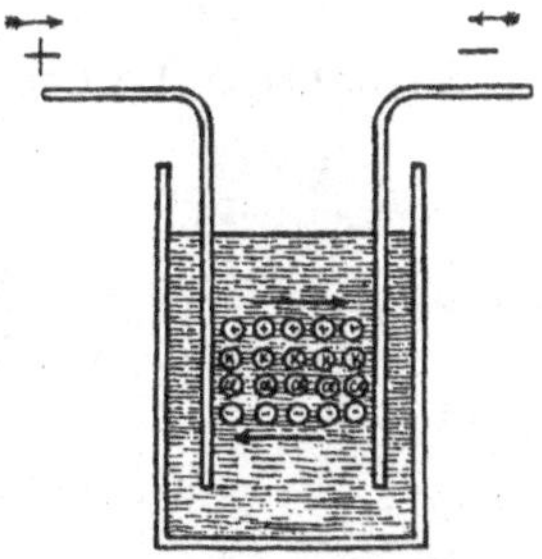

Fig. 125.

Die alte Annahme Faraday's, daß die Moleküle durch den elektrischen Strom zuerst gespalten werden müssen, um dann als Spaltstücke ihre Wanderung zu den Elektroden anzutreten, ist danach irrig. Es sind vielmehr in der zu elektrolysierenden Lösung der Elektrolyte von vornherein freie Ionen vorhanden. Füllen wir z. B. ein Gefäß (vgl. Fig. 125) mit einer wäßrigen Lösung von Chlorkalium, so ist dieses größtenteils in die beiden Ionen:

$$\overset{+}{K} \text{ und } \overset{-}{Cl}$$

gespalten. Taucht man nun die beiden Poldrähte irgendeiner Stromzuführungsquelle — die zum + Pol führende Anode und die vom — Pol kommende Kathode — in die Chlorkaliumlösung ein, so wird folgendes eintreten: Das der Kathode zunächst benachbarte Kaliumion wird seine Ladung abgeben und als entladenes Metallatom in die Erscheinung treten, oder sich vielmehr mit dem Wasser der Lösung gleich weiter zersetzen:

$$K + H_2O = KOH + H.$$

Ebenso wird das der Anode benachbarte Chlorion entladen und als freies Chloratom auftreten. Da durch die Entladung dieser zwei Ionen die Ionenkonzentration gestört ist, so dissoziiert ein neues Kaliumchloridmolekül, der Vorgang der Entladung wiederholt sich bei einem zweiten Paar von Elektronen usw. Es kommt dadurch zu einer scheinbaren Wanderung der Ionen: Die + Kationen wandern an die — Kathode, die — Anionen an die + Anode. Ob die bei der Entladung der Ionen entstehenden Stoffe an den Elektroden sichtbar werden, hängt von ihrem Verhalten zum Wasser ab, und es werden häufig sekundäre Reaktionen eintreten.

Die Tatsache, daß die einwertigen Ionen stets die gleiche Elektrizitätsmenge transportieren, die mehrwertigen ein Multiplum davon, hat zur Annahme von Elementarquanten der Elektrizität geführt, die wir als positive und negative Elektronen bezeichnen.

Man hätte danach die Ionen als Kombination von Atomen mit positiven bzw. negativen Elektronen aufzufassen.

Ein undissoziiertes Salzmolekül, z. B. das des Chlorkaliums, könnte man danach folgendermaßen schreiben:

$$\overset{\oplus}{K}\,\overset{\ominus}{Cl}$$

In wäßriger Lösung dissoziiert es in:

$$\overset{\oplus}{K}\ldots\ldots\overset{\ominus}{Cl}$$

und der Vorgang der Elektrolyse besteht darin, daß die Ionen ihre Elektronen an den Elektroden abgeben und auf diese Weise entladen werden.[1] —

B. Gruppe der Erdalkalimetalle.

Die Oxyde der in der I. Gruppe des periodischen Systems stehenden Alkalimetalle heißen seit langer Zeit Alkalien; in der III. Gruppe befindet sich eine Reihe von Metallen, deren Oxyde man als Erden bezeichnet. Einen Platz in der Mitte zwischen Alkalien und Erden nehmen in der II. Gruppe die alkalischen Erden, die Oxyde der drei Metalle Calcium, Strontium und Baryum, ein.

Auch diese 3 Elemente, an die sich als viertes das interessante Radium anreiht, bilden eine sehr charakteristische Gruppe eng zusammengehöriger Metalle.

1. Calcium. Ca.

Atomgewicht = 40,07.

Die Verbreitung des Calciums in der Natur ist eine außerordentlich große. Calciumcarbonat $CaCO_3$ kommt vor als Kalkstein, Kreide, Marmor, Kalkspat und Arragonit. Das Sulfat $CaSO_4$ bildet den Gyps, dessen Varietäten als Marienglas, Alabaster wasserfrei als Anhydrit auftreten. In geringerer Menge findet sich Calcium im Flußspat CaF_2, als Phosphat im Phosphorit $Ca_3(PO_4)_2$ und im Apatit $Ca_5F(PO_4)_3$.

Es ist ferner in allen Wässern, in der Ackererde, in den Pflanzen und Tieren enthalten und auch auf der Sonne und den Fixsternen nachgewiesen worden.

Das metallische Calcium wird durch Elektrolyse eines Gemisches von Chlorcalcium und Flußspath bei 600—700° dargestellt.

Es besitzt in reinem Zustande einen schönen, hellen Glanz, ist hart und zäh, läßt sich aber mit einer Feile oder auf der Drehbank bequem bearbeiten. — Sein Schmelzpunkt liegt bei 800°. — Gegen Luft und Feuchtigkeit ist es etwas beständiger, als die Alkalimetalle, doch wirkt es auf Wasser, wie diese, heftig ein, wobei Wasserstoff und das in Wasser schwer lösliche Calciumhydroxyd gebildet werden:

[1] Vielleicht werden alle diese Anschauungen durch die modernen Ansichten über das Wesen der Materie künftig noch eine Änderung erfahren.

$$Ca + 2H_2O = H_2 + Ca\langle{OH \atop OH} .$$

Versuch 418. Man streut etwa 1—2 g Calciumspäne in Wasser: Lebhafte Wasserstoffentwicklung und Abscheidung von weißem, pulverigem Calciumhydroxyd.

Calciumhydrid. CaH_2.

Wird Calcium bei 400—500° mit trockenem Wasserstoff zusammengebracht, so bildet sich unter Feuererscheinung Calciumhydrid als krystallinische Masse.

Dieses Produkt liefert mit Wasser die doppelte Menge von Wasserstoff, als das freie Metall:

$$CaH_2 + 2H_2O = Ca\langle{OH \atop OH} + 2H_2 .$$

Versuch 419. Man wirft ein etwa haselnußgroßes Stück Calciumhydrid in Wasser: Äußerst stürmische Wasserstoffentwicklung!

Calciumoxyd CaO und Calciumhydroxyd $Ca(OH)_2$.

Calcium bildet nur eine Verbindung mit Sauerstoff: Calciumoxyd CaO, meistens gebrannter Kalk genannt. Es entsteht durch „Brennen" des Kalksteins in den Kalköfen, wobei Kohlendioxyd ausgetrieben wird:

$$CaCO_3 = CaO + CO_2.$$

Versuch 420. Man verreibe etwas gefälltes Calciumcarbonat mit Wasser zu einem Brei und prüfe mit einem Streifen roten Lackmuspapiers. Die Reaktion der Masse ist neutral.

Hierauf wird eine zweite Probe Calciumcarbonat in einem Platintiegel einige Minuten zum lebhaften Glühen erhitzt. Hierauf läßt man abkühlen, schüttet dann den Inhalt des Tiegels auf ein Uhrglas, vermengt ihn mit etwas Wasser und prüft aufs neue mit Lackmuspapier. Die Masse zeigt stark alkalische Reaktion!

Der gebrannte Kalk, der in größtem Maßstabe zur Herstellung von „gelöschtem" Kalk für die Fabrikation des Mörtels dargestellt wird, ist ein weißer, poröser Körper, der mit großer Begierde Wasser anzieht. Man benutzt ihn daher im Laboratorium zum Trocknen solcher Stoffe, die sich mit den üblichen Trockenmitteln: Chlorcalcium, Schwefelsäure und Phosphorpentoxyd, verbinden. Mit Wasser zusammengebracht, wird er „gelöscht", d. h. unter heftiger Erhitzung in Calciumhydroxyd $Ca\langle{OH \atop OH}$ oder gelöschten Kalk verwandelt:

$$CaO + H_2O = Ca\langle{OH \atop OH} .$$

Versuch 421. Man legt ein großes, durch nicht zu starkes Glühen von Marmor dargestelltes Stück gebrannten Kalk auf einen Porzellanteller und bespritzt es vorsichtig mit nicht zu viel Wasser. Dieses wird von dem porösen Kalk aufgenommen, und alsbald zerfällt dieser unter Ausstoßung dicker Dampfwolken in ein lockeres, weißes Pulver, das aus gelöschtem Kalk besteht.

Calciumhydroxyd löst sich in etwa 700 Teilen Wasser zum sogenannten Kalkwasser, einer farblosen, alkalisch reagierenden Flüssigkeit, die ein beliebtes Reagens auf Kohlendioxyd darstellt und in der Medizin Verwendung findet.

Auch eine Aufschlämmung von gelöschtem Kalk in Wasser, die sogenannte „Kalkmilch", wird im Laboratorium und in der Industrie viel gebraucht.

Seine Hauptverwendung findet der gelöschte Kalk zur Herstellung des Mörtels. Je nach den Zwecken, zu denen dieser gebraucht wird, ist seine Zusammensetzung verschieden.

Der Luftmörtel besteht aus einem Gemisch von Sand, Wasser und gelöschtem Kalk. Er wird verwendet, um beim Bau von Häusern, Mauern u. dgl. die Steine durch eine allmählich erhärtende Schicht zu verbinden. Die Erhärtung beruht im wesentlichen darauf, daß nach der Gleichung:

$$Ca\langle{}^{OH}_{OH} + CO_2 = H_2O + CaCO_3$$

unter der Einwirkung des in der Luft vorhandenen Kohlendioxyds auf den Mörtel Calciumcarbonat entsteht, das in krystallinischer Form ausfällt und schließlich zusammen mit dem Sand einen steinharten Kitt bildet.

Da bei der Erhärtung des Mörtels Wasser austritt, so stellt man, um sie zu beschleunigen, in Neubauten brennende Koksbecken auf, die erstens reichliche Mengen von Kohlendioxyd liefern und durch die größere Wärme die Verdunstung des Wassers beschleunigen.

Calciumhydroxyd ist eine starke Base, die auch mit schwachen Säuren Salze zu bilden vermag.

Die Salze des Calciums.

1. Calciumchlorid $CaCl_2$, das sich im Meerwasser und in vielen Salzquellen findet, wird besonders leicht durch Einwirkung von Salzsäure auf Calciumcarbonat gewonnen:

$$CaCO_3 + 2HCl = H_2O + CO_2 + CaCl_2.$$

Es krystallisiert aus der wäßrigen Lösung in großen, zerfließlichen Krystallen, die 6 Moleküle Krystallwasser enthalten und sich in Wasser unter starker Temperaturerniedrigung lösen. Eine gesättigte Chlorcalciumlösung siedet viel höher als Wasser und kann bis auf — 40° abgekühlt werden, ehe sie gefriert.

Beim Erhitzen des krystallisierten Chlorcalciums entweicht alles Wasser, und es hinterbleibt ein wasserfreies Präparat, das als gekörntes oder geschmolzenes Chlorcalcium in den Handel kommt. Es wird allgemein als beliebtes Trockenmittel verwendet.

2. Calciumfluorid CaF_2, Flußspat, kommt in der Natur in ansehnlichen, schön fluorescierenden Krystallen von gelber, grüner oder hellvioletter Farbe vor. Dieses Calciumsalz ist im Gegensatz zum Chlorid in Wasser nahezu unlöslich.

Man benutzt es zur Darstellung von Fluorwasserstoff (vgl. S. 61) und als „Flußmittel" bei Schmelzoperationen.

3. Calciumhypochlorit (Chlorkalk) $Ca{<}^{Cl}_{OCl}$: Darstellung und Eigenschaften dieses höchst wichtigen Salzes sind schon früher bei der unterchlorigen Säure eingehend erläutert worden (vgl. S. 183).

4. Calciumsulfat $CaSO_4$ kommt in der Natur mit 2 Molekülen Wasser krystallisierend als Gyps, wasserfrei als Anhydrit und in durchsichtiger Form als Alabaster vor.

Calciumsulfat ist erst in etwa 400 Teilen Wasser löslich; daher werden die Lösungen von Calciumsalzen durch verdünnte Schwefelsäure oder Sulfate sofort gefällt.

> **Versuch 422.** Eine kaltgesättigte, wäßrige Chlorcalciumlösung wird mit dem gleichen Volumen etwa 50%iger Schwefelsäure versetzt. Es scheidet sich Gyps in solcher Menge aus, daß der Inhalt des Gefäßes fast völlig erstarrt.

Wird Gyps auf eine Temperatur von 130° erhitzt, so entweichen $1\frac{1}{2}$ Moleküle des Krystallwassers und es entsteht ein Halbhydrat des Gypses $CaSO_4 \cdot \frac{1}{2}H_2O$, das beim Erhitzen auf 200° in eine lösliche Form des Anhydrits übergeht. Dies ist der gebrannte Gyps des Handels, der, mit Wasser angerührt, alsbald erhärtet und daher zur Herstellung von Abgüssen, Stuck, chirurgischen Verbänden usw. in großen Massen verbraucht wird. Bei der Erhärtung des Gypses bildet sich aus dem Anhydrit zunächst das eben erwähnte Halbhydrat, das dann weiter Wasser aufnimmt und sich in Gyps verwandelt. Dieser scheidet sich dabei in feinfaserig-krystallinischer, fest zusammenhaftender Form wieder ab.

5. Calciumcarbonate. Das neutrale Salz $CaCO_3$ ist wohl das wichtigste Salz des Calciums, auf dessen massenhaftes Vorkommen in der Natur schon mehrfach hingewiesen worden ist (vgl. S. 260). Eine besonders schön krystallinische Form davon ist der Kalkspat, der hexagonal rhomboedrisch krystallisiert.

In reinem Wasser ist Calciumcarbonat nur sehr schwer löslich.

Bei Gegenwart von Kohlendioxyd ist aber die Löslichkeit eine viel größere: 1 Liter mit Kohlendioxyd gesättigtes Wasser vermag 0,9 g Calciumcarbonat aufzunehmen.

Hierbei bildet sich Calciumbicarbonat:

$$CaCO_3 + CO_2 + H_2O = Ca(HCO_3)_2,$$

das in Wasser weit leichter löslich ist (vgl. Versuch 350). In der Wärme oder auch beim Stehen an der Luft wird umgekehrt Calciumbicarbonat wieder unter Abspaltung von Kohlendioxyd in neutrales Calciumcarbonat verwandelt (vgl. Versuch 351):

$$Ca(HCO_3)_2 = CaCO_3 + CO_2 + H_2O.$$

Auf der Bildung von Calciumbicarbonat und seinem Zerfall beruhen wichtige, sich in der Natur häufig abspielende Prozesse. Kalkhaltige Gesteine gehen in Wasser unter Mitwirkung des Kohlendioxyds in Lösung, um dann allmählich — in der Wärme schnell — Calciumcarbonat in kleinen Kryställchen von Kalkspat oder Aragonit wieder abzuscheiden. Auch die Bildung der Sprudelsteine, Kalksinter, Stalaktiten und des Kesselsteins erklären sich durch die in der Hitze vor sich gehende Zersetzung des Calciumbicarbonats.

6. Calciumphosphate. Von der dreibasischen Phosphorsäure leiten sich die drei Salze: a) $Ca(H_2PO_4)_2$, b) $CaHPO_4$, c) $Ca_3(PO_4)_2$ ab. Das zuerst genannte, das in Wasser löslich ist, entsteht aus Kalk oder Calciumcarbonat beim Kochen mit überschüssiger Phosphorsäure.

Das zweite erhält man aus Chlorcalcium und Dinatriumphosphat als weißen Niederschlag (vgl. S. 243).

Das dritte, das tertiäre Calciumphosphat, ist das interessanteste; denn es bildet mit annähernd 80% den Hauptbestandteil der Knochenasche. Es ist ferner im Guano enthalten und stellt den Hauptbestandteil der Koprolithe vor. Es sind dies die versteinerten Exkremente vorweltlicher Tiere, vor allem von Sauriern und Fischen, die deswegen interessant sind, weil sie uns über die Nahrung dieser Geschöpfe Aufschluß geben.

Auch die wichtigen Mineralien Apatit und Phosphorit bestehen in der Hauptsache aus Tricalciumphosphat.

Zersetzt man das Salz mit 2 Molekülen Schwefelsäure, so resultiert nach der Gleichung:

$$Ca_3(PO_4)_2 + 2H_2SO_4 = 2CaSO_4 + Ca(H_2PO_4)_2$$

ein Produkt, das aus einem Gemisch von Gips und Monocalciumphosphat besteht. Es wird Superphosphat genannt und spielt eine wichtige Rolle als Düngemittel.

Endlich sei hervorgehoben, daß auch bei dem Bessemer-Prozeß unter Verwendung des von Thomas und Gilchrist angegebenen Verfahrens (vgl.

S. 399) Tricalciumphosphat gewonnen und für die Landwirtschaft nutzbar gemacht wird.

7. Calciumsilikate finden sich in der Natur, z. B. der in derben, weißen Massen krystallisierende Wollastonit von der Formel $CaSiO_3$. Auch komplizierter zusammengesetzte, calciumhaltige Silikate kommen häufig vor.

Die große Bedeutung des Calciumsilikats liegt darin, daß es ein Bestandteil des Glases ist.

Das Glas war bereits den alten Ägyptern bekannt, während man seine Entdeckung fälschlicherweise den Phöniziern zuschrieb. Bei den Römern war die Glasindustrie schon ziemlich entwickelt, aber das Glas war damals ein teurer Artikel und wurde nur zur Herstellung von Kunstgläsern und Schmuckgegenständen verwendet, während Fensterscheiben noch unbekannt waren. Im Mittelalter war Venedig und einige deutsche Städte der Sitz der Produktion besonders für Luxusglas, farbige Gläser und für Glasmalerei. Einen großartigen Aufschwung konnte die Glasindustrie indessen erst nehmen, als die chemische Industrie billige Soda lieferte.

In chemischer Beziehung stellt Glas eine aus dem Schmelzfluß amorph erstarrte Flüssigkeit vor und besteht aus einem Gemisch von Alkalisilikaten mit Calcium- oder Bleisilikat oder anderen Bestandteilen.

Man kann etwa folgende Sorten unterscheiden:

1. Natron-Kalkglas. Es besteht aus Natrium- und Calciumsilikaten, ist leicht schmelzbar und bildet das Material, aus welchem Fensterscheiben, Flaschen u. dgl. hergestellt werden.

2. Kali-Kalkglas (auch böhmisches oder Crownglas genannt) ist wesentlich schwerer schmelzbar und widerstandsfähiger gegen Wasser und Säuren.

3. Kali-Bleiglas (Krystallglas). Es ist ziemlich leicht schmelzbar und weich, nimmt aber beim Schleifen hellen Glanz an. Es eignet sich daher für optische Zwecke, z. B. zur Herstellung von Linsen, ferner für Luxusgegenstände.

4. Das Jenaer Geräteglas ist ein borsäurehaltiges Natrium-Magnesium-Zinksilikat und wird wegen seiner Unempfindlichkeit gegen chemisch wirksame Agentien zur Herstellung von Gefäßen und Gerätschaften für die Laboratoriumspraxis viel verwendet.

Das gewöhnliche, leicht schmelzbare Glas wird durch Verschmelzen eines Gemisches von Quarzsand, Kalk und Soda in geeigneten Öfen hergestellt. Oder man verwendet statt Soda Natriumsulfat, das bei Gegenwart von Kohle von Siliciumdioxyd in Natriumsilikat verwandelt wird:

$$Na_2SO_4 + SiO_2 + C = Na_2SiO_3 + SO_2 + CO.$$

Das flüssige Glas ist eine mehr oder minder dünn- oder zähflüssige Masse, die sich durch Blasen, Gießen, Ausziehen und Walzen zu all' den zahllosen Gegenständen verarbeiten läßt, die jedem Laien bekannt sind.

Werden Glasgefäße noch glühend heiß in erhitztem Öl rasch abgekühlt, so treten eigentümliche Spannungsverhältnisse in der Masse des Glases ein, und man erhält das sogenannte Hartglas, aus dem z. B. die Bologneser Glastränen bestehen.

Versuch 423. Man legt eine Bologneserträne auf einen kleinen Amboß und schlägt sie mit einem Hammer auf das dicke Ende. Sie wird dabei nicht zertrümmert. Wird sie aber unter ein dickwandiges Glas geschoben und das herausragende dünne Ende mit einer Zange abgezwickt, so zerfällt sie unter explosionsartigen Erscheinungen in staubfeines Glaspulver.

Glas ist gegen Wasser und die meisten chemischen Agentien, sogar gegen Säuren und verdünnte Alkalien ziemlich widerstandsfähig, aber doch nicht völlig unempfindlich. Beim längeren Erwärmen mit Wasser, bei gewissen Glassorten schon in der Kälte, lösen sich so erhebliche Mengen von Alkali, daß man sie mit Phenolphthaleïn nachweisen kann.

Versuch 424. a) Man bringt etwas „Glaswolle" in ein weites Reagenzglas, gibt Wasser hinzu und dann einige Tropfen Phenolphthaleïnlösung: Intensive Rotfärbung!

b) Man erhitzt in einem neuen, nicht gereinigten Kolben aus gewöhnlichem Geräteglas Wasser etwa $^1/_2$ Stunde zum Sieden und fügt zu der Flüssigkeit etwas Phenolphthaleïnlösung hinzu: Deutliche Rotfärbung!

Dieses Verhalten des Glases muß bei feineren Untersuchungen, insbesondere bei Atomgewichtsbestimmungen sehr berücksichtigt werden, wenn Fehler vermieden werden sollen. Mit größter Leichtigkeit wird Glas, wie bereits früher (vgl. S. 61) festgestellt worden ist, von Fluorwasserstoffsäure angegriffen und geätzt. Dieser Vorgang, der auf der Bildung von Siliciumtetrafluorid aus der Kieselsäure des Glases beruht:

$$SiO_2 + 4HF = 2H_2O + SiF_4,$$

spielt praktisch eine große Rolle, um Glasgegenstände der verschiedensten Art in dauerhafter Weise zu zeichnen.

Geschmolzenes Glas hat ebenso wie geschmolzener Borax oder Phosphorsalz die Fähigkeit, Metalloxyde mit charakteristischer, zum Teil sehr schöner Farbe aufzulösen. Mit geringen Mengen von Chromoxyd gefärbtes Glas zeichnet sich durch schön smaragdgrüne Farbe aus, Kobaltoxyd liefert tiefblaue Gläser, mit Gold erhält man prachtvoll rot gefärbte Gläser usw.

8. Calciumcarbid CaC_2 wird durch Erhitzen von Kalk mit Kohle im elektrischen Ofen dargestellt:

$$CaO + 3C = CO + CaC_2.$$

Es ist eine im reinen Zustand farblose, schön krystallisierende Verbindung, die indessen meistens durch allerhand Verunreinigungen mehr oder minder dunkel gefärbt ist. Mit Wasser reagiert sie augenblicklich aufs heftigste unter Bildung von Calciumhydroxyd und Acetylen:

$$CaC_2 + 2H_2O = Ca\begin{cases}OH\\OH\end{cases} + C_2H_2\ .$$

Versuch 425. In dem auch bei Versuch 193 benutzten elektrischen Ofen erhitzt man in einem feuerfesten Tiegel ein Gemisch von:

56 g Kalk,
36 g Kokspulver,

bei etwa 300—400 Ampère und 60—70 Volt 3—4 Minuten lang, wobei man dafür Sorge tragen muß, daß der elektrische Flammenbogen auch wirklich in der Höhlung des Tiegels brennt und die zu verschmelzenden Stoffe von ihm erreicht werden. Nach dem Abkühlen läßt sich das schön krystallisierte „Carbid" aus dem Tiegel leicht loslösen. In Wasser geworfen liefert es unter stürmischer Reaktion ein Gas, das, angezündet, mit heller, stark rußender Flamme verbrennt und einen unangenehmen Geruch besitzt.

Erkennung und quantitative Bestimmung des Calciums.

Die Verbindungen des Calciums färben die nichtleuchtende Gasflamme charakteristisch gelbrot und sind durch ein schönes Spektrum ausgezeichnet.

Zur Abscheidung und analytischen Bestimmung des Calciums eignen sich die gewöhnlichen Salze nicht, da sie zu leicht löslich sind. Auch das Sulfat ist nicht schwer löslich genug, um auf seine Abscheidung eine quantitative Bestimmungsmethode zu gründen.

Sehr geeignet ist dagegen das Calciumoxalat, das, in ammoniakalischer Lösung abgeschieden, einen weißen, feinkörnigen, fast ganz unlöslichen Niederschlag bildet, den man durch Erhitzen entweder in Calciumcarbonat oder in Calciumoxyd überführt:

$$1.\quad \begin{matrix}COO\\|\\COO\end{matrix}\!\!>Ca = CaCO_3 + CO\ .$$

$$2.\quad CaCO_3 = CaO + CO_2\ .$$

2. Strontium. Sr.

Atomgewicht = 87,6.

Die Verbindungen des Strontiums finden sich in der Natur nur spärlich. Von seinen Mineralien sind die wichtigsten: Strontianit $SrCO_3$ und Coelestin $SrSO_4$.

Das metallische Strontium wird entweder durch Reduktion von Strontiumoxyd mit Aluminium bei hoher Temperatur oder durch Elektrolyse von Strontiumchlorid gewonnen. Es ist silberweiß, weich und wenig luftbeständig. Wasser wird von ihm unter Bildung von Wasserstoff und Strontiumhydroxyd zersetzt:

$$Sr + 2H_2O = H_2 + Sr\begin{matrix} \diagup OH \\ \diagdown OH \end{matrix} .$$

Die Salze des Strontiums, vor allem das Chlorid, Sulfat und Nitrat, unterscheiden sich durch die etwas andere Löslichkeit von den entsprechenden Salzen des Calciums.

Charakteristisch ist für Strontium und seine Verbindungen die intensiv karmoisinrote Farbe, die sie der nichtleuchtenden Flamme verleihen.

Daher wird vor allem Strontiumnitrat in großer Menge in der Feuerwerkerei verwendet.

Strontiumhydroxyd wird benutzt, um den Zuckergehalt der bei der Fabrikation des Rohrzuckers abfallenden Melasse durch Überführung in eine schwerlösliche Strontiumverbindung auszunützen.

3. Baryum. Ba.

Atomgewicht = 137,4.

Charakteristisch für die Verbindungen des Baryums ist ihr hohes spezifisches Gewicht. Von dieser Eigenschaft (vom griechischen Worte βαρύς = schwer) ist der Name des Elementes abgeleitet.

Seine natürlichen Vorkommnisse entsprechen denen des Strontiums. Es sind der Witherit $BaCO_3$ und der prächtig krystallisierende Schwerspat $BaSO_4$. Der erstere ist das bequemere, der Schwerspat das billigere Rohmaterial zur Gewinnung der anderen Baryumverbindungen.

Das Metall selbst, das durch Reduktion von Baryumoxyd mit Aluminium bei hoher Temperatur dargestellt werden kann, gleicht im Aussehen und der Unbeständigkeit gegen Luft und Wasser den beiden anderen Erdalkalimetallen und läßt sich mit Wasserstoff zu einem Hydrid BaH_2, mit Stickstoff zu dem Nitrid Ba_3N_2 verbinden.

Oxyde des Baryums.

Es existieren zwei Oxyde des Baryums:

1. Baryumoxyd BaO,
2. Baryumsuperoxyd BaO_2.

1. Baryumoxyd BaO wird am einfachsten durch heftiges Glühen von Baryumnitrat gewonnen:

$$Ba(NO_3)_2 = BaO + 2NO_2 + O$$

und hinterbleibt dann als grau gefärbte, krystallinische Masse, die mit größter Begierde Wasser anzieht:

$$BaO + H_2O = Ba\begin{matrix} OH \\ OH \end{matrix}$$

und daher als besonders stark wasserentziehendes Mittel Verwendung findet.

2. Baryumsuperoxyd BaO_2 bildet sich beim Überleiten von Sauerstoff über erhitztes Baryumhydroxyd unter 2 Atmosphären Druck:

$$2Ba\begin{matrix} OH \\ OH \end{matrix} + O_2 \rightleftarrows 2BaO_2 + 2H_2O\,.$$

Bei höherer Temperatur verläuft dagegen diese Reaktion im umgekehrten Sinne: es wird aus dem Baryumsuperoxyd wieder Sauerstoff abgespalten.

Durch Einwirkung verdünnter Säuren auf Baryumsuperoxyd erhält man Wasserstoffsuperoxyd (vgl. S. 177):

$$BaO_2 + H_2SO_4 = BaSO_4 + H_2O_2.$$

Baryumhydroxyd. $Ba(OH)_2$.

Das wichtige Baryumhydroxyd wird im großen nach einem umständlichen Verfahren dargestellt: Schwerspat wird zunächst mit Kohle in der Glühhitze zu Baryumsulfid reduziert und dieses durch Kochen mit Wasser und Kupferoxyd in Baryumhydroxyd verwandelt:

$$BaSO_4 + 2C = 2CO_2 + BaS,$$

$$BaS + H_2O + CuO = CuS + Ba(OH)_2.$$

Baryumhydroxyd krystallisiert ausgezeichnet, ist aber infolge Aufnahme von Kohlendioxyd aus der atmosphärischen Luft meist stark durch Baryumcarbonat verunreinigt.

Zur Reinigung kann man es aus kochendem Wasser umkrystallisieren.

Versuch 426. Man erhitzt etwa 20 g käufliches Baryumhydroxyd mit soviel Wasser zum Sieden, daß die groben Krystalle in Lösung gehen und nur noch ein feines weißes Pulver ungelöst ist. Die siedend heiße Flüssigkeit gießt man auf ein angefeuchtetes, heißes Filter und läßt das klare Filtrat unter Ausschluß der Luft langsam abkühlen. Das Baryumhydroxyd krystallisiert dann in großen, perlmutterglänzenden Krystallblättern aus.

Baryumhydroxyd krystallisiert mit 8 Molekülen Krystallwasser und ist in kaltem Wasser sehr viel leichter löslich, als Calcium- oder Strontiumhydroxyd. Die klare wäßrige Lösung wird als „Barytwasser“ zur Prüfung auf Kohlendioxyd häufig verwendet (vgl. S. 259).

Baryumhydroxyd ist eine starke Base, die zur Herstellung von Baryumsalzen und zu vielen anderen Zwecken gebraucht wird.

Auffallend ist die große Beständigkeit des Baryumhydroxyds in der Hitze. Selbst bei Rotglut schmilzt es unzersetzt und verhält sich somit ganz anders als gelöschter Kalk, der dabei glatt in „gebrannten“ Kalk und Wasser zerfällt:

$$Ca(OH)_2 = CaO + H_2O.$$

Die Salze des Baryums.

1. Baryumchlorid $BaCl_2 + 2H_2O$ bildet schöne, in Wasser ziemlich leicht lösliche Krystallblättchen und bildet ein wichtiges Reagens auf Schwefelsäure und Sulfate.

2. Baryumnitrat $Ba(NO_3)_2$ ist ein in Wasser verhältnismäßig schwer lösliches Salz.

Versuch 427. Man fügt zu einer wäßrigen Chlorbaryumlösung verdünnte Salpetersäure hinzu: Sofort Abscheidung von Baryumnitrat!

3. Baryumcarbonat $BaCO_3$ kommt in der Natur als Witherit vor und spielt wegen seiner Bildung aus Barytwasser und Kohlendioxyd beim Nachweis des letzteren eine Rolle.

4. Baryumsulfat $BaSO_4$ ist so schwerlöslich in Wasser, daß nach den Untersuchungen von Kohlrausch und Rose 2,3 mg davon erst von 1 Liter Wasser aufgenommen werden. Man verwertet daher die Entstehung dieses Niederschlages, wenn es sich um den qualitativen Nachweis oder die quantitative Abscheidung von Baryum oder Schwefelsäure handelt.

Versuch 428. a) Man fügt zu 2 Liter Wasser einige Tropfen wäßrige Chlorbaryumlösung, dann verdünnte Schwefelsäure hinzu: Starke Trübung!

b) 2 Liter gewöhnliches Leitungswasser werden zunächst mit verdünnter Salzsäure, dann mit Chlorbaryumlösung versetzt. Infolge der Anwesenheit von Sulfaten trübt sich die Flüssigkeit alsbald und scheidet nach längerem Stehen einen weißen Bodensatz ab.

Nachweis des Baryums.

Baryum ist durch mehrere, in Wasser recht schwer lösliche Salze: das Carbonat, Phosphat und Sulfat, charakterisiert, von denen insbesondere das zuletzt genannte in der Analyse eine wichtige Rolle spielt.

Die Baryumverbindungen erteilen der nichtleuchtenden Flamme eine fahle, hellgrüne Färbung und sind durch ein sehr charakteristisches Spektrum ausgezeichnet.

Zusammenfassende Betrachtung der Erdalkalimetalle.

Es ist schon früher (vgl. S. 290) darauf hingewiesen worden, daß die drei Elemente Calcium, Strontium, Baryum eine Reihe bilden, in welcher das Strontium entsprechend seinem in der Mitte stehenden Atomgewicht auch in den Eigenschaften eine Mittelstellung einnimmt. Man sieht dies vor allem in der Löslichkeit der Salze, in der vom Calcium zum Baryum sich stufenweise verschiebenden Leichtigkeit der Zersetzung der Carbonate und Hydroxyde (vgl. S. 339) und in manchen anderen Erscheinungen.

Die freien Metalle sind silberglänzend, wesentlich härter als die Alkalimetalle und etwas luftbeständiger, als diese. Wasser zersetzen sie augenblicklich unter Entwicklung von Wasserstoff und Bildung von Hydroxyden. Die letzteren sind in Wasser viel schwerer löslich, als die Hydroxyde der Alkalimetalle, wobei die Löslichkeit vom Calcium über Strontium zum Baryum steigt. Sie sind starke Basen.

Eine große Zahl von Salzen der Erdalkalimetalle ist in Wasser leicht löslich. Carbonate, Phosphate und Sulfate sind dagegen bei sämtlichen 3 Elementen in Wasser schwer löslich und erleichtern ihre analytische Erkennung und Abscheidung wesentlich.

Ihre Flammenfärbungen und Spektren bieten ein ebenso charakteristisches Bild, wie die der Alkalimetalle.

4. Radium Ra (Atomgewicht = 226,0) und die radioaktiven Elemente.

Die Entdeckung des Radiums und der anderen „radioaktiven" Elemente geht zurück auf Beobachtungen von Becquerel, der bereits im Jahre 1896 feststellte, daß Uran und seine Salze Strahlen aussenden, die durch Papier und dünne Metallplatten hindurch auf die photographische Platte einwirken und Gase zu „ionisieren", d. h. für den elektrischen Strom leitend zu machen, vermögen. Besonders starke Wirkungen dieser Art gingen von dem uranhaltigen Mineral Pechblende aus, das im wesentlichen aus dem Oxyd U_3O_8 und Bleioxyd zusammengesetzt ist, und es gelang dem Ehepaar Curie, daraus zunächst die beiden Elemente Polonium und Radium abzuscheiden. Wenig später konnte Debierne daraus ein weiteres Element dieser Art, das Actinium, isolieren.

Die Darstellung dieser mit so wunderbaren Eigenschaften ausgestatteten Elemente aus der Pechblende ist eine höchst mühselige Operation, und man erhält aus 2000 kg einer an Uran sehr reichen Pechblende nur etwa 0,2 g Radium und 0,0007 g Polonium. Die Hauptschwierigkeit besteht darin, das in chemischer Beziehung dem Baryum höchst ähnliche Radium von diesem, das sich in der Pechblende als Verunreinigung befindet, vollständig zu befreien. So kommt es, daß seit der Entdeckung des Radiums — die etwa 25 Jahre zurückliegt — bis jetzt alles in allem erst gegen 50 g des kostbaren Stoffes hergestellt worden sind.

Eigenschaften des Radiums.

Das metallische Radium, das durch Zersetzung von Radiumazid:

$$Ra\begin{matrix} N_3 \\ N_3 \end{matrix} \longrightarrow 3\,N_2 + Ra$$

oder durch Elektrolyse von Radiumchlorid gewonnen werden kann, besitzt alle Eigenschaften eines Erdalkalimetalls. Es ist silberglänzend, unbeständig an der Luft, zersetzt Wasser und erteilt im freien Zustande oder in Form seiner Verbindungen der nicht leuchtenden Flamme eine karminrote Färbung.

Sein Atomgewicht ist 226,0. Die Salze zeigen die Zusammensetzung der Erdalkalimetallsalze, so z. B. das wichtige Radiumbromid $RaBr_2$, Radiumchlorid $RaCl_2$ und Radiumsulfat $RaSO_4$.

Die Radiumsalze leuchten im Dunkeln und sind durch eine dauernde Wärmeentwicklung ausgezeichnet. Wenn man daher in ein kleines, z. B. mit Radiumbromid gefülltes Gefäß ein feines Thermometer steckt, so wird die Temperatur stets einige Grade höher als die der umgebenden Luft angezeigt.

Man kann die hauptsächlichsten Wirkungen des Radiums und seiner Verbindungen einteilen in: chemische, physiologische und physikalische.

a) Chemische Wirkungen des Radiums: Die photographische Platte wird geschwärzt, Glas und Porzellan in eigentümlicher Weise gefärbt, ebenso zahlreiche Mineralien, wie z. B. Steinsalz. Luft wird teilweise in Ozon verwandelt, Wasser in Knallgas gespalten.

b) Physiologische Wirkungen: Unter diesen sind hervorzuheben die beim unvorsichtigen Arbeiten mit Radium entstehenden Entzündungen der Haut und der Gewebe, Hemmung des Wachstums von Pflanzen, Samenkörnern usw., Vernichtung von Bakterien.

c) Physikalische Wirkungen: Hierher gehören die Strahlungserscheinungen, die Ionisierung von Gasen, die sich z. B. durch das Entladen eines aufgeladenen Elektroskops mit Hilfe von Radiumpräparaten nachweisen läßt, ferner die durch Radium bewirkte Phosphorescenz von Diamant, Flußspat, Bergkrystall, Baryumplatincyanür usw.

Das Strahlungsphänomen des Radiums.

Die nähere Untersuchung der vom Radium und seinen Verbindungen entsendeten Strahlen hat ergeben, daß diese sich aus drei verschiedenen Arten zusammensetzen, die man als α-, β- und γ-Strahlen zu unterscheiden pflegt.

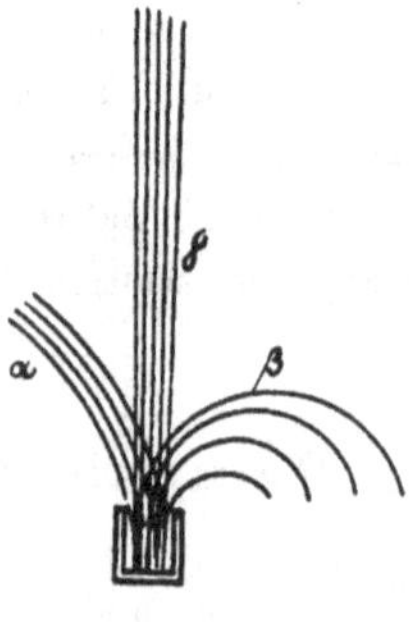

Fig. 126.

Betrachtet man den Verlauf dieser drei Strahlenarten im Magnetfelde, so zeigt sich, daß die α-Strahlen schwach nach einer Seite, die β-Strahlen stark nach der anderen Seite, die γ-Strahlen überhaupt nicht abgelenkt werden (vgl. Fig. 126).

1. Die α-Strahlen bestehen aus einem Schwarm

von Heliumatomen, die eine doppelte positive Ladung tragen. Sie werden mit ungeheurer Geschwindigkeit, die etwa 15000 km pro Sekunde beträgt, vom Radium fortgeschleudert. Ihre „Reichweite" ist indessen nur gering. Nachdem sie eine kurze Strecke Luft durchmessen haben, sind sie unter Verlust der beiden Ladungen inaktiv geworden und bestehen dann aus neutralem Helium.

Der Verlauf der α-Strahlen und ihre Reichweite läßt sich bequem in der von Wilson angegebenen „Nebelkammer" verfolgen: Es ist dies ein Gefäß das mit Wasserdampf gesättigte Luft enthält, in dem man durch eine plötzliche Verminderung des Luftdrucks eine Abkühlung und dadurch eine Übersättigung mit Wasserdampf bewirken kann. Die im Verlauf der α-Strahlen gebildeten Gasionen wirken nun als „Kondensationskerne", so daß sich an diesen Stellen kleine Wassertröpfchen als Nebel abscheiden. Bei geeigneter Beleuchtung dieses Systems lassen sich die Nebelstrahlen photographieren, wobei man ein Bild erhält, das etwa der nebenstehenden Figur entspricht. Man ersieht daraus die sehr verschiedene Reichweite der α-Strahlen und macht außerdem die auffallende Wahrnehmung, daß manche von ihnen in einem, mitunter fast rechtwinklig umgebogenen Haken endigen (Näheres hierüber S. 350).

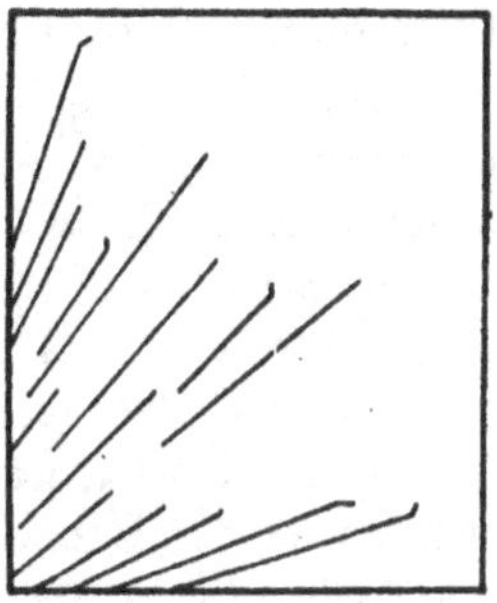

Fig. 127.

2. Die β-Strahlen sind nichts anderes als Kathodenstrahlen, d. h. negative Elektronen, deren Masse nur $^1/_{1800}$ von der des Wasserstoffs beträgt und die durch die ungeheure Geschwindigkeit von 100000 bis fast 300000 km pro Sekunde charakterisiert sind.

3. Die γ-Strahlen sind Röntgenstrahlen, im Gegensatz zu α- und β-Strahlen also nicht materieller Art. Sie sind durch hohe „Frequenz" und starkes Durchdringungsvermögen charakterisiert und spielen bei den physiologischen Wirkungen der Radiumpräparate und ihren therapeutischen Anwendungen die Hauptrolle.

Der Zerfall des Radiums und die Lehre vom radioaktiven Zerfall.

Die merkwürdigste Eigenschaft des Radiums ist sein ununterbrochener und unaufhaltbarer Zerfall. Bei diesem Zerfall, der sich unter Abgabe von Energie in Form von Wärme und Strahlung abspielt, entsteht ein gasförmiges Element: die Radiumemanation. Diese ist ebenfalls „radioaktiv", und zwar ist die Intensität ihrer Strahlung und auch die Wärmeentwicklung weit bedeutender, als bei dem Radium, aus dem sie entsteht. Radiumemanation besitzt vollkommen andere Eigenschaften, als Radium. Sie ist ein Gas von den Eigenschaften der Edelgase, das sich in flüssiger Luft kondensieren läßt, bei -71^0 schmilzt, bei -65^0 siedet, ein Atomgewicht von 222 besitzt und durch ein charakteristisches Spektrum ausgezeichnet ist.

Bringt man reine Radiumemanation in ein Glasrohr, wie man es zur Bestimmung des Spektrums der Gase benutzt, so beobachtet man zunächst nur die für die Radiumemanation charakteristischen Linien. Untersucht man aber das Spektrum nach einer Reihe von Tagen aufs neue, so zeigen sich außerdem mit voller Deutlichkeit die Linien des Heliums. Da nun sowohl Radiumemanation wie auch Helium unzweifelhaft Elemente vorstellen, **so ergibt sich die frappierende Tatsache, daß ein Element sich freiwillig in ein anderes umgewandelt hat.**

Allein der Zerfall des Radiums hat mit der Bildung der Radiumemanation keineswegs sein Ende erreicht: Auch diese ist vielmehr unbeständig, sogar weit unbeständiger als das Radium. Sie zerfällt daher ebenfalls und ist bereits nach 4 Tagen zur Hälfte zerfallen. Dabei bildet sich ein neues Element, das gleichfalls „radioaktiv" ist, also wiederum zerfällt, und so fort, bis schließlich ein Element entsteht, bei dem bisher keine Andeutungen für eine noch weitergehende Spaltung gefunden worden sind. Dieses nicht mehr radioaktive Element ist nichts anderes als — **Blei.**

Dabei ist es nun von größter Wichtigkeit und höchstem Interesse, daß sich der Zerfall des Radiums und der anderen radioaktiven Elemente vollkommen freiwillig und, ohne daß wir etwas zu seiner Beschleunigung oder Hemmung tun können, nach ganz bestimmten Gesetzen abspielt. —

Alle diese höchst wunderbaren und zunächst unverständlichen Beobachtungen finden eine einfache Deutung durch die Lehre vom radioaktiven Zerfall.

Danach existieren zwei Elemente: Uran (Atomgewicht 238,2) und Thorium (Atomgewicht 232,1), die seit undenklichen Zeiten radioaktiv zerfallen, d. h. unter Ausschleuderung von α- oder β-, häufig auch von α- und β-Strahlen, in immer masseärmere Elemente übergehen, bis sich schließlich ein inaktives Element bildet, das keine Neigung zu weiterem Zerfall zu besitzen scheint.

Bezeichnet man die Zeit, die diese Elemente oder ein bei dem „radioaktiven Zerfall" entstehendes Element brauchen, um bis auf die Hälfte ihrer leicht meßbaren Radioaktivität abzuklingen, als „Halbwertszeit" oder „Halbierungskonstante", so erhält man bei der Zusammenstellung einiger solcher Werte den Eindruck ungeheurer Unterschiede. Es beträgt z. B. die Halbierungskonstante von

Uran	5 Milliarden Jahre,
Radium	1700 Jahre,
Radiumemanation	3,85 Tage,

Radium A . . . . 3,05 Minuten,
Actinium . . . . 20 Jahre,
Actiniumemanation . . . . . 3,9 Sekunden,
usw.

Die Zerfallsreihe des Urans gabelt sich an einer Stelle und führt zur Actiniumreihe. Außerdem existiert noch die Thoriumreihe. — Wir haben demnach gewissermaßen drei radioaktive Zerfallsreihen:

1. a) die Uran-Radium-Radiumblei-Reihe,
   b) die Uran-Actinium-Actiniumblei-Reihe,
2. die Thorium-Mesothorium-Thoriumblei-Reihe,

zu unterscheiden, deren Glieder nebst ihren Atomgewichten und den von ihnen emittierten Strahlenarten in den untenstehenden Tabellen zusammengestellt sind. Man sieht daraus, daß auch die Actinium- und die Thoriumreihe im Blei ihren Abschluß finden.

1. Uran-Radium- und Uran-Actiniumreihe.

Name des Elementes	Strahlung	Atomgewicht	Name des Elementes	Strahlung	Atomgewicht
Uran I	α	**238,2**			
Uran X_1	β γ	234			
Uran X_2	β γ	234			
Uran II	α	234			
? **Uran Y**	β	? →	Protactinium . .	α	etwa 230
Ionium	α	230	**Actinium**	β	„ **226**
Radium	α β	**226**	Radioactinium . .	α β γ	„ 226
Radiumemanation	α	222	Actinium X . . .	α	„ 222
Radium A . . .	α	218	Actiniumemanation	α	„ 218
Radium B . . .	β γ	214	Actinium A . . .	α	„ 214
Radium C . . .	β γ	214	Actinium B . . .	β γ	„ 210
Radium C′ . . .	α	214	Actinium C . . .	α (β)	„ 210
Radium C″ . .	β	210	↓		
Radium D . . .	β γ	210	Actinium C′ . .	α	„ 210
Radium E . . .	β γ	210	Actinium C″ . .	β γ	„ 206
Radium F . . . (Polonium)	α	**210**	**Actinium D** . . . (Actiniumblei)	—	„ **206**
Radium G . . . (Radiumblei)	—	**206,0**			

Es ergiebt sich daraus ohne weiteres, daß jedesmal, wenn ein radioaktives Element α-Strahlen aussendet, das Zerfallsprodukt ein um 4 vermindertes Atomgewicht besitzt. Natürlich liegt dies daran, daß ein α-Partikelchen nichts anderes ist, als ein doppelt positiv geladenes

2. Thoriumreihe.

Name des Elementes	Strahlung	Atomgewicht
Thorium	α	**232,1**
Mesothorium 1 . .	β	228
Mesothorium 2 . .	$\beta\,\gamma$	228
Radiothorium . . .	$\alpha\,\beta$	228
Thorium X . . .	α	224
Thoriumemanation .	α	220
Thorium A . . .	α	216
Thorium B . . .	$\beta,\ \gamma$	212
Thorium C . . .	$\alpha,\ \beta$	212
Thorium C′ . . .	α	212
Thorium C″ . . .	$\beta,\ \gamma$	208
Thorium D . . . . (Thoriumblei)	—	**208**

Heliumatom, das die Masse 4 besitzt (vgl. S. 96). Beim Übergang von Uran in Blei findet achtmal eine Emission von α-Strahlen statt, so daß sich das Atomgewicht des Endprodukts von dem des Urans durch eine Differenz von $8 \times 4 = 32$ unterscheiden müßte. In der Tat ist das Atomgewicht des Radiobleis $= 238 - 32 = 206$.

Es erscheint fast selbstverständlich, daß der Zerfall von Atomen, wie Uran und Thorium, vom Freiwerden ungeheurer Energiemengen begleitet sein muß, die wir denn auch, wie bereits erwähnt, in Form von Strahlung und Wärme in die Erscheinung treten sehen.

Einordnung der radioaktiven Elemente ins periodische System. Isotope. Plejaden.

Wie aus den oben mitgeteilten Tabellen ersichtlich ist, existieren **35** radioaktive Elemente, und es erscheint zunächst fast aussichtslos, sie ohne Zwang ins periodische System einzuordnen.

Nun machte man aber die auffallende Beobachtung, daß mehrere von ihnen chemisch völlig identisch miteinander sind, also als ein Element zu gelten haben, obwohl sie nicht dasselbe Atomgewicht besitzen.

Man nennt diese chemisch gleichen, im übrigen aber verschiedenen Elemente: Isotope (von ἴσος = gleich und τόπος = Ort, Stelle), da sie im periodischen System den gleichen Platz einnehmen.

Eine solche Gruppe von Isotopen nennt man eine Plejade. Es gibt ihrer 10, die nun ohne Schwierigkeit in den letzten beiden Horizontalreihen des periodischen Systems untergebracht werden können.

Besonders interessant ist die Plejade, die sich um das Blei gruppiert. Das gewöhnliche Blei — etwa aus dem Bleiglanz gewonnen — hat das Atomgewicht **207,2**. Dagegen berechnet sich das Atomgewicht des Radiobleis aus dem Atomgewicht des Urans 238,2 durch 8maligen Austritt je eines Heliumatoms — wie bereits oben erwähnt — zu **206,2**. Das experimentell auf das sorgfältigste bestimmte Atomgewicht des Bleis aus Bleiproben, die aus Uranerzen stammten, also zweifellos durch radioaktive Umwandlung des Urans entstanden waren, ergab tatsächlich den mit der Theorie in vorzüglicher Übereinstimmung stehenden Wert **206**.

Ein anderes Isotopes des Bleis gehört in die Zerfallsreihe des Thoriums. Vom Atomgewicht des Thoriums 232,1 gelangt man durch **6**malige Abspaltung von α-Partikeln zum Atomgewicht **208,1** (232,1—[6×4]). Als man nun das durch radioaktive Umwandlung des Thoriums in seinen Mineralien gebildete „Thoriumblei“ genau untersuchte, gelangte man experimentell zu dem Werte **208**, der ebenfalls wieder mit dem errechneten fast zusammenfällt. —

Die Existenz der Isotopen beweist uns, daß es Elemente gibt, die trotz verschieden hohen Atomgewichts dieselben chemischen Eigenschaften, dasselbe Spektrum, denselben Schmelzpunkt usw. besitzen. Sie unterscheiden sich nur in den Eigenschaften, die mit dem Atomgewicht zusammenhängen, z. B. der Dichte, dem Atomvolumen (vgl. S. 291) usw.

Die bei den radioaktiven Elementen sichergestellte Existenz von Isotopen ist auch noch aus einem anderen Grunde von größter Wichtigkeit: Denn es erscheint a priori nicht ausgeschlossen, daß in den Fällen, wo die Atomgewichte der Elemente größere Abweichungen von ganzen Zahlen zeigen, ein Gemisch von Isotopen mit höherem und niedrigerem Atomgewicht vorliegt, aus deren Werten sich das experimentell ermittelte Atomgewicht des betreffenden Elementes ergiebt.

Es wäre dann möglich, daß die Prout'sche Hypothese (vgl. S. 349) in ihrer ursprünglichen oder in abgeänderter Form doch Geltung besitzt.

Die Prüfung dieser außerordentlich wichtigen Frage hat sich auf Grund der Tatsache, daß die Isotopen eine verschieden große Masse besitzen, durch die Methode der elektromagnetischen Analyse der Kanalstrahlen experimentell durchführen lassen und hat zu dem Ergebnis geführt, daß tatsächlich auch Elemente wie z. B. Neon oder Chlor Isotopengemische vorstellen.

Danach ist die Wahrscheinlichkeit, daß sich sämtliche Atome aus einem oder zwei Urstoffen aufbauen, sehr groß. Sie wird fast zur Gewißheit erhoben durch die großartige Entdeckung Rutherfords, dem der experimentelle Nachweis gelang, daß das Stickstoffatom zusammengesetzt ist und zerlegt werden kann.

Dies gelang ihm durch ein Bombardement von reinem, trockenem Stickstoff mit α-Partikelchen, wie sie aus einem radioaktiven Präparat ausgeschleudert werden. Hierbei wird offenbar ein winziger Teil der positiven Kerne des Stickstoffs (vgl. S. 351) zertrümmert, vermutlich unter Bildung von Helium und Wasserstoff. Die leichten Atome des letzteren empfangen durch die α-Teilchen einen so gewaltigen Stoß, daß sie mit ungeheurer Geschwindigkeit fortgeschleudert werden und sich nachweisen lassen.

Da es hiernach keinem Zweifel unterliegt, daß aus einem so einfachen Elemente wie Stickstoff Wasserstoff abgespalten werden kann und andererseits beim Zerfall der zahlreichen radioaktiven Elemente Helium auftritt, so wäre es möglich, daß es diese beiden Elemente sind, die am Aufbau der sämtlichen anderen beteiligt sind. Man könnte z. B. den Stickstoff mit dem Atomgewicht 14 sich zusammengesetzt vorstellen aus 3 Atomen Helium und 2 Atomen Wasserstoff. Andere Elemente könnten nur aus Heliumatomen bestehen, wie z. B. der Kohlenstoff — mit dem Atomgewicht 12 — aus 3 Heliumatomen $= 3 \times 4$ usw.

Vielleicht sind die Elemente aber auch nur aus Wasserstoff aufgebaut.

Alle die wunderbaren Beobachtungen und Entdeckungen, die an radioaktiven Substanzen gemacht worden sind und die in der Spaltung des Stickstoffatoms ihren großartigsten Ausdruck finden, zwingen dazu, Betrachtungen über den „Bau der Atome" anzustellen.

5. Moderne Anschauungen über den Bau der Atome und Moleküle.

(III. Abschnitt über Atom- und Molekulartheorie. Vgl. auch S. 63 und S. 155.)

Die Tatsache, daß es 2 Elemente — Uran und Thorium — gibt, die einen radioaktiven Zerfall erleiden und sich über eine Reihe mehr oder weniger langlebiger Zwischenelemente hinweg in Blei verwandeln, läßt die Frage begreiflich erscheinen, ob auch andere, vielleicht alle Elemente zu einem solchen Zerfall befähigt sind. Eingehende Forschungen, die man hierüber angestellt hat, haben zu dem Ergebnis geführt, daß sich beim Kalium und Rubidium in sehr geringem Maße Radioaktivität zeigt, daß dagegen bei sämtlichen anderen Elementen — wenigstens mit den Hilfsmitteln der heutigen Forschung — ein radioaktiver Zerfall nicht festzustellen ist.

Das schließt natürlich nicht aus, daß er doch stattfindet; denn wenn man bedenkt, daß die Halbierungskonstante des Urans (vgl. S. 344) 5 Milliarden Jahre beträgt, so wäre es wohl möglich, daß die einfacheren Atome erst in noch viel größeren Zeiträumen zerfallen. Ist diese Frage noch unentschieden, so läßt sich ein anderer Schluß aus den Forschungsergebnissen radioaktiver Stoffe nicht abweisen: Da es keinem Zweifel unterliegt, daß die Atome des Urans und des Thoriums einen sehr komplizierten „Bau" besitzen, jedenfalls aber zusammengesetzt sind, so wird man auch für sämtliche anderen Atome die gleiche Annahme machen müssen.

Die Anschauung, daß die Atome der Elemente, im Gegensatz zur Ansicht Daltons (vgl. S. 65), nicht die letzten Bausteine der Materie sind, sondern einen zusammengesetzten Charakter besitzen, ist nicht neu.

So hatte der englische Arzt Prout bereits im Jahre 1815 die Hypothese aufgestellt, daß die sämtlichen Atomgewichte Multipla vom Atomgewicht des Wasserstoffs seien und daß der Wasserstoff die Urmaterie vorstelle, aus der sich alle anderen Atome gebildet hätten.

Die Gültigkeit der Prout'schen Hypothese wurde indessen in der Folgezeit angefochten, als sich zeigte, daß auch die am genauesten bestimmten Atomgewichte einer Anzahl von Elementen keineswegs ganze Zahlen sind, wie es doch hätte sein müssen, wenn sie Vielfache der Zahl 1 — des Atomgewichts des Wasserstoffs — vorstellen.

Immerhin wird in der Prout'schen Hypothese doch ein Körnchen Wahrheit stecken; es wäre sonst schwer verständlich, daß von den 17 Zahlen für die Atomgewichte der Elemente der beiden kleinen Perioden (vgl. S. 291), dreizehn annähernd ganze sind:

Wasserstoff: 1,008.

1. Periode: He (4,0) Li (6,94) Be (9,02) B (10,90) C (12,00) N (14,008) O (16,000) F (19,00),

2. „ Ne (20,2) Na (23,00) Mg (24,32) Al (27,1) Si (28,3) P (31,04) S (32,07) Cl (35,46).

Auch optische Erscheinungen, wie die Spektren der Elemente, die durch charakteristische Lichtausstrahlungen zustande kommen, lassen sich kaum auf andere Weise als durch Annahme von Schwingungen erklären, die von **Atomteilen** ausgeführt werden.

Daß man den Ausgangspunkt dieser Schwingungen in die Atome selbst zu legen hat, geht einmal daraus hervor, daß z. B. sämtliche Natriumverbindungen das gleiche Spektrum besitzen, es also nicht auf den Verband ankommt, in welchem das betreffende Element zum Molekül verbunden ist.

Eine weitere Stütze kann in dem von Zeeman entdeckten Phänomen erblickt werden, welcher beobachtete, daß sich Strahlung und Spektrum etwas verändern, wenn die die Strahlung aussendende Substanz magnetischen Kräften ausgesetzt wird (Zeeman-Effekt).

In ähnlicher Weise vermögen auch elektrische Kräfte, wie Stark gefunden hat, auf die Schwingungen einzuwirken und Strahlung und Spektrum zu modifizieren (Stark-Effekt).

Nun liefern die Elemente nicht bloß bei der Untersuchung nach der üblichen, allgemein bekannten Art und Weise charakteristische Lichtspektren, sondern es lassen sich auch unter Verwendung von Röntgenstrahlen sogenannte Röntgenspektren erzeugen. In ähnlicher Weise wie man Spektren beim Auftreffen von Lichtstrahlen auf künstlich hergestellte Gitter erhält, so kann man nach dem Vorgang von v. Laue die unendlich viel feineren Krystallgitter, wie sie in den Krystallen anzunehmen sind, benutzen, um die äußerst kurzwelligen, mit hoher „Frequenz“ ausgestatteten Röntgenstrahlen abzubeugen und auf diese Weise Röntgenspektren erzeugen.

Die Röntgenstrahlen besitzen dieselbe Geschwindigkeit, wie das gewöhnliche Licht. In der Sekunde pflanzen sie sich um 300000 km (= $3{,}10^{10}$ cm) fort. Zwischen ihrer „Frequenz“ (Schwingungszahl) ν und ihrer Wellenlänge λ besteht daher folgende einfache Beziehung:

$$\nu = \frac{3{,}10^{10}}{\lambda}.$$

Beziffert man nun im periodischen System (vgl. S. 290) die Elemente der Reihe nach in der ihnen dort angewiesenen Stellung:

H = 1	Be = 4
He = 2	B = 5
Li = 3	C = 6 usw.,

und bezeichnet diese Zahlen als „Ordnungszahlen“ der Elemente, so läßt sich eine von dem englischen Physiker Moseley entdeckte Gesetzmäßigkeit zwischen der Frequenz ν **einander entsprechender Linien** in den Röntgenspektren verschiedener Elemente und der Ordnungszahl N in ihrer ganzen Tragweite ermessen.

Dieses von Moseley aufgestellte „Gesetz der Hochfrequenzspektra“ lautet:

$$\sqrt{\nu} = c \cdot N;$$

c bedeutet dabei eine Konstante.

Trägt man in einem Koordinatensystem die Ordnungszahlen auf die Abszisse, die Quadratwurzeln aus den Schwingungszahlen auf die Ordinate auf, so liegen die Werte auf einer Geraden. Die Quadratwurzeln der Schwingungszahlen stellen sich also dar als lineare Funktionen der Ordnungszahlen der betreffenden Elemente.

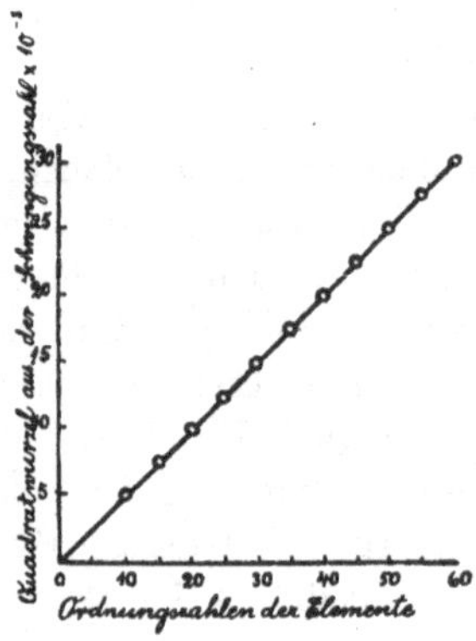

Fig. 128.

Durch die aus den Röntgenspektren experimentell zu ermittelnden Schwingungszahlen ν lassen sich also ohne Schwierigkeit die Ordnungszahlen bestimmen.

Dies ist auch noch auf einem anderen Wege möglich: Es ist schon früher darauf aufmerksam gemacht worden, daß bei einer Photographie des Verlaufs der α-Strahlen in der Wilson'schen „Nebelkammer“ (vgl. S. 343) am Ende mancher Strahlen hakenförmige Abbiegungen (vgl. Fig. 127) erscheinen. Dies hat folgende Ursache:

Nimmt man an, daß das Atom irgendeines Elementes aus einem zentral gelagerten, winzigen **Massenkern mit positiver elektrischer Ladung** und in weitem Abstand von diesem herumschwingenden **negativen Elektronen** besteht, so ergeben sich folgende Möglichkeiten für einen Strom von α-Partikeln, wie er aus einem Radiumpräparat emittiert wird.

Entweder treffen diese der Reihe nach auf negative Elektronen, so daß die beiden positiven Ladungen neutralisiert werden und freies Helium entsteht.

Oder aber die positiven Partikeln prallen gegen die positiv geladenen Kerne der Atome. Dann müssen sie eine kräftige Abstoßung erfahren, die sich im Bilde als mehr oder minder scharfer Knick markieren wird. Der Grad der Abstoßung wird bei dieser Vorstellung abhängen müssen von der Stärke der positiven Kernladung, oder — da man der Elektrizität atomistische Struktur zuschreibt — von **der Anzahl** der positiven Kernladungseinheiten.

Diese müßte sich — immer unter der Voraussetzung der Richtigkeit der über den „Bau" eines Atoms gemachten Vorstellungen — durch den Grad der Ablenkung der α-Strahlen einwandfrei bestimmen lassen.

Da die bei derartigen Bestimmungen erhaltenen Werte mit den aus den Schwingungszahlen ν der Röntgenspektren erhaltenen Ordnungszahlen übereinstimmen, so gewinnt die über den Bau der Atome gemachte Hypothese sehr an Wahrscheinlichkeit.

Zur Gewißheit ist sie durch die Forschungen der modernen Physik erhoben worden.

Sämtliche Atome sind danach **zusammengesetzt** und um so kompliziertere Gebilde, je höher ihr Atomgewicht ist. Der wichtigste Teil des Atoms ist der positive Massenkern, der eine **für das betreffende Atom charakteristische Zahl von positiven Ladungen enthält.**

Um ihn herum schwingen im neutralen Atom — im Gegensatz zu den Ionen (vgl. S. 326), bei denen die Zahl der Elektronen größer oder kleiner sein kann — mit ungeheurer Geschwindigkeit auf kreisförmigen oder elliptischen Bahnen **soviel negative Elektronen,** daß die im Kern vorhandenen, freien positiven Ladungen neutralisiert werden.

Der positive Kern ist winzig, obwohl er nahezu die gesamte Masse des Atoms in sich schließt, während die Masse der viel größeren Elektronen äußerst gering ist und nur $^1/_{1800}$ von der eines Wasserstoffatoms beträgt (vgl. S. 66). Der Abstand zwischen dem positiven Massenkern und den Elektronen ist im Verhältnis zur Größe dieser Gebilde außerordentlich groß.

Es ergibt sich also die höchst merkwürdige Tatsache, daß der größte Teil des von einem Atom eingenommenen Raumes leer ist.

Zweifellos befinden sich auch in dem Kern des Atoms noch sogenannte „Kernelektronen", die positive Ladungen neutralisieren; wie viele, wissen wir nicht. Die *Kernladungen* sind daher als der *Überschuß* an freier positiver Elektrizität zu betrachten.

Die in der größeren Elektronenhülle befindlichen, verhältnismäßig locker gebundenen Elektronen bezeichnet man als „*Außenelektronen*". Ein Teil von diesen, vermutlich diejenigen, die auf der äußersten Elektronenhülle sich befinden, lassen sich besonders leicht entfernen oder werden wieder aufgenommen. Hierbei wird aber der *Grundcharakter des Atoms nicht* verändert, sondern dieses nur oberflächlich modifiziert, z. B. in den Ionenzustand übergeführt oder in seiner Wertigkeit geändert.

Ein Austritt von *Kernelektronen* dagegen bedeutet, ebenso wie die Abgabe von α-Partikeln aus dem Kern, für den Hauptteil des Atoms, *den positiven Massenkern*, eine Umwälzung und Veränderung fundamentaler Art und ist unweigerlich mit der Bildung eines neuen Elements verbunden, wie man an dem Zerfall der radioaktiven Elemente sieht. — Die im vorhergehenden entwickelten Anschauungen und Betrachtungen anderer Art haben *Rutherford* und *Bohr* veranlaßt, für die am einfachsten gebauten Atome, also z. B. für *Wasserstoff*, *Helium* und *Lithium*, Modelle zu konstruieren, die uns gewissermaßen mit ihrer Struktur vertraut machen. *Natürlich sind diese Darstellungen zunächst vollkommen hypothetischer Art*, auch durchaus nicht vollkommen, vor allem deswegen nicht, weil sie uns über den Bau des positiven Massenkernes, also gerade des wichtigsten Teiles eines Atomes, nichts aussagen.

Das *Wasserstoffatom* stellt sich danach, da es die Kernladung **1** besitzt, als ein System dar, in welchem um den kleinen Massenkern mit der Ladung **1** in großem Abstande **1** negatives Elektron von sehr viel erheblicherer Größe herumschwingt. (Vgl. Fig. 129.)

Fig. 129.

Fig. 130.

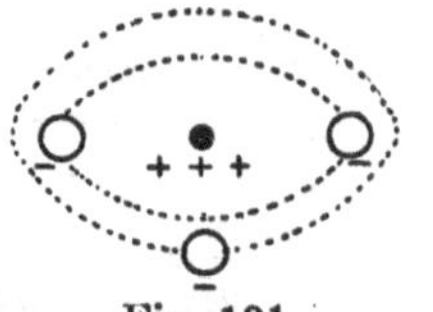

Fig. 131.

Beim *Heliumatom* mit seinen **2** positiven Kernladungen sind es **2** negative Elektronen, die vermutlich auf einer gemeinsamen „Elektronenbahn" um den positiven Kern kreisen. (Vgl. Fig. 130.)

Beim *Lithiumatom*, dessen Ordnungszahl 3 ist, nimmt man an, daß von den *drei* zur Neutralisation nötigen *negativen Elektronen* **2** auf einer inneren, 1 auf einer äußeren Elektronenbahn um den Kern schwingen. (Vgl. Fig. 131.)

Man kann sich danach leicht einen Begriff machen, wie kompliziert das Modell eines Atoms mit einer größeren Kernladungszahl sein muß, z. B. *das des Urans mit seinen 92 positiven Ladungen*.

Auch die Bildung von Molekülen hat man sich am Modell klar zu machen gesucht, obwohl man mit derartigen Vorstellungen bis jetzt nicht über die ersten Anfänge hinausgelangt ist.

Beim Wasserstoffmolekül, das bekanntlich aus zwei Atomen besteht (vgl. S. 163), hat man vermutet, daß die beiden Elektronenbahnen der zwei Atome zu einer gemeinsamen verschmolzen sind, auf der nun 2 negative Elektronen um die Verbindungsachse zwischen den beiden positiven Kernen herumkreisen. (Siehe Fig. 132.) Es scheint indessen nach dem Ergebnis der neuesten Forschungen, daß sich diese Annahme nicht aufrecht erhalten läßt.

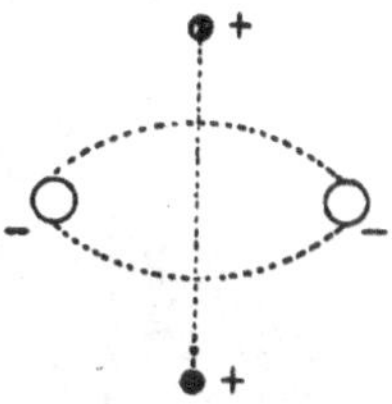

Fig. 132.

Von größter Bedeutung ist es aber unbedingt, daß die **experimentell bestimmbare Kernladungszahl** mit der **Ordnungszahl**, d. h. der Bezifferungszahl der Elemente im periodischen System, **übereinstimmt**. Sie ist also die fundamental wichtige Naturkonstante, um die sich alles dreht und auf die sich alles bezieht.

Die Eigenschaften der Elemente sind nicht periodische Funktionen der Atomgewichte, wie es der Sinn des Systems in seiner ursprünglichen Anordnung war, **sondern periodische Funktionen der Kernladungszahlen.**

Trägt man in das System die für jedes Element bestimmten Ordnungszahlen ein (s. Tabelle S. 354), so verschwinden alle früher hervorgehobenen Mängel.

Man sieht, daß die Voranstellung von Argon vor Kalium, von Tellur vor Jod, von Kobalt vor Nickel durchaus begründet ist, da die voranstehenden Elemente die niedrigere Ordnungszahl besitzen.

Auch die 14 seltenen Erdmetalle sind nun bequem unterzubringen, da sie sich durch die Kernladungszahlen voneinander unterscheiden und in eine zwischen Cer und Tantal eingefügte Reihe einordnen lassen.

Endlich gibt uns das nach den Ordnungszahlen eingerichtete System Antwort auf die Frage: Wieviele Elemente sind noch unbekannt und an welcher Stelle des Systems sind sie zu suchen? Man sieht, daß noch 5 Lücken vorhanden sind. Sie entsprechen den Ordnungszahlen:

87 (Alkalimetall),
61 (Seltenes Erdmetall),
43, 75, 85 } (Elemente der Mangangruppe).

Es ist kaum daran zu zweifeln, daß diese Elemente in der Zukunft aufgefunden werden, und es wird sich dann vermutlich zeigen, daß das vorläufig noch unbekannte Alkalimetall, mit der Ordnungszahl 87 zwischen Radiumemanation und Radium stehend, radioaktiv ist.

1 H 1,008

Das periodische System der Elemente.

Periode	Gruppe O / VIII	Gruppe I a	Gruppe I b	Gruppe II a	Gruppe II b	Gruppe III a	Gruppe III b	Gruppe IV a	Gruppe IV b	Gruppe V a	Gruppe V b	Gruppe VI a	Gruppe VI b	Gruppe VII a	Gruppe VII b
I	2 He 4,0	3 Li 6,94		4 Be 9,02		5 B 10,90			6 C 12,00		7 N 14,008		8 O 16,000		9 F 19,00
II	10 Ne 20,2	11 Na 23,00		12 Mg 24,32		13 Al 27,1			14 Si 28,3		15 P 31,04		16 S 32,07		17 Cl 35,46
III	18 Ar 39,9	19 K 39,10		20 Ca 40,07		21 Sc 45,10		22 Ti 48,1		23 V 51,0		24 Cr 52,0		25 Mn 54,93	
	26 Fe 55,84 27 Co 58,97 28 Ni 58,68		29 Cu 63,57		30 Zn 65,37		31 Ga 69,9		32 Ge 72,5		33 As 74,96		34 Se 79,2		35 Br 79,92
IV	36 Kr 82,92	37 Rb 85,5		38 Sr 87,6		39 Y 88,7		40 Zr 90,6		41 Nb 93,5		42 Mo 96,0		43 *	
	44 Ru 101,7 45 Rh 102,9 46 Pd 106,7		47 Ag 107,88		48 Cd 112,4		49 In 114,8		50 Sn 118,7		51 Sb 120,2		52 Te 127,5		53 J 126,92
V	54 X 130,2	55 Cs 132,8		56 Ba 137,4		57 La 139,0		58 Ce 140,25	59 Pr 140,9	60 Nd 144,3		61 *	62 Sm 150,4		63 Eu 152,0
	64 Gd 157,3 65 Tb 159,2 66 Dy 162,5	67 Ho 163,5		68 Er 167,7	69 Tu I 169,4	70 Yb 173,5	71 Lu 175,0	72 Tu II 181,5		73 Ta 181,5		74 W 184,0		75 *	
	76 Os 190,9 77 Ir 193,1 78 Pt 195,2		79 Au 197,2		80 Hg 200,6		81 Tl 204,0		82 Pb 207,2		83 Bi 209,0		84 Po (210)		85 *
VI	86 Em (222)	87 *		88 Ra 226,0		89 Ac (227)		90 Th 232,1		91 Pa (230)		92 U 238,2			

Ein wesentlicher Unterschied zwischen dem alten (vgl. S. 290) und dem neuen periodischen System besteht darin, daß die frühere 8. Gruppe mit der Null-Gruppe zusammenfällt.

Obwohl sich gegen eine solche Anordnung gewisse Bedenken erheben, so scheint sie doch gerechtfertigt zu sein.

Es sind nämlich von K. Fajans und Soddy auf Grund zahlreicher Beobachtungen an radioaktiven Elementen die beiden Verschiebungssätze aufgestellt worden:

1. Nach einer α-Umwandlung (also z. B. beim Übergang vom Radium zur Radiumemanation) findet man das entstandene Element zur zweitniedrigeren Gruppe des periodischen Systems (zwei Gruppen nach links in derselben Horizontalreihe) von seiner Muttersubstanz verschoben.

Dies ist verständlich, denn ein Verlust von einem α-Partikelchen bedeutet eine Einbuße an 2 Kernladungen, also muß das Element im System um 2 Stellen zurückrücken.

2. Nach einer β-Umwandlung findet eine Verschiebung zur nächsthöheren Gruppe (um eine Gruppe nach rechts) statt.

Auch dieses ist klar. Denn beim Austritt eines β-Teilchens wächst natürlich die Zahl der positiven Kernladungen um 1, also muß das Element, da es eine um 1 höhere Ordnungszahl besitzt, um eine Stelle aufwärts rücken.

Nun geht z. B. die in der Null-Gruppe stehende Radiumemanation durch Abspaltung von α-Partikeln in Radium A über (vgl. Tabelle S. 345), das zu der großen Plejade in der VI. Gruppe des Systems gehört.

Dies ist aber nur dann möglich, wenn die 8. Gruppe fortfällt; denn wäre sie vorhanden, so müßte nach den Verschiebungssätzen das Radium A — um zwei Stellen rückwärts verschoben — in die VII. Gruppe geraten.

C. Die Metalle Magnesium, Beryllium, Zink, Cadmium.

1. Magnesium. Mg.

Atomgewicht = 24,32.

Magnesium ist ein interessantes, in der Natur weit verbreitetes Element. Unter seinen Mineralien sind zu nennen: Magnesit $MgCO_3$, Dolomit $MgCO_3 \cdot CaCO_3$, sowie zahlreiche Silikate, wie Olivin Mg_2SiO_4, Serpentin $Mg_3Si_2O_7 \cdot 2H_2O$, Talk $Mg_3H_2(SiO_3)_4$, Meerschaum $Mg_2Si_3O_8 \cdot 2H_2O$, Asbest $(Mg, Ca)SiO_3$. Magnesiumsalze finden sich ferner in reichlicher Menge im Meerwasser und auch in den Staßfurter Abraumsalzen, die sich ja durch Eindunsten von Meeresbecken gebildet haben (vgl. S. 309), sind zahlreiche Magnesiumverbindungen enthalten. Von diesen sind als besonders wichtig hervorzuheben: der Karnallit $MgCl_2 \cdot KCl \cdot 6H_2O$, der Kieserit $MgSO_4 \cdot H\ O$ und der Kainit $MgSO_4 \cdot KCl \cdot 3H_2O$.

Endlich ist auf die höchst bemerkenswerte und interessante Tatsache hinzuweisen, daß Magnesium ein regelmäßiger und unersetzlicher Bestandteil des Chlorophyllfarbstoffes ist.

Zur Darstellung von metallischem Magnesium wird ein geschmolzenes Gemisch von Karnallit und Flußspat der Elektrolyse unterworfen.

Eigenschaften des Magnesiums.

Magnesium ist ein silberglänzendes, leichtes, aber zähes, ziemlich luftbeständiges Metall, das bei 633° schmilzt und gegen 1100° siedet.

Auch von Wasser wird es ohne weiteres nicht angegriffen. Säuren lösen es dagegen sofort unter Entwicklung von Wasserstoff; z. B. Salzsäure nach der Gleichung:

$$2Mg + 4HCl = 2MgCl_2 + 2H_2 .$$

An der Luft erhitzt, verbrennt Magnesium unter glänzender Lichterscheinung zu Magnesiumoxyd:

$$2Mg + O_2 = 2MgO .$$

Versuch 429. Man bläst etwas feines Magnesiumpulver, das man in ein Glasrohr eingefüllt hat, am besten mit einem Gebläse in die Flamme eines Dreibrenners: Blendend weiße Lichterscheinung und starke, aus Magnesiumoxyd bestehende Rauchentwicklung!

Magnesiumoxyd MgO und Magnesiumhydroxyd $Mg(OH)_2$.

Das bei der Verbrennung von Magnesium entstehende Magnesiumoxyd wird leichter und billiger durch Glühen von Magnesiumcarbonat dargestellt:

$$MgCO_3 = MgO + CO_2$$

und heißt daher auch magnesia usta.

Es ist ein lockeres, weißes, auch bei den höchsten Temperaturen feuerbeständiges Material, das daher zur Herstellung von Magnesiastiften für Nernst-Lampen, Magnesiatiegeln und feuerfesten Magnesiasteinen verwendet wird.

Mit Wasser setzt es sich unter schwacher Erwärmung zum Magnesiumhydroxyd um:

$$MgO + H_2O = Mg\langle{}^{OH}_{OH} .$$

Da dieses in Wasser nur sehr wenig löslich ist, erhält man es einfacher durch Behandlung von Magnesiumsalzen mit Natron- oder Kalilauge:

$$MgCl_2 + 2NaOH = 2NaCl + Mg\langle{}^{OH}_{OH} .$$

Versuch 430. Man fügt zu einer wäßrigen Lösung von Magnesiumchlorid oder -sulfat einige Tropfen Natronlauge hinzu: Weiße, im Überschuß des Fällungsmittels nicht lösliche Fällung!

Magnesiumhydroxyd reagiert trotz seiner geringen Löslichkeit in Wasser deutlich basisch und neutralisiert auch die stärksten Säuren vollkommen. Beim Glühen verwandelt es sich wieder in magnesia usta zurück.

Die Salze des Magnesiums.

1. Magnesiumchlorid $MgCl_2 \cdot 6H_2O$ findet sich im Meerwasser und vor allem in den Staßfurter Abraumsalzen. Es besitzt einen bitter-salzigen Geschmack, ist in Wasser sehr leicht löslich und krystallisiert daraus mit 6 Molekülen Krystallwasser. Erhitzt man das wasserhaltige Chlorid, so findet teilweise Zersetzung in Magnesiumoxyd und Salzsäure statt:

$$MgCl_2 + H_2O = MgO + 2HCl\,.$$

Will man diese „Hydrolyse" vermeiden und wasserfreies Magnesiumchlorid darstellen, so geht man zweckmäßig von einem „Doppelsalz" des Magnesiumchlorids mit Chlorammonium von der Formel $MgCl_2 \cdot 2NH_4Cl \cdot 6H_2O$ aus, bei dem beim Erhitzen keine Hydrolyse eintritt, weil bei der hohen Temperatur eine Dissoziation von Chlorammonium in Ammoniak und Salzsäure stattfindet:

$$NH_4Cl \longrightarrow NH_3 + HCl\,.$$

Das erwähnte Doppelsalz — d. h. ein Salz bei dem man imstande ist, in wäßriger Lösung die Ionen der Einzelsalze nachzuweisen — ist nicht das einzige, das sich vom Magnesiumchlorid ableitet. Auch der Karnallit $MgCl_2 \cdot KCl \cdot 6H_2O$, der in so großen Massen unter den Abraumsalzen auftritt, gehört z. B. dazu.

Mit Magnesiumoxyd vermag sich die konzentrierte wäßrige Lösung von Magnesiumchlorid zu einer zunächst plastischen, bald aber erhärtenden Masse zu vereinigen, die etwa die Zusammensetzung $MgCl_2 \cdot 5MgO$ besitzt und außerdem noch Wasser enthält. Sie wird als Kitt und zur Herstellung von Fußbodenbelag und zahlreichen Kunstgegenständen verwendet.

Auch Magnesiumhydroxyd vermag sich mit Magnesiumchlorid zu verbinden. Hierbei entsteht ein „basisches" Salz:

$$Mg\begin{matrix} \diagup OH \\ \diagdown OH \end{matrix} + Mg\begin{matrix} \diagup Cl \\ \diagdown Cl \end{matrix} = 2Mg\begin{matrix} \diagup OH \\ \diagdown Cl \end{matrix}\,,$$

d. h. eine Verbindung, in der sowohl die für die Basen charakteristische Hydroxylgruppe, wie auch ein Säurerest enthalten ist.

2. Magnesiumsulfat $MgSO_4 \cdot 7H_2O$ (Bittersalz). Auch dieses Magnesiumsalz kommt im Meerwasser vor, außerdem in den „Bitterwässern", deren therapeutische Wirkungen auf einen Gehalt daran zurückzuführen

sind. Der unter den Staßfurter Abraumsalzen auftretende Kieserit krystallisiert nur mit 1 Molekül Wasser, geht aber beim Auflösen in Wasser in gewöhnliches Bittersalz über.

Beim Erhitzen bis auf 150° entweichen nach und nach 6 Moleküle Krystallwasser, während das letzte Molekül fester gebunden ist und sich erst über 200° austreiben läßt.

Magnesiumsulfat bildet mit Kalium- und Ammoniumsulfat Doppelsalze, die mit sechs Molekülen Wasser krystallisieren, z. B.:

$$MgSO_4 \cdot K_2SO_4 \cdot 6\,H_2O \text{ (Schönit)},$$
$$MgSO_4 \cdot (NH_4)_2SO_4 \cdot 6\,H_2O\,.$$

Ganz analog zusammengesetzte Doppelsalze leiten sich auch von anderen zweiwertigen Metallen, wie Zink, Cadmium, Eisen, Kobalt und Nickel ab; z. B.:

$$FeSO_4 \cdot (NH_4)_2SO_4 \cdot 6\,H_2O\,,$$
$$NiSO_4 \cdot K_2SO_4 \cdot 6\,H_2O \quad \text{usw.}$$

Alle diese Doppelsalze zeichnen sich aber nicht bloß durch die gleiche Anzahl Krystallwassermoleküle, sondern auch dadurch aus, daß sie sämtlich die gleiche Krystallform besitzen — sie sind isomorph miteinander.

Bringt man z. B. einen smaragdgrün gefärbten, schön krystallisierten Krystall des Doppelsalzes $NiSO_4 \cdot K_2SO_4 \cdot 6\,H_2O$ in eine bei Zimmertemperatur gesättigte Lösung des Doppelsalzes $MgSO_4 \cdot K_2SO_4 \cdot 6\,H_2O$, so lagert sich beim längeren Stehen um den grünen Krystall eine immer dicker werdende farblose Hülle herum, die genau den gleichen Krystallhabitus besitzt wie der gefärbte Kern.

Die gegenseitige Vertretbarkeit ohne Änderung der Krystallform ist das Kennzeichen isomorpher Stoffe.

Auch die Sulfate der genannten Metalle, also z. B.:

$$FeSO_4 \cdot 7\,H_2O\,, \qquad CdSO_4 \cdot 7\,H_2O\,,$$
$$NiSO_4 \cdot 7\,H_2O\,, \qquad ZnSO_4 \cdot 7\,H_2O\,,$$

sind mit Magnesiumsulfat isomorph. Man bezeichnet sie als Vitriole, z. B. $FeSO_4 \cdot 7H_2O$ als Eisenvitriol, $ZnSO_4 \cdot 7H_2O$ als Zinkvitriol. Die Vitriole krystallisieren sämtlich mit sieben Molekülen Krystallwasser (vgl. aber Kupfervitriol S. 375).

3. Unter den Phosphaten des Magnesiums ist hervorzuheben das bereits früher (vgl. S. 243) genannte Magnesiumammoniumphosphat $MgNH_4PO_4$, das aus Magnesiumsalzen mit Ammoniak und Natriumphosphat entsteht:

$$MgSO_4 + NH_3 + Na_2HPO_4 = MgNH_4PO_4 + Na_2SO_4\,.$$

Versuch 431. Man fügt zu einer Lösung von Magnesiumsulfat zunächst Salmiaklösung, dann Ammoniak und endlich Dinatriumphosphatlösung hinzu: Sofort dichter, weißer Niederschlag.

Hierbei muß man die Magnesiumsalzlösung zunächst mit Salmiak und erst dann mit Ammoniak versetzen. Unterläßt man dies, so scheidet sich Magnesiumhydroxyd aus:

$$MgSO_4 + 2NH_3 + 2H_2O = Mg\begin{matrix}\diagup OH \\ \diagdown OH\end{matrix} + (NH_4)_2SO_4 .$$

Die Wirkung des Salmiaks beruht darauf, daß er in wäßriger Lösung elektrolytisch dissoziiert (vgl. S. 327) in die Ionen:

$$NH_4Cl \longrightarrow NH_4 \ldots\ldots Cl .$$

Auch die wäßrige Lösung des Ammoniaks, in der sich in geringer Menge Ammoniumhydroxyd NH_4OH befindet, dissoziiert folgendermaßen:

$$NH_4OH \longrightarrow NH_4 \ldots\ldots OH .$$

Auf der Wirkung dieser Hydroxylionen beruht es, daß eine wäßrige Lösung von Ammoniak vielfach genau so wirkt, wie Kali- oder Natronlauge. Im vorliegenden Falle ist die Fällung von Magnesiumhydroxyd durch Ammoniak darauf zurückzuführen.

Durch die Zugabe des Salmiaks wird nun eine große Anzahl von Ammoniumionen herbeigeschafft und hierdurch die Dissoziation des Ammoniumhydroxyds derart zurückgedrängt, daß Hydroxylionen in zur Fällung des Magnesiumhydroxyds ausreichender Menge nicht vorhanden sind und die Magnesiumsalzlösung unter diesen Bedingungen von Ammoniak nicht gefällt wird.

Wegen der Unlöslichkeit in ammoniakalischer Lösung und der Möglichkeit, es in eine beständige und bequem wägbare Form zu bringen, spielt Magnesiumammoniumphosphat eine wichtige Rolle zur Bestimmung des Magnesiums und auch der Phosphorsäure.

Es findet sich auch im Guano, bildet sich beim Faulen des Harns und ist bisweilen die Veranlassung zur Bildung von Harnsteinen.

4. Das neutrale Carbonat des Magnesiums wird, wie bereits erwähnt, in der Natur in derben Massen als Magnesit und in isomorphem Gemisch mit Calciumcarbonat als Dolomit gefunden.

Beim Erhitzen spaltet es sehr leicht Kohlendioxyd ab und verwandelt sich in Magnesiumoxyd:

$$MgCO_3 = MgO + CO_2 .$$

Eine andere Zusammensetzung hat der Niederschlag, der beim Versetzen einer Magnesiumsalzlösung mit Natriumcarbonat erhalten und als magnesia alba bezeichnet wird. Er stellt ein basisches Salz vor und läßt sich etwa durch die Formel:

$$3\text{—}4\ MgCO_3 \cdot Mg(OH)_2 \cdot 3\text{—}4\ H_2O$$

wiedergeben.

Anwendungen des Magnesiums.

Magnesium wird als Bittersalz $MgSO_4 \cdot 7H_2O$, als magnesia usta und alba medizinisch verwendet. Ein Gemisch von Magnesiumoxyd und Calciumoxyd, wie man es z. B. durch „Brennen" von Dolomit erhält, wird in der Eisenindustrie zur Entphosphorung des Eisens benutzt (vgl. S. 399). Das metallische Magnesium wird zur Erzeugung des für photographische Aufnahmen sehr geeigneten Magnesiumlichtes gebraucht und spielt auch im chemischen Laboratorium und in der Industrie eine nicht unwichtige Rolle. Endlich ist hervorzuheben, daß Magnesium auch als Bestandteil wertvoller Legierungen, wie z. B. des aus Magnesium und Aluminium bestehenden Magnaliums, in Betracht kommt.

2. Beryllium. Be.

Atomgewicht = 9,02.

Als erstes Glied der II. Gruppe des periodischen Systems darf das Beryllium Anspruch auf besondere Beachtung erheben.

Es findet sich nur selten in der Natur als Beryll, einem Doppelsilikat von der Formel $Al_2Be_3(SiO_3)_6$. Eine hellbläulich gefärbte Spielart des Berylls ist der Aquamarin. Enthält der Beryll eine ganz geringe Menge Chromoxyd, so bildet er den wegen seiner schön grünen Farbe und seiner Seltenheit geschätzten Smaragd. Der Name des Elements (von dem griechischen βήρυλλος = meergrüner Edelstein) ist von diesem natürlichen Vorkommnisse abgeleitet.

Das Metall selbst, durch Elektrolyse eines Gemisches von Berylliumfluorid und Natriumfluorid darstellbar, ist silberweiß und bei gewöhnlicher Temperatur spröde.

Von den Salzen des Berylliums, die durch einen intensiv süßen Geschmack auffallen (man hatte aus diesem Grunde dem Beryllium früher den Namen Glycium oder Glycinium beigelegt) sind hervorzuheben: das Chlorid $BeCl_2$ und das Sulfat $BeSO_4 \cdot 4H_2O$.

Fügt man zu ihrer Lösung in Wasser Kali- oder Natronlauge hinzu, so fällt Berylliumhydroxyd aus:

$$BeCl_2 + 2NaOH = 2NaCl + Be\begin{matrix} \diagup OH \\ \diagdown OH \end{matrix},$$

das sich aber in einem Überschuß von Natronlauge wieder löst.

Ebenso wird elementares Beryllium nicht bloß von Säuren, sondern auch von Alkalien gelöst.

Beide Eigentümlichkeiten zeigen sich auch beim Aluminium, das in der III. Gruppe des periodischen Systems steht. Auch der süß-zusammenziehende Geschmack, der den Berylliumsalzen in besonderem Maße eigentümlich ist, läßt sich an den Aluminiumverbindungen feststellen.

Es zeigt sich also, daß das Beryllium, abgesehen von seiner unverkennbaren Ähnlichkeit mit dem Magnesium und den Erdalkalimetallen, in manchen

Eigenschaften in auffälliger Weise den Metallen der III. Gruppe, speziell dem Aluminium, gleicht.

Diese Tatsache ist besonders deswegen von Interesse, weil auch das Lithium (vgl. S. 320) als 1. Element der I. Gruppe und auch das Bor (vgl. S. 285) als 1. Element der III. Gruppe mit seinen Eigenschaften aus der betreffenden Gruppe herausfällt und einen deutlichen Übergang zur nächsten Gruppe bildet.

3. Zink. Zn.

Atomgewicht = 65,37.

Die hauptsächlichsten Zinkerze sind: die Zinkblende ZnS, der Edelgalmei $ZnCO_3$ und das Kieselzinkerz $Zn_2SiO_4 \cdot H_2O$. Sie werden vor vor allem in Schlesien und im Rheinland gewonnen.

Zur Darstellung des Zinks aus der Zinkblende wird diese zunächst „geröstet", das heißt unter Verbrennung des Schwefels zu Schwefeldioxyd in Zinkoxyd übergeführt:

$$ZnS + 3O = ZnO + SO_2 .$$

Das Zinkoxyd wird dann, mit Kohle gemischt, in tönernen Retorten, sogenannten „Muffeln", auf eine Temperatur von 1100—1300° erhitzt, wobei glatte Reduktion und Bildung von Zink erfolgt:

$$ZnO + C = CO + Zn .$$

Das letztere destilliert in die Vorlagen als tropfbare Flüssigkeit über. Daneben sammelt sich auch noch ein graues, staubfeines Pulver an, das ein Gemisch von feinverteiltem Zink mit viel Zinkoxyd vorstellt und Zinkstaub genannt wird. Dieses Präparat spielt in der Laboratoriumspraxis eine wichtige Rolle.

Für chemische Umsetzungen, z. B. für die Entwicklung von Wasserstoff, für Reduktionszwecke usw., wird Zink am besten in granulierter Form angewendet.

Versuch 432. Man erhitzt in einem eisernen Schmelzlöffel eine nicht zu geringe Menge Zink bis über den Schmelzpunkt und gießt dann das geschmolzene Metall in dünnem Strahle in ein hohes, mit Wasser gefülltes Becherglas, dessen Boden mit mehreren Lagen Filtrierpapier bedeckt ist. Das Zink sammelt sich dann in „Grannalien", d. h. unregelmäßig zerklüfteten Stücken, an.

Eigenschaften des Zinks.

Zink ist ein bläulichweißes Metall, das bei 420° schmilzt und gegen 920° destilliert. Es ist an der Luft ziemlich beständig und läuft nur oberflächlich unter Bildung von Zinkoxyd und basischem Zinkcarbonat weißlich an.

An der Luft stark erhitzt, verbrennt es mit hellem Glanze zu Zinkoxyd.

Versuch 433. Man füllt in ein mit dem Gebläse in Verbindung stehendes, stumpfwinklig gebogenes und in der Mitte erweitertes Glasrohr *a* 10—15 g Zinkstaub ein, verschließt zunächst den Gummischlauch bei *b* fest mit der Hand, setzt das Gebläse in Tätigkeit und preßt durch den starken, beim plötzlichen Öffnen des Schlauches ausströmenden Luftstrom schräg von unten her den Zinkstaub in die Flamme eines 10-Brenners: Imposante Feuererscheinung und Bildung einer mächtigen Rauchwolke!

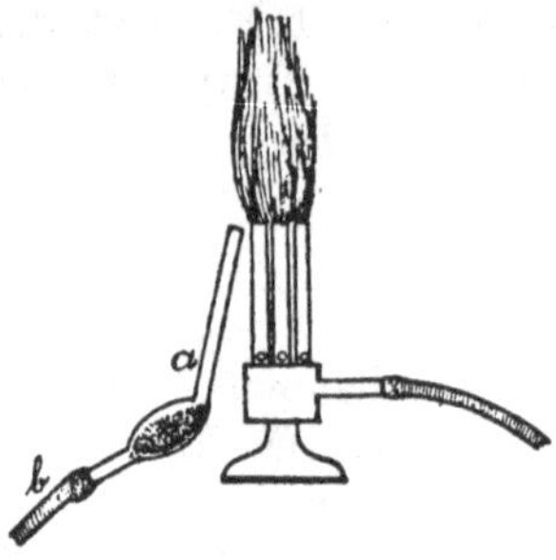

Fig. 133.

Die Entstehung von Zinkoxyd als weißen Rauch hatte man bereits im Mittelalter bei metallurgischen Operationen beobachtet und das Präparat als lana philosophica (Wolle der Philosophen) bezeichnet. —

Zink wird von Säuren unter Wasserstoffentwicklung und Bildung von Zinksalzen leicht angegriffen.

Auch Alkalien vermögen es aufzulösen (vgl. weiter unten).

Zinkoxyd ZnO und Zinkhydroxyd $Zn{<}^{OH}_{OH}$.

Das Zinkoxyd ZnO — die einzige Sauerstoffverbindung des Zinks — entsteht, abgesehen von seiner Bildung bei der Verbrennung von Zink, durch starkes Erhitzen von Zinkcarbonat:

$$ZnCO_3 = ZnO + CO_2 .$$

Es ist ein lockeres, weißes Pulver, das, mit Öl angerieben, eine geschätzte Malerfarbe bildet, die Zinkweiß genannt wird. „Zinkweiß“ hat vor dem „Bleiweiß“ (vgl. S. 422) den großen Vorzug, daß die Farbe von Schwefelwasserstoff nicht verändert wird.

Beim Erhitzen färbt sich Zinkoxyd merkwürdigerweise gelb, wird aber beim Abkühlen wieder weiß.

Dem Zinkoxyd entspricht das Zinkhydroxyd $Zn(OH)_2$, das aber nur auf nassem Wege, nämlich durch Einwirkung von Kali- oder Natronlauge auf Zinksalzlösungen, erhalten wird.

Versuch 434. Eine Lösung von Zinksulfat in Wasser wird im Reagenzglas vorsichtig und tropfenweise mit Natronlauge versetzt: Zunächst Abscheidung von farblosem, gelatinösem Zinkhydroxyd. Auf Zusatz von überschüssiger Natronlauge entsteht eine völlig klare Lösung.

Die zunächst auffallende Erscheinung, daß das Zinkhydroxyd von alkalischen Laugen gelöst wird, findet ihre Erklärung in dem amphoteren Charakter des Zinkhydroxyds. Nach den Gleichungen:

$$Zn\begin{matrix}\diagup OH\\ \diagdown OH\end{matrix} + 2\,HCl = 2\,H_2O + Zn\begin{matrix}\diagup Cl\\ \diagdown Cl\end{matrix},$$

$$Zn\begin{matrix}\diagup OH\\ \diagdown OH\end{matrix} + 2\,NaOH = 2\,H_2O + Zn\begin{matrix}\diagup ONa\\ \diagdown ONa\end{matrix}$$

vermag es sowohl mit Säuren wie mit starken Basen Salze zu bilden. Die mit Basen entstehenden Verbindungen werden Zinkate genannt und spielen in der analytischen Chemie eine wichtige Rolle. In ihnen betätigt sich Zinkhydroxyd als Säure.

Auf der Bildung solcher Zinkate beruht auch die Löslichkeit von feinverteiltem metallischem Zink in Kali- oder Natronlauge:

$$2\,Zn + 4\,NaOH = 2\,H_2 + 2\,Zn\begin{matrix}\diagup O-Na\\ \diagdown O-Na\end{matrix}.$$

Da hierbei große Mengen von Wasserstoff frei werden, so ist es verständlich, daß ein Gemisch von Zinkstaub und Alkalilaugen stark reduzierend zu wirken vermag.

Die Salze des Zinks.

1. Chlorzink $ZnCl_2 \cdot 3H_2O$ kann nach zahlreichen Methoden, am einfachsten aus Zink und Salzsäure, dargestellt werden. Es krystallisiert aus der wäßrigen Lösung mit 3 Mol. Krystallwasser und bildet in geschmolzenem, wasserfreiem Zustande ein wichtiges Präparat, das mit Begierde Wasser anzieht. Es wird daher als wasserentziehendes Mittel im Laboratorium, als Ätzmittel in der Medizin und zum Konservieren von Holz und Geweben verwendet.

Mit Zinkhydroxyd vereinigt sich Zinkchlorid zu einem basischen Salz (vgl. S. 357):

$$Zn\begin{matrix}\diagup Cl\\ \diagdown Cl\end{matrix} + Zn\begin{matrix}\diagup OH\\ \diagdown OH\end{matrix} = 2\ Zn\begin{matrix}\diagup OH\\ \diagdown Cl\end{matrix},$$

das zunächst eine plastische Masse vorstellt, die aber bald erhärtet und als Kitt Verwendung findet.

Fügt man zu einer Chlorzinklösung Ammoniak hinzu, so fällt zunächst Zinkhydroxyd aus. Im Überschuß von Ammoniak löst es sich aber wieder auf unter Bildung von Tetramminzinkchlorid:

$$Zn(NH_3)_4Cl_2,$$

einem Vertreter aus der Reihe der komplexen Salze (vgl. S. 411).

2. Zinksulfat (Zinkvitriol) $ZnSO_4 \cdot 7H_2O$ wird im großen durch Rösten von Zinkblende bei niederer Temperatur dargestellt, bildet sich aber auch aus Zink oder Zinkoxyd mit Schwefelsäure. Auf seine Isomorphie mit Magnesiumsulfat und den Sulfaten anderer zweiwertiger Metalle ist bereits früher (vgl. S. 358) hingewiesen worden.

Zinksulfat wird in der Medizin als mildes Desinfiziens und als Ätzmittel bei den Erkrankungen der Schleimhäute angewendet.

3. Zinkcarbonat $ZnCO_3$ liegt in dem in der Natur vorkommenden Mineral Edelgalmei vor und ist isomorph mit Kalkspat (vgl. S. 333). Versetzt man die wäßrige Lösung eines Zinksalzes mit Natriumcarbonatlösung, so fällt ein weißer Niederschlag aus, der, ähnlich wie beim Magnesium, ein basisches Salz, etwa von der Zusammensetzung:

$$2ZnCO_3 \cdot 3Zn(OH)_2 \cdot H_2O,$$

vorstellt.

4. Zinksulfid ZnS kommt in der Natur als regulär krystallisierende Zinkblende vor. Zinksulfid ist in Säuren löslich, daher wird die angesäuerte Lösung eines Zinksalzes von Schwefelwasserstoff nicht gefällt. Auch die neutrale, wäßrige Lösung eines Zinksalzes wird durch das gleiche Reagens nur unvollständig gefällt, weil die nach der Gleichung:

$$ZnCl_2 + H_2S = ZnS + 2HCl$$

freiwerdende Säure lösend auf das Sulfid wirkt. Stumpft man aber die Säure auf irgend eine Weise ab, oder nimmt die Fällung mit Schwefelammonium vor, so fällt das Schwefelzink quantitativ aus.

Versuch 435. a) Man versetzt eine Lösung von Chlorzink mit soviel Natronlauge, daß sich der zuerst ausfallende Niederschlag von Zinkhydroxyd unter Zinkatbildung wieder löst und fügt Schwefelwasserstoffwasser hinzu: Weiße Fällung von Zinksulfid!

b) Man vermischt eine Chlorzinklösung mit Schwefelammonium: Gleichfalls Abscheidung von Zinksulfid!

Zinksulfid, auf nassem Wege dargestellt, besitzt eine weiße Farbe und eignet sich daher — als einziges in Wasser unlösliches Sulfid von dieser Farbe — besonders gut zum Nachweis und zur Abscheidung des Zinks.

Auch auf trockenem Wege läßt sich der Nachweis des Zinks leicht durchführen, indem man die fragliche Verbindung auf einer Lötrohrkohle mit etwas Kobaltlösung glüht:

Versuch 436. Man bohrt in eine Lötrohrkohle mit einem Messer eine kleine Grube, bringt etwas Zinknitrat und 1—2 Tropfen Kobaltnitratlösung hinein und glüht die Masse energisch mit der Lötrohrflamme. Es entsteht eine intensiv grüne Masse von charakteristischer Farbe.

Es bildet sich dabei das sogenannte Rinmanns-Grün, das man als Kobaltzinkat (vgl. S. 363):

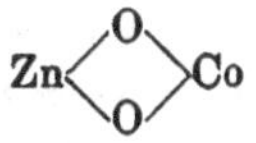

auffassen kann.

Anwendungen des Zinks.

Wegen seiner relativ großen Luftbeständigkeit wird Zink zur Herstellung zahlloser Gegenstände verwendet. Große Mengen davon werden ferner verbraucht, um Eisen als Draht oder Blech mit einem rostschützenden Überzug zu versehen. Auch zahlreiche, wichtige Legierungen, wie Messing, Tombak und viele andere, enthalten Zink.

In der Medizin finden vor allem Zinkchlorid und Zinksulfat Verwendung.

4. Cadmium. Cd.

Atomgewicht = 112,4.

Cadmium findet sich in der Natur vor allem als Carbonat $CdCO_3$ und als Sulfid CdS, das schöne Krystalle bildet und Greenockit genannt wird. Es ist ferner in kleiner Menge in vielen Zinkerzen enthalten und wird bei der Darstellung des Zinks, wo es infolge seiner Flüchtigkeit mit den ersten Teilen überdestilliert, als Nebenprodukt gewonnen. Es ist ein äußerlich dem Zink sehr ähnliches Metall, das bei 315° schmilzt und bei 785° siedet.

An der Luft erhitzt, verbrennt Cadmium zu braunem Cadmiumoxyd.

Versuch 437. Auf eine größere Holzkohle bringt man ein etwa erbsengroßes Stückchen metallisches Cadmium und erhitzt es mit der Lötrohr- oder einer kleinen spitzen Gebläseflamme. Das Metall schmilzt und verflüchtigt sich unter Ausstoßung eines dichten, braunen Rauches. Auf der Lötrohrkohle bildet sich um das erhitzte Metallkorn herum ein regenbogenfarbiger Beschlag von äußerst charakteristischem Aussehen.

Derartige „Oxydbeschläge“ werden auch von manchen anderen Metallen beim Erhitzen auf Kohle gebildet und sind vielfach durch ihre Farbe und die Art ihrer Entstehung so charakteristisch, daß sie zum Nachweis der betreffenden Elemente dienen können.

Dem Cadmiumoxyd entspricht das Hydroxyd $Cd(OH)_2$, das, wie bei Zink und Magnesium, auf nassem Wege dargestellt wird, z. B.

$$CdSO_4 + 2\,NaOH = Na_2SO_4 + Cd\begin{matrix}\diagup OH \\ \diagdown OH\end{matrix}\;.$$

Versuch 438. Eine Lösung von Cadmiumsulfat wird mit wenig Natronlauge versetzt: Abscheidung von Cadmiumhydroxyd. Im

Überschuß der Natronlauge löst sich dieses nicht auf (Unterschied vom Zink!).

Die Cadmiumsalze sind denen des Zinks im allgemeinen recht ähnlich, doch wird aus ihrer wäßrigen Lösung — auch beim Vorhandensein von Säuren — mit Schwefelwasserstoff intensiv gelb gefärbtes Cadmiumsulfid gefällt. —

Cadmium findet vor allem als Bestandteil wichtiger Legierungen (vgl. z. B. S. 426) Verwendung.

Zusammenfassende Betrachtung der Metalle Magnesium, Beryllium, Zink, Cadmium.

Die vier zuletzt betrachteten Metalle gehören zusammen mit den Erdalkalimetallen und mit Quecksilber in die II. Gruppe des periodischen Systems. Das zuletzt genannte Metall fällt durch seine Eigenschaften aus dieser Gruppe vollkommen heraus; aber auch die eigentlichen Erdalkalimetalle — zu denen auch Radium zu rechnen ist — unterscheiden sich nicht unbeträchtlich von den vier genannten Metallen.

Bei den letzteren sind die Oxyde nur noch schwache Basen, die mit Ausnahme des in Wasser ein wenig löslichen Magnesiumoxydes, darin unlöslich sind.

Von den Hydroxyden zeichnen sich die des Berylliums und des Zinks durch einen amphoteren Charakter aus, d. h. sie besitzen sowohl basische wie saure Eigenschaften.

Die Sulfate sind sämtlich in Wasser löslich, miteinander isomorph und geneigt, mit Kalium- und Ammoniumsulfat charakteristisch zusammengesetzte und miteinander isomorphe Doppelsalze zu bilden. Die Sulfate der Erdalkalimetalle sind dagegen schwer löslich oder unlöslich.

Die Metalle selbst sind luftbeständig und bilden somit einen auffallenden Gegensatz zu den Erdalkalimetallen, die von Sauerstoff und Feuchtigkeit mit großer Schnelligkeit angegriffen werden.

Das Beryllium nimmt eine besondere Stellung ein. Es unterscheidet sich in nicht unwesentlichen Punkten von den drei anderen Metallen und bildet das Übergangsglied zur III. Gruppe des periodischen Systems.

D. Quecksilber. Hg.

Atomgewicht = 200,6.

Das Vorkommen des Quecksilbers als gediegenes Metall ist nur ein sehr beschränktes. Das wichtigste Mineral, das zur Gewinnung des vielgebrauchten Metalls in erster Linie in Betracht kommt, ist der Zinnober HgS, ein sehr schweres Mineral von dunkelroter Farbe. Die Hauptfundstätten liegen in Österreich, Spanien, Südrußland und Amerika.

Zur Verarbeitung auf Quecksilber wird der Zinnober „geröstet", wobei der Schwefel zu Schwefeldioxyd verbrennt und das Quecksilber in Dampfform gewonnen wird. Durch Abkühlung der Dämpfe erhält man es in der bekannten tropfbar-flüssigen Form.

Das rohe Quecksilber enthält gewöhnlich eine geringe Menge anderer Metalle, wie Blei, Zink und Wismut, von denen man es am besten durch Behandlung mit verdünnter Salpetersäure in dem beistehend abgebildeten Apparate und eine darauffolgende Destillation unter stark vermindertem Druck befreit.

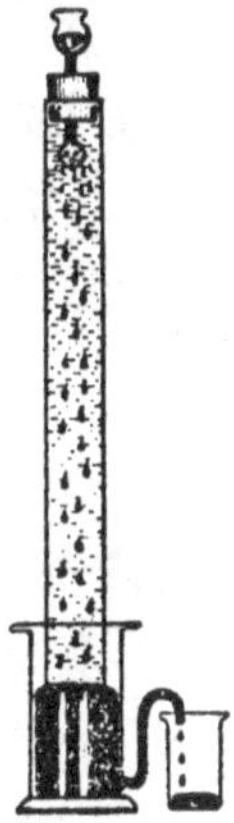

Fig. 134.

Eigenschaften des Quecksilbers.

Quecksilber, ausgezeichnet durch einen lebhaften, silberhellen Glanz, ist das einzige bei gewöhnlicher Temperatur flüssige Metall. Sein Schmelzpunkt liegt bei — 39°, der Siedepunkt (bei 760 mm) bei 357,3°.

Trotz des hohen Siedepunktes verdampft das Quecksilber langsam, und das dauernde Einatmen des Dampfes führt zu schweren Vergiftungserscheinungen.

Mit zahlreichen Metallen, wie z. B. Silber, Gold, Zinn, Zink, Natrium, Kalium usw., verbindet sich Quecksilber zu Amalgamen. Am bekanntesten ist das Zinnamalgam, das früher allgemein zum Belegen der Spiegel Verwendung fand.

Versuch 439. Man bringt in einer Reibschale ein zusammengefaltetes Blatt Stanniol mit einigen Tropfen Quecksilber zusammen und verreibt die beiden Stoffe mit einem Pistill. Schon nach wenigen Augenblicken ist die Amalgambildung beendet.

Quecksilber verbindet sich leicht mit Chlor und mit Schwefel. Von Salzsäure wird es kaum, von konzentrierter Schwefelsäure unter Entwicklung von Schwefeldioxyd in der Wärme aufgenommen:

$$Hg + 2H_2SO_4 = HgSO_4 + SO_2 + 2H_2O\,.$$

Salpetersäure löst bereits in der Kälte. Was hierbei entsteht, hängt außer von der Temperatur auch von der Konzentration der Säure und der Menge des Quecksilbers ab.

Ist die Säure verdünnt, die Temperatur niedrig und ein Überschuß von Quecksilber vorhanden, so bildet sich die Verbindung $HgNO_3$ (Mercuronitrat).

Mit heißer, konzentrierter Salpetersäure im Überschuß zusammengebracht, verwandelt sich Quecksilber unter heftiger Reaktion in Mercurinitrat $Hg(NO_3)_2$.

Die Oxyde des Quecksilbers.

Quecksilber bildet 2 Oxyde und 2 sich davon ableitende Salzreihen:

1. Mercurooxyd Hg_2O und die Mercuroverbindungen HgX (X bedeutet ein einwertiges Atom),
2. Mercurioxyd HgO und die Mercuriverbindungen HgX_2.

1. Mercurooxyd Hg_2O (Quecksilber (1)-Oxyd). Wird die Lösung eines Mercurosalzes mit Kali- oder Natronlauge versetzt, so scheidet sich nicht, wie man nach den Erfahrungen bei den bisher betrachteten, zweiwertigen Elementen annehmen sollte, ein Hydroxyd aus:

$$HgNO_3 + NaOH = NaNO_3 + HgOH .$$

Dieses spaltet vielmehr augenblicklich Wasser ab:

$$2HgOH = Hg_2O + H_2O$$

und geht in Mercurooxyd über.

Allein auch dieses ist unbeständig und verwandelt sich sehr schnell in ein Gemisch von Mercurioxyd und feinverteiltem Quecksilber, das eine schwarze Farbe besitzt:

$$Hg_2O = HgO + Hg .$$

2. Mercurioxyd HgO (Quecksilber (2)-Oxyd) wird beim Versetzen von Lösungen der Mercurisalze mit Alkalilaugen erhalten, wobei wiederum das zunächst zu erwartende Mercurihydroxyd unter Wasserabspaltung zerfällt:

$$HgCl_2 + 2NaOH = 2NaCl + Hg(OH)_2 ,$$

$$Hg(OH)_2 = HgO + H_2O .$$

Versuch 440. Eine Lösung von Mercurichlorid wird mit Natronlauge versetzt: Leuchtend orange gefärbter Niederschlag, der aus Mercurioxyd besteht!

Auch beim längeren Erhitzen von Quecksilber an der Luft oder in Sauerstoff auf über 300° bildet sich Mercurioxyd in ziegelroten Krystallschuppen:

$$2Hg + O_2 = 2HgO .$$

Das auf nassem Wege als schweres, gelbes Pulver gefällte Mercurioxyd und die rotkrystallinische, beim Erhitzen entstehende Substanz sind chemisch völlig identisch. Der Unterschied in der Farbe beruht lediglich auf der verschieden feinen Verteilung.

Beim Erhitzen auf 500° und darüber wird Mercurioxyd glatt in Quecksilber und Sauerstoff gespalten (vgl. S. 5):

$$2HgO = 2Hg + O_2 .$$

Die Mercurosalze.

1. Mercuronitrat $HgNO_3$ (Quecksilber (1)-Nitrat) wird beim Lösen von Quecksilber, von dem aber ein Teil ungelöst bleiben muß, in kalter, verdünnter Salpetersäure in farblosen Krystallen gewonnen. In wenig Wasser löst es sich unzersetzt auf. Fügt man zu seiner Lösung Salzsäure oder die Lösung eines Chlorides hinzu, so scheidet sich ein in Wasser nahezu unlöslicher, weißer Niederschlag von Kalomel aus.

Versuch 441. Man gibt zu einer Mercuronitratlösung etwas Salzsäure hinzu: Schwere, weiße Fällung, die sich beim Übergießen mit Ammoniak schwarz färbt.

2. Mercurochlorid; $[HgCl]_2$; Kalomel (Quecksilber (1)-Chlorid). Dieses Salz ist durch seine äußerst geringe Löslichkeit in Wasser ausgezeichnet, die es für eine therapeutische Verwendung als mildes Darmdesinfiziens sehr geeignet macht. Es wird durch Ammoniak schwarz gefärbt, weil es dadurch in ein Gemisch von feinverteiltem metallischem Quecksilber und Mercurichloramid verwandelt wird:

$$[HgCl]_2 + NH_3 = Hg\begin{matrix} \diagup NH_2 \\ \diagdown Cl \end{matrix} + Hg + HCl\ .$$

Von dieser Eigenschaft des weißen Salzes, sich mit Ammoniak schwarz zu färben, ist (vom griechischen καλός = schön und μέλας = schwarz) der Name Kalomel abgeleitet. In der Schwerlöslichkeit des Kalomels in Wasser zeigt sich eine Analogie mit dem Cuprochlorid CuCl (vgl. S. 374) und dem Silberchlorid AgCl (vgl. S. 380), also den Chloriden zweier Metalle, die in der I. Gruppe des periodischen Systems stehen.

Kalomel löst sich in Königswasser (vgl. S. 223) unter Bildung von Mercurichlorid auf:

$$[HgCl]_2 + Cl_2 = 2\,Hg\begin{matrix} \diagup Cl \\ \diagdown Cl \end{matrix}\ .$$

Die Mercurisalze.

1. Mercurinitrat; $Hg(NO_3)_2 \cdot 8H_2O$; (Quecksilber(2)-nitrat). Dieses Salz entsteht beim Lösen von Quecksilber in überschüssiger, heißer Salpetersäure. Von Wasser wird es unter Bildung von „basischen" (vgl. S. 357) Nitraten zersetzt.

2. Mercurichlorid, $HgCl_2$, Sublimat (Quecksilber(2)-Chlorid) wird schon seit langer Zeit durch Erhitzen von Kochsalz mit Mercurisulfat dargestellt:

$$HgSO_4 + 2NaCl = Na_2SO_4 + HgCl_2\,.$$

Auch durch Sublimieren eines Gemisches von Salmiak mit

Quecksilberoxyd wird Sublimat nach einer alten alchemistischen Methode gewonnen:

$$HgO + 2NH_4Cl = H_2O + 2NH_3 + Hg\begin{matrix}Cl\\Cl\end{matrix} .$$

Mercurichlorid bildet schwere, farblose Krystalle, die sich besonders in heißem Wasser reichlich, in Alkohol leicht lösen und sich beim Erhitzen unter Sublimation verflüchtigen.

In großer Verdünnung (1:1000 oder 1:10000) wird eine wäßrige Lösung von Sublimat als ausgezeichnetes und unersetzliches Desinfektionsmittel in der Chirurgie verwendet. Im übrigen ist es aber ein schweres Gift. — Mit Ammoniak entsteht in der wäßrigen Lösung des Sublimats ein weißer Niederschlag von „weißem Präzipitat" oder Mercurichloramid:

$$Hg\begin{matrix}Cl\\Cl\end{matrix} + NH_3 = HCl + Hg\begin{matrix}NH_2\\Cl\end{matrix} .$$

Versuch 442. Zu einigen Kubikzentimetern wäßriger Sublimatlösung gibt man etwas wäßriges Ammoniak hinzu: dichter weißer Niederschlag.

Sehr eigenartig und charakteristisch ist das Verhalten einer Sublimatlösung gegen eine salzsaure Stannochloridlösung (vgl. S. 418).

Versuch 443. Eine Lösung von Stannochlorid in Salzsäure erzeugt in einer Sublimatlösung zunächst eine weiße Fällung von Mercurochlorid. Beim Kochen der Flüssigkeit färbt sich der Niederschlag dunkelgrau und ballt sich schließlich zu einem aus Quecksilber bestehenden Metallschwamm zusammen.

Die Erscheinung beruht darauf, daß unter der reduzierenden Wirkung des Stannochlorids zunächst eine Reduktion des Mercuri- zum Mercurochlorid stattfindet:

$$2HgCl_2 + SnCl_2 = SnCl_4 + [HgCl]_2 ,$$

das dann in der Wärme weiter zu metallischem Quecksilber reduziert wird:

$$[HgCl]_2 + SnCl_2 = SnCl_4 + 2Hg .$$

Zur analytischen Erkennung der Mercuriverbindungen spielt diese Reaktion eine wichtige Rolle.

3. Mercurijodid; HgJ_2; (Quecksilber(2)-Jodid). Beim Vermischen von Sublimatlösung mit wenig Jodkaliumlösung scheidet sich zunächst ein roter Niederschlag von Mercurijodid HgJ_2 aus, der sich dann im Überschuß des Fällungsmittels unter Bildung eines leicht löslichen Doppelsalzes K_2HgJ_4 wieder auflöst:

$$1.\ HgCl_2 + 2KJ = 2KCl + HgJ_2 ,$$
$$2.\ HgJ_2 + 2KJ = K_2HgJ_4 .$$

Die alkalische Lösung dieses Doppelsalzes wird als Nesslers Reagens zum Nachweis von Ammoniak in sehr geringen Mengen benutzt:

Versuch 444. Man fügt zu einer Sublimatlösung soviel Jodkaliumlösung hinzu, daß der zuerst ausfallende Niederschlag von Mercurijodid sich wieder löst, gießt diese Flüssigkeit in 2 Liter Wasser, setzt eine reichliche Menge Natronlauge hinzu, rührt um und läßt nun 1—2 Tropfen verdünntes, wäßriges Ammoniak zu der Flüssigkeit hinzutropfen: Starke rostfarbige Trübung und Bildung eines ebenso gefärbten Niederschlages.

Die Zusammensetzung des Niederschlages entspricht der Formel Hg_2ONH_2J, doch ist über die Struktur der Verbindung nichts sicheres bekannt.

Äußerst eigentümlich ist das Verhalten von Mercurijodid beim Erhitzen.

Versuch 445. Etwa $^1/_2$ g Mercurijodid wird in einem trockenen Reagenzglas vorsichtig erhitzt. Die Masse schmilzt und gerät alsbald ins Sieden. Der Dampf kondensiert sich an den kälteren Stellen des Glases in schönen, diamantglänzenden Krystallen von zitronengelber Farbe. Läßt man nun ein wenig abkühlen und ritzt den gelben Beschlag mit einem dünnen Glasstab, so wandeln sich die Krystalle an den geriebenen Stellen augenblicklich wieder in die rote Form um.

Die Dinge liegen demnach beim Mercurijodid ganz analog wie beim Schwefel. Mercurijodid ist dimorph, und es existiert ein Umwandlungspunkt, der bei 126° liegt. Unterhalb davon ist die rote Form: tetragonale Krystalle, oberhalb davon die gelbe: Krystalle des rhombischen Systems, beständig.

4. Mercurisulfid HgS. Der natürlich vorkommende Zinnober krystallisiert in dunkelroten Krystallen des hexagonalen Systems. Leitet man dagegen in eine Sublimatlösung Schwefelwasserstoff ein, so beobachtet man eine Reihe eigentümlicher Erscheinungen.

Versuch 446. Man versetzt eine Sublimatlösung zunächst mit wenig, dann mit viel frischem Schwefelwasserstoffwasser. Die zuerst erscheinende Fällung sieht fast weiß aus und wird erst durch größere Mengen von Schwefelwasserstoff tief schwarz gefärbt.

Diese Erscheinungen erklären sich dadurch, daß zunächst den basischen Salzen vergleichbare Verbindungen, wie:

$$Hg(HgS)_2Cl_2,$$

entstehen, die dann bei fortgesetzter Einwirkung von Schwefelwasserstoff in tiefschwarzes Mercurisulfid übergehen.

Beim Erhitzen oder durch Behandlung mit einer zur Lösung nicht ausreichenden Menge von warmer, verdünnter Schwefelkaliumlösung wandelt sich das schwarze Mercurisulfid in die schöne, rote Form des als Malerfarbe geschätzten Zinnobers um.

Verwendung des Quecksilbers.

Wegen der Giftigkeit der Quecksilberdämpfe ist man in der neueren Zeit von der Verwendung des Metalls zur Herstellung von Zinnamalgam für Spiegelbelag abgekommen. Ansehnliche Mengen des Metalls werden aber zur Herstellung anderer Amalgame, sowie zum Füllen von Thermometern und Barometern verwendet.

Zahlreich sind die quecksilberhaltigen Präparate, die medizinische Bedeutung besitzen. Unter ihnen seien genannt: Graue Salbe, Kalomel, Sublimat, Weißer Präzipitat und manche andere.

Nachweis und Erkennung des Quecksilbers.

Der Nachweis des Quecksilbers in seinen Verbindungen ist durch die charakteristischen Reaktionen, die sowohl für die Mercuro-, wie auch für die Mercurireihe existieren, ziemlich einfach.

Auch durch eine Glühoperation läßt sich Quecksilber bequem in jeder Verbindung nachweisen, wenn man sie mit trockener Soda erhitzt.

Versuch 447. Man vermischt etwas Mercurisulfat mit trockener Soda und erhitzt das Gemenge kräftig in einem trockenen Reagenzglase aus schwerschmelzbarem Glase. Es bildet sich dann alsbald an den kälteren Wandungen des Reagenzglases ein grauer Beschlag, der beim Reiben mit einem Holzstab silberglänzend wird und aus Quecksilber besteht.

Auch durch den Niederschlag von metallischem Quecksilber, der sich z. B. auf einer Kupferplatte absetzt, läßt sich Quecksilber charakterisieren.

Versuch 448. Ein blank gescheuerter und mit Alkohol abgeriebener Streifen Kupferblech wird etwa zur Hälfte in eine $1\,^0/_0$ige Lösung von Sublimat getaucht: Grauer Beschlag von metallischem Quecksilber.

E. Die Metalle: Kupfer, Silber, Gold.

1. Kupfer. Cu.

Atomgewicht = 63,57.

Das Kupfer hat wegen der vielen wertvollen Eigenschaften, die es selbst besitzt und die insbesondere manchen seiner Legierungen zukommen, seit den ältesten Zeiten in der Kulturgeschichte der Menschheit eine wichtige Rolle gespielt. Es ist außerordentlich verbreitet in der Natur und tritt sowohl gediegen, wie in zahlreichen, auf das mannigfaltigste zusammengesetzten Mineralien auf.

Gediegenes Kupfer in schönen regulären Krystallen findet sich in besonders großer Menge am Lake superior und in New-Mexiko. Von seinen Erzen sind hervorzuheben das Rotkupfererz Cu_2O, der Kupferkies $Cu_2S \cdot Fe_2S_3$, ferner Kupferglanz Cu_2S, Malachit $Cu(OH)_2 \cdot CuCO_3$ und Kupferlasur $Cu(OH)_2 \cdot 2CuCO_3$.

Auch in vielen Pflanzen und im tierischen Organismus kommt Kupfer vor. Besonders merkwürdig ist der Gehalt des im Blute der meerbewohnenden Mollusken enthaltenen Hämocyanins an Kupfer. Das Metall spielt in diesem Farbstoffe etwa dieselbe Rolle wie das Eisen im Hämoglobin der Wirbeltiere.

Verhüttung der Kupfererze.

Je nach der Zusammensetzung der Kupfererze ist die Verhüttung eine sehr verschiedene. Hauptsächlich werden schwefelhaltige Erze verarbeitet. Diese führt man durch geeignete Operationen in Cuprosulfid Cu_2S über, das dann durch einen „Röst"-prozeß oxydiert wird. Das Oxyd wird schließlich mit Kohle bei hoher Temperatur reduziert.

Eigenschaften des Kupfers.

Kupfer ist ein ziemlich hartes, ungemein dehnbares Metall von schönem rotem Glanze, das bei 1084° schmilzt und gegen 2305° siedet. An der Luft erhitzt, nimmt es rasch Sauerstoff auf und verwandelt sich in Kupferoxyd. Es besitzt ein hervorragendes Leitvermögen für Wärme und Elektrizität.

Von Schwefelsäure wird es in der Hitze unter Entwicklung von Schwefeldioxyd (vgl. S. 195), von Salpetersäure bereits in der Kälte unter Entwicklung von Stickoxyd (vgl. S. 228) gelöst.

Oxyde des Kupfers.

Kupfer bildet wie Quecksilber 2 Oxyde und 2 sich davon herleitende Salzreihen:

1. Cu_2O: Cuprooxyd (Kupfer(1)-Oxyd) und die Cuproverbindungen CuX (X = einwertiges Atom).
2. CuO: Cuprioxyd (Kupfer(2)-Oxyd) und die Cupriverbindungen CuX_2.

1. Cuprooxyd Cu_2O kommt, wie schon erwähnt, in der Natur als Rotkupfererz vor und läßt sich auf nassem Wege z. B. durch Reduktion der Fehling'schen Lösung in schönen, roten Krystallen gewinnen.

> **Versuch 449.** Man vermischt einige Kubikzentimeter Fehling'sche Lösung mit 1%iger Traubenzuckerlösung und erhitzt die Flüssigkeit. Die Reduktion setzt alsbald ein, und es scheidet sich karminrotes Cuprooxyd in reichlicher Menge aus.

2. Cuprioxyd CuO und Cuprihydroxyd $Cu(OH)_2$. Kupferoxyd wird durch Glühen von Kupferspänen an der Luft dargestellt. Es bildet eine spröde, schwarze Masse, die ihren Sauerstoff in der Glühhitze leicht an

andere Stoffe abgibt und daher in der organischen Elementaranalyse bei der Verbrennung der organischen Stoffe eine große Rolle spielt.

Versetzt man die Lösung eines Cuprisalzes mit Alkali, so scheidet sich zunächst Cuprihydroxyd aus, das in der Wärme alsbald Wasser verliert und in schwarzes Cuprioxyd übergeht:

$$CuSO_4 + 2NaOH = Na_2SO_4 + Cu(OH)_2,$$
$$Cu(OH)_2 = CuO + H_2O.$$

Versuch 450. Man fügt zu einer wäßrigen Cuprisulfatlösung einige Tropfen Natronlauge hinzu: Schön himmelblaue Fällung von Cuprihydroxyd. Beim Erwärmen färbt sich der Niederschlag dunkelbraunschwarz durch Bildung des Oxydes.

Die Cuprosalze.

1. Cuprochlorid CuCl (Kupfer(1)-Chlorid). Zur Darstellung von Cuprochlorid wird eine salzsaure Lösung von Cuprichlorid mit metallischem Kupfer so lange behandelt, bis die Flüssigkeit entfärbt ist, und dann mit Wasser das schwerlösliche Cuprochlorid ausgefällt. Es ist in reinem Zustande vollkommen farblos und löst sich in Ammoniak zu einer gleichfalls farblosen Flüssigkeit auf.

Versuch 451. Man löst käufliches Cuprochlorid in starker Salzsäure und schüttelt es in einer mit Gummistopfen fest verschlossenen Flasche so lange mit fein verteiltem Kupfer (Kupferbronze), bis eine vollkommen farblose Flüssigkeit entstanden ist. Man bringt nun die Flasche zusammen mit einer Pipette und einem mit im Kohlensäurestrom ausgekochtem Wasser gefüllten Becherglas in ein großes Glasgefäß, in welchem man die Luft durch Kohlendioxyd verdrängt. Hierauf öffnet man die mit der Cuprochloridlösung gefüllte Flasche, entnimmt ihr mit der Pipette 10 ccm und läßt diese sofort in das Wasser einfließen: Rein weißer Niederschlag! Mit Ammoniak erhält man eine farblose Flüssigkeit, die sich an der Luft durch Sauerstoffaufnahme von der Oberfläche her rasch bläut.

Die salzsaure oder ammoniakalische Lösung des Cuprochlorids nimmt Kohlenoxyd unter Bildung der Verbindung $CO \cdot CuCl \cdot 2H_2O$ auf und wird daher in der Gasanalyse zur Absorption dieses Gases gebraucht (vgl. S. 270).

Das Verhalten des Cuprochlorids verrät deutlich seine Unbeständigkeit und die Neigung, durch Oxydation in die Cuprireihe überzugehen.

2. Viel beständiger sind Cuprojodid CuJ, Cuprocyanid CuCN und Cuprorhodanid CuSCN.

3. Cuprosulfid Cu_2S (Kupfer(1)-Sulfid) bildet als Kupferglanz ein wichtiges Kupfererz, das in grauglänzenden, rhombischen Krystallen krystallisiert und wegen seiner Beständigkeit bei der gewichtsanalytischen Bestimmung des Kupfers eine wichtige Rolle spielt.

Die Cuprisalze.

1. Cuprichlorid $CuCl_2 \cdot 2H_2O$ (Kupfer(2)-Chlorid) bildet schöne, grünblaue Krystalle, die sich in wenig Wasser mit grüner, in viel Wasser mit blauer Farbe lösen. Beim Glühen an der Luft geht es in Kupferoxyd und Chlor über:

$$2CuCl_2 + O_2 = 2CuO + 2Cl_2,$$

eine Reaktion, die beim Deacon-Prozeß zur Gewinnung von Chlor eine Rolle spielt (vgl. S. 38). —

2. Cuprisulfat, Kupfervitriol, $CuSO_4 \cdot 5H_2O$ (Kupfer(2)-Sulfat). Im großen wird dieses wichtigste Kupfersalz durch Rösten von Kupferglanz, im kleinen durch Lösen von Kupferoxyd in verdünnter Schwefelsäure oder von metallischem Kupfer in heißer, konzentrierter Schwefelsäure dargestellt. Cuprisulfat krystallisiert in schön blauen, prachtvoll ausgebildeten, triklinen Krystallen, die sich in Wasser ziemlich leicht mit blauer Farbe lösen.

Die wäßrige Lösung des Salzes reagiert infolge von hydrolytischer Spaltung deutlich sauer.

Beim Erhitzen verliert es der Reihe nach alle fünf Moleküle Krystallwasser und verwandelt sich in wasserfreies Kupfersulfat, ein weißes Pulver, das sich sehr begierig wieder mit Wasser verbindet und daher bisweilen zur Entwässerung wasserhaltiger Flüssigkeiten, z. B. von verdünntem Alkohol, Verwendung findet.

Höchst charakteristisch ist das Verhalten einer Lösung von Cuprisulfat oder anderer Cuprisalze gegen Ammoniak.

Versuch 452. Man versetzt eine wäßrige Lösung von Cuprisulfat zunächst mit einigen Tropfen Ammoniak. Es fällt ein hellblauer, aus einem basischen Sulfat bestehender Niederschlag aus. Im Überschuß von Ammoniak löst sich dieser mit tiefblauer Farbe. Fügt man nun etwa das gleiche Volumen absoluten Alkohol zu der Flüssigkeit, so scheidet sich eine prächtig amethystfarbige Verbindung in schönen Nadeln aus!

Hierbei wird das Cuprisulfat vom Ammoniak zunächst in ein basisches Salz übergeführt, das dann bei der weiteren Behandlung in Tetrammincuprisulfat übergeht:

$$CuSO_4 + 4NH_3 + H_2O = Cu(NH_3)_4SO_4 \cdot H_2O\,.$$

In dieser Verbindung hat sich das Kupfer mit 4 Ammoniakmolekülen in ähnlicher Weise zu einem Komplex (vgl. S. 411) vereinigt, wie mit den 4 Molekülen Wasser im krystallisierten Kupfervitriol, dessen Formel man folgendermaßen schreiben kann:

$$Cu(H_2O)_4SO_4 \cdot H_2O\,.$$

Die Reaktion der Cuprisalze mit Ammoniak ist so scharf, daß sie auch in großer Verdünnung gelingt und die Erkennung des Kupfers außerordentlich erleichtert.

3. Cupricarbonate. Das neutrale Salz: $CuCO_3$ scheint nicht zu existieren. Dagegen liegen basische Carbonate in den bereits erwähnten Mineralien Malachit und Kupferlasur vor. Fügt man zu der Lösung eines Cuprisalzes Sodalösung hinzu, so erhält man grünblaue Niederschläge, die aus basischen Carbonaten von wechselnder Zusammensetzung bestehen und annähernd der Formel:

$$CuCO_3 \cdot Cu(OH)_2$$

entsprechen.

4. Cuprisulfid CuS (Kupfer(2)-Sulfid) wird in nicht ganz reinem Zustande durch Fällung von Cuprisalzlösungen — auch in saurer Lösung — mit Schwefelwasserstoff als dunkelbraunschwarzer Niederschlag erhalten. Er läßt sich durch Erhitzen im Wasserstoffstrome auf 400—500° in reines, zur analytischen Bestimmung geeignetes Cuprosulfid Cu_2S überführen:

$$2CuS + H_2 = H_2S + Cu_2S\,.$$

5. Cupriferrocyanid $Cu_2Fe(CN)_6$ (vgl. S. 406). Ein sehr charakteristisches Salz der Cuprireihe ist das Ferrocyanid (vgl. S. 405), das man aus Cuprisalzen und Kaliumferrocyanid darstellt:

Versuch 453. a) Eine sehr verdünnte Lösung von Kupfervitriol wird mit einer Lösung von „gelbem Blutlaugensalz" versetzt: Dunkelrotbraune Färbung!

b) Zu einer starken, wäßrigen Lösung von Cuprisulfat fügt man eine gleichfalls ziemlich konzentrierte Lösung von gelbem Blutlaugensalz hinzu: Abscheidung eines dunkelbraunroten Niederschlages von eigentümlichem, membranartigem Aussehen.

Wegen seiner hautartigen Beschaffenheit findet dieses Salz Anwendung zur Herstellung „semipermeabler Membranen für die Bestimmung des osmotischen Drucks. —

Nachweis und Bestimmung des Kupfers.

Kupfer gehört zu denjenigen Metallen, die durch zahlreiche empfindliche und charakteristische Reaktionen ausgezeichnet sind, so daß die qualitative Erkennung keine Schwierigkeiten bietet. Vor allem ist hier auf die äußerst empfindliche Reaktion der Cuprisalze mit Ammoniak, sowie auf die Prüfung mit Kaliumferrocyanid hinzuweisen.

Auch die Abscheidung des Kupfers aus den Lösungen seiner Salze als metallischer Überzug auf anderen Metallen, wie z. B. Eisen, Zink oder Magnesium, kann zu seiner Erkennung dienen.

Versuch 454. Zwei mit Salzsäure angeätzte, dann wieder abgewaschene Streifen von Zink- bzw. Eisenblech werden etwa zur Hälfte in wäßrige Cuprisulfatlösung eingetaucht. Sie bedecken sich alsbald mit einem roten Überzug von Kupfer.

Andererseits vermag Kupfer Metalle wie Quecksilber (vgl. S. 366) oder Silber aus den Lösungen ihrer Salze zu verdrängen und auf sich niederzuschlagen.

Versuch 455. Zwei blanke Kupferbleche werden in Lösungen von Mercurichlorid bzw. von Silbernitrat eingetaucht. Das Quecksilber scheidet sich dann als grauer, das Silber als schwarzer Überzug auf dem Metall ab.

Dies liegt daran, daß die Metalle einen ganz verschieden hohen Grad von „Elektroaffinität" besitzen, d. h. die Stärke der Bindung zwischen den Atomen und ihren elektrischen Ladungen ist bei den einzelnen Ionen verschieden.

Taucht man daher irgend ein Metall in die Lösung eines anderen, so wird es, falls seine Elektroaffinität größer ist, als die des in Lösung befindlichen, dessen elektrische Ladungen aufnehmen und als Ion in Lösung gehen, das entladene Ion des anderen Metalls dagegen wird zur Abscheidung gelangen und sich auf dem Metall mit der höheren Elektroaffinität niederschlagen.

Nach der Art, wie sich aus diesem Grunde die einzelnen Metalle gegenseitig aus ihren Lösungen verdrängen, ordnet man sie in eine Spannungsreihe.

Die Reihenfolge:

Mg, Mn (Mangan), Zn, Cd, Fe (Eisen), Ni (Nickel), Sn (Zinn), Pb (Blei), Cu, Hg, Ag (Silber), Au (Gold), Pt (Platin)

soll zum Ausdruck bringen, daß das in ihr zuerst stehende Metall immer die sämtlichen, hinter ihm stehenden aus ihren Lösungen zu verdrängen vermag. Magnesium ist also imstande, dies bei allen anderen zu tun. Zink, Cadmium, Eisen, Nickel scheiden Blei und Kupfer aus, das letztere Quecksilber, Silber, Gold usw. —

Zur quantitativen Bestimmung des Kupfers eignen sich gewichtsanalytische und maßanalytische Methoden. Von den ersteren sei die bereits erwähnte Bestimmung als Cuprosulfid Cu_2S hervorgehoben, da sie in der Ausführung bequem ist und zu scharfen Werten führt.

Auch die elektrolytische Abscheidung des Kupfers gestattet eine äußerst einfache quantitative Bestimmung dieses Metalls. Die Art des Arbeitens geht aus folgendem Versuch hervor.

Versuch 456. Die zu analysierende Kupferverbindung, etwa eine Kupfervitriollösung, wird ohne Verlust in ein etwa 150 ccm fassendes Becherglas eingefüllt und 3 ccm konzentrierte Schwefelsäure hinzugegeben. Man setzt nun eine bis auf $^1/_{10}$ mg abgewogene Platindrahtnetzelektrode und eine Platinspirale in die Lösung hinein und fügt soviel Wasser hinzu, daß die Netzelektrode von der Flüssigkeit bedeckt ist. Hierauf wird mit einem Mikrobrenner auf etwa 60° erwärmt und die Netzelektrode mit dem negativen, der Platindraht mit dem positiven Pol eines Akkumulators verbunden. Nach etwa 2 Stunden ist die Elektrolyse beendet. (Man kann sich durch eine Tüpfelprobe mit Ferrocyankalium [vgl. Versuch 453] davon überzeugen.)

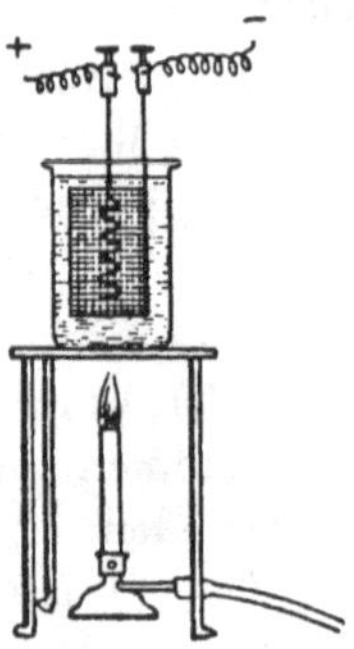

Fig. 135.

Es wird nun durch eine heberartige Vorrichtung die Flüssigkeit aus dem Becherglas entfernt und — ohne den Strom zu unterbrechen — mit Wasser bis zur neutralen Reaktion ausgewaschen. Man nimmt dann die Netzelektrode, auf der sich das Kupfer niedergeschlagen hat, aus dem Becherglas heraus, spült sie erst mit destilliertem Wasser, dann mit Alkohol ab und trocknet. Die Gewichtszunahme ergibt die Menge des in der Lösung vorhanden gewesenen Kupfers.

Anwendungen des Kupfers.

Wegen seines ausgezeichneten Wärmeleitungsvermögens wird Kupfer in ausgedehntem Maße zur Herstellung von Kesseln, Töpfen, Pfannen, Heizröhren usw. verwendet. Ebenso macht es sein hohes elektrisches Leitungsvermögen, das nur von dem des viel teureren Silbers unwesentlich übertroffen wird, zu einem unersetzlichen Material für elektrotechnische Zwecke, zur Herstellung von Leitungsdraht u. dgl. Große Mengen werden zu Dachbedeckungen gebraucht, wobei sich das Metall unter der Wirkung des in der Luft vorhandenen Kohlendioxyds und des Wassers mit einer Schicht von basischen Carbonaten, der sogenannten „Patina", bedeckt.

Von den Salzen des Kupfers wird Kupfervitriol in enormen Mengen fabriziert, da er zur Füllung von Elementen gebraucht wird und in der Galvanoplastik, im Laboratorium und in mancherlei Gewerben eine große Rolle spielt.

Auch viele Legierungen des Kupfers besitzen hohe Bedeutung. Die wichtigsten sind etwa die folgenden:

Messing	65% Cu, 35% Zn;
Bronze	90% Cu, 10% Sn;
Nickelmünze	75% Cu, 25% Ni;
Neusilber.	Cu, Zn, 15—25% Ni;
Silbermünze	10% Cu, 90% Ag.

Zu nennen sind außerdem noch: Nickelin, Konstantan, Aluminiumbronze, Tombak und viele andere.

2. Silber. Ag.

Atomgewicht = 107,88.

Silber gehört zu den ausgesprochenen Edelmetallen, die an der Luft beständig sind und zu denen auch Gold und die Platinmetalle zählen. Es findet sich hier und da gediegen in regulär krystallinischer Form. Unter seinen Erzen sind die wichtigsten: der Silberglanz Ag_2S, sowie verschiedene Verbindungen mit Schwefel, Arsen, Antimon und Kupfer: Rotgültigerze Ag_3AsS_3 und Ag_3SbS_3. Das meiste Silber stammt aus dem Bleiglanz PbS, der etwa 0,01—0,1% davon enthält.

Die Gewinnung des Silbers aus seinen Erzen geschieht nach verschiedenen Verfahren: Durch Treibarbeit, durch das Amalgationsverfahren, durch Cyanidlaugerei (vgl. S. 382) und nach anderen Prinzipien.

Bei dem Treibprozeß arbeitet man auf die Erzeugung einer silberreichen Bleilegierung hin, die dann auf offenen Herden unter beständigem Luftzutritt so lange erhitzt wird, bis das Blei durch Oxydation zu Bleiglätte (vgl. S. 421) fast ganz fortgeschafft ist und der „Silberblick" erscheint. Das so gewonnene Silber ist etwa 95%ig.

Die Reinigung des zunächst erhaltenen Silbers geschieht zweckmäßig auf elektrolytischem Wege. Aus dem rohen Silber werden Platten gegossen, die als Anode in verdünnte Salpetersäure gebracht werden. Bei der Elektrolyse geht dann das Silber in Lösung und schlägt sich in völlig reinem Zustande an der Kathode nieder, während die Verunreinigungen zu Boden fallen.

Eigenschaften des Silbers.

Silber besitzt einen schönen weißen Glanz, ist luftbeständig und leitet Wärme und Elektrizität am besten von allen Metallen. Es schmilzt bei 960° und siedet bei 1955°.

Gegen Salzsäure ist Silber beständig, von Schwefelsäure wird es ebenso wie Kupfer in der Hitze unter Entwicklung von Schwefeldioxyd zu Silbersulfat gelöst.

Das beste Lösungsmittel für Silber ist Salpetersäure, die es schon in der Kälte unter Entwicklung von Stickoxyd angreift und unter Bildung von Silbernitrat löst.

Oxyde des Silbers.

Silber bildet mehrere Oxyde: Ag_2O, Ag_2O_2 und Ag_2O_3, von denen jedoch nur das zuerst genannte, das Silberoxyd Ag_2O, eine größere Bedeutung besitzt.

Es bildet sich — statt des eigentlich zu erwartenden Silberhydroxyds — aus Silbersalzen und Alkalien:

$$AgNO_3 + NaOH = NaNO_3 + AgOH,$$
$$2AgOH = H_2O + Ag_2O.$$

Versuch 457. Man versetzt eine wäßrige Lösung von Silbernitrat mit Natronlauge und wäscht den sich abscheidenden braunen Niederschlag von Silberoxyd solange durch Dekantieren mit immer wieder erneuertem Wasser aus, bis das Alkali völlig entfernt ist. Bringt man dann eine Probe des feuchten Silberoxyds auf einen Streifen rotes Lackmuspapier, so färbt es sich blau.

Die wäßrige Suspension des Silberoxyds reagiert so, als wenn sie Silberhydroxyd enthielte und wirkt stark basisch.

Beim Erhitzen zerfällt Silberoxyd schon bei 160—200° in Silber und Sauerstoff:

$$2 Ag_2O = 4 Ag + O_2.$$

Die Salze des Silbers.

Die Silbersalze leiten sich von dem Oxyde Ag_2O ab.

1. Silbernitrat $AgNO_3$ (Höllenstein) hinterbleibt beim Eindampfen der Lösung von Silber in Salpetersäure in farblosen, in Wasser sehr leicht löslichen Kristallen. Wird es erhitzt, so schmilzt es bei 208° und läßt sich dann zu Stangen gießen, die ein strahlig krystallinisches Gefüge aufweisen. Durch organische Stoffe wird es unter Abscheidung von Silber geschwärzt. Es färbt daher die Haut schwarz und wird in der Medizin zum Ätzen von Wunden viel verwendet.

2. Silberchlorid AgCl. Versetzt man eine Lösung von Silbernitrat mit Chlorwasserstoffsäure oder der Lösung eines Chlorides, so scheidet sich ein in Wasser unlöslicher, weißer Niederschlag von der Zusammensetzung AgCl ab:

$$AgNO_3 + HCl = AgCl + HNO_3.$$
$$AgNO_3 + NaCl = AgCl + NaNO_3.$$

Silbernitrat ist ein Reagens auf freie Chlorionen. Eine Lösung von reinem Kaliumchlorat wird dagegen von Silbernitrat nicht gefällt (vgl. S. 186).

Silberchlorid ist in Salpetersäure nicht löslich, löst sich aber in Ammoniak leicht auf. Dabei entsteht das komplexe Triamminsilberchlorid $Ag(NH_3)_3Cl$.

Am Licht färbt sich Silberchlorid zuerst hellviolett, dann immer dunkler, bis es eine schwarzviolette Farbe angenommen hat. Es spielt daher in der Photographie eine wichtige Rolle zur Herstellung lichtempfindlicher Kopierpapiere. Hierbei wird der Überschuß des Chlorsilbers durch Behandlung mit Natriumthiosulfat (vgl. S. 217) entfernt. Dieses Salz vermag nämlich Chlorsilber mit Leichtigkeit unter Bildung der Verbindung: $Ag_2S_2O_3 \cdot 2 Na_2S_2O_3$ zu lösen.

Versuch 458. Man versetzt eine Lösung von Silbernitrat mit Chlornatriumlösung: Weiße, käsige Fällung von Chlorsilber! Auf Zusatz einer konzentrierten, wäßrigen Lösung von Natriumthiosulfat löst sich der Niederschlag wieder auf.

3. Silberbromid $AgBr$ fällt aus einer Lösung von Silbernitrat mit Bromwasserstoff oder in Wasser gelösten Bromiden als gelblichweißer, in Wasser unlöslicher Niederschlag aus. Er ist in Ammoniak wesentlich schwerer löslich als Chlorsilber. Von Natriumthiosulfat wird er dagegen leicht gelöst. In der Photographie wird Bromsilber vor allem zur Herstellung der für den Negativprozeß nötigen Trockenplatten und Films gebraucht.

4. Silberjodid AgJ: Sehr schwerlösliches, gelblich gefärbtes Salz, das von Ammoniak fast gar nicht, leicht dagegen von Natriumthiosulfat gelöst wird und gleichfalls für photographische Prozesse Verwendung findet.

5. Silbercyanid $AgCN$ ist in Wasser kaum löslich, wird aber von Cyankalium zu dem komplexen Salz $Ag(CN)_2K$ leicht gelöst.

Versuch 459. Man fügt zu einer Lösung von Silbernitrat vorsichtig einige Tropfen reiner Cyankaliumlösung hinzu: Weißer, käsiger Niederschlag, der sich in einem Überschuß von Cyankalium leicht wieder löst.

6. Silbersulfid Ag_2S wird aus den Lösungen von Silbersalzen durch Schwefelwasserstoff als schwarzer, in verdünnten Säuren unlöslicher Niederschlag gefällt.

Erkennung und Bestimmung des Silbers.

Silber ist durch seine in Wasser so gut wie unlöslichen Verbindungen mit Chlor, Brom oder Jod charakterisiert und wird gewichtsanalytisch stets als Chlorsilber bestimmt. Auch sehr scharfe und in der Handhabung bequeme maßanalytische Verfahren zur quantitativen Bestimmung des Silbers existieren. Umgekehrt benutzt man die Unlöslichkeit der Silberhalogenide auch zur quantitativen Bestimmung der Halogenwasserstoffsäuren.

Verwendung des Silbers.

Silber wird zur Herstellung von Münzen, Schmuck, Geräten, Bestecken usw. in gewaltigen Mengen verbraucht. Da es an sich ein weiches Metall ist, so wird es mit einem Zusatz von Kupfer versehen, der es widerstandsfähiger und härter macht.

Die meisten Silbermünzen bestehen zu 90% aus Silber, zu 10% aus Kupfer. Silbergeräte enthalten auf 1000 Gewichtsteile 800 Teile Silber und müssen nach den gesetzlichen Vorschriften den Gehaltsstempel tragen.

Große Mengen von Silber werden ferner in der Photographie und zu Versilberungszwecken verbraucht.

Handelt es sich darum, Metalle mit einem dauerhaften Überzug von Silber zu versehen, so gelingt dies am einfachsten auf elektrolytischem Wege.

Versuch 460. Man füllt ein Becherglas zu etwa $^3/_4$ mit einer Auflösung von Silbercyanid in Cyankalium und stellt eine Silberplatte und eine Kupferplatte hinein. Die erstere wird mit dem positiven, die letztere mit dem negativen Pol eines Akkumulators verbunden. Nach kurzer Zeit hat sich auf der Kupferplatte ein Überzug von Silber gebildet.

Für die Versilberung von Glas bedient man sich am besten einer ammoniakalischen Silberlösung, aus der man durch ein geeignetes Reduktionsmittel Silber abscheidet.

Versuch 461. Ein etwa $^1/_2$ Liter fassender Rundkolben wird zuerst mit verdünnter Natronlauge, dann mit konzentrierter Schwefelsäure ausgekocht, mit destilliertem Wasser sorgfältig ausgespült und mit der Öffnung nach unten ohne Anwendung von Wärme getrocknet.

Man füllt dann den Kolben mit je 250 ccm der nach folgender Vorschrift hergestellten Lösungen und erwärmt das Gemisch in einem auf etwa 40—50° erwärmten Wasserbade. Nach 1—2 Minuten ist die Versilberung des Kolbens beendet.

1. Ammoniakalische Silberlösung: Man löst 10 g Silbernitrat in 200 ccm destilliertem Wasser, fügt dann soviel Ammoniak hinzu, daß sich das zunächst ausfallende Silberoxyd bis auf eine geringe Trübung wieder löst, filtriert und verdünnt das klare Filtrat auf 1 Liter.

2. Reduktionsflüssigkeit: 2 g Silbernitrat werden in 1 Liter siedendem Wasser gelöst und 1,65 g pulverisiertes Seignettesalz hinzugegeben. Der anfangs weiße Niederschlag wird beim Kochen bald grau. Hierauf wird noch heiß filtriert und die Flüssigkeit am besten in einer braunen Flasche aufbewahrt.

3. Gold. Au.

Atomgewicht = 197,2.

Gold ist seit den ältesten Zeiten bekannt und wird wegen seines schönen gelben Glanzes und der vollkommenen Luftbeständigkeit als „Edelmetall" besonders geschätzt. Es kommt, abgesehen von einigen seltenen goldhaltigen Mineralien, wie z. B. Schrifterz, vor allem gediegen — eingesprengt in einige der ältesten Gesteinsarten — vor. Die Hauptfundstätten sind Kalifornien, Australien und Alaska. Durch Zertrümmerung und Verwitterung der Gesteine sind die Goldsandlager entstanden, aus denen sich das Gold infolge seines hohen spezifischen Gewichts durch Schlämmen und Waschen oder durch Ausziehen mit Quecksilber isolieren läßt.

Die feinsten Goldteilchen, die von dem Quecksilber nicht mehr aufgenommen werden, lassen sich vollständig durch den Prozeß der Cyanidlaugerei gewinnen. Dieser besteht darin, daß der goldhaltige Sand mit Cyankaliumlösung bei Gegenwart von Luft behandelt wird. Dabei spielen sich die folgenden beiden Reaktionen ab, die das Gold in eine lösliche, komplexe Verbindung verwandeln:

$$2Au + 4KCN + 2H_2O + O_2 = 2Au(CN)_2K + 2KOH + H_2O_2,$$
$$2Au + 4KCN + H_2O_2 = 2Au(CN)_2K + 2KOH.$$

Aus der entstehenden Lösung des Goldsalzes wird das Gold durch Zink oder auf galvanischem Wege niedergeschlagen.

Nach der Verwitterung der goldführenden Gesteine gelangt das Gold durch die atmosphärischen Niederschläge in die Bäche, Flüsse und aus diesen in die Meere. Da das Meerwasser durchschnittlich etwa 0,02 mg Gold im Kubikmeter enthält, so kann man den Gesamtgehalt der Ozeane an Gold auf etwa 20 000 000 Tonnen schätzen.

Eigenschaften des Goldes.

Gold ist ein gelbglänzendes, sehr weiches, äußerst dehnbares Metall, das bei 1063° schmilzt und bei 2600° siedet. Es läßt sich zwischen Goldschlägerhäutchen zu Blättchen aushämmern, deren Dicke nur $^1/_{10000}$ mm beträgt und die das Licht mit grüner Farbe durchscheinen lassen.

Gold wird weder von Luft noch von den gewöhnlichen Säuren angegriffen, wohl aber von Chlor. Es löst sich daher (vgl. S. 223) in Königswasser leicht auf.

Versuch 462. Man bringt in 2 Reagenzgläser einige Blättchen echtes Blattgold und übergießt die eine Probe mit rauchender Salzsäure, die andere mit konzentrierter Salpetersäure. Beim Erhitzen tritt weder im einen noch im anderen Falle Lösung oder eine Veränderung des Goldes ein. Gießt man aber die beiden Flüssigkeiten mit dem Gold darin zusammen, so erhält man in wenigen Augenblicken eine klare gelbe Lösung.

Verbindungen des Goldes.

Gold bildet zwei Verbindungsreihen:

1. Auroverbindungen AuX (X = einwertiges Atom),
2. Auriverbindungen AuX_3.

Wichtiger sind nur die dem zweiten Typus entsprechenden Verbindungen.

Aurichlorid $AuCl_3$, Goldchlorid, (Gold-(3)-Chlorid) entsteht durch Einwirkung von elementarem Chlor auf feinverteiltes Gold bei etwa 180° als gelbbraune Masse von krystallinischer Struktur. Mit Salzsäure entsteht daraus nach der Gleichung:

$$AuCl_3 + HCl + 4H_2O = HAuCl_4 \cdot 4H_2O$$

die Goldchloridchlorwasserstoffsäure. Diese wird auch beim Auflösen von Gold in Königswasser erhalten und bildet zahlreiche Salze, die

Chloroaurate genannt werden. Ihre wäßrige Lösung, die ebenso wie „Platinchlorid“ als „Goldchlorid“-Lösung ein wichtiges Reagens im Laboratorium vorstellt, wird in der Photographie zum „Tonen“ der Positive verwendet.

Aus der Lösung der Goldchloridchlorwasserstoffsäure wird durch Reduktionsmittel metallisches Gold gefällt.

Versuch 463. Man gibt einige Tropfen Goldchloridlösung zu etwa 250 ccm Wasser und fügt etwas Ferrosulfatlösung hinzu. Sofort scheidet sich metallisches Gold als feines Pulver ab. Die Suspension erscheint im auffallenden Lichte metallglänzend, im durchfallenden blau.

Unter Anwendung geeigneter Reduktionsmittel gelingt es, die Reduktion so zu leiten, daß das hierbei entstehende Gold kolloidal gelöst bleibt. Die Farbe der kolloidalen Goldlösungen ist prächtig rot.

Versuch 464. Man löst in 500 ccm möglichst frisch destilliertem Wasser 1,5 ccm 1%ige Goldchloridlösung, fügt 10—15 ccm Sodalösung und dann 10 ccm etwa 30—35%ige Formaldehydlösung hinzu: Sofort prächtige, erdbeerrote Lösung!

Verwendungen des Goldes.

Gold wird vor allem zur Herstellung von Schmuck und von Goldmünzen verwendet. Wegen seiner Weichheit wird es für diese Zwecke mit Kupfer legiert. Die Goldmünzen der Kulturstaaten enthalten 90% Gold und 10% Kupfer. Bei Goldgeräten wird der Gehalt an Feingold wie beim Silber in Tausendsteln angegeben, z. B. 900 : 1000.

Es wird ferner in großen Massen zur Vergoldung unedler Metalle verbraucht.

Metallgegenstände werden zweckmäßig galvanisch vergoldet, wobei man sich einer wäßrigen Lösung des auch bei der Cyanidlaugerei entstehenden Kaliumaurocyanids $Au(CN)_2K$ bedient.

Gegenstände aus Glas oder Porzellan werden dagegen auf dem Wege der Feuervergoldung vergoldet. Man benutzt dabei goldhaltige Flüssigkeiten, die das Gold beim Erhitzen als fest zusammenhaftende, glänzende Schicht hinterlassen.

Versuch 465. Man bestreicht einen Porzellantiegeldeckel ganz dünn und gleichmäßig mit „Glanzgold“, trocknet ihn zunächst an der Luft, dann in einem Trockenschrank auf 100° und erhitzt ihn dann ganz vorsichtig über einem Brenner, wobei man die Temperatur sehr allmählich steigert, so daß sich die organische Substanz langsam verflüchtigt. Das Gold bleibt dann als glänzender Überzug auf dem Porzellan zurück.

F. Die Erdmetalle: Aluminium, Gallium, Indium, Thallium.

1. Aluminium. Al.

Atomgewicht = 27,1.

Der Name Aluminium stammt von der lateinischen Bezeichnung alumen für Alaun, einer sehr wichtigen Verbindung des Aluminiums. Dieses Metall ist sowohl nach Menge, wie nach Verbreitung nächst Sauerstoff und Silicium der wichtigste Bestandteil der Erdoberfläche. Die feste Erdrinde enthält es in riesigen Mengen. Viele der verbreitetsten Gesteine sind komplizierte Verbindungen der Kieselsäure mit Aluminium und anderen Metallen. Dasselbe gilt von den Zertrümmerungsprodukten der Gesteine. Der Ton, ein wesentlicher Bestandteil der Ackererde, ist Aluminiumsilikat. Dem reichlichen Vorkommen des Elements entspricht auch seine praktische Bedeutung. Was allein aus Ton gefertigt wird, ist so außerordentlich mannigfaltig, daß eine besondere Industrie der Tonwaren existiert. Ebenso sind die Salze des Aluminiums mit den gewöhnlichen Säuren fast alle Industrieartikel.

Das metallische Aluminium wird heute ausschließlich durch Elektrolyse einer Lösung von Tonerde Al_2O_3 in geschmolzenem Kryolith ($AlNa_3F_6$) dargestellt.

Eigenschaften des Aluminiums.

Aluminium ist silberweiß, zeigt einen schönen Glanz und besitzt das sehr niedrige spezifische Gewicht von 2,70. Sein Schmelzpunkt liegt bei 657°. An der Luft verändert es sich nur wenig, zeigt also bis zu einem gewissen Grade den Charakter eines Edelmetalls.

Die großen Erwartungen, die man früher auf Aluminium wegen seiner Leichtigkeit und Beständigkeit gesetzt hatte, haben sich nur zum Teil erfüllt. Es ist nicht leicht zu bearbeiten und setzt starker mechanischer Beanspruchung doch nicht die erforderliche Widerstandsfähigkeit entgegen. Immerhin wird es in großen Mengen zur Herstellung von Geschirr, Schmuckgegenständen, optischen Artikeln, Schlüsseln, Gewichten für Wagen usw. verarbeitet.

Gewisse Legierungen des Aluminiums, wie z. B. die mit Magnesium — das sogenannte Magnalium —, sind sehr viel zäher und widerstandsfähiger als Aluminium selbst und werden vielfach verwendet.

Aluminium wird sowohl von Säuren wie von Alkalien leicht angegriffen und unter Salzbildung gelöst:

$$2Al + 6HCl = 2AlCl_3 + 3H_2.$$

$$2Al + 6NaOH = 2Na_3AlO_3 + 3H_2.$$

Oxyd und Hydroxyde des Aluminiums.

Das einzige Oxyd des Aluminiums hat die Zusammensetzung Al_2O_3 und wird auch Tonerde genannt. Es findet sich in der Natur in krystallinischer Form als Korund. Ist dieser durch eine kleine Menge Chrom rot gefärbt, so liegt der Rubin vor. Die blaugefärbten Saphire, die gleichfalls aus Korund bestehen, verdanken ihre Färbung Spuren von Titan und Eisen.

Ein unreines, dunkelgefärbtes, feinkörniges Aluminiumoxyd ist der Schmirgel, der wegen seiner Härte als Schleif- und Poliermittel vielfache Anwendung findet.

Diese krystallinischen Spielarten des Aluminiumoxyds lösen sich in wäßrigen Säuren nicht, man muß sie vielmehr durch Schmelzen mit Alkalien oder Kaliumbisulfat (vgl. S. 210) „aufschließen", d. h. in lösliche Form überführen.

Versetzt man die Lösung eines Aluminiumsalzes mit Alkali, so scheidet sich zunächst Aluminiumhydroxyd (das aber wohl als Hydrat des Aluminiumoxyds aufzufassen ist) aus, geht aber im Überschuß des Fällungsmittels wieder in Lösung.

Versuch 466. Man fügt zu einer nicht zu konzentrierten Lösung von Aluminiumsulfat tropfenweise Natronlauge hinzu: Zunächst Fällung eines weißen, gelatinösen Niederschlages, der sich in überschüssiger Natronlauge wieder löst:

$$Al_2(SO_4)_3 + 6NaOH = 3Na_2SO_4 + 2Al(OH)_3,$$
$$Al(OH)_3 + 3NaOH = 3H_2O + Na_3AlO_3.$$

Aluminiumhydroxyd besitzt also, ebenso wie Zinkhydroxyd, einen amphoteren Charakter und bildet nicht bloß mit Säuren, sondern auch mit Alkalien Salze. Die letzteren heißen Aluminate.

Sie entstehen nicht bloß aus dem normalen Hydroxyd $Al(OH)_3$, sondern auch aus einer wasserärmeren Form $Al\langle{}^{O}_{OH}$, von denen das erstere als Hydrargillit, das letztere als Diaspor in der Natur vorkommt. Die sich vom Hydroxyd $Al\langle{}^{OH}_{O}$ ableitenden Aluminate sind in der Natur als Spinelle verbreitet. Unter ihnen sind hervorzuheben:

$$\text{Spinell: } Mg\langle{}^{O-Al=O}_{O-Al=O} \quad \text{und} \quad \text{Gahnit: } Zn\langle{}^{O-Al=O}_{O-Al=O}.$$

Schließlich ist unter den Hydroxyden des Aluminiums noch der technisch wichtige Bauxit zu nennen, der die Formel $Al_2O_3 \cdot 2H_2O$ besitzt, also als Zwischenglied zwischen Aluminiumhydroxyd und Aluminiumoxyd aufgefaßt werden kann.

Die Salze des Aluminiums.

1. Aluminiumchlorid $AlCl_3$ wird durch Einwirkung von trockenem Chlorwasserstoff auf Aluminiumspäne gewonnen und durch Sublimation gereinigt. Es bildet dann farblose, glänzende Blättchen und ist gegen Wasser äußerst empfindlich.

Versuch 467. Man trägt 1—2 g reines sublimiertes Aluminiumchlorid in Wasser ein: Sofort Zersetzung unter heftigem Zischen!

Bei dieser Reaktion bildet sich ein krystallisiertes Hydrat des Aluminiumchlorids von der Formel: $AlCl_3 \cdot 6H_2O$. Man hat anzunehmen, daß dieses als komplexes (vgl. S. 411) Salz:

$$[Al(H_2O)_6]Cl_3$$

aufzufassen ist, d. h. daß die 6 Wassermoleküle mit dem Aluminiumatom zu einem Komplex zusammengetreten sind. Aluminiumchlorid spielt bei gewissen Reaktionen der organischen Chemie eine wichtige Rolle.

2. Kryolith $AlNa_3F_6$ wird aus Grönland als charakteristisch eisartig aussehendes Mineral gewonnen. Man kann aus ihm durch Glühen mit Kalk Tonerde gewinnen. Es bildet sich nämlich zunächst ein Aluminat, aus dem man durch Kohlensäure Aluminiumoxydhydrat und schließlich, durch Glühen des letzteren, Aluminiumoxyd erhält:

$$AlNa_3F_6 + 3CaO = 3CaF_2 + Al(ONa)_3\,,$$

$$2Al(ONa)_3 + 3H_2O + 3CO_2 = 3Na_2CO_3 + 2Al(OH)_3\,,$$

$$2Al(OH)_3 = Al_2O_3 + 3H_2O.$$

3. Aluminiumsulfat: $Al_2(SO_4)_3 + 18H_2O$, wird durch Lösen von reiner Tonerde in Schwefelsäure dargestellt, wobei man sich auch des natürlich vorkommenden Bauxits bedienen kann. Aluminiumsulfat ist in Wasser ziemlich leicht löslich und wird zum „Leimen“ des Papieres verwendet.

Mit Kaliumsulfat verbindet es sich zu einem prachtvoll krystallisierenden Doppelsalz von der Formel:

$$AlK(SO_4)_2 + 12H_2O\,,$$

dem Alaun.

Versuch 468. Man vermischt ganz konzentrierte Lösungen von Kaliumsulfat und Aluminiumsulfat miteinander und rührt die Mischung mit einem Glasstabe kräftig um. Nach kurzer Zeit trübt sich die Flüssigkeit und scheidet eine reichliche Menge kleiner, aber gut ausgebildeter Alaunkrystalle aus.

Analog zusammengesetzte „Alaune“ entstehen auch aus den Sulfaten anderer dreiwertiger Metalle mit Kalium- oder Ammoniumsulfat, z. B.:

$FeK(SO_4)_2 + 12H_2O$ Eisenkaliumalaun

$CrK(SO_4)_2 + 12H_2O$ Chromkaliumalaun

$CrNH_4(SO_4)_2 + 12H_2O$ Chromammoniumalaun usw.

Sie sind sämtlich durch die gleiche Anzahl Krystallwassermoleküle ausgezeichnet und miteinander isomorph.

Die größte Bedeutung unter den Alaunen besitzt zweifellos der gewöhnliche Alaun $AlK(SO_4)_2 + 12H_2O$.

Alaun ist bereits im Altertum bekannt gewesen und benutzt worden. Er wird dargestellt:

1. aus dem Alaunstein, der sich bei Tolfe in der Nähe von Rom findet und Alaun enthält;

2. aus Alaunschiefer, aus dem durch einen Röstprozeß Aluminiumsulfat gebildet wird, das man dann weiter in Alaun verwandelt;

3. aus Tonerde, wie sie z. B. im Bauxit vorliegt oder aus dem Kryolith (vgl. oben) dargestellt werden kann. Die Tonerde wird in Aluminiumsulfat übergeführt und aus diesem mit Kaliumsulfat Alaun gebildet.

Alaun ist ein in Wasser schwer lösliches Salz, das beim langsamen Eindunsten seiner wäßrigen Lösung in prachtvoll ausgebildeten, wasserklaren Oktaedern erhalten wird. Beim Erhitzen entweicht schließlich die gesamte Menge des Krystallwassers, und es hinterbleibt der „gebrannte“ Alaun.

Alaunlösung zeichnet sich durch einen süßlich-zusammenziehenden Geschmack aus und findet wegen ihrer adstringierenden Wirkung Verwendung als Gurgelwasser. Auch in der „Weißgerberei“ spielt der Alaun eine wichtige Rolle. Die rohen Felle von Lämmern und Ziegen werden hierbei durch längere Behandlung mit einem Gemisch von Alaun- und Kochsalzlösung „gegerbt“, d. h. in Leder umgewandelt.

Auch für die Zwecke der Färberei findet Alaun Verwendung. Wenn man nämlich eine Alaunlösung mit Ammoniak versetzt, so scheidet sich, wie mit Kali- oder Natronlauge, Aluminiumhydroxyd aus, das imstande ist, die in einer Farbstofflösung enthaltenen Farbstoffe unter Bildung sogenannter Farblacke niederzuschlagen.

Versuch 469. Versetzt man einen heißen, wäßrigen Blauholzextrakt mit einer Lösung von Alaun, dann mit Ammoniak, so fällt ein Farblack von weißvioletter Farbe aus. Dieser wird abfiltriert. Das Filtrat ist vollkommen farblos.

4. Aluminiumacetat ($Al(OOC \cdot CH_3)_3$). Die wäßrige Lösung dieses Salzes, die als „essigsaure Tonerde“ in der Wundbehandlung und als Gurgelwasser verwendet wird, erleidet beim Kochen einen hydrolytischen Zerfall in Aluminiumhydroxyd und freie Essigsäure:

$$Al(OOC \cdot CH_3)_3 + 3H_2O = Al(OH)_3 + 3CH_3COOH.$$

Versuch 470. Eine Lösung von „essigsaurer Tonerde“ wird gekocht. Sie trübt sich durch Abscheidung von Aluminiumhydroxyd, während mit den Wasserdämpfen Essigsäure entweicht.

Werden nun Gewebe mit Aluminiumacetat bedruckt — „gebeizt“ — und dann gedämpft, so tritt der eben festgestellte Zerfall und die Abscheidung von Aluminiumhydroxyd ein, und die so vorbereiteten Gewebe nehmen aus einer Farbstofflösung den Farbstoff nur an den gebeizten Stellen auf.

5. Aluminiumsilikate: Silikate des Aluminiums sind in der Natur außerordentlich verbreitet und häufig kompliziert zusammengesetzt. Verhältnismäßig einfach gebaut sind Andalusit $Al(AlO)SiO_4$ und Disthen $(AlO)_2SiO_3$. Auch die Feldspate sind hier zu nennen, die Bestandteile der ältesten Gesteine vorstellen und sich von einer Trikieselsäure (vgl. S. 284) herleiten. Der gewöhnliche Kalifeldspat besitzt die Zusammensetzung: $KAlSi_3O_8$. Durch Verwitterung bildet sich aus ihm der Ton, der zusammen mit dem durch Zerfall des Granits gebildeten Sand und anderen Begleitstoffen die Ackererde bildet. Er ist meist durch Eisenoxyd mehr oder minder gelb gefärbt und unrein. Fast reiner Ton von der Zusammensetzung $Al_2Si_2O_7 \cdot 2H_2O$ liegt vor im Kaolin.

Durch Mengen des Tons mit Wasser erhält man eine zähe, plastische Masse, aus der sich durch Kneten, Formen und Bearbeiten an der Töpferscheibe Gefäße, Geschirr und Gegenstände der verschiedensten Art herstellen lassen.

Läßt man die aus Ton geformten Gegenstände an der Luft trocknen und „brennt" sie dann, so erlangen sie eine feste, widerstandsfähige Beschaffenheit.

Wird bei dem Brennen die Temperatur nicht zu hoch gesteigert, so bleibt die Masse des gebrannten Tones porös, wie man dies an Ziegelsteinen, Blumentöpfen, Tonkacheln usw. beobachten kann.

Wird auf hohe Temperatur erhitzt, so sintert die Masse zusammen, so daß sie nicht mehr porös ist und Wasser nicht mehr hindurchläßt.

Verarbeitet man rein weißen Kaolin und erhitzt ihn zusammen mit Feldspat auf etwa 900°, so entsteht zunächst poröses Porzellan. Um es in der bekannten milchigglänzenden, widerstandsfähigen Form zu erhalten, wird es mit der hauptsächlich aus Feldspat bestehenden Glasurmasse bestrichen und bei 1400—1500° „gar" gebrannt.

Ultramarin.

Das in der Natur vorkommende, seltene Mineral Lasurstein (lapis lazuli) ist ein schwefelhaltiges Natriumaluminiumsilikat und stellte früher in gepulvertem Zustande eine sehr geschätzte, teure Malerfarbe vor.

Sie ist vollkommen durch den künstlichen Ultramarin ersetzt worden, den man durch Glühen eines Gemisches von Ton, Soda, Schwefel und Kohle erhält. Die Farbe des Stoffes hängt von der Menge der verwendeten Materialien, von der Versuchstemperatur und der Zeitdauer des Erhitzens ab.

Es gibt grünen, roten, violetten und tiefblauen Ultramarin. Besonders der letztere wird in größtem Maßstabe fabriziert und im Tapeten- und Papierdruck, sowie zum Bläuen der Wäsche und des Zuckers verwendet.

Chemisch ist die Natur des Ultramarins nicht aufgeklärt. Da er aber bereits beim Übergießen mit Salzsäure unter Abscheidung von Schwefel und Entwicklung von Schwefelwasserstoff zersetzt wird, so ist seine Auffassung als Natrium-Aluminiumsilikat, dem Polysulfide des Natriums beigemischt sind, nicht ausgeschlossen. Wahrscheinlich ist der Schwefel selbst in einer dem kolloiden Schwefel entsprechenden Form für die den verschiedenen Ultramarinen eigentümlichen, intensiven Farben verantwortlich zu machen.

Nachweis und Bestimmung des Aluminiums.

Aluminium ist durch die mancherlei charakteristischen Reaktionen, durch den in Wasser schwerlöslichen, gut krystallisierenden Alaun und durch die Bildung eines tiefblau gefärbten Stoffes — Thénards Blau — beim Glühen seiner Verbindungen mit Cobaltnitrat (vgl. auch S. 365) auf Kohle vor dem Lötrohr genau charakterisiert.

Versuch 471. Man bringt in eine mit dem Messer in eine Lötrohrkohle gebohrte Grube etwas Aluminiumsulfat, glüht dieses mit dem Lötrohr, befeuchtet die zurückbleibende weiße Masse mit 1—2 Tropfen Kobaltnitratlösung und glüht nochmals stark. Nach dem Abkühlen befindet sich auf der Kohle eine schön blau gefärbte Masse.

Zur quantitativen Bestimmung des Aluminiums dient im allgemeinen das in Wasser unlösliche Hydroxyd, das beim Glühen in das unschmelzbare Aluminiumoxyd übergeht und als solches gewogen wird.

2. Gallium. Ga.

Atomgewicht = 69,9.

Gallium ist vor allem deswegen interessant, weil es schon vor seiner Entdeckung von Mendelejeff im Jahre 1869 als „Ekaaluminium" vorausgesagt und in seinen Eigenschaften und denen seiner Salze genau beschrieben war. Aufgefunden wurde es von Lecoq de Boisbaudran.

In seinen Reaktionen, zumal in der Löslichkeit seines Hydroxyds in Alkalien, in der Bildung eines mit den anderen Vertretern dieser Doppelsalzreihe isomorphen Alauns ähnelt es durchaus dem Aluminium.

3. Indium. In.

Atomgewicht = 114,8.

Indium ist auf spektralanalytischem Wege in einer Freiberger Zinkblende entdeckt worden. Im Chlorid $InCl_3$, dem Sulfat $In_2(SO_4)_3$ und einem Indiumalaun zeigt sich die Analogie mit dem Aluminium.

4. Thallium. Tl.

Atomgewicht = 204,0.

Thallium ist ziemlich verbreitet in der Natur, findet sich indessen immer nur in geringer Menge. Vor allem ist es in manchen für die Fabrikation von Schwefelsäure in Betracht kommenden Pyriten enthalten und gelangt so mit dem Flugstaub in die Bleikammern (vgl. S. 205). In einem derartigen Kammerschlamm wurde das Metall 1861 von Crookes entdeckt.

Eigenschaften des Thalliums.

Thallium gleicht äußerlich und bis zu einem gewissen Grade auch im chemischen Verhalten außerordentlich dem Blei. Es ist sehr schwer, weich zäh, mit dem Messer schneidbar, schmilzt niedrig, nämlich bei 301°, und verändert sich an der Luft durch Aufnahme von Sauerstoff und Kohlendioxyd sehr rasch. Das Metall selbst und seine Verbindungen sind ausgezeichnet durch die prächtige grüne Färbung, die sie der nichtleuchtenden Flamme erteilen (daher der Name des Elementes von ϑαλλός = grüner Zweig).

Verbindungen des Thalliums.

Thallium bildet 2 Oxyde und sich davon herleitende Verbindungsreihen:

1. Thallooxyd: Tl_2O (Thallium (1)-oxyd) und
   TlX (X = einwertiges Atom).
2. Thallioxyd: Tl_2O_3 (Thallium (3)-oxyd) und
   TlX_3.

1. Thallohydroxyd TlOH ist eine Base, deren Stärke etwa der des Kalium- oder Natriumhydroxydes entspricht.

2. Thallochlorid TlCl (Thallium(1)-chlorid) ist ausgezeichnet durch seine Schwerlöslichkeit in Wasser, die an die des Chlorsilbers erinnert.

Versuch 472. Man versetzt eine Lösung von Thallosulfat mit Salzsäure: Dicker, weißer Niederschlag von käsiger Beschaffenheit!

3. Thallosulfid Tl_2S (Thallium(1)-sulfid) fällt aus den Thallosalzlösungen mit Schwefelwasserstoff als schwarzer Niederschlag aus.

Versuch 473. Beim Versetzen einer Thallosulfatlösung mit Schwefelwasserstoffwasser fällt schwarzes, krystallinisches, in der Lösung prächtig flimmerndes Thallosulfid aus.

Weniger charakteristisch sind die Thalliverbindungen.

Thallium vereinigt in sich die Eigenschaften eines Alkalimetalls, des Bleis und des Silbers.

Es ist daher von Dumas als das „Schnabeltier" unter den Metallen bezeichnet worden.

G. Mangan. Mn.

Atomgewicht = 54,93.

Mangan läßt sich in mancher Beziehung mit dem Eisen vergleichen. Es ist aber lange nicht so verbreitet und besitzt auch nicht die enorm hohe Bedeutung wie dieses wichtigste aller Metalle.

Gediegen findet sich Mangan nur in den Meteoriten. Unter seinen Mineralien sind vor allem zu nennen: Braunstein MnO_2, Hausmannit Mn_3O_4, Braunit Mn_2O_3, Manganspat $MnCO_3$.

Für die Gewinnung reinen metallischen Mangans eignet sich vor allem das Goldschmidt'sche Verfahren (vgl. S. 400), bei dem man ein Gemisch von Hausmannit mit feinem Aluminiumpulver durch eine Zündung zur Reaktion bringt:

$$3Mn_3O_4 + 8Al = 4Al_2O_3 + 9Mn.$$

Diese verläuft unter mächtiger Wärmeentwicklung und liefert neben einem Regulus von Mangan eine hauptsächlich aus Korund (vgl. S. 386) bestehende Schlacke.

Eigenschaften des Mangans.

Metallisches Mangan ist spröde, äußerst hart und besitzt einen rötlichen Glanz.

Sein Schmelzpunkt liegt bei etwa 1250°.

Wasser wird von Mangan besonders in der Wärme lebhaft zersetzt. Von Säuren wird das Metall rasch angegriffen.

Oxyde des Mangans.

Mangan bildet nicht weniger als 5 Oxyde und außerdem noch zwei Säuren:

1. Manganooxyd MnO (Mangan (2)-oxyd). Hiervon leiten sich ab die Manganoverbindungen MnX_2 (X = einwertiges Atom).
2. Manganioxyd Mn_2O_3 (Mangan (3)-oxyd). Davon hergeleitet die Manganiverbindungen MnX_3.
3. Manganomanganioxyd Mn_3O_4.
4. Mangandioxyd (Braunstein) MnO_2 (Mangan (4)-oxyd).
5. Manganheptoxyd Mn_2O_7 (Mangan (7)-oxyd).

Ferner Mangansäure H_2MnO_4.
Übermangansäure $HMnO_4$.

Die Manganoverbindungen.

1. Manganohydroxyd $Mn(OH)_2$ wird aus den Lösungen der Manganosalze durch Alkalien als weißer, sich an der Luft durch Oxydation bald braun färbender Niederschlag ausgefällt (vgl. beim Eisen, S. 402).

Versuch 474. Man fügt zu einer Lösung von Manganosulfat einige Tropfen Natronlauge hinzu: Weiße, gelatinöse Fällung, die sich alsbald von oben her bräunt:

$$2\,Mn{<}^{OH}_{OH} + O + H_2O = 2\,Mn{\leftarrow}^{OH}_{\;-OH}_{OH}\ .$$

2. Manganochlorid $MnCl_2$ (Mangan (2)-chlorid) bildet ein blaßrosa gefärbtes, in Wasser leicht lösliches Salz, das sich z. B. bei der Chlordarstellung aus Braunstein und Salzsäure (vgl. S. 37) als Nebenprodukt bildet.

3. Manganosulfat $MnSO_4$, Mangan (2)-sulfat. Es krystallisiert aus der wäßrigen Lösung mit 5 Molekülen Krystallwasser in rosa gefärbten Krystallen.

4. Manganocarbonat $MnCO_3$. Das Mineral Manganspat, das dieser Formel entsprechend zusammengesetzt ist, krystallisiert hexagonal-rhomboedrisch und ist isomorph mit Kalkspat (vgl. S. 333) und Zinkspat (vgl. S. 364). Fällt man die Lösung eines Manganosalzes mit Natriumcarbonat, so erhält man einen weißen Niederschlag von Manganocarbonat, der aus der Luft Sauerstoff aufnimmt und sich dabei bräunt.

5. Manganosulfid MnS (Mangan (2)-sulfid) findet sich in der Natur als Manganblende und fällt aus den Lösungen der Manganosalze mit Schwefelammonium als ausgesprochen fleischfarbiger Niederschlag aus.

Versuch 475. Zu einer Lösung von reinem Manganochlorid fügt man Schwefelammonium hinzu: Hellfleischfarbener Niederschlag von Manganosulfid, der sich an der Luft durch Aufnahme von Sauerstoff bräunt.

Die Farbe des reinen, auf nassem Wege dargestellten Manganosulfids ist so charakteristisch, daß man durch die Bildung dieses Niederschlages die Manganosalze ausgezeichnet charakterisieren kann.

Die Manganiverbindungen.

Die Manganiverbindungen, die auf Manganioxyd Mn_2O_3 zurückgehen, sind wenig beständig. Nur in stark saurer Lösung sind sie haltbar und zeichnen sich dann, wie z. B. Manganiphosphat $MnPO_4 \cdot 2H_2O$ und Manganisulfat $Mn_2(SO_4)_3$ durch eine rote Farbe der Lösung aus.

Manganomanganioxyd. Mn_3O_4.

Das Oxyd Mn_3O_4 — das in der Natur als Hausmannit vorkommt — bildet sich beim Glühen der anderen Sauerstoffverbindungen des Mangans an der Luft.

Mangandioxyd. MnO_2.

Mangandioxyd MnO_2 bildet den in der Natur vorkommenden Braunstein, der beim Erhitzen — unter umkehrbarer Reaktion — Sauerstoff abspaltet (vgl. S. 5):

$$4\,MnO_2 \longleftrightarrow 2\,Mn_2O_3 + O_2.$$

Schließlich entsteht beim Glühen das Oxyd Mn_3O_4.

Hydrate des Mangandioxyds fallen aus den Lösungen von Manganosalzen mit Chlorkalk oder Natriumhypochlorit aus.

Versuch 476. Man fügt zu einer Lösung von Manganochlorid frische Chlorkalklösung hinzu: Abscheidung eines dunkelbraunen Niederschlages von Mangandioxydhydrat.

Man kann diese Hydrate durch die Formeln:

$$\mathrm{Mn}\left\langle\begin{matrix}=O\\-OH\\-OH\end{matrix}\right. (MnO_2\cdot H_2O) \quad \text{und} \quad \mathrm{Mn}\left\langle\begin{matrix}OH\\OH\\OH\\OH\end{matrix}\right. (MnO_2\cdot 2\,H_2O)$$

wiedergeben und nennt Salze, die sich von dem ersteren Typus herleiten, Manganite.

Ein Calciummanganit spielte bei dem wichtigen Weldon-Prozeß zur Regenerierung des Braunsteins aus den bei dem alten Verfahren zur Chlordarstellung abfallenden Laugen von Manganochlorid eine wichtige Rolle. Nach diesem Verfahren wurde die Manganochloridlösung mit Kalkmilch unter gleichzeitigem Einleiten von komprimierter Luft oxydiert, d. h. in Calciummanganit verwandelt:

$$MnCl_2 + 2\,\mathrm{Ca}\left\langle\begin{matrix}OH\\OH\end{matrix}\right. + O = CaMnO_3 + CaCl_2 + 2\,H_2O.$$

Gegen Salzsäure verhält sich der „Weldon-Schlamm", der nach dem vorhergehenden hauptsächlich aus Calciummanganit besteht, wie Braunstein selbst, d. h. liefert beim Erwärmen damit wieder Chlor:

$$CaMnO_3 + 6\,HCl = 3\,H_2O + Cl_2 + MnCl_2 + CaCl_2.$$

Unter den dem Braunstein entsprechenden, von vierwertigem Mangan herzuleitenden Salzen sind zu nennen:

Mangantetrachlorid $MnCl_4$ (Mangan(4)-chlorid), das sich bei der Behandlung von Braunstein mit konzentrierter Salzsäure in der Kälte bildet, und das Sulfat $Mn(SO_4)_2$, das unter bestimmten Bedingungen bei der anodischen Oxydation von Manganosulfat entsteht.

Mangansäure H_2MnO_4 und Übermangansäure $HMnO_4$.

Beim Verschmelzen irgend einer Manganverbindung mit Soda und Salpeter erhält man tief grün gefärbtes Kaliummanganat K_2MnO_4.

Versuch 477. Man schmilzt auf einem Platindeckel ein inniges Gemisch aus gleichen Teilen Soda, Salpeter und ganz wenig Braunstein bis zum ruhigen Fluß. Nach dem Abkühlen erstarrt das Reaktionsprodukt zu einer dunkelsmaragdgrünen Masse.

Um die Bildung eines Manganats und die Eigenschaften dieser Salze bequemer studieren zu können, kann man folgendermaßen verfahren:

Versuch 478. In einem kleinen Porzellantiegel werden 4—5 g Kaliumnitrat mit 1—2 ccm 50%iger Kalilauge versetzt, eine Messerspitze gepulverter Braunstein hinzugefügt und die Masse mit einem guten Brenner bis zur Bildung einer klaren dunkelgrünen Flüssigkeit erhitzt. Man gießt nun den Inhalt des Tiegels vorsichtig in etwa 700 ccm destilliertes Wasser und erhält eine klare grüne Lösung. Leitet man in diese Kohlendioxyd ein, so schlägt die Farbe in violettrot um.

Das auf diese Weise in Lösung erhaltene Kaliummanganat bildet in reinem Zustande schwarzgrüne, rhombische Krystalle, die mit Kaliumsulfat und Kaliumchromat (vgl. S. 429) isomorph sind.

Seine wäßrige Lösung färbt sich bereits beim Stehen unter Bildung von Kaliumpermanganat rot:

$$3K_2MnO_4 + 2H_2O = 2KMnO_4 + MnO_2 + 4KOH.$$

Noch schneller geht dies, wie der soeben angestellte Versuch beweist, bei Gegenwart selbst schwacher Säuren, z. B.:

$$3K_2MnO_4 + 2CO_2 = 2KMnO_4 + MnO_2 + 2K_2CO_3.$$

Wegen des leichten Farbenwechsels, den das Kaliummanganat in wäßriger Lösung erleidet, ist es früher „mineralisches Chamäleon" genannt worden. Dieser Name ist auch auf das Salz $KMnO_4$, das Kaliumpermanganat, ausgedehnt worden.

Kaliumpermanganat $KMnO_4$ bildet schwarzviolette, rhombische Prismen mit grünlichem Oberflächenschimmer, die sich in Wasser mit tief violetter Farbe lösen. Es ist ein außerordentlich starkes Oxydationsmittel, von dem 2 Moleküle in alkalischer Lösung $^3/_8$, in saurer Lösung $^5/_8$ ihres Sauerstoffs abzugeben vermögen:

1. $2KMnO_4 = K_2O + 2MnO_2 + 3\,O$ (alkalische Lösung).
2. $2KMnO_4 = K_2O + 2MnO + 5\,O$ (saure Lösung).

Von den Oxydationswirkungen des Kaliumpermanganats seien z. B. genannt die Oxydation von Alkohol, von schwefliger Säure zu Schwefelsäure:

Versuch 479. Man tropft in wäßrige schweflige Säure eine starke Lösung von Kaliumpermanganat ein: Sofort Entfärbung des letzteren und Bildung reichlicher Mengen von Schwefelsäure!

von Ferrosulfat zu Ferrisulfat:

Versuch 480. Zu einer mit viel verdünnter Schwefelsäure angesäuerten Lösung von Ferrosulfat (vgl. S. 402) fügt man tropfenweise eine Lösung von Kaliumpermanganat hinzu. Solange noch überschüssiges Ferrosalz vorhanden ist, findet Entfärbung statt. Sobald es aber vollständig oxydiert ist, tritt augenblicklich die rotviolette Farbe des Kaliumpermanganats auf.

Diese Reaktion verläuft nach der Gleichung:

$$2KMnO_4 + 10FeSO_4 + 8H_2SO_4 = 2MnSO_4 + 5Fe_2(SO_4)_3 + 8H_2O + K_2SO_4$$

und spielt sich so glatt ab, daß sie zu einer einfachen und scharfen maßanalytischen Bestimmung des Eisens Verwendung findet. Das Eisen muß hierbei in der Ferroform (vgl. S. 401) vorliegen.

Die Zusammensetzung der für diese wichtige analytische Methode erforderlichen Normallösung (vgl. S. 216) von Kaliumpermanganat läßt sich leicht auf Grund folgender Betrachtungen berechnen.

Eine Normallösung enthält in 1 Liter ein Grammäquivalent der betreffenden Substanz gelöst (vgl. S. 216).

Nun geben 2 Mol. $KMnO_4$ **5** Atome Sauerstoff (vgl. oben); also gibt 1 Mol. $KMnO_4$ $2^1/_2$ Atome Sauerstoff, entspricht also 5 Atomen Wasserstoff, der ja für den Begriff der Äquivalenz als Maß dient.

Man hat also das Molekulargewicht des Kaliumpermanganats durch 5 zu dividieren und die auf diese Weise berechnete Menge des Salzes in soviel Wasser zu lösen, daß gerade 1 Liter entsteht.

Mit einer solchen Normallösung kann der Gehalt einer Ferrosalzlösung an Eisen in einigen Augenblicken ermittelt werden.

Versuch 481. Man pipettiert in einen weithalsigen Erlenmeyerkolben 20 ccm einer wäßrigen Lösung von Mohr'schem Salz ($FeSO_4 \cdot (NH_4)_2SO_4 + 6H_2O$; vgl. S. 358), gibt viel verdünnte Schwefelsäure hinzu und läßt nun vorsichtig soviel $^1/_{10}$ Normal-Kaliumpermanganatlösung hinzufließen, bis gerade eben beim Umschütteln eine deutliche Rosafärbung bestehen bleibt. Aus der Anzahl der verbrauchten Kubikzentimeter läßt sich auf Grund der oben angeführten Gleichung die Menge des Eisens bequem bestimmen.

Das der in ganz reinem Zustande nicht existenzfähigen Übermangansäure entsprechende Anhydrid (vgl. S. 182) Manganheptoxyd Mn_2O_7:

$$2HMnO_4 = H_2O + Mn_2O_7$$

bildet eine ölige, metallglänzende Flüssigkeit, die sehr leicht, vielfach unter explosionsartigen Erscheinungen, in Braunstein und Sauerstoff zerfällt:

$$Mn_2O_7 = 2MnO_2 + 3O.$$

Nachweis und Bestimmung des Mangans.

Die qualitativen Proben auf Mangan sind ungewöhnlich einfach: Das fleischfarbige Sulfid MnS, das, wie oben erwähnt, aus den Manganosalzen durch Schwefelammonium gefällt wird, und das bei der „Manganschmelze“ sich bildende grüngefärbte Kaliummanganat gestatten einen sicheren Nachweis des Mangans.

Zur quantitativen Bestimmung des Metalls bedient man sich der Ausfällung des äußerst schwer löslichen Manganammoniumphosphates:

$$MnNH_4PO_4,$$

das in seiner Zusammensetzung dem Magnesiumammoniumphosphat (vgl. S. 358) entspricht.

Verwendung des Mangans und seiner Verbindungen.

Von großer Bedeutung ist der Braunstein, der in zahlreichen Gewerben und Industrien Verwendung findet. Er löst sich in geschmolzenem Glase und oxydiert dabei die in der rohen Glasmasse vorhandenen, stark färbenden Verunreinigungen, wobei er selbst in Manganosilikat übergeht. Er wird daher in der Glasindustrie als „Glasmacherseife“ benutzt.

Er wird weiter zur Herstellung galvanischer Elemente verwendet. Daß er bei der Behandlung mit Salzsäure Chlor liefert und daß man aus dem als Nebenprodukt entstehenden Manganochlorid nach dem Weldon-Verfahren wieder Calciummanganit abscheiden und aufs neue zur Chlorgewinnung verwerten kann, ist bereits erwähnt worden.

Eine sehr wichtige und vielgebrauchte Manganverbindung ist das Kaliumpermanganat, das im Laboratorium als Oxydationsmittel für analytische und präparative Zwecke eine große Rolle spielt und auch in der Medizin als Gurgel- oder Mundwasser benutzt wird.

H. Die Metalle: Eisen, Nickel, Kobalt.

1. Eisen. Fe.

Atomgewicht = 55,84.

Die Verbreitung dieses Metalles in der Natur ist außerordentlich groß. Es findet sich in kleinen Mengen fast überall: im Boden, im Wasser, in den Pflanzen. Der tierische Körper kann ohne dieses Metall nicht bestehen, das im Blutfarbstoff enthalten ist. Endlich ist es auf der Sonne und in den Fixsternen festgestellt worden.

In metallischem Zustande ist Eisen als Bestandteil der Meteoriten beobachtet worden, doch ist dieses Vorkommen natürlich nur ein sehr beschränktes. Sehr zahlreich sind die eisenhaltigen Mineralien, aus denen durch mehr oder minder umständliche metallurgische Operationen das Metall gewonnen wird.

Unter ihnen sind vor allem zu nennen: die Minette $2Fe_2O_3 \cdot 3H_2O$, der Roteisenstein oder Eisenglanz Fe_2O_3, der Magneteisenstein Fe_3O_4, der Spateisenstein $FeCO_3$ und der Eisenkies oder Pyrit FeS_2.

Gewinnung von kohlenstoffhaltigem Eisen.

Zur Verhüttung der Eisenerze verwandelt man diese, sofern sie nicht oxydischen Charakters sind, zunächst in Oxyde. Diese werden dann zusammen mit Koks und sogenannten Zuschlägen schichtenweise von der Mündung des Hochofens *a*, der Gicht *b*, aus (vgl. Fig. 136) in den inneren Raum des Hochofens eingebracht, der Hochofen angesteckt und die Temperatur durch den bei *c* eingepreßten Gebläsewind reguliert.

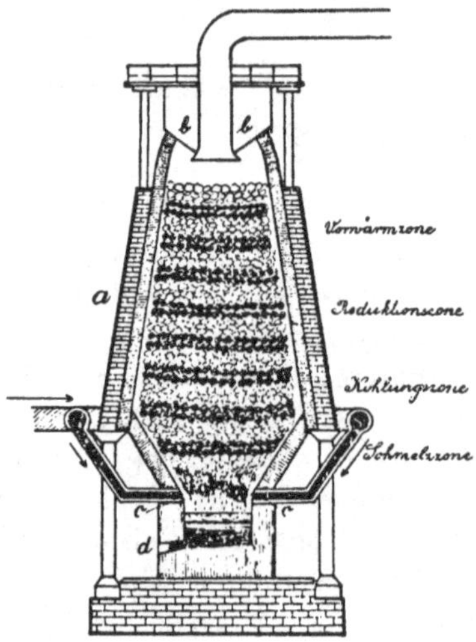

Fig. 136.

Hierbei spielen sich folgende Vorgänge ab: Durch die in passender Weise geleitete Verbrennung des Kokses wird Kohlenoxyd gebildet, das nun von unten nach oben gepreßt, in der mittleren Zone des Hochofens die Eisenoxyde zu Eisen reduziert, z. B.:

$$Fe_2O_3 + 3CO = 2Fe + 3CO_2.$$
$$Fe_3O_4 + 4CO = 3Fe + 4CO_2.$$

Die Temperatur in dieser Reduktionszone ist aber so niedrig, daß das Eisen hier noch nicht zum Schmelzen kommt. Sinkt es wieder herab, so gerät es in einer tieferen Zone des Hochofens bei etwa 850° mit fein verteiltem Kohlenstoff zusammen, der seine Entstehung einer Zersetzung des Kohlenoxydes nach der Gleichung:

$$2CO \rightleftarrows CO_2 + C$$

verdankt.

Durch den gelösten Kohlenstoff wird der Schmelzpunkt des Eisens herabgesetzt, so daß es im untersten, heißesten Teile des Hochofens zusammenschmilzt.

Bei *d* wird das flüssige Eisen „abgestochen“ und nun entweder der Abkühlung überlassen oder direkt im geschmolzenen Zustande auf Flußeisen oder Stahl verarbeitet.

Das Roheisen enthält bis zu 10% Verunreinigungen, vor allem: Kohlenstoff, Phosphor, Silicium und Mangan und muß für viele Zwecke von ihnen befreit werden. Je nach dem Gehalt an Kohlenstoff und sonstigen Bestandteilen kann man die technisch wichtigen Eisensorten etwa folgendermaßen einteilen:

I. Roheisen. Es enthält 2,3—4 % Kohlenstoff und läßt sich wegen seiner Sprödigkeit weder schmieden noch schweißen.

a) Graues Roheisen: Es ist außerordentlich spröde und enthält nahezu die ganze Menge des Kohlenstoffs als Graphit.

b) Weißes Roheisen: Es ist viel feinkörniger, als das graue Roheisen und enthält reichliche Mengen von Mangan. Der Kohlenstoff findet sich darin als Carbid, Zementit genannt.

c) Ferromangan ist ein kohlenstoffreiches Eisen, das über 20 % Mangan enthält.

II. Schmiedbares Eisen: Die Menge des Kohlenstoffs beträgt etwa 0,5—1,5 %. Das Schmiedeeisen läßt sich schmieden und schweißen. Die reinsten Sorten sind sogar dehnbar.

a) Flußeisen: 1. härtbar: Flußstahl.
2. nicht härtbar, aber zäher und geschmeidiger.

b) Schweißeisen: 1. härtbar: Schweißstahl.
2. nicht härtbar: Schweißeisen.

Wie man aus dieser knappen Zusammenstellung ersieht, zeichnet sich das Roheisen vor dem Stahl durch einen erheblichen Mehrgehalt von Kohlenstoff aus. Will man daher Roheisen in Stahl verwandeln, so muß man ihm eine bestimmte Menge Kohlenstoff entziehen. Dies geschieht vor allem durch das Siemens-Martinverfahren und den Bessemerprozeß.

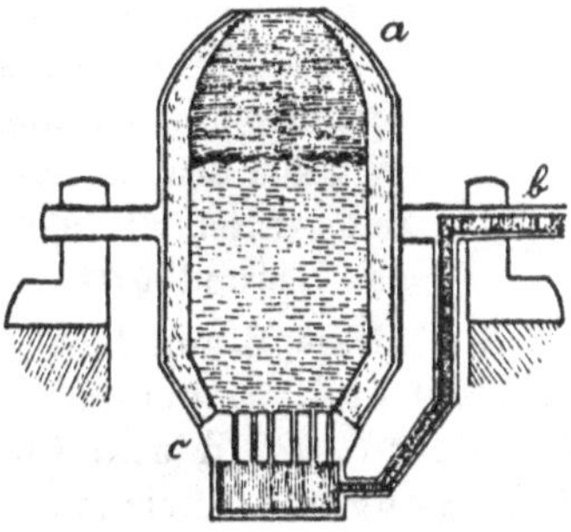

Fig. 137.

Beim Bessemerprozeß bringt man das aus dem Hochofen abgestochene Roheisen in geräumige, birnenförmige Gefäße *a* (siehe Fig. 137), „Konverter", die auf hohlem Zapfen *b* drehbar aufgehängt sind.

Der Boden der „Birne" *c* ist mit Löchern versehen, die mit dem hohlen Zapfen in Verbindung stehen und durch die ein kräftiger Gebläsewind in das flüssige Eisen eingepreßt werden kann.

Durch die hierdurch hervorgerufene lebhafte Verbrennung von Kohlenstoff und Silicium steigt die Temperatur sehr erheblich, und in etwa 15—20 Minuten lassen sich gegen 15000 kg Roheisen in Flußeisen verwandeln.

Um bei diesem Prozeß auch phosphorhaltiges Roheisen verwenden zu können, wird die „Birne" nach dem Vorschlage von Thomas und Gilchrist mit einer basischen Ausfütterung versehen, die aus gebranntem Dolomit (vgl. S. 355) hergestellt wird, in der Hauptsache also aus einem Gemisch von Magnesiumoxyd und Calciumoxyd besteht.

Dadurch wird die bei der Verbrennung des Phosphors entstehende Phosphorsäure als Phosphat gebunden, die Stahlbereitung gelingt ohne

Schwierigkeit, und die „basische“ Ausfütterung läßt sich schließlich als wertvoller Dünger — unter der Bezeichnung Thomasphosphatmehl — in der Landwirtschaft verwenden.

Gewinnung von reinem Eisen.

1. Reines Eisen läßt sich bequem nach dem Goldschmidt'schen Verfahren (vgl. dazu auch S. 392) darstellen, indem man ein Gemisch von Ferriferrooxyd Fe_3O_4 mit Aluminiumpulver entzündet. Auch hierbei kommt es durch die Heftigkeit der Umsetzung:

$$3\,Fe_3O_4 + 8\,Al = 4\,Al_2O_3 + 9\,Fe$$

zu einer solchen Temperatursteigerung, daß das reine Eisen als Regulus zusammenschmilzt und sich leicht von der aus Korund bestehenden Schlacke trennen läßt.

Versuch 482. Ein größerer, in Sand eingebetteter, vollkommen trockener hessischer Tiegel wird etwa zu $^1/_3$ mit „Eisenthermit“ gefüllt, ein Löffel „Entzündungsgemisch“ darauf geschüttet und in dieses eine „Zündkirsche“ eingedrückt. Wird diese angesteckt, so setzt unter blendender Lichtentwicklung die Reaktion ein (Schutz der Augen durch eine Brille der Hände durch dicke Handschuhe!), und man trägt nun in ziemlich schneller Folge allmählich soviel Thermit ein, daß der Tiegel sich bis zu $^3/_4$ mit der weißglühenden Masse füllt. Ein etwa fingerdicker Eisenstab, in diese hineingesteckt, schmilzt ab, wie aus Wachs.

Nach dem Abkühlen und Zerschlagen des Tiegels findet man das reine Eisen als dichten, zusammenhängenden Klumpen unter der aus Korund bestehenden Schicht.

2. Reines Eisen läßt sich in größeren, zusammenhängenden Stücken auch auf elektrolytischem Wege gewinnen, indem man eine Lösung von Ferrochlorid und Chlorcalcium in Wasser unter bestimmten Bedingungen elektrolysiert. Das auf diesem Wege gewonnene, absolut reine Eisen zeichnet sich durch Eigenschaften aus, die es besonders für elektrotechnische Zwecke sehr wertvoll machen.

3. Pyrophorisches, d. h. an der Luft sich freiwillig entzündendes Eisen entsteht beim Erhitzen von Ferrooxalat, das dabei unter Abspaltung von Kohlendioxyd zerfällt:

$$\begin{matrix} COO \\ | \\ COO \end{matrix}\!\!>\!Fe = Fe + 2\,CO_2\ .$$

Versuch 483. Man erhitzt in einem nicht zu engen Reagenzglas etwa 3—4 g trockenes Ferrooxalat solange über freier Flamme, bis das gelbe Pulver schwarz geworden ist und die Gasentwicklung aufgehört hat. Sollte dabei aus dem Salz noch Wasser entweichen, so tupft man dieses durch in das Reagenzglas eingeschobene Filtrierpapierrollen fort. Nach völliger Beendigung der Reaktion verstopft man das Reagenzglas mit einem guten Korkstopfen und läßt abkühlen. Öffnet man es dann im verdunkelten Raume und schüttet das Eisen heraus, so bildet es einen glänzenden Funkenregen!

Eigenschaften des Eisens.

Eisen ist in reinem Zustande ein weißglänzendes, ziemlich weiches, aber nicht sehr luftbeständiges Metall. Vor allem an feuchter Luft „rostet" es schnell, indem es sich wahrscheinlich zuerst in Eisenbicarbonat verwandelt, das dann weiter in Hydrate des Ferrioxyds (vgl. S. 403) übergeht.

Der Schmelzpunkt des Eisens liegt bei ungefähr 1600°.

Vom Magneten werden alle Arten des Eisens angezogen. Vollkommen reines Eisen verliert seinen Magnetismus sofort, sobald der ihn erregende elektrische Strom unterbrochen oder der Magnet entfernt wird.

Von Salzsäure oder Schwefelsäure wird Eisen unter Entwicklung von Wasserstoff und Bildung entsprechender Salze leicht gelöst:

$$Fe + 2HCl = FeCl_2 + H_2.$$

$$Fe + H_2SO_4 = FeSO_4 + H_2.$$

Von Salpetersäure wird Eisen gelöst, falls sie verdünnt ist. Von der konzentrierten Säure wird es dagegen in den noch nicht aufgeklärten Zustand der „Passivität" versetzt.

An der Luft erhitzt, verbrennt Eisen unter schöner Feuererscheinung zu Ferroferrioxyd (Hammerschlag).

Versuch 484. Man streut mit einem zusammengefalteten Kartenblatt etwas Eisenpulver in eine Gebläseflamme. Das Metall verbrennt unter lebhaftem Funkensprühen.

Oxyde und Verbindungsreihen des Eisens.

Eisen bildet 3 Oxyde und eine sauerstoffhaltige Säure:

1. FeO: Ferrooxyd (Eisen (2)-oxyd). Davon leiten sich ab die Ferroverbindungen FeX_2 (X = einwertiges Atom).
2. Fe_3O_4: Ferroferrioxyd (Eisen(2)(3)-oxyd).
3. Fe_2O_3: Ferrioxyd (Eisen(3)-oxyd). Davon stammen ab die Ferriverbindungen FeX_3.
4. H_2FeO_4: Eisensäure.

Ferrooxyd und die Ferrosalze.

1. Ferrooxyd (FeO) selbst ist noch nicht in reinem Zustande bekannt und unwichtig.

Versetzt man die Lösung eines Ferrosalzes mit Kali- oder Natronlauge oder Ammoniak, so fällt grünlichweißes Ferrohydroxyd aus, das sich an der Luft sehr bald unter Oxydation von Ferrihydroxyd bräunt (vgl. beim Mangan S. 392):

$$1.\quad FeSO_4 + 2\,NaOH = Na_2SO_4 + Fe\begin{cases}OH\\OH\end{cases},$$

$$2.\quad 2\,Fe\begin{cases}OH\\OH\end{cases} + H_2O + O = 2\,Fe\begin{cases}OH\\OH\\OH\end{cases}.$$

Die Ferrosalze sind hellgrün gefärbt und im allgemeinen wenig beständig. Sie verwandeln sich unter Aufnahme von Sauerstoff sehr leicht in Ferrisalze.

2. Ferrochlorid $FeCl_2 + 4\,H_2O$ (Eisen(2)-chlorid) entsteht beim Auflösen von Eisen in Salzsäure und bildet schöne, hellgrüne Krystalle.

Versuch 485. Man löst in kochender, starker Salzsäure Eisenfeilspäne bis zur Sättigung auf und filtriert die Flüssigkeit siedend heiß. Aus dem Filtrat, das man unter möglichstem Ausschluß von Luft abkühlen läßt, scheidet sich eine große Menge schöner, harter Krystalle von hellblaugrüner Farbe ab.

3. Ferrosulfat $FeSO_4 + 7\,H_2O$, (Eisenvitriol), Eisen(2)-sulfat, ist das wichtigste Eisensalz. Es ist isomorph mit Bittersalz (vgl. S. 357) und mit Zinksulfat (vgl. S. 364), bildet schöne, hellgrüne Krystalle und löst sich in Wasser leicht auf.

Ferrosulfat gibt, wie die früher besprochenen Metalle Magnesium und Zink, Doppelsalze mit Kalium- oder Ammoniumsulfat, unter denen das sogenannte Mohr'sche Salz $FeSO_4 \cdot (NH_4)_2SO_4 + 6\,H_2O$ wegen seiner Beständigkeit praktische Bedeutung besitzt. Es wird besonders in der Färberei und zur Herstellung von Tinte benutzt.

4. Ferrocarbonat $FeCO_3$ liegt vor in dem natürlich vorkommenden Eisenspat. Es löst sich in kohlensäurehaltigem Wasser (vgl. das analoge Verhalten des Calciumcarbonats S. 334) unter Bildung von Bicarbonat auf und gelangt so in die Stahlwässer, die therapeutisch verwendet werden.

5. Ferrosulfid FeS (Eisen(2)-sulfid) entsteht, wie früher festgestellt worden ist (vgl. S. 1), durch Zusammenschmelzen von Schwefel mit Eisen nach der Gleichung:

$$Fe + S = FeS$$

und dient zur Darstellung von Schwefelwasserstoff. Es entsteht auch beim Behandeln von Ferrosalzlösungen mit Schwefelammonium.

Der Übergang der Ferro- in die Ferrisalze, der langsam bereits an der Luft vor sich geht, verläuft schnell und glatt bei Anwendung von Oxydationsmitteln, wie z. B. Wasserstoffsuperoxyd, Kaliumpermanganat (vgl. S. 396), Salpetersäure usw.

Versuch 486. Im Reagenzglas werden 2—3 ccm einer nicht zu verdünnten Lösung von Ferrosulfat mit wenigen Tropfen konzentrierter Salpetersäure versetzt. Es tritt sofort — infolge der Reduktion der Salpetersäure zu NO (vgl. S. 229) — eine dunkelschwarzbraune Färbung auf, die auf Zusatz von mehr Salpetersäure und beim Erwärmen schnell wieder verschwindet. Die Flüssigkeit ist nach Beendigung der Oxydation braungelb gefärbt.

Ferrioxyd und die Ferrisalze.

1. Ferrioxyd Fe_2O_3 (Eisen(3)-oxyd) wird in der Natur in mancherlei Mineralien, z. B. als Eisenglanz und Roteisenstein, angetroffen. Auch beim Glühen von Eisenvitriol wird es gewonnen:

$$2FeSO_4 = Fe_2O_3 + SO_2 + SO_3.$$

Es bildet — so dargestellt — ein zartes, braunes Pulver, das unter der Bezeichnung Caput mortuum in den Handel kommt und eine wertvolle Farbe vorstellt.

Das dem Ferrioxyd entsprechende Ferrihydroxyd $Fe(OH)_3$, das wohl als Ferrioxydhydrat aufzufassen ist, fällt aus den Ferrisalzlösungen mit Kali- oder Natronlauge oder Ammoniak als rostfarbiger, gelatinöser Niederschlag aus.

Ähnlich zusammengesetzte Ferrihydroxyde bzw. Ferrioxydhydrate sind in der Natur verbreitete Mineralien.

Unter den Salzen sind hervorzuheben: Ferrichlorid, Ferrisulfat und Ferriphosphat.

2. Ferrichlorid $FeCl_3$ (Eisen (3)-chlorid) wird in wasserfreiem Zustande aus Eisen und Chlor dargestellt. Löst man dieses Präparat in verdünnter Salzsäure und läßt die Lösung verdunsten, so erhält man das Hydrat $FeCl_3 \cdot 6H_2O$ als gelbe, krystallinische Masse.

Die wäßrige Lösung des Ferrichlorids ist hydrolytisch stark gespalten:

$$2FeCl_3 + 3H_2O \rightleftarrows 6HCl + Fe_2O_3.$$

Sie reagiert daher sauer und zeigt die braunrote Farbe des Ferrihydroxyds.

3. Ferrisulfat $Fe_2(SO_4)_3$ (Eisen(3)-sulfat).

Dieses Salz, das dem Aluminiumsulfat entsprechend zusammengesetzt ist, vermag wie dieses mit Kalium- oder Ammoniumsulfat Alaune zu bilden. Der Eisenammoniumalaun z. B. besitzt die Zusammensetzung:

$$Fe(NH_4)(SO_4)_2 + 12H_2O.$$

4. Ferrirhodanid $Fe(SCN)_3$, das Ferrisalz der organischen Rhodanwasserstoffsäure HSCN, spielt eine wichtige Rolle beim Nachweis von Ferriverbindungen.

Versuch 487. Eine stark verdünnte, wäßrige Lösung von *Ferrichlorid* wird mit wenig *Rhodankalium*lösung versetzt: Tief blutrote Färbung! Sehr empfindliche Reaktion!

Die Reaktion gelingt selbst in großer Verdünnung.

Ferrioxyd ist eine schwache Base, von der sich beständige Salze mit *Kohlensäure* oder *Schwefelwasserstoff* nicht ableiten.

Man erhält zwar aus der Lösung eines *Ferrisalzes* mit *Schwefelammonium* einen schwarzen Niederschlag. Allein dieser stellt ein Gemisch von *Ferrosulfid* mit *Schwefel* vor. Es wird nämlich das Ferrisalz zunächst *unter Schwefelabscheidung* zum Ferrosalz reduziert, worauf dieses — wie bereits hervorgehoben worden ist — mit Schwefelammonium unter Entstehung von *Ferrosulfid* reagiert:

$$2FeCl_3 + (NH_4)_2S = 2(NH_4)Cl + S + 2FeCl_2,$$

$$FeCl_2 + (NH_4)_2S = 2(NH_4)Cl + FeS.$$

Durch Reduktionsmittel der verschiedensten Art, wie z. B. durch *nascierenden Wasserstoff* oder durch *schweflige Säure*, gelingt es, *Ferriverbindungen* in solche der *Ferro*reihe zu verwandeln.

Versuch 488. Eine Lösung von *Ferrichlorid* färbt sich auf Zusatz von wäßriger *schwefliger Säure* zunächst durch Bildung von Ferrisulfit blutrot. Beim Erhitzen verschwindet die Färbung infolge des entstehenden *Ferrosalzes* fast völlig.

Ferroferrioxyd. Fe_3O_4.

Der in der Natur in regulär krystallinischen Massen vorkommende *Magneteisenstein* stellt vielfach fast reines Ferroferrioxyd vor. Er gehört in die Klasse der Spinelle und ist als *Ferroferrit* aufzufassen:

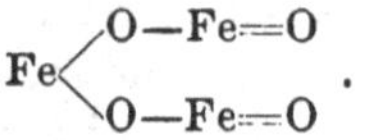

Dieses bildet sich auch — wie bereits erwähnt — in der Hauptsache *beim Verbrennen von Eisen an der Luft* und entsteht ferner (vgl. S. 17) bei der *Zersetzung des Wassers durch Eisen in der Glühhitze*.

Eisensäure. H_2FeO_4.

Von der *Eisensäure* sind nur Salze: *Ferrate*, wie z. B. K_2FeO_4 oder $BaFeO_4$, bekannt. Sie lösen sich in Wasser mit intensiv roter Farbe, sind aber *unbeständig* und zerfallen unter Entwicklung von Sauerstoff und Abscheidung von Ferrihydroxyd.

Die „komplexen" Eisencyanverbindungen.

Vermischt man die Lösung eines Ferrosalzes mit Cyankaliumlösung, so erhält man in der Wärme eine klare, gelbe Lösung.

Versuch 489. Eine verdünnte, wäßrige Lösung von reinem Ferrochlorid wird mit einer ziemlich konzentrierten Cyankaliumlösung versetzt. Zunächst scheidet sich ein bräunlicher Niederschlag aus, der beim Kochen in Lösung geht. Diese besitzt eine gelbe Farbe.

Sie enthält ein zitronengelbes, in großen monoklinen Krystallen krystallisierendes Salz von der Formel $K_4[Fe(CN)_6]$. Dieses wurde früher durch Erhitzen von Horn, Blut, tierischen Abfällen usw. mit Pottasche und Eisen dargestellt und hat daher den Namen gelbes Blutlaugensalz erhalten, der auch jetzt noch üblich ist.

Heute wird es im großen aus der Gasreinigungsmasse gewonnen.

Gelbes Blutlaugensalz diente früher zur Darstellung des Cyankaliums, das daraus beim Erhitzen entsteht, und bildet vor allem das Ausgangsmaterial zur Darstellung des Berlinerblaus. Da eine wäßrige Lösung des Blutlaugensalzes die üblichen Reaktionen auf Eisen nicht zeigt, so muß man annehmen, daß es kein gewöhnliches Ferro- oder Ferrisalz sein kann.

Nun zeigt sich, daß man daraus bei der Behandlung mit starker Salzsäure eine eigentümliche Säure $H_4Fe(CN)_6$ erhält, in der das Eisen gleichfalls durch die charakteristischen Reaktionen nicht festgestellt werden kann.

Versuch 490. Zu einer starken, wäßrigen Lösung von gelbem Blutlaugensalz gibt man rauchende Salzsäure hinzu: Weißer Niederschlag. Auf Zusatz von etwas Äther scheidet sich eine reichliche Menge weißer Krystallnadeln ab. Diese stellen eine Verbindung der zuerst ausfallenden Säure mit Äther vor.

Die Ferrocyanwasserstoffsäure zerfällt in wäßriger Lösung in Wasserstoff und die „komplexen" Ferrocyanionen:

$$H_4[Fe(CN)_6] \longrightarrow 4\overset{+}{H} \ldots\ldots \overset{====}{[Fe(CN)_6]}.$$

Als ihr Kaliumsalz ist das gelbe Blutlaugensalz aufzufassen; es ist also Kaliumferrocyanid in wäßriger Lösung gleichfalls in komplexe Ferrocyan- und in Kaliumionen gespalten:

$$K_4[Fe(CN)_6] \longrightarrow 4\overset{+}{K} \ldots\ldots \overset{====}{[Fe(CN)_6]}.$$

Durch Umsetzung des in Wasser leicht löslichen gelben Blutlaugensalzes mit Metallsalzlösungen erhält man die in Wasser im allgemeinen schwer löslichen Ferrocyanide der betreffenden Metalle.

Versuch 491. Man vermischt die Lösung des gelben Blutlaugensalzes mit:

1. Silbernitratlösung,
2. Bleinitratlösung,
3. Cuprisulfatlösung.

In den beiden ersten Fällen erhält man weiße Ferrocyanide, im dritten Falle eine bordeauxrote, gelatinöse Fällung von Cupriferrocyanid (vgl. S. 376).

Die Entstehung der Verbindung mit Cuprisulfat verläuft nach folgender Gleichung:

$$K_4[Fe(CN)_6] + 2CuSO_4 = 2K_2SO_4 + Cu_2[Fe(CN)_6].$$

Auch mit Ferrisalzen vermag sich Ferrocyankalium umzusetzen. Spielt sich diese Reaktion in äquimolekularem Verhältnis ab, so bildet sich zunächst kolloides, lösliches Berlinerblau:

$$K_4[Fe(CN)_6] + FeCl_3 = 3KCl + KFe[Fe(CN)_6],$$

das also als Kaliumferriferrocyanid aufzufassen ist.

Ist aber ein Überschuß von Ferrichlorid zugegen, so wird auch das letzte Kaliumatom durch dreiwertiges Eisen ersetzt:

$$3KFe[Fe(CN)_6] + FeCl_3 = Fe_4[Fe(CN)_6]_3 + 3KCl.$$

Das hierbei entstehende Ferriferrocyanid $Fe_4[Fe(CN)_6]_3$ ist das wegen seiner schönen blauen Farbe und seiner verhältnismäßig großen Beständigkeit geschätzte Berlinerblau, das von Alkali unter Abscheidung von Ferrihydroxyd in gelbes Blutlaugensalz zurückverwandelt wird:

$$Fe_4[Fe(CN)_6]_3 + 12KOH = 4Fe(OH)_3 + 3K_4[Fe(CN)_6].$$

Versuch 492. Auf Zusatz von verdünnter Ferrichloridlösung zu einer Lösung von gelbem Blutlaugensalz scheidet sich tiefblau gefärbtes Berlinerblau ab. Fügt man Natronlauge hinzu und rührt um, so verschwindet der blaue Niederschlag, und es tritt an seine Stelle die braune, schleimige Fällung des Ferrihydroxyds.

Durch Behandlung von gelbem Blutlaugensalz mit Halogenen entsteht eine in prachtvollen dunkelroten, monoklinen Prismen krystallisierende Substanz, die als rotes Blutlaugensalz bezeichnet wird:

$$2K_4[Fe(CN)_6] + Br_2 = 2KBr + 2K_3[Fe(CN)_6].$$

Versuch 493. Man vermischt Kaliumferrocyanidlösung mit gesättigtem Bromwasser. Die Bildung des „roten" Blutlaugensalzes gibt sich sofort durch die Entstehung einer dunkelolivbraunen Lösung zu erkennen.

Auch das rote Blutlaugensalz findet technische Anwendung. Es dient im Laboratorium — wegen seines leichten Überganges in Kaliumferrocyanid — als Oxydationsmittel, wird ferner in der Färberei und zur Herstellung des Eisendruckpapieres gebraucht.

Das rote Blutlaugensalz ist als Kaliumsalz der komplexen Ferricyanwasserstoffsäure anzusehen und erleidet daher in wäßriger Lösung Spaltung in Wasserstoff- und komplexe Ferricyanionen:

$$K_3[Fe(CN)_6] \rightarrow 3\overset{+}{K} \ldots \equiv [Fe(CN)_6].$$

Mit Ferrosalzen reagiert Ferricyankalium unter Bildung eines tiefblauen Niederschlages, den man als Turnbull's Blau zu bezeichnen pflegt und dessen Entstehung man früher nach der Gleichung:

$$3FeSO_4 + 2K_3[Fe(CN)_6] = 3K_2SO_4 + Fe_3[Fe(CN_6)]_2$$

deutete.

Diese Anschauung, daß das Turnbull'sche Blau Ferroferricyanid vorstellt, trifft zweifellos nicht zu, doch hängt die Zusammensetzung des schönen blauen Niederschlages sehr von den Bedingungen ab, und es hat sich eine ganz sicher begründete Vorstellung von seiner chemischen Natur noch nicht gewinnen lassen.

Erkennung und analytische Bestimmung des Eisens. Eisen ist durch viele charakteristische Reaktionen, wie z. B. die Rhodanfärbung (vgl. S. 404), die Berlinerblaureaktion und so viele andere auffallende Erscheinungen, gekennzeichnet, daß sich sein Nachweis außerordentlich einfach gestaltet.

Zur quantitativen Bestimmung wird das Eisen entweder als Ferrihydroxyd gefällt und gewichtsanalytisch als Ferrioxyd bestimmt, oder maßanalytisch in der Ferroform mit Normalpermanganatlösung titriert (vgl. S. 396).

2. Nickel. Ni.

Atomgewicht = 58,68.

Nickel findet sich als Kupfernickel NiAs, als Millerit NiS, als Speiskobalt (Co, Ni, Fe)As_2 und als Garnierit (Ni, Mg)$_2Si_4O_{13} + 2H_2O$, der vor allem in Neukaledonien vorkommt. Die Gewinnung des Nickels ist ziemlich umständlich und kompliziert.

Eigenschaften des Nickels.

Nickel ist ein hartes, zähes Element von schönem, weißen Glanze und hoher Politurfähigkeit, das bei 1484° schmilzt.

In mancher Beziehung gleicht es dem Eisen, wie z. B. in der Magnetisierbarkeit, andere Eigenschaften lassen eine gewisse Ähnlichkeit mit dem Kupfer hervortreten. Zum Unterschied von Eisen ist es sehr luftbeständig.

Nickelooxyd und die Nickelsalze.

Das Nickelooxyd NiO leitet sich von zweiwertigem Nickel ab; ebenso das Hydroxyd $Ni\langle{}^{OH}_{OH}$, das aus den Lösungen der Nickelosalze durch Kali- oder Natronlauge als hellgrün gefärbter Niederschlag gefällt wird.

Wird der Niederschlag mit Hypochloriten behandelt, so findet Oxydation statt, und es scheidet sich braunschwarzes Nickeldioxyd ab.

Versuch 494. Man versetzt eine Lösung von Nickelosulfat mit Chlorkalklösung und erwärmt kurze Zeit. Der hierbei ausfallende, zunächst heller gefärbte Niederschlag wird alsbald fast schwarz.

Die Struktur dieses Nickeldioxyds weist auf vierwertiges Nickel hin:

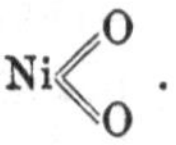

Die üblichen **Salze** des Nickels: Chlorid, Sulfat, Nitrat usw., sind Nickeloverbindungen. Sie sind in wasserhaltigem Zustande schön grün, in wasserfreiem gelb gefärbt.

Nickelosulfat $NiSO_4 + 7H_2O$ bildet grüne, in Wasser leicht lösliche Krystalle, die mit Zink-, Magnesium-, und Eisenvitriol isomorph sind. Fügt man zu seiner wäßrigen Lösung Ammoniak, so entsteht eine an die ammoniakalische Kupferlösung erinnernde, tiefblaue Lösung, die ein komplexes Salz: Tetramminnickelsulfat $Ni(NH_3)_4SO_4 \cdot 2H_2O$, enthält.

Versuch 495. Man gibt zu einer wäßrigen Lösung von Nickelosulfat zunächst nur wenige Tropfen wäßriges Ammoniak: Grünlichblaue Fällung, die sich im Überschuß von Ammoniak mit schön blauer Farbe löst.

Nickelosulfid NiS fällt als tiefschwarzer Niederschlag beim Versetzen einer Nickelosalzlösung mit Schwefelammonium aus und spielt bei der Analyse der Nickelverbindungen eine Rolle.

Nickeltetracarbonyl $Ni(CO)_4$. Dieser sehr eigentümliche und interessante Stoff — es ist eine farblose, scharf riechende, bei 43° siedende Flüssigkeit — bildet sich beim Überleiten von Kohlenoxyd über fein verteiltes, auf 80—100° erhitztes Nickel. Es zerfällt beim Erhitzen glatt in Nickel und Kohlenoxyd. Aus der Bestimmung des optischen Brechungsvermögens folgt für die Struktur des Nickeltetracarbonyls die Annahme achtwertigen Nickels, so daß es durch die Formel:

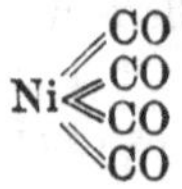

wiederzugeben ist.

Bedeutung und Anwendungen des Nickels.

Nickel wird wegen seiner Luftbeständigkeit, wegen seines schönen Glanzes und weil es ein zähes, widerstandsfähiges Metall ist, in großen Mengen zur Herstellung von Gerätschaften, Geschirr und Gegenständen der verschiedensten Art verwendet.

Auch zur Vernickelung von Eisen, Messing und anderen Metallen dient es in ausgedehntem Maße. Die Vernickelung gelingt am besten auf galvanischem Wege, wobei man sich der blauen Lösung des oben erwähnten komplexen Salzes bedienen kann.

Versuch 496. Man bringt in eine mit überschüssigem Ammoniak versetzte, wäßrige Nickelsulfatlösung eine blanke Kupferplatte und ein dünnes Platinblech. Die Kupferplatte wird mit dem negativen, das Platinblech mit dem positiven Pol eines Akkumulators verbunden. Nach kurzer Zeit hat sich die Kupferplatte mit einem grauen Überzug von Nickel bedeckt.

Zahlreich sind auch die nickelhaltigen Legierungen, z. B.:

Nickelmünze . . . . 75% Cu, 25% Ni;
Neusilber . . . . 50% Cu, 25% Ni, 25% Zn;
Nickelstahl.

Für die Herstellung des Nickelstahls, der sich durch außerordentliche Festigkeit und Widerstandsfähigkeit auszeichnet, wird die Hauptmenge des produzierten Nickels verbraucht. Für das Laboratorium und die Technik ist die Eigenschaft des fein verteilten Nickels, den Wasserstoff auf andere geeignete Stoffe übertragen zu können, also als hervorragender Katalysator zu wirken, von großer Bedeutung geworden.

3. Kobalt. Co.

Atomgewicht = 58,97.

Unter den Kobaltmineralien treten an Bedeutung hervor der bereits beim Nickel erwähnte Speiskobalt $(Co, Ni, Fe)As_2$, Glanzkobalt $CoS_2 \cdot CoAs_2$ und Safflorit $(Co, Fe, Ni)As_2$. Die Verarbeitung auf reines metallisches Kobalt ist nicht sehr ergiebig.

Kobalt ist ein zähes Metall von schönem, rötlichweißem Glanze, das gegen 1500° schmilzt.

Oxyde und Verbindungsreihen des Kobalts.

Die Oxyde des Kobalts entsprechen denen des Eisens.

1. CoO: Kobaltooxyd (Kobalt(2)-oxyd) und die Kobaltosalze CoX_2 (X = einwertiges Atom).
2. Co_2O_3: Kobaltioxyd (Kobalt(3)-oxyd) und die Kobaltisalze CoX_3.

Kobaltoverbindungen.

1. Kobaltohydroxyd $Co(OH)_2$. Versetzt man eine Lösung von Kobaltochlorid mit wenig Natronlauge, so fällt zunächst ein blaues basisches Salz aus, das beim Erwärmen mit Alkali in normales Kobaltohydroxyd übergeht:

$$1.\quad Co\begin{matrix}\diagup Cl\\ \diagdown Cl\end{matrix} + NaOH = NaCl + Co\begin{matrix}\diagup OH\\ \diagdown Cl\end{matrix}\,.$$

$$2.\quad Co\begin{matrix}\diagup OH\\ \diagdown Cl\end{matrix} + NaOH = NaCl + Co\begin{matrix}\diagup OH\\ \diagdown OH\end{matrix}\,.$$

Versuch 497. Man fügt zu wenig Kobaltochloridlösung etwas Natronlauge hinzu: blaue Fällung. Beim Erwärmen mit mehr Natronlauge schlägt die Farbe in rosenrot um.

2. Kobaltosulfid CoS stellt einen tiefschwarzen Niederschlag vor, den man aus Kobaltosalzen mit Schwefelammonium erhält.

3. Kobaltonitrat $Co(NO_3)_2 + 6H_2O$ (Kobalt(2)-nitrat) krystallisiert in erdbeerroten, monoklinen Krystalltafeln und löst sich in Wasser mit der gleichen Farbe. Fügt man aber zu dieser wäßrigen Lösung rauchende Salzsäure hinzu, so schlägt die Farbe in ein schönes Blau um. Auf Zusatz von Wasser wird sie wieder rot usw.

Da man die Beobachtung macht, daß die wasserfreien Kobaltsalze häufig blau gefärbt sind, im Gegensatz zu den krystallwasserhaltigen, die durch eine rötliche Farbe ausgezeichnet sind, so liegt es nahe anzunehmen, daß auch in den roten Lösungen wasserreiche Hydrate, in den blauen wasserarme oder wasserfreie Salze vorliegen.

Ob diese Annahme richtig ist, scheint indessen fraglich zu sein. Auf dem Farbenunterschied zwischen wasserfreien und wasserhaltigen Kobaltsalzen beruhen verschiedene Anwendungen, wie z. B. die sympathetische Tinte, die Wetterbilder, Wetterfiguren usw.

Kobaltiverbindungen.

Die auf Kobaltioxyd Co_2O_3 zurückgehenden einfachen Salze des dreiwertigen Kobalts sind wenig stabil. — Von großer Beständigkeit sind dagegen die in einer überraschend großen Zahl bekannten komplexen Salze dieser Oxydationsstufe.

Kobaltikaliumnitrit $[Co(NO_2)_6]K_3$ — Hexanitritokobaltikalium. Dieses wichtige Salz bildet sich, wenn die mit Kaliumnitrit versetzte Lösung eines Kobaltosalzes mit Essigsäure angesäuert wird. Es ist so außerordentlich schwer löslich, daß es zum Nachweis und zur Abscheidung des Kobalts Verwendung findet. Umgekehrt kann die Bildung dieses Niederschlages und der analog zusammengesetzten, die an Stelle des Kaliums Rubidium und Cäsium enthalten, zum Nachweis dieser drei Elemente dienen, wobei man sich als Reagens des in Wasser leicht löslichen Hexanitritokobaltinatriums bedient.

Nachweis des Kobalts.

Kobalt ist ein Metall, dessen Nachweis durch eine Fülle von charakteristischen Erscheinungen erleichtert wird.

Die rote, respektive blaue Farbe der Salze, das schwer lösliche komplexe Hexanitritokobaltikalium, das gefärbte Hydroxyd usw. lassen keinen Zweifel an der Natur dieses Elementes. Auch die blaue Farbe, die eine Borax- (vgl. S. 288), bzw. Phosphorsalzperle (vgl. S. 323) mit Kobaltverbindungen in der Glühhitze annimmt, gestattet eine Erkennung des Elements, auch wenn es nur in winzigen Mengen zur Untersuchung vorliegt.

Es sei auch erinnert an die mit Kobaltverbindungen auf der Lötrohrkohle erzeugten gefärbten Stoffe: Thénards Blau (vgl. S. 390) und Rinmanns Grün (vgl. S. 365).

Verwendungen des Kobalts.

Die Hauptverwendung des Kobalts besteht in der Herstellung von blauem Kobaltglas, das gepulvert unter dem Namen Smalte in den Handel kommt und eine wertvolle Malerfarbe vorstellt.

J. Die komplexen Verbindungen.

Es ist bereits früher darauf hingewiesen worden, daß die Valenz zwar eine den Elementaratomen innewohnende Eigenschaft ist, daß sie aber je nach der Temperatur und der Art der miteinander in Bindung tretenden Atome **wechseln** kann (vgl. S. 171).

So wurde z. B. festgestellt, daß sich Phosphor gegen Wasserstoff dreiwertig verhält, daß er dagegen mit Chlor in zweierlei Verhältnissen zusammentritt, wobei die beiden wichtigen Verbindungen:

PCl_3, Phosphortrichlorid und

PCl_5, Phosphorpentachlorid

entstehen (vgl. S. 118).

Da sich in der Kälte das Pentachlorid bildet, dieses aber in der Hitze in Trichlorid und Chlor dissoziiert:

$$PCl_5 = PCl_3 + Cl_2,$$

so wird man annehmen müssen, daß der Phosphor in der Kälte gegen Chlor fünf, in der Hitze dagegen nur drei Wertigkeiten zu betätigen vermag.

Allein auch durch die Lehre von der wechselnden Valenz lassen sich nicht alle Erscheinungen deuten, es sei denn, daß man die Annahme macht, die Valenz könne jeden beliebigen Zahlenwert annehmen.

Diese Hypothese — die zudem den Nutzen der valenzchemischen Betrachtungen vollkommen aufheben würde — ist indessen, wie im folgenden gezeigt werden soll, irrig.

Betrachtet man die Zusammensetzung folgender Verbindungen, die teils schon besprochen sind, teils erst später Erwähnung finden werden:

$K_4[Fe(CN)_6]$:	Kaliumferrocyanid vgl. S. 405)
$H_4[Fe(CN)_6]$:	Ferrocyanwasserstoff (vgl. S. 405)
$K_3[Fe(CN)_6]$:	Kaliumferricyanid (vgl. S. 406)
$H_3[Fe(CN)_6]$:	Ferricyanwasserstoff (vgl. S. 407)
$[Cu(NH_3)_4]SO_4 \cdot H_2O$:	Tetrammincuprisulfat (vgl. S. 375)
$[Co(NO_2)_6]K_3$:	Hexanitritokobaltikalium vgl. S. 410)
$H_2[PtCl_6]$:	Chloroplatinsäure (vgl. S. 433)
$K_2[PtCl_6]$:	Kaliumchloroplatinat (vgl. S. 433) usw.,

so erkennt man die große Schwierigkeit, ihre Struktur vom Standpunkte der Valenz zu deuten.

Nun läßt sich mit aller Exaktheit experimentell zeigen, daß alle diese und eine sehr große Zahl ähnlich gebauter Verbindungen in wäßriger Lösung so dissoziieren, daß nur 2 Ionenarten auftreten, z. B.:

$$K_4[Fe(CN)_6] \rightarrow 4\overset{+}{K} \cdots\cdots\cdots\cdots \overset{\equiv\equiv}{[Fe(CN_6)]}$$

$$[Cu(NH_3)_4]SO_4 \rightarrow [Cu(\overset{++}{N}H_3)_4] \cdots\cdots\cdots\cdots \overset{=}{SO_4} \quad \text{usw.}$$

Die eine Ionenart stellt die bekannten (vgl. S. 327), beim Auflösen der Elektrolyte in Wasser sich regelmäßig bildenden Anionen und Kationen wie:

$$\overset{+}{K} \quad \overset{+}{Na} \quad \overset{+}{Li} \quad \overset{++}{Ca} \cdots\cdots \overset{-}{Cl} \quad \overset{-}{NO_3} \quad \overset{--}{SO_4}$$

vor, die andere dagegen besteht aus mehr oder weniger umfangreichen, in der verschiedenartigsten Weise gebauten Komplexen.

Man bezeichnet diese als komplexe Ionen.

Diejenigen Verbindungen, die bei der elektrolytischen Dissoziation unter Bildung von einerseits normalen, einfachen, andererseits von komplexen Ionen gespalten werden, heißen komplexe Verbindungen.

Es fragt sich nun, wie man die früher entwickelten Anschauungen über die Valenz auf diese Stoffe übertragen kann, respektive in welcher Weise man sie aufzubauen hat.

Da läßt sich nun zunächst eine Tatsache von fundamentaler Bedeutung feststellen, daß nämlich an der Valenz des den Komplex bildenden Atoms — wie sie uns von seinen einfachen Verbindungen her bekannt ist — **nichts geändert ist.**

Z. B. ist im Kaliumferrocyanid $K_4[Fe(CN)_6]$ das Eisenatom nach wie vor zweiwertig, im Hexanitritokobaltikalium $[Co(NO_2)_6]K_3$ das Kobaltatom dreiwertig, in der Chloroplatinsäure $H_2[PtCl_6]$ das Platinatom vierwertig.

Dasselbe gilt für folgende komplexe Salze des Kobalts, in denen das Kobaltatom in allen Fällen dreiwertig ist:

$$[Co(NH_3)_6]Cl_3,$$
$$[ClCo(NH_3)_5]Cl_2,$$
$$[Cl_2Co(NH_3)_4]Cl;$$

oder für die verschiedenen Hydrate des Chromchlorids (vgl. S. 428):

$$[Cr(H_2O)_6]Cl_3,$$
$$[ClCr(H_2O)_5]Cl_2 \cdot H_2O,$$
$$[Cl_2Cr(H_2O)_4]Cl \cdot 2H_2O.$$

Um diese Formeln und die *Wertigkeit* des „*Zentralatoms*“ übersehen zu können, muß man sich überlegen, daß von den im Komplex vorhandenen und um das Zentralatom gruppierten „Liganden“ nur die **Ionen**, also z. B. Cl, Br, NO_2 usw., *für die* **Valenz** in Betracht kommen, *daß dagegen hierbei die neutralen Moleküle* H_2O und NH_3, die sich bei der Bildung solcher Komplexverbindungen außerordentlich ähnlich verhalten, **keine Rolle spielen.**

Da aber diese letzteren durch irgendwelche Kräfte, wenn auch noch so locker, gebunden sein müssen, so hat man nach der von *Werner* aufgestellten Theorie zu unterscheiden zwischen **Hauptvalenzen** und **Nebenvalenzen.**

Die *Hauptvalenzen* — die nach der modernen Anschauung durch Elektronenaustausch zustande kommen — treten bei der Bildung von *Verbindungen* **erster Ordnung** in Funktion. Es sind dies die in großer Zahl bekannten Moleküle, wie z. B.:

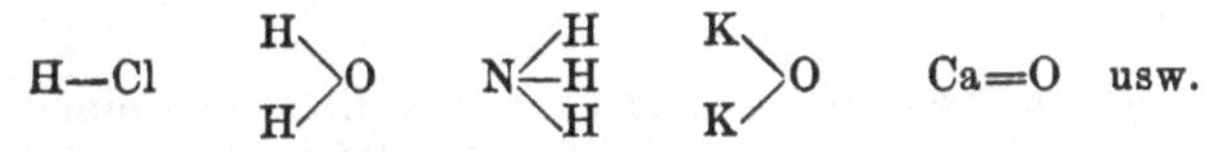

Durch Zusammenlagerung derartiger Stoffe bilden sich dann *unter Betätigung von Nebenvalenzen die Verbindungen* **zweiter Ordnung.**

Man kann diesen Vorgang — um eines der oben angeführten Beispiele zu gebrauchen — etwa an der Bildung der *Chloroplatinsäure* studieren, muß aber die zunächst noch unbewiesene Annahme machen, daß sich im Moleküle des Platinchlorids $PtCl_4$ außer den 4 Hauptvalenzen noch zwei Nebenvalenzen — *durch punktierte Linien angedeutet* — befinden. Durch diese werden dann 2 *Moleküle Salzsäure* fixiert, worauf sich durch Umgruppierung der Komplex $[PtCl_6]$ bildet:

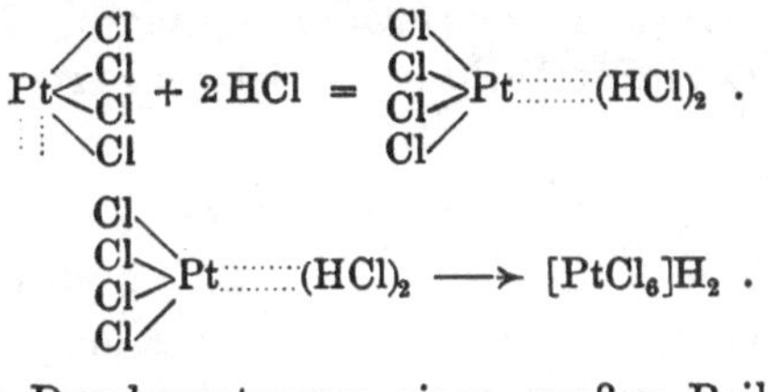

Bei gründlicher Durchmusterung einer großen Reihe komplexer Verbindungen ergibt sich nun weiter die sehr überraschende und höchst wichtige

Tatsache, daß die Zahl der zum Aufbau eines vollen Komplexes nötigen, um das Zentralatom gruppierten Liganden (Atome, Moleküle, Radikale) in der überwiegenden Zahl von Fällen **6**, in weniger zahlreichen Fällen **4** und sehr selten **2** oder **8** beträgt.

Bezeichnet man diese für den Bau der Komplexe entscheidende Zahl als **Koordinationszahl**, so erhebt sich die Frage, warum gerade die Zahl 6 begünstigt ist und welcher Sinn den Koordinationszahlen überhaupt zugrunde liegt.

Diese Frage ist dahin zu beantworten, daß sich in der Koordinationszahl eine ganz bestimmte **räumliche** Anordnung der Liganden um das Zentralatom ausdrückt.

Aus Betrachtungen komplizierter Art, auf die hier nicht näher eingegangen werden kann, folgt mit Sicherheit, daß beim **Kohlenstoff**, wo die Valenzzahl mit der Koordinationszahl 4 zusammenfällt, allgemein die 4 Liganden an den Ecken eines regulären Tetraeders stehen, in dessen Mittelpunkt sich das Kohlenstoffatom befindet. (Vgl. Fig. 138.)

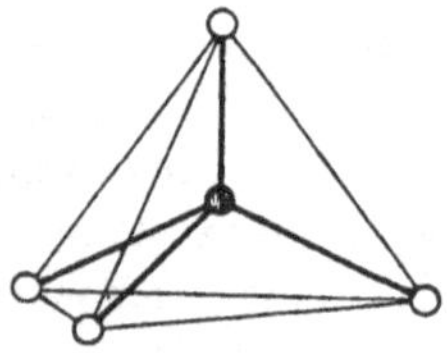

Fig. 138.

Bei den anorganischen Komplexen mit der Koordinationszahl **4** dürfen wir dagegen eine solche räumliche Anschauung nicht zugrunde legen, da z. B. von dem Komplex:

$$[Pt(NH_3)_2Cl_2]$$

zwei Formen existieren, die voneinander verschieden sind.

Dies ist ausgeschlossen, wenn man annimmt, daß auch einem derartigen Komplex eine tetraedrische Anordnung der Liganden um das Zentralatom zugrunde liegt. Man kann sich leicht davon überzeugen, daß es in dem System der Figur 139 gleichgültig ist, an welcher der 4 Ecken des Tetraeders die 2 NH_3-Gruppen und die 2 Cl-Atome untergebracht werden. Sämtliche Formen sind miteinander identisch.

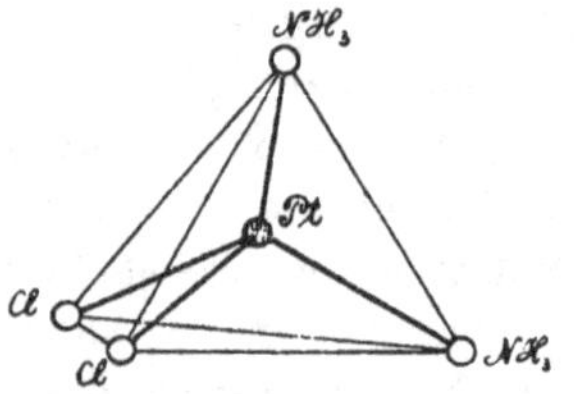

Fig. 139.

Ganz anders liegen die Dinge aber, wenn die 4 Liganden in einer Ebene liegen, also z. B. an den Ecken eines regelmäßigen Vierecks stehen, in dessen Mittelpunkt sich das Zentralatom befindet. Dann müssen — in Übereinstimmung mit den Beobachtungen — zwei Formen auftreten. Sie entsprechen den Formeln:

$$\begin{matrix} NH_3 & & Cl \\ & >Pt< & \\ NH_3 & & Cl \end{matrix} \quad \text{und} \quad \begin{matrix} NH_3 & & Cl \\ & >Pt< & \\ Cl & & NH_3 \end{matrix} .$$

Die Häufigkeit des Vorkommens von Komplexen mit der Koordinationszahl 6 deutet auf eine besonders stabile Gruppierung der 6 Liganden hin.

Man wird vor allem an ein reguläres Sechseck — falls die Liganden in einer Ebene liegen — und an ein reguläres Oktaeder denken — falls sie räumlich angeordnet sind.

Aus experimentellen Beobachtungen, deren nähere Darlegung zu weit führen würde, hat sich das Resultat ergeben, daß bei Komplexen mit der Koordinationszahl 6 die Verteilung der 6 Liganden an den Ecken eines Sechsecks ausgeschlossen ist und daß hierfür nur ein reguläres **Oktaeder** in Frage kommen kann.

Das Auftreten von z. B. 2 Dinitrotetramminkobaltisalzen:

$[(NO_2)_2Co(NH_3)_4]X$

findet durch die Figuren 140 und 141 eine einfache Erklärung.

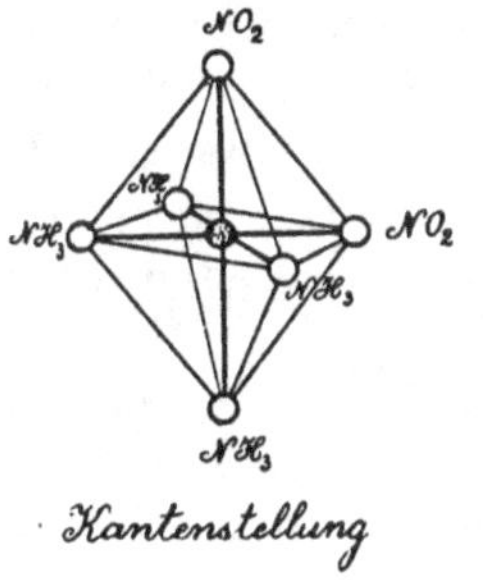

Fig. 140.

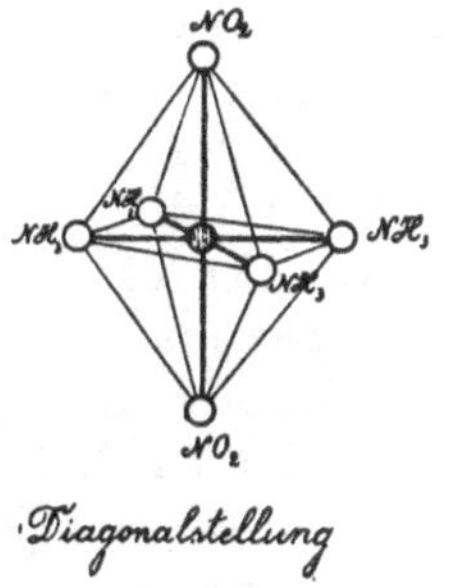

Fig. 141.

Den Beweis für die Richtigkeit dieser Anschauungen hat man in folgenden experimentellen Beobachtungen zu sehen:

Stellt man Komplexe der Koordinationszahl 6 her, in denen sich 2 **zwei**wertige Liganden, wie z. B. Äthylendiamin $C_2H_4(NH_2)_2$ oder Oxalsäure $(COOH)_2$, befinden, so werden von diesen im Sinne der Oktaederanschauung je 2 benachbarte Ecken des Oktaeders besetzt, so daß sich für einen Komplex

$[COX_2(en)_2]$ (wo en 1 Molekül Äthylendiamin bedeutet)

die Möglichkeiten der Figuren 142 und 143 ergeben.

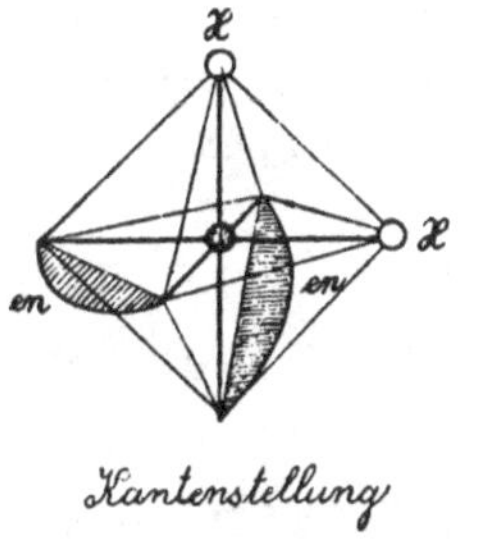

Fig. 142.

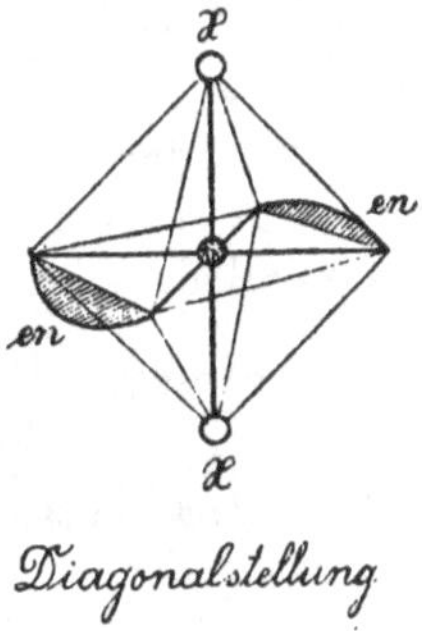

Fig. 143.

Das eine dieser beiden Systeme, nämlich das, in welchem die Liganden sich in „Kantenstellung" befinden, läßt sich durch zwei verschiedene Konfigurationen ausdrücken. (Fig. 144 und 145.)

Sie lassen sich nicht zur Kongruenz bringen, verhalten

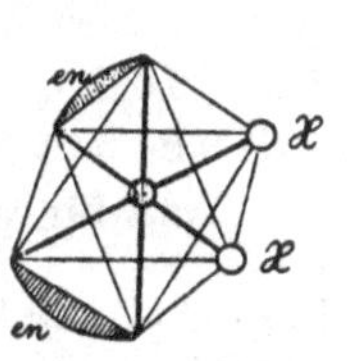

Fig. 144.

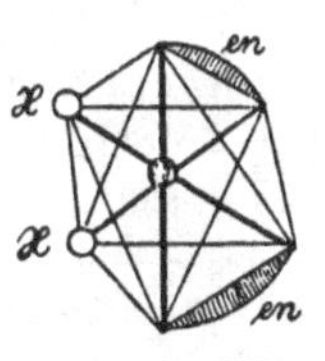

Fig. 145.

sich vielmehr wie die rechte Hand zur linken Hand, wie ein Bild zu seinem Spiegelbild und werden daher Spiegelbildisomere[1] genannt.

Solche Spiegelbildisomere, wie sie insbesondere die organische Chemie in großer Zahl kennt, drehen die Ebene des polarisierten Lichtes um den gleichen, aber entgegengesetzten Betrag: **Sie sind optisch aktiv.**

Bei der Darstellung einer derartigen Verbindung sind die Chancen für die Entstehung der beiden entgegengesetzt optisch aktiven Modifikationen gleich, man erhält sie daher in gleichen Mengen, so daß das Reaktionsprodukt optisch inaktiv ist. Es läßt sich aber — nach Methoden, auf die hier nicht weiter eingegangen werden soll — ohne Schwierigkeit in die optisch aktiven Komponenten spalten.

Alle diese aus einem reichen Beobachtungsmaterial gewonnenen Erkenntnisse lassen keinen Zweifel daran, daß die Anschauung über die tetraedische bzw. oktaedrische Anordnung der Liganden um das Zentralatom von Komplexverbindungen richtig und sicher begründet ist.

Daß die Koordinationszahl für die Bildung und Zusammensetzung anorganischer Moleküle von größter Bedeutung ist und uns manche Erscheinungen zwanglos erklärt, deren Deutung sonst schwierig ist, ergibt sich aus zahlreichen Erscheinungen der anorganischen Chemie.

Besondere Schwierigkeiten bereitet z. B. die Unterbringung des Krystallwassers im Verbande der Moleküle.

Wenn man sich aber die in der Chemie der Komplexverbindungen durch vielfache Beobachtungen erhärtete Erfahrung zunutze macht, daß im Komplex stehende Ammoniakmoleküle ohne weiteres durch Wasser ersetzt werden können, so wird man berechtigt sein, den krystallwasserhaltigen Kupfervitriol mit dem komplexen Tetrammincuprisulfat (vgl. S. 375) in Parallele zu setzen:

$$[Cu(NH_3)_4]SO_4 \cdot H_2O, \text{ Tetrammincuprisulfat,}$$
$$[Cu(H_2O)_4]SO_4 \cdot H_2O, \text{ Cuprisulfat.}$$

Ebenso entsprechen sich die Komplexverbindungen:

$$[Cr(NH_3)_6]Cl_3, \text{ Hexamminchromichlorid und}$$
$$[Cr(H_2O)_6]Cl_3, \text{ Hexaaquochromichlorid.}$$

Auch die früher bereits zur Sprache gebrachte Erscheinung (vgl. S. 249), daß die phosphorige Säure trotz ihrer Formel H_3PO_3 eine zweibasische und die unterphosphorige Säure H_3PO_2 eine einbasische Säure vorstellt, erklärt sich ungezwungen aus der Bedeutung, die die Koordinationszahl — in diesem Falle beträgt sie 4 — auch für ganz einfache Komplexe besitzt.

[1] Man versteht unter Isomerie die Eigenschaft von (organischen und anorganischen) Verbindungen, bei gleicher Zusammensetzung und Molekulargröße verschiedenes Verhalten zu zeigen.

Man hat daher in den beiden Fällen Komplexbildung in folgendem Sinne anzunehmen:

$[HPO_3]H_2$ — Phosphorige Säure

$[H_2PO_2]H$ — Unterphosphorige Säure

Man wird nicht fehlgehen in der Annahme, daß neben den Hauptvalenzen auch die Nebenvalenzen und die durch die Koordinationszahl bedingte Art der Komplexbildung bei der Mehrzahl der anorganischen Verbindungen von entscheidender Bedeutung sind.

K. Die Metalle Zinn und Blei.

1. Zinn. Sn (Stannum).

Atomgewicht = 118,7.

Zinn ist bereits im Altertum bekannt gewesen und kommt in der Natur hauptsächlich als Zinnstein SnO_2 in prachtvoll ausgebildeten, schwarz glänzenden Krystallen des tetragonalen Systems vor.

Durch Glühen mit Kohle wird der Zinnstein leicht zum Metall reduziert, das man weiter durch Umschmelzen reinigt. Am reinsten ist das von der Insel Banka gewonnene Zinn.

Eigenschaften des Zinns.

Zinn ist ein zähes, weißglänzendes Metall, das bereits bei 231,5° schmilzt und bei 2270° siedet.

Es besitzt krystallinisches Gefüge, was man an dem eigentümlichen Geräusch beim Biegen von Zinnstangen oder -platten erkennt (Zinngeschrei).

Zinn existiert in mehreren Modifikationen, die sich nicht unwesentlich voneinander unterscheiden.

Die gewöhnliche, allbekannte Form des Zinns ist nur oberhalb + 18° stabil, sie befindet sich also unterhalb von dieser Temperatur in einem metastabilen Zustande.

Wird Zinn längere Zeit einer tiefen Temperatur ausgesetzt, so wandelt es sich freiwillig in eine graue, pulverförmige Modifikation um, die als die bis +18° stabile zu bezeichnen ist.

Man kann die Umwandlung des metallischglänzenden Zinns unterhalb der erwähnten Temperatur durch „Impfen" mit der grauen Modifikation auslösen und beschleunigen (Zinnpest).

Von Säuren wird Zinn lebhaft angegriffen. Mit Salzsäure bildet sich daraus Stannochlorid:

$$Sn + 2HCl = H_2 + SnCl_2.$$

Versuch 498. Zinnspäne werden im Reagenzglas mit konzentrierter Salzsäure übergossen und gelinde erwärmt. Sie lösen sich unter Wasserstoffentwicklung.

Salpetersäure führt Zinn in weiße, unlösliche Metazinnsäure H_2SnO_3 über.

Versuch 499. Man bringt zerschnittenes Stanniol im Reagenzglase mit konzentrierter Salpetersäure zusammen: Heftige Reaktion und Bildung eines weißen, aus Metazinnsäure bestehenden Pulvers.

Oxyde und Verbindungen des Zinns.

Zinn bildet 2 Oxyde und 2 von diesen abstammende Salzreihen:

1. SnO: Stannooxyd (Zinn(2)-oxyd) und die Stannosalze SnX_2 (X = einwertiges Atom).
2. SnO_2: Stannioxyd (Zinn(4)-oxyd) und die Stannisalze SnX_4.

a) Stannooxyd, Stannite und die Stannosalze.

1. Stannohydroxyd $Sn{<}^{OH}_{OH}$ fällt aus den Lösungen der Stannosalze mit Kali- oder Natronlauge als weißer Niederschlag aus, der sich im Überschuß des Fällungsmittels unter Bildung eines Stannits wieder löst:

$$Sn{<}^{Cl}_{Cl} + 2\,NaOH = Sn{<}^{OH}_{OH} + 2\,NaCl\,,$$

$$Sn{<}^{OH}_{OH} + NaOH = H_2O + Sn{<}^{ONa}_{OH}\,,$$

$$Sn{<}^{OH}_{OH} + 2\,NaOH = 2\,H_2O + Sn{<}^{ONa}_{ONa}\,.$$

Diese Stannite stellen starke Reduktionsmittel vor, die sich beim Erwärmen unter Abscheidung von metallischem Zinn in Stannate verwandeln:

$$2Na_2SnO_2 + H_2O = Na_2SnO_3 + 2NaOH + Sn.$$

2. Stannochlorid $SnCl_2 + 2H_2O$ (Zinn(2)-chlorid), gewöhnlich Zinnchlorür genannt, krystallisiert in schönen, in Wasser leicht löslichen, monoklinen Tafeln und stellt ein ausgezeichnetes Reduktionsmittel vor: Schweflige Säure wird davon zu Schwefelwasserstoff, Mercurisalze werden zu Mercuroverbindungen und freiem Quecksilber reduziert, aus Silber- und Goldlösungen die freien Metalle, zum Teil in kolloidaler Form, abgeschieden usw. Auch in der organischen Chemie wird Stannochlorid als beliebtes Reduktionsmittel viel verwendet.

3. Stannosulfid SnS (Zinn(2)-sulfid) wird aus Stannosalzen durch Schwefelwasserstoff als dunkelbrauner, in **gelbem** Schwefelammonium löslicher Niederschlag gefällt. Die Löslichkeit in Schwefelammonium beruht auf der Bildung eines Sulfostannats:

$$SnS + (NH_4)_2S_2 = (NH_4)_2SnS_3.$$

b) Stannioxyd, Stannate und Stannisalze.

1. Stannihydroxyd $Sn(OH)_4$ Zinnsäure. Versetzt man die Lösung eines Stannisalzes vorsichtig mit Kali- oder Natronlauge, so fällt ein weißer, gelatinöser Niederschlag etwa von der Zusammensetzung $Sn(OH)_4 \cdot 2H_2O$ aus, der im lufttrockenen Zustande der Formel $Sn(OH)_4$ entspricht und Zinnsäure genannt wird.

Im Überschuß von Natronlauge löst sich Zinnsäure zu einem Stannat auf:

$$Sn(OH)_4 + 2NaOH = 2H_2O + Sn\begin{cases} ONa \\ ONa \\ OH \\ OH \end{cases};$$

Auch das natürlich vorkommende Zinndioxyd gibt beim Schmelzen mit Alkalien Stannate.

Natriumstannat wird unter dem Namen „Präpariersalz" in der Färberei verwendet.

Zinnsäure wandelt sich beim längeren Stehen, schneller beim Erhitzen, unter gleichzeitigem Wasserautritt in eine polymere Form von ganz anderen Eigenschaften: Metazinnsäure, um. Diese entspricht der Zusammensetzung H_2SnO_3 und entsteht — wie oben bereits erwähnt worden ist — aus Zinn und Salpetersäure. Da die Metazinnsäure die Fähigkeit hat, Phosphorsäure — die bei der analytischen Prüfung von Metallgemischen störend wirkt — zu adsorbieren und dadurch zu entfernen, so spielt sie in der Analyse eine nicht unwichtige Rolle.

2. Stannichlorid $SnCl_4$ (Zinn(4)-chlorid) bildet sich aus Chlor und metallischem Zinn und stellt eine farblose, bei 114° siedende Flüssigkeit vor, die an der Luft raucht (daher der alte Name Spiritus fumans Libavii). Mit Wasser verbindet sich dieses Salz zu wohlkrystallisierten Hydraten, von denen das Pentahydrat $SnCl_4 \cdot 5H_2O$ in der Färberei benutzt wird.

Mit Salzsäure bildet Stannichlorid eine komplexe Säure, deren Ammoniumsalz in der Färberei als „Pinksalz" eine Rolle spielt.

3. Stannisulfid SnS_2 (Zinn(4)-Sulfid). Bei der Einwirkung von Schwefelwasserstoff auf die Lösung von Stannisalzen scheidet sich gelb gefärbtes Stannisulfid aus, das von Schwefelammonium — auch von farblosem — zu Sulfostannat gelöst wird:

$$SnS_2 + (NH_4)_2S = (NH_4)_2SnS_3.$$

Auch auf trockenem Wege, nämlich durch Erhitzen eines Gemisches von Zinn, Quecksilber, Schwefel und Salmiak erhält man Zinndisulfid in schönen, goldglänzenden Schuppen als Musivgold, das zum Bronzieren benutzt wird.

Nachweis des Zinns.

Sowohl die Verbindungen der Stanno- wie die der Stannireihe sind durch charakteristische Reaktionen, wie die Bildung von Stanniten und Stannaten, sowie durch das braune Stannosulfid und das gelbe Stannisulfid ausgezeichnet, so daß die Diagnose auf Zinn nicht schwer zu stellen ist.

Im Gange der quantitativen Analyse wird Zinn als Stannioxyd SnO_2 zur Wägung gebracht.

Verwendung und Bedeutung des Zinns.

Wegen seiner Luftbeständigkeit und seines schönen Glanzes wird Zinn als Stanniol und als Überzug von Metallen, wie Eisen und Kupfer, in großen Mengen verbraucht. Zur „Verzinnung" müssen die betreffenden Metalle eine völlig blanke Oberfläche haben.

Versuch 500. Eine blankgescheuerte Kupferplatte wird mit einer konzentrierten Zinkchloridlösung dick bestrichen und eine dünne Schicht von Streuzinn gleichmäßig darauf gestreut. Hierauf erhitzt man die Platte kräftig mit einem Dreibrenner und verreibt das Metall nach dem Schmelzen gleichmäßig mit einem Filzbausch.

Verzinntes Eisenblech wird Weißblech genannt.

Zahlreich sind die zinnhaltigen Legierungen, z. B.:

Schnellot	Sn und Pb,
Bronze	Sn und Cu,
Spiegelbelag	Sn und Hg usw.

Daß die Salze des Zinns, vor allem Stannochlorid $SnCl_2 \cdot 2H_2O$ als Zinnsalz, ferner das Präpariersalz und das Pinksalz, in der Färberei zum „Beizen" gebraucht werden, ist bereits erwähnt, ebenso ist auf die Bedeutung des Stannisulfids als „Musivgold" hingewiesen worden.

2. Blei. Pb.

Atomgewicht = 207,2.

Unter den Bleimineralien sind zu nennen: Weißbleierz $PbCO_3$, Rotbleierz $PbCrO_4$ und der ganz besonders wichtige Bleiglanz PbS.

Zur Darstellung des metallischen Bleis wird der Bleiglanz zunächst geröstet, dann bei Luftabschluß erhitzt. Hierbei spielen sich im wesentlichen folgende Vorgänge ab:

1. $PbS + 3\,O = \mathbf{PbO} + SO_2$.
2. $PbS + 2\,O_2 = \mathbf{PbSO_4}$.
3. $2PbO + PbS = \mathbf{3Pb} + SO_2$.
4. $PbSO_4 + PbS = \mathbf{2Pb} + 2\,SO_2$.

Eigenschaften des Bleis.

Blei ist ein sehr weiches Metall, das auf frischer Schnittfläche einen bläulichen Glanz zeigt, der an der Luft bald verschwindet. Es schmilzt bei 327° und siedet bei 1555°.

Scheidet man Blei aus den Lösungen seiner Salze durch Zink ab, so erhält man es in prachtvoll silberglänzenden, langen Krystallen (Bleibaum).

Versuch 501. Man füllt eine Lösung von 45 g Bleizucker in 2—2½ Litern Wasser und 65 g 50%iger Essigsäure in ein hohes Glasgefäß und hängt ein starkes, zackig ausgeschnittenes Zinkblech hinein. Die Bleiausscheidung beginnt sofort, und nach einigen Stunden haben sich schöne, am Zink sitzende Krystalle neben schwammförmig abgeschiedenem Metall gebildet.

So dargestellt, ist das Blei vollkommen rein.

Von reinem Wasser wird es bei Gegenwart von Luft unter Bildung von Bleihydroxyd stark angegriffen, von gewöhnlichem Leitungswasser dagegen nicht, weil die in diesem vorhandenen Sulfate und Bicarbonate auf der Oberfläche des Metalls einen Überzug von unlöslichen Salzen bilden, die das darunter liegende Blei schützen.

Versuch 502. Man füllt ein Glas mit destilliertem, ein zweites mit gewöhnlichem Wasser und stellt in die beiden Flüssigkeiten blankgescheuerte Bleiplatten hinein. Nach etwa 10—12 Stunden ist in dem destillierten Wasser eine reichliche Menge eines farblosen, flimmernden Niederschlages entstanden und man erhält mit Schwefelwasserstoffwasser eine starke braunschwarze Färbung. Die andere Probe ist unverändert und reagiert mit Schwefelwasserstoff nicht.

Blei wird von Salpetersäure unter Bildung von Bleinitrat leicht gelöst.

Oxyde und Verbindungsreihen des Bleis.

Blei bildet 3 Oxyde.

1. PbO: Bleioxyd (Blei(2)-oxyd). Davon leiten sich ab die gewöhnlichen Bleisalze PbX_2 (X = einwertiges Atom).

2. Pb_3O_4: Mennige.

3. PbO_2: Bleidioxyd (Blei(4)-oxyd). Davon leiten sich ab die Plumbisalze PbX_4.

1. Bleioxyd PbO und die Plumbosalze.

1. Bleioxyd PbO (Bleiglätte, Massicot) bildet eine orange oder gelbe, blättrig krystallinische Masse, die bei metallurgischen Operationen, z. B. bei der Gewinnung von Silber nach dem Treibverfahren in großen Mengen entsteht.

Bleihydroxyd $Pb(OH)_2$ oder Hydrate des Bleioxyds fallen beim Vermischen von Bleisalzlösungen mit Kali- oder Natronlauge als weiße Niederschläge aus, die von einem Überschuß der Alkalien unter Entstehung von Plumbiten gelöst werden, z. B.:

$$Pb\langle{}^{NO_3}_{NO_3} + 2NaOH = 2NaNO_3 + Pb\langle{}^{OH}_{OH},$$

$$Pb\langle{}^{OH}_{OH} + NaOH = H_2O + Pb\langle{}^{OH}_{ONa}.$$

2. Bleichlorid $PbCl_2$ ist insofern ein charakteristisches Bleisalz, als es wegen seiner Schwerlöslichkeit aus den Lösungen anderer Bleisalze durch Salzsäure oder Chloride als weißer Niederschlag ausgefällt wird, der aus heißem Wasser in schönen, glänzenden Nadeln krystallisiert.

3. Bleisulfat $PbSO_4$ (Blei(2)-sulfat) zeichnet sich durch noch viel erheblichere Schwerlöslichkeit aus.

Versuch 503. Eine Lösung von Bleiacetat in Wasser wird mit verdünnter Schwefelsäure versetzt: Weißer Niederschlag von Bleisulfat, der sich in einer Lösung von weinsaurem Ammonium leicht löst.

Die Löslichkeit des Bleisulfats in weinsaurem Ammonium gestattet eine einfache Unterscheidung vom Baryumsulfat, mit dem wegen der Schwerlöslichkeit der beiden Stoffe in Wasser eine Verwechselung nicht ausgeschlossen ist.

4. Bleicarbonat $PbCO_3$ kommt in der Natur als Weißbleierz rhombisch krystallisiert vor. Behandelt man die wäßrige Lösung von Bleisalzen mit Sodalösung, so entsteht Bleicarbonat als weißer Niederschlag. Er hat die Zusammensetzung eines basischen Salzes $Pb_3(CO_3)_2(OH)_2$, das auch dem als weiße Anstrichfarbe sehr wichtigen Bleiweiß zugrunde liegt.

5. Bleiacetat $Pb\langle{}^{OOC \cdot CH_3}_{OOC \cdot CH_3} \cdot 3H_2O$ (Bleizucker) ist ein ausgezeichnet krystallisierendes, in Wasser leicht lösliches Salz des Bleis, das durch süßen Geschmack und große Giftigkeit ausgezeichnet ist.

Durch Behandlung von überschüssigem Bleioxyd mit Essigsäure entsteht der sogenannte Bleiessig, der basische Bleiacetate von der Zusammensetzung:

$$Pb\langle{}^{OH}_{OOC \cdot H_3C} \quad \text{und} \quad Pb\langle{}^{OH}_{OH} \cdot Pb\langle{}^{OOC \cdot CH_3}_{OOC \cdot CH_3}$$

enthält.

6. Bleisulfid PbS. Regulär krystallierend kommt dieses Sulfid als Bleiglanz vor. Aus den Bleisalzlösungen fällt es mit Schwefelwasserstoff auch in großer Verdünnung als schwarzbrauner Niederschlag aus, dessen

Bildung als empfindliche Reaktion auf Blei und auch auf Schwefelwasserstoff dienen kann (vgl S. 76).

Versuch 504. Man bringt in einen hohen, mit Wasser gefüllten und auf einer weißen Unterlage stehenden Glaszylinder 2—3 Tropfen Bleinitratlösung, rührt um und fügt dann Schwefelwasserstoffwasser hinzu: Deutliche Braunfärbung!

2. Bleidioxyd und die Plumbisalze.

Bleidioxyd Blei(4)-oxyd wird entweder durch Behandlung von Bleisalzlösungen mit unterchlorigsauren Salzen oder durch Elektrolyse einer mit Salpetersäure angesäuerten Lösung von Bleinitrat an der Anode als braunschwarze Substanz gewonnen.

Es ist ein starkes Oxydationsmittel, dessen Wirkung auf seiner Neigung beruht, unter Abstoßung von Sauerstoff in Bleioxyd überzugehen:

$$PbO_2 = PbO + O.$$

Bleidioxyd spielt eine wichtige Rolle beim Bleiakkumulator. Beim Laden des letzteren bildet sich an der Anode Bleidioxyd, offenbar, weil die bei der Elektrolyse dort sich sammelnden $=SO_4$-Ionen entladen werden und sich mit dem Blei zu Plumbisulfat verbinden:

$$Pb + 2 =SO_4 = Pb\begin{matrix} \diagup SO_4 \\ \diagdown SO_4 \end{matrix}.$$

Dieses wird dann hydrolytisch in Bleidioxyd und Schwefelsäure gespalten:

$$Pb\begin{matrix} \diagup SO_4 \\ \diagdown SO_4 \end{matrix} + 2H_2O = Pb\begin{matrix} \diagup O \\ \diagdown O \end{matrix} + 2H_2SO_4.$$

3. Mennige. Pb_3O_4.

Mennige ist schon seit alters bekannt und als rote Farbe geschätzt. Sie entsteht, wenn Bleioxyd längere Zeit an der Luft auf 300—400° erhitzt wird, bis es eine zinnoberrote Farbe angenommen hat.

Mennige wird durch verdünnte Salpetersäure in Bleidioxyd und 2 Moleküle Bleinitrat gespalten:

$$Pb_3O_4 + 4HNO_3 = PbO_2 + 2Pb(NO_3)_2 + 2H_2O.$$

Versuch 505. Man schüttelt 2—3 g Mennige in einem kleinen Mischzylinder mit etwa 15 ccm verdünnter Salpetersäure kräftig durch: Farbenumschlag in dunkelbraun!

Diese Spaltung und das sonstige Verhalten der Mennige deutet darauf hin, daß sie als das Bleisalz einer der Zinnsäure entsprechenden Bleisäure $Pb(OH)_4$ aufzufassen und daher durch die Formel:

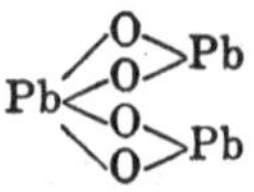

wiederzugeben ist.

Nachweis und Bestimmung des Bleis.

Blei läßt sich an dem in der Kälte schwer, in der Hitze in Wasser leicht löslichen Chlorid $PbCl_2$, an dem Sulfat $PbSO_4$ und an dem auch in saurer Lösung und in großer Verdünnung ausfallenden schwarzen Bleisulfid leicht erkennen.

Zur quantitativen Bestimmung wird das Metall entweder als Sulfat gewichtsanalytisch oder durch Abscheidung von Bleidioxyd an der Anode elektrolytisch bestimmt.

Verwendung und Bedeutung des Bleis.

Metallisches Blei wird zur Herstellung von Röhren für Wasserleitungen, in der Akkumulatorentechnik, zum Bau der Bleikammern in den Schwefelsäurefabriken und für mancherlei andere Zwecke gebraucht.

Auch bleihaltige Legierungen spielen eine große Rolle, z. B.:

Schnellot	Pb und Sn (vgl. S. 420).
Letternmetall	Pb und Sb.
Bleischrot	Pb und As usw.

Auch die Oxyde und Salze des Bleis finden vielfache Anwendung: Mennige dient als rote Anstrichfarbe und gibt mit Glycerin einen ausgezeichneten Kitt. Bleidioxyd bildet ein häufig gebrauchtes und geschätztes Oxydationsmittel.

Bleiweiß ist — abgesehen von seiner Giftigkeit — die beste weiße Anstrichfarbe, die wir besitzen. Auch eine andere in ihrer Wirkung nicht erreichte Farbe, Chromgelb, ist eine Verbindung des Bleis, nämlich Bleichromat (vgl. S. 429).

Das Calciumsalz der Bleisäure endlich, das Calciumplumbat, das man aus Bleioxyd und Kalk durch Erhitzen an der Luft darstellt, gestattet eine billige technische Fabrikation des Sauerstoffs.

Zusammenfassende Betrachtung der Metalle Blei und Zinn.

Beide Elemente gehören in die 4. Gruppe des periodischen Systems. Beide entsprechen in ihrer Wertigkeit dem zwei- und vierwertigen Verbindungstypus.

Doch zeigt sich, daß ein großer Unterschied zwischen Zinn und Blei besteht.

Zinn lehnt sich in seinen Eigenschaften mehr an Silicium, als an Blei an. Es steht in seinem Verhalten zu diesem Elemente etwa in der gleichen Beziehung wie das Antimon (vgl. S. 128) zum Phosphor.

Blei dagegen ist ein typisches Schwermetall, bei dem eine Analogie mit Silicium oder Kohlenstoff nicht aufzufinden ist.

L. Wismut. Bi.

Atomgewicht = 209,0.

Wismut kommt — ziemlich selten — gediegen und als Wismutglanz Bi_2S_3 vor.

Eigenschaften des Wismuts.

Wismut ist ein rötlichweißes, sehr sprödes Metall, das in treppenförmig übereinander gebauten Aggregaten, die in allen Farben spielen, krystallisiert und bei 270° schmilzt.

Von Salpetersäure wird es leicht zu Wismutnitrat gelöst.

Wismut verhält sich als Metall und in der hydrolytischen Zersetzung seiner Salze unter Bildung basischer Verbindungen dem Antimon sehr ähnlich, doch sind seine metallischen Eigenschaften entschieden stärker ausgeprägt.

Wismutoxyd und die Wismutsalze.

Wismut bildet nur **1** wichtigeres Oxyd: Bi_2O_3, von dem sich die Wismutsalze BiX_3 (X = einwertiges Atom) ableiten.

1. Wismutoxyd Bi_2O_3 wird beim Verbrennen von Wismut an der Luft erhalten. Das ihm entsprechende Wismuthydroxyd fällt aus den Wismutsalzen auf Zusatz von Alkalilaugen als weißer, im Überschuß des Fällungsmittels unlöslicher Niederschlag aus; z. B.:

$$Bi(NO_3)_3 + 3NaOH = 3NaNO_3 + Bi(OH)_3.$$

2. Wismutnitrat $Bi(NO_3)_3 + 5H_2O$ entsteht beim Auflösen von Wismut in Salpetersäure und krystallisiert in großen, farblosen, triklinen Prismen. In wenig Wasser löst es sich unzersetzt auf, von viel Wasser wird es dagegen unter Bildung eines basischen Salzes sofort zersetzt:

$$Bi(NO_3)_3 + H_2O = 2HNO_3 + Bi\begin{matrix}\diagup O \\ \diagdown NO_3\end{matrix}.$$

Dieses spielt als Wismutsubnitrat in der Therapie, und zwar vor allem als wertvolles Mittel gegen Darmerkrankungen, eine wichtige Rolle. Auch als Schminke wird es verwendet.

3. Wismutchlorid $BiCl_3$. Dieses Salz gewinnt man in reinem Zustande am besten durch Einwirkung von Chlor auf metallisches Wismut. Es ist eine farblose, krystallinische Verbindung, die von Wasser sofort hydrolytisch unter Abscheidung einer dem Algarothpulver (vgl. S. 130) entsprechenden Verbindung BiOCl gespalten wird:

$$BiCl_3 + H_2O = BiOCl + 2HCl.$$

4. Wismuttrisulfid Bi_2S_3. Ein dem natürlich vorkommenden Wismutglanz entsprechendes Sulfid wird aus Wismutsalzlösungen durch Schwefelwasserstoff als schwarzbrauner Niederschlag erhalten, der bei der Analyse des Wismuts eine Rolle spielt.

Verwendung und Bedeutung des Wismuts.

Wismut wird zur Herstellung verschiedener, therapeutisch wichtiger Präparate, wie Wismutsubnitrat und Dermatol (das ein basisches Salz des Wismuts mit der organischen Gallussäure vorstellt), verwendet.

Außerdem bildet es einen wichtigen Bestandteil niedrig schmelzender Legierungen, die zur Herstellung von Klischees, von Sicherungen an elektrischen Leitungen u. dgl. dienen. Unter diesen Legierungen sind hervorzuheben:

Rose'sche Legierung		Wood'sche Legierung	
Schmelzpunkt 94°		Schmelzpunkt 65°.	
Bi	2 Teile	Bi	4 Teile
Pb	1 „	Pb	2 „
Sn	1 „	Sn	1 „
		Cd	1 „

M. Die Metalle: Chrom, Molybdän, Wolfram, Uran.

1. Chrom. Cr.

Atomgewicht = 52,0.

Unter den Mineralien des in der Natur nicht sehr verbreiteten Chroms nimmt der Chromeisenstein $FeO \cdot Cr_2O_3$, den man seiner Zusammensetzung nach als Ferrochromit bezeichnen kann, die wichstigste Stelle ein. Viel seltener ist das schön krystallisierende Rotbleierz $PbCrO_4$. Der Chromeisenstein bildet das Ausgangsmaterial zur Herstellung sämtlicher Chromverbindungen. Er wird durch Schmelzen mit Pottasche und Salpeter „aufgeschlossen", d. h. in lösliches Kaliumchromat verwandelt.

Chrom selbst läßt sich am besten durch Reduktion von Chromoxyd nach dem Goldschmidt'schen Verfahren (vgl. S. 400) herstellen.

Sämtliche Chromverbindungen sind mehr oder weniger stark gefärbt. Man hat von dieser Eigentümlichkeit (vom griechischen Worte χρῶμα = Farbe) den Namen des Elementes hergeleitet.

Eigenschaften des Chroms.

Chrom ist ein ungemein hartes, silberweißes Metall von großem Glanze, das gegen 1580° schmilzt und an der Luft vollkommen beständig ist.

Oxyde und Verbindungsreihen des Chroms.

Chrom ist durch eine gewisse Mannigfaltigkeit in der Zusammensetzung der Oxyde und der sich davon ableitenden Salze ausgezeichnet. Es sind bekannt:

1. Chromooxyd CrO (Chrom(2)-oxyd) und die Chromosalze CrX_2 (X = einwertiges Atom).
2. Chromioxyd Cr_2O_3 (Chrom(3)-oxyd) und die Chromisalze CrX_3.
3. Chromtrioxyd CrO_3 (Chrom(6)-oxyd) und die Chromate X_2CrO_4.
4. Überchromsäuren.

1. Chromooxyd CrO und die Chromosalze.

Von den auf das Chromooxyd zurückführbaren Salzen ist verhältnismäßig eingehend untersucht das Chromochlorid $CrCl_2$ (Chrom(2)-chlorid). Man erhält es durch Einwirkung von Zink auf eine salzsaure Lösung von Chromichlorid $CrCl_3$ unter Abschluß der Luft:

$$2CrCl_3 + H_2 = 2HCl + 2CrCl_2.$$

Es bildet farblose Krystalle, die sich in Wasser mit blauer Farbe lösen, und hat stark reduzierende Eigenschaften. So wird davon z. B. Stickoxydul zu Stickstoff reduziert:

$$2CrCl_2 + 2HCl + N_2O = N_2 + H_2O + 2CrCl_3.$$

Beständiger als das Chromochlorid sind die Salze des Chromooxyds mit organischen Säuren, z. B. Chromoacetat.

2. Chromioxyd und die Chromisalze.

1. Chromioxyd Cr_2O_3 (Chrom(3)-oxyd) zeichnet sich durch eine graugrüne Farbe aus und läßt sich in reinem Zustande leicht durch Erhitzen von Ammoniumbichromat darstellen.

Versuch 506. In eine kleine, in ein Stativ eingespannte Jenenser Kochflasche bringt man etwa 10 g trockenes Ammoniumbichromat und erhitzt die Masse mit einem Bunsenbrenner kräftig. Alsbald setzt die Reaktion unter Feuererscheinung ein, und das leichte Chromioxyd wird durch den entweichenden Stickstoff aus der Kochflasche herausgeschleudert.

Ein wasserhaltiges Chromoxyd von der Zusammensetzung $2Cr_2O_3 \cdot 3H_2O$ dient in der Malerei als Guignets Grün. Das dem Chromioxyd entsprechende Hydroxyd $Cr(OH)_3$ fällt als graugrüner, schleimiger, wasserhaltiger Niederschlag aus der Lösung von Chromisalzen mit Ammoniak, Kali- oder Natronlauge aus:

$$CrCl_3 + 3NaOH = 3NaCl + Cr(OH)_3.$$

Versuch 507. Man versetzt eine Lösung von Chromichlorid mit wenig Natronlauge: Graugrüne Fällung von Chromihydroxyd.

In mehr Natronlauge löst sich dieses wieder auf, um beim Erhitzen — der nicht zu stark alkalischen Lösung — wieder auszufallen!

In Alkali löst sich Chromihydroxyd zu einem Chromit, das aber hydrolytisch weitgehend gespalten ist und daher in der Hitze wieder das Hydroxyd abscheidet:

$$Cr\begin{cases}OH\\OH\\OH\end{cases} + NaOH = H_2O + Cr\begin{cases}ONa\\OH\\OH\end{cases}.$$

$$Cr\begin{cases}ONa\\OH\\OH\end{cases} + H_2O = Cr\begin{cases}OH\\OH\\OH\end{cases} + NaOH .$$

2. Chromichlorid $CrCl_3$ (Chrom(3)-chlorid) krystallisiert mit **6** Molekülen Wasser und bildet 3 verschiedene Formen, von denen die eine graublau, die anderen beiden grün gefärbt sind. Die 3 Formen lassen sich nach der Werner'schen Theorie (vgl. S. 413) durch folgende Formeln wiedergeben:

1. $[Cr(H_2O)_6]Cl_3$ (enthält 3 ionisierbare Cl-Atome).
2. $[Cr(H_2O)_5Cl]Cl_2 + 1 H_2O$ (enthält 2 ionisierbare Cl-Atome).
3. $[Cr(H_2O)_4Cl_2]Cl + 2 H_2O$ (enthält 1 ionisierbares Cl-Atom).

3. Chromisulfat $Cr_2(SO_4)_3$ tritt ebenfalls in wäßriger Lösung mit grüner oder graublauer Farbe auf, und auch in diesem Falle wird der Grund hierfür auf einer verschiedenartigen Lagerung der Hydratwassermoleküle im „Komplex" oder außerhalb desselben beruhen.

Mit Kalium- oder Ammoniumsulfat bildet Chromisulfat typische Alaune:

$$KCr(SO_4)_2 \cdot 12 H_2O.$$
$$NH_4Cr(SO_4)_2 \cdot 12 H_2O.$$

3. Chromtrioxyd CrO_3 und die Chromate.

Beim Behandeln eines Chromates mit konzentrierter Schwefelsäure entsteht Chromtrioxyd:

$$K_2CrO_4 + H_2SO_4 = K_2SO_4 + H_2O + CrO_3.$$

Versuch 508. Man trägt in $1^1/_2$ Volumteile konzentrierte Schwefelsäure 1 Volumteil gesättigte Kaliumbichromatlösung unter Eiskühlung langsam ein: Reichliche Abscheidung karminroter Krystallnadeln, die aus Chromtrioxyd bestehen und die sich auf einem Asbestfilter abfiltrieren lassen.

Chromtrioxyd bildet lange, karminrote Prismen und ist durch hohe Oxydationskraft ausgezeichnet.

Versuch 509. Auf 1—2 g trockenes Chromtrioxyd tropft man mit einer kleinen Pipette einige Tropfen Methylalkohol: Entzündung des Alkohols und Verbrennung unter glänzender Lichterscheinung!

Durch Zusammentritt mit Basen entstehen daraus die wichtigen Chromate, die sich von der an sich nicht existenzfähigen Chromsäure H_2CrO_4 ableiten:

$$CrO_3 + K_2O = K_2CrO_4.$$

Chromate bilden sich allgemein, wenn irgend eine Chromverbindung mit einem Gemisch von Soda und Salpeter verschmolzen wird.

Versuch 510. Auf einem Platindeckel wird ein Gemisch von wenig Chromoxyd, Soda und Salpeter bis zum ruhigen Fluß erhitzt. Nach dem Abkühlen ist eine zitronengelbe Masse entstanden.

Die Chromate, von denen das in schönen, zitronengelben Krystallen erscheinende Kaliumchromat K_2CrO_4 besonders zu nennen ist, sind nicht bloß in ihrer Zusammensetzung den Sulfaten analog gebaut, sondern auch mit diesen isomorph.

Die Chromate sind kräftige Oxydationsmittel, die z. B. Alkohol, schweflige Säure und viele andere Stoffe glatt oxydieren. Sie selbst werden dabei, wie man an dem Farbenumschlag von gelb in grün leicht feststellen kann, zu Chromisalzen reduziert.

Versetzt man eine Lösung von Kaliumchromat mit Baryumchlorid, so scheidet sich das gelb gefärbte, sehr schwerlösliche Baryumchromat ab:

$$BaCl_2 + K_2CrO_4 = BaCrO_4 + 2KCl.$$

Auch das Bleichromat ist in Wasser schwerlöslich und fällt als intensiv gelber Niederschlag beim Vermischen von Chromat- und Bleisalzlösung aus:

$$Pb(NO_3)_2 + K_2CrO_4 = PbCrO_4 + 2KNO_3.$$

Bleichromat kommt in der Natur als Mineral Rotbleierz vor, bildet, auf nassem Wege gefällt, das als Malerfarbe wertvolle Chromgelb und dient in kompakter Form als Oxydationsmittel bei organischen Analysen.

Eine höchst bemerkenswerte Umwandlung erleiden die Chromate durch verdünnte Säuren.

Versuch 511. Eine Lösung von gelbem Kaliumchromat wird mit verdünnter Schwefelsäure versetzt: Umschlag derFarbe in orangerot!

Der Farbwechsel beruht auf der Bildung eines komplizierteren Salzes von der Formel $K_2Cr_2O_7$, des Kaliumbichromats. Man kann diese wichtige Metamorphose etwa durch folgende Strukturformeln versinnbildlichen:

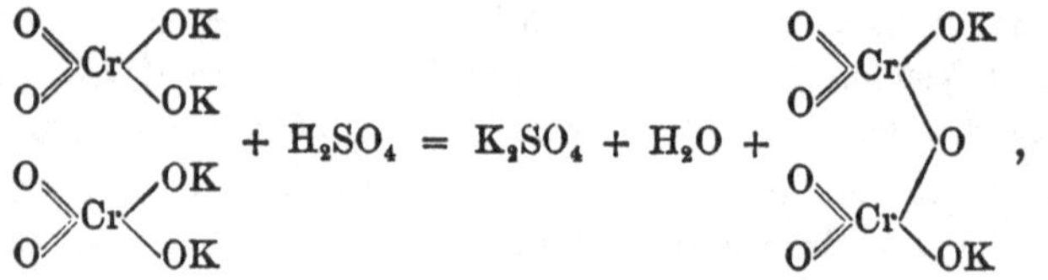

wobei die volle Analogie mit der Zusammensetzung der Pyrosulfate zutage tritt (vgl. S. 210).

Kaliumbichromat $K_2Cr_2O_7$ bildet dicke, orangerote Krystalltafeln und ist in heißem Wasser leicht löslich. Es spielt eine große Rolle als wichtiges Oxydationsmittel im Laboratorium und in der chemischen Industrie und wird für viele gewerbliche Zwecke gebraucht.

Von Kali- oder Natronlauge wird Kaliumbichromat in Kaliumchromat zurückverwandelt:

$$K_2Cr_2O_7 + K_2O = 2K_2CrO_4.$$

Versuch 512. Auf Zusatz von Natronlauge zur wäßrigen Lösung von Kaliumbichromat schlägt die orange Farbe in gelb um.

Chromylchlorid CrO_2Cl_2. Das Chlorid (vgl. S. 120) der Chromsäure wird dargestellt durch Erhitzen eines Gemisches von Kaliumchromat, Natriumchlorid und konzentrierter Schwefelsäure. Es ist eine blutrote, an der Luft stark rauchende, schwere Flüssigkeit, die bei 118° siedet und in der Analyse zum Nachweis der Halogene eine Rolle spielt.

4. Die Überchromsäuren.

Durch Behandlung von Chromsäure mit Wasserstoffsuperoxyd in saurer Lösung entsteht eine prachtvoll blau gefärbte Lösung, die Überchromsäure $HCrO_5$ enthält.

Versuch 513. Man gießt in einen Schüttelzylinder etwa 50 ccm einer ganz verdünnten Lösung von Kaliumbichromat, fügt einige Kubikzentimeter verdünnte Schwefelsäure und dann wäßriges Wasserstoffsuperoxyd hinzu: Tiefblaue Färbung, die beim Durchschütteln der Flüssigkeit mit viel Äther vollkommen in diesen übergeht.

Die Reaktion ist äußerst charakteristisch — sowohl für Chromsäure wie für Wasserstoffsuperoxyd — und sehr empfindlich; sie wird daher in der Analyse oft verwendet.

Nachweis des Chroms.

Die zum Teil sehr intensive Farbe der Chromverbindungen, die schwerlöslichen Salze der Chromsäure mit Baryum oder Blei, die Überchromsäurereaktion, die grüne Phophorsalzperle (vgl. S. 323), die gelbe Chromatschmelze (vgl. S. 429) lassen den Nachweis des Chroms als einen der leichtesten von allen Metallen erscheinen.

Für die quantitative Bestimmung des Chroms gibt es verschiedene Möglichkeiten, z. B. gewichtsanalytisch als Chromioxyd.

Verwendungen des Chroms.

Die Verwendungen des Chroms sind recht mannigfaltig. Man braucht es zum Färben von Glas, im Tapetendruck, Chromgelb als Malerfarbe, als „Beize" in der Färberei, zum Gerben des Leders usw. Auch der wegen seiner hohen Widerstandsfähigkeit geschätzte Chromstahl spielt eine wichtige Rolle.

Im Laboratorium werden vor allem Chromtrioxyd und die Chromate für Oxydationszwecke benutzt.

2. Molybdän. Mo.

Atomgewicht = 96,0.

Molybdän ist ein Element von sehr verschiedener Wertigkeit, das daher durch einen großen Reichtum von Verbindungsformen ausgezeichnet ist. Im Molybdänglanz MoS_2, dem wichtigsten Mineral, ist es vierwertig.

Für den Chemiker ist von Bedeutung das von sechswertigem Molybdän abzuleitende Molybdäntrioxyd MoO_3, das Anhydrid der Molybdänsäure H_2MoO_4, denn deren Ammoniumsalz gibt mit Phosphorsäure (vgl. S. 244) einen gelben, in Wasser äußerst schwer löslichen Niederschlag von phosphormolybdänsaurem Ammonium, d. h. dem Ammoniumsalz der „komplexen" Phosphormolybdänsäure:

$$(NH_4)_3PO_4 \cdot 12MoO_3 \cdot 6H_2O.$$

3. Wolfram. W.

Atomgewicht = 184,0.

Wolfram findet sich in der Natur in der Form der Wolframate: Scheelit $CaWO_4$ und Wolframit $(Mn, Fe) WO_4$. Das Wolframmetall zeichnet sich durch den sehr hohen Schmelzpunkt von 3000° aus und wird zur Herstellung des wertvollen Wolframstahles und von Glühlampenfäden für die im Verbrauch ökonomischen Wolframlampen verwendet.

Vom Wolframtrioxyd WO_3 leitet sich die Wolframsäure ab, die, ebenso wie die Molybdänsäure, zur Bildung von Iso- bzw. Heteropolysäuren neigt.

4. Uran. U.

Atomgewicht = 238,2.

Auch die Verbindungen dieses Elements sind durch Mannigfaltigkeit ihrer Zusammensetzung charakterisiert. Sie werden aus dem Uranpecherz (vgl. S. 341), einem in der Hauptsache aus dem Oxyde U_3O_8 und Bleioxyd bestehenden Uranmineral, gewonnen.

Die Salze des Urans sind zum Teil prächtig gelbgrün gefärbt und bewirken eine schöne, grünliche Fluoreszenz des Glases (Uranglas).

Metallisches Uran vermag als vorzüglicher Katalysator bei der Synthese des Ammoniaks nach dem Haber'schen Verfahren (vgl. S. 98) zu wirken.

Von besonderer Bedeutung ist das Uran als Stammvater der beiden radiaktiven Zerfallsreihen, des Radiums und des Actiniums (vgl. S. 345), geworden.

N. Die Platinmetalle.

a) Leichte: **Ruthenium, Rhodium, Palladium.**

b) Schwere: **Osmium, Iridium, Platin.**

1. Platin. Pt.

Atomgewicht = 195,2.

Dieses Metall, das meistens mit den anderen Vertretern derselben Gruppe, sowie mit Gold, Eisen und sonstigen Metallen gemengt in der Natur vorkommt, findet sich hauptsächlich in Südamerika, Kalifornien und im Ural. Seine Reinigung und die Trennung von den anderen ähnlichen Platinmetallen ist eine sehr umständliche Operation. Sie wird auf nassem Wege vorgenommen und führt zu einer in Wasser schwerlöslichen Verbindung des Platins, dem Platinsalmiak $(NH_4)_2PtCl_6$.

Beim Erhitzen zerfällt dieser in Salmiak, freies Chlor und metallisches Platin, das als schwammförmige Masse zurückbleibt:

$$(NH_4)_2PtCl_6 = 2NH_4Cl + 2Cl_2 + Pt.$$

Eigenschaften des Platins.

Platin ist ein weiches, dehnbares Metall von grauweißem Glanze, das sich in der Weißglut schweißen läßt. Sein Schmelzpunkt liegt bei 1755°.

Es ist vollkommen luftbeständig und wird weder von Salzsäure, noch von Schwefelsäure, noch von Salpetersäure angegriffen.

Leicht löslich ist es dagegen in Königswasser.

Feinverteiltes Platin — als Platinschwamm oder Platinmohr — ist eine ausgezeichnete Kontaktsubstanz, die z. B. bei der Herstellung von Schwefelsäure nach dem „Kontaktverfahren" (vgl. S. 200), bei der Synthese des Jodwasserstoffes (vgl. S. 57), bei der katalytischen Oxydation von Ammoniak zu Stickoxyd (vgl. S. 235) und bei vielen anderen Gelegenheiten im Laboratorium und in der chemischen Industrie Verwendung findet.

Verbindungen des Platins.

Wir kennen zahlreiche Verbindungen des Platins, die einem zweiwertigen und einem vierwertigen Typus entsprechen:

$$PtX_2 \quad \text{und} \quad PtX_4.$$

Am wichtigsten sind die sich von vierwertigem Platin ableitenden Salze:

Platinchlorid $PtCl_4$ (Platin(4)-chlorid) und Chloroplatinsäure $[PtCl_6]H_2$.

Die Gewinnung des reinen Platinchlorids ist umständlich. Löst man Platin in Königswasser und dampft unter Zusatz von Salzsäure vorsichtig zur Trockene ein, so hinterbleibt die in Wasser leicht lösliche, gelbgefärbte Chloroplatinsäure $H_2[PtCl_6]$, die einen ausgesprochen komplexen Charakter besitzt.

Sie ist für den Chemiker sehr wichtig, da sie mit Ammonium-, Kalium-, Rubidium- und Cäsiumsalzen gelbe, sehr schwerlösliche, vortrefflich krystallisierende **Chloroplatinate** bildet:

$$2KCl + H_2[PtCl_6] = 2HCl + K_2[PtCl_6].$$

$$2(NH_4)Cl + H_2[PtCl_6] = 2HCl + (NH_4)_2[PtCl_6].$$

Versuch 514. Man fügt zu wenig Chlorkalium- bzw. Chlorammoniumlösung einen Überschuß von wäßriger „Platinchlorid"-Lösung. In beiden Fällen scheidet sich ein gelbes, sandiges Krystallpulver aus, das, unter dem Mikroskop betrachtet, in schön ausgebildeten Oktaedern erscheint.

Das Natriumchloroplatinat $Na_2[PtCl_6]$ ist dagegen in Wasser leicht löslich.

Verwendung des Platins.

Metallisches Platin wird wegen seines edlen Charakters zur Fassung von Edelsteinen, zur Herstellung von Schmuck, als Elektrodenmaterial und vor allem zur Anfertigung von Apparaten und Gerätschaften aller Art für die chemische Praxis verwendet.

2. Palladium. Pd.

Atomgewicht = 106,7.

Palladium ist ein silberweißes Metall von ungewöhnlich lebhaftem Glanze, das von Säuren weit leichter gelöst wird, als die anderen Platinmetalle, z. B. von heißer Salpetersäure zu Palladonitrat $Pd(NO_3)_2$.

Sehr auffallend ist die Fähigkeit des Palladiums, sich mit Wasserstoff legieren und den gebundenen Wasserstoff auf andere Stoffe übertragen zu können.

Es vermag dabei das 600—900fache seines Volums an Wasserstoff aufzunehmen.

Beim Erwärmen dieses Wasserstoffpalladiums wird der Wasserstoff schon bei 40—50° fast vollständig wieder ausgetrieben.

Noch größer ist die Menge des Wasserstoffs, die von kolloidal gelöstem Palladium gebunden werden kann, und man vermag mit einer solchen Flüssigkeit sehr energische Reduktionswirkungen auszuüben.

3. Iridium. Ir.

Atomgewicht = 193,1.

Iridium ist ein sprödes Metall, das durch den sehr hohen Schmelzpunkt 2300° ausgezeichnet ist.

Seine Legierungen mit Platin sind wesentlich widerstandsfähiger gegen chemische Agenzien als dieses Metall. Der in Paris aufbewahrte Normal-1-m-Maßstab besteht aus einer Legierung von 90% Platin und 10% Iridium.

4. Osmium. Os.

Atomgewicht = 190,9.

Osmium ist ein Metall mit dem sehr hohen spezifischen Gewichte 22,5 und einem Schmelzpunkte von etwa 2500°, das einen bläulichen Glanz besitzt und gegen Königswasser beständig ist.

Von seinen Verbindungen ist die wichtigste und interessanteste: Osmiumtetroxyd OsO_4, ein prächtig krystallisierender Stoff von charakteristischem, durchdringendem Geruch (hiervon, nämlich von dem griechischen Worte ὀσμή = Geruch, ist der Name des Metalls abgeleitet). Groß ist die Flüchtigkeit dieses Oxydes, die um so auffälliger ist, als das Osmium durch einen enorm hohen Schmelzpunkt ausgezeichnet ist und sich nicht verdampfen läßt.

Durch organische Stoffe, vor allem Fette, wird Osmiumtetroxyd zu Osmiumdioxyd OsO_2 reduziert, das eine tiefschwarze Farbe besitzt.

Es dient daher in der Mikroskopie zum Nachweis der Fette. Die Formel:

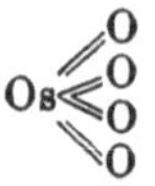
,

die achtwertiges Osmium annimmt, wird durch die Existenz des Osmiumoktofluorids, einer zitronengelben, bei 34° schmelzenden Substanz, und durch die Hydrolyse dieser Substanz bewiesen. Hierbei entstehen nämlich Flußsäure und Osmiumtetroxyd:

$$OsF_8 + 4H_2O = 8HF + OsO_4.$$

Register.

Berichtigungen.

Seite 4 Zeile 10 von oben lies silberglänzenden statt silberglänzendnn.
„ 5 „ 14 „ „ „ *ὀξύς* statt *ὀζύς*.
„ 6 „ 36 „ „ „ unter statt unte.
„ 27 „ 32 „ „ „ einfachen statt einfache.

FSC
www.fsc.org
MIX
Papier | Fördert
gute Waldnutzung
FSC® C083411

Kolibri 360 GmbH
Ferdinand-Jühlke-Straße 7
99095 Erfurt, Deutschland
produktsicherheit@kolibri360.de